高等学校应用型特色规划教材

# AutoCAD 2014(中文版)基础与应用教程

郭朝勇　主编

清华大学出版社
北　京

## 内容简介

本书系统介绍了最大众化的CAD软件AutoCAD 2014(中文版)的主要功能、使用方法及其在机械、建筑、电气等工程设计领域中的具体应用。全书分“基础篇”和“应用篇”两大部分，主要内容包括：AutoCAD概述、二维绘图与编辑命令、绘图辅助工具、文字及尺寸标注、三维绘图及实体造型，以及AutoCAD在机械、建筑、电气等工程设计领域中的具体应用方法与实例。

全书以“轻松上手”、“系统性与实用性并重”为编写理念，使具有一定工程制图知识的人员，能够方便地利用AutoCAD绘制工程图样及进行三维造型设计，并通过典型示例的学习，快速掌握AutoCAD在工程设计与绘图中的应用技巧。全书内容翔实，结构清晰，实例丰富，方法具体，紧密联系工程设计实际，具有良好的可操作性。

本书可作为高等学校及职业院校工程类各专业计算机绘图或CAD课程的教材，亦可供AutoCAD工程设计与绘图方面的初学者使用。



图书在版编目(CIP)数据

AutoCAD 2014(中文版)基础与应用教程/郭朝勇主编. --北京：清华大学出版社，2015（2021.1重印）
(高等学校应用型特色规划教材)
ISBN 978-7-302-39793-9

Ⅰ. ①A… Ⅱ. ①郭… Ⅲ. ①AutoCAD软件—高等学校—教材 Ⅳ. ①TP391.72

中国版本图书馆CIP数据核字(2015)第080938号

责任编辑：章忆文 李玉萍
封面设计：杨玉兰
责任校对：周剑云
责任印制：宋 林

出版发行：清华大学出版社
网 址：http://www.tup.com.cn, http://www.wqbook.com
地 址：北京清华大学学研大厦A座 邮 编：100084
社 总 机：010-62770175 邮 购：010-62786544
投稿与读者服务：010-62776969, c-service@tup.tsinghua.edu.cn
质量反馈：010-62772015, zhiliang@tup.tsinghua.edu.cn
课件下载：http://www.tup.com.cn, 010-62791865

印 装 者：大厂回族自治县彩虹印刷有限公司
经 销：全国新华书店
开 本：185mm×260mm 印 张：26.25 字 数：638千字
版 次：2015年6月第1版 印 次：2021年1月第2次印刷
定 价：59.00元

产品编号：064096-02

# 丛 书 序

21 世纪人类已迈入知识经济时代，科学技术正发生着深刻的变革，社会对德才兼备的高素质应用型人才的需求更加迫切。如何培养出符合时代要求的优秀人才，是全社会尤其是高等院校所面临的一项紧迫而现实的任务。

为了培养高素质应用型人才，必须建立高水平的教学计划和课程体系。在教育部有关精神的指导下，我们组织全国高校计算机专业的专家教授组成《高等学校应用型特色规划教材》系列学术编审委员会，全面研讨计算机和信息技术专业的应用型人才培养方案，并结合我国当前的实际情况，编审了这套《高等学校应用型特色规划教材》丛书。

## 编写目的

配合教育部提出的要有相当一部分高校致力于培养应用型人才的要求，以及市场对应用型人才需求量的不断增加，本套丛书以“理论与能力并重，应用与应试兼顾”为原则，注重理论的严谨性、完整性，案例丰富，实用性强。我们努力建设一套全新的、有实用价值的应用型人才培养系列教材，并希望能够通过这套教材的出版和使用，促进应用型人才培养的发展，为我国建立新的人才培养模式做出贡献。

## 丛书书目

本丛书持续推出，滚动更新。将陆续推出以下图书。

- Visual Basic 程序设计与应用开发
- Visual FoxPro 程序设计与应用开发
- 中文 Visual FoxPro 应用系统开发教程(第 3 版)
- 中文 Visual FoxPro 应用系统开发实训指导(第 3 版)
- Linux 基础教程
- Delphi 程序设计与应用开发
- 局域网组建、管理与维护
- Access 2003 数据库教程
- 计算机组装与维护
- 多媒体技术及应用
- 软件技术基础——数据结构与算法 · 程序设计 · 软件工程 · 数据库
- 计算机网络技术
- Java 程序设计与应用开发
- Visual C++程序设计与应用开发
- Visual C# .NET 程序设计与应用开发
- C 语言程序设计与应用开发
- 计算机应用基础(等级考试版)

- 计算机网络技术与应用
- 微机原理与接口技术
- 微机与操作系统贯通教程
- Windows XP + Office 2003 实用教程
- C++程序设计与应用开发
- ASP.NET 程序设计与应用开发
- Windows Vista + Office 2007 + Internet 应用教程
- 计算机应用基础(Windows Vista 版)
- Visual FoxPro 程序设计(等级考试版)(第 2 版)
- 计算机应用基础(等级考试版 · Windows XP 平台)(第 2 版)
- Java 程序设计与应用开发(第 2 版)
- Internet 实用简明教程
- AutoCAD 2014(中文版)基础与应用教程

## 丛书特色

- 理论严谨，知识完整。本丛书内容翔实、系统性强，对基本理论进行了全面、准确的剖析，便于读者形成完备的知识体系。
- 入门快速，易教易学。突出“上手快、易教学”的特点，用任务来驱动，以教与学的实际需要取材谋篇。
- 学以致用，注重能力培训。将实际开发经验融入基本理论之中，力求使读者在掌握基本理论的同时，获得实际开发的基本思想方法，并得到一定程度的项目开发实训，以培养学生独立开发较为复杂系统的能力。
- 示例丰富，实用性强。以实际案例和部分考试真题为示例，兼顾应用与应试。
- 深入浅出，螺旋上升。内容和示例的安排难点分散、前后连贯，并采用循序渐进的编写风格，层次清晰、步骤详细，便于学生理解和实现。
- 提供教案，保障教学。本丛书绝大部分教材提供电子教案，便于教师教学使用，并提供源代码下载，便于学生上机调试。

## 读者定位

本系列教材主要面向普通高等院校和高等职业技术院校，适合本科和高职高专教学需要；同时也非常适合编程开发人员培训、自学使用。

## 关于作者

丛书编委特聘请执教多年且有较高学术造诣和实践经验的名师参与各册的编写。他们长期从事有关的教学和开发研究工作，积累了丰富的经验，对相应课程有较深的体会与独到的见解，本丛书凝聚了他们多年的教学经验和心血。

## 互动交流

本丛书秉承清华大学出版社一贯严谨、科学的图书风格。但由于我国计算机应用技术教育正在蓬勃发展，要编写出满足新形势下教学需求的教材，还需要我们不断地努力实践。因此，我们非常欢迎全国更多的高校老师积极加入到《高等学校应用型特色规划教材》学术编审委员会中来，推荐并参与编写有特色、有创新的应用型教材。同时，我们真诚希望使用本丛书的教师、学生和读者朋友提出宝贵意见或建议，使之更臻成熟。联系信箱：Book21Press@126.com。

《高等学校应用型特色规划教材》编审委员会

E-mail: Book21Press@126.com；hgm@263.net

# 《高等学校应用型特色规划教材》计算机系列

## 学 术 编 审 委 员 会

# 前　　言

AutoCAD 是美国 Autodesk 公司推出的通用计算机辅助设计和绘图软件。随着 CAD 应用技术的普及，作为目前国内外最为大众化的 CAD 软件，AutoCAD 在机械、建筑、轻工、化工、电子等众多行业中都得到了广泛的应用。AutoCAD 2014(中文版)作为该软件的最新本地化版本，在总体性能、绘图生产率、网上协同设计、数据共享能力、管理工具、开发手段等方面都有了程度不同的改进、增强和提高。

随着 CAD 技术的日益普及，越来越多的单位和个人将 AutoCAD 广泛应用于不同专业和领域的工程设计与绘图工作，能够熟练应用 AutoCAD 软件已成为不少单位技术岗位新员工入职的必备条件。然而由于 AutoCAD 功能强大，命令繁多、复杂，许多初学者不得要领，把大量的时间和精力花费在学习众多并不常用的绘图命令及选项上，投入大而收效微，虽然学习了很多命令，但仍不能熟练地综合运用来解决工程设计和绘图应用中的具体问题。

本书在内容上分为 AutoCAD“基础篇”和工程设计“应用篇”两大部分。前 8 章 AutoCAD 基础部分系统介绍了 AutoCAD 的各种命令及主要功能，使读者对软件及其使用方法有一个全面的了解和学习；后 5 章结合大量工程实例，较为系统地介绍了 AutoCAD 在机械、建筑、电气等领域中的具体应用方法和技巧。使具有一定工程制图知识的人员，能够利用 AutoCAD 2014 所提供的绘图功能，方便、快捷地绘制工程图样和进行三维造型。本书的最后一章结合制图员国家职业技能鉴定统一考试《计算机绘图》试题的完成，对用 AutoCAD 进行工程绘图给出具体的应用实训指导。章末提供了较为丰富的国考真题供读者进行自我检测和练习，练习中的题目全部源自国家有关考试的全真试题，包括：“全国 CAD 技能考试”一级(计算机绘图师)(工业产品类)试题、国家职业技能鉴定统一考试“制图员”(机械类)《计算机绘图》试题以及“全国计算机信息高新技术考试”(中高级绘图员)试题，从一个侧面客观和直接地反映了工程设计和生产中对 AutoCAD 应用方面的要求。

本书以“轻松上手”、“系统性与实用性并重”为编写理念，在内容取舍上不求面面俱到，强调实用、需要；在说明方法和示例上，尽量做到简单明了、通俗易懂并侧重于工程设计实际应用，同时注意遵守我国制图国家标准的有关规定。基础篇中的每一章后均附有思考题和上机实训，以帮助学生加深对所学内容的理解和掌握。上机实训中，题号后带星号(*)的题目，表示所涉图形在电子教学参考包中提供有相应的基础图形电子图档(DWG 格式的图形文件)，以方便学生上机实践时直接引用。

本书由郭朝勇主编，段红梅、常玉巧、郭学信、杨世岩、段忠太、郭虹、郭栋、许静、段勇等也参与了部分工作。

限于编者水平，书中若有不当之处，恳请使用本书的老师和同学批评指正。我们的 E-mail 为：guochy1963@163.com。

本书编委会

# 目　　录

## 基 础 篇

## 应 用 篇

# 基 础 篇

## 第 1 章　AutoCAD 概述

AutoCAD 是美国 Autodesk 公司推出的，集二维绘图、三维设计、渲染及关联数据库管理和互联网通信功能于一体的计算机辅助设计与绘图软件。自 1982 年推出，30 多年来，从初期的 1.0 版本，经 2.6、R10、R12、R14、2000、2004、2008 等 20 多次典型版本更新和性能完善，现已发展到 AutoCAD 2014，在机械、建筑、电气、化工等工程设计领域得到了广泛应用，目前已成为国内外微机 CAD 系统中应用最为广泛的图形软件。

本章以 AutoCAD 2014 为蓝本，对 AutoCAD 的主要功能、软硬件需求、软件安装与启动、用户界面、基本操作等做一概略的介绍，使读者对该软件有一个整体的认识。

### 1.1　AutoCAD 的主要功能

#### 1．强大的二维绘图功能

AutoCAD 提供了一系列二维图形绘制命令，可以方便地用各种方式绘制二维基本图形对象，如点、直线、圆、圆弧、正多边形、椭圆、组合线、样条曲线等。并可对指定的封闭区域填充以图案(如剖面线、非金属材料、涂黑、砖、砂石、渐变色填充等)。

#### 2．灵活的图形编辑功能

AutoCAD 提供了很强的图形编辑和修改功能，如移动、旋转、缩放、延长、修剪、倒角、倒圆角、复制、阵列、镜像、删除等，可以灵活方便地对选定的图形对象进行编辑和修改。

#### 3．实用的辅助绘图功能

为了绘图的方便、规范和准确，AutoCAD 提供了多种绘图辅助工具，包括绘图区光标点的坐标显示、用户坐标系、栅格、捕捉、目标捕捉、自动捕捉、正交方式等功能。

#### 4．方便的尺寸标注功能

利用 AutoCAD 提供的尺寸标注功能，用户可以定义尺寸标注的样式，为绘制的图形标注尺寸、尺寸公差、几何形状和位置公差、注写中文和西文字体。

图 1.1 所示为利用 AutoCAD 绘制的机械、建筑及电气工程图图例。

### 5．显示控制功能

AutoCAD 提供了多种方法来显示和观看图形。使用“缩放”及“鹰眼”功能可以改变当前视口中图形的视觉尺寸，以便清晰地观察图形的全部或某一局部的细节；“扫视”功能相当于窗口不动，在窗口后上、下、左、右移动一张图纸，以便观看图形上的不同部分；使用“三维视图控制”功能可选择视点和投影方向，显示轴测图、透视图或平面视图，消除三维显示中的隐藏线，实现三维动态显示等；使用“多视口控制”功能可将屏幕分成几个窗口，每个窗口可以单独进行各种显示并能定义独立的用户坐标系；等等。

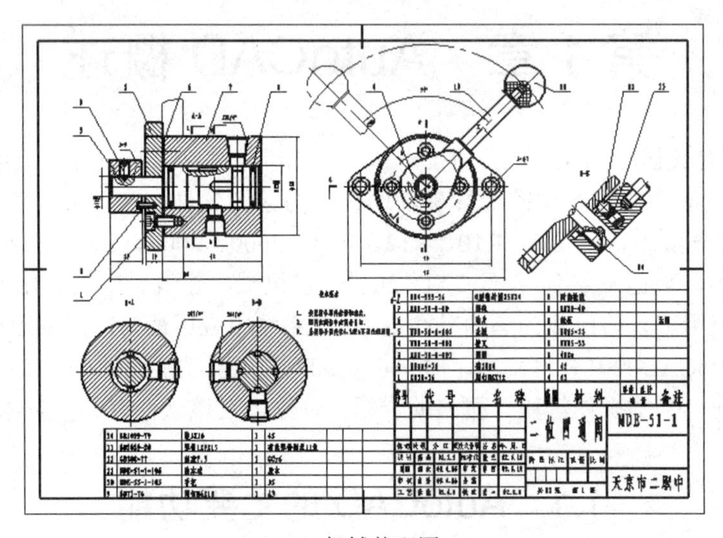


(a) 机械装配图

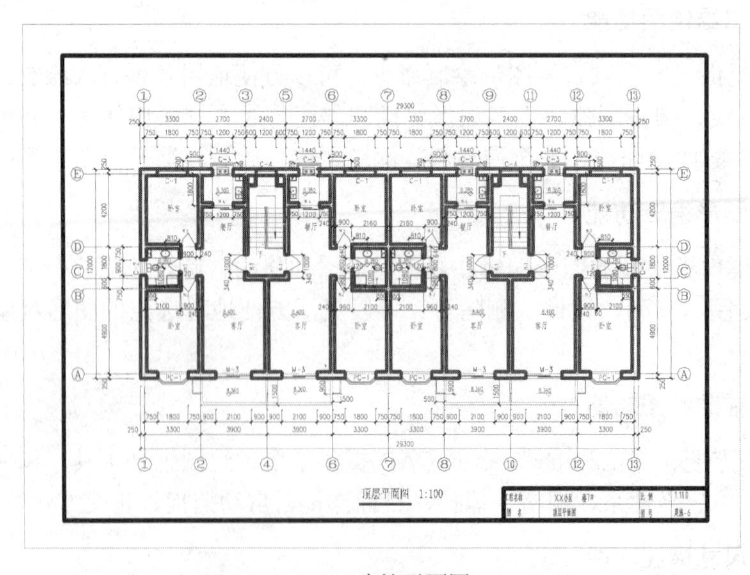


(b) 建筑平面图

图 1.1　用 AutoCAD 绘制的工程图

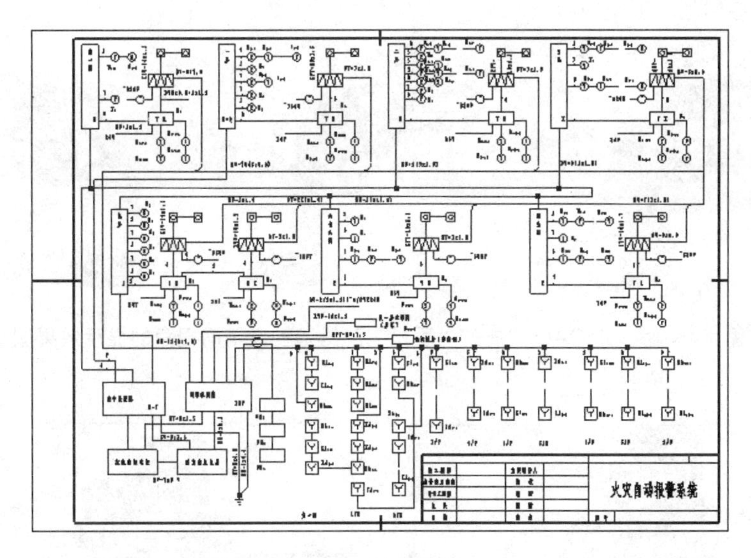


(c) 电气工程图

图 1.1　用 AutoCAD 绘制的工程图(续)

### 6．图层、颜色和线型设置管理功能

为了便于对图形的组织和管理，AutoCAD 提供了图层、颜色、线型、线宽及打印样式设置功能，可以对绘制的图形对象赋予不同的图层、用户喜欢的颜色、所要求的线型、线宽及打印控制等对象特性，并且图层可以被打开或关闭、冻结或解冻、锁定或解锁。

### 7．图块和外部参照功能

为了提高绘图效率，AutoCAD 提供了图块和对非当前图形的外部参照功能。利用该功能，可以将需要重复使用的图形定义成图块，在需要时依不同的基点、比例、转角插入新绘制的图形中，或将外部及局域网上的图形文件以外部参照的方式链接到当前图形中。

### 8．三维实体造型功能

AutoCAD 提供了多种三维绘图命令，如创建长方体、圆柱体、球、圆锥、圆环、楔形体等，以及将平面图形经回转和平移分别生成回转扫描体和平移扫描体等，通过在立体间进行交、并、差等布尔运算，可以进一步生成更为复杂的形体。图 1.2 所示为利用 AutoCAD 完成的“手枪”三维造型示例。AutoCAD 提供的三维实体编辑功能可以完成对实体的多种编辑，如倒角、倒圆角、生成剖面图和剖视图等。实体的查询功能可以方便地自动完成三维实体的质量、体积、质心、惯性矩等物理特性的计算。此外，借助于对三维图形的消隐或阴影处理，可以帮助增强三维显示效果。若为三维造型设置光源、并赋予材质，经渲染处理后，可获得像照片一样非常逼真的三维真实感效果图。图 1.3 所示为用 AutoCAD 完成的三维建模、不同视角显示及渲染后的真实感效果图。

### 9．幻灯演示和批量执行命令功能

在 AutoCAD 下可以将图形的某些显示画面生成幻灯片，以便对其进行快速显示和演播。可以建立脚本文件，如同 DOS 系统下的批处理文件一样，自动地执行在脚本文件中预定义的一组 AutoCAD 命令及其选项和参数序列，从而提高绘图的自动化成分。

图 1.2　用 AutoCAD 完成的“手枪”三维造型及不同视角的显示效果图

图 1.3　用 AutoCAD 完成的建筑三维造型及渲染效果图

10. 用户定制功能

AutoCAD 本身是一个通用的绘图软件，不针对某个行业、专业和领域，但其提供了多种用户化定制途径和工具，允许将其改造为一个适用于某一行业、专业或领域并满足用户个人习惯和喜好的专用设计和绘图系统。可以定制的内容包括：为 AutoCAD 的内部命令定义用户便于记忆和使用的命令别名、建立满足用户特殊需要的线型和填充图案、重组或修改系统菜单和工具栏、通过形文件(.SHP 文件)建立用户符号库和特殊字体等。

11. 数据交换功能

在图形数据交换方面，AutoCAD 提供了多种图形图像数据交换格式和相应的命令，通过 DXF、IGES 等规范的图形数据转换接口，可以与其他 CAD 系统或应用程序进行数据交换。利用 Windows 环境的剪贴板和对象链接嵌入(OLE)技术，可以极为方便地与其他 Windows 应用程序交换数据。此外，还可以直接对光栅图像进行插入和编辑。

12. 连接外部数据库

AutoCAD 能够将图形中的对象与存储在外部数据库(如 Microsoft Access、SQL Server 等)中的非图形信息连接起来，从而能够减小图形的大小、简化报表并可编辑外部数据库。这一功能特别有利于大型项目的协同设计工作。

13. 用户二次开发功能

AutoCAD 提供有多种编程接口，支持用户使用内嵌或外部编程语言对其进行二次开发，以扩充 AutoCAD 的系统功能。可以使用的开发语言包括：AutoLISP、Visual LISP、Visual C++(ObjectARX)和 Visual Basic(VBA)等。

### 14．网络支持功能

利用 AutoCAD 绘制的图形，可以在 Internet/Intranet 上进行图形的发布、访问及存取，为异地设计小组的网上协同工作提供了强有力的支持。

### 15．图形输出功能

在 AutoCAD 中可以以任意比例将所绘图形的全部或部分输出到图纸或文件中，从而获得图形的硬拷贝或电子拷贝。

### 16．完善而友好的帮助功能

AutoCAD 提供了方便的在线帮助功能，可以指导用户进行相关的使用和操作，并帮助解决软件使用过程中遇到的各种技术问题。

# 1.2　AutoCAD 软件的安装与启动

## 1.2.1　软件的安装

AutoCAD 2014 的安装界面如图 1.4 所示，风格与其他 Windows 应用软件相似，安装程序具有智能化的安装向导，用户只需一步一步按照屏幕上的提示操作即可完成整个安装过程。

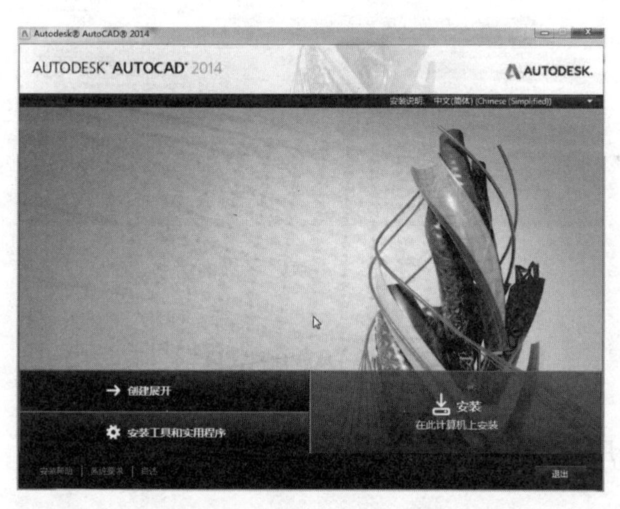


图 1.4　AutoCAD 2014 安装界面

正确安装 AutoCAD 2014 中文版后，会在计算机的桌面上，自动生成 AutoCAD 2014 中文版快捷图标，如图 1.5 所示。

图 1.5　AutoCAD 2014 中文版快捷图标

### 1.2.2 启动 AutoCAD 2014

启动 AutoCAD 2014 的方法很多，下面介绍几种常用的方法。

(1) 在 Windows 桌面上双击 AutoCAD 2014 中文版快捷图标。

(2) 单击 Windows 桌面左下角的“开始”按钮，在弹出的菜单中选择“程序”|Autodesk|“AutoCAD 2014-简体中文(Simplified Chinese)”。

(3) 双击已经存盘的任意一个 AutoCAD 图形文件(*.dwg 文件)。

启动后，在默认情况下，AutoCAD 2014 将显示如图 1.6 所示的“欢迎”界面，从中可进行“工作”、“学习”、“扩展”等多方面的操作。若不希望每次启动时均显示此界面，可取消选中界面左下角处的“启动时显示”复选框，则以后的启动将跳过此界面而直接显示用户界面。

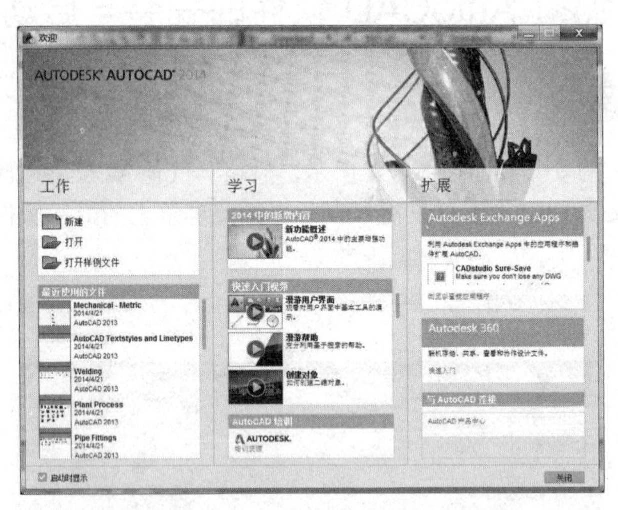


图 1.6 “欢迎”界面

## 1.3 AutoCAD 的用户界面

### 1.3.1 初始用户界面

进入 AutoCAD 2014 后，即出现如图 1.7 所示的 AutoCAD 2014 用户界面，包括标题栏、菜单栏、工具栏、绘图窗口、命令窗口、文本窗口及状态栏等内容，下面分别进行介绍。针对不同类型绘图任务的需要，AutoCAD 2014 提供了四种工作空间环境(草图与注释、三维基础、三维建模和 AutoCAD 经典)，图 1.7 所示为“AutoCAD 经典”工作空间界面，“草图与注释”和“三维建模”界面见图 1.8，四种工作空间之间的主要区别在于所打开的工具栏和工具选项板有所不同。此处不再逐一详述。

**提示：** 三种风格的界面之间可以通过键盘上的 F9 功能键方便地进行切换。

考虑到三种风格界面设计出发点的不同，为方便叙述和初学者学习起见，本书的后续内容以布局和条理较为清晰的“经典风格”界面为主，并适当兼顾时尚界面的相关特征。待读者对经典风格界面下的命令和操作完全熟悉后，也可以很快适应以灵活为特点的时尚界面下的相关操作。

### 1. 标题栏

AutoCAD 2014 的标题栏位于用户界面的顶部，左边显示该程序的图标及当前所操作图形文件的名称，与其他 Windows 应用程序相似，单击图标按钮 ，将弹出系统菜单，可以进行相应的操作；右边分别为：窗口最小化按钮、窗口最大化按钮、关闭窗口按钮，可以实现对程序窗口状态的调节。

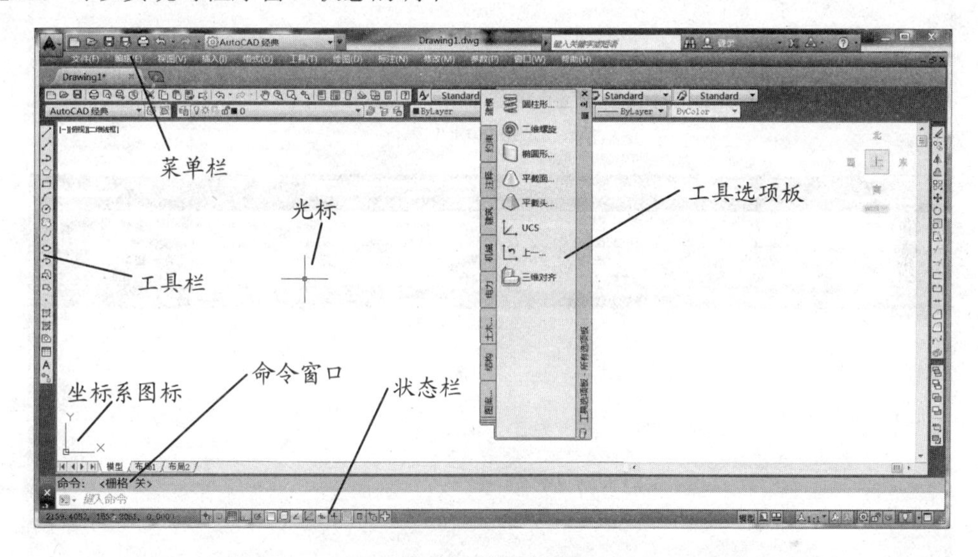


图 1.7　AutoCAD 2014 的用户界面(AutoCAD 经典)

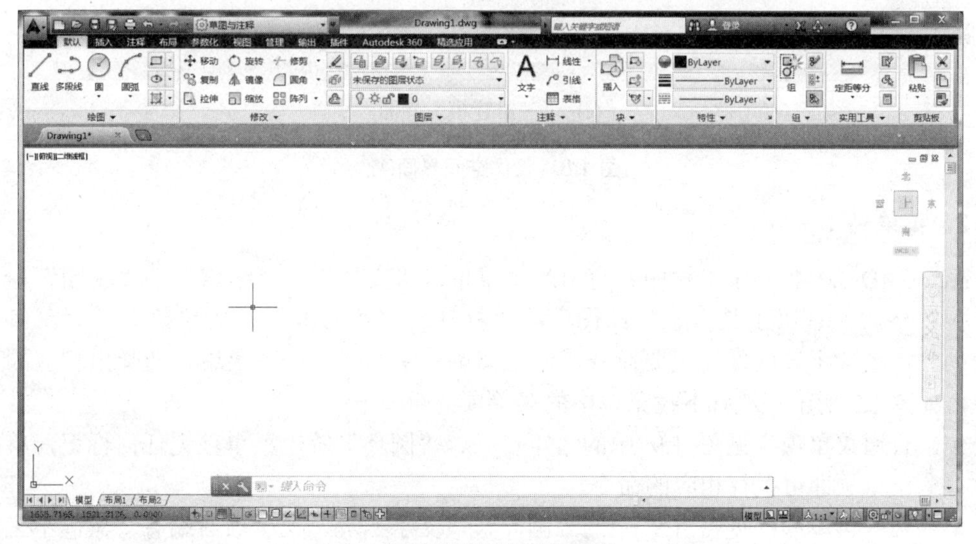

(a) “草图与注释”界面

图 1.8　工作空间界面

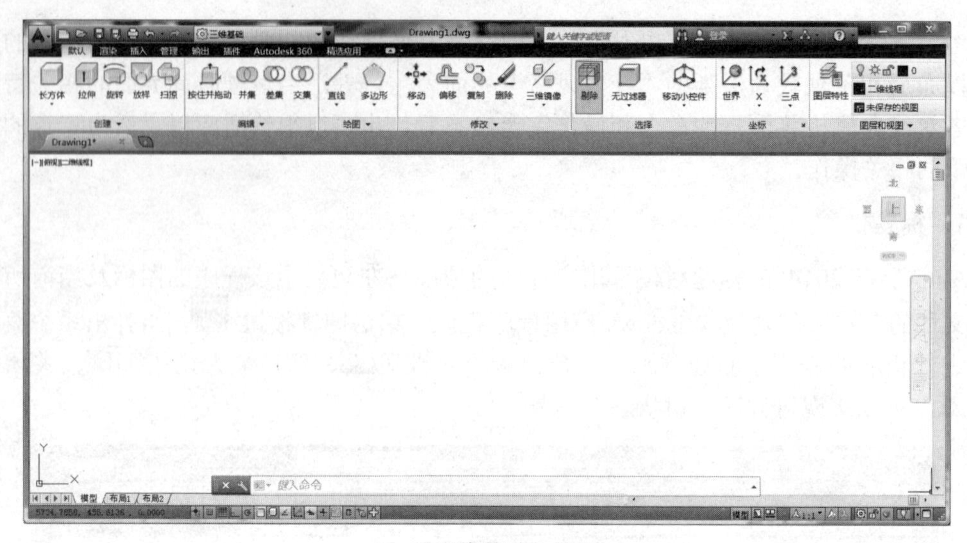

(b) “三维基础”界面

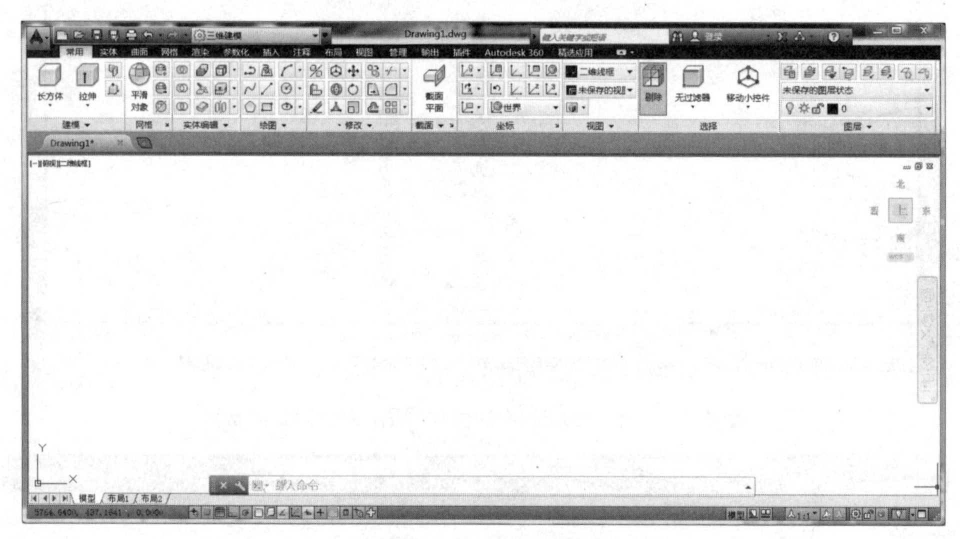

(c) “三维建模”界面

图 1.8　工作空间界面(续)

## 2. 菜单栏

AutoCAD 2014 的菜单栏中共有 12 个菜单：“文件”、“编辑”、“视图”、“插入”、“格式”、“工具”、“绘图”、“标注”、“修改”、“参数”、“窗口”和“帮助”，包含了该软件的主要命令。单击菜单栏中的任意一个菜单，即弹出相应的下拉菜单，如图 1.9 所示。现就下拉菜单中的菜单项说明如下。

- 普通菜单项：见图 1.9 中的“矩形”、“圆环”等，菜单项无任何标记，单击该菜单项即可执行相应的命令。
- 级联菜单项：见图 1.9 中的“圆”、“文字”等，菜单项右端有一黑色小三角，表示该菜单项中还包含多个菜单选项，单击该菜单项，将弹出下一级菜单，称为级联菜单，可进一步在级联菜单中选取菜单项。

- 对话框菜单项：见图 1.9 中的“图案填充”等，菜单项后带有“…”，表示单击该菜单项将弹出一个对话框，用户可以通过该对话框实施相应的操作。

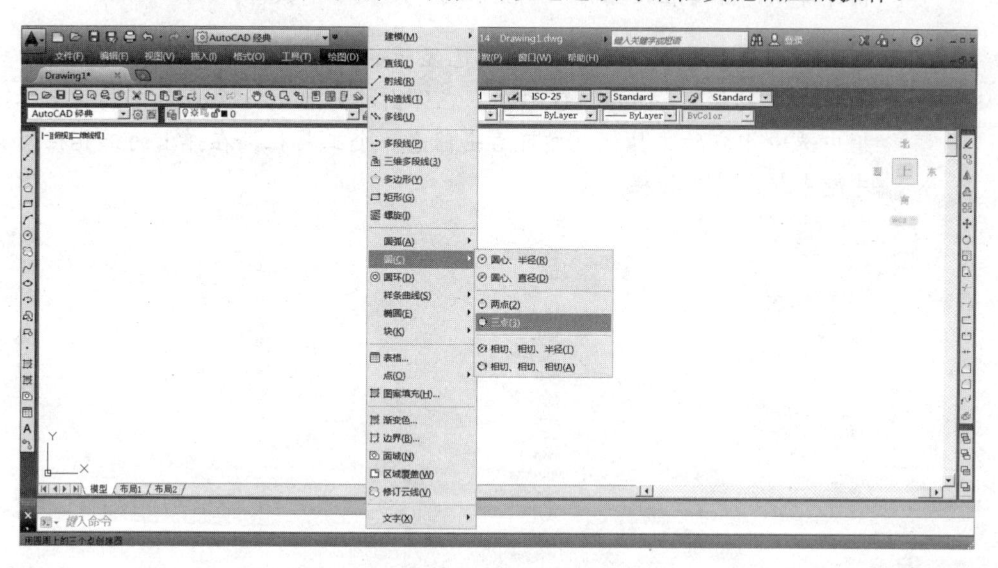

图 1.9　下拉菜单

### 3. 工具栏

工具栏是一组图标型工具的集合，它为用户提供了另一种调用命令和实现各种绘图操作的快捷执行方式。

AutoCAD 2014 中共包含 52 个工具栏，在默认情况下，将显示“标准”工具栏、“特性”工具栏、“样式”工具栏、“图层”工具栏、“绘图”工具栏、“修改”工具栏、“工作空间”工具栏和“绘图次序”工具栏，如图 1.10 所示。单击工具栏中的某一图标，即可执行相应的命令。

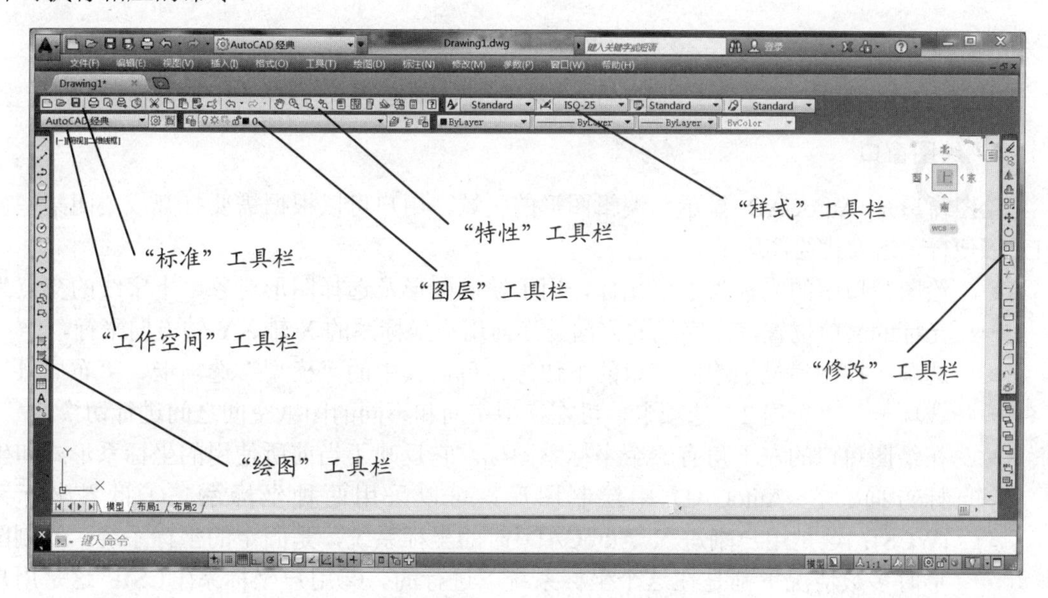


图 1.10　AutoCAD 2014 中默认显示的工具栏

**提示：** 若要了解工具栏中某一图标的命令功能，只需把鼠标指针移动到该图标上并稍停片刻，即可在该图标一侧显示的伴随提示中获得。

**提示：** 若要打开未显示的工具栏或关闭已显示的工具栏，可从菜单栏中选择“工具”|“工具栏”|AutoCAD 命令，在弹出的如图 1.11 所示的工具栏名称列表框中选中相应的工具栏。亦可右击任意一个工具栏，在弹出的工具栏列表框中选中相应的工具栏。

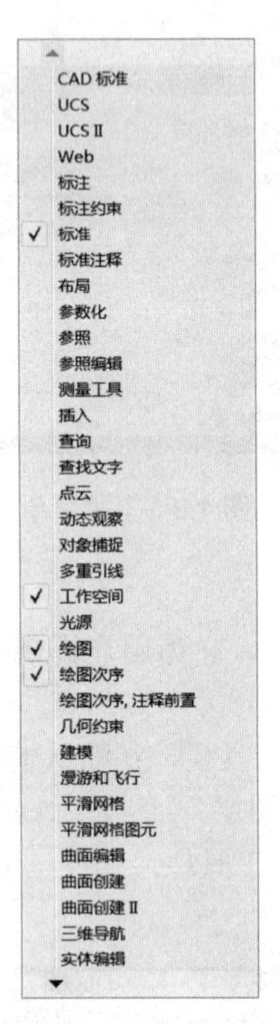


图 1.11　工具栏名称列表框

### 4．绘图窗口

绘图窗口是 AutoCAD 显示、编辑图形的区域，用户可以根据需要打开或关闭某些窗口，以便合理地安排绘图区域。

- 绘图窗口中的光标为十字光标，用于绘制图形及选择图形对象，十字线的交点为光标的当前位置，十字线的方向与当前用户坐标系的 X 轴、Y 轴方向平行。
- 选项卡控制栏位于绘图窗口的下边缘，单击其中的“模型”选项卡、“布局 1”选项卡、“布局 2”选项卡，可在模型空间和不同的图纸空间之间进行切换。
- 在绘图窗口的左下角有一个坐标系图标，它反映了当前所使用的坐标系形式和坐标方向。在 AutoCAD 中绘制图形，可以采用两种坐标系。①世界坐标系(WCS)：这是用户刚进入 AutoCAD 时的坐标系统，是固定的坐标系统，绘制图形时多数情况下都是在这个坐标系统下进行的。②用户坐标系(UCS)：这是用户利用 UCS 命令相对于世界坐标系重新定位、定向的坐标系。在默认情况下，当前 UCS 与 WCS 重合。

### 5. 命令窗口

命令窗口是用户输入命令名和显示命令提示信息的区域。默认的命令窗口位于绘图窗口的下方，其中保留最后三次所执行的命令及相关的提示信息。用户可以用改变一般 Windows 窗口的方法来改变命令窗口的大小。

### 6. 文本窗口

AutoCAD 2014 的“文本”窗口，如图 1.12 所示，显示当前绘图进程中命令的输入和执行过程的相关文字信息。

**提示：** 绘图窗口和文本窗口之间可以通过键盘上的 F2 功能键方便地进行切换。

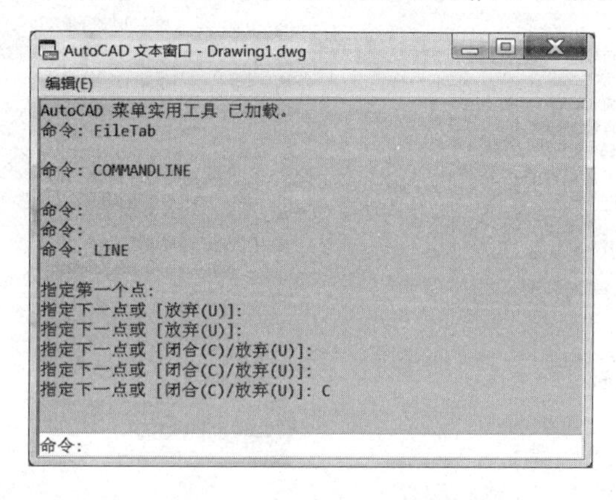


图 1.12　AutoCAD 文本窗口

### 7. 状态栏

状态栏又称状态行，位于屏幕的底部，如图 1.13 所示。在默认情况下，左端显示绘图区中光标定位点的 x、y、z 坐标值；中间依次有“捕捉模式”、“栅格显示”、“正交模式”、“极轴追踪”、“对象捕捉”、“对象捕捉追踪”、“动态 UCS”、“动态输入”、“显示/隐藏线宽”和模型/图纸空间切换等 10 余个辅助绘图工具按钮，单击任意一个按钮，即可打开相应的辅助绘图工具。

图 1.13　状态栏

**提示：** 要了解状态栏中某一图标的具体功能，只需把鼠标指针移动到该图标上并稍停片刻，即可在该图标的一侧显示相应的伴随提示中获得。

### 8. 工具选项板

工具选项板是一个选项卡形式的区域，它提供了一种组织、共享和放置块及填充图案的有效方法。工具选项板的具体操作见 1.8 节。

## 1.3.2 用户界面的修改

在 AutoCAD 2014 的菜单栏中，选择“工具”|“选项”命令，弹出如图 1.14 所示的“选项”对话框，单击其中的“显示”标签，将打开“显示”选项卡，其中包括“窗口元素”、“显示精度”、“布局元素”、“显示性能”，以及“十字光标大小”等区域，分别对其进行操作，即可以实现对原有用户界面中某些内容的修改。现仅对其中常用内容的修改加以说明。

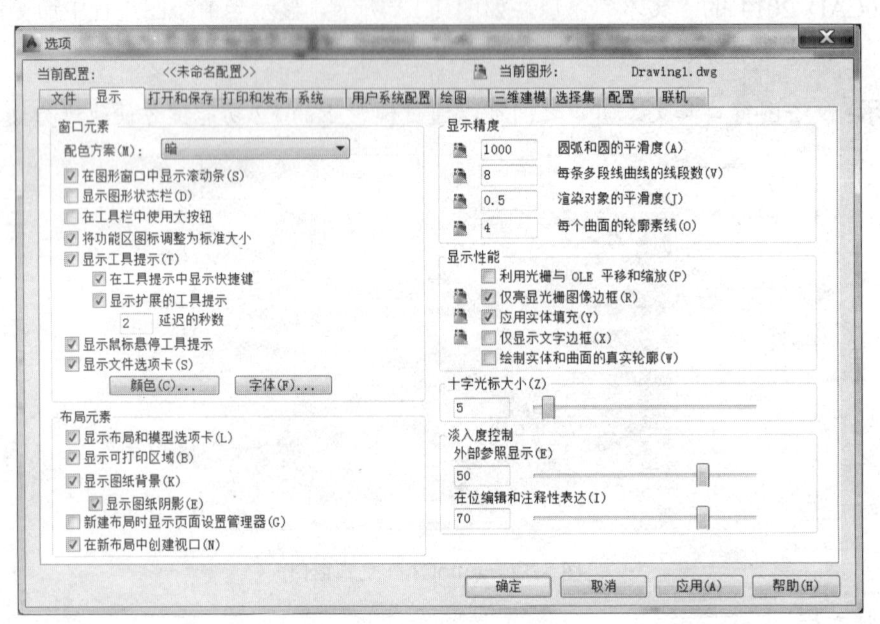


图 1.14 “选项”对话框

### 1. 修改图形窗口中十字光标的大小

系统预设十字光标的长度为屏幕大小的百分之五，用户可以根据绘图的实际需要更改其大小。改变十字光标大小的方法为：在“十字光标大小”区域中的编辑框中直接输入数值，或者拖动编辑框后的滑块，即可以对十字光标的大小进行调整。

### 2. 修改绘图窗口的颜色

在默认情况下，AutoCAD 2014 的绘图窗口是白色背景、黑色线条，利用“选项”对话框，用户同样可以对其进行修改。

修改绘图窗口颜色的步骤如下。

(1) 单击“窗口元素”区域中的“颜色”按钮，弹出如图 1.15 所示的“图形窗口颜色”对话框。

(2) 单击“颜色”选择框右侧的下拉按钮，在弹出的下拉列表中，选择“白”选项，如图 1.16 所示，然后单击“应用并关闭”按钮，则 AutoCAD 2014 的绘图窗口将变成黑色背景、白色线条。

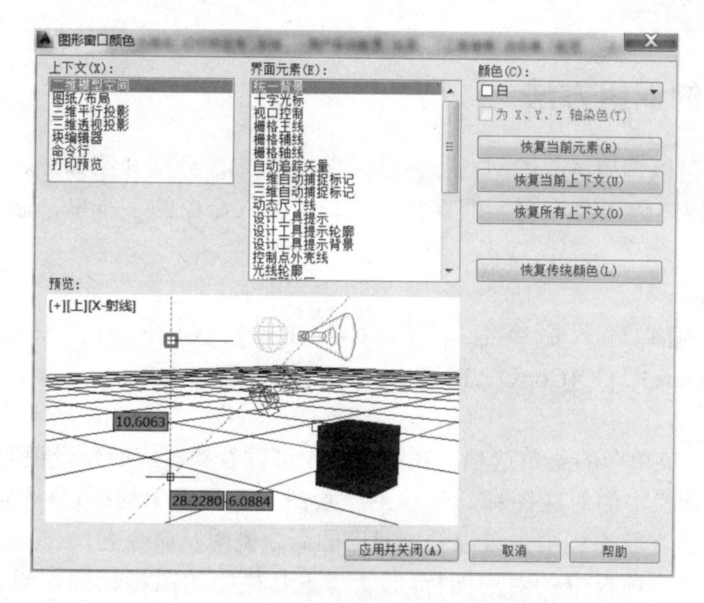


图 1.15　“图形窗口颜色”对话框

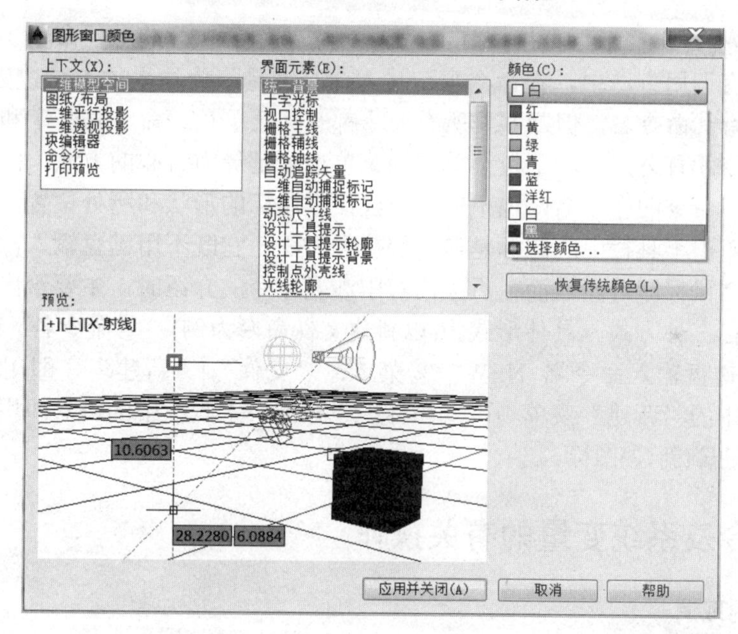


图 1.16　“图形窗口颜色”对话框中的“颜色”下拉列表

## 1.4　AutoCAD 命令和系统变量

AutoCAD 的操作过程由 AutoCAD 命令控制，AutoCAD 系统变量是设置与记录 AutoCAD 运行环境、状态和参数的变量。

AutoCAD 命令名和系统变量名均为西文，如命令 LINE(直线)、CIRCLE(圆)等，系统变量 TEXTSIZE(文字高度)、THICKNESS(对象厚度)等。

## 1.4.1 命令的调用方法

有多种方法可以调用 AutoCAD 命令(以画直线为例)，分别介绍如下。

(1) 在命令窗口输入命令名。即在命令窗口中输入命令的字符串，命令字符可不区分大、小写。例如：

命令：**LINE**

(2) 在命令窗口输入命令缩写字。如 L(Line)、C(Circle)、A(Arc)、Z(Zoom)、R(Redraw)、M(More)、CO(Copy)、PL(Pline)、E(Erase)等。例如：

命令：**L**

(3) 单击下拉菜单中的菜单选项。在状态栏中可以看到对应的命令说明及命令名。

(4) 单击工具栏中的对应图标。如单击“绘图”工具栏中的(直线)图标，也可执行画直线命令，同时在状态栏中也可以看到对应的命令说明及命令名。

(5) 单击工具选项板中的对应图标(形状与工具栏中的图标相同，只有少数命令有此方法)。

(6) 在“命令：”提示下直接按 Enter 键可重复调用已执行的上一命令。

在上述所有调用方法中，在命令窗口输入命令名是最为稳妥的方法，因为 AutoCAD 的所有命令均有其命令名，但却并非所有命令都有其菜单项、命令缩写字和工具栏图标，只有常用的命令才有之；选取下拉菜单中的菜单选项是最为省心的方法，因为这种方法既不需要记住众多命令的命令名，也不需要记住命令图标的形状和所处位置，只需按菜单顺序寻找即可；单击工具栏中的图标是最为快捷的方法，它既不用键盘输入，也不需菜单的多级查找，单击鼠标即可。故而在后续内容中涉及命令的介绍时，主要给出了命令名、菜单和工具栏图标三种方式。具体形式为(以新建文件命令为例)：①命令名：NEW，即在命令窗口中通过键盘输入命令名 NEW；②菜单：“文件”|“新建”，即用鼠标选取“文件”下拉菜单中的“新建”菜单项；③图标：“标准”工具栏中的，即用鼠标单击“标准”工具栏中的(新建)图标。

## 1.4.2 命令及系统变量的有关操作

### 1. 命令的取消

在命令执行的任何时刻都可以用 Esc 键取消和终止命令的执行。

### 2. 命令的重复使用

若在一个命令执行完毕后要再次重复执行该命令，可在命令窗口中直接按 Enter 键。

### 3. 命令选项

当输入命令后，AutoCAD 会出现对话框或命令提示，在命令提示中常会出现命令选项，如：

命令： **ARC**↙
指定圆弧的起点或 [圆心(C)]:

前面不带中括号的提示为默认选项，因此可直接输入起点坐标。若要选择其他选项，则应先输入该选项的标识字符，如圆心选项的 C，然后按系统提示输入数据。若选项提示行的最后带有尖括号，则尖括号中的数值为默认值。

在 AutoCAD 中，也可通过“快捷菜单”用鼠标点取命令选项。在上述画圆弧示例中，当出现“指定圆弧的起点或[圆心(C)]:”提示时，若单击鼠标右键，则弹出如图 1.17 所示的快捷菜单，从中可用鼠标快速选定所需选项。右键快捷菜单随不同的命令进程而有不同的菜单选项。

图 1.17　快捷菜单

### 4．透明命令的使用

有的命令不仅可直接在命令窗口中使用，而且可以在其他命令的执行过程中插入执行，该命令结束后系统继续执行原命令，输入透明命令时要加前缀单撇号“'”。

例如：

命令: **ARC**↙
指定圆弧的起点或 [圆心(C)]: **'ZOOM**↙(透明使用显示缩放命令)
\>> ...(执行 **ZOOM** 命令)
正在恢复执行 **ARC** 命令。
指定圆弧的起点或 [圆心(C)]: (继续执行原命令) ①

不是所有命令都能透明使用，可以透明使用的命令在透明使用时要加前缀“'”。使用透明命令也可以从菜单或工具栏中选取。

### 5．命令的执行方式

有的命令有两种执行方式，通过对话框或通过命令窗口输入命令选项。如指定使用命令窗口方式，可以在命令名前加一减号来表示用命令窗口方式执行该命令，如“-LAYER”。

### 6．系统变量的访问方法

访问系统变量可以直接在命令提示下输入系统变量名或选取菜单项，也可以使用专用命令 SETVAR。

① 本书用仿宋体编排的内容为软件在命令窗口处的提示，圆括弧中的内容为相应的说明；黑体部分为用户输入的命令或选项。符号“↙”表示按 Enter 键。

### 1.4.3 数据的输入方法

#### 1. 点的输入

绘图过程中，常需要输入点的位置，AutoCAD 提供了如下几种输入点的方式。

(1) 用键盘直接在命令窗口中输入点的坐标。点的坐标可以用直角坐标、极坐标、球面坐标或柱面坐标表示，其中直角坐标和极坐标最为常用。

直角坐标有两种输入方式：x, y [, z ](点的绝对坐标值，例如：100, 50)和@ x, y [, z ](相对于上一点的相对坐标值，例如，@ 50, -30)。坐标值均相对于当前的用户坐标系。

极坐标的输入方式为：长度 < 角度(其中，长度为点到坐标原点的距离，角度为原点至该点连线与 X 轴的正向夹角，例如：20<45)或@长度<角度(相对于上一点的相对极坐标，例如@ 50 < -30)。

(2) 用鼠标等定标设备移动光标单击左键在屏幕上直接取点。

(3) 用键盘上的箭头键移动光标按 Enter 键取点。

(4) 用目标捕捉方式捕捉屏幕上已有图形的特殊点(如端点、中点、中心点、插入点、交点、切点、垂足点等，详见第 4 章)。

(5) 直接距离输入。先用光标拖拉出橡筋线确定方向，然后用键盘输入距离。

(6) 使用过滤法得到点。

#### 2. 距离值的输入

在 AutoCAD 命令中，有时需要提供高度、宽度、半径、长度等距离值。AutoCAD 提供了两种输入距离值的方式：一种是用键盘在命令窗口中直接输入数值；另一种是在屏幕上点取两点，以两点的距离值定出所需数值。

## 1.5 AutoCAD 的文件命令

对于 AutoCAD 图形，AutoCAD 提供了一系列图形文件管理命令。

### 1.5.1 新建图形文件

#### 1. 命令

①命令：NEW；②菜单：“文件”|“新建”；③图标：“标准”工具栏中的(新建)图标。

#### 2. 说明

打开如图 1.18 所示的“选择样板”对话框，可从中间位置的样板文件“名称”框中选择基础图形样板文件(也可从“打开”按钮右侧的下拉列表框内选择“无样板打开-(公制)”)，然后单击“打开”按钮，则系统以默认的 drawing1.dwg 为文件名开始一幅新图的绘制。

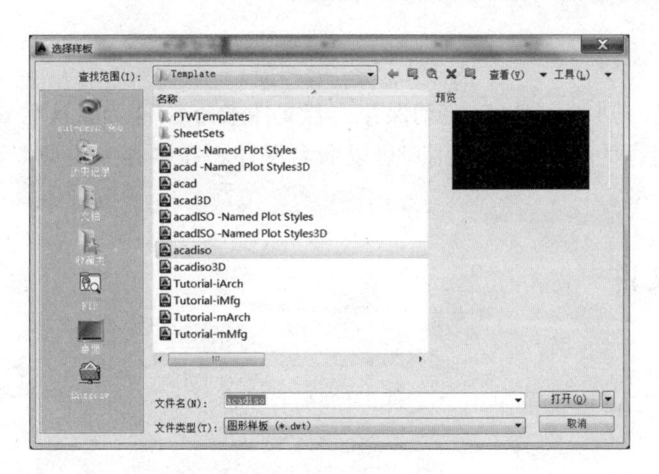


图 1.18　“选择样板”对话框

## 1.5.2　打开已有图形文件

### 1. 命令

①命令：OPEN；②菜单：“文件”|“打开”；③图标：“标准”工具栏中的(打开)图标。

### 2. 说明

打开如图 1.19 所示的“选择文件”对话框。在“文件类型”下拉列表框中用户可选择图形文件(.dwg)、dxf 文件、样板文件(.dwt)等。

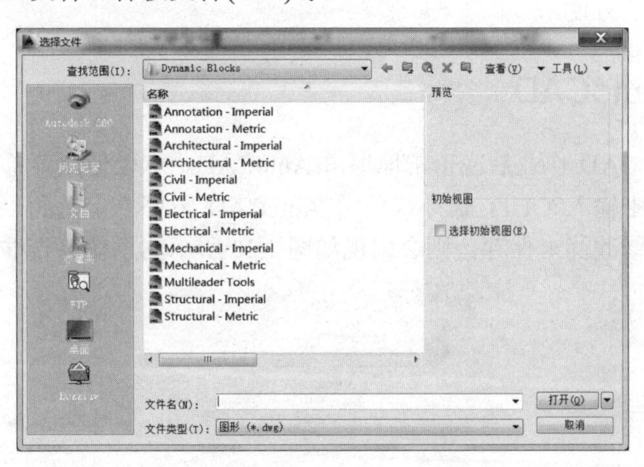


图 1.19　“选择文件”对话框

## 1.5.3　快速保存文件

### 1. 命令

①命令：QSAVE；②菜单：“文件”|“保存”；③图标：“标准”工具栏中的(保存)图标。

2. 说明

若文件已命名，则 AutoCAD 自动保存；若文件未命名(即为默认名 drawing1.dwg)，则系统打开“图形另存为”对话框，用户可以命名保存。在“存为类型”下拉列表框中可以指定保存文件的类型。

### 1.5.4 另存文件

1. 命令

①命令：SAVEAS；②菜单：“文件”|“另存为”。

2. 说明

打开“图形另存为”对话框，AutoCAD 用另存名保存，并把当前图形更名。

### 1.5.5 同时打开多个图形文件

在一个 AutoCAD 任务下可以同时打开多个图形文件。方法是在“选择文件”对话框(见图 1.19)中，按住 Ctrl 键的同时选中几个要打开的文件，然后单击“打开”按钮即可。也可以从 Windows 浏览框把多个图形文件导入 AutoCAD 任务中。

要将某一打开的文件设置为当前文件，只需单击该文件的图形区域即可。也可以通过组合键 Ctrl+F6 或 Ctrl+Tab 在已打开的不同图形文件之间切换。

同时打开多个图形文件的功能为重用过去的设计及在不同图形文件间移动、复制图形对象及其特性提供了方便。

### 1.5.6 退出 AutoCAD

用户结束 AutoCAD 作业后应正常地退出 AutoCAD。可以使用菜单命令“文件”|“退出”、在命令窗口中输入 QUIT 命令或单击 AutoCAD 界面右上角的“关闭”按钮。若用户对图形所做的修改尚未保存，则会出现如图 1.20 所示的系统警告框。

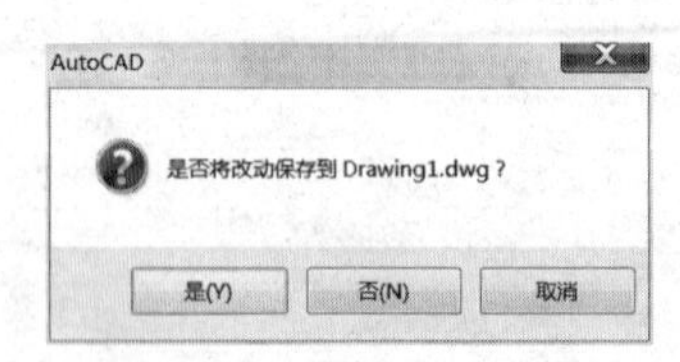


图 1.20 系统警告框

单击“是”按钮系统将保存文件，然后退出；单击“否”按钮系统将不保存文件。

## 1.6 带你绘制一幅图形

本节以绘制如图 1.21 所示的垫片图形为例，介绍用 AutoCAD 绘图的基本方法和步骤，以使读者对使用 AutoCAD 绘图的全过程有一个概略的直观了解。这一过程中涉及的部分内容读者可能一时还不大清楚，不过没有关系，在后续章节中将陆续分别对其做详细的介绍，在这里只需能按所给步骤操作，绘出图形即可。

**分析**：如图 1.21 所示的垫片图形由两条互相垂直的对称细点画线(也称点划线)、矩形、中间的大圆及环绕大圆的八个小圆组成。

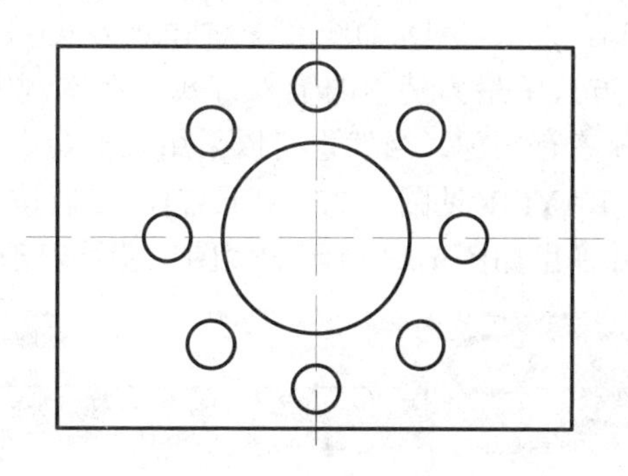

图 1.21　垫片图形

操作步骤如下。

### 1. 启动 AutoCAD 2014 中文版

在计算机桌面上双击 AutoCAD 2014 中文版图标，启动 AutoCAD 2014 中文版软件系统，将显示如图 1.22 所示的绘图界面，可由这里开始进行具体的绘图。

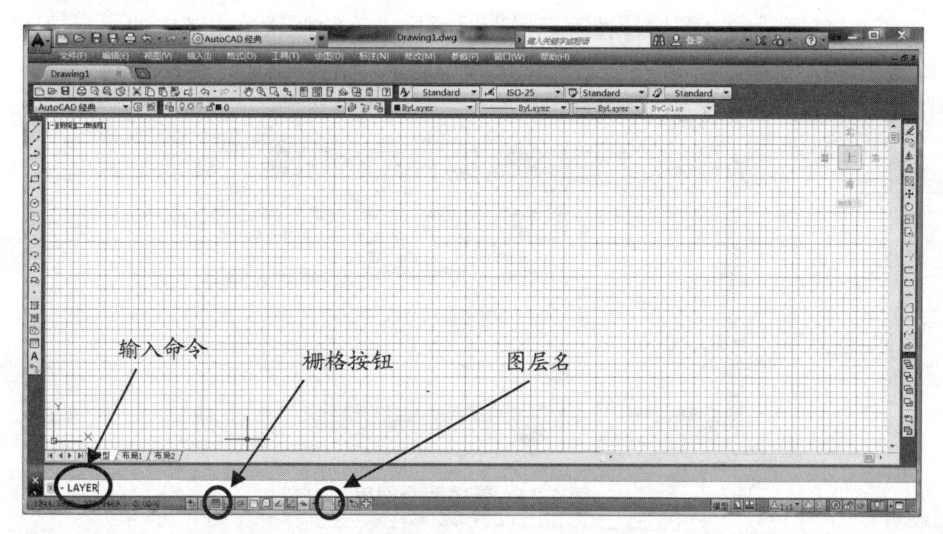


图 1.22　AutoCAD 绘图界面及命令的输入

**提示：** 为简化绘图时的交互显示，可按 F12 键以关闭动态输入；为避免图 1.22 所示绘图区栅格的存在而使得图形不够简洁和清晰，可按下状态栏中的“栅格”按钮以关闭栅格的显示。

### 2. 设置图层、线型、线宽等绘图环境

根据国家标准《机械制图》的有关规定，“垫片”图形中用到了粗实线和细点画线两

种图线线型，其宽度之比为 2∶1。在 AutoCAD 下，这些都是通过“图层”的设置来实现的。图层好像透明纸重叠在一起一样，每一图层对应一种线型、颜色及线宽。

将光标移动到屏幕左下方的命令区域，在此处输入 AutoCAD 命令，即可执行相应的命令功能。

由上一节中的介绍已知，AutoCAD 命令有多种输入方式(命令窗口、下拉菜单、工具栏等)，但命令窗口是所有方式中最为基本的输入方式。在本例中，AutoCAD 命令均是以命令窗口方式给定的，若读者有兴趣，当然也可以采用其他命令输入方式。

在命令窗口位置输入 LAYER(见图 1.22 左下方)，然后按 Enter 键，则系统将执行 LAYER(图层设置)命令，并弹出如图 1.23 所示的“图层特性管理器”对话框。

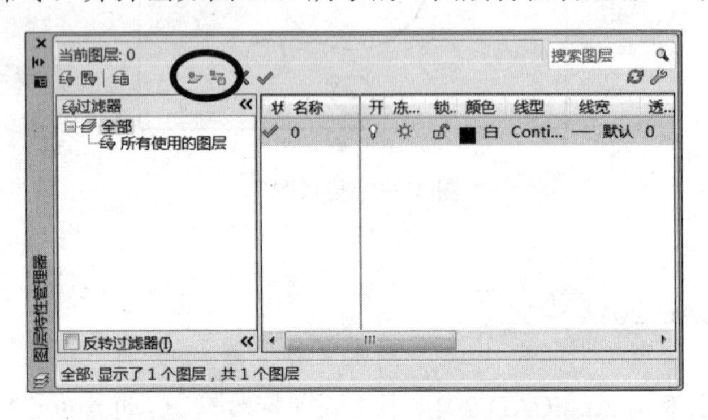


图 1.23 “图层特性管理器”对话框

在如图 1.23 所示的“图层特性管理器”对话框中连续两次单击其中的“新建图层”图标(即图中椭圆所圈处)，则在当前绘图环境中将新建两个图层，名称分别为“图层 1”和“图层 2”，结果如图 1.24 所示。

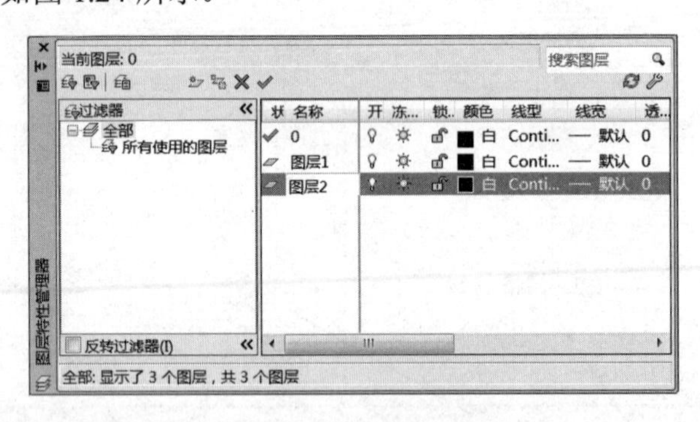


图 1.24 新建两个图层

单击“图层 1”和“图层 2”，将其分别更名为“粗实线”及“细点画线”，结果如图 1.25 所示。

单击如图 1.25 所示界面中的“设置线宽”，弹出如图 1.26 所示的“线宽”对话框，单击其中的“0.4 毫米”线宽，然后单击“确定”按钮，则将“粗实线”图层的线宽设置为 0.4 毫米；同理，将“细点画线”图层的线宽设置为 0.2 毫米。

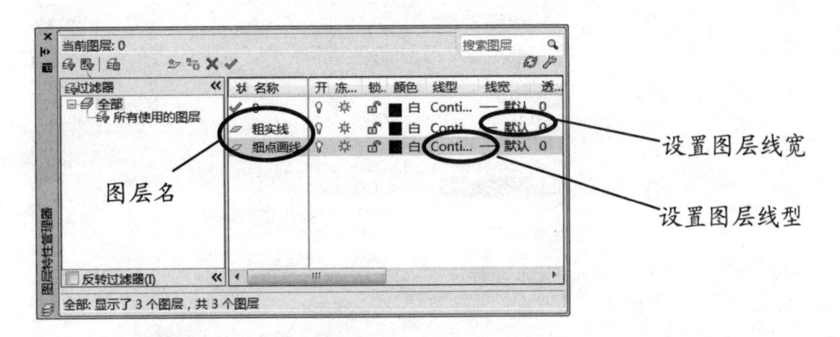


图 1.25　将新建图层更名为“粗实线”及“细点画线”

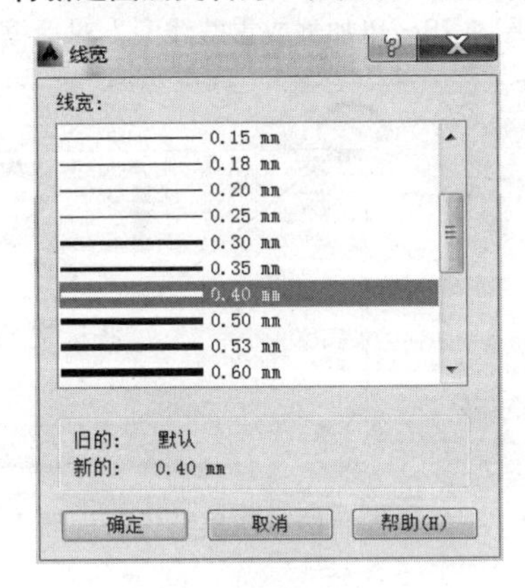


图 1.26　“线宽”对话框

单击如图 1.25 所示界面中的“设置线型”，弹出如图 1.27 所示的“选择线型”对话框，单击其中的“加载”按钮，弹出如图 1.28 所示的“加载或重载线型”对话框，单击其中的 ACAD_ISO04W100 线型，然后单击“确定”按钮，则 ACAD_ISO04W100 线型将出现在“选择线型”对话框中。在此对话框内选中该线型，然后单击“确定”按钮，则“细点画线”图层的线型将被设置为 ACAD_ISO04W100(细点画线)。设置完成后的“图层特性管理器”对话框如图 1.29 所示。

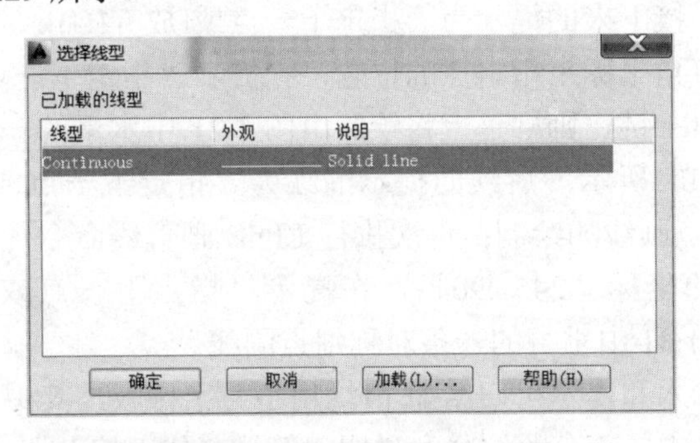


图 1.27　“选择线型”对话框

在“图层特性管理器”对话框中选中“细点画线”图层，然后单击其中的“置为当前”图标，就将“细点画线”图层设置成为“当前层”，随后所画的图线均将绘制在该图层上。

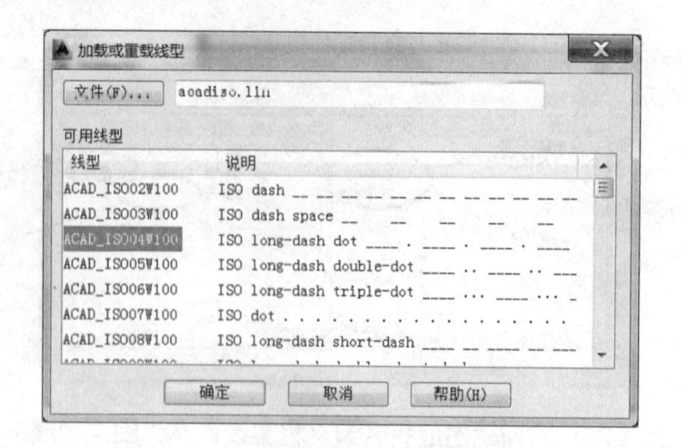


图 1.28 “加载或重载线型”对话框

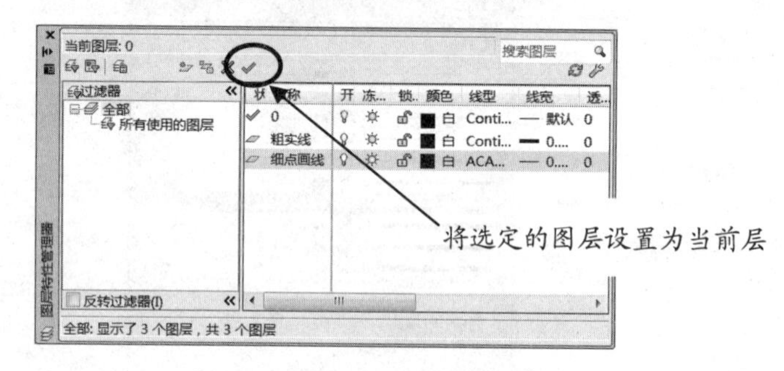


图 1.29 完成设置后的“图层特性管理器”对话框

### 3. 绘制对称细点画线

这里，先用画直线命令 LINE 来绘制垫片的两条对称细点画线直线。具体步骤为：在命令窗口中输入 LINE，然后按 Enter 键，则系统将执行 LINE 画直线命令。大家知道，一条直线可以由其两个端点确定，因此，只要给定两个点就可以在两点之间绘制出一条直线。执行 LINE 命令后，将在命令窗口中显示命令提示“指定第一点:”，意即要求指定直线的一个端点，此处用直角坐标来指定点的位置，在提示“指定第一点:”后输入端点的直角坐标值“60,150”然后按 Enter 键。这里的 60 和 150 分别为点的 X、Y 坐标，坐标系原点在绘图区的左下角。接下来的提示为“指定下一点或[放弃(U)]:”，意即要求指定直线的另一个端点，仍然用直角坐标来指定点的位置，在提示“指定下一点或[放弃(U)]:”后输入“430,150”然后按 Enter 键，则屏幕上将绘制出图 1.21 中水平的一条对称细点画线，此时的绘图区显示如图 1.30 所示。后续的提示继续为“指定下一点或[放弃(U)]:”，直接按 Enter 键，结束水平细点画线的绘制；再次执行 LINE 画直线命令，分别输入第一点的坐标“245,10”和下一点的坐标“245,290”，在提示“指定下一点或[放弃(U)]:”下直接按 Enter 键，可绘制出图 1.31 中垂直的一条对称细点画线。

上述操作过程的输入和提示可归结如下(均用小号字排版，其中，加粗字体编排部分为用户的键盘输入，括号中的部分为注释和说明。符号↙代表按 Enter 键)：

命令: **LINE↙** (输入画直线命令)
指定第一点: **60,150↙** (输入图 1.21 中水平细点画线左端点的坐标)
指定下一点或 [放弃(U)]: **430,150↙** (输入图 1.21 中水平细点画线右端点的坐标)
指定下一点或 [放弃(U)]:↙ (结束画直线命令)
命令: **LINE↙** (再次输入画直线命令)

指定下一点或 [放弃(U)]: **245,10**↙　　(输入图 1.21 中铅垂细点画线下端点的坐标)
指定下一点或 [闭合(C)/放弃(U)]: **245,290**↙　(输入图 1.21 中铅垂细点画线上端点的坐标)
指定下一点或 [放弃(U)]: ↙　　　　　(结束画直线命令)

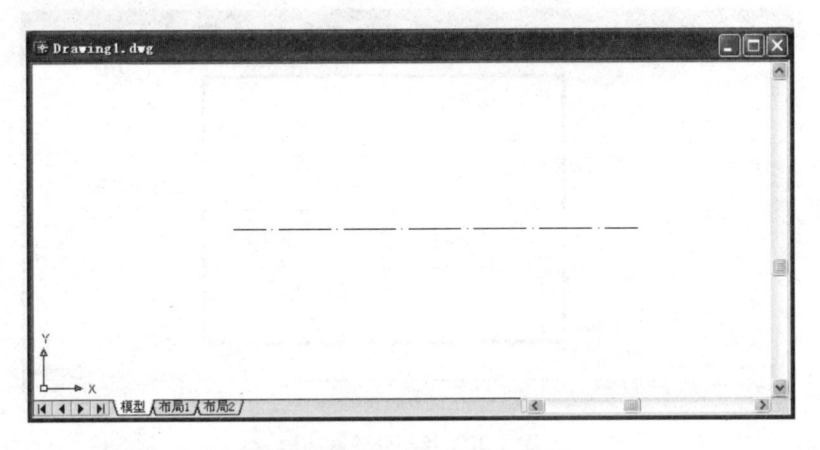


图 1.30　绘制水平对称细点画线

此时屏幕上显示的图形如图 1.31 所示。

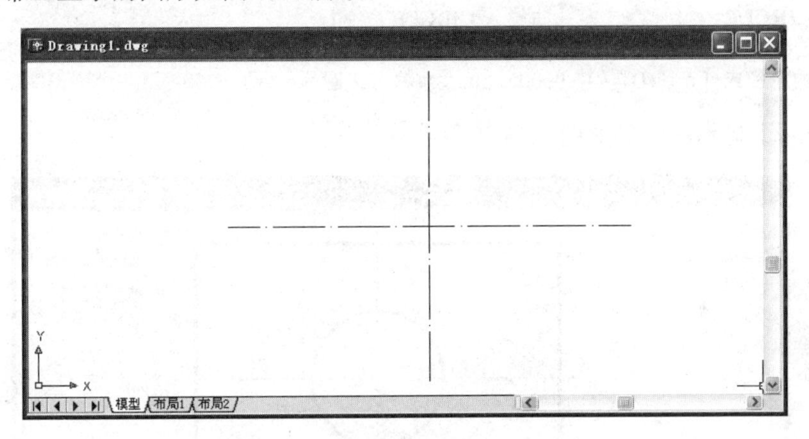


图 1.31　绘制垂直对称细点画线

### 4. 将“粗实线”图层设置为当前图层

要绘制粗实线图形，首先应将“粗实线”图层设置为当前图层。在如图 1.29 所示的“图层特性管理器”对话框中选中“粗实线”图层，然后单击其中的“置为当前”图标 ✓，就将“粗实线”图层设置成为“当前层”，随后所画的图线均将绘制在该图层上，且图线线型为宽度是 0.4 毫米的粗实线。

为使所设置的图线宽度能够在屏幕上直观地显示出来，可将屏幕下方 AutoCAD 状态栏中的“线宽”按钮按下(见图 1.32)。

### 5. 绘制粗实线图形

先用画矩形命令 RECTANG 绘制垫片的外轮廓。操作过程如下：

命令:　**RECTANG**↙　　　　　　　　　　(启动画矩形命令)
指定第一个角点或 [倒角(C)/标高(E)/圆角(F)/厚度(T)/宽度(W)]: **80,30**↙　(矩形左下角点坐标)

指定另一个角点或 [面积(A)/尺寸(D)/旋转(R)]: **410,270**↙ (矩形右上角点坐标)

此时屏幕上显示的图形如图 1.32 所示。

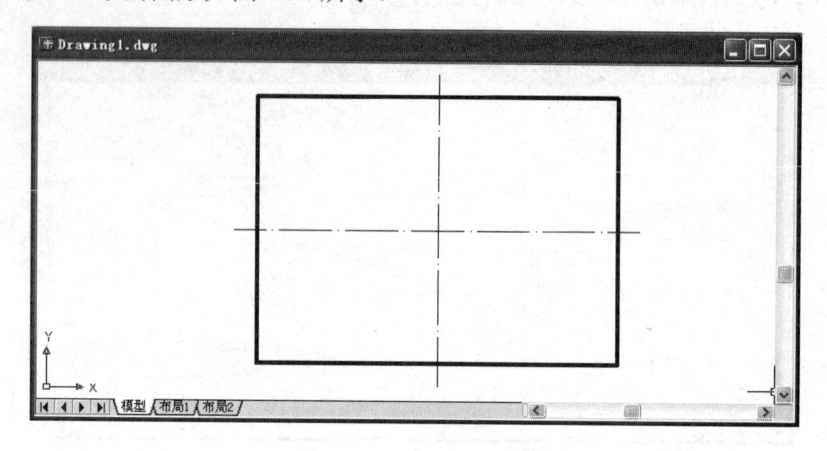


图 1.32 绘制外轮廓矩形

接下来用画圆命令来绘制中间的大圆。操作过程如下：

命令: **CIRCLE**↙ (输入 CIRCLE 命令)
指定圆的圆心或 [三点(3P)/两点(2P)/相切、相切、半径(T)]: **245,150**↙(输入图 1.21 中大圆的圆心坐标)
指定圆的半径或 [直径(D)] <15.0000>: **60**↙ (输入大圆的半径)

此时屏幕上显示的图形如图 1.33 所示。

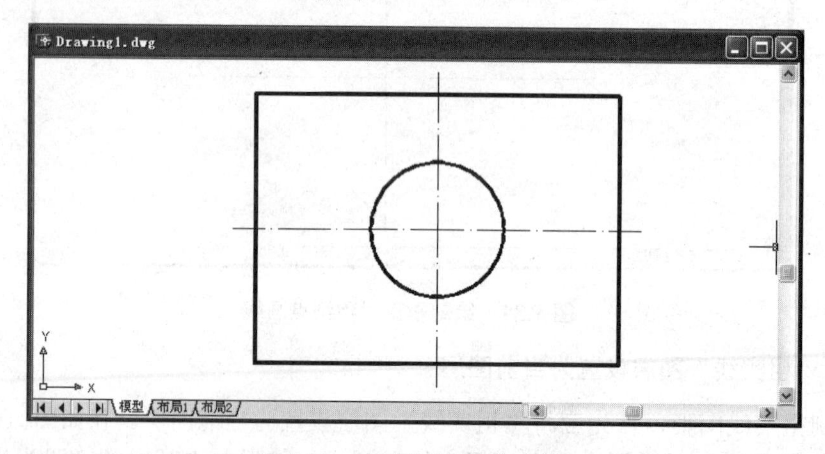


图 1.33 绘制完大圆后的图形

接下来仍然用 CIRCLE 命令来绘制图 1.21 中最右边的那个小圆。操作过程如下：

命令: **CIRCLE**↙ (输入 CIRCLE 命令)
指定圆的圆心或 [三点(3P)/两点(2P)/相切、相切、半径(T)]: **340,150**↙(输入图 1.21 中最右边的小圆的圆心坐标)
指定圆的半径或 [直径(D)] <15.0000>: **15**↙ (输入小圆的半径)

此时屏幕上显示的图形如图 1.34 所示。

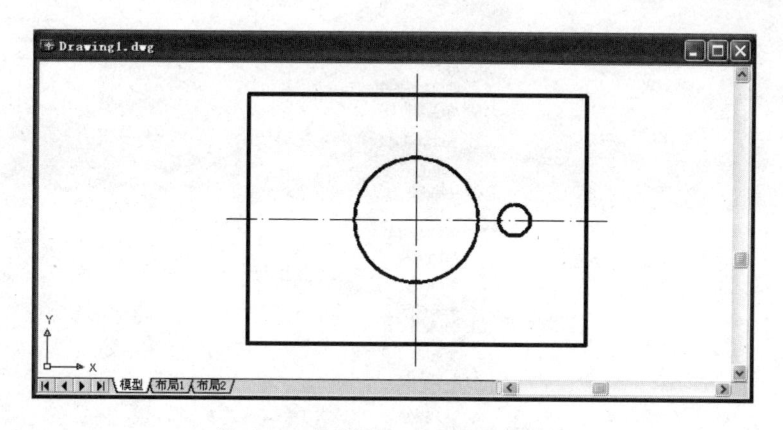


图 1.34　绘制了一个小圆后的图形

下面用阵列命令 ARRAY 将上面绘制的小圆再复制 7 个。操作过程如下：

命令: **ARRAYPOLAR**↙
选择对象: (此时，光标变为一个小的正方形，将光标移到刚才绘制的小圆上，然后单击鼠标左键，则该小圆将变为虚线显示，见图 1.35)

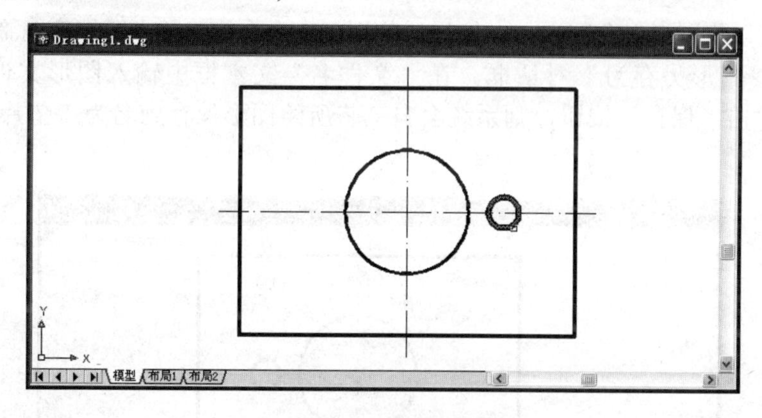


图 1.35　用光标选中小圆

找到 1 个
选择对象: ↙
类型 = 极轴　关联 = 是
指定阵列的中心点或 [基点(B)/旋转轴(A)]: (在此提示下，先按住 Shift 键不放，再右击，将弹出如图 1.36 所示的光标菜单，用鼠标左键选择其中的“圆心”选项，则菜单消失且光标变为十字形)
_cen 于　(将光标移到大圆上，则在大圆的圆心处将显示一彩色的小圆，并在当前光标处出现“圆心”伴随说明。见图 1.37，此时单击鼠标)
选择夹点以编辑阵列或 [关联(AS)/基点(B)/项目(I)/项目间角度(A)/填充角度(F)/行(ROW)/层(L)/旋转项目(ROT)/退出(X)] <退出>: **I**↙(指定阵列的数目)
输入阵列中的项目数或 [表达式(E)] <6>:**8**↙
选择夹点以编辑阵列或 [关联(AS)/基点(B)/项目(I)/项目间角度(A)/填充角度(F)/行(ROW)/层(L)/旋转项目(ROT)/退出(X)] <退出>:↙

绘制完成的垫片图形如图 1.38 所示。

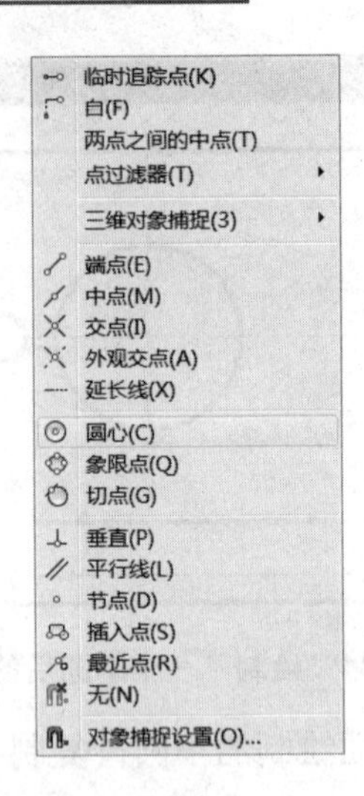


图 1.36　设置捕捉大圆圆心

## 6．将图形存盘保存

接下来可以将图形保存起来，以便日后使用。在命令窗口输入赋名存盘命令 SAVEAS 后，将弹出“图形另存为”对话框。在“文件名”文本框中输入图形文件的名称“垫片”，然后单击“保存”按钮，则系统会自动将所绘图形保存到名为“垫片.DWG”的图形文件中。

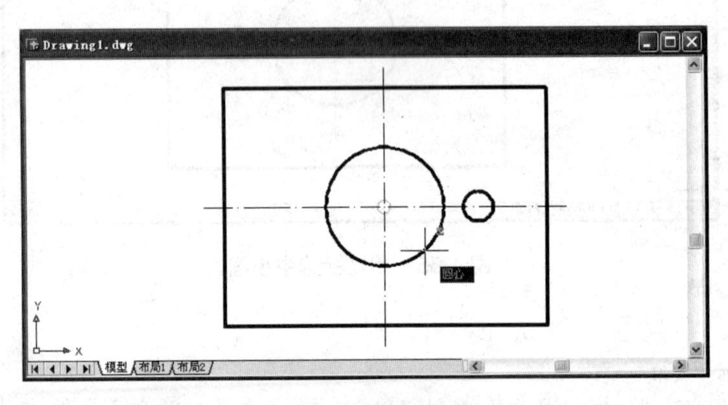


图 1.37　捕捉大圆圆心

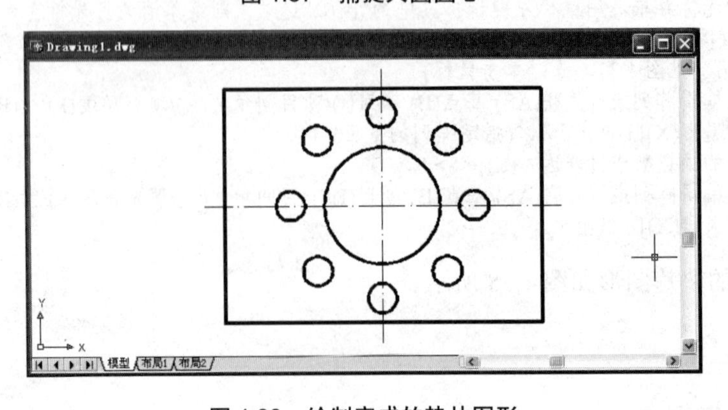


图 1.38　绘制完成的垫片图形

### 7. 退出 AutoCAD 系统

在命令窗口输入 QUIT 然后按 Enter 键，将退出 AutoCAD 系统，返回到 Windows 桌面。至此就完成了用 AutoCAD 绘制一幅图形从启动软件到退出的整个过程。

## 1.7　AutoCAD 设计中心

AutoCAD 设计中心是 AutoCAD 提供的一个集成化图形组织和管理工具。通过设计中心，可以组织对块、填充、外部参照和其他图形内容的访问。可以将源图形中的任何内容拖动到当前图形中。可以将图形、块和填充拖动到工具选项板上。源图形可以位于用户的计算机上、网络位置或网站上。如果打开了多个图形，则可以通过设计中心在图形之间复制和粘贴其他内容(如图层定义、布局和文字样式)来简化绘图过程。

启动 AutoCAD 设计中心的方法为：①命令：ADCENTER；②菜单："工具"|"选项板"|"设计中心"；③图标："标准"工具栏中的▦(设计中心)图标。

启动后，在绘图区左边出现设计中心窗口(见图 1.39)，AutoCAD 设计中心对图形的一切操作都是通过该窗口实现的。

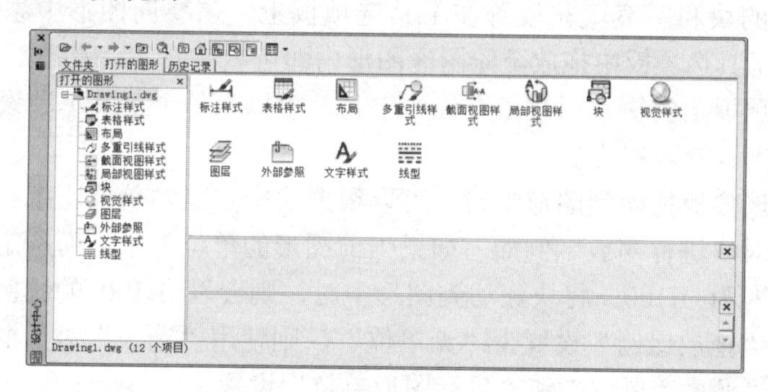


图 1.39　AutoCAD 设计中心窗口

使用设计中心可以实现以下功能。

- 浏览用户计算机、网络驱动器和 Web 页上的图形内容(例如图形或符号库)。
- 在定义表中查看图形文件中命名对象(例如块和图层)的定义，然后将定义插入、附着、复制和粘贴到当前图形中。
- 更新(重定义)块定义。
- 创建指向常用图形、文件夹和 Internet 网址的快捷方式。
- 向图形中添加内容(例如外部参照、块和填充)。
- 在新窗口中打开图形文件。
- 将图形、块和填充拖动到工具选项板上以便于访问。

## 1.8　工具选项板

工具选项板是一个选项卡形式的区域，它提供了一种组织、共享和放置块及填充图案的有效方法，如图 1.40 所示。

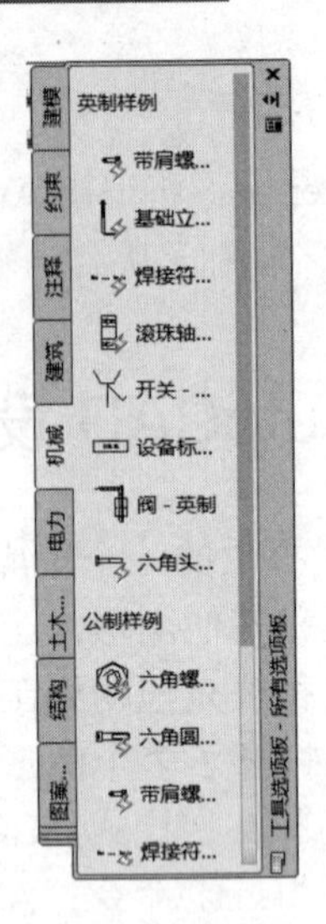


图 1.40　工具选项板

### 1. 使用工具选项板插入块和图案填充

可以将常用的块和图案填充放置在工具选项板上。需要向图形中添加块或图案填充时，只需将其从工具选项板中拖放至绘图区图形内即可。

位于工具选项板上的块和图案填充称为工具，可以为每个工具单独设置若干个工具特性，其中包括比例、旋转和图层。

将块从工具选项板拖动到图形中时，可以根据块中定义的单位比率和当前图形中定义的单位比率自动对块进行缩放。例如，如果当前图形的单位为米，而所定义的块的单位为厘米，单位比率即为 1/100。将块拖动到图形中时，则会以 1/100 的比例插入。如果源块或目标图形中的“拖放比例”设置为“无单位”，则使用“选项”对话框的“用户系统配置”选项卡中的“源内容单位”和“目标图形单位”设置。

### 2. 更改工具选项板设置

工具选项板的选项和设置可以从“工具选项板”窗口上各区域中的快捷菜单中获得。这些设置包括如下几个方面。

- “自动隐藏”：当光标移动到“工具选项板”窗口的标题栏上时，“工具选项板”窗口会自动滚动打开或滚动关闭。
- “透明度”：可以将“工具选项板”窗口设置为透明，从而不会挡住下面的对象。
- “视图”：工具选项板上图标的显示样式和大小可以更改。

可以将“工具选项板”窗口固定在应用程序窗口的左边或右边。按住 Ctrl 键可以防止“工具选项板”窗口在移动时固定。

### 3. 控制工具特性

可以更改工具选项板上任何工具的插入特性或图案特性。例如，可以更改块的插入比例或填充图案的角度。

要更改这些工具特性，在某个工具上右击，在弹出的快捷菜单中选择“特性”命令，然后在“工具特性”对话框中更改工具的特性。“工具特性”对话框中包含两类特性：插入特性或图案特性类别以及基本特性类别。

“插入特性或图案特性”：控制指定对象的特性，例如比例、旋转和角度。

“基本特性”：替代当前图形特性设置，例如图层、颜色和线型。

如果更改块或图案填充的定义，则可以在工具选项板中更新其图标。在“工具特性”对话框中，更改“源文件”选项组(对于块)或“图案名”选项组(对于图案填充)中的条目，然后再将条目更改回原来的设置。这样将强制更新该工具的图标。

### 4. 自定义工具选项板

使用“工具选项板”窗口中标题栏上的“特性”按钮可以创建新的工具选项板。使用以下方法可以在工具选项板中添加工具。

(1) 将图形、块和图案填充从设计中心拖动到工具选项板上。

(2) 使用“剪切”、“复制”和“粘贴”可以将一个工具选项板中的工具移动或复制到另一个工具选项板中。

(3) 右击设计中心树状图中的文件夹、图形文件或块，然后在弹出的快捷菜单中选择“创建工具选项板”命令，创建预填充的工具选项板选项卡。

将工具放置到工具选项板上后，通过在工具选项板中拖动这些工具可以对其进行重新排列。

### 5. 保存和共享工具选项板

可以通过将工具选项板输出或输入为工具选项板文件来保存和共享工具选项板。可以在工具选项板区域单击鼠标右键，在弹出的快捷菜单中选择“自定义(Z)...”命令，从“自定义”对话框中的“工具选项板”选项卡上输入和输出工具选项板。工具选项板文件的扩展名为.xtp。

## 1.9 口令保护

通过向图形文件应用口令或数字签名，可以确保未经授权的用户无法打开或查看图形。

### 1. 为图形文件设置密码

为当前图形设置口令的方法为选择菜单：选择“工具”|“选项”命令，在弹出的“选项”对话框中选取“打开和保存”选项卡，单击其中的“安全选项”按钮(见图 1.41)，再在弹出的图 1.42 所示的“安全选项” 对话框内的“用于打开此图形的密码或短语”文本框中输入要设置的密码文本，最后单击“确定”按钮并再次确认密码内容，即可完成对图形文件口令保护功能的设置。

### 2. 打开设置有密码的图形文件

在打开设置有密码的图形文件时，系统首先弹出如图 1.43 所示的“密码”对话框，要求输入图形文件的口令密码。只有输入的密码正确无误后才会打开图形文件，供用户浏览或修改、编辑、打印。

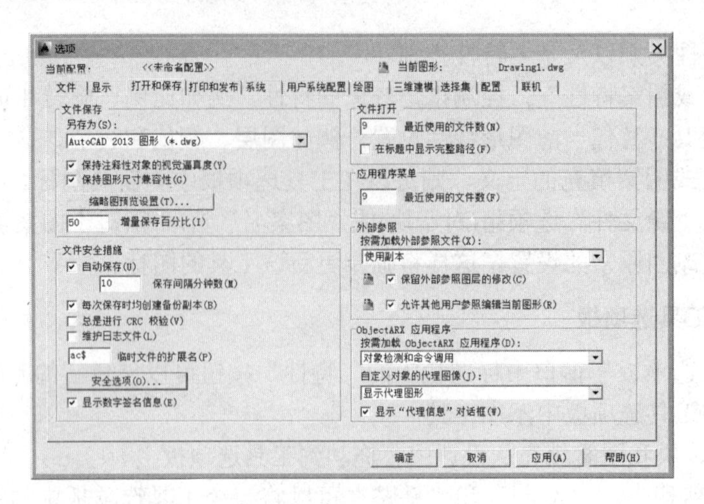


图 1.41　“选项”对话框

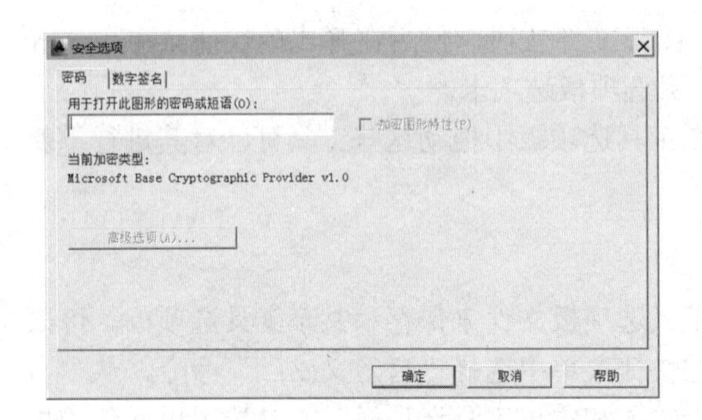


图 1.42　“安全选项”对话框

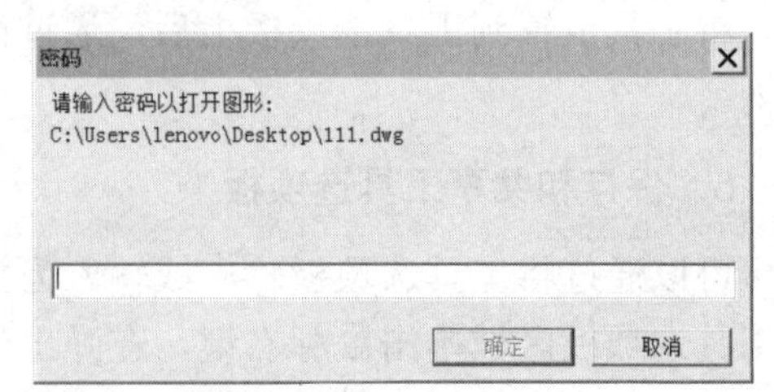


图 1.43　“密码”对话框

# 1.10 绘 图 输 出

图形绘制完成后，通常需要输出到图纸上，用来指导工程施工、零件加工、部件装配以及进行设计者与用户之间的技术交流。常用的图形输出设备主要是绘图机(有喷墨、笔式等类型)和打印机(有激光、喷墨、针式等类型)。此外，AutoCAD 还提供有一种网上图形输出和传输方式——电子出图(ePLOT)，以适应 Internet 技术的迅猛发展和日益普及。

### 1. 命令

①命令：PLOT；②菜单：“文件”|“打印”；③图标：“标准”工具栏中的(打印)图标。

### 2. 功能

图形绘图输出。

### 3. 对话框及说明

弹出如图 1.44 所示的“打印-模型”对话框。从中可配置打印设备和进行绘图输出的打印设置。

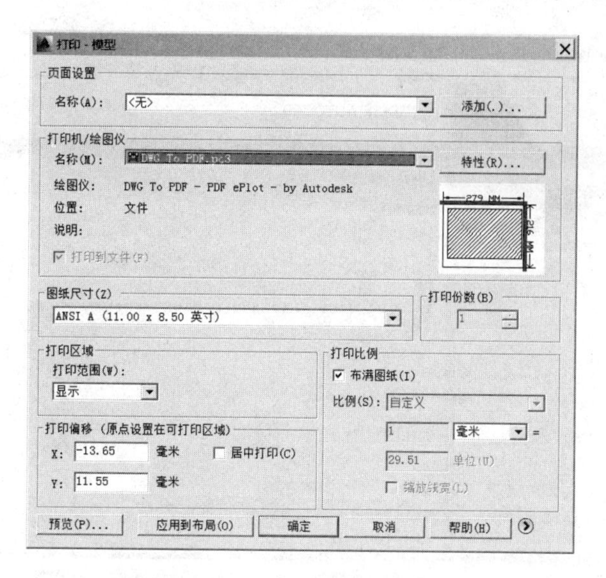


图 1.44　“打印-模型”对话框

单击对话框左下角的“预览”按钮，可以预览图形的输出效果。若不满意，可对打印参数进行调整。最后，单击“确定”按钮即可将图形绘图输出。

## 1.11　AutoCAD 的在线帮助

### 1．AutoCAD 的帮助菜单

用户可以通过菜单命令“帮助”|“AutoCAD 帮助”查看 AutoCAD 命令、AutoCAD 系统变量和其他主题词的帮助信息，用户单击“显示”按钮即可查阅相关的帮助内容。通过帮助菜单，用户还可以查询 AutoCAD 命令参考、用户手册、定制手册等有关内容。

### 2．AutoCAD 的帮助命令

1) 命令

①命令：HELP 或？；②菜单：“帮助”|“帮助”；③图标：“标准”工具栏中的 (帮助)图标。

2) 说明

HELP 命令可以透明使用，即在其他命令执行过程中查询该命令的帮助信息。

帮助命令主要有两种应用：①在命令的执行过程中调用在线帮助。例如，在命令窗口输入 LINE 命令，在出现“指定第一点：”提示时单击帮助图标，则在弹出的“帮助”对话框中自动出现与 LINE 命令有关的帮助信息。关闭“帮助”对话框则可继续执行未完的 LINE 命令。②在命令提示符下，直接检索与命令或系统变量有关的信息。例如，要查询 LINE 命令的帮助信息，可以单击“帮助”图标，弹出“帮助”对话框，在索引选项卡中输入 LINE，则 AutoCAD 自动定位到 LINE 命令，并显示 LINE 命令的有关帮助信息，如图 1.45 所示。

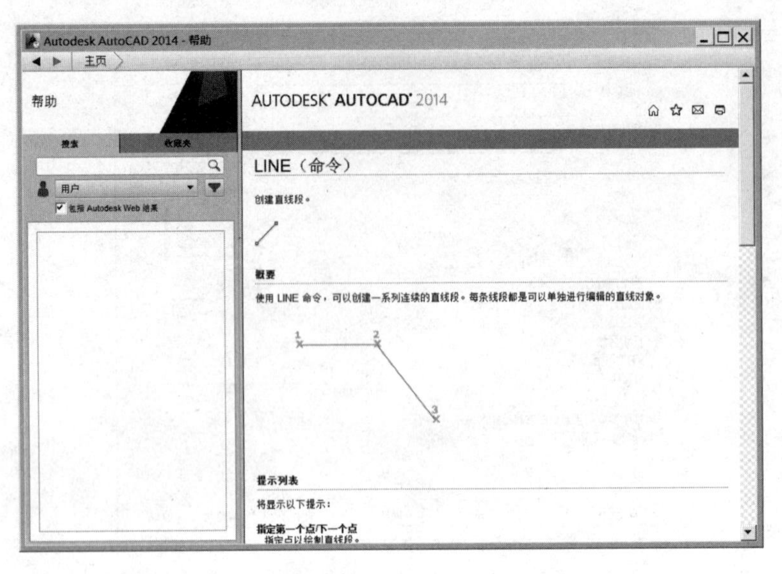


图 1.45　“帮助”信息

# 思考题 1

## 一、选择题

1. AutoCAD 默认打开的工具栏有(　　)。
   A. “标准”工具栏　　B. “绘图”工具栏
   C. “修改”工具栏　　D. “对象特性”工具栏
   E. “图层”工具栏　　F. “样式”工具栏
   G. 以上全部
2. 打开未显示工具栏的方法是(　　)。
   A. 选择“工具”|“自定义”|“工具栏”命令，在弹出的“工具栏”对话框中选中要显示工具栏项前面的复选框
   B. 右击任一工具栏，在弹出的工具栏名称列表框中选中欲显示的工具栏
   C. 以上均可
3. 对于工具栏中你不熟悉的图标，了解其命令和功能最简捷的方法是(　　)。
   A. 查看用户手册　　B. 使用在线帮助
   C. 把鼠标指针移动到图标上稍停片刻
4. 调用 AutoCAD 命令的方法有(　　)。
   A. 在命令窗口输入命令名　　B. 在命令窗口输入命令缩写字
   C. 单击下拉菜单中的菜单选项　　D. 单击工具栏中的对应图标
   E. 以上均可
5. 对于 AutoCAD 中的命令选项，可以(　　)。
   A. 在选项提示行输入选项的缩写字母
   B. 单击鼠标右键，在右键快捷菜单中用鼠标选取
   C. 以上均可

## 二、填空题

1. 在默认情况下 AutoCAD 图形文件的扩展名是________。

2. 图 1.46 所示为 AutoCAD 的用户界面，图中椭圆所圈部分分别为画圆命令的三种常用方式，请在引出的横线上填写对应的具体命令方式，并上机操作。

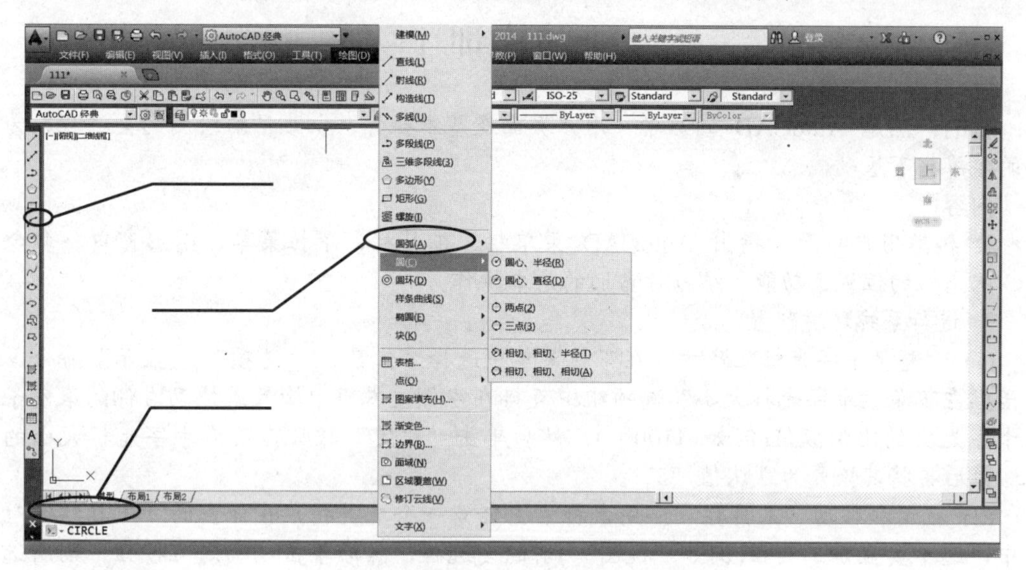


图 1.46　画圆命令的三种常用方式

3. 在绘图过程中，若想中途结束某一绘图命令，可以随时按____键。

4. 要重复执行上一命令，可在命令窗口中等待命令的状态下直接按____键。

5. 要在“图形窗口”显示和“文本窗口”显示之间切换，可以按功能键____。

## 三、简答题

1. 在 AutoCAD 下如何输入一个点？如何输入一个距离值？

2. 请提出四种方法调用 AutoCAD 的画圆弧(ARC)命令。

## 四、分析题

下面文字部分为在 AutoCAD 环境下用直线命令绘制如图 1.47 所示的直角梯形所进行的交互过程(加下划线的部分为用户键盘输入，箭头↙表示按 Enter 键)，其中用到了点坐标的不同给定方式，请在坐标值后的括号内填写与其对应的图形顶点的字母。并上机验证、实现。

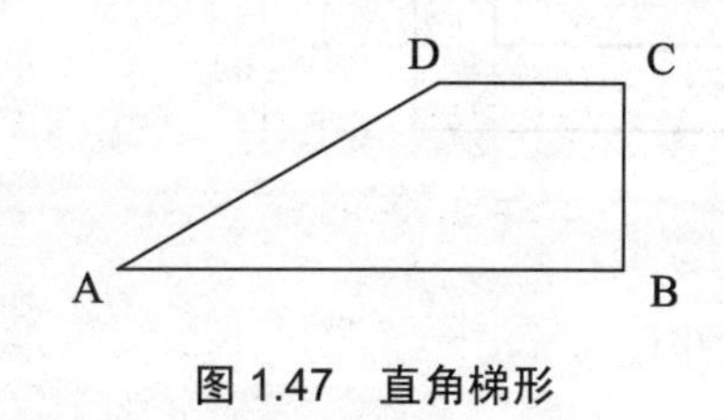


图 1.47　直角梯形

命令:**LINE↙**　指定第一点: **100,80↙**　　　　(　)
指定下一点或 [放弃(U)]: **@50<53↙**　　　　(　)

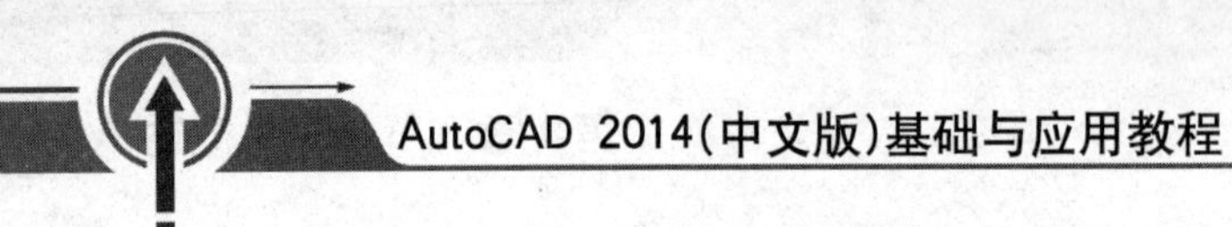


指定下一点或 [放弃(U)]: **@20,0↙** ( )
指定下一点或 [闭合(C)/放弃(U)]: **150,120↙** ( )
指定下一点或 [闭合(C)/放弃(U)]: **@50<180↙** ( )
指定下一点或 [闭合(C)/放弃(U)]: ↙

# 上机实训 1

目的：熟悉 AutoCAD 的启动、用户界面及基本操作，初步了解绘图的全过程，为后面的学习打下基础。

内容：

1. 熟悉用户界面：指出 AutoCAD 菜单栏、工具栏、下拉菜单、图形窗口、命令窗口、状态栏的位置、功能，练习对它们的基本操作。

2. 进行系统环境配置。

(1) 调整“十字光标”尺寸：在下拉菜单中选择“工具”|“选项”|“显示”命令，在对话框左下角“十字光标大小”选项组中直接在左侧文本框中输入或拖动右侧的滚动条输入十字光标的比例数值(例如“100”)，然后单击“确定”按钮，观看十字光标大小的变化；最后再将其恢复为默认值“5”。

(2) 显示和移动“工具栏”：用鼠标右击任意一个工具栏，在弹出的“工具栏”对话框中，选中要显示工具栏(例如“视图”)前的复选框，然后单击“确定”按钮。则所选工具栏将以浮动方式显示在图形窗口中，用鼠标左键可将其拖放到其他位置，单击工具栏右上角的关闭按钮可将其关闭。

3. 在线帮助：查看画直线(LINE)命令的在线帮助。

4. 按照上面思考题第四题所述过程上机实现所示操作，绘制出图示直角梯形，并验证个人所做分析的正确性。

5. 按照 1.6 节介绍的方法和步骤完成“垫片”图形的绘制。

6. 在 AutoCAD 环境下分别以输入直角坐标和输入极坐标的方式用画直线命令绘制如图 1.48 所示的带孔线图和六边形。

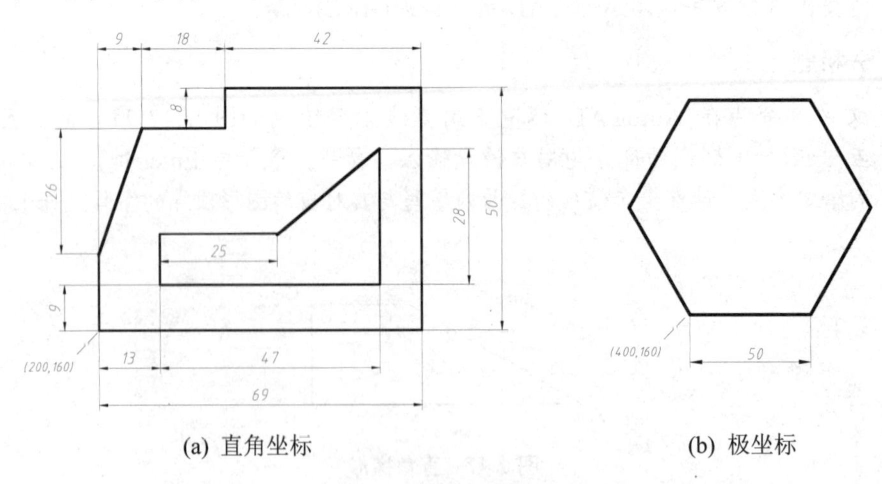


(a) 直角坐标　　(b) 极坐标

**图 1.48　坐标法绘图练习**

# 第 2 章　二维绘图命令

任何复杂的图形都可以看作是由直线、圆弧等基本的图形所组成的，在 AutoCAD 中绘图也是如此。掌握这些基本图元的绘制方法是学习 AutoCAD 的基础。本章将介绍 AutoCAD 的二维绘图命令，以及完成一个 AutoCAD 作业的过程。

绘图命令汇集在下拉菜单“绘图”中，且在“绘图”工具栏中，包括了本章介绍的绘图命令，如图 2.1 所示。

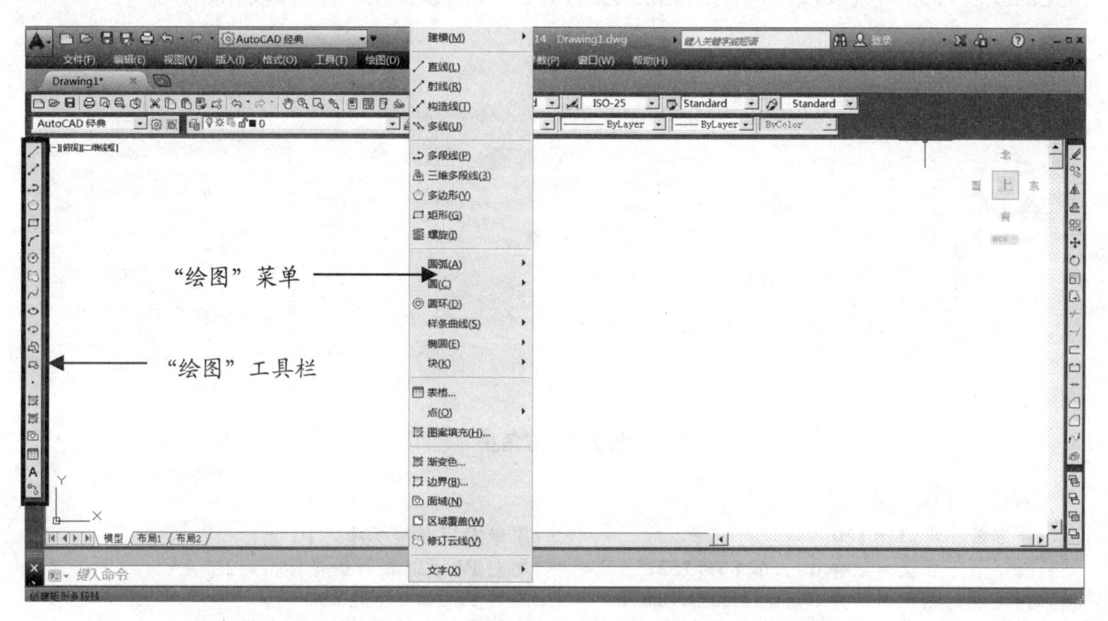


图 2.1　“绘图”菜单与“绘图”工具栏

## 2.1　直　　线

### 2.1.1　直线段

#### 1. 命令

①命令名：LINE(缩写名：L)；②菜单：“绘图”|“直线”；③图标：“绘图”工具栏中的 (直线)图标。

#### 2. 功能

绘制直线段、折线段或闭合多边形，其中每一线段均是一个单独的对象。

#### 3. 格式

命令：**LINE**↙
指定第一点：(输入起点)

指定下一点或 [放弃(U)]: (输入直线端点)
指定下一点或 [放弃(U)]: (输入下一直线段端点、输入选项 "U" 放弃或按 Enter 键结束命令)
指定下一点或 [闭合(C)/放弃(U)]: (输入下一直线段端点、输入选项 "C" 使直线图形闭合、输入选项 "U" 放弃或按 Enter 键结束命令)

### 4. 选项

(1) C：从当前点画直线段到起点，形成闭合多边形，结束命令。

(2) U：放弃刚画出的一段直线，回退到上一点，继续画直线。

(3) Continue：在命令提示"指定第一点："时，输入 Continue 或按 Enter 键，指从刚画完的线段开始画直线段，如刚画完的是圆弧段，则新直线段与圆弧段相切。

### 5. 示例

绘制如图 2.2 所示的五角星。

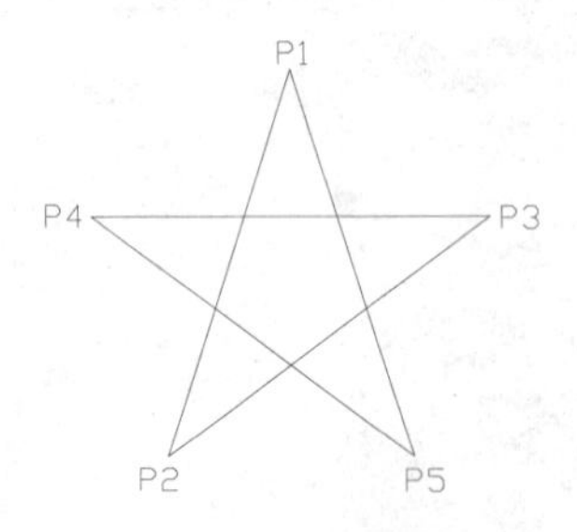


**图 2.2 五角星**

命令: **LINE↙**
指定第一点: **120,120↙** (用绝对直角坐标指定 P1 点)
指定下一点或 [放弃(U)]: **@ 80 < 252↙** (用对 P1 点的相对极坐标指定 P2 点)
指定下一点或 [放弃(U)]: **159.091,90.870↙** (指定 P3 点)
指定下一点或 [闭合(C)/放弃(U)]: **@80,0↙** (输入了一个错误的 P4 点坐标)
指定下一点或 [闭合(C)/放弃(U)]: **U↙** (取消对 P4 点的输入)
指定下一点或 [闭合(C)/放弃(U)]: **@-80,0↙** (重新输入 P4 点)
指定下一点或 [闭合(C)/放弃(U)]: **144.721,43.916↙** (指定 P5 点)
指定下一点或 [闭合(C)/放弃(U)]: **C↙** (封闭五角星并结束画直线命令)

## 2.1.2 构造线

### 1. 命令

①命令名：XLINE(缩写名：XL)；②菜单："绘图" | "构造线"；③图标："绘图"工具栏中的(构造线)图标。

### 2. 功能

创建过指定点的双向无限长直线，指定点称为根点，可用中点捕捉拾取该点。这种线模拟手工作图中的辅助作图线，它们用特殊的线型显示，在绘图输出时可不作输出。常用于辅助作图。

### 3．格式及示例

命令: **XLINE**↙
指定点或 [水平(H)/垂直(V)/角度(A)/二等分(B)/偏移(O)]: (给出根点 1)
指定通过点: (给定通过点 2，画一条双向无限长直线)
指定通过点: (继续给点，继续画线，如图 2.3(a)所示，按 Enter 键结束命令)

### 4．选项说明

(1) 水平(H)：给出通过点，画出水平线，如图 2.3(b)所示。

(2) 垂直(V)：给出通过点，画出铅垂线，如图 2.3(c)所示。

(3) 角度(A)：指定直线 1 和夹角 A 后，给出通过点，画出和直线 1 具有夹角 A 的参照线，如图 2.3(d)所示。

(4) 二等分(B)：指定角顶点 1 和角的一个端点 2 后，指定另一个端点 3，则过点 1 画出∠213 的平分线，如图 2.3(e)所示。

(5) 偏移(O)：指定直线 1 后，给出点 2，则通过点 2 画出直线 1 的平行线，如图 2.3(f)所示，也可以指定偏移距离画平行线。

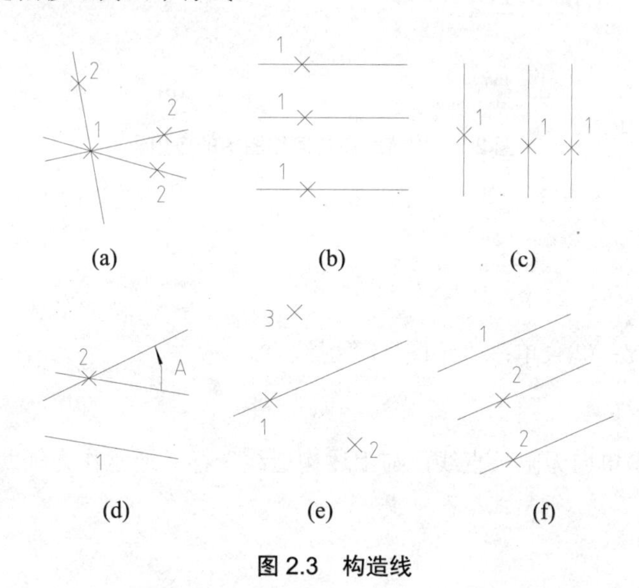


图 2.3　构造线

### 5．应用

下面为利用构造线进行辅助几何作图的两个例子。

(1) 图 2.4 所示为应用构造线作为辅助线绘制工程图中三视图的绘图示例，构造线的应用保证了三个视图之间“主俯视图长对正、主左视图高平齐、俯左视图宽相等”的对应关系。

(2) 图 2.5(a)所示为用两条 XLINE 线求出矩形的中心点。

(3) 图 2.5(b)所示为通过求出三角形∠A 和∠B 的两条平分线来确定其内切圆心 1。

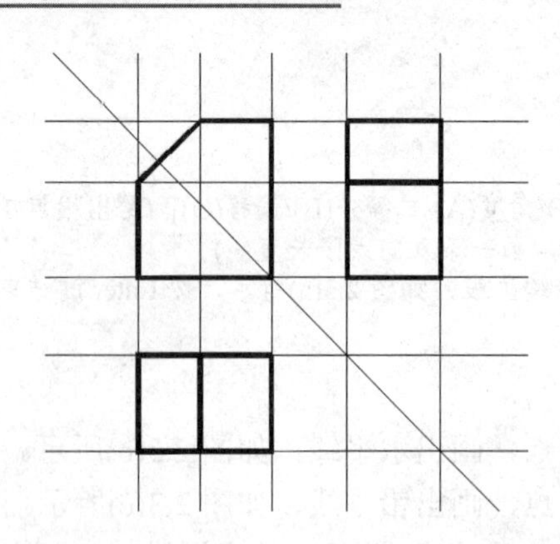

图 2.4　构造线在绘制三视图中的应用

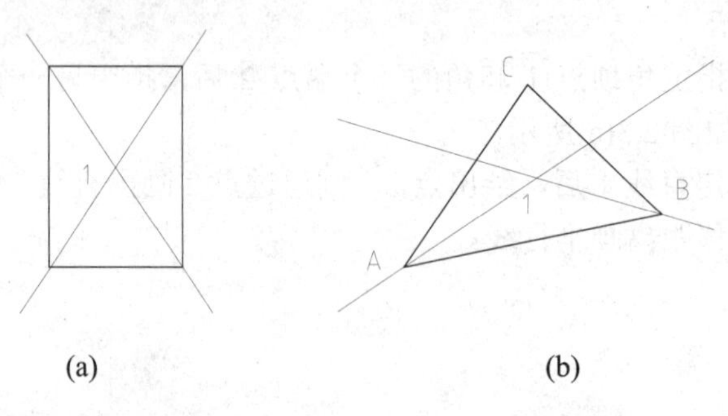


(a)　　(b)

图 2.5　构造线在几何作图中的应用

## 2.1.3　射线

### 1. 命令

①命令名：RAY；②菜单：“绘图”|“射线”。

### 2. 功能

通过指定点，画单向无限长直线，与上述构造线一样，通常作为辅助作图线。

### 3. 格式

命令: **RAY**↙
指定起点: (给出起点)
指定通过点: (给出通过点，画出射线)
指定通过点: (过起点画出另一射线，用回车结束命令)

## 2.1.4　多线

### 1. 命令

①命令名：MLINE(缩写名：ML)；②菜单：“绘图”|“多线”。

### 2. 功能

创建多条平行线。

### 3．格式

命令: **MLINE**↙
当前设置: 对正 ＝ 上，比例 ＝**20.00**，样式 ＝**STANDARD**
指定起点或 [对正(J)/比例(S)/样式(ST)]: (给出起点或选项)
指定下一点:　　　(指定下一点，后续提示与画直线命令 LINE 相同)

### 4．选项说明

(1) 样式(ST)：设置多线的绘制样式。多线的样式可以通过多线样式命令 MLSTYLE 从图 2.6(a)所示的“多线样式”对话框中定义(可定义的内容包括平行线的数量、线型、间距等)。图 2.6(b)所示为用多线样式定义的一种 5 元素的多线。

(2) 对正(J)：设置多线对正的方式，可从顶端对正、零点对正或底端对正中选择。

(3) 例(S)：设置多线的比例。

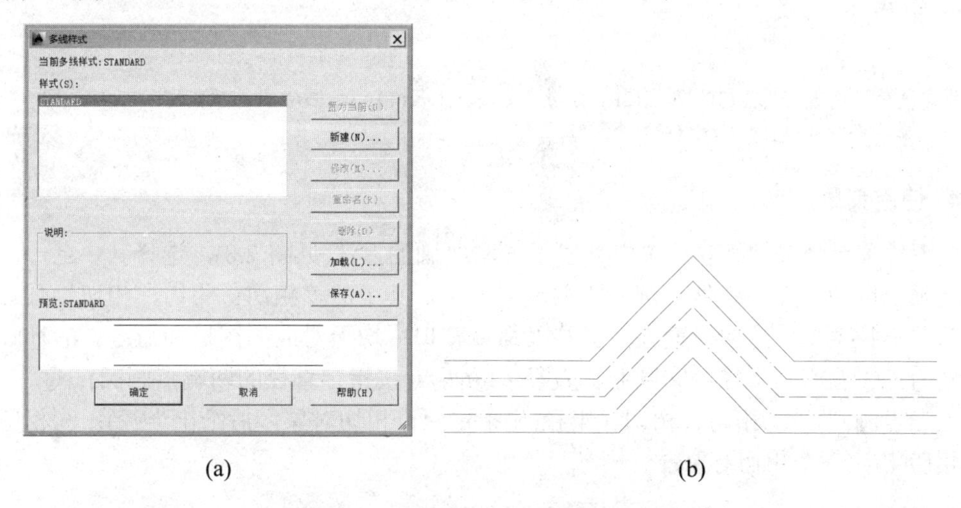


(a)　　　　　　　　　　(b)

图 2.6　“多线样式”对话框及多线示例

如图 2.7 所示的建筑平面图中的墙体就是用多线命令绘制的。

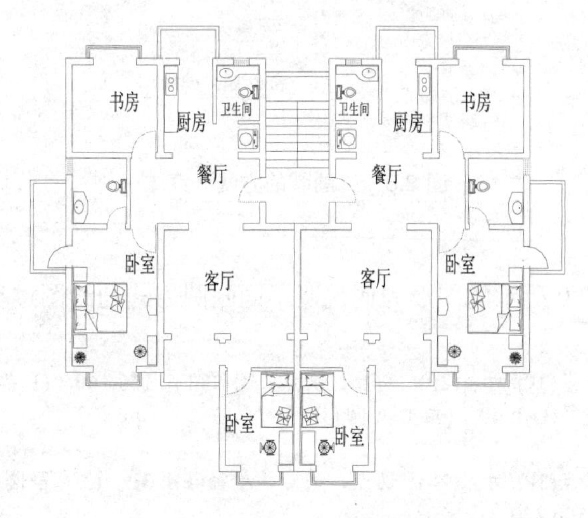


图 2.7　建筑平面图

## 2.2 圆和圆弧

### 2.2.1 圆

#### 1. 命令

①命令名：CIRCLE(缩写名：C)；②菜单：“绘图”|“圆”；③图标：“绘图”工具栏中的(圆)图标。

#### 2. 功能

画圆。

#### 3. 格式

命令: **CIRCLE**↙
指定圆的圆心或 [三点(3P)/两点(2P)/切点、切点、半径(T)]: (给圆心或选项)
指定圆的半径或 [直径(D)]: (给半径)

#### 4. 使用菜单

在下拉菜单画圆的级联菜单中列出了 6 种画圆的方法(见图 2.8)，选择其中之一，即可按该选项说明的顺序与条件画圆。需要说明的是，其中的“相切、相切、相切”画圆方式只能从此下拉菜单中选取，而在工具栏及命令窗口中均无对应的图标和命令。6 种画圆方法分别为：①圆心、半径；②圆心、直径；③两点(按指定直径的两端点画圆)；④三点(给出圆上三点画圆)；⑤相切、相切、半径(先指定两个相切对象，后给出半径)；⑥相切、相切、相切(指定三个相切对象)。

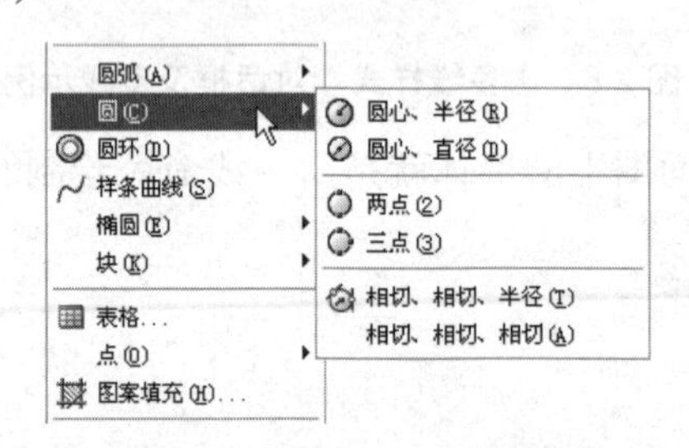


图 2.8 “画圆的方法”菜单

#### 5. 示例

下面以绘制如图 2.9 所示的图形为例说明不同画圆方式的绘图过程。

命令: **CIRCLE**
指定圆的圆心或 [三点(3P)/两点(2P)/ 切点、切点、半径(T)]: **150,160** (1 点)
指定圆的半径或 [直径(D)]: **40** (画出 A 圆)
命令: **CIRCLE**
指定圆的圆心或 [三点(3P)/两点(2P)/ 切点、切点、半径(T)]: **3P** (3 点画圆方式)
指定圆上的第一点: **300,220** (2 点)
指定圆上的第二点: **340,190** (3 点)

指定圆上的第三点: **290,130**　(4 点)(画出 B 圆)
命令: **CIRCLE**
指定圆的圆心或 [三点(3P)/两点(2P)/ 切点、切点、半径(T)]: **2P** (2 点画圆方式)
指定圆直径的第一个端点: **250,10**　(5 点)
指定圆直径的第二个端点: **240,100**　(6 点)(画出 C 圆)
命令: **CIRCLE**
指定圆的圆心或 [三点(3P)/两点(2P)/ 切点、切点、半径(T)]: **T**(相切、相切、半径画圆方式)
在对象上指定一点作圆的第一条切线: (在 7 点附近选中 C 圆)
在对象上指定一点作圆的第二条切线: (在 8 点附近选中 B 圆)
指定圆的半径: <45.2769>:**45** (画出 D 圆)
(选取下拉菜单“绘图”|“圆”|“相切、相切、相切”)
命令: _circle 指定圆的圆心或 [三点(3P)/两点(2P)/ 切点、切点、半径(T)]: **_3p**
指定圆上的第一点: _tan 到　(在 9 点附近选中 B 圆)
指定圆上的第二点: _tan 到　(在 10 点附近选中 A 圆)
指定圆上的第三点: _tan 到　(在 11 点附近选中 C 圆)(画出 E 圆)

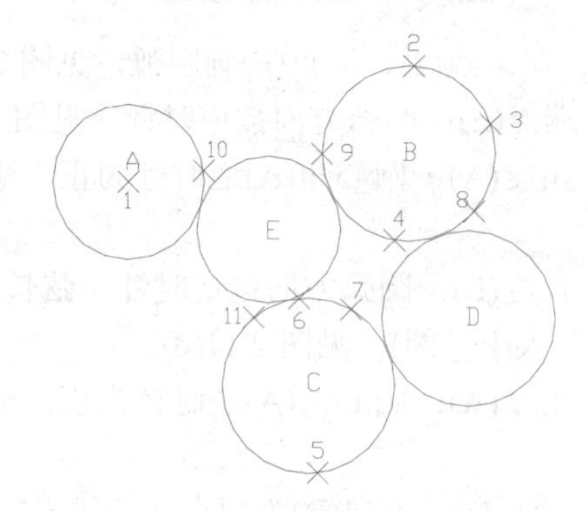


图 2.9　画圆示例

## 2.2.2　圆弧

### 1. 命令

①命令名：ARC(缩写名：A)；②菜单：“绘图”|“圆弧”；③图标：“绘图”工具栏中的(圆弧)图标。

### 2. 功能

画圆弧。

### 3. 格式

命令: **ARC**↙
指定圆弧的起点或 [圆心(C)]: (给起点)
指定圆弧的第二点或 [圆心(C)/端点(E)]: (给第二点)
指定圆弧的端点: (给端点)

### 4. 使用菜单

在下拉菜单圆弧项的级联菜单中，按给出画圆弧的条件与顺序的不同，列出 11 种画圆弧

的方法(见图 2.10)，选中其中一种，应按其顺序输入各项数据，现说明如下(见图 2.11)。

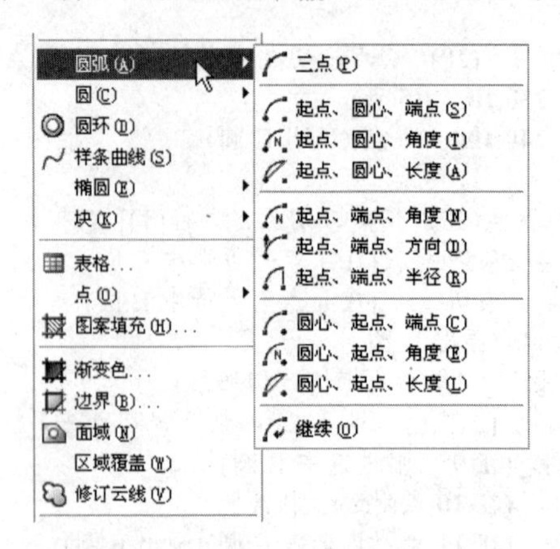


图 2.10　画圆弧的方法菜单

(1) 三点：给出起点(S)、第二点(2)、端点(E)画圆弧，见图 2.11(a)。

(2) 起点(S)、圆心(C)、端点(E)：圆弧方向按逆时针，见图 2.11(b)。

(3) 起点(S)、圆心(C)、角度(A)：圆心角(A)逆时针为正，顺时针为负，以度计量，见图 2.11(c)。

(4) 起点(S)、圆心(C)、长度(L)：圆弧方向按逆时针，弦长度(L)为正画出劣弧(小于半圆)，弦长度(L)为负画出优弧(大于半圆)，见图 2.11(d)。

(5) 起点(S)、端点(E)、角度(A)：圆心角(A)逆时针为正，顺时针为负，以度计量，见图 2.11(e)。

(6) 起点(S)、端点(E)、方向(D)：方向(D)为起点处切线方向，见图 2.11(f)。

(7) 起点(S)、端点(E)、半径(R)：半径(R)为正对应逆时针画圆弧，为负对应顺时针画圆弧，见图 2.11(g)。

(8) 圆心(C)、起点(S)、端点(E)：按逆时针画圆弧，见图 2.11(h)。

(9) 圆心(C)、起点(S)、角度(A)：圆心角(A)逆时针为正，顺时针为负，以度计量，见图 2.11(i)。

(10) 圆心(C)、起点(S)、长度(L)：圆弧方向按逆时针，弦长度(L)为正画出劣弧(小于半圆)，弦长度(L)为负画出优弧(大于半圆)，见图 2.11(j)。

(11) 继续：与上一线段相切，继续画圆弧段，仅提供端点即可，见图 2.11(k)。

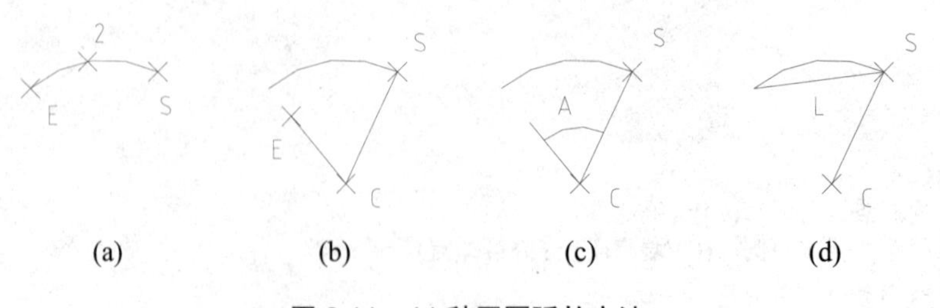


图 2.11　11 种画圆弧的方法

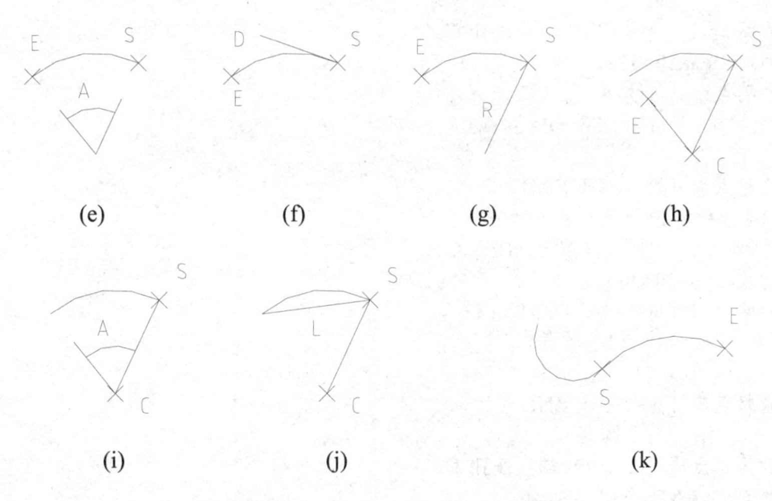


图 2.11　11 种画圆弧的方法(续)

### 5. 示例

下面的例子是绘制由不同方位的圆弧组成的梅花图案(见图 2.12)，各段圆弧也使用了不同的参数给定方式。为保证圆弧段间的首尾相接，绘图中使用了“端点捕捉”辅助工具，有关“端点捕捉”等辅助工具的详细介绍，请参见第 4 章。

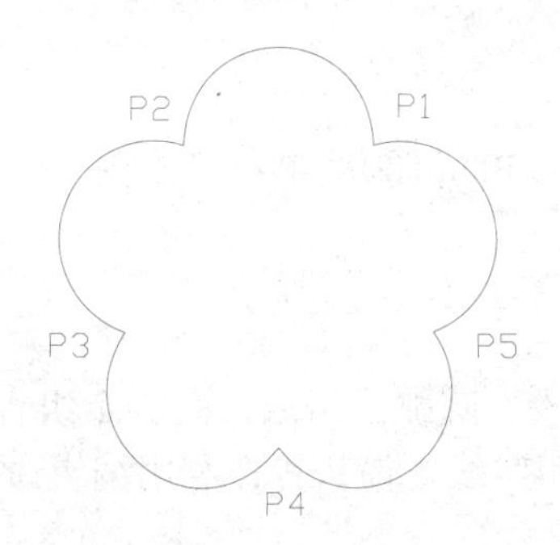


图 2.12　圆弧组成的梅花图案

命令: **ARC**↙
指定圆弧的起点或 [圆心(C)]: **140,110**↙　(P1 点)
指定圆弧的第二点或 [圆心(C)/端点(E)]: **E**↙
指定圆弧的端点: **@40<180**↙　(P2 点)
指定圆弧的圆心或 [角度(A)/方向(D)/半径(R)]: **R**↙
指定圆弧半径: **20**↙
命令:↙　(重复执行画圆弧命令)
指定圆弧的起点或 [圆心(C)]: **END**↙
于　(选取 P2 点附近右上圆弧)
指定圆弧的第二点或 [圆心(C)/端点(E)]: **E**↙
指定圆弧的端点: **@40<252**↙　(P3 点)
指定圆弧的圆心或 [角度(A)/方向(D)/半径(R)]: **A**↙
指定包含角: **180**↙
命令:↙
指定圆弧的起点或 [圆心(C)]: **END**↙
于　(选取 P3 点附近左上圆弧)

指定圆弧的第二点或 [圆心(C)/端点(E)]: **C**↙
指定圆弧的圆心: **@20<324**↙
指定圆弧的端点或 [角度(A)/弦长(L)]: **A**↙
指定包含角: **180**↙ (画出 P3→P4 圆弧)
命令:↙
指定圆弧的起点或 [圆心(C)]: **END**↙
于 (选取 P4 点附近左下圆弧)
指定圆弧的第二点或 [圆心(C)/端点(E)]: **C**↙
指定圆弧的圆心: **@20<36**↙
指定圆弧的端点或 [角度(A)/弦长(L)]: **L**↙
指定弦长: **40** (画出 P4→P5 圆弧)
命令:↙
指定圆弧的起点或 [圆心(C)]: **END**↙
于 (选取 P5 点附近右下圆弧)
指定圆弧的第二点或 [圆心(C)/端点(E)]: **E**↙
指定圆弧的端点: **END**↙
于 (选取 P1 点附近上方圆弧)
指定圆弧的圆心或 [角度(A)/方向(D)/半径(R)]: **D**↙
指定圆弧的起点切向: **@20,20**↙ (画出 P5→P1 圆弧)

## 2.3 多 段 线

### 1. 命令

①命令名：PLINE(缩写名：PL)；②菜单：“绘图”|“多段线”；③图标：“绘图”工具栏中的(多段线)图标。

### 2. 功能

画多段线。它可以由直线段、圆弧段组成，是一个组合对象。可以定义线宽，每段起点、端点宽度可变。可用于画粗实线、箭头等。利用编辑命令 PEDIT 还可以将多段线拟合成曲线。

### 3. 格式

命令: **PLINE**↙
指定起点: (给出起点)
当前线宽为 0.0000
指定下一点或 [圆弧(A)/半宽(H)/长度(L)/放弃(U)/宽度(W)]: (给出下一点或输入选项字母)
指定下一点或 [圆弧(A)/闭合(C)/半宽(H)/长度(L)/放弃(U)/宽度(W)]>:

### 4. 选项

H 或 W：定义线宽。C：用直线段闭合。U：放弃一次操作。L：确定直线段长度。A：转换成画圆弧段提示。

指定圆弧的端点或 [角度(A)/圆心(CE)/闭合(CL)/方向(D)/半宽(H)/直线(L)/半径(R)/第二个点(S)/放弃(U)/宽度(W)]:

直接给出圆弧端点，则此圆弧段与上一段相切连接。

选 A、CE、D、R、S 等均为给出圆弧段的第二个参数，相应会提示第三个参数。选 L 转换成画直线段提示。

按 Enter 键结束命令。

5. 示例

【例 2.1】 用多段线绘制如图 2.13 所示的线宽为 1 的长圆形图形。

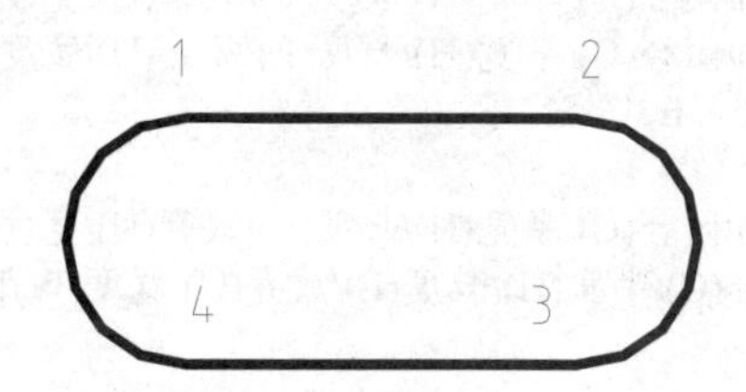


图 2.13　键槽轮廓图形

命令: **PLINE**↙
指定起点: **260,110**↙　　　　　　　　　(1 点)
当前线宽为 0.0000
指定下一点或 [圆弧(A)/闭合(C)/半宽(H)/长度(L)/放弃(U)/宽度(W)]: **W**↙
指定起始宽度 <0.0000>: **1**↙
指定终止宽度 <1.0000>:↙
指定下一点或 [圆弧(A)/闭合(C)/半宽(H)/长度(L)/放弃(U)/宽度(W)]: **@40,0**↙ (2 点)
指定下一点或 [圆弧(A)/闭合(C)/半宽(H)/长度(L)/放弃(U)/宽度(W)]: **A**↙ (转换成画圆弧段)
指定圆弧的端点或
[角度(A)/圆心(CE)/闭合(CL)/方向(D)/半宽(H)/直线(L)/半径(R)/第二点(S)/
　放弃(U)/宽度(W)]: **@0,-25**↙　　　　　　　　(3 点)
指定圆弧的端点或
[角度(A)/圆心(CE)/闭合(CL)/方向(D)/半宽(H)/直线(L)/半径(R)/第二个点(S)/
　放弃(U)/宽度(W)]: **L**↙
指定下一点或 [圆弧(A)/闭合(C)/半宽(H)/长度(L)/放弃(U)/宽度(W)]: **@-40,0**↙ (4 点)
指定下一点或 [圆弧(A)/闭合(C)/半宽(H)/长度(L)/放弃(U)/宽度(W)]: **A**↙
指定圆弧的端点或[角度(A)/圆心(CE)/闭合(CL)/方向(D)/半宽(H)/直线(L)/
　半径(R)/第二点(S)/放弃(U)/宽度(W)]: **CL**↙
命令:

【例 2.2】用多段线绘制如图 2.14 所示的二极管符号。

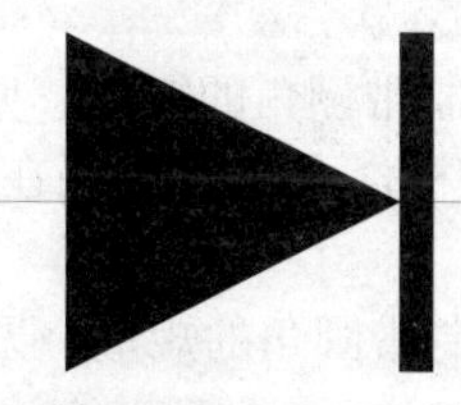

图 2.14　二极管符号

命令: **PLINE**↙
指定起点: **10,30**↙
当前线宽为 0.0000
指定下一点或 [圆弧(A)/闭合(C)/半宽(H)/长度(L)/放弃(U)/宽度(W)]: **30,30**↙

指定下一点或 [圆弧(A)/闭合(C)/半宽(H)/长度(L)/放弃(U)/宽度(W)]: **W**↙
指定起始宽度 <0.0000>: **10**↙
指定终止宽度 <10.0000>: **0**↙
指定下一点或 [圆弧(A)/闭合(C)/半宽(H)/长度(L)/放弃(U)/宽度(W)]: **40,30**↙
指定下一点或 [圆弧(A)/闭合(C)/半宽(H)/长度(L)/放弃(U)/宽度(W)]: **W**↙
指定起始宽度 <0.0000>: **10**↙
指定终止宽度 <10.0000>:↙
指定下一点或 [圆弧(A)/闭合(C)/半宽(H)/长度(L)/放弃(U)/宽度(W)]: **41,30**↙
指定下一点或 [圆弧(A)/闭合(C)/半宽(H)/长度(L)/放弃(U)/宽度(W)]: **W**↙
指定起始宽度 <10.0000>: **0**↙
指定终止宽度 <0.0000>:↙
指定下一点或 [圆弧(A)/闭合(C)/半宽(H)/长度(L)/放弃(U)/宽度(W)]: **60,30**↙
指定下一点或 [圆弧(A)/闭合(C)/半宽(H)/长度(L)/放弃(U)/宽度(W)]: ↙
命令:

# 2.4 平面图形

AutoCAD 提供了一组绘制简单平面图形的命令，它们都由多段线创建而成。

## 2.4.1 矩形

### 1. 命令

①命令名：RECTANG(缩写名：REC)；②菜单：“绘图”|“矩形”；③图标：“绘图”工具栏中的□(矩形)图标。

### 2. 功能

画矩形，底边与 X 轴平行，可带倒角、圆角等。

### 3. 格式

命令: **RECTANG**↙
指定第一个角点或 [倒角(C)/标高(E)/圆角(F)/厚度(T)/宽度(W)]: (给出角点 1)
指定另一个角点或 [尺寸(D)]: (给出角点 2，见图 2.15(a))

### 4. 选项

选项 C 用于指定倒角距离，绘制带倒角的矩形，见图 2.15(b)。

选项 E 用于指定矩形标高(Z 坐标)，即把矩形画在标高为 Z，和 XOY 坐标面平行的平面上，并作为后续矩形的标高值。

选项 F 用于指定圆角半径，绘制带圆角的矩形，见图 2.15(c)。

选项 T 用于指定矩形的厚度。

选项 W 用于指定线宽，见图 2.15(d)。

选项 D 用于指定矩形的长度和宽度数值。

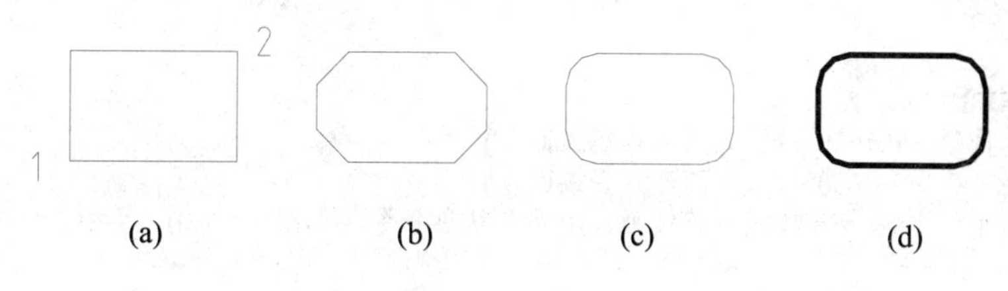


图 2.15　画矩形

## 2.4.2　正多边形

### 1. 命令

①命令名：POLYGON(缩写名：POL)；②菜单：“绘图” | “正多边形”；③图标：“绘图”工具栏中的 (正多边形)图形。

### 2. 功能

画正多边形，边数 3～1024，初始线宽为 0，可用 PEDIT 命令修改线宽。

### 3. 格式与示例

命令: **POLYGON**↙
输入侧面数 <4>: **6**↙　　　　　(给出边数 6)
指定正多边形的中心点或 [边(E)]: (给出中心点 1)
输入选项 [内接于圆(I)/外切于圆(C)] <I>:↙(选内接于圆，见图 2.16(a)，如选外切与圆，见图 2.16(b));
指定圆的半径:(给出半径)

### 4. 说明

选项 E 指提供一个边的起点 1、端点 2，AutoCAD 按逆时针方向创建该正多边形，见图 2.16(c)。

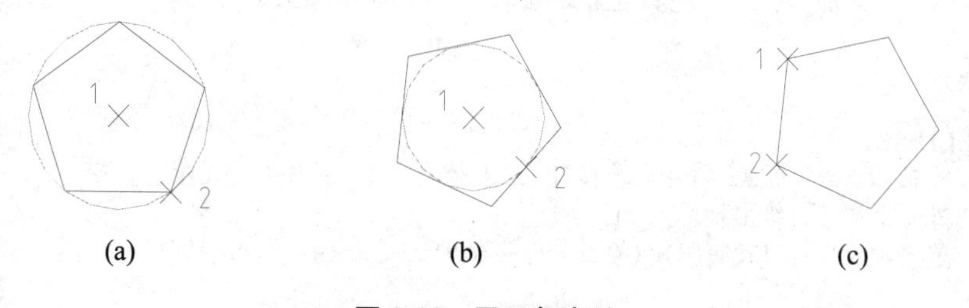


图 2.16　画正多边形

## 2.4.3　圆环

### 1. 命令

①命令名：DONUT(缩写名：DO)；②菜单：“绘图” | “圆环”。

### 2. 功能

画圆环。

3. 格式

命令: **DONUT**↙
指定圆环的内径 <0.5000>: (输入圆环内径或回车)
指定圆环的外径 <1.0000>: (输入圆环外径或回车)
指定圆环的中心点或 <退出>:(可连续画，用回车结束命令，见图 2.17(a))

4. 说明

如内径为零，则画出实心填充圆，见图 2.17(b)。

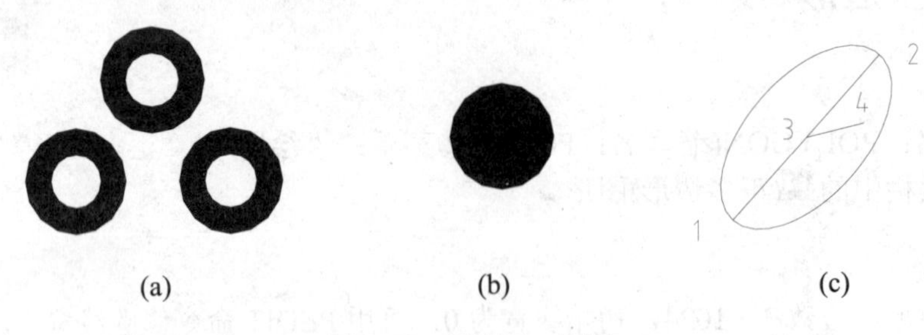


图 2.17　画圆环、椭圆

## 2.4.4　椭圆和椭圆弧

1. 命令

①命令名：ELLIPSE(缩写名：EL)；②菜单：“绘图”|“椭圆”；③图标：“绘图”工具栏中的(椭圆)和(椭圆弧)图标。

2. 功能

画椭圆。当系统变量 PELLIPSE 为 1 时，画由多线段拟合成的近似椭圆；当系统变量 PELLIPSE 为 0(默认值)时，创建真正的椭圆，并可画椭圆弧。

3. 格式

命令: **ELLIPSE**↙
指定椭圆的轴端点或 [圆弧(A)/中心点(C)]: (给出轴端点 1，见图 2.17(c))
指定轴的另一个端点: (给出轴端点 2)
指定另一条半轴长度或 [旋转(R)]: (给出另一半轴的长度 3→4，画出椭圆)

# 2.5　点 类 命 令

## 2.5.1　点

1. 命令

①命令名：POINT(缩写名：PO)；②菜单：“绘图”|“点”|“单点”或“多点”；③图标：“绘图”工具栏中的(点)图标。

2. 格式

命令: **POINT**↙
当前点模式:  PDMODE=0　PDSIZE=0.0000
指定点: (给出点所在位置)
命令:

3. 说明

(1) 单点只输入一个点，多点可输入多个点。

(2) 点在图形中的表示样式，共有 20 种。可通过命令 DDPTYPE 或拾取菜单：选择“格式”|“点样式”命令，从弹出的“点样式”对话框来设置，见图 2.18。

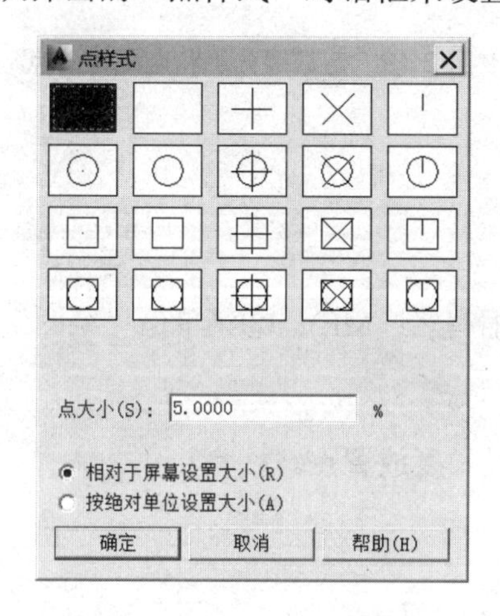


图 2.18　“点样式”对话框

## 2.5.2　定数等分点

1. 命令

①命令名：DIVIDE(缩写名：DIV)；②菜单：“绘图”|“点”|“定数等分”。

2. 功能

在指定线(直线、圆、圆弧、椭圆、椭圆弧、多段线和样条曲线)上，按给出的等分段数，设置等分点。

3. 格式

命令: **DIVIDE**↙
选择要定数等分的对象: (指定直线、圆、圆弧、椭圆、椭圆弧、多段线和样条曲线等等分对象)
输入线段数目或 [块(B)]:　(输入等分的段数,或选择 B 选项在等分点插入图块)

4. 说明

(1) 等分数范围 2～32767。

(2) 在等分点处，按当前点样式设置画出等分点。

(3) 在等分点处也可以插入指定的块(BLOCK)(关于块的内容见第 5 章)。

(4) 图 2.19(a)所示为在一多段线上设置等分点(分段数为 6)的示例。

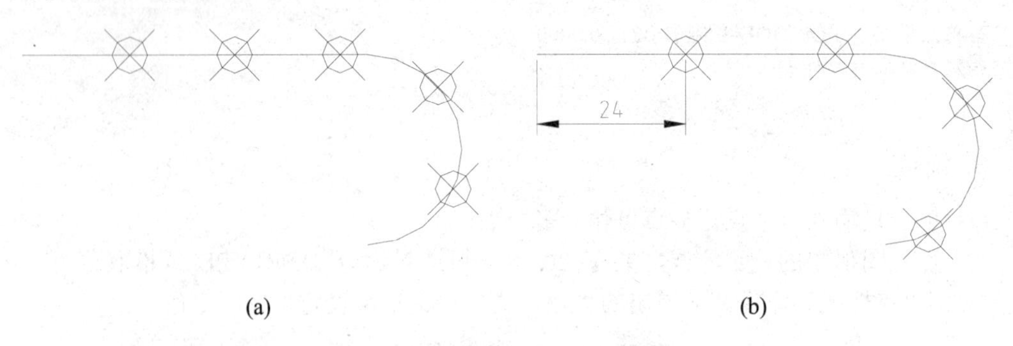


图 2.19 定数等分点和定距等分点

## 2.5.3 定距等分点

1. 命令

①命令名：MEASURE(缩写名：ME)；②菜单：“绘图”|“点”|“定距等分”。

2. 功能

在指定线上按给出的分段长度放置点。

3. 格式

命令: **MEASURE**↙
选择要定距等分的对象: (指定直线、圆、圆弧、椭圆、椭圆弧、多段线和样条曲线等等分对象)
指定线段长度或 [块(B)]: (指定距离或输入 B)

4. 示例

图 2.19(b)所示为在同一条多段线上放置点，分段长度为 24，测量起点在直线的左端点处。

# 2.6 样 条 曲 线

样条曲线广泛应用于曲线、曲面造型领域，AutoCAD 使用 NURBS(非均匀有理 B 样条)来创建样条曲线。

1. 命令

①命令名：SPLINE(缩写名：SPL)；②菜单：“绘图”|“样条曲线”；③图标：“绘图”工具栏中的(样条曲线)图标。

2. 功能

创建经过或靠近一组拟合点或由控制框的顶点定义的平滑曲线。

### 3. 格式

命令: **SPLINE**↙
当前设置: 方式=拟合　　节点=弦
指定第一个点或 [方式(M)/节点(K)/对象(O)]: (输入第 1 点)
输入下一个点或 [起点切向(T)/公差(L)]: (输入第 2 点，这些输入点称样条曲线的拟合点)
输入下一个点或 [端点相切(T)/公差(L)/放弃(U)]: (输入第 3 点)
输入下一个点或 [端点相切(T)/公差(L)/放弃(U)/闭合(C)]: (输入点或回车，结束点输入)

### 4. 选项说明

方式(M)：控制是使用拟合点(F)还是使用控制点(CV)来创建样条曲线。

节点(K)：指定节点参数化的形式，它是一种计算方法，用来确定样条曲线中连续拟合点之间部分的曲线如何过渡。包括“弦”、“平方根”以及“统一”3 种。

对象(O)：要求选择一条用 PEDIT 命令创建的样条拟合多段线，把它转换为真正的样条曲线。

起点或端点相切(T)：指定在样条曲线起点或终点的相切条件。

公差(L)：控制样条曲线偏离拟合点的状态，默认值为零，样条曲线严格地经过拟合点。拟合公差愈大，曲线对拟合点的偏离愈大。利用拟合公差可使样条曲线偏离波动较大的一组拟合点，从而获得较平滑的样条曲线。

图 2.20(a)所示为输入拟合点 1、2、3、4、5，生成的样条曲线；图 2.20(b)所示为输入控制点 1、2、3、4、5，生成的样条曲线。

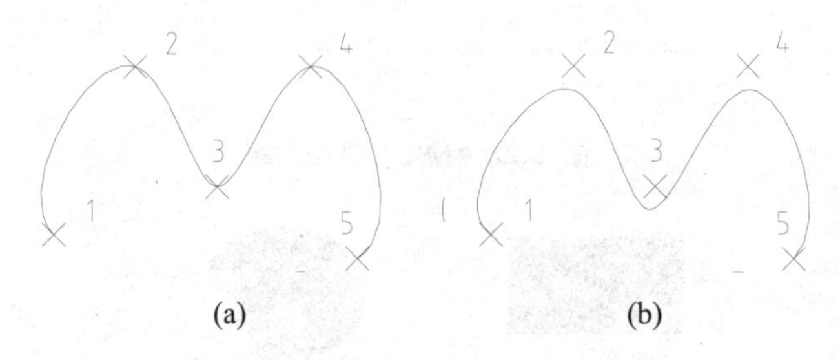


图 2.20　样条曲线和拟合点及控制点

图 2.21 所示为输入拟合点 1、2、3、4、5，生成的闭合的样条曲线。

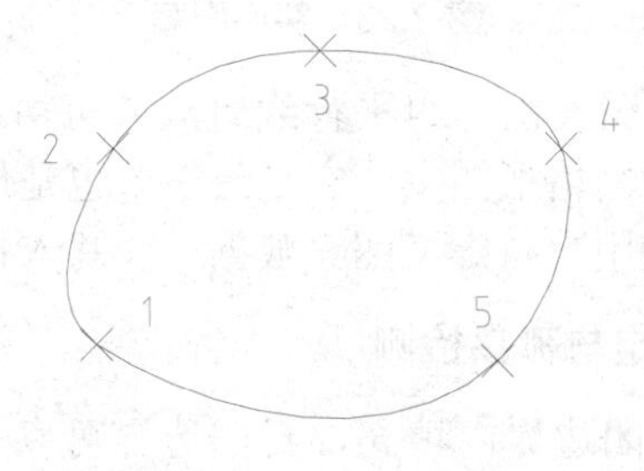


图 2.21　闭合样条曲线

# 2.7 图 案 填 充

AutoCAD 的图案填充(HATCH)功能可用于绘制剖面符号或剖面线；表现表面纹理或涂色。它应用在绘制机械图、建筑图、地质构造图等各类图样中。

## 2.7.1 概述

### 1. AutoCAD 提供的图案类型

AutoCAD 提供下列三种图案类型。

(1) “预定义”类型：即用图案文件 ACAD.PAT(英制)或 ACADISO.PAT(公制)定义的类型。当采用公制时，系统自动调用 ACADISO.PAT 文件。每个图案对应有一个图案名，图 2.22 所示为其部分图案，每个图案实际上由若干组平行线条组成。此外，还提供了一个名为 SOLID(实心)的图案，它是光栅图像格式的填充，如图 2.23(a)所示；图 2.23(b)所示是在一个封闭曲线内的实心填充。

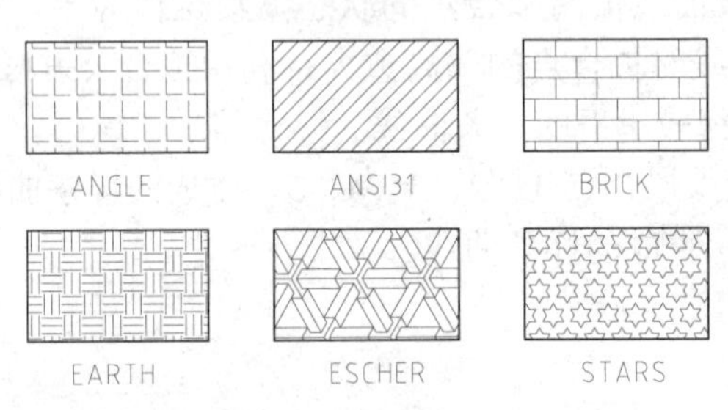


图 2.22 预定义类型图案

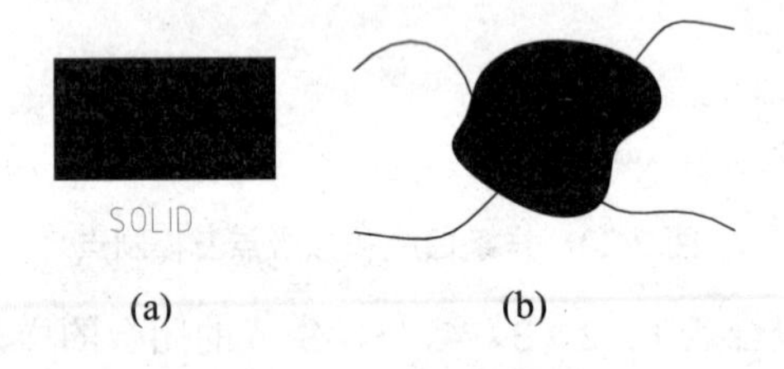


图 2.23 实心图案

(2) “用户定义”类型：图案由一组平行线组成，可由用户定义其间隔与倾角，并可选用由两组平行线互相正交的网格形图案。它是最简单也是最常用的，通常称为 U 类型。

(3) “自定义”类型：是用户自定义图案数据，并写入自定义图案文件的图案。

### 2. 图案填充区边界的确定与孤岛检测

AutoCAD 规定只能在封闭边界内填充，封闭边界可以是圆、椭圆、闭合的多段线、样条曲线等。

如图 2.24(a)所示，其左右边界不封闭，因此不能直接进行填充。出现在填充区内的封闭边界，称为孤岛，它包括字符串的外框等，如图 2.24(b)所示。AutoCAD 通过孤岛检测可以自动查找，并且在默认情况下，对孤岛不填充。

确定图案填充区的边界有两种方法：即指定封闭区域内的一点或指定围成封闭区域的图形对象。

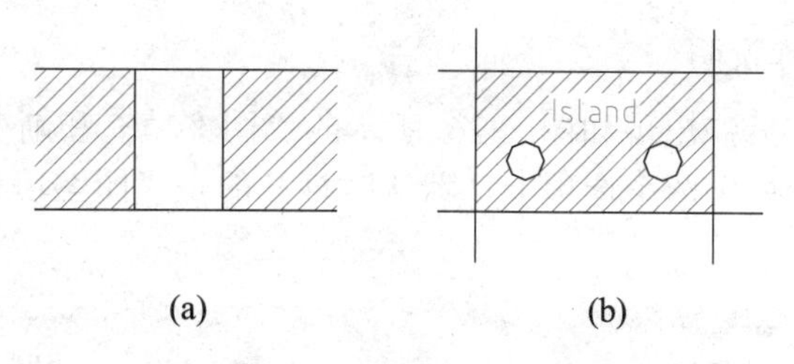


图 2.24　填充区边界和孤岛

3．图案填充的边界样式

AutoCAD 提供三种填充样式，供用户选用。

(1) 普通样式：对于孤岛内的孤岛，AutoCAD 采用隔层填充的方法，如图 2.25(a)所示。这是默认设置的样式。

(2) 外部样式：只对最外层进行填充，如图 2.25(b)所示。

(3) 忽略样式：忽略孤岛，全部填充，如图 2.25(c)所示。

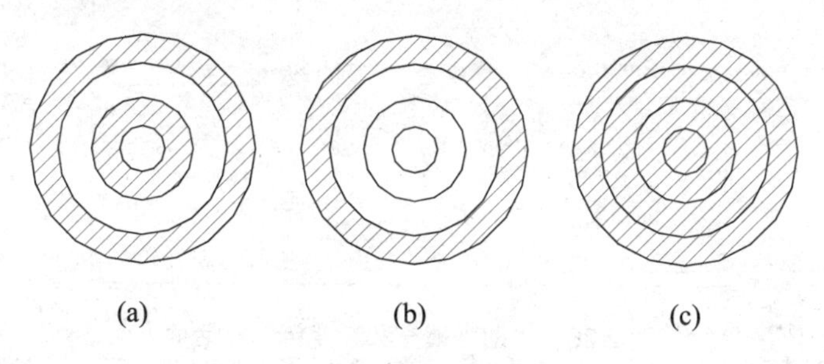


图 2.25　图案填充样式

4．图案填充的关联性

在默认设置情况下，图案填充对象和填充边界对象是关联的。这使得对于绘制完成的图案填充，可以使用各种编辑命令修改填充边界，图案填充区域也随之作关联改变，十分方便。

## 2.7.2　图案填充

1．命令

①命令名：BHATCH(缩写名：H、BH；命令名 -HATCH 用于命令窗口)；②菜单：“绘图”|“图案填充”；③图标：“绘图”工具栏中的(图案填充)图标。

2．功能

用对话框操作，实施图案填充，操作过程如下。

(1) 选择图案类型，调整有关参数。

(2) 选定填充区域，自动生成填充边界。

(3) 选择填充样式。

(4) 控制关联性。

(5) 预视填充结果。

### 3. 对话框及其操作说明

启动图案填充命令后，出现如图 2.26 所示的“图案填充和渐变色”对话框。其包含“图案填充”和“渐变色”两个选项卡，默认时打开的是“图案填充”选项卡，其主要选项及操作说明如下。

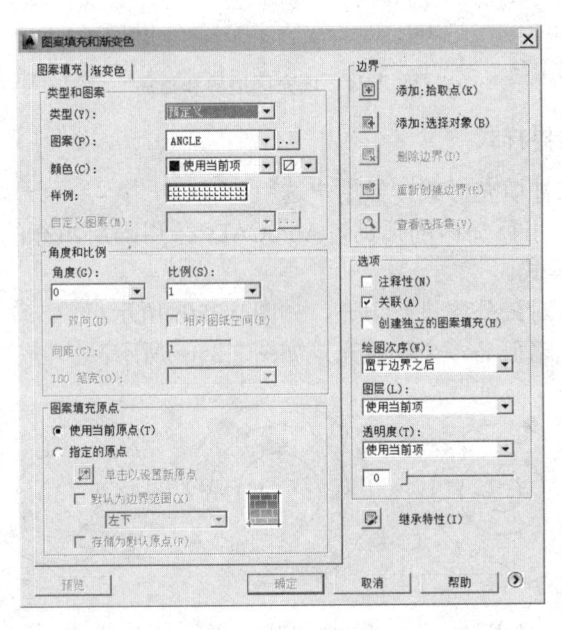


图 2.26 “图案填充和渐变色”对话框

- “类型”：用于选择图案类型，可选项为：预定义、用户定义和自定义。
- “图案”：显示当前填充图案名，单击其后的“...”按钮将弹出“填充图案选项板”对话框，显示 ACAD.PAT 或 ACADISO.PAT 图案文件中各图案的图像块菜单(见图 2.27)，供用户选择装入某种预定义的图案。

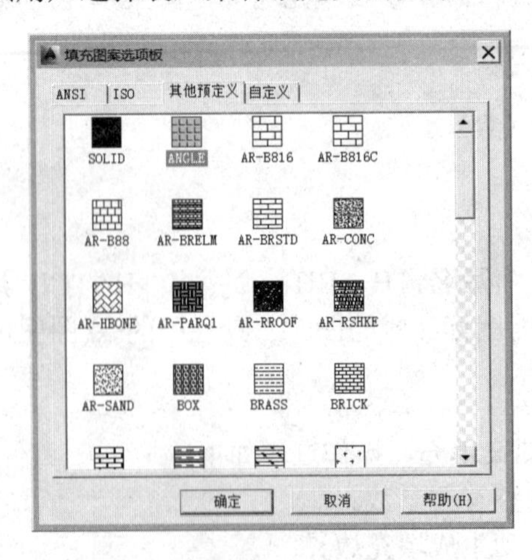


图 2.27 选用预制类图案的图标菜单

当选用“用户定义(U)”类型的图案时，可用“间距”项控制平行线的间隔，用“角度”项控制平行线的倾角。并用“双向”项控制是否生成网格形图案。

- “样例”：显示当前填充图案。
- “角度”：填充图案与水平方向的倾斜角度。
- “比例”：填充图案的比例。
- “图案填充原点”：控制填充图案生成的起始位置。某些图案填充(例如砖块图案)需要与图案填充边界上的一点对齐。在剖视图中采用“剖中剖”时，可通过改变图案填充原点的方法使剖面线错开。在默认情况下，所有图案填充原点都对应于当前的 UCS 原点。
- “添加:拾取点”：提示用户在图案填充边界内任选一点，系统按一定方式自动搜索，从而生成封闭边界。其提示为：

  拾取内部点或 [选择对象(S)/删除边界(B)]: (拾取一内点)
  选择内部点: (用回车结束选择或继续拾取另一区域内点，或用 U 取消上一次选择)

  图 2.28(a)所示为拾取一内点，图 2.28(b)所示为显示自动生成的临时封闭边界(包括检测到的孤岛)，图 2.28(c)所示为填充的结果。
- “添加:选择对象”：用选对象的方法确定填充边界。
- “预览”：预视填充结果，以便于及时调整修改。
- “继承特性”：在图案填充时，通过继承选项，可选择图上一个已有的图案填充来继承它的图案类型和有关的特性设置。
- “选项”选项组：规定了图案填充的两个性质。

  “关联”：默认设置为生成关联图案填充，即图案填充区域与填充边界是关联的。

  “创建独立的图案填充”：默认设置为“关闭”，即图案填充作为一个对象(块)处理；如把其设置为“开”，则图案填充分解为一条条直线，并丧失关联性。
- “确定”：按所作的选择绘制图案填充。

填充图案按当前设置的颜色和线型绘制。

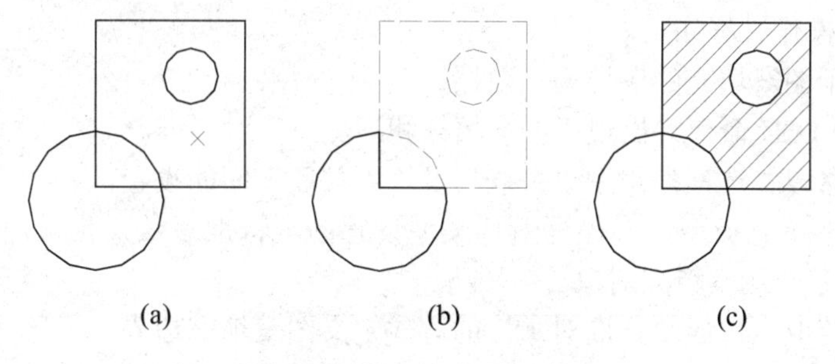


图 2.28　填充边界的自动生成

“渐变色”选项卡如图 2.29 所示，通过它可以以单色浓淡过渡或双色渐变过渡对指定区域进行渐变颜色填充。图 2.30 所示为用“渐变色”填充的五角星示例。

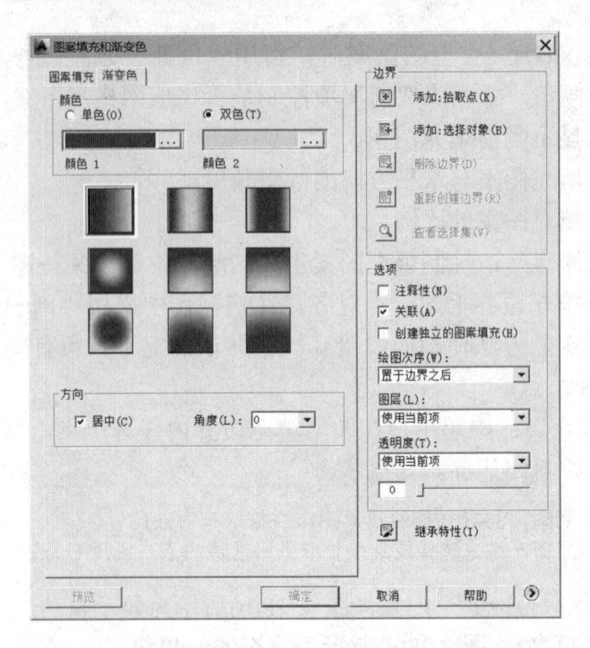


图 2.29 “图案填充和渐变色”对话框中的“渐变色”选项卡

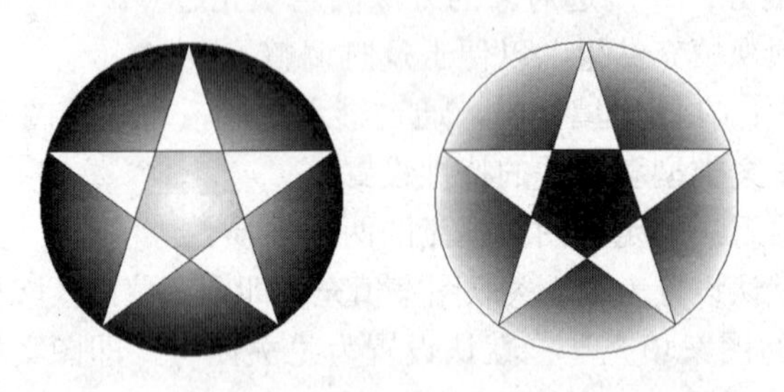

图 2.30 “渐变色”填充示例

4. 操作过程

图案填充的操作过程如下。

(1) 设置用于图案填充的图层为当前层。

(2) 启动 HATCH 命令，出现“图案填充和渐变色”对话框。

(3) 确认或修改“选项”组中“关联”及“不关联”间的设置。

(4) 选择图案填充类型，并根据所选类型设置图案特性参数，也可用“继承特性”选项，继承已画的某个图案填充对象。

(5) 通过“拾取点”或“拾取对象”的方式定义图案填充边界。

(6) 必要时，可“预览”图案填充效果；若不满意，可返回调整相关参数。

(7) 单击“确定”按钮，绘制图案填充。

(8) 由于图案填充的关联性，为了便于事后的图案填充编辑，在一次图案填充命令中，最好只选一个或一组相关的图案填充区域。

5. 应用

【例 2.3】完成如图 2.31(a)所示的机械图“剖中剖”图案填充。

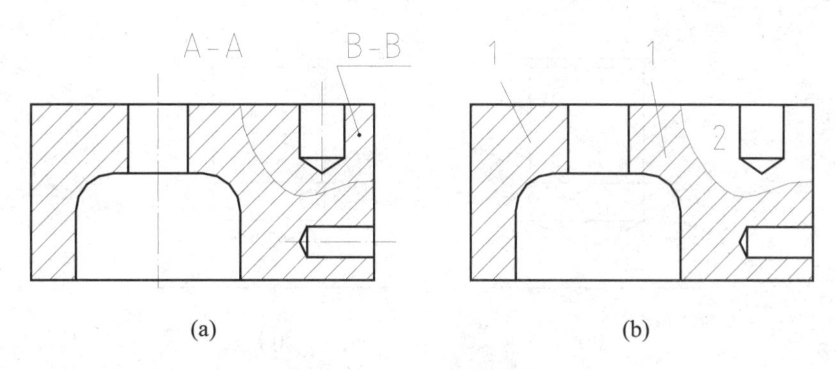


**图 2.31　错开的剖面线**

操作步骤如下。

(1) 关闭画中心线的图层，并选图案填充层为当前层。

(2) 启动图案填充命令，图案填充“类型”选“预定义”，“图案”选“ANSI31”，“角度”选“0”，“间距”项选“4”(毫米)。

(3) 在填充“边界”框中，选“添加：拾取点”项，如图 2.31(b)所示，在 1 处拾取两个内点，再返回对话框。

(4) 预视并应用，完成 A-A 剖面线(表示金属材料)。

(5) 为使 B-B 剖面线和 A-A 特性相同而剖面线错开，可将“图案填充原点”改为“指定的原点”，单击“单击以设置新原点”按钮，在 B-B 区域指定与 A-A 剖面线错开的一点。

(6) 重复图案填充命令，图案填充类型、特性的设置同上。

(7) 填充边界通过内点 2 指定。

(8) 预视并应用，完成 B-B 剖面线。

(9) 打开画中心线的图层，完成后如图 2.31(a)所示。

**【例 2.4】**由图 2.32(a)所示图形完成如图 2.32(b)所示的螺纹孔的剖视图。

对于螺纹孔，遵照国标规定，剖面线要画到螺纹小径处。另外，如图 2.32(a)所示的剖面线部分边界不封闭，为此可按如下操作步骤进行。

(1) 关闭画中心线 1 的图层及画螺纹大径 2 的图层，并在辅助作图层上画封闭线 3，如图 2.32(b)所示。也可先用“添加：选择对象”方式选中全部图形对象，然后用“删除边界”按钮，把中心线 1 和大径 2 等扣除在构造选择集之外。

(2) 设图案填充层为当前层，启动 HATCH 命令。

(3) 图案填充“类型”选“预定义”，“图案”选“ANSI31”，“角度”选“90”，“间距”项选“4”(毫米)。

(4) 在填充“边界”框中，选“添加：拾取点”项，如图 2.32(b)所示，在 4 处拾取一个内点，再返回对话框。

(5) 预视并应用，画剖面线。

(6) 打开画中心线 1 及画螺纹大径 2 的图层，关闭或删除辅助作图层，完成后如图 2.32(a)所示。

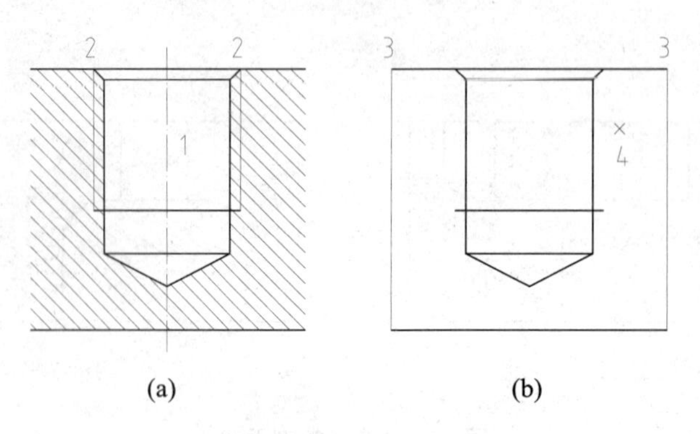

(a) (b)

图 2.32 螺纹孔的剖面线

## 2.8 创建表格

表格是在行和列中包含数据的对象。创建表格对象时，首先创建一个空表格，然后在表格的单元中添加内容。表格创建完成后，用户可以单击该表格上的任意网格线以选中该表格，进行表格内容的填写。在 AutoCAD 中，也可以从 Microsoft Excel 中直接复制表格，并将其作为 AutoCAD 表格对象粘贴到图形中，还可以从外部直接导入表格对象。此外，也可以输出来自 AutoCAD 的表格数据，以供在 Microsoft Excel 或其他应用程序中使用。

### 1. 命令

①命令名：TABLE(命令名 -TABLE 用于命令窗口)；②菜单："绘图"|"表格"；③图标："绘图"工具栏中的(表格)图标。

### 2. 功能

在图形中按指定格式创建空白表格对象。

### 3. 对话框及其说明

TABLE 命令启动以后，出现"插入表格"对话框，如图 2.33 所示。其主要选项说明如下。

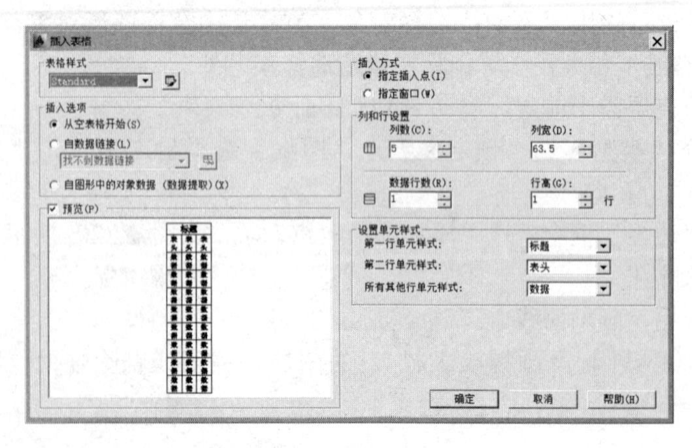


图 2.33 "插入表格"对话框

- “表格样式”：指定表格样式。默认样式为 Standard。
- “插入选项”：指定插入表格的方式。可以从空表格、从数据链接或从数据提取开始创建新表格。
- “预览”：显示当前表格样式的样例。
- “插入方式”：指定插入表格的方式和位置。当选择“指定插入点”时，可以使用定点设备，也可以在命令窗口中输入坐标值，以确定表格的左上角点。 如果表格样式将表格的方向设置为由下而上读取，则插入点位于表格的左下角。当选择“指定窗口”时，可以使用定点设备，也可以在命令窗口中输入坐标值。 选定此选项时，行数、列数、列宽和行高取决于窗口的大小以及列和行设置。
- “列和行设置”：设置列和行的数目和大小。
- “设置单元样式”：对于那些不包含起始表格的表格样式，指定新表格中行的单元格式。

### 4．设置表格样式

若“插入表格”对话框中“预览”部分显示的表格样式不符合用户需要，可修改或重新设置表格的样式。具体方法为：在“插入表格”对话框中单击“表格样式”列表框右边的“表格样式”按钮，将弹出如图 2.34 所示的“表格样式”对话框。单击对话框右侧的“修改”按钮，将弹出如图 2.35 所示的“修改表格样式”对话框，从中可对表格的形式、大小及数据来源等相关参数进行重新设置或修改。

新建表格样式的操作与此基本相同。

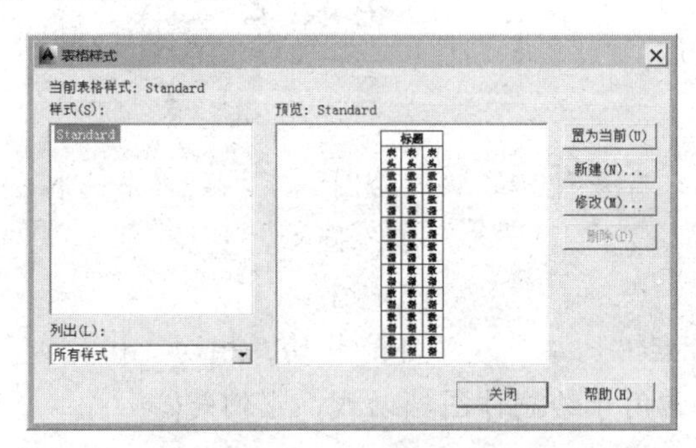


图 2.34　“表格样式”对话框

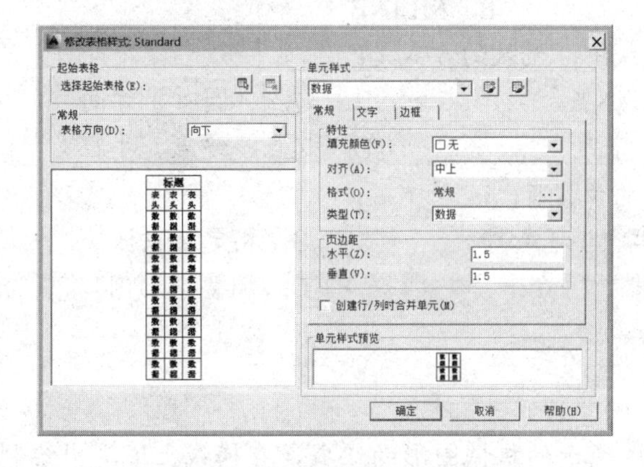


图 2.35　“修改表格样式”对话框

## 2.9 AutoCAD 绘图的作业过程

前面各节介绍了绘制二维图形的基本命令和方法，各个命令在使用的过程中还有很多技巧，需要用户在不断的绘图实践中去领会。对于复杂图形，绘图命令与下一章介绍的编辑命令结合使用会更好。有些命令(如徒手线 SKETCH、实体图形 SOLID、轨迹线 TRACK、修订云线 REVCLOUD 等)一般较少使用，本书未做介绍，感兴趣的读者可参阅 AutoCAD 的在线帮助文档。

完成一个 AutoCAD 作业，需要综合应用各类 AutoCAD 命令，现简述如下，在后面的章节中将继续对用到的各类命令做详细介绍。

(1) 利用设置类命令，设置绘图环境，如单位、捕捉、栅格等(详见第 4 章)。

(2) 利用绘图类命令，绘制图形对象。

(3) 利用修改类命令，编辑与修改图形，如用删除(Erase)命令，擦去已画的图形，用放弃(U)命令，取消上一次命令的操作等(详见第 3 章)。

(4) 利用视图类命令及时调整屏幕显示，如利用缩放(Zoom)命令和平移(Pan)命令等(详见第 4 章)。

(5) 利用文件类命令创建、保存或打印图形。

## 思考题 2

### 一、选择题

1. 下列画圆方式中，有一种只能从“绘图”下拉菜单中选取，它是(　　)。

A. 圆心、半径　　B. 圆心、直径
C. 2 点　　D. 3 点
E. 相切、相切、半径　　F. 相切、相切、相切

2. 下列有两个命令常用于绘制作图辅助线，它们是(　　)。

A. CIRCLE　　B. LINE　　C. RAY
D. XLINE　　E. MLINE

3. 下列画圆弧方式中，无效的方式是(　　)。

A. 起点、圆心、终点　　B. 起点、圆心、方向
C. 圆心、起点、长度　　D. 起点、终点、半径

4. 进行图案填充的步骤有(　　)。

A. 选择填充图案　　B. 指定跳出区域
C. 预览填充效果　　D. 调整“比例”、“角度”等参数
E. “确定”填充　　F. 以上全部

### 二、填空题

1. 分析如图 2.36 所示的机械图形的组成，在横线上填写出绘制箭头所指图形元素所

用的 AutoCAD 绘图命令。

2. 使用多段线(PLINE)命令绘制的折线段和用直线(LINE)命令绘制的折线段______(完全、不)等效。前者是____个图形对象，后者是____个图形对象。

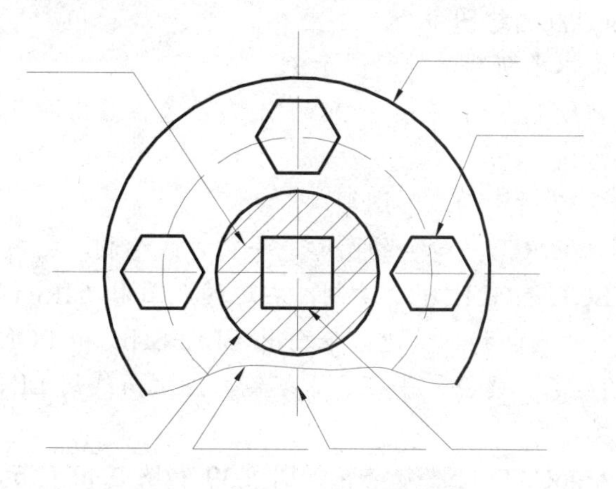

图 2.36　图形及其绘图命令

## 三、简答题

1. 分析绘制如图 2.37 所示的鸟形图形所用到的绘图命令。

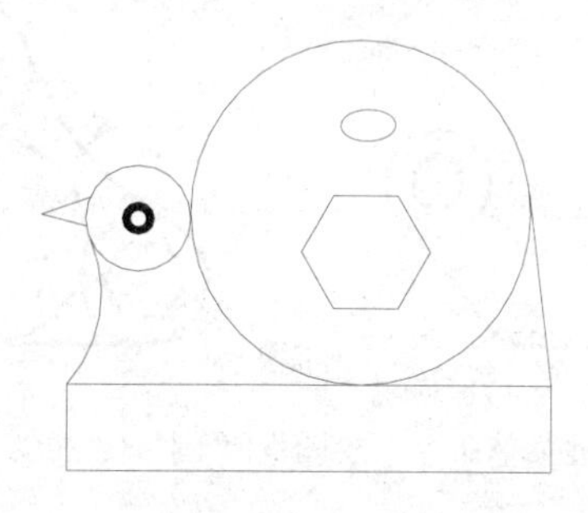

图 2.37　鸟形图形

2. 简述为指定区域填充剖面线的方法和步骤。如何实现如图 2.38 所示的螺栓装配图绘制中相邻零件剖面线倾斜方向相反或间隔不等的图案填充？

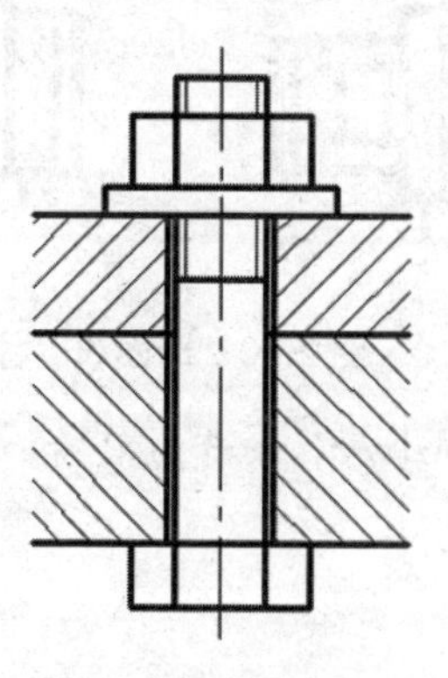

图 2.38　螺栓装配图中的剖面线

# 上机实训2

**目的：**熟悉 AutoCAD 的绘图命令。

**内容：**1. 上机完成本章所列举的绘图示例。

2. 据所作分析上机绘制如图 2.36 所示的图形(示意性绘出即可，线型、尺寸和准确位置不作要求)。

3. 上机绘制如图 2.37 所示的鸟形图形。

(**提示：**左边小圆用 CIRCLE 命令的圆心、半径方式绘制，圆内圆环用 DOUNT 命令绘制，下面的矩形用 RECTANGLE 命令绘制，右边的大圆用 CIRCLE 命令的相切、相切、半径方式绘制，大圆内的椭圆和正六边形分别用 ELLESHE 和 POLIGON 命令绘制，左边的圆弧用 ARC 命令的起点、终点、半径方式绘制，左上折线用 LINE 命令绘制。用鼠标绘图即可，尺寸不作要求。)

4*. 选用适当的 AutoCAD 绘图命令在如图 2.39 和图 2.40 所示的左图的基础上上机绘制出右图(示意性绘出即可，线型和准确位置不作要求)。

(1)

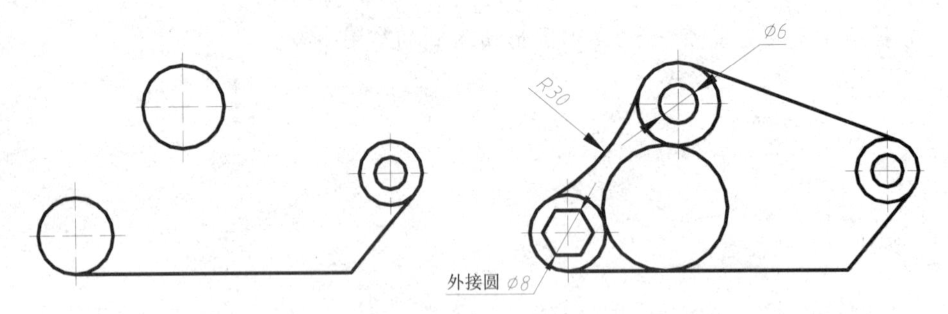


(提示：中间的大圆需通过菜单命令“绘图”|“圆”|“相切、相切、相切(T)”绘制)

图 2.39　相切图形

(2)

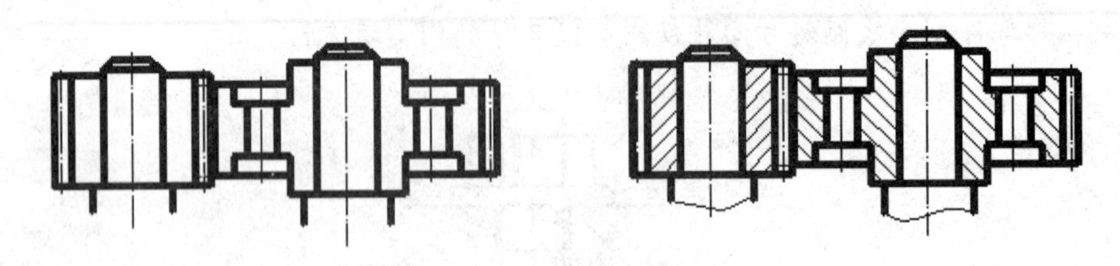

图 2.40　剖面线

5. 绘制如图 2.41 所示的“田间小房”，并为前墙、房顶及窗户赋予不同的填充图案。

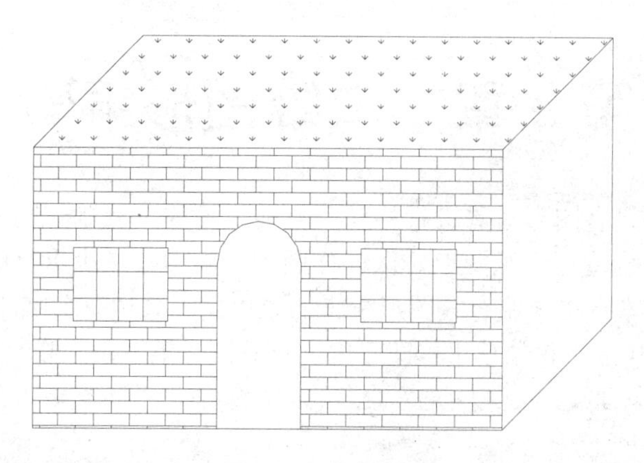

图 2.41　田间小房

**(提示：**在绘制“田间小房”时，前墙填以“预定义”墙砖(AR-BRSTD)图案，房顶填以“预定义”草地(GRASS)图案；窗户的窗棂使用“用户定义”(0 度，双向)图案在窗户区域内填充生成。)

6. 使用样条曲线命令设计一工程或趣味图形并上机绘制。

# 第3章　二维图形编辑

图形编辑是指对已有图形对象进行移动、旋转、缩放、复制、删除及其他修改操作。它可以帮助用户合理构造与组织图形，保证作图的准确度，减少重复的绘图操作，从而提高设计与绘图效率。本章将介绍有关图形编辑的菜单、工具栏及二维图形编辑命令。

图形编辑命令集中在下拉菜单“修改”中，有关图标集中在“修改”工具栏中；有关修改多段线、多线、样条曲线、图案填充等命令的图标集中在“修改Ⅱ”工具栏中，见图3.1。

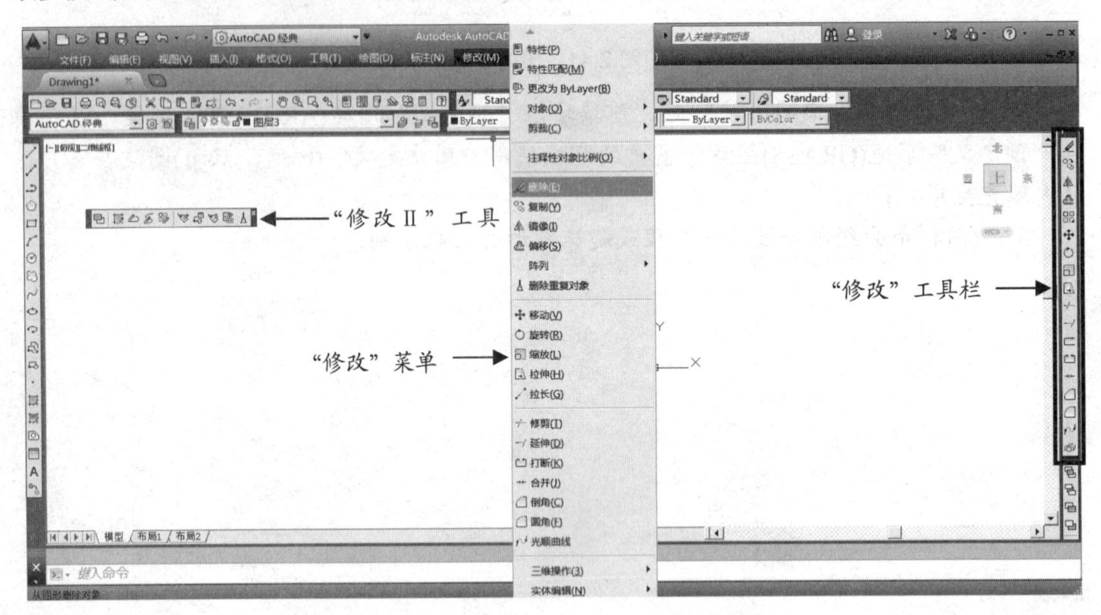


图3.1　“修改”菜单和“修改Ⅱ”工具栏

## 3.1　构造选择集

编辑命令一般分两步进行：①在已有的图形中选择编辑对象，即构造选择集；②对选择集实施编辑操作。

### 1．构造选择集的操作

输入编辑命令后出现的提示为：

选择对象:

即开始了构造选择集的过程，在选择过程中，选中的对象醒目显示(即改用虚线显示)，表示已加入选择集。AutoCAD 提供了多种选择对象及操作的方法，现列举如下。

(1) 直接拾取对象：拾取到的对象醒目显示。

(2) M：可以多次直接拾取对象，该过程用回车结束，此时所有拾取到的对象醒目显示。

(3) L：选最后画出的对象，它自动醒目显示。

(4) ALL：选择图中的全部对象(在冻结或加锁图层中的除外)。

(5) W：窗口方式，选择全部位于窗口内的所有对象。

(6) C：窗交方式，即除选择全部位于窗口内的所有对象外，还包括与窗口四条边界相交的所有对象。

(7) BOX：窗口或窗交方式，当拾取窗口的第一角点后，如用户选择的另一角点在第一角点的右侧，则按窗口方式选择对象，如在左侧，则按窗交方式选择对象。

(8) WP：圈围方式，即构造一个任意的封闭多边形，在圈内的所有对象被选中。

(9) CP：圈交方式，即圈内及和多边形边界相交的所有对象均被选中。

(10) F：栏选方式，即画一条多段折线，像一个栅栏，与多段折线各边相交的所有对象被选中。

(11) P：选择上一次生成的选择集。

(12) SI：选中一个对象后，自动进入后续编辑操作。

(13) AU：自动开窗口方式，当用光标拾取一点，并未拾取到对象时，系统自动把该点作为开窗口的第一角点，并按 BOX 方式选用窗口或窗交。

(14) R：把构造选择集的加入模式转换为从已选中的对象中移出对象的删除模式，其提示转化为：

删除对象：

在该提示下，亦可使用直接拾取对象、开窗口等多种选取对象方式。

(15) A：把删除模式转化为加入模式，其提示恢复为：

选择对象：

(16) U：放弃前一次选择操作。

(17) 回车：在“选择对象：”或“删除对象：”提示下，用回车响应，就完成构造选择集的过程，可对该选择集进行后续的编辑操作。

### 2. 示例

在当前屏幕上已绘有图 3.2 所示的两段圆弧和两条直线，现欲对其中的部分图形进行删除操作，则首先应指定要删除的图形对象，即构造选择集，然后才能对选中的部分执行删除操作。

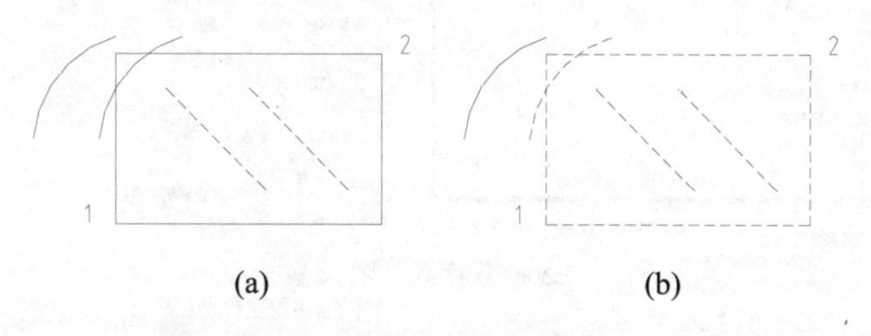


**图 3.2　窗口方式和窗交方式**

命令：**ERASE**↙　　　(删除图形命令)
选择对象：**W**↙　　　(选窗口方式)
指定第一个角点：　　(单击 1 点)
指定对角点：　　　　(单击 2 点)
找到 2 个　　　　　　(选中部分变虚显示，见图 3.2(a))

选择对象：↙　　　　(回车，结束选择过程，删去选定的直线)

在上面构造选择集的操作中，如选择窗交方式 C，则还有一条圆弧和窗口边界相交[见图 3.2(b)]，也会删去。

### 3. 说明

(1) 在“选择对象”提示下，如果输入错误信息，则系统出现下列提示：

需要点或
窗口(W)/上一个(L)/窗交(C)/框(BOX)/全部(ALL)/栏选(F)/圈围(WP)/圈交(CP)/编组(G)/添加(A)/删除(R)/多个(M)/上一个(P)/放弃(U)/自动(AU)/单个(SI) /子对象/对象
选择对象:

系统用列出所有选择对象方式的信息来引导用户正确操作。

(2) AutoCAD 允许用名词/动词方式进行编辑操作，即可以先用拾取对象、开窗口等方式构造选择集，然后再启动某一编辑命令。

(3) 有关选择对象操作的设置，可由 “对象选择设置”(DDSELECT) 命令控制。

(4) AutoCAD 提供一个专用于构造选择集的命令：“选择”(SELECT)。

(5) AutoCAD 提供对象编组(GROUP)命令来构造和处理命名的选择集。

(6) AutoCAD 提供“对象选择过滤器”(FILTER)命令来指定对象过滤的条件，用于创造合适的选择集。

(7) 对于重合的对象，在选择对象时同时按 Ctrl 键，则进入循环选择，可以决定所选的对象。

选择集模式的控制集中于“选项”对话框中“选择集”选项卡下的“选择集模式”选项组内，具体如图 3.3 所示。用户可以按自己的需要设置构造选择集的模式。显示“选项”对话框的方法为：选择“工具”|“选项”命令。

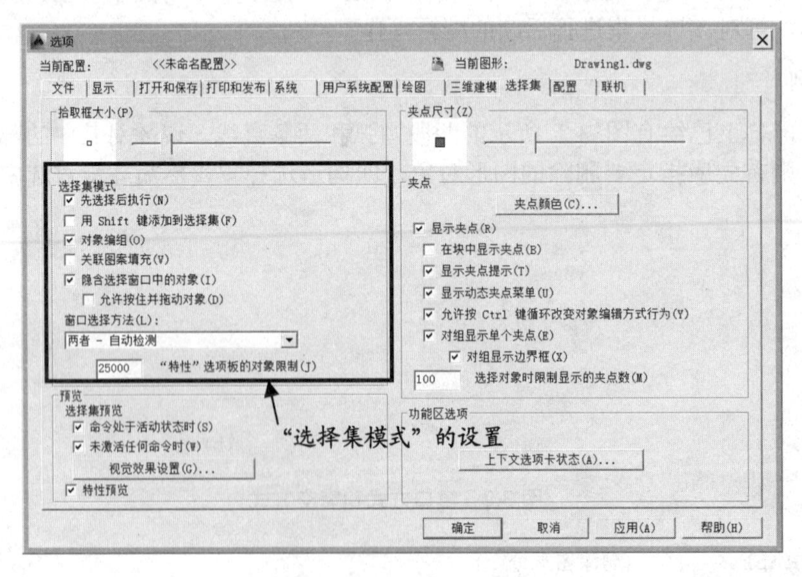


图 3.3　“选择集”选项卡

# 3.2　删除和恢复

## 3.2.1　删除

### 1. 命令

①命令：ERASE (缩写名：E)；②菜单："修改"|"删除"；③图标："修改"工具栏中的(删除)图标。

### 2. 格式

命令： **ERASE**↙
选择对象：(选对象，如图3.2所示)
选择对象：↙(回车，删除所选对象)

## 3.2.2　恢复

### 1. 命令

命令：OOPS。

### 2. 功能

恢复上一次用 ERASE 命令所删除的对象。

### 3. 说明

(1) OOPS 命令只对上一次 ERASE 命令有效，如使用 ERASE、LINE、ARC、LAYER 操作顺序后，用 OOPS 命令，则恢复 ERASE 命令删除的对象，而不影响 LINE、ARC、LAYER 命令操作的结果。

(2) 本命令也常用于 BLOCK(块)命令之后，用于恢复建块后所消失的图形。

# 3.3　命令的放弃和重做

## 3.3.1　放弃(U)命令

### 1. 命令

①命令：U；②菜单："编辑"|"放弃"；③图标："标准"工具栏中的(放弃)图标。

### 2. 功能

取消上一次命令操作，它是 UNDO 命令的简化格式，相当于 UNDO 1，但 U 命令不是 UNDO 命令的缩写名。U 和 UNDO 命令不能取消诸如 PLOT、SAVE、OPEN、NEW 或 COPYCLIP 等对设备做读、写数据的命令。

## 3.3.2 放弃(UNDO)命令

### 1. 命令

①命令：UNDO；②图标："标准"工具栏中的 (放弃)图标。

### 2. 功能

放弃上几次命令操作，并控制 UNDO 功能的设置。

### 3. 格式及示例

命令：**UNDO**↙
输入要放弃的操作数目或 [自动(A)/控制(C)/开始(BE)/结束(E)/标记(M)/后退(B)] <1>: (输入取消命令的次数或选项)

### 4. 说明

(1) 要放弃的操作数目： 指定取消命令的次数。

(2) 自动(A)：控制是否把菜单项的一次拾取看作一次命令(不论该菜单项是由多少条命令的顺序操作组成)，它出现提示：

输入 UNDO 自动模式 [开(ON)/关(OFF)] <On>:

(3) 控制(C)：控制 UNDO 功能，它出现提示：

输入 UNDO 控制选项 [全部(A)/无(N)/一个(O)] <全部>:

A 为全部 UNDO 功能有效；N 为取消 UNDO 功能；O 为只有 UNDO 1 (相当于 U 命令)有效。

(4) 开始(BE) 和 结束(E)： 用于命令编组，一组命令在 UNDO 中只作为一次命令对待，例如，操作序列为：

LINE > UNDO BE > ARC > CIRCLE > ARC > UNDO E > DONUT
则 ARC > CIRCLE > ARC 为一个命令编组；

(5) 标记(M) 和 返回(B)： 在操作序列中，用 UNDO M 作出标记，如后续操作中使用 UNDO B，则取消该段操作中的所有命令，如果前面没有作标记，则出现提示：

将放弃所有操作。确定? <Y>:

确认则作业过程将退回到 AutoCAD 初始状态。
在试画过程中，利用设置 UNDO M 可以迅速取消试画部分。

## 3.3.3 重做(REDO)命令

### 1. 命令

①命令：REDO；②菜单："编辑"|"重做"；③图标："标准"工具栏中的 (重做)命令。

**2. 功能**

重做刚用 U 或 UNDO 命令所放弃的命令操作。

## 3.4　复制和镜像

### 3.4.1　复制

**1. 命令**

①命令：COPY(缩写名：CO、CP)；②菜单：“修改”|“复制”；③图标：“修改”工具栏中的(复制)图标。

**2. 功能**

复制选定对象，可作多重复制。

**3. 格式及示例**

命令: **COPY**↙
选择对象: (构造选择集，如图 3.4 所示选一圆)
找到 1 个
选择对象: ↙　(回车，结束选择)
指定基点或位移，或者 [重复(M)]: (定基点 A)
指定位移的第二点或 <用第一点作位移>:(位移点 B，　该圆按矢量 $\overline{AB}$ 复制到新位置)
指定位移的第二点或 <用第一点作位移>:↙　(回车，结束复制命令)
(若此处不回车而继续指定点，则可进行多重复制：)
指定位移的第二点或 <用第一点作位移>:(B 点)
指定位移的第二点或 <用第一点作位移>:(C 点)
指定位移的第二点或 <用第一点作位移>:(回车)
(所选圆按矢量 $\overline{AB}$、$\overline{AC}$ 复制到两个新位置，如图 3.5 所示)

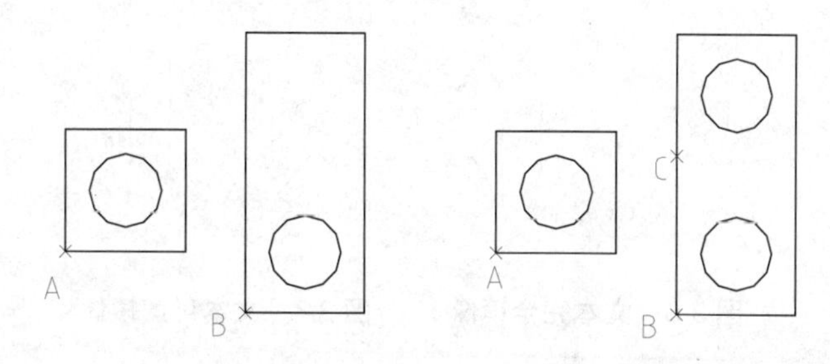


图 3.4　复制对象　　图 3.5　多重复制对象

**4. 说明**

(1) 在单个复制时，如对提示“位移第二点:”用回车响应，则系统认为 A 点是位移点，基点为坐标系原点 O(0,0,0)，即按矢量 $\overline{OA}$ 复制。

(2) 基点与位移点可用光标定位、坐标值定位，也可利用对象捕捉来准确定位。

### 3.4.2 镜像

**1. 命令**

①命令：MIRROR(缩写名：MI)；②菜单："修改"|"镜像"；③图标："修改"工具栏中的(镜像)图标。

**2. 功能**

用轴对称方式对指定对象作镜像，该轴称为镜像线，镜像时可删去原图形，也可以保留原图形(镜像复制)。

**3. 格式及示例**

在图 3.6 中欲将左下图形和 ABC 字符相对 AB 直线镜像出右上图形和字符，则操作过程如下：

命令: **MIRROR**↙
选择对象: (构造选择集，在图 3.6 中选中左下图形和 ABC 字符)
选择对象: ↙ (回车，结束选择)
指定镜像线的第一点: (指定镜像线上的一点，如 A 点)
指定镜像线的第二点: (指定镜像线上的另一点，如 B 点)
要删除源对象吗？[是(Y)/否(N)] <N>:↙(回车，不删除原图形)

**4. 说明**

在镜像时，镜像线是一条临时的参照线，镜像后并不保留。

在图 3.6 中，文本作了完全镜像，镜像后文本变为反写和倒排，使文本不便阅读。如在调用镜像命令前，把系统变量 MIRRTEXT 的值置为 0(off)，则镜像时对文本只作文本框的镜像，而文本仍然可读，此时的镜像结果如图 3.7 所示。

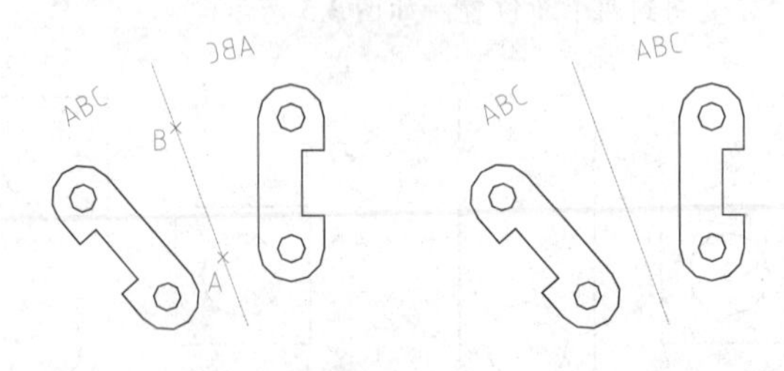


图 3.6 文本完全镜像　　图 3.7 文本可读镜像

## 3.5 阵列和偏移

### 3.5.1 矩形阵列

**1. 命令**

①命令：ARRAYRECT；②菜单："修改"|"阵列"|"矩形阵列"；③图标："修改"

工具栏中的(矩形阵列)图标。

### 2. 功能

对选定对象作矩形阵列式复制。

矩形阵列的含义如图 3.8 所示，是指将所选定的图形对象(如图中的 1)按指定的行数、列数复制为多个。

### 3. 格式及示例

命令: **ARRAYRECT**↙
选择对象: (选取图 3.8 中最左边 1 处的扶手椅)
找到 1 个
选择对象: ↙
类型 = 矩形　关联 = 是
选择夹点以编辑阵列或 [关联(AS)/基点(B)/计数(COU)/间距(S)/列数(COL)/行数(R)/层数(L)/退出(X)] <退出>: **R**↙
输入行数或 [表达式(E)] <3>: **2**↙
指定 行数 之间的距离或 [总计(T)/表达式(E)] <377.8634>: (输入行间距数值)
指定 行数 之间的标高增量或 [表达式(E)] <0>:↙
选择夹点以编辑阵列或 [关联(AS)/基点(B)/计数(COU)/间距(S)/列数(COL)/行数(R)/层数(L)/退出(X)] <退出>: **COL**↙
输入列数或 [表达式(E)] <4>: **4**
指定 列数 之间的距离或 [总计(T)/表达式(E)] <769.582>: (输入列间距数值)
选择夹点以编辑阵列或 [关联(AS)/基点(B)/计数(COU)/间距(S)/列数(COL)/行数(R)/层数(L)/退出(X)] <退出>:

阵列结果如图 3.8 所示。图 3.9 所示为对 A 三角形进行两行、三列矩形阵列的结果。

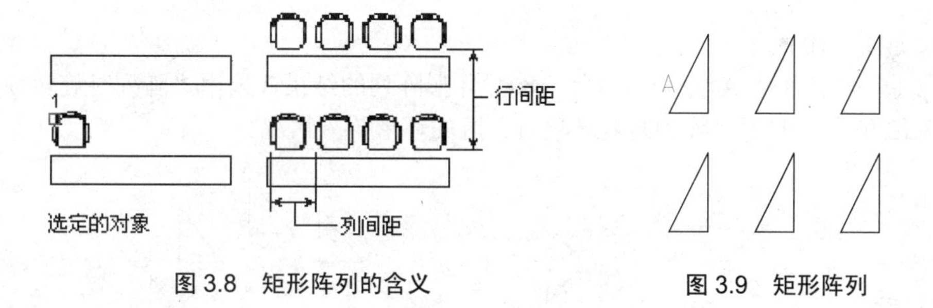


图 3.8　矩形阵列的含义　　　图 3.9　矩形阵列

## 3.5.2　环形阵列

### 1. 命令

①命令：ARRAYPOLAR；②菜单：“修改”|“阵列”；③图标：“修改”工具栏中的(环形阵列)图标。

### 2. 功能

对选定对象作环形阵列式复制。

环形阵列的含义如图 3.10 所示，是指将所选定的图形对象(如图中的 1)绕指定的中心点(如图中的 2)旋转复制为多个。

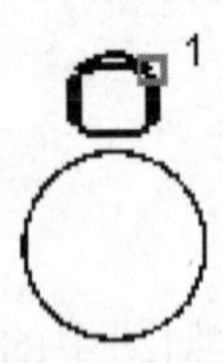


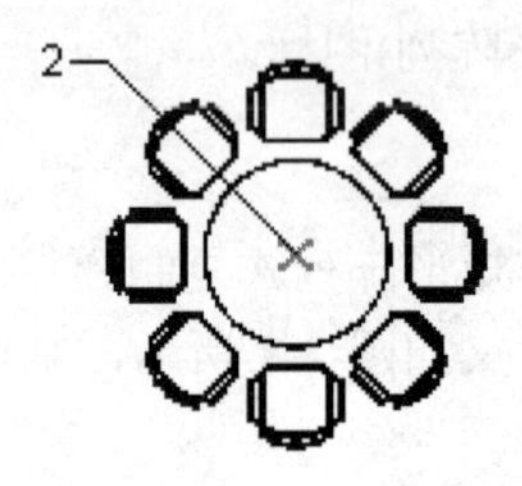


图 3.10 环形阵列的含义

### 3. 格式及示例

命令: **ARRAYPOLAR**↙
选择对象: (选择图 3.10 中的扶手椅 1)
找到 1 个
选择对象: ↙
类型 = 极轴 关联 = 是
指定阵列的中心点或 [基点(B)/旋转轴(A)]: (捕捉圆桌的中心点 2)
选择夹点以编辑阵列或 [关联(AS)/基点(B)/项目(I)/项目间角度(A)/填充角度(F)/行(ROW)/层(L)/旋转项目(ROT)/退出(X)] <退出>: **F**↙ (指定阵列的角度范围)
指定填充角度(+=逆时针、-=顺时针)或 [表达式(EX)] <360>:↙
选择夹点以编辑阵列或 [关联(AS)/基点(B)/项目(I)/项目间角度(A)/填充角度(F)/行(ROW)/层(L)/旋转项目(ROT)/退出(X)] <退出>: **B**↙
指定基点或 [关键点(K)] <质心>: (捕捉扶手椅的中心点)
选择夹点以编辑阵列或 [关联(AS)/基点(B)/项目(I)/项目间角度(A)/填充角度(F)/行(ROW)/层(L)/旋转项目(ROT)/退出(X)] <退出>: **ROT**↙
是否旋转阵列项目? [是(Y)/否(N)] <是>: **Y**↙ (阵列时旋转项目)
选择夹点以编辑阵列或 [关联(AS)/基点(B)/项目(I)/项目间角度(A)/填充角度(F)/行(ROW)/层(L)/旋转项目(ROT)/退出(X)] <退出>:↙

结果如图 3.10 所示。

图 3.11 所示为对 A 三角形进行 180° 环形阵列的结果，采用“阵列时旋转项目”设置；图 3.12 所示为取消“阵列时旋转项目”时的环形阵列情况。

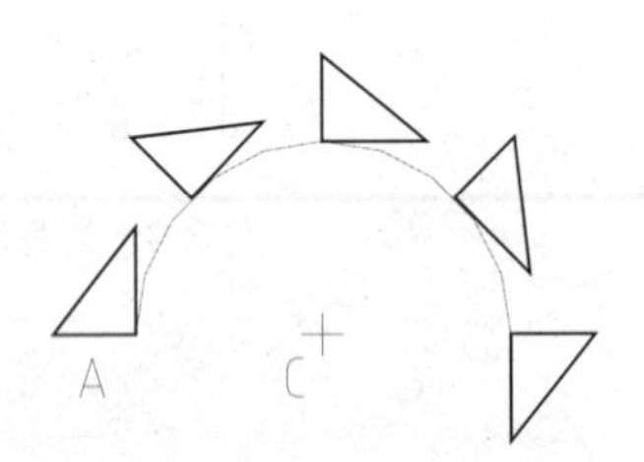


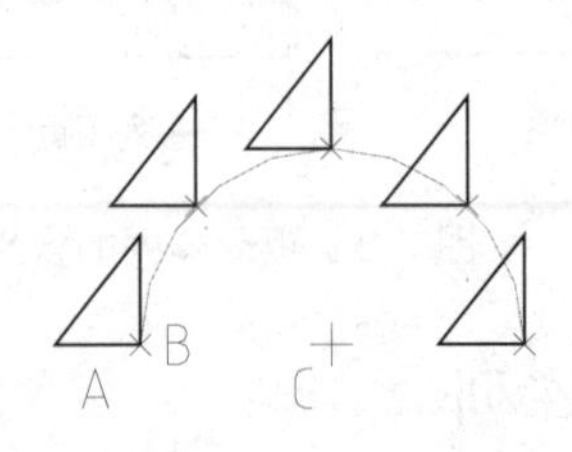


图 3.11 环形阵列的同时旋转原图　　图 3.12 环形阵列时原图只作平移

### 4. 说明

环形阵列时，在默认情况下原图形的基点由该选择集中最后一个对象确定。直线取端点，圆取圆心，块取插入点，如图 3.12 中 B 点为三角形的基点。显然，基点的不同将影响图 3.11 和图 3.12 中各复制图形的布局。要修改默认基点设置，可通过“B”选项重新指定点。

## 3.5.3　偏移

### 1. 命令

①命令：OFFSET(缩写名：O)；②菜单：“修改”|“偏移”；③图标：“修改”工具栏中的(偏移)图标。

### 2. 功能

画出指定对象的偏移，即等距线。直线的等距线为平行等长线段；圆弧的等距线为同心圆弧，保持圆心角相同；多段线的等距线为多段线，其组成线段将自动调整，即其组成的直线段或圆弧段将自动延伸或修剪，构成另一条多段线，如图3.13所示。

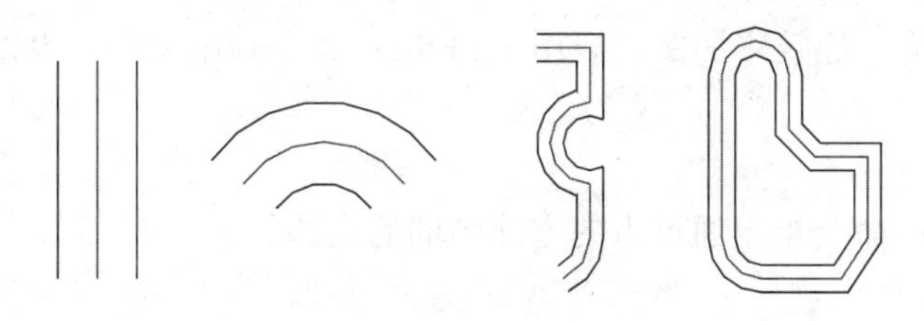

图3.13　偏移

### 3. 格式及示例

AutoCAD用指定偏移距离和指定通过点两种方法来确定等距线位置，对应的操作顺序分别如下。

(1) 指定偏移距离值，见图3.14。

命令: **OFFSET**↙
当前设置: 删除源=否　图层=源　OFFSETGAPTYPE=0
指定偏移距离或 [通过(T)/删除(E)/图层(L)] <通过>: **2**↙ (偏移距离)
选择要偏移的对象，或 [退出(E)/放弃(U)] <退出>:(指定对象，选择多段线A)
指定要偏移的那一侧上的点，或 [退出(E)/多个(M)/放弃(U)] <退出>:(用B点指定在外侧画等距线)
选择要偏移的对象，或 [退出(E)/放弃(U)] <退出>:(继续进行或用回车结束)

(2) 指定通过点，见图3.15。

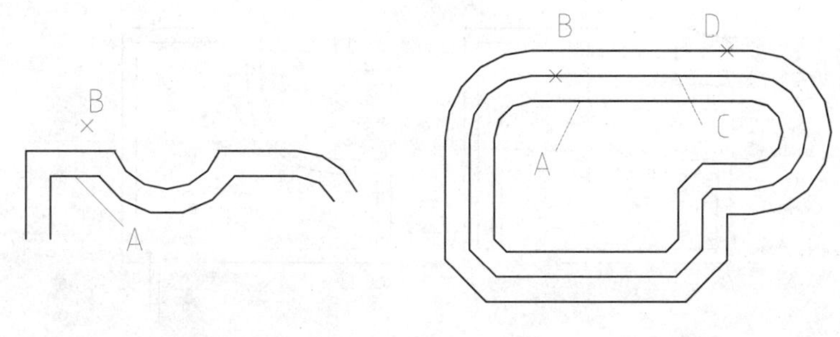


图3.14　指定偏移距离　　图3.15　指定通过点

命令: **OFFSET**↙
当前设置: 删除源=否　图层=源　OFFSETGAPTYPE=0

```
指定偏移距离或 [通过(T)/删除(E)/图层(L)] <2.0000>: T↙(指定通过点方式)
选择要偏移的对象，或 [退出(E)/放弃(U)] <退出>:(选定对象，选择多段线 A)
指定通过点或 [退出(E)/多个(M)/放弃(U)] <退出>:(指定通过点 B)
(画出等距线 C)
选择要偏移的对象，或 [退出(E)/放弃(U)] <退出>:(继续选一对象 C)
指定通过点或 [退出(E)/多个(M)/放弃(U)] <退出>:(指定通过点 D)
(画出最外圈的等距线)
指定通过点或 [退出(E)/多个(M)/放弃(U)] <退出>:(继续进行或用回车结束)
```

从图 3.14、图 3.15 可以看出，生成多段线的等距线过程中，各组成线段将自动调整，原图中有的线段可能没有对应的等距线段(见图 3.15)。

### 3.5.4 综合示例

图 3.16(a)所示为一建筑平面图，要用 OFFSET 命令画出墙内边界，用 MIRROR 命令把开门方位修改。

操作步骤如下。

(1) 用 OFFSET 命令指定通过点的方法画墙的内边界：

```
命令: OFFSET↙
当前设置: 删除源=否  图层=源  OFFSETGAPTYPE=0
指定偏移距离或 [通过(T)/删除(E)/图层(L)] <2.0000>: T↙(指定通过点方式)
(拾取墙外边界 A)
指定通过点或 [退出(E)/多个(M)/放弃(U)] <退出>:(用端点捕捉拾取到 B 点)
选择要偏移的对象，或 [退出(E)/放弃(U)] <退出>:↙(回车，结束偏移命令)
```

结果如图 3.16(b)所示。

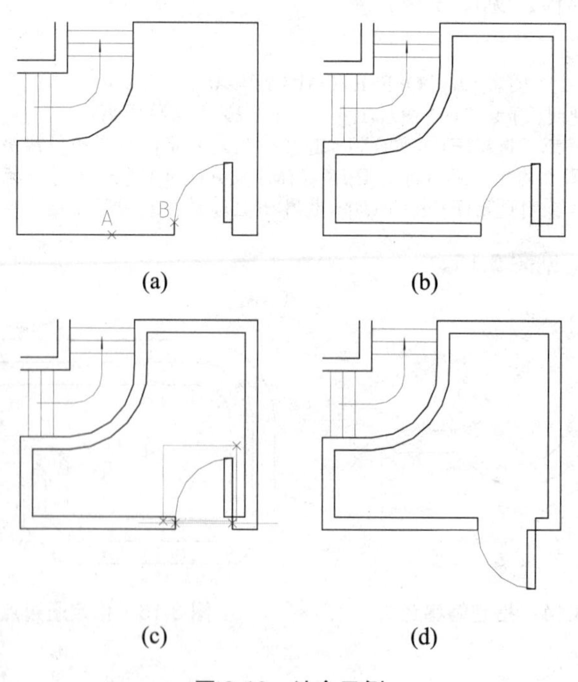

(a) (b)
(c) (d)

图 3.16 综合示例

(2) 用 MIRROR 命令把开门方位修改：

命令：**MIRROR**↙
选择对象：**w**↙
指定第一个角点：(用窗口方式选择门，见图 3.16(c))
指定对角点：↙
已找到 2 个
选择对象：↙　(回车，结束选择)
指定镜像线的第一点：(用中点捕捉拾取墙边线中点)
指定镜像线的第二点：(捕捉另一墙边线中点)
是否删除源对象？[是(Y)/否(N)]<N>：**Y**↙(删去原图)

结果如图 3.16(d)所示。

## 3.6　移动和旋转

### 3.6.1　移动

#### 1. 命令

①命令：MOVE(缩写名：M)；②菜单："修改"|"移动"；③图标："修改"工具栏中的(移动)图标。

#### 2. 功能

平移指定的对象。

#### 3. 格式及示例

命令: **MOVE**↙
选择对象:
指定基点或位移:
指定位移的第二点或 <使用第一个点作为位移>:

#### 4. 说明

MOVE 命令的操作和 COPY 命令类似，但它是移动对象而不是复制对象。

### 3.6.2　旋转

#### 1. 命令

①命令：ROTATE(缩写名：RO)；②菜单："修改"|"旋转"；③图标："修改"工具栏中的(旋转)图标。

#### 2. 功能

绕指定中心旋转图形。

3. 格式及示例

命令: **ROTATE**↙
UCS 当前的正角方向: ANGDIR=逆时针 ANGBASE=0
选择对象: (选一长方块，如图 3.17(a)所示)
找到 1 个
选择对象: ↙ (回车)
指定基点: (选 A 点)
指定旋转角度，或 [复制(C)/参照(R)]: **150**↙(旋转角，逆时针为正)

结果如图 3.17(b)所示。

必要时可选择参照方式来确定实际转角，仍如图 3.17(a)所示：

命令: **ROTATE**
UCS 当前的正角方向: ANGDIR=逆时针 ANGBASE=0
选择对象: (选一长方块，如图 3.17(a)所示)
找到 1 个
选择对象: ↙ (回车)
指定基点: (选 A 点)
指定旋转角度，或 [复制(C)/参照(R)]: **R**↙ (选参照方式)
指定参照角 <0>: (输入参照方向角，本例中用点取 A、B 两点来确定此角)
指定新角度或 [点(P)]: (输入参照方向旋转后的新角度，本例中用 A、C 两点来确定此角)

结果仍如图 3.17(b)所示，即在不预知旋转角度的情况下，也可通过参照方式把长方块绕 A 点旋转与三角块相贴。若输入 C 选项，则可实现将所选对象先在原位复制一份再进行旋转的效果。

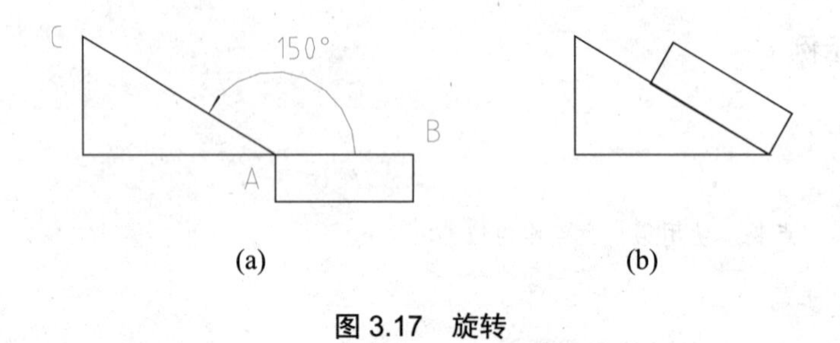


图 3.17 旋转

## 3.7 比例和对齐

### 3.7.1 比例

1. 命令

①命令：SCALE(缩写名：SC)；②菜单：“修改”|“比例”；③图标：“修改”工具栏中的(比例)图标。

2. 功能

把选定对象按指定中心进行比例缩放。

### 3. 格式及示例

命令: **SCALE**↙
选择对象: (选一菱形，见图 3.18(a))
找到 X 个
选择对象: ↙ (回车)
指定基点: (选基准点 A，即比例缩放中心)
指定比例因子或 [复制(C)/参照(R)]: **2**↙ (输入比例因子)

结果见图 3.18(b)。

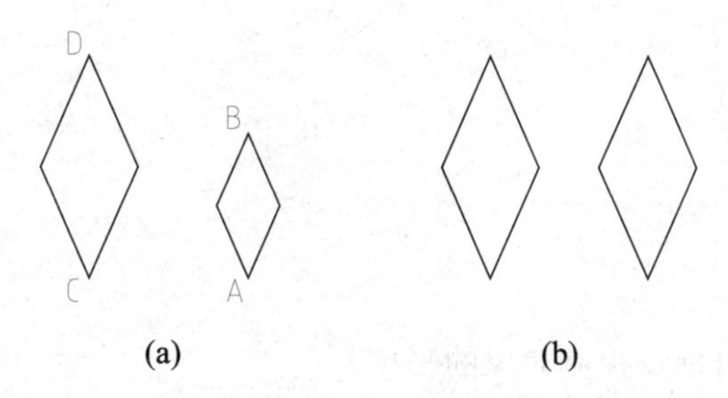


图 3.18　比例缩放

必要时可选择参照方式(R)来确定实际比例因子，仍见图 3.18(a)：

命令: **SCALE**↙
选择对象: (选一菱形)
找到 X 个
选择对象:↙ (回车)
指定基点: (选基准点 A，即比例缩放中心)
指定比例因子或 [复制(C)/参照(R)]: **R**↙(选参照方式)
指定参照长度 <1>: (参照的原长度，本例中拾取 A、B 两点的距离指定)
指定新的长度或 [点(P)] <1.0000>: (指定新长度值，若点取 C、D 两点，则以 C、D 间的距离作为新长度值，这样可使两个菱形同高)

结果仍如图 3.18(b)所示。

若输入 C 选项，则可实现将所选对象先在原位复制一份再进行比例缩放的效果。

## 3.7.2　对齐

### 1. 命令

①命令：ALIGN(缩写名：AL)；②菜单：“修改”|“三维操作”|“对齐”。

### 2. 功能

把选定对象通过平移和旋转操作使之与指定位置对齐。

### 3. 格式及示例

命令: **ALIGN**↙
选择对象:　(选择一指针，见图 3.19(a))
选择对象: ↙ (回车)
指定第一个源点:　(选源点 1)

指定第一个目标点: (选目标点 1，捕捉圆心 A)
指定第二个源点:　(选源点 2)
指定第二个目标点: (选目标点 2，捕捉圆上点 B)
指定第三个源点或 <继续>:
是否基于对齐点缩放对象? [是(Y)/否(N)] <否>: (是否比例缩放对象，使它通过目标点 B，图 3.19(b)为“否”，图 3.19(c)为“是”)。

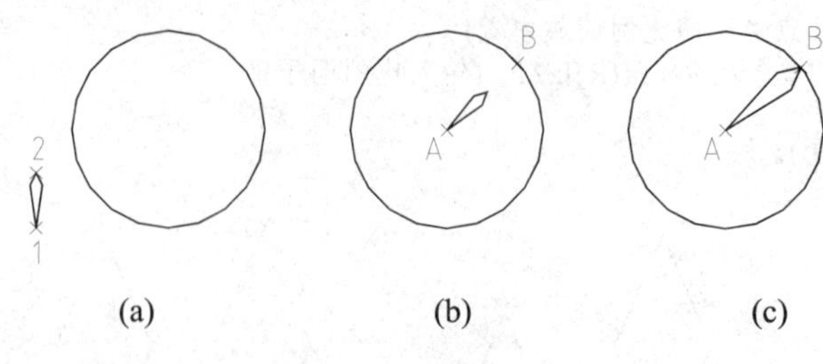


图 3.19　对齐

4. 说明

(1) 第 1 对源点与目标点控制对象的平移。

(2) 第 2 对源点与目标点控制对象的旋转，使原线 12 和目标线 AB 重合。

(3) 一般利用目标点 B 控制对象旋转的方向和角度，也可以通过是否比例缩放的选项，以 A 为基准点进行对象变比，做到源点 2 和目标点 B 重合，如图 3.19(c)所示。

# 3.8　拉长和拉伸

## 3.8.1　拉长

1. 命令

①命令：LENGTHEN(缩写名：LEN)；②菜单：“修改”|“拉长”。

2. 功能

拉长或缩短直线段、圆弧段，圆弧段用圆心角控制。

3. 格式及示例

命令: **LENGTHEN**
选择对象或 [增量(DE)/百分数(P)/全部(T)/动态(DY)]:

4. 说明

(1) 选择对象：选直线或圆弧后，分别显示直线的长度或圆弧的弧长和包含角，即：

当前长度: XXX　　或
当前长度: XXX，包含角: XXX

(2) 增量(DE)：用增量控制直线、圆弧的拉长或缩短。正值为拉长量，负值为缩短量，后续提示为：

输入长度增量或 [角度(A)] <0.0000>: (长度增量)
选择要修改的对象或 [放弃(U)]:

可连续选直线段或原弧段，将沿拾取端伸缩，用回车结束，如图 3.20 所示。

对圆弧段，还可选用 A(角度)，后续提示为：

输入角度增量 <0>: (角度增量)
选择要修改的对象或 [放弃(U)]:

操作效果如图 3.21 所示。

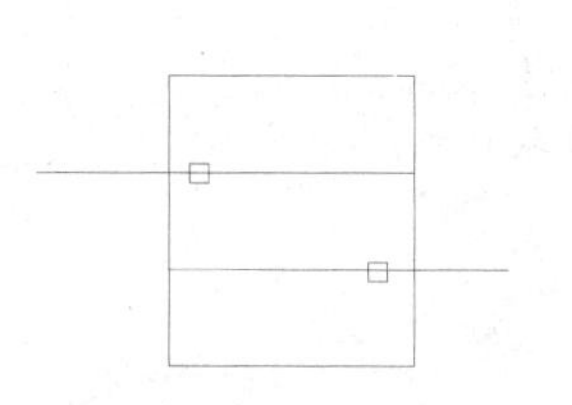

图 3.20　直线的拉长

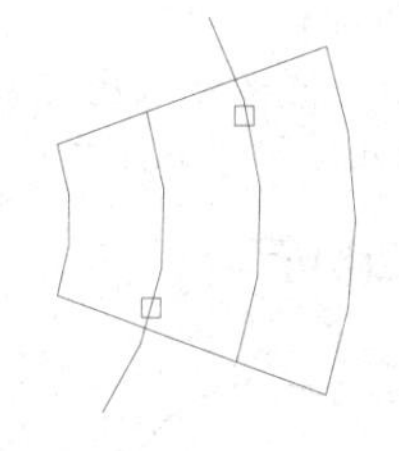

图 3.21　圆弧的拉长

(3) 百分比(P)：用原值的百分数控制直线段、圆弧段的伸缩，如 75 为 75%，是缩短 25%，125 为 125%，是伸长 25%，故必须用正数输入。后续提示为：

输入长度百分数 <100.0000>:
选择要修改的对象或 [放弃(U)]:

(4) 总长(T)：用总长、总张角来控制直线段、圆弧段的伸缩，后续提示为：

指定总长度或 [角度(A)] <1.0000)>:
选择要修改的对象或 [放弃(U)]:

若选 A(角度)选项，则后续提示为：

指定总角度 <57>:
选择要修改的对象或 [放弃(U)]:

(5) 动态(DY)：进入拖动模式，可拖动直线段、圆弧段、椭圆弧段一端进行拉长或缩短，后续提示为：

选择要修改的对象或 [放弃(U)]:

## 3.8.2 拉伸

### 1. 命令

①命令：STRETCH (缩写名：S)；②菜单：“修改”|“拉伸”；③图标：“修改”工具栏中的(拉伸)图标。

### 2. 功能

拉伸或移动选定的对象，本命令必须要用窗交(Crossing)方式或圈交(CPolygon)方式选取对象，完全位于窗内或圈内的对象将发生移动(与 MOVE 命令相同)，与边界相交的对象

将产生拉伸或压缩变化。

### 3. 格式及示例

命令: **STRETCH**↙
以交叉窗口或交叉多边形选择要拉伸的对象...
选择对象: **C**↙ (用 C 或 CP 方式选取对象，见图 3.22(a))
指定第一个角点: (1 点)
指定对角点: (2 点)
找到 X 个
选择对象: ↙ (回车)
指定基点或 [位移(D)] <位移>: (用交点捕捉，拾取 A 点)
指定第二个点或 <使用第一个点作为位移>:(选取 B 点)

图形变形如图 3.22(b)所示。

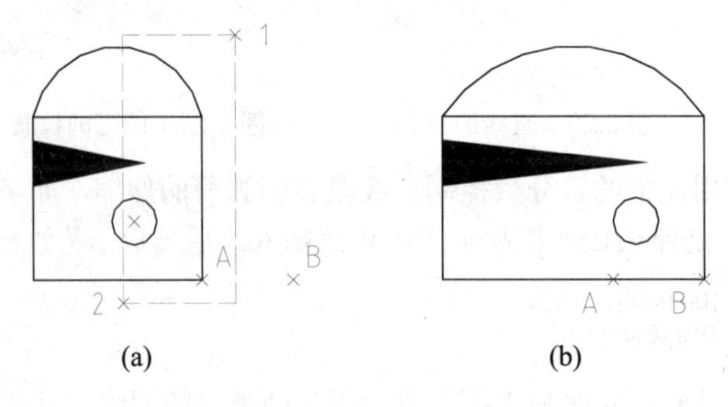


(a) (b)

图 3.22 拉伸

### 4. 说明

(1) 对于直线段的拉伸，在指定拉伸区域窗口时，应使得直线的一个端点在窗口之外，另一个端点在窗口之内。拉伸时，窗口外的端点不动，窗口内的端点移动，从而使直线作拉伸变动。

(2) 对于圆弧段的拉伸，在指定拉伸区域窗口时，应使得圆弧的一个端点在窗口之外，另一个端点在窗口之内。拉伸时，窗口外的端点不动，窗口内的端点移动，从而使圆弧作拉伸变动。圆弧的弦高保持不变。

(3) 对于多段线的拉伸，按组成多段线的各分段直线和圆弧的拉伸规则执行。在变形过程中，多段线的宽度、切线和曲线拟合等有关信息保持不变。

(4) 对于圆或文本的拉伸，若圆心或文本基准点在拉伸区域窗口之外，则拉伸后圆或文本仍保持原位不动；若圆心或文本基准点在窗口之内，则拉伸后圆或文本将作移动。

# 3.9 打断、修剪和延伸

## 3.9.1 打断

### 1. 命令

①命令：BREAK(缩写名：BR)；②菜单：“修改”|“打断”；③图标：“修改”工

具栏中的和(打断)图标。

### 2．功能

切掉对象的一部分或切断成两个对象。

### 3．格式及示例

命令: **BREAK**↙
选择对象: (在 1 点处拾取对象，并把 1 点看作第一断开点，如图 3.23(a)所示)
指定第二个打断点或 [第一点(F)]: (指定 2 点为第二断开点，结果如图 3.23(b)所示)

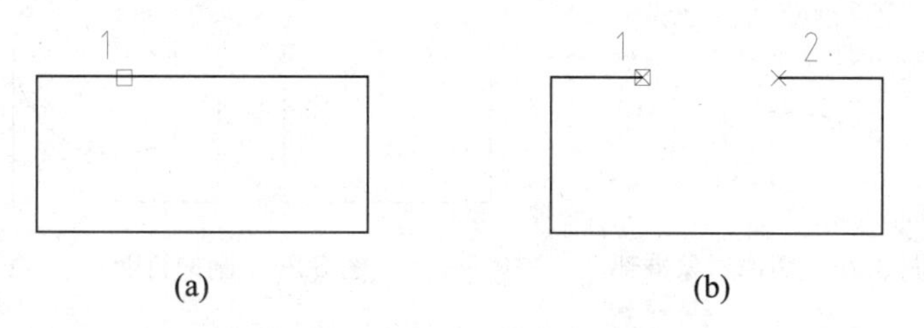


图 3.23　打断

### 4．说明

(1) BREAK 命令的操作序列可以分为下列 4 种情况。

① 拾取对象的点为第一断开点，输入另一个点 A 确定第二断开点。此时，另一点 A 可以不在对象上，AutoCAD 自动捕捉对象上的最近点为第二断开点，如图 3.24 左上图所示，对象被切掉一部分，或分离为两个对象。

② 拾取对象点为第一断开点，而第二断开点与它重合，此时可用符号@来输入。

指定第二个打断点或 [第一点(F)]: **@**

结果如图 3.24 右上图所示，此时对象被切断，分离为两个对象。

③ 拾取对象的点不作为第一断开点，另行确定第一断开点和第二断开点，此时提示系列为：

指定第二个打断点或 [第一点(F)]: **F**
指定第一个打断点: (A 点，用来确定第一断开点)
指定第二个打断点: (B 点，用来确定第二断开点)

结果如图 3.24 左下图所示。

④ 如情况③中，在“指定第二个打断点:”提示下输入@，则为切断，结果如图 3.24 右下图所示。

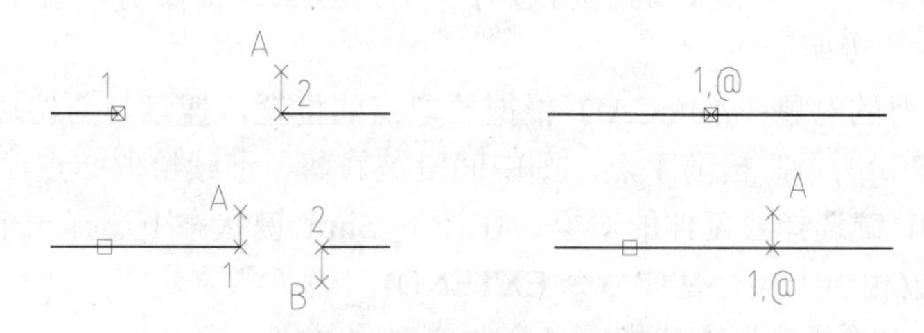


图 3.24　打断的 4 种情况

(2) 如第二断开点选取在对象外部，则对象的该端被切掉，不产生新对象，如图 3.25 所示。

(3) 对圆，从第一断开点逆时针方向到第二断开点的部分被切掉，转变为圆弧，如图 3.26 所示。

(4) BREAK 命令的功能和 TRIM 命令(见后述)有些类似，但 BREAK 命令可用于没有剪切边，或不宜作剪切边的场合。同时，用 BREAK 命令还能切断对象(一分为二)。

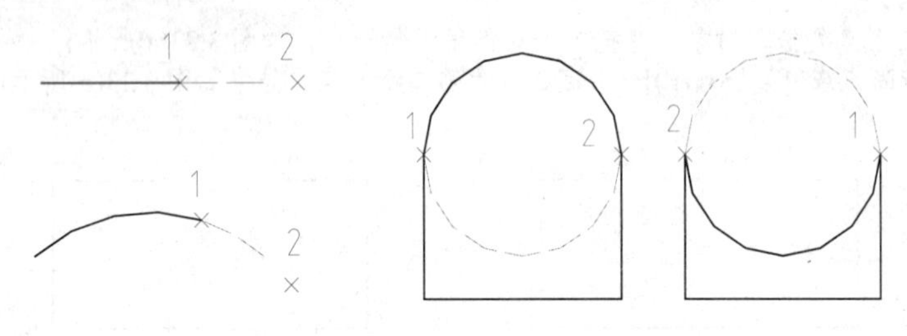


图 3.25　切掉对象端部　　　　图 3.26　圆的打断

## 3.9.2　修剪

### 1. 命令

①命令：TRIM(缩写名：TR)；②菜单：“修改”|“修剪”；③图标：“修改”工具栏中的(修剪)图标。

### 2. 功能

在指定剪切边后，可连续选择被切边进行修剪。

### 3. 格式及示例

命令: **TRIM**↙
选择剪切边...
选择对象或 <全部选择>: (选定剪切边，可连续选取，用回车结束该项操作，见图 3.27(a)，拾取两圆弧为剪切边)
选择对象: ↙ (回车)
选择要修剪的对象，或按住 Shift 键选择要延伸的对象，或
[栏选(F)/窗交(C)/投影(P)/边(E)/删除(R)/放弃(U)]: (选择被修剪边、改变修剪模式或取消当前操作)

提示“选择要修剪的对象，或按住 Shift 键选择要延伸的对象，或[栏选(F)/窗交(C)/投影(P)/边(E)/删除(R)/放弃(U)]:”用于选择被修剪边、改变修剪模式和取消当前操作，该提示反复出现，因此可以利用选定的剪切边对一系列对象进行修剪，直至用回车退出本命令。该提示的各选项说明如下。

(1) 选择要修剪的对象：AutoCAD 根据拾取点的位置，搜索与剪切边的交点，判定修剪部分，如图 3.27(b)所示，拾取 1 点，则中间段被修剪，继续拾取 2 点，则左端被修剪。

(2) 按住 Shift 键选择要延伸的对象：在按下 Shift 键状态下选择一个对象，可以将该对象延伸至剪切边(相当于执行延伸命令 EXTEND)。

(3) 栏选(F)：用“栏选”方式指定多个要修剪的对象。

(4) 窗交(C)：用“窗交”方式指定多个要修剪的对象。

(5) 投影(P)：选择修剪的投影模式，用于三维空间中的修剪。在二维绘图时，投影模式 = UCS，即修剪在当前 UCS 的 XOY 平面上进行。

(6) 边(E)：选择剪切边的模式，可选项为：

输入隐含边延伸模式 [延伸(E)/不延伸(N)] <不延伸>:

即分延伸有效和不延伸两种模式，如图 3.27(b)所示，当拾取 3 点时，因开始时边模式为不延伸，所以将不产生修剪。但按下述操作，则产生修剪。

选择要修剪的对象，或按住 Shift 键选择要延伸的对象，或 [栏选(F)/窗交(C)/投影(P)/边(E)/删除(R)/放弃(U)]: **E**
输入隐含边延伸模式 [延伸(E)/不延伸(N)] <不延伸>: **E**
选择要修剪的对象或 [栏选(F)/窗交(C)/投影(P)/边(E)/删除(R)/放弃(U)]: (拾取 3 点)

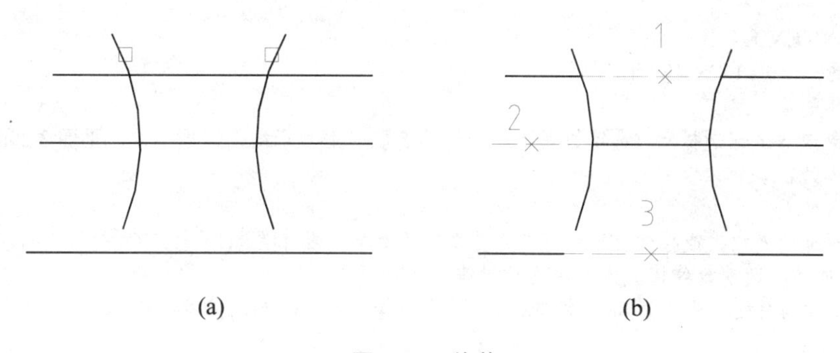


图 3.27　修剪

### 4．说明

(1) 剪切边可选择多段线、直线、圆、圆弧、椭圆、构造线、射线、样条曲线和文本等，被切边可选择多段线、直线、圆、圆弧、椭圆、射线、样条曲线等。

(2) 同一对象既可以选为剪切边，也可同时选为被切边。

(3) 在“选择要修剪的对象”提示下，若按住 Shift 键的同时选择对象，则可将选定的图形对象延伸到指定的剪切边。此时剪切命令的效果等同于下面将要介绍的延伸命令(EXTEND)。

如图 3.28(a)所示，选择 4 条直线和大圆为剪切边，即可修剪成图 3.28(b)所示的形式。

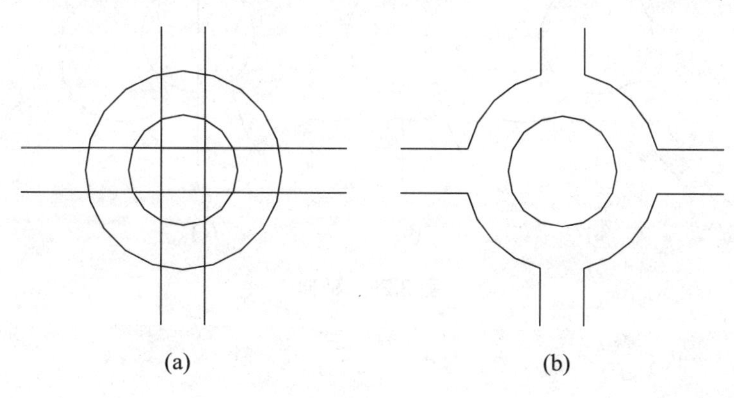


图 3.28　示例

## 3.9.3 延伸

### 1. 命令

①命令：EXTEND(缩写名：EX)；②菜单：“修改”|“延伸”；③图标：“修改”工具栏中的(延伸)图标。

### 2. 功能

在指定边界后，可连续选择延伸边，延伸到与边界边相交。它是 TRIM 命令的一个对应命令。

### 3. 格式及示例

命令: **EXTEND**↙
当前设置: 投影=UCS 边=无
选择边界的边 ...
选择对象或 <全部选择>: (选定边界边，可连续选取，用回车结束该项操作，见图 3.29(a)，拾取一圆为边界边)
选择对象: ↙
选择要延伸的对象，或按住 Shift 键选择要修剪的对象，或 [栏选(F)/窗交(C)/投影(P)/边(E)/放弃(U)]: (选择延伸边、改变延伸模式或取消当前操作)
选择要延伸的对象，或按住 Shift 键选择要修剪的对象，或 [栏选(F)/窗交(C)/投影(P)/边(E)/放弃(U)]: ↙

提示“选择要延伸的对象，或按住 Shift 键选择要修剪的对象，或 [栏选(F)/窗交(C)/投影(P)/边(E)/放弃(U)]:”用于选择延伸边、改变延伸模式或取消当前操作，其含义和修剪命令的对应选项类似。该提示反复出现，因此可以利用选定的边界边，使一系列对象进行延伸，在拾取对象时，拾取点的位置决定延伸的方向，最后用回车退出本命令。若按住 Shift 键的同时选择对象，则可将选定的图形对象以指定的延伸边界为剪切边进行剪切。此时该命令的效果等同于剪切命令(TRIM)。

例如，图 3.29(b)所示为拾取 1、2 两点延伸的结果，图 3.29(c)所示为继续拾取 3、4、5 三点延伸的结果。

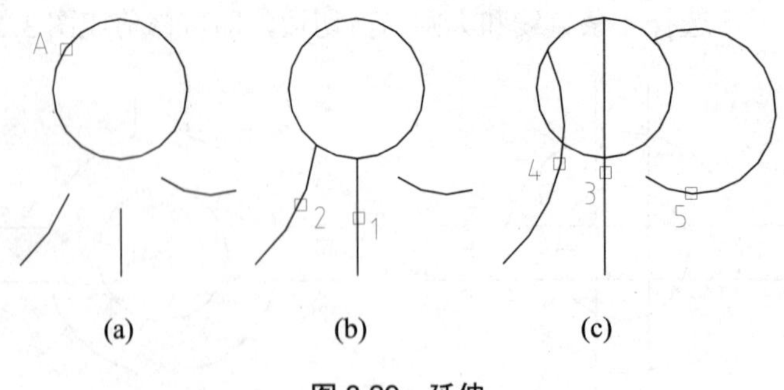


图 3.29 延伸

# 3.10　圆角和倒角

## 3.10.1　圆角

### 1. 命令

①命令：FILLET(缩写名：F)；②菜单："修改"|"圆角"；③图标："修改"工具栏中的 (圆角)图标。

### 2. 功能

在直线、圆弧或圆间按指定半径作圆角，也可对多段线倒圆角。

### 3. 格式及示例

命令：**FILLET**↙
当前设置：模式 ＝ 修剪，半径 ＝0.0000
选择第一个对象或 [放弃(U)/多段线(P)/半径(R)/修剪(T)/多个(M)]: **R**↙
指定圆角半径 <0.0000>: **30**↙
命令：↙
当前设置：模式 ＝ 修剪，半径 ＝30.0000
选择第一个对象或 [放弃(U)/多段线(P)/半径(R)/修剪(T)/多个(M)]: (拾取 1，见图 3.30(a))
选择第二个对象，或按住 Shift 键选择要应用角点的对象：(拾取 2)

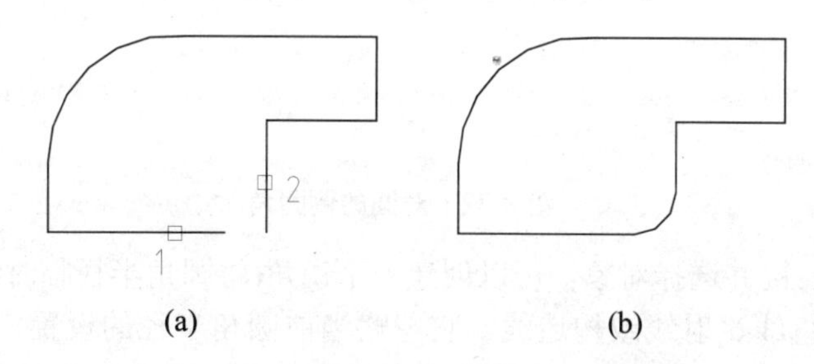


图 3.30　倒圆角

结果如图 3.30(b)所示，由于处于"修剪模式"，所以多余线段被修剪。

有关选项说明如下。

(1) 多段线(P)：　选二维多段线作倒圆角，它只能在直线段间倒圆角，如两直线段间有圆弧段，则该圆弧段被忽略，后续提示为：

选择二维多段线：(选多段线，见图 3.31(a))

结果如图 3.31(b)所示。

(2) 半径(R)：设置圆角半径。

(3) 修剪(T)：控制修剪模式，后续提示为：

输入修剪模式选项 [修剪(T)/不修剪(N)] <修剪>:

如改为不修剪，则倒圆角时将保留原线段，既不修剪也不延伸。

(4) 多个(U)：连续倒多个圆角。

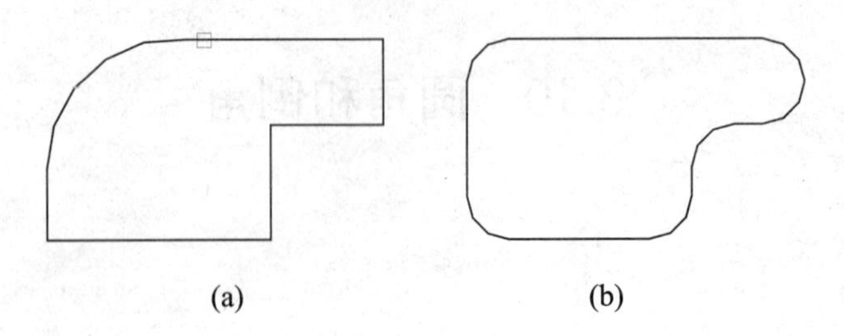


图 3.31　选多段线倒圆角

4．说明

(1) 在圆角半径为零时，FILLET 命令将使两边相交。

(2) FILLET 命令也可对三维实体的棱边倒圆角。

(3) 在可能产生多解的情况下，AutoCAD 按拾取点位置与切点相近的原则来判别倒圆角位置与结果。

(4) 对圆不修剪，如图 3.32 所示。

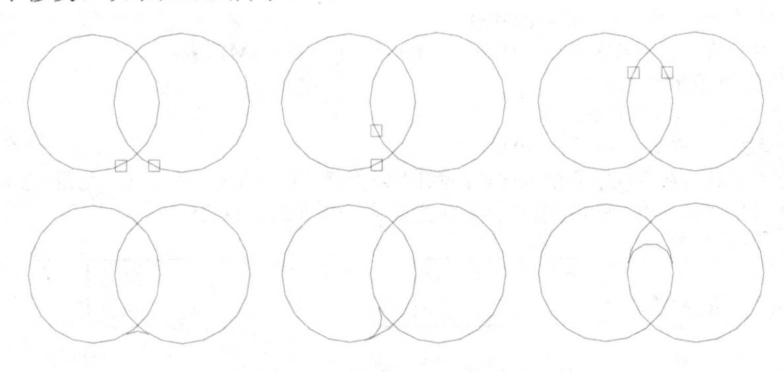

图 3.32　对圆的倒圆角

(5) 按住 Shift 键并选择对象，可以创建一个锐角(将圆角半径临时设置为 0)。

(6) 对平行的直线、射线或构造线，它忽略当前圆角半径的设置，自动计算两平行线的距离来确定圆角半径，并从第一线段的端点绘制圆角(半圆)，因此，不能把构造线选为第一线段，如图 3.33 所示。

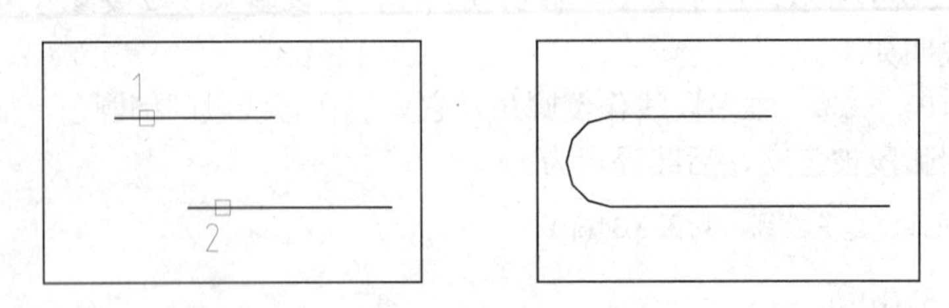


图 3.33　对平行线的倒圆角

(7) 圆角的两个对象，具有相同的图层、线型和颜色时，创建的圆角对象也相同；否则，创建的圆角对象采用当前图层、线型和颜色。

(8) 系统变量 FILLETRAD 存放圆角半径值，系统变量 TRIMMODE 存放修剪模式。

## 3.10.2　倒角

### 1. 命令

①命令：CHAMFER(缩写名：CHA)；②菜单：“修改”|“倒角”；③图标：“修改”工具栏中的▢(倒角)图标。

### 2. 功能

对两条直线边倒棱角，倒棱角的参数可用两种方法确定。

(1) 距离方法：由第一倒角距 A 和第二倒角距 B 确定，如图 3.34(a)所示。

(2) 角度方法：由对第一直线的倒角距 C 和倒角角度 D 确定，如图 3.34(b)所示。

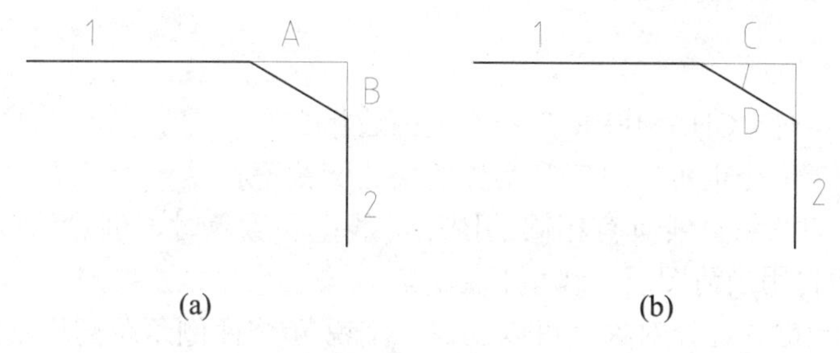


(a)　(b)

图 3.34　倒棱角

### 3. 格式及示例

命令: **CHAMFER**↙
(“修剪”模式) 当前倒角距离 1 = 0.0000，距离 2 = 0.0000
选择第一条直线或 [放弃(U)/多段线(P)/距离(D)/角度(A)/修剪(T)/方式(E)/多个(M)]: **D**↙
指定第一个倒角距离 <0.0000>:**4**↙
指定第二个倒角距离 <4.0000>: **2**↙
选择第一条直线或 [放弃(U)/多段线(P)/距离(D)/角度(A)/修剪(T)/方式(E)/多个(M)]: (选直线 1，见图 3.34(a))
选择第二条直线，或按住 Shift 键选择要应用角点的直线: (选直线 2，作倒棱角)

### 4. 选项

(1) 多段线(P)：在二维多段线的直角边之间倒棱角，当线段长度小于倒角距时，则不作倒角，见图 3.35 顶点 A 处。

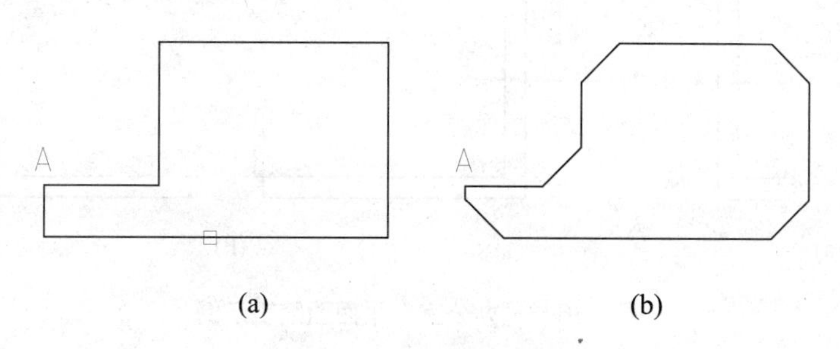


(a)　(b)

图 3.35　选多段线倒棱角

(2) 距离(D)：设置倒角距离，见上例。

(3) 角度(A)： 用角度方法确定倒角参数，后续提示为：

指定第一条直线的倒角长度 <10.0000>:**20**
指定第一条直线的倒角角度 <0>: **45**

实施倒角后，结果如图 3.35(b)所示。

(4) 修剪(T)：选择修剪模式，后续提示为：

输入修剪模式选项 [修剪(T)/不修剪(N)] <不修剪>:

如改为不修剪(N)，则倒棱角时将保留原线段，既不修剪、也不延伸。

(5) 方式(M)：选定倒棱角的方法，即选距离或角度方法，后续提示为：

输入修剪方法 [距离(D)/角度(A)] <角度>:

(6) 多个(U)：连续倒多个倒角。

5．说明

(1) 在倒角为零时，CHAMFER 命令将使两边相交。

(2) CHAMFER 命令也可以对三维实体的棱边倒棱角。

(3) 当倒棱角的两条直线具有相同的图层、线型和颜色时，创建的棱角边也相同；否则，创建的棱角边将用当前图层、线型和颜色。

(4) 按住 Shift 键并选择对象，可以创建一个锐角(将两倒角距离均临时设置为 0)。

(5) 系统变量 CHAMFERA、 CHAMFERB 存储采用距离方法时的第一倒角距和第二倒角距；系统变量 CHAMFERC、CHAMFERD 存储采用角度方法时的倒角距和角度值；系统变量 TRIMMODE 存储修剪模式；系统变量 CHAMMODE 存储倒棱角的方法。

## 3.10.3 综合示例

利用编辑命令将图 3.36(a)所示的单间办公室修改为图 3.36(b)所示的公共办公室。

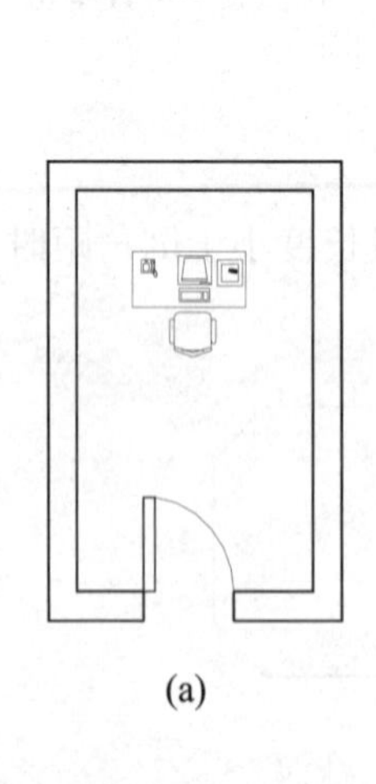

(a)

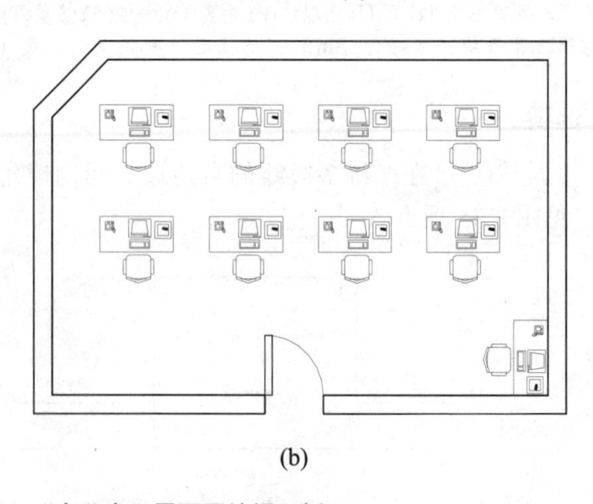

(b)

图 3.36 “办公室”平面图编辑示例

操作步骤如下。

(1) 两次使用拉伸 STRETCH 命令，分别使房间拉长和拉宽(注意：在选择对象时一定要使用“C”选项)。

(2) 用拉伸 STRETCH 命令将房门移动到中间位置。

(3) 利用倒角 CHAMFER 命令作出左上角处墙外侧边界的倒角。

(4) 根据墙厚相等，利用等距线 OFFSET 命令作出墙外侧斜角边的等距线，再利用剪切 TRIM 命令修剪成墙上内侧的倒角斜线。

(5) 利用矩形阵列 ARRAYRECT 命令，对办公桌和扶手椅进行 2 行、4 列的矩形阵列，复制成 8 套。

(6) 使用复制 COPY 命令，将桌椅在右下角复制一套。

(7) 利用对齐 ALIGN 命令，通过平移和旋转，在右下角点处定位该套桌椅(也可以连续使用移动 MOVE 和旋转 ROTATE 命令)。

## 3.11　多段线的编辑

### 1. 命令

①命令名：PEDIT(缩写名：PE)；②菜单：“修改”|“对象”|“多段线”；③图标：“修改Ⅱ”工具栏中的(多线段)图标。

### 2. 功能

用于对二维多段线、三维多段线和三维网络的编辑，对二维多段线的编辑包括修改线段宽、曲线拟合、多段线合并和顶点编辑等。

### 3. 格式及示例

命令: **PEDIT**↙
选择多段线 或 [多条(M)]:　(选定一条多段线或键入 M 然后选择多条多段线)
输入选项
[闭合(C)/合并(J)/宽度(W)/编辑顶点(E)/拟合(F)/样条曲线(S)/非曲线化(D)/线型生成(L)/放弃(U)]:
(输入一选项)

在“选择多段线:”提示下，若选中的对象只是直线段或圆弧，则出现提示：

所选对象不是多段线
是否将其转换为多段线? <Y>

如用 Y 或回车来响应，则选中的直线段或圆弧转换成二维多段线。对二维多段线编辑的后续提示为：

[闭合(C)/合并(J)/宽度(W)/编辑顶点(E)/拟合(F)/样条曲线(S)/非曲线化(D)/线型生成(L)/放弃(U)]:

对各选项的操作，分别举例说明如下。

(1) 闭合(C) 或 打开(O)：如选中的是开式多段线，则用直线段闭合；如选中的是闭合多段线，则该项出现打开(O)，即可取消闭合段，转变成开式多段线。

(2) 合并(J)：以选中的多段线为主体，合并其他直线段、圆弧段和多段线，连接成为一条多段线，能合并的条件是各段端点首尾相连。后续提示为：

选择对象：(用于选择合并对象，见图 3.37，以 1 为主体，合并 2、3。)

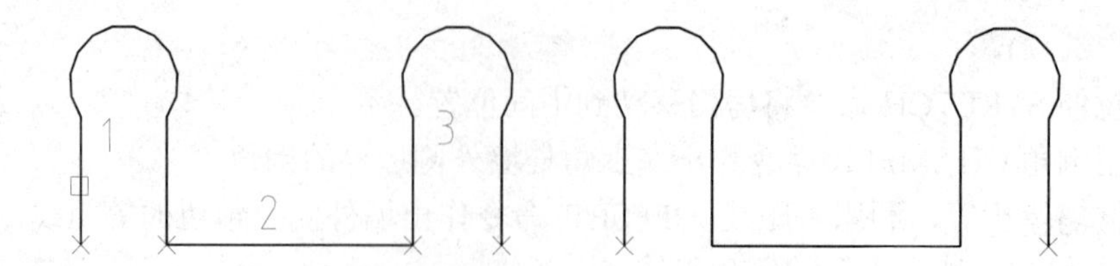


图 3.37　多段线的合并

(3) 宽度(W)：修改整条多段线的线宽，后续提示为：

指定所有线段的新宽度:

如图 3.38(a)所示，原多段线各段宽度不同，利用该选项可调整为具有同一线宽，如图 3.38(b)所示。

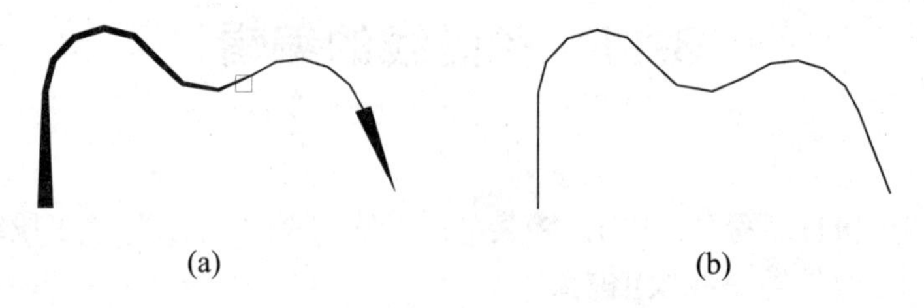

(a)　　(b)

图 3.38　修改整条多段线的线宽

(4) 编辑顶点(E)：进入顶点编辑，在多段线某一顶点处出现斜十字叉，它为当前顶点标记，按提示可对其进行多种编辑操作。

(5) 拟合(F)：生成圆弧拟合曲线，该曲线由圆弧段光滑连接(相切)组成，如图 3.39 所示。每对顶点间自动生成两段圆弧，整条曲线经过多段线的各顶点。并且，可以通过调整顶点处的切线方向，在通过相同顶点的条件下控制圆弧拟合曲线的形状。

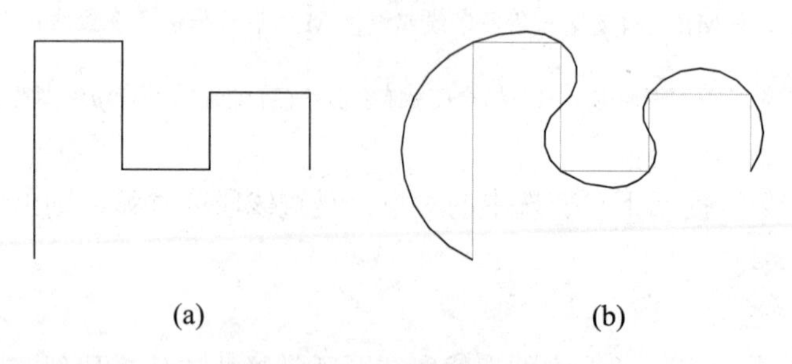

(a)　　(b)

图 3.39　生成圆弧拟合曲线

(6) 样条曲线(S)：生成 B 样条曲线，多段线的各顶点成为样条曲线的控制点。对开式多段线，样条曲线的起点、终点和多段线的起点、终点重合；对闭式多段线，样条曲线为一光滑封闭曲线。

(7) 非曲线化(D)：取消多段线中的圆弧段(用直线段代替)，对于选用拟合(F)或样条曲线(S)选项后生成的圆弧拟合曲线或样条曲线，则删去生成曲线时新插入的顶点，恢复成由直线段组成的多段线。

(8) 线型生成(L)：控制多段线的线型生成方式，即使用虚线、点画线等线型时，如为开(ON)，则按多段线全线的起点与终点分配线型中各线段，如为关(OFF)，则分别按多段线各段来分配线型中各线段，图 3.40(a)为 ON，图 3.40(b)为 OFF。后续提示为：

输入多段线线型生成选项 [开(ON)/关(OFF)] <Off>:

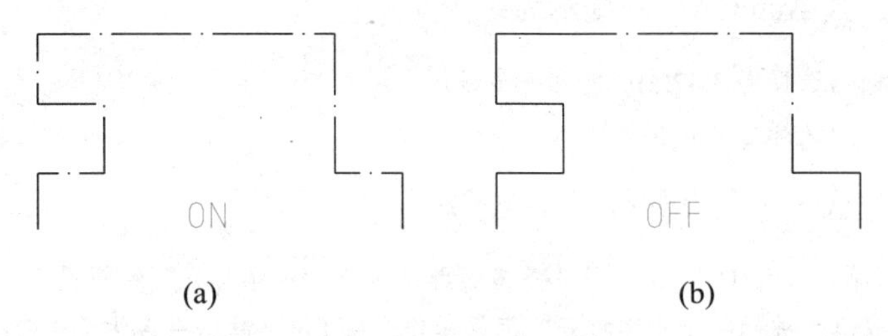


(a)　　　　(b)

图 3.40　控制多段线的线型生成

从图 3.43(b)中可以看出，当线型生成方式为 OFF 时，若线段过短，则点划线将退化为实线段，影响线段的表达。

(9) 放弃(U)：取消编辑选择的操作。

## 3.12　多线的编辑

### 1. 命令

①命令名：MLEDIT；②菜单：“修改” | “对象” | “多线”。

### 2. 功能

编辑多线，设置多线之间的相交方式。

### 3. 对话框及其操作示例

启动多线编辑命令后，弹出图 3.41 所示的“多线编辑工具”对话框。该对话框以四列显示多线编辑样例图像。第一列处理十字交叉的多线，第二列处理 T 形相交的多线，第三列处理角点连接和顶点，第四列处理多线的剪切或接合。单击任意一个图像样例，在对话框的左下角显示关于此选项的简短描述。

图 3.41　“多线编辑工具”对话框

现结合将图 3.42(a)所示的多线图形编辑为图 3.42(b)介绍多线编辑命令的操作方法。

启动 MLEDIT 命令，在图 3.41 所示的对话框中选择第 1 列第 2 个样例图像(即“十字打开”编辑方式)，则 AutoCAD 的提示为：

选择第一条多线：(选择图 3.42(a)中的任一多线)
选择第二条多线：(选择与其相交的任一多线)

AutoCAD 将完成十字交点的打开并提示：

选择第一条多线或 [放弃(U)]：(选择另一条多线继续进行“十字打开”编辑操作，直至编辑完所有交点；输入 U 可取消所进行的“十字打开”编辑操作；按 Enter 键结束多线编辑命令)

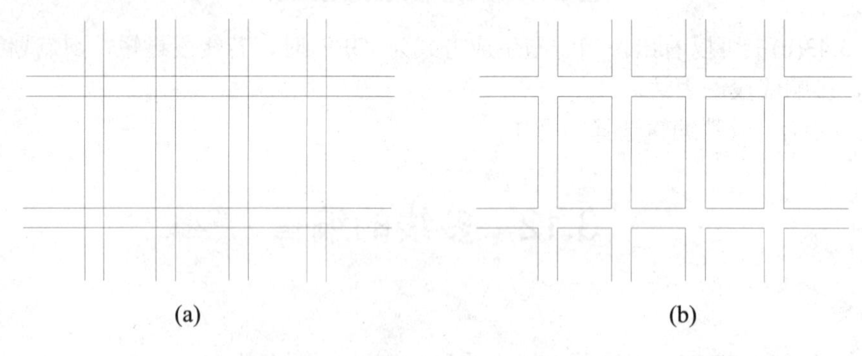

(a) (b)

图 3.42 “十字打开”方式多线编辑

# 3.13 图案填充的编辑

## 1．命令

①命令名：HATCHEDIT(缩写名：HE)；②菜单：“修改”|“对象”|“图案填充”；③图标：“修改Ⅱ”工具栏中的(图案填充)图标。

## 2．功能

对已有图案填充对象，可以修改图案类型和图案特性参数等。

## 3．对话框及其操作说明

HATCHEDIT 命令启动后，出现“图案填充编辑”对话框，它的内容和“边界图案填充”对话框完全一样，只是有关填充边界定义部分变灰(不可操作)，如图 3.43 所示。利用本命令，对已有图案填充可进行下列修改。

(1) 改变图案类型及角度和比例。

(2) 改变图案特性。

(3) 修改图案样式。

(4) 修改图案填充的组成：关联与不关联。

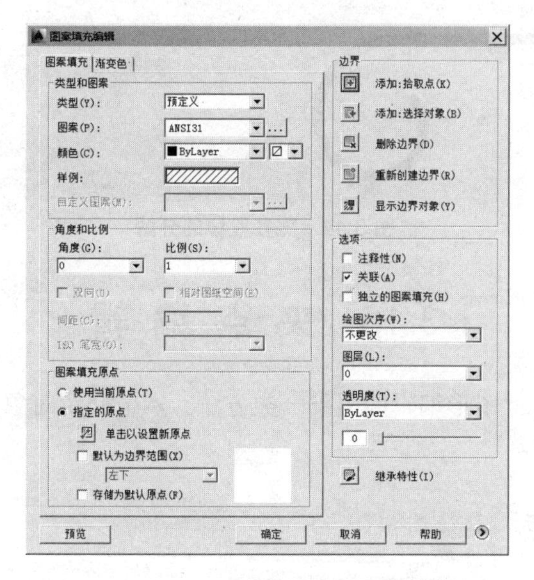


图 3.43　“图案填充编辑”对话框

## 3.14　分　　解

### 1. 命令

①命令：EXPLODE(缩写名：X)；②菜单：“修改”|“分解”；③图标：“修改”工具栏中的(分解)图标。

### 2. 功能

用于将组合对象如多段线、块、图案填充等拆开为其组成成员。

### 3. 格式及示例

命令：**EXPLODE**↙
选择对象：(选择要分解的对象)

### 4. 说明

对不同的对象，具有不同的分解后的效果。

(1) 块：对具有相同 X,Y,Z 比例插入的块，分解为其组成成员，对带属性的块分解后将丢失属性值，显示其相应的属性标志。

系统变量 EXPLMODE 控制对不等比插入块的分解，其默认值为 1，允许分解，分解后的块中的圆、圆弧将保持不等比插入所引起的变化，转化为椭圆、椭圆弧。如取值为 0，则不允许分解。

(2) 二维多段线：分解后拆开为直线段或圆弧段，丢失相应的宽度和切线方向信息，对于宽多线段，分解后的直线段或圆弧段沿其中心线位置，如图 3.44 所示。

(3) 尺寸：分解为段落文本(mtext)、直线、区域填充(solid)和点。

(4) 图案填充：分解为组成图案的一条条直线。

图 3.44　宽多段线的分解

# 3.15　夹点编辑

对象夹点提供了进行图形编辑的另外一类方法。本节介绍对象夹点概念、夹点对话框和用夹点进行快速编辑。

## 3.15.1　对象夹点

对象的夹点就是对象本身的一些特殊点。如图 3.45 所示，直线段和圆弧段的夹点是其两个端点和中点；圆的夹点是圆心和圆上的最上、最下、最左、最右四个点(象限点)；椭圆的夹点是椭圆心和椭圆长、短轴的端点；多段线的夹点是构成多段线的直线段的端点、圆弧段的端点和中点等。

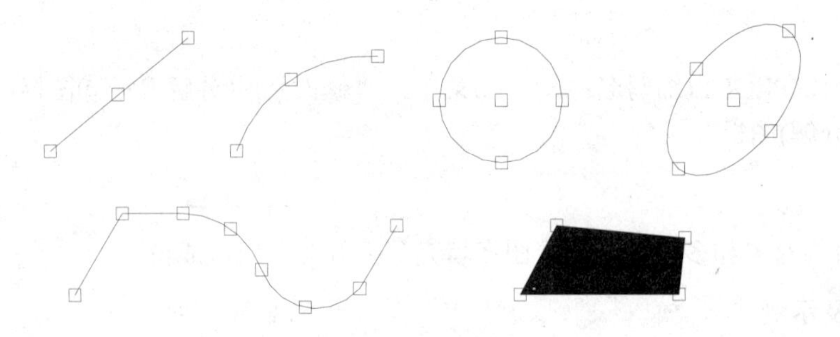

图 3.45　对象的夹点

对象夹点提供了另一种图形编辑方法的基础，无须启动 AutoCAD 命令，只要用光标拾取对象，该对象就进入选择集，并显示该对象的夹点。

当显示对象夹点后，定位光标移动到夹点附近，系统将自动吸引到夹点的位置，因此，它可以实现某些对象捕捉(见第 4 章)的功能，如端点捕捉、中点捕捉等。

## 3.15.2　夹点的控制

### 1．命令

①命令: DDGRIPS(可透明使用)；②菜单：“工具”|“选项”|“选择集(选项卡)”。

### 2．功能

启动“选择集”选项卡中的夹点设置界面，如图 3.46 所示，用于控制夹点功能开关、夹点颜色及大小。

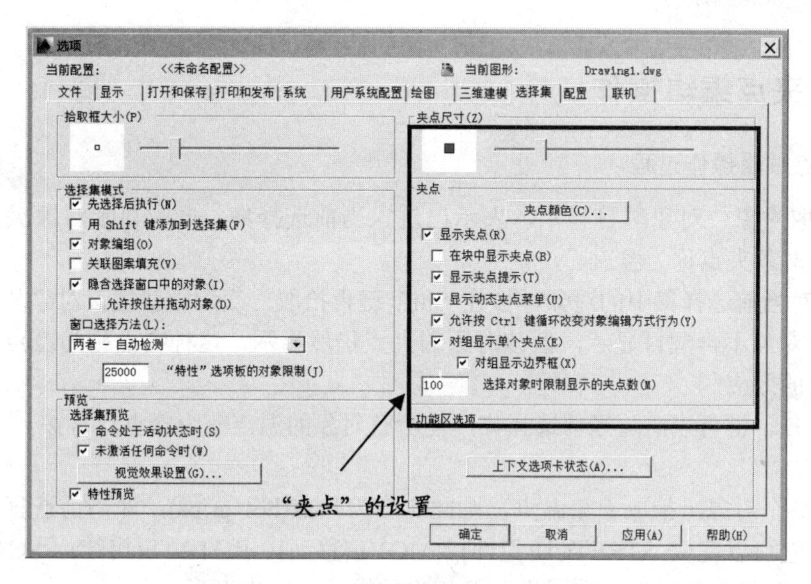


图 3.46　“选择集”选项卡中的夹点设置

### 3．对话框操作

对话框中有关选项说明如下。

(1) 启用夹点：夹点功能开关，系统默认设置为夹点功能有效。

(2) 在块中启用夹点：是否显示块成员的夹点的开关，系统默认设置为开，此时对插入块，其插入基点为夹点，并同时显示块成员的夹点(此时块并未被拆开)，如图 3.47(a)所示，如设置为关，则只显示插入基点为夹点，如图 3.47(b)所示(块的概念参见第 5 章)。

(3) 夹点颜色：选中的夹点称为热点，系统默认设置为填充红色，未选中的夹点框为蓝色。

(4) 夹点大小：控制夹点框的大小。

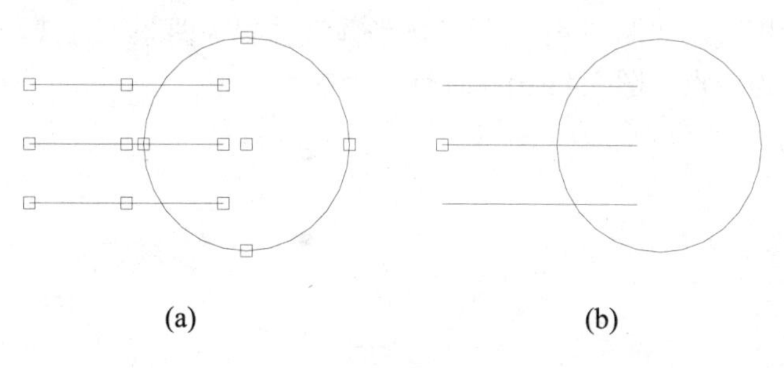

(a)　　　　(b)

图 3.47　块的夹点

### 4．说明

当夹点功能有效时，AutoCAD 绘图区的十字叉丝交点处将显示一个拾取框，这个拾取框在 “先选择后执行”功能有效时(是系统默认设置，可由“对象选择设置”对话框控制)也显示，所以只有在这两项功能都为关闭时，十字叉丝的交点处才没有拾取框。

### 3.15.3 夹点编辑操作

#### 1. 夹点编辑操作过程

(1) 拾取对象，对象醒目显示，表示已进入当前选择集，同时显示对象夹点，在当前选择集中的对象夹点称为温点。

(2) 如对当前选择集中的对象，按住 Shift 键再拾取一次，则就把该对象从当前选择集中撤除，该对象不再醒目显示，但该对象的夹点仍然显示，这种夹点称为冷点，它仍能发挥对象捕捉的效应。

(3) 按 Esc 键可以清除当前选择集，使所有对象的温点变为冷点，再按一次 Esc 键，则清除冷点。

(4) 在一个对象上拾取一个温点，则此点变为热点(hot grips)，即当前选择集进入夹点编辑状态，它可以完成 STRETCH(拉伸)、MOVE(移动)、ROTATE(旋转)、SCALE(比例缩放)、MIRROR(镜像)5 种编辑模式操作，相应的提示顺序次序为：

```
** 拉伸 **
指定拉伸点或 [基点(B)/复制(C)/放弃(U)/退出(X)]:
** 移动 **
指定移动点或 [基点(B)/复制(C)/放弃(U)/退出(X)]:
** 旋转 **
指定旋转角度或 [基点(B)/复制(C)/放弃(U)/参照(R)/退出(X)]:
** 比例缩放 **
指定比例因子或 [基点(B)/复制(C)/放弃(U)/参照(R)/退出(X)]:
** 镜像 **
指定第二点或 [基点(B)/复制(C)/放弃(U)/退出(X)]:
```

在选择编辑模式时，可用 Enter 键、空格键、鼠标右键或输入编辑模式名进行切换。要生成多个热点，则在拾取温点时要同时按住 Shift 键。然后再释放 Shift 键，拾取其中一个热点来进入编辑模式。如图 3.48(a)所示，当前选择集为两条平行线、一个热点、五个温点，圆弧上的夹点为冷点，图 3.48(b)同时有两个热点。

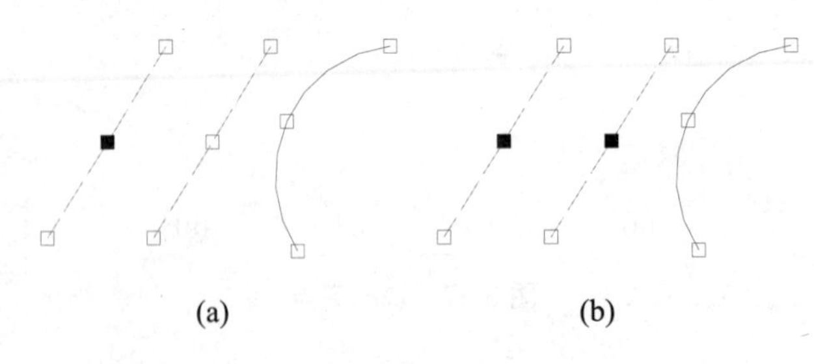

(a) (b)

图 3.48 热点、温点和冷点

例如，图 3.49(a)所示为一多段线，现利用夹点拉伸模式将其修改成图 3.49(b)。操作步骤如下。

(1) 拾取多段线，出现温点。

(2) 按下 Shift 键，把 1，2，3 转化为热点。

(3) 释放 Shift 键，再拾取 1 点，进入编辑模式，出现提示：

```
** 拉伸 **
指定拉伸点或 [基点(B)/复制(C)/放弃(U)/退出(X)]:
```

(4) 拾取 4 点，则拉伸成图 3.49(b)。

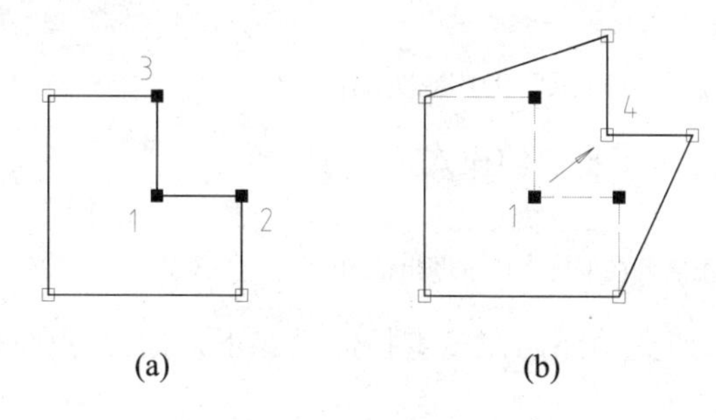


图 3.49　拉伸模式夹点编辑

### 2. 夹点编辑操作说明

(1) 选中的热点，在默认状态下，系统认为是拉伸点、移动的基准点、旋转的中心点、变比的中心点或镜像线的第一点。因此，可以在拖动中快速完成相应的编辑操作。

(2) 必要时，可以利用 B(基点)选项，另外指定基准点或旋转的中心等。

(3) 像 ROTATE(旋转)和 SCALE(比例缩放)编辑命令一样，在旋转与变比模式中也可采用 R(参照)选项，用来间接确定旋转角或比例因子。

(4) 通过 C(复制)选项，可进入复制方式下的多重拉伸、多重移动、多重变比等状态。如果在确定第一个复制位置时，按 Shift 键，则 AutoCAD 建立一个临时捕捉网格，对拉伸、移动等模式可实现矩形阵列式操作，对旋转模式可实现环形阵列式操作。

(5) 对多段线的圆弧拟合曲线、样条拟合多段线，其夹点为其控制框架顶点，用夹点编辑变动控制顶点位置，将直接改变曲线形状，比利用 PEDIT 命令修改更为方便。

### 3. 夹点编辑示例

将图 3.50(a)用夹点编辑功能使其成为图 3.50(b)。

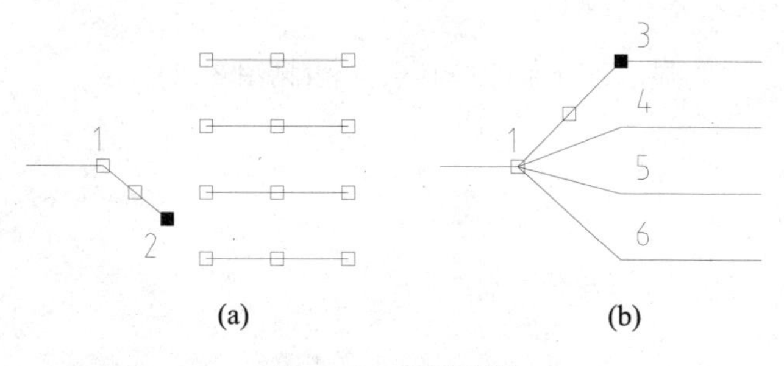


图 3.50　多重连线

操作步骤如下。

(1) 拾取五条直线，出现温点。

(2) 拾取热点 2，进入夹点编辑模式：

```
** 拉伸 **
指定拉伸点或 [基点(B)/复制(C)/放弃(U)/退出(X)]:
```

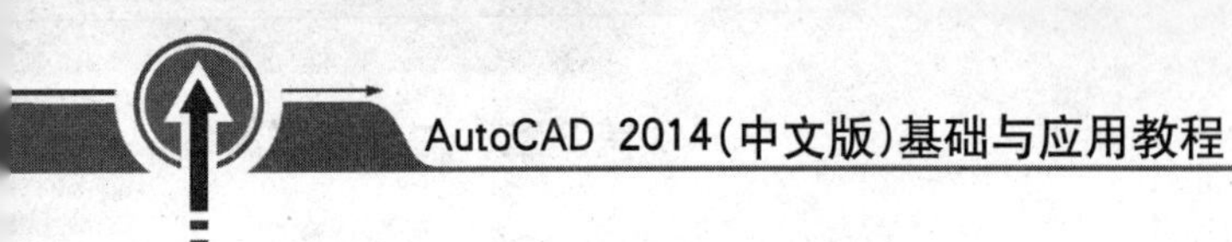


把 2 点拉伸到新位置 3，直线 12 变成 13。

(3) 按住 Shift 键，拾取右侧四条直线，变直线上的夹点为冷点。

(4) 拾取热点 3，进入夹点编辑模式：

** 拉伸 **
指定拉伸点或 [基点(B)/复制(C)/放弃(U)/退出(X)]:

(5) 选取 C(复制)，进入多重拉伸模式：

** 拉伸 (多重) **
指定拉伸点或 [基点(B)/复制(C)/放弃(U)/退出(X)]:

(6) 利用夹点的对象捕捉功能，在多重拉伸模式下，把 3 点拉伸到顺序与其余三条直线左端点连接。

(7) 选取 X(退出)，退出多重拉伸模式，完成后如图 3.50(b)所示。

## 3.16 样条曲线的编辑

### 1. 命令

①命令名：SPLINEDIT(缩写名：SPE)；②菜单："修改"|"样条曲线"；③图标："修改Ⅱ"工具栏中的(样条曲线)图标。

### 2. 功能

用于对由 SPLINE 命令生成的样条曲线的编辑操作，包括修改样条起点及终点的切线方向、修改拟合偏差值、移动控制点的位置及增加控制点、增加样条曲线的阶数、给指定的控制点加权，以修改样条曲线的形状；也可以修改样条曲线的打开或闭合状态。

### 3. 格式

命令: SPLINEDIT↙
选择样条曲线: (拾取一条样条曲线)

拾取样条后，系统将显示该样条的控制点位置(见图 3.51)。

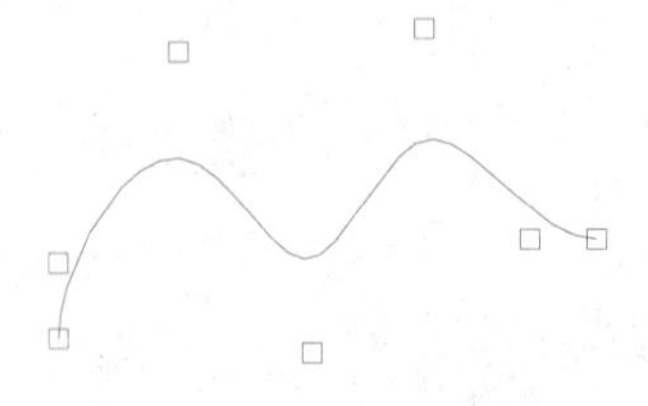

图 3.51 样条曲线的控制点

拾取样条后，出现的提示为：

输入选项 [闭合(C)/移动顶点(M)/精度(R)/反转(E)/放弃(U)/退出(X)] <退出>:

输入不同的选项，可以对样条曲线进行多种形式的编辑。

## 3.17　小型案例实训：图形编辑综合示例

利用编辑命令根据图 3.52(a)完成图 3.52(b)。

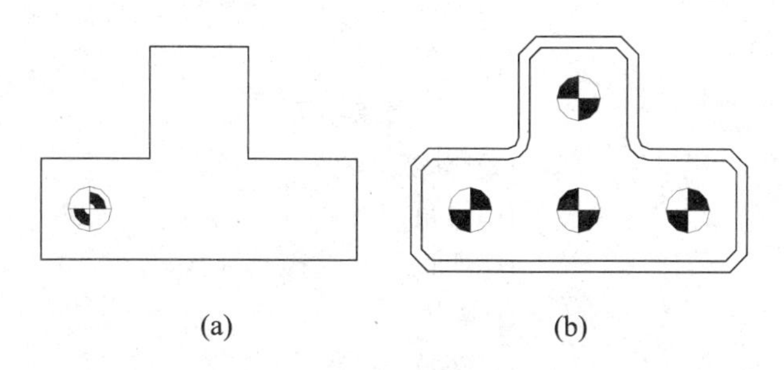


图 3.52　综合示例

操作步骤如下。

(1) 先在点画线图层上，画出图形的对称中心线。

(2) 比较图 3.52 左、右两图的小圆图形，可以看出，多段线圆弧段的起点、终点在小圆半径中点处，圆弧段的圆心即小圆圆心，圆弧段的宽度为小圆半径，即可画出右图的小圆图形。两图的差别就是圆弧段的宽度不同，为此可以用 PEDIT 命令，选择小圆弧段，选宽度(W)项，修改宽度为小圆半径，使其成为如右图所示的图形。

(3) 右图有四个小圆，两两相同，为此可以用 COPY(选多重复制)命令。首先复制成四个小圆，然后用 ROTATE 命令把其中两个小圆旋转 90° 即可。

(4) 对于图形外框，如左图为一条多段线，则可以利用 CHAMFER 命令，设置倒角距离，然后选多段线，全部倒棱角。

(5) 由于有两个小圆角，为此可以先用 EXPLODE 拆开多段线，在有小圆角的部位，用 ERASE 命令删去原有的两条倒角棱边，再用 FILLET 命令，指定圆角半径后，作出两个小圆角。

(6) 为了做外轮廓线的等距线，可以使用 OFFSET 命令，但当前的外轮廓线已是分离的直线段和圆弧段。为此，先用 PEDIT 命令中的连接(J)选项，把外轮廓线合并为一条多段线，然后再用 OFFSET 命令做等距线即可。

## 思考题 3

### 一、连线题

1. 请将下面左侧所列构造选择集选项与右侧选项含义用连线连起。

| | |
|---|---|
| (1) ALL | (a)从已选对象中扣除 |
| (2) W | (b)选中窗口内及与窗口相交的对象 |
| (3) C | (c)选中窗口内的对象 |
| (4) R | (d)选中当前图形中的所有对象 |

2. 请将下面左侧所列图形编辑命令与右侧命令功能用连线连起。

| | |
|---|---|
| (1) ERASE | (a)矩形阵列 |
| (2) COPY | (b)移动 |
| (3) ARRAYRECT | (c)打断 |
| (4) MOVE | (d)镜像 |
| (5) BREAK | (e)比例 |
| (6) TRIM | (f)编辑图案填充 |
| (7) EXTEND | (g)删除 |
| (8) FILLET | (h)圆角 |
| (9) MIRROR | (i)倒角 |
| (10) SCALE | (j)延伸 |
| (11) PEDIT | (k)修剪 |
| (12) HATCHEDIT | (l)编辑多段线 |
| (13) CHAMFER | (m)环形阵列 |
| (14) ARRAYPOLAR | (n)复制 |

## 二、选择题

1. 分解命令 EXPLODE 可分解的对象有(　　)。

A. 块　　B. 多段线　　C. 尺寸

D. 图案填充　　E. 以上全部

2. 一个图案填充被分解后，则其构成将变为(　　)。

A. 图案块　　B. 直线和圆弧

C. 多段线　　D. 直线

## 三、填空题

图 3.53 所示的各组图形均系使用某一图形修改命令由左图得到右图，请在图形下的括号内填写所用的图形修改命令。

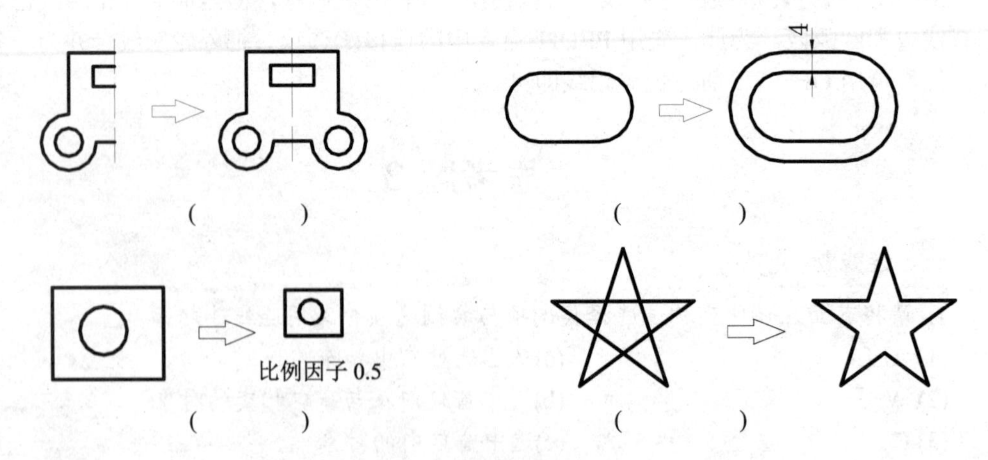


图 3.53　图形的修改

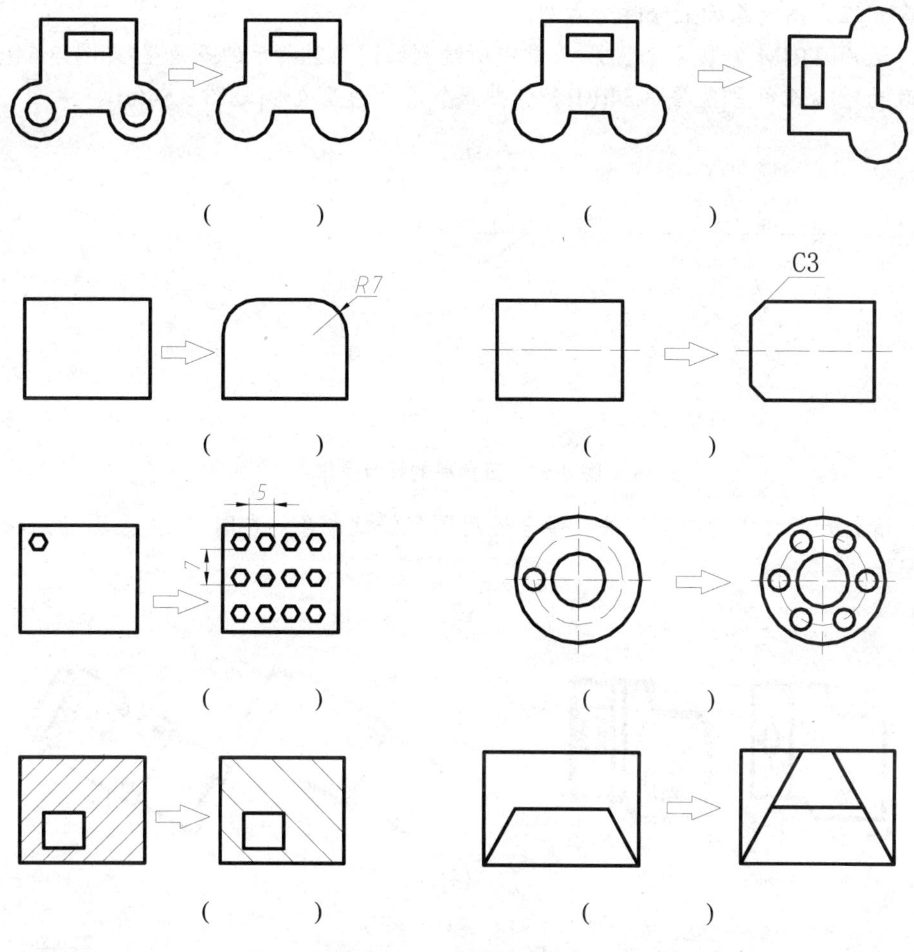


图 3.53　图形的修改(续)

## 四、简答题

1. 比较 ERASE、OOPS 命令与 UNDO、REDO 命令在功能上的区别。

2. 使用 CHAMFER 和 FILLET 命令时，需要先设置哪些参数？举例说明使用 FILLET 命令连接直线与圆弧、圆弧与圆弧时，点取对象位置的不同，圆角连接后的结果亦不同。

3. 如何能将用多段线(PLINE)命令绘制的折线段转换为用直线(LINE)命令绘制的折线段？反过来呢？

4. 什么是夹点编辑？利用夹点可以进行哪几种方式的编辑？

# 上机实训 3

**目的：**熟悉图形编辑命令及其使用方法。

**内容：**

1. 按所给操作步骤上机完成本章各例题。

2*. 打开所给基础图形文件，按上面思考题填空题中的要求，使用上面所选定的图形修改命令，在左图的基础上修改为右图。

3*. 运用 TRIM 修剪命令将第 2 章中所绘制的图 2.2 所示的五角星[见图 3.54(a)]分别编辑修改为空心五角星[见图 3.54(b)]和剪去五个角后的五边形[见图 3.54(c)]。

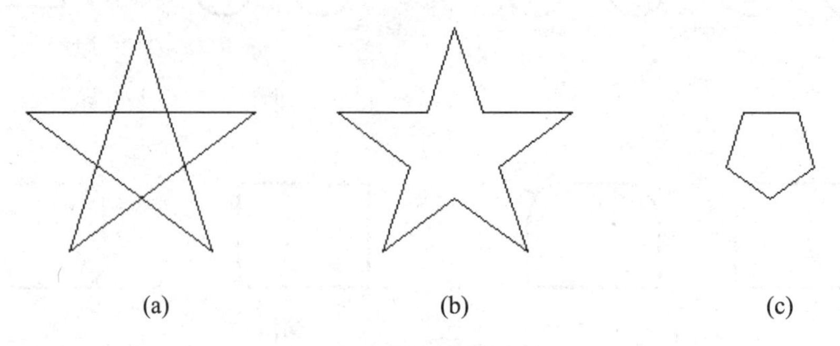


图 3.54 五角星的修剪操作

4*. 请打开所提供的图形文件，综合运用图形修改命令，在图 3.55 左图的基础上修改为右图。

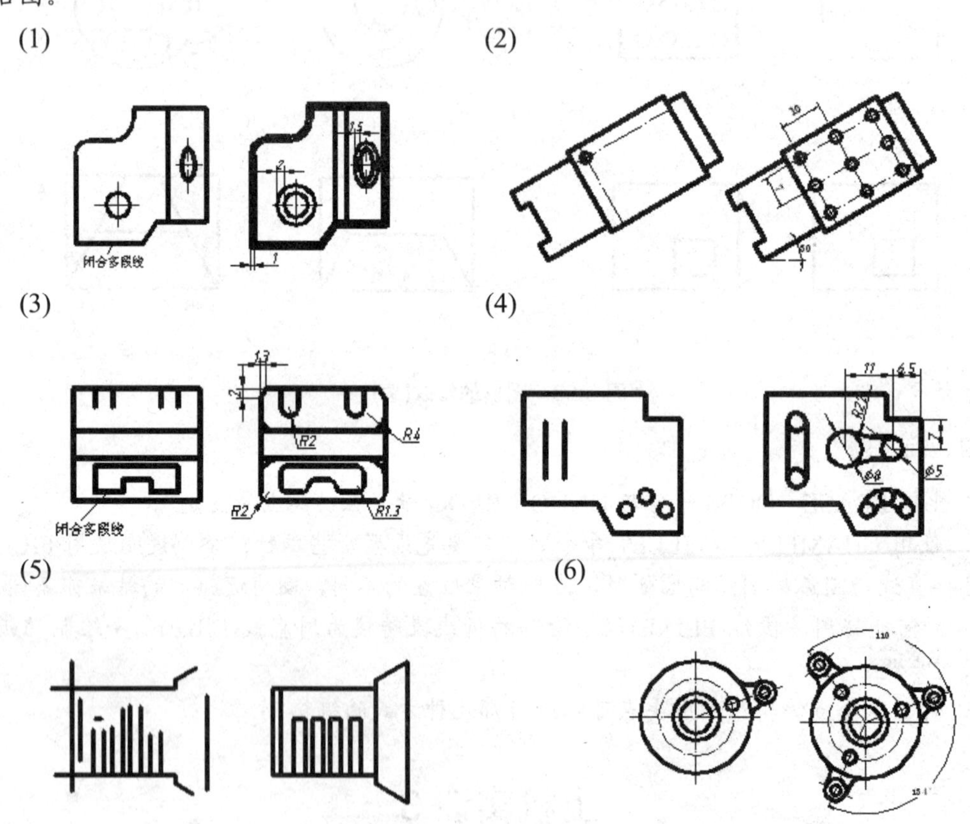


图 3.55 图形的修改操作

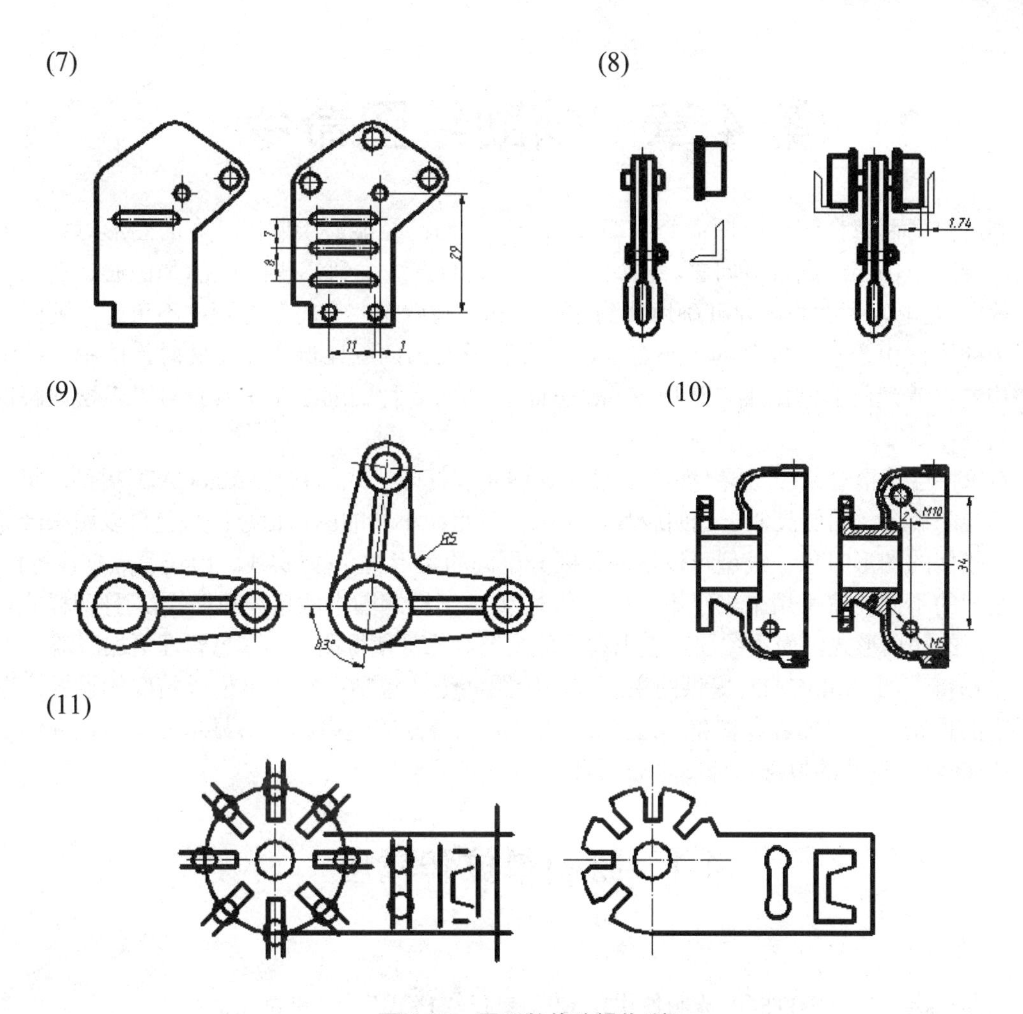


图 3.55　图形的修改操作(续)

5*. 请用编辑图案填充命令将图 3.56 左图修改为右图。

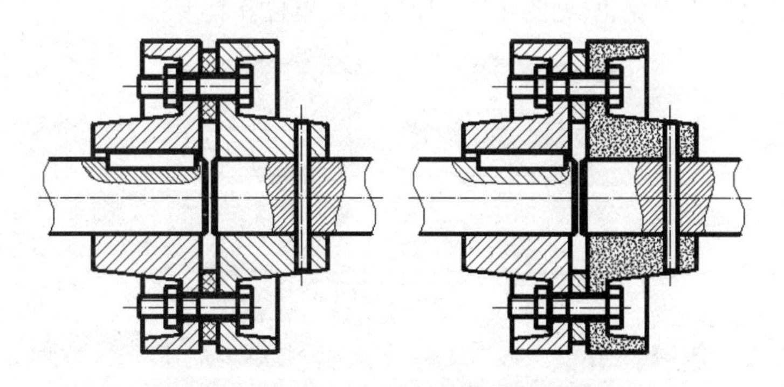

图 3.56　图案填充的编辑

(提示：右轮的图案由 ANSI31 修改为 AR-SAND(粉末冶金)；垫圈的图案由 ANSI37(非金属材料)修改为 ANSI31；增大左轴局部剖的剖面线间距。最后将所有填充图案用分解命令进行分解。)

# 第 4 章　辅助绘图命令

利用前面两章介绍的绘图命令和编辑功能，我们已经能够绘制出基本的图形对象。但在实际绘图中仍会遇到很多问题。例如，想用点取的方法找到某些特殊点(如圆心、切点、交点等)，无论怎么小心，要准确地找到这些点都非常困难，有时甚至根本不可能；要画一张很大的图，由于显示屏幕的大小有限，与实际所要画的图比例相差悬殊时，图中一些细小结构要看清楚就非常困难。运用 AutoCAD 提供的多种辅助绘图工具就可以轻松地解决这些问题。

对象特性是指对象的图层、颜色、线型、线宽和打印样式。它是 AutoCAD 提供的另一类辅助绘图命令。图层类似于透明胶片，用来分类组织不同的图形信息；颜色可以用来区分图形中相似的图形对象；线型可以很容易区分不同的图形对象(如实线、虚线、点划线等)；同一线型的不同线宽可用来表示不同的表达对象(如工程制图中的粗线和细线)；打印样式可控制图形的输出形式。而用图层来组织和管理图形对象可使得图形的信息管理更加清晰。

本章将介绍 AutoCAD 提供的主要辅助绘图命令，包括：绘图单位、精度的设置；图形界限的设置；间隔捕捉和栅格、对象捕捉、UCS 命令的使用和图形显示控制。还介绍了 AutoCAD 对象特性的概念、命令、设置和应用。

## 4.1　绘图单位和精度

### 1. 命令

①命令名：DDUNITS(可透明使用)；②菜单：“格式”|“单位”。

### 2. 功能

调用“图形单位”对话框(见图 4.1)，规定记数单位和精度。

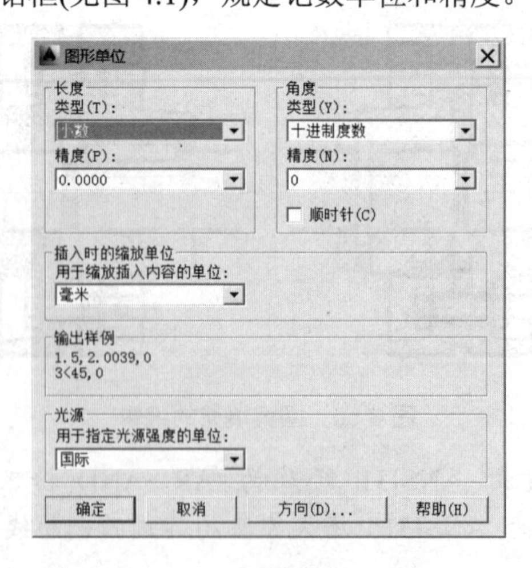


图 4.1　“图形单位”对话框

(1) 长度单位默认设置为十进制，小数位数为 4。

(2) 角度单位默认设置为度，小数位数为 0。

(3) “方向”按钮弹出角度“方向控制”对话框，默认设置为 0 度，方向为正东，逆时针方向为正。

## 4.2 图形界限

### 1. 命令

①命令名：LIMITS(可透明使用)；②菜单：“格式”|“图形界限”。

### 2. 功能

设置图形界限，以控制绘图的范围。图形界限的设置方式主要有以下两种。

(1) 按绘图的图幅设置图形界限。如对 A3 图幅，图形界限可控制在 420mm×297mm 左右。

(2) 按实物实际大小使用绘图面积，设置图形界限。这样可以按 1∶1 绘图，在图形输出时设置适当的比例系数。

### 3. 格式及示例

命令：**LIMITS**↙
重新设置模型空间界限:
指定左下角点或 [开(ON)/关(OFF)] <0.0000,0.0000>:(重设左下角点)
指定右上角点 <420.0000,297.0000>:(重设右上角点)

### 4. 说明

提示中的“[开(ON)/关(OFF)]”指打开图形界限检查功能，设置为 ON 时，检查功能打开，图形画出界限时 AutoCAD 会给出提示。

## 4.3 辅助绘图工具

当在图上画线、圆、圆弧等对象时，定位点的最快的方法是直接在屏幕上拾取点。但是，用光标很难准确地定位于对象上某一个特定的点。为解决快速精确定点问题，AutoCAD 提供了一些辅助绘图工具，包括捕捉、栅格显示、正交模式、极轴追踪、对象捕捉、对象捕捉追踪、显示/隐藏线宽等。利用这些辅助工具，能提高绘图精度，加快绘图速度。

### 4.3.1 捕捉和栅格

捕捉用于控制间隔捕捉功能，如果捕捉功能打开，光标将锁定在不可见的捕捉网格点上，做步进式移动。捕捉间距在 X 方向和 Y 方向一般相同，也可以不同。

栅格是显示可见的参照网格点，当栅格打开时，它在图形界限范围内显示出来。栅格既不是图形的一部分，也不会输出，但对绘图起很重要的辅助作用，如同坐标纸一样。栅格点的间距值可以和捕捉间距相同，也可以不同。

1. 命令

①命令名：DSETTINGS(可透明使用)；②菜单：“工具”|“绘图设置”。

2. 功能

利用对话框打开或关闭捕捉和栅格功能，并对其模式进行设置。

3. 对话框

AutoCAD 打开“草图设置”对话框，其中的“捕捉和栅格”选项卡用来对捕捉和栅格功能进行设置，如图 4.2 所示。

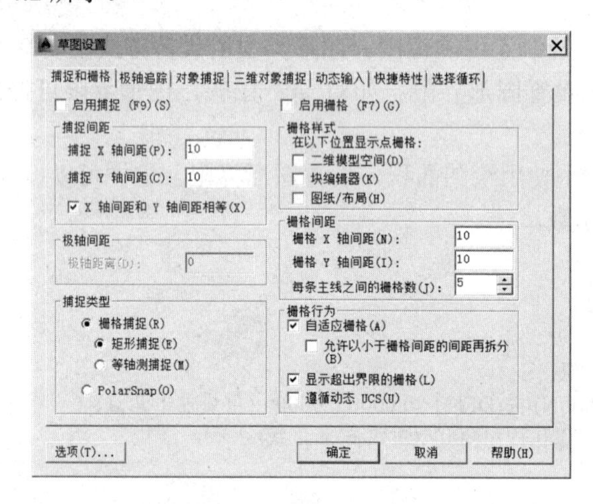


图 4.2　“草图设置”对话框的“捕捉和栅格”选项卡

对话框中的“启用捕捉”复选框控制是否打开捕捉功能；在“捕捉间距”选项组中可以设置捕捉栅格的 X 向间距和 Y 向间距；“角度”文本框用于输入捕捉网格的旋转角度；“X 基点”和“Y 基点”用来确定捕捉网格旋转时的基准点。利用 F9 键也可以在打开和关闭捕捉功能之间进行切换。

“启用栅格”复选框控制是否打开栅格功能；“栅格间距”选项组用来设置可见网格的间距。利用 F7 键也可以在打开和关闭栅格功能之间进行切换。

## 4.3.2　自动追踪

AutoCAD 提供的自动追踪功能，可以使用户在特定的角度和位置绘制图形。打开自动追踪功能，执行绘图命令时屏幕上会显示临时辅助线，帮助用户在指定的角度和位置上精确地绘出图形对象。自动追踪功能包括两种：极轴追踪和对象捕捉追踪。

1. 极轴追踪

在绘图过程中，当 AutoCAD 要求用户给定点时，利用极轴追踪功能可以在给定的极角方向上出现临时辅助线。例如，图 4.3 中先从点 1 到点 2 画一水平线段，再从点 2 到点

3 画一条线段与之成 60°，这时可以打开极轴追踪功能并设极角增量为 60°，则当光标在 60°位置附近时 AutoCAD 显示一条辅助线和提示，如图 4.3 所示，光标远离该位置时辅助线和提示消失。

极轴追踪的有关设置可在“草图设置”对话框的“极轴追踪”选项卡中完成。是否打开极轴追踪功能，可用 F10 键或状态栏中的“极轴”按钮切换。

2. 对象捕捉追踪

对象捕捉追踪与对象捕捉功能相关，启用对象捕捉追踪功能之前必须先启用对象捕捉功能。利用对象捕捉追踪可产生基于对象捕捉点的辅助线，例如图 4.4 中，在画线过程中 AutoCAD 捕捉到前一段线段的端点，追踪提示说明光标所在位置与捕捉的端点间距离为 46.6315，辅助线的极轴角为 330°。关于对象捕捉功能将在 4.4 节中介绍。

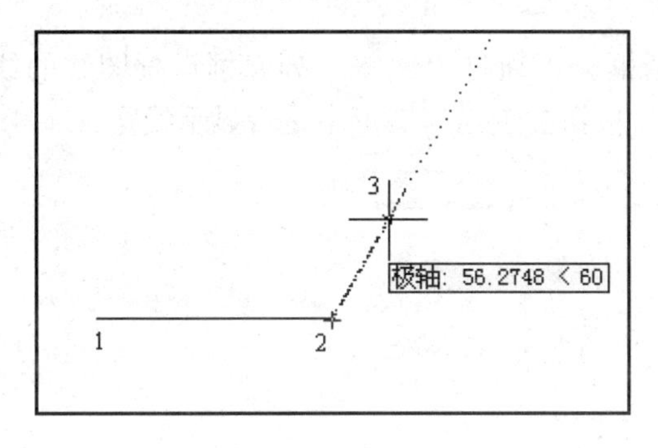


图 4.3　极轴追踪功能

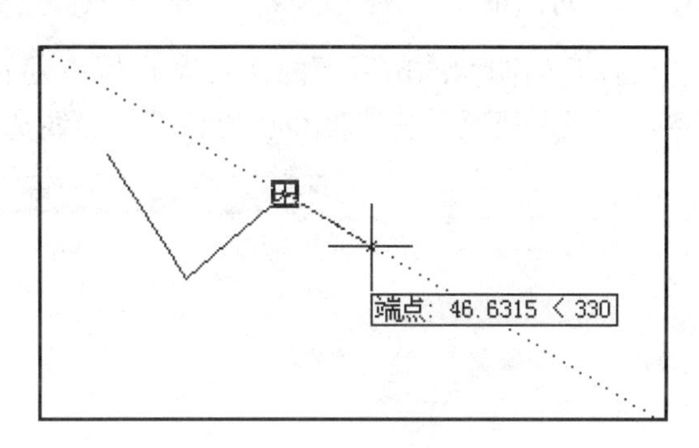


图 4.4　对象捕捉追踪

## 4.3.3　正交模式

当正交模式打开时，AutoCAD 限定只能画水平线和铅垂线，使用户可以精确地绘制水平线和铅垂线，这样可以大大地方便绘图。另外，执行移动命令时也只能沿水平和铅垂方向移动图形对象。

1. 命令

命令名：ORTHO。

2. 功能

控制是否以正交方式画图。

3. 格式

命令: **ORTHO**↙
输入模式 [开(ON)/关(OFF)] <OFF>:

在此提示下，选择 ON 可打开正交模式绘制水平或铅垂线，选择 OFF 则关闭正交模式，用户可画任意方向的直线。另外，用户也可以按 F8 键或状态栏中的“正交”按钮，在打开和关闭正交功能之间进行切换。

### 4.3.4 设置线宽

设置线宽是指为所绘图形指定图线宽度。

1. 命令

①命令名：LINEWEIGHT；②菜单：“格式”|“线宽”；③图标：“特性”工具栏中的线宽下拉列表框(见图 4.5(a))。

2. 功能

设置当前线宽及线宽单位，控制线宽的显示及调整显示比例。

3. 对话框

打开如图 4.5(b)所示的“线宽设置”对话框。可通过“线宽”列表框设置图线的线宽。“显示线宽”复选框和状态栏中的“线宽”按钮控制当前图形中是否显示线宽。

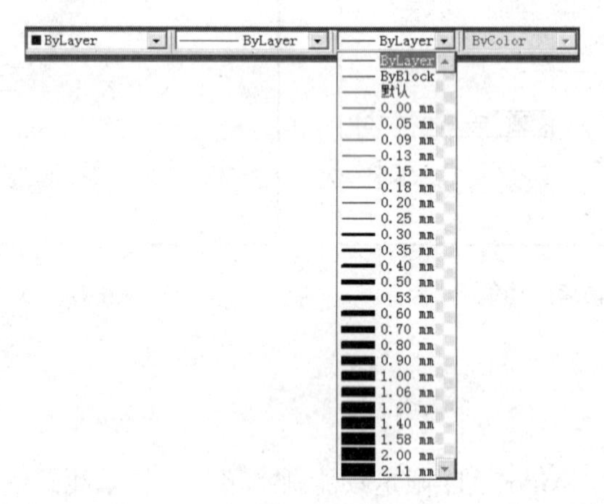


(a) “线宽设置”图标

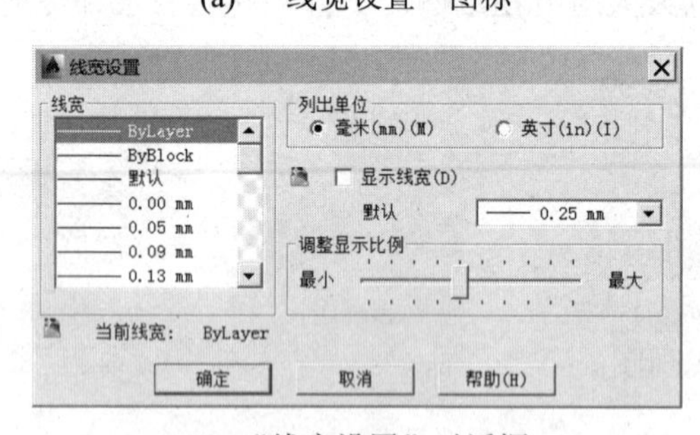


(b) “线宽设置”对话框

图 4.5 “线宽设置”图标及对话框

### 4.3.5 状态栏控制

状态栏位于 AutoCAD 绘图界面的底部，如图 4.6(a)所示。在默认情况下，左端显示绘图区中光标定位点的 x、y、z 坐标值；中间依次有“捕捉”、“栅格”、“正交”、“极轴”、“对象捕捉”、“对象追踪”、“DUCS”(动态坐标系)、“DYN”(动态输入)、“线宽”和“模型”10 个辅助绘图工具按钮，单击任一按钮，即可打开相应的辅助绘图工具；单击右端的状态行菜单按钮，即可弹出“状态行菜单”，见图 4.6(b)，在该菜单中可以设置和修改状态栏中显示的辅助绘图工具按钮。

(a) 状态栏

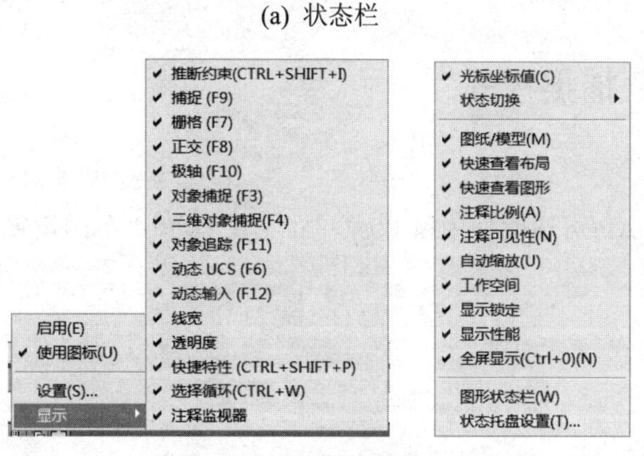


(b) 状态行菜单

**图 4.6　状态栏及其控制菜单**

## 4.3.6　举例

设置一张 A4(210mm×297mm)图幅，单位精度选小数 2 位，捕捉间隔为 1.0，栅格间距为 10.0。

操作步骤如下。

(1) 开始画新图，采用“无样板打开 — 公制”。

(2) 从“格式”菜单中选择“单位”命令，打开“图形单位”对话框，将长度单位的类型设置为小数，精度设为 0.00。

(3) 调用 LIMITS 命令，设图形界限左下角为 10,10，右上角为 220,307。

(4) 使用 ZOOM 命令的 All(全部)选项，按设定的图形界限调整屏幕显示。

(5) 从“工具”菜单中选择“草图设置”命令，打开“草图设置”对话框，在“捕捉与栅格”选项卡内设置捕捉 X 轴间距为 1，捕捉 Y 轴间距为 1；设置栅格 X 轴间距为 10，栅格 Y 轴间距为 10；选中“启用捕捉”和“启用栅格”复选框，打开捕捉和栅格功能。

(6) 用 PLINE 命令，画出图幅边框。

(7) 用 PLINE 命令，按左边有装订边的格式以粗实线画出图框(线宽 W=0.7)，单击状态栏中的“线宽”按钮，以显示线宽设置效果。

(8) 注意在状态栏中 X、Y 坐标显示的变化。

(9) 单击状态栏中“捕捉”、“栅格”和“线宽”按钮，观察对绘图与屏幕显示的影响。

# 4.4 对象捕捉

对象捕捉是 AutoCAD 精确定位于对象上某点的一种重要方法，它能迅速地捕捉图形对象的端点、交点、中点、切点等特殊点和位置，从而提高绘图精度，简化设计和计算过程，提高绘图速度。

## 4.4.1 设置对象捕捉模式

### 1. 命令

①命令名：OSNAP(可透明使用)；②菜单："工具"|"草图设置"。

### 2. 功能

设置对象捕捉模式。

### 3. 对话框

打开"草图设置"对话框的"对象捕捉"选项卡(见图 4.7)。

该选项卡中的两个复选框"启用对象捕捉"和"启用对象捕捉追踪"用来确定是否打开对象捕捉功能和对象捕捉追踪功能。在"对象捕捉模式"选项组中，规定了对象上 13 种特征点的捕捉。选中捕捉模式后，在绘图屏幕上，只要把靶区放在对象上，即可捕捉到对象上的特征点。并且在每种特征点前都规定了相应的捕捉显示标记，例如中点用小三角表示，圆心用一个小圆圈表示。选项卡中还有"全部选择"和"全部清除"两个按钮，单击前者，则选中所有捕捉模式；单击后者，则取消选中所有捕捉模式。

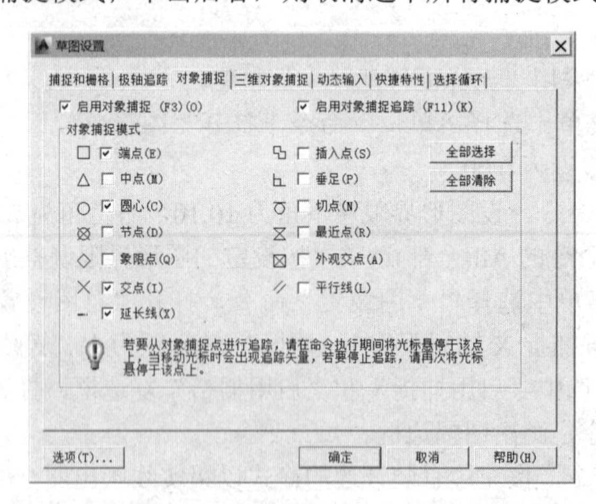


图 4.7 "草图设置"对话框中的"对象捕捉"选项卡

各捕捉模式的含义如下。

(1) 端点(END)：捕捉直线段或圆弧的端点，捕捉到离靶框较近的端点。

(2) 中点(MID)：捕捉直线段或圆弧的中点。

(3) 圆心(CEN)：捕捉圆或圆弧的圆心，靶框放在圆周上，捕捉到圆心。

(4) 节点(NOD)：捕捉到靶框内的孤立点。

(5) 象限点(QUA)：相对于当前 UCS，圆周上最左、最右、最上、最下的四个点称为象限点，靶框放在圆周上，捕捉到最近的一个象限点。

(6) 交点(INT)：捕捉两线段的显示交点和延伸交点。

(7) 延伸(EXT)：当靶框在一个图形对象的端点处移动时，AutoCAD 显示该对象的延长线，并捕捉正在绘制的图形与该延长线的交点。

(8) 插入点(INS)：捕捉图块、图像、文本和属性等的插入点。

(9) 垂足(PER)：当向一对象画垂线时，把靶框放在对象上，可捕捉到对象上的垂足位置。

(10) 切点(TAN)：当向一对象画切线时，把靶框放在对象上，可捕捉到对象上的切点位置。

(11) 最近点(NEA)：当靶框放在对象附近拾取，捕捉到对象上离靶框中心最近的点。

(12) 外观交点(APP)：当两对象在空间交叉，而在一个平面上的投影相交时，可以从投影交点捕捉到某一对象上的点；或者捕捉两投影延伸相交时的交点。

(13) 平行(PAR)：捕捉图形对象的平行线。

对垂足捕捉和切点捕捉，AutoCAD 还提供延迟捕捉功能，即根据直线的两端条件来准确求解直线的起点与端点。图 4.8(a)所示为求两圆弧的公切线；图 4.8(b)所示为求圆弧与直线的公垂线；图 4.8(c)所示为作直线与圆相切且和另一直线垂直。

**注意：** (1) 选择了捕捉类型后，在后续命令中，要求指定点时，这些捕捉设置长期有效，作图时可以看到出现靶框要求捕捉。若要修改，要再次启动“草图设置”对话框。

(2) AutoCAD 为了操作方便，在状态栏中设置有对象捕捉开关，对象捕捉功能可通过特殊格式状态栏中的“对象捕捉”按钮来控制其打开和关闭。

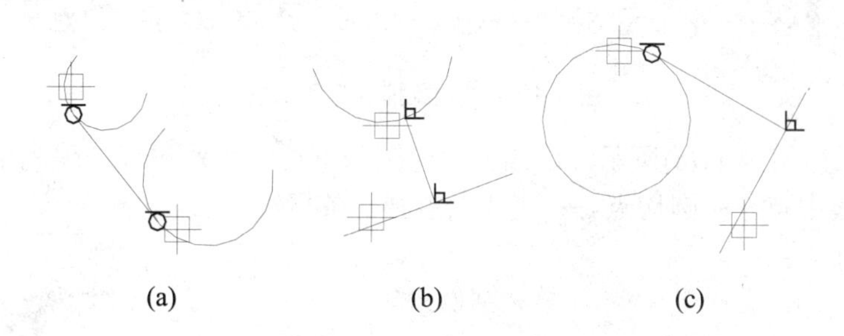


图 4.8　延迟捕捉功能

## 4.4.2　利用光标菜单和工具栏进行对象捕捉

AutoCAD 还提供有另一种对象捕捉的操作方式，即在命令要求输入点时，临时调用对象捕捉功能，此时它覆盖“对象捕捉”选项卡的设置，称为单点优先方式。此方式只对当前点有效，对下一点的输入就无效了。

### 1. “对象捕捉”光标菜单

在命令要求输入点时，同时按下 Shift 键和鼠标右键，在屏幕上当前光标处出现“对象捕捉”光标菜单，如图 4.9 所示。

### 2. “对象捕捉”工具栏

“对象捕捉”工具栏如图 4.10 所示，从“视图”菜单中选择“工具栏”命令，打开“工具栏”对话框，在该对话框中选中“对象捕捉”复选框，即可使“对象捕捉”工具栏显示在屏幕上。从内容上看，它和“对象捕捉”光标菜单类似。

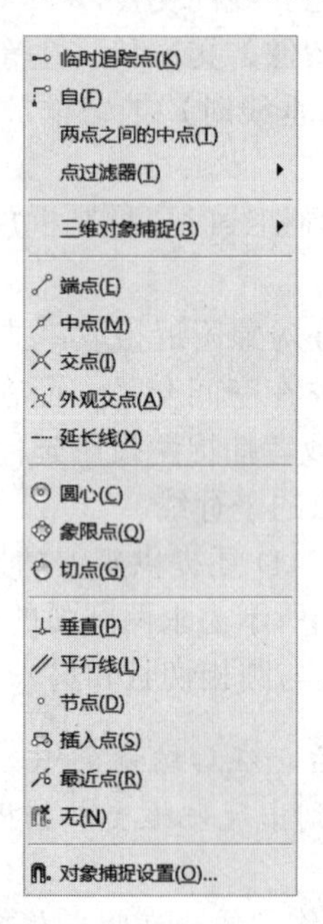


图 4.9 “对象捕捉”光标菜单

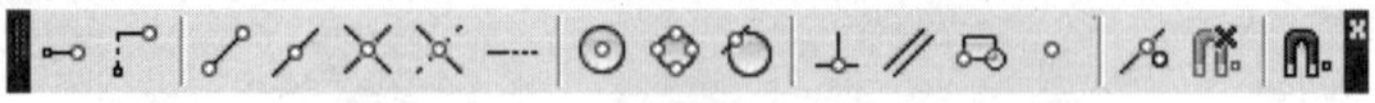

图 4.10 “对象捕捉”工具栏

【例 4.1】如图 4.11(a)所示，已知上边一圆和下边一条水平线，现利用对象捕捉功能从圆心 → 直线中点 → 圆切点 → 直线端点画一条折线。

具体过程如下：

命令：**LINE**↙
指定第一点：(单击“对象捕捉”工具栏的“捕捉到圆心”图标)
 _cen 于 (拾取圆 1)
指定下一点或 [放弃(U)]：(单击“对象捕捉”工具栏的“捕捉到中点”图标)
 _mid 于 (拾取直线 2)
指定下一点或 [放弃(U)]：(单击“对象捕捉”工具栏的“捕捉到切点”图标)
_tan 到 (拾取圆 3)
指定下一点或 [闭合(C)/放弃(U)]：(单击“对象捕捉”工具栏的“捕捉到端点”图标)
 _endp 于 (拾取直线 4)
指定下一点或 [闭合(C)/放弃(U)]：↙ (回车)

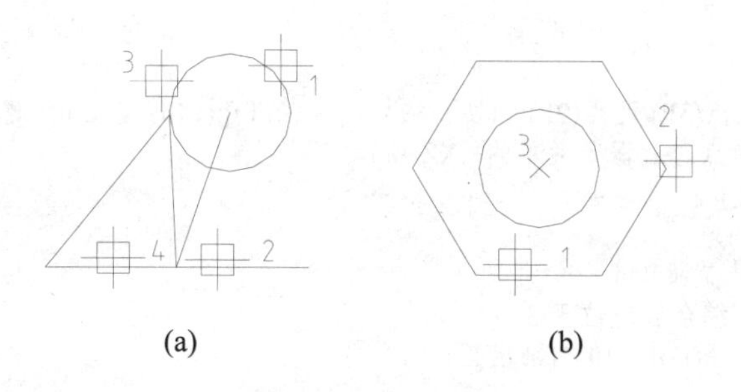


图 4.11　对象捕捉应用举例

### 3. 追踪捕捉

追踪捕捉用于二维作图，可以先后提取捕捉点的 X、Y 坐标值，从而综合确定一个新点。因此，它经常和其他对象捕捉方式配合使用。

**【例 4.2】**以图 4.11(b)中的正六边形中心为圆心，画一半径为 30 的圆。

具体过程如下：

(先绘制出图中的六边形)

命令: **CIRCLE**↙
指定圆的圆心或 [三点(3P)/两点(2P)/相切、相切、半径(T)]:**TRACKING**↙ (拾取追踪捕捉，自动打开正交功能)
第一个追踪点: (拾取中点捕捉)
_mid 于(拾取底边中心 1 处)
下一点 (按 Enter 键结束追踪): (拾取交点捕捉)
_int 于(拾取交点 2 处)
下一点 (按 Enter 键结束追踪): ↙ (回车结束追踪，AutoCAD 提取 1 点 X 坐标，2 点 Y 坐标，定位于 3 点，即正六边形中心)
指定圆的半径或 [直径(D)]: **30**↙(画一半径为 30 的圆)
命令:

打开追踪后，系统自动打开正交功能，拾取到第 1 点后，如靶框水平移动，则提取 1 点的 Y 坐标，如靶框垂直移动则提取 1 点的 X 坐标，然后由第二点补充另一坐标。

### 4. 点过滤器

点过滤是通过过滤拾取点的坐标值的方法来确定一个新点的位置。在如图 4.9 所示的光标菜单中“点过滤器”菜单项的下一级菜单内：“.X ”为提取拾取点的 X 坐标；“.XY”为提取拾取点的 X、Y 坐标。

**【例 4.3】**在图 4.12 中，以正六边形中心点为圆心，画一半径为 30 的圆。

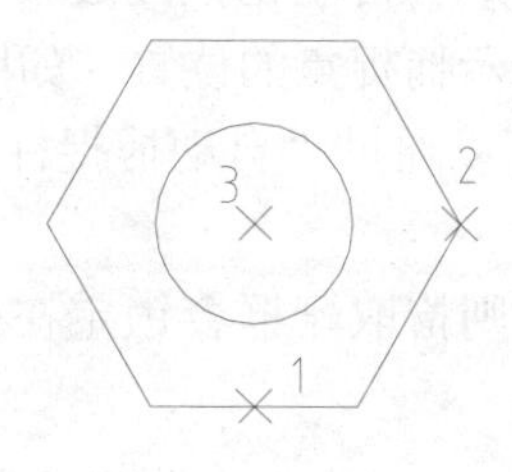


图 4.12　利用点过滤器绘图

利用点过滤实现绘图的操作过程如下：

命令: **CIRCLE**↙
指定圆的圆心或 [三点(3P)/两点(2P)/相切、相切、半径(T)]:(同时按 Shift 键和鼠标右键，弹出光标菜单，拾取光标菜单点过滤器子菜单的 .XZ 项)
XZ 于(拾取中点捕捉)
_mid 于(拾取中点 1)
(需要 Y): (拾取交点捕捉)
_int 于 (拾取 2 点，综合后定位于 3 点)
指定圆的半径或 [直径(D)]: **30**↙(画出圆)

把这种操作与追踪捕捉对照，就可以看出追踪捕捉就是在二维作图中取代了点过滤的操作。

## 4.5 自 动 捕 捉

AutoCAD 的自动捕捉功能提供了视觉效果来指示出对象正在被捕捉的特征点，以便使用户正确地捕捉。当光标放在图形对象上时，自动捕捉会显示一个特征点的捕捉标记和捕捉提示。可通过图 4.13 所示的“选项”对话框中的“绘图”选项卡设置自动捕捉的有关功能。打开该对话框的方法是：从“工具”菜单中选择“选项”命令，即可打开“选项”对话框，在该对话框中单击“绘图”标签，即可切换到“绘图”选项卡。

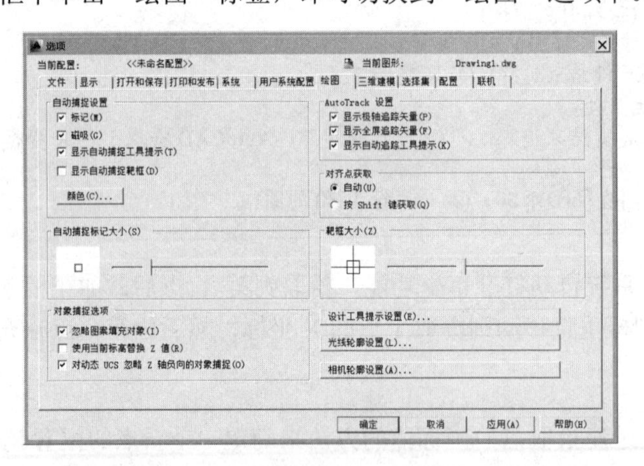


图 4.13 “选项”对话框的“绘图”选项卡

在该选项卡中列出了自动捕捉的有关设置。

(1) 标记：如选中该复选框，则当拾取靶框经过某个对象时，该对象上符合条件的特征点就会显示捕捉点类型标记并指示捕捉点的位置，如图 4.14 所示，中点的捕捉标记为一个小三角形；在该选项卡中，还可以通过“自动捕捉标记大小”和“自动捕捉标记颜色”两项来调整标记的大小和颜色。

(2) 磁吸：如选中该复选框，则拾取靶框会锁定在捕捉点上，拾取靶框只能在捕捉点间跳动。

(3) 显示自动捕捉工具提示：如选中该复选框，则系统将显示关于捕捉点的文字说明，捕捉到中点，则在该点旁边显示“中点”，如图 4.14 所示。

(4) 显示自动捕捉靶框：如选中该复选框，则系统将显示拾取靶框；选项卡中的“靶框大小”项用于调整靶框的大小。

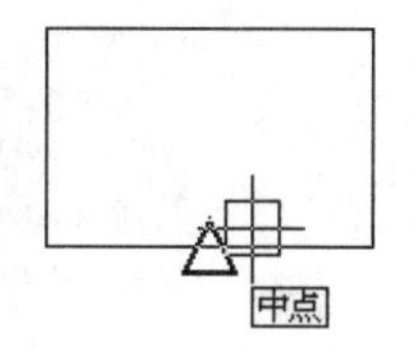


图 4.14　捕捉标记和捕捉提示

# 4.6　动 态 输 入

使用动态输入功能可以在工具栏提示中输入坐标值，而不必在命令窗口中进行输入。

光标旁边显示的工具栏提示信息将随着光标的移动而动态更新。当某个命令处于活动状态时，可以在工具栏提示中输入值，如图 4.15 所示。

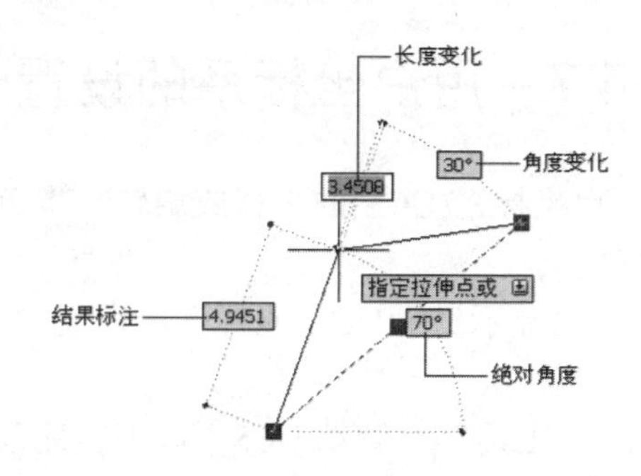


图 4.15　动态输入显示

有两种动态输入方式，分别为指针输入和标注输入。指针输入用于输入坐标值；标注输入用于输入距离和角度。动态输入方式可利用如图 4.16 所示的“草图设置”对话框中的“动态输入”选项卡进行设置。指针输入及标注输入的格式与可见性可通过在如图 4.16 所示的“草图设置”对话框中单击左边或右边的“设置”按钮，在弹出的如图 4.17 所示的“指针输入设置”对话框或如图 4.18 所示的“标注输入的设置”对话框中进行选择。

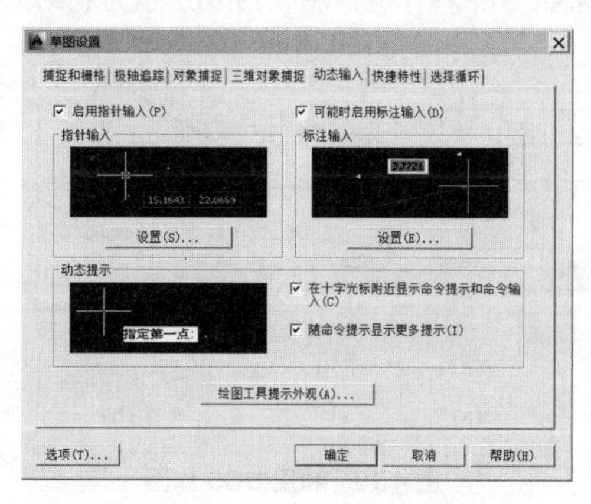


图 4.16　“草图设置”对话框中的“动态输入”选项卡

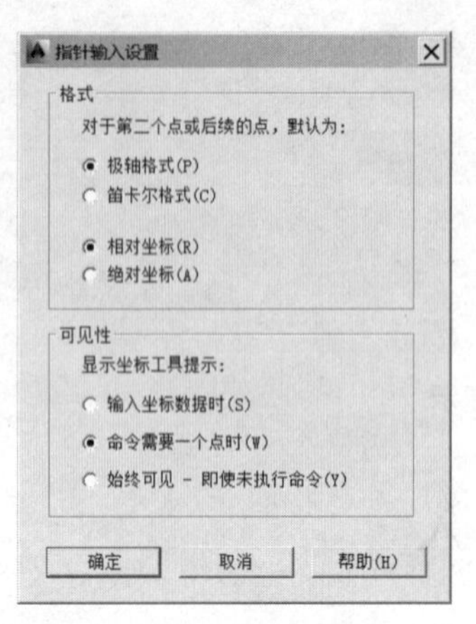


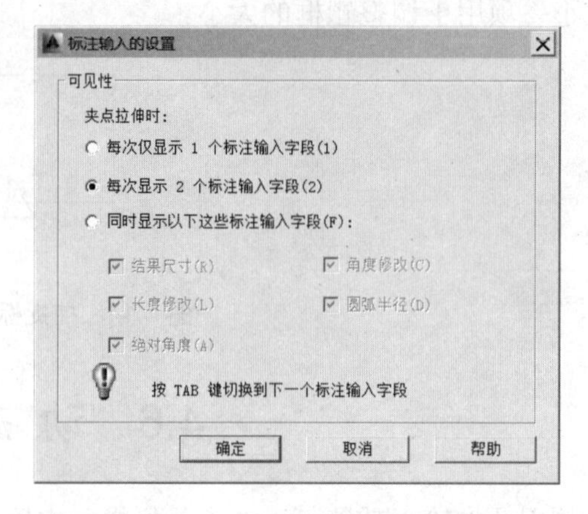


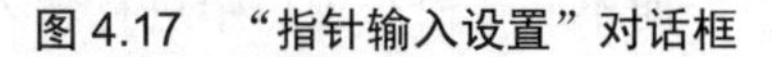

图 4.17 “指针输入设置”对话框　　　　图 4.18 “标注输入的设置”对话框

可以通过单击状态栏上的 DYN 按钮来打开或关闭动态输入。

## 4.7 用户坐标系的设置

在二维绘图中，利用用户坐标系(UCS)的平移或旋转，也可以准确而方便地作图。其主要操作如下。

(1) 调用菜单：“视图”|“显示”|“UCS 坐标”，设置 UCS 图标的显示、关闭、位置及相关特性。

(2) 平移：调用菜单命令“工具”|“移动 UCS”，把坐标系平移到新原点处。

(3) 旋转：调用菜单命令“工具”|“新建 UCS”，把坐标系绕某一坐标轴旋转或 XOY 面绕原点旋转。

(4) 保存：调用菜单命令“工具”|“命名 UCS”，把当前 UCS 命名保存。

(5) 特定位置：调用菜单命令“工具”|“正交 UCS”，将 UCS 设置为俯视、仰视、左视、主视、右视、后视，或其他预先设置好的位置。

关于 UCS 的全面利用，将在第 7 章三维绘图中介绍。

图 4.19(a)所示为利用 UCS 平移作图；图 4.19(b)所示为利用 UCS 旋转作图。

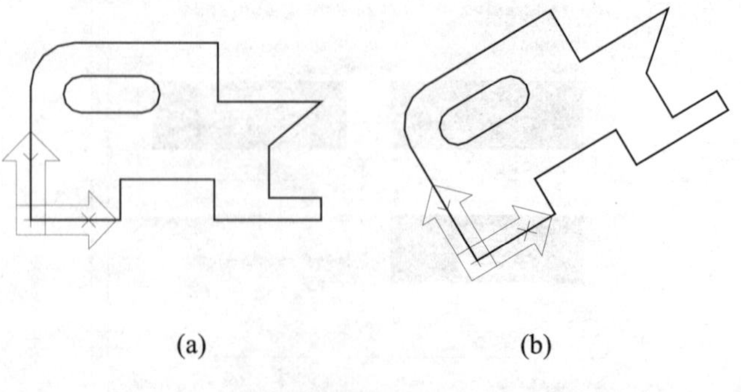

(a)　　　　(b)

图 4.19 利用 UCS 作图

# 4.8　快捷功能键

键盘上的功能键在 AutoCAD 中都具有指定功能，具体如表 4.1 所示，加“*”的为最常打开和关闭的功能键。使用功能键可方便用户的相关操作。

表 4.1　快捷功能键

| 主　键 | 功　能 | 说　明 |
|---|---|---|
| *F1 | 帮助 | 显示活动工具提示、命令、选项卡或对话框的帮助 |
| F2 | 展开的历史记录 | 在命令窗口中显示展开的命令历史记录 |
| F3 | 对象捕捉 | 打开和关闭对象捕捉 |
| F4 | 三维对象捕捉 | 打开三维元素的其他对象捕捉 |
| F5 | 等轴测平面 | 循环浏览二维等轴测平面设置 |
| F6 | 动态 UCS | 打开和平面对应的 UCS(用户坐标系) |
| F7 | 栅格显示 | 打开和关闭栅格显示 |
| *F8 | 正交 | 锁定光标按水平或垂直方向移动 |
| F9 | 栅格捕捉 | 限制光标按指定的栅格间距移动 |
| *F10 | 极轴捕捉 | 引导光标按指定的角度移动 |
| F11 | 对象捕捉追踪 | 从对象捕捉位置水平或垂直追踪光标 |
| *F12 | 动态输入 | 显示光标附近的距离和角度并在字段之间使用 Tab 键时接受输入 |

**提示：** F8 和 F10 功能键相互排斥——打开一个将会关闭另外一个。

# 4.9　显 示 控 制

在绘图过程中，经常需要对所画图形进行显示缩放、平移、重画、重生成等各种操作。本节的命令用于控制图形在屏幕上的显示，可以按照用户所期望的位置、比例和范围控制屏幕窗口对“图纸”相应部位的显示，便于观察和绘制图形。这些命令只改变视觉效果，而不改变图形的实际尺寸及图形对象间的相互位置关系。本节将介绍刷新屏幕的重画和重生成命令，以及控制显示的缩放和平移命令，并介绍鸟瞰视图。

## 4.9.1　显示缩放

显示缩放命令 ZOOM 的功能如同相机的变焦镜头，它能将镜头对准“图纸”上的任何部分，放大或缩小观察对象的视觉尺寸，而其实际尺寸保持不变。

### 1. 命令

①命令名：ZOOM(缩写名：Z，可透明使用)；②菜单：“视图”|“缩放”，由级联

菜单列出各选项；③图标："标准工具栏"的三个图标，即"实时缩放"、"缩放为前一个"、"缩放窗口"及其弹出工具栏，见图 4.20。

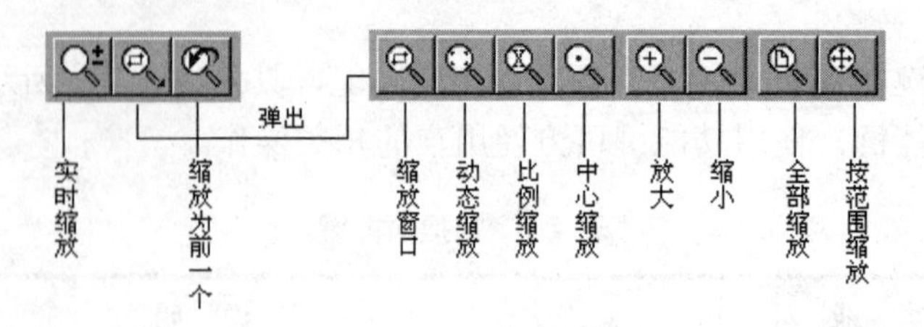


图 4.20　显示缩放的图标

## 2. 常用选项说明

(1) 实时缩放(R)：在实时缩放时，从图形窗口中当前光标点处上移光标，图形显示放大；下移光标，图形显示缩小。按鼠标右键，将弹出快捷光标菜单，如图 4.21 所示。

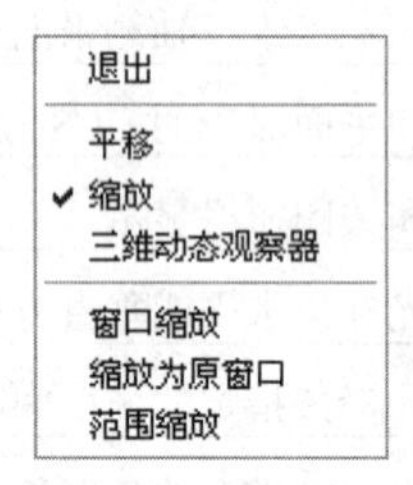


图 4.21　快捷光标菜单

该菜单包括下列选项。

- 退出：退出实时模式；
- 平移：从实时缩放转换到实时平移；
- 缩放：从实时平移转换到实时缩放；
- 三维动态观察器：进行三维轨道显示；
- 窗口缩放：显示一个指定窗口，然后回到实时缩放；
- 缩放为原窗口：恢复原窗口显示；
- 范围缩放：按图形界限显示全图，然后回到实时缩放。

(2) 缩放为前一个(P)：恢复前一次显示。

(3) 缩放窗口(W)：指定一个窗口(见图 4.22(a))，把窗口内图形放大到全屏(见图 4.22(b))。

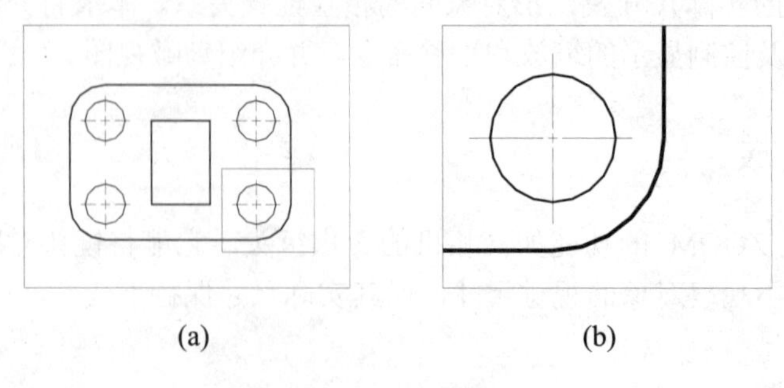

(a)　　(b)

图 4.22　缩放窗口

(4) 比例缩放(S)：以屏幕中心为基准，按比例缩放，举例如下。
2：以图形界限为基础，放大一倍显示；
5：以图形界限为基础，缩小一半显示；
2x：以当前显示为基础，放大一倍显示；
0.5x：以当前显示为基础，缩小一半显示。
(5) 放大(I)：相当于 2x 的比例缩放。
(6) 缩小(O)：相当于 0.5x 的比例缩放。
(7) 全部缩放(A)：按图形界限显示全图。
(8) 按范围缩放(E)：按图形对象占据的范围全屏显示，而不考虑图形界限的设置。

## 4.9.2　显示平移

### 1. 命令

①命令名：PAN(可透明使用)；②菜单：“视图”|“平移”，由级联菜单列出常用操作；③图标：“标准”工具栏中的(实时平移)图标。

### 2. 说明

在选择“实时平移”时，光标变成一只小手，按住鼠标左键移动光标，当前视口中的图形就会随着光标的移动而移动。

在选择“定点”平移时，AutoCAD 提示：

指定基点或位移：(输入点 1)
指定第二点：(输入点 2)

通过给定的位移矢量 12 来控制平移的方向与大小。

进入实时平移或缩放后，按 Esc 键或 Enter 键可以随时退出“实时”状态。

## 4.9.3　重画

### 1. 命令

①命令名：REDRAW(缩写名：R，可透明使用)；②菜单：“视图”|“重画”。

### 2. 功能

快速地刷新当前视口中显示内容，去掉所有的临时“点标记”和图形编辑残留。

## 4.9.4　重生成

### 1. 命令

①命令名：REGEN(缩写名：RE)；②菜单：“视图”|“重生成”。

### 2. 功能

重新计算当前视口中的所有图形对象，进而刷新当前视口中的显示内容。它将原显示不太光滑的图形重新变得光滑。REGEN 命令比 REDRAW 命令更费时间。对绘图过程中有些设置的改变，如填充(FILL)模式、快速文本(QTEXT)的打开与关闭，往往要执行一次 REGEN，才能使屏幕产生变动。

## 4.10 对象特性概述

对象特性是指对象的图层、颜色、线型、线宽和打印样式。它是 AutoCAD 提供的另一类辅助绘图命令。图层类似于透明胶片，用来分类组织不同的图形信息；颜色可以用来区分图形中相似的图形对象；线型可以很容易区分不同的图形对象(如实线、虚线、点画线等)；同一线型的不同线宽可用来表示不同的表达对象(如工程制图中的粗线和细线)；打印样式可控制图形的输出形式。而用图层来组织和管理图形对象可使得图形的信息管理更加清晰。

### 4.10.1 图层

图形分层的例子是司空见惯了的。套印和彩色照片都是分层做成的。AutoCAD 的图层(Layer)可以被想象为一张没有厚度的透明纸，上边画着属于该层的图形对象。图形中所有这样的层叠放在一起，就组成了一个 AutoCAD 的完整图形。

应用图层在图形设计和绘制中具有很大的实际意义。例如在城市道路规划设计中，就可以将道路、建筑以及给水、排水、电力、电信、煤气等管线的布置图画在不同的图层上，把所有层加在一起就是整条道路规划设计图。而单独对各个层进行处理时(例如要对排水管线的布置进行修改)，只要单独对相应的图层进行修改即可，不会影响到其他层。

图层是 AutoCAD 用来组织图形的有效工具之一，AutoCAD 图形对象必须绘制在某一层上。

例如，在图 4.23(a)所示图形中，最上边的组合结果图形，就是由粗实线层上的三个粗实线方框、剖面线层上的环形阴影剖面线以及中心线层上的垂直相交的两条中心线组合在一起后所得到的。

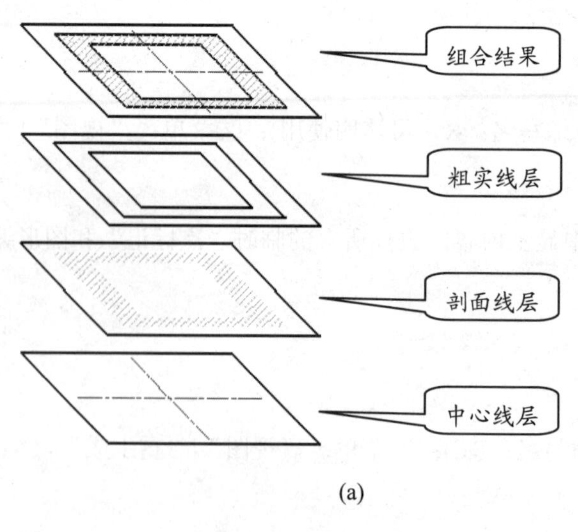


(a)

图 4.23 图层的概念与应用

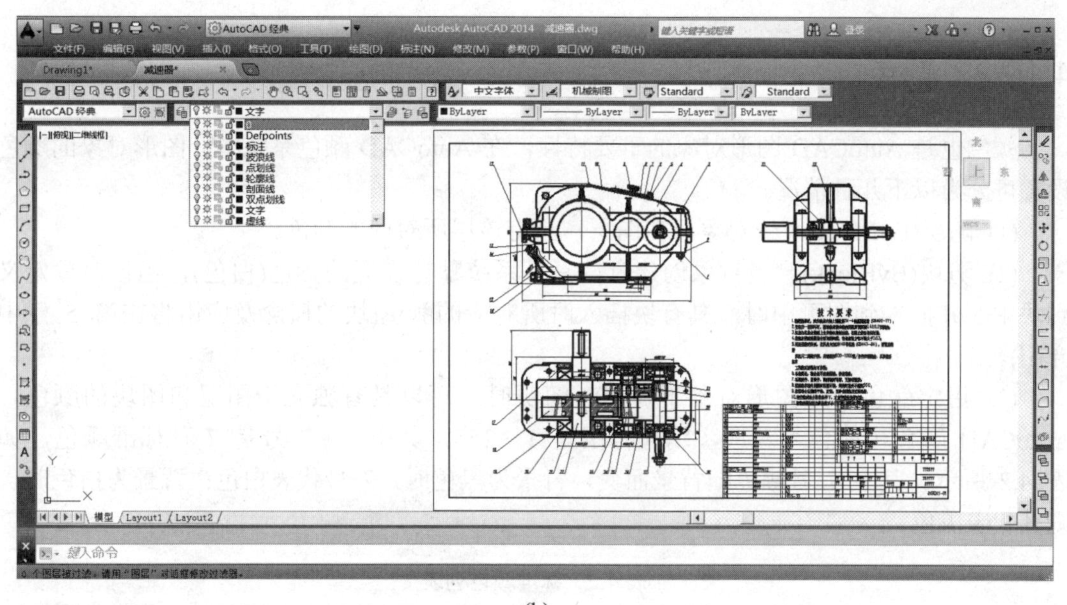


(b)

图 4.23　图层的概念与应用(续)

图层具有下列特点。

(1) 每一图层对应有一个图层名，系统默认设置的图层为“0”(零)层。其余图层由用户根据绘图需要命名创建，数量不限。

(2) 各图层具有同一坐标系，好像透明纸重叠在一起一样。每一图层对应一种颜色、一种线型。新建图层的默认设置为白色、连续线(实线)。图层的颜色和线型设置可以修改。一般在一个图层上创建图形对象时，就自然采用该图层对应的颜色和线型，称为随层(ByLayer)方式。

(3) 当前作图使用的图层称为当前层，当前层只有一个，但可以切换。

(4) 图层具有以下特征，用户可以根据需要进行设置。

- 打开(ON)/关闭(OFF)：控制图层上的实体在屏幕上的可见性。图层打开，则该图层上的对象可见，图层关闭，该图层的对象从屏幕上消失。
- 冻结(Freeze)/解冻(Thaw)：也影响图层的可见性，并且控制图层上的实体在打印输出时的可见性。图层冻结，该图层的对象不仅在屏幕上不可见，而且也不能打印输出。另外，在图形重新生成时，冻结图层上的对象不参加计算，因此可明显提高绘图速度。
- 锁定(Lock)/解锁(Unlock)：控制图层上的图形对象能否被编辑修改，但不影响其可见性。图层锁定，该图层上的对象仍然可见，但不能对其作删除、移动等图形编辑操作。

(5) AutoCAD 通过图层命令(LAYER)、“特性”工具栏中的图层列表以及工具图标等实施图层操作。

图 4.23(b)所示为一机械“减速器”的装配图，左上位置为其“图层”工具栏中的图层列表，从中可以看到该图的部分图层设置。

## 4.10.2 颜色

颜色也是 AutoCAD 图形对象的重要特性，在 AutoCAD 颜色系统中，图形对象的颜色设置可分为以下几种情况。

(1) 随层(ByLayer)：依对象所在图层，具有该层所对应的颜色。

(2) 随块(ByBlock)：当对象创建时，具有系统默认设置的颜色(白色)，当该对象定义到块中，并插入到图形中时，具有块插入时所对应的颜色(块的概念及应用将在第 5 章中介绍)。

(3) 指定颜色：即图形对象不随层、随块时，可以具有独立于图层和图块的颜色，AutoCAD 颜色由颜色号对应，编号范围是 1～255，其中 1～7 号是 7 种标准颜色，如表 4.2 所示。其中 7 号颜色随背景而变，背景为黑色时，7 号代表白色；背景为白色时，则其代表黑色。

表 4.2 标准颜色列表

| 编 号 | 颜色名称 | 颜 色 |
|---|---|---|
| 1 | RED | 红 |
| 2 | YELLOW | 黄 |
| 3 | GREEN | 绿 |
| 4 | CYAN | 青 |
| 5 | BLUE | 蓝 |
| 6 | MAGENTA | 洋红 |
| 7 | WHITE/BLACK | 白/黑 |

因此，根据具体的设置，画在同一图层中的图形对象，可以具有随层的颜色，也可以具有独立的颜色。在实际操作中，颜色的设置常用“选择颜色”对话框(见图 4.24)直观选择。AutoCAD 提供的 COLOR 命令，可以打开该对话框。

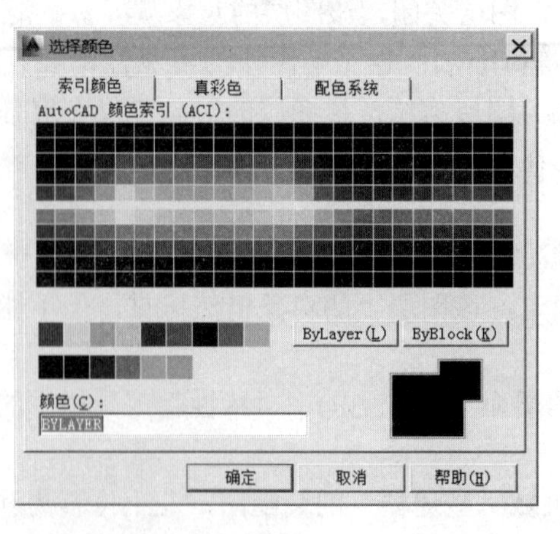


图 4.24 “选择颜色”对话框

### 4.10.3　线型

线型(Linetype)是 AutoCAD 图形对象的另一重要特性，在公制测量系统中，AutoCAD 提供线型文件 acadiso.lin，其以毫米为单位定义了各种线型(虚线、点画线等)的划长、间隔长等。AutoCAD 支持多种线型，用户可根据具体情况选用，例如中心线一般采用点画线，可见轮廓线采用粗实线，不可见轮廓线采用虚线等。

1. 线型分类

用 AutoCAD 绘图时可采用的线型分三大类：ISO 线型、AutoCAD 线型和组合线型，下面分别予以介绍。

(1) ISO 线型：在线型文件 acadiso.lin 中按国际标准(ISO)、采用线宽 W=1.00mm 定义的一组标准线型。例如，Acad_iso02w100：线型说明为 ISO dash，即 ISO 虚线；Acad_iso04w100：线型说明为 ISO long-dash dot，即 ISO 长点画线。

AutoCAD 的连续线(Continuous)用于绘制粗实线或细实线。

(2) AutoCAD 线型：在线型文件 acad.lin 中由 AutoCAD 软件自定义的一组线型(见图 4.25)。

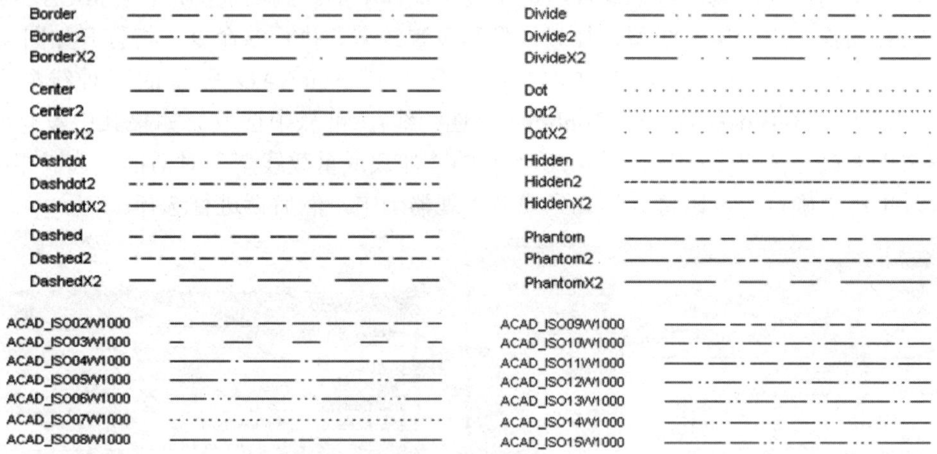

图 4.25　AutoCAD 中的自定义线型

除连续线(Continuous)外，其余的线型有：DASHED(虚线)、HIDDEN(隐藏线)、CENTER(中心线)、DOT(点线)、DASHDOT(点画线)等。

AutoCAD 线型定义中，短画、间隔的长度和线宽无关。为了使用户能调整线型中短画和间隔的长度，AutoCAD 又把一种线型按短划、间隔长度的不同，扩充为三种。例如：DASHED(虚线)，短画、间隔具有正常长度；DASHED.5X(虚线)，短画、间隔为正常长度的一半；DASHED2X(虚线)，短画、间隔为正常长度的 2 倍。

(3) 组合线型：除上述一般线型外，AutoCAD 还在 ltypeshp.lin 线型文件中提供了一些组合线型(见图 4.26)。①由线段和字符串组合的线型，如 Gas line(煤气管道线)、Hot water supply(热水供运管线)等；②由线段和图案(形)组合的线型，如 Fenceline(栅栏线)、

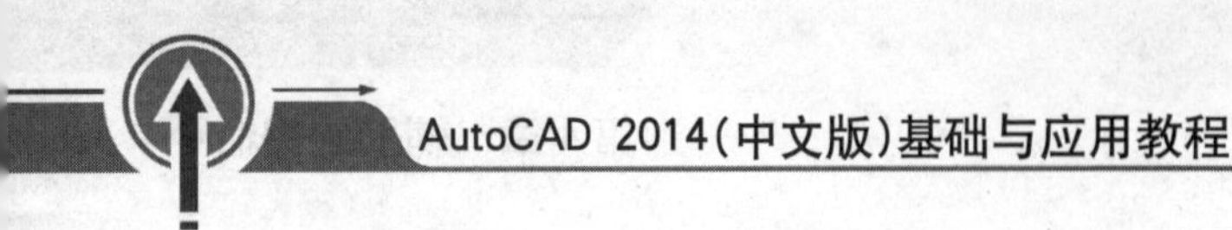



Zigzag(折线)等。它们的使用方法和简单线型相同。

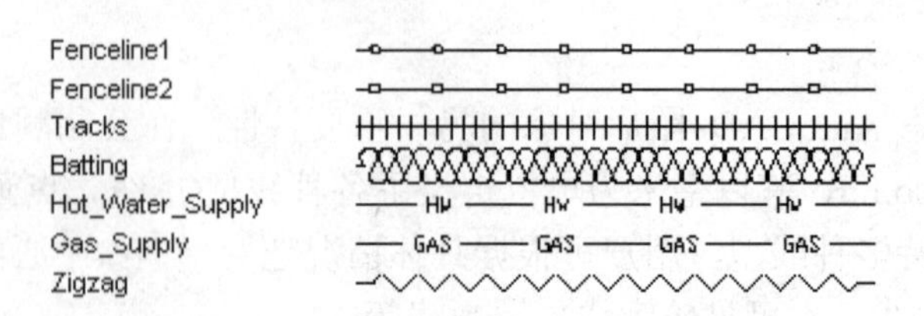


图 4.26　AutoCAD 中的组合线型

### 2. 线型设置

和颜色的设置相似，AutoCAD 中图形对象的线型设置有三种方式。

(1) 随层(ByLayer)：按对象所在图层，具有该层所对应的线型。

(2) 随块(ByBlock)：当对象创建时，具有系统默认设置的线型(连续线)，当该对象定义到块中，并插入到图形中时，具有块插入时所对应的线型。

(3) 指定线型：即图形对象不随层、随块，而是具有独立于图层的线型，用对应的线型名表示。

因此，画在同一图层中的对象可以具有随层的线型，也可以具有独立的线型。在实际操作中，线型的设置常通过对话框直观地从线型文件中加载到当前图形。AutoCAD 提供的 LINETYPE 命令，用于定义线型、加载线型和设置线型。执行该命令，将打开如图 4.27 所示的“线型管理器”对话框，在文本窗口中列出了 AutoCAD 默认的三种线型设置：ByLayer(随层)、ByBlock(随块)、Continuous(连续线)，可从中选取。如果其中没有所需线型，单击“加载”按钮，打开如图 4.28 所示的“加载或重载线型”对话框，选取相应的线型文件，单击“确定”按钮将其加载到线型管理器当中，然后再进行选择。

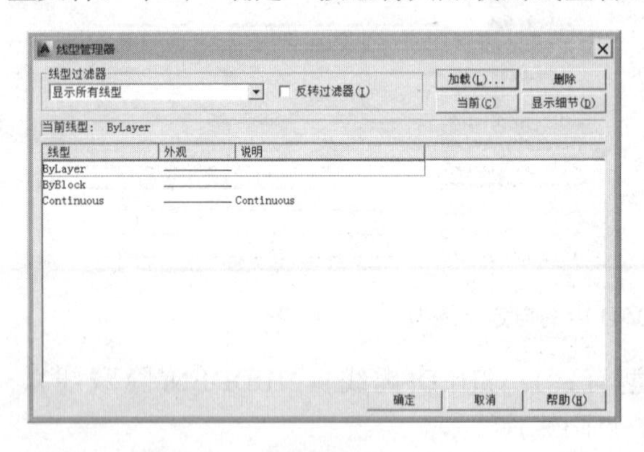


图 4.27　“线型管理器”对话框

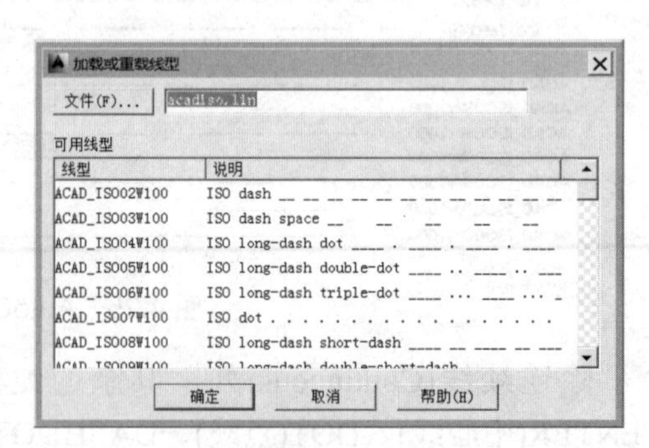


图 4.28　“加载或重载线型”对话框

### 3. 线型比例

AutoCAD 还提供线型比例的功能，即对一个线段，在总长不变的情况下，用线型比例来调整线型中短画、间隔的显示长度，该功能通过 LTSCALE 命令实现。具体如下：

命令名：LTSCALE(缩写名：LTS；可透明使用)

格式：

命令：**LTSCALE**↙
新比例因子<1.0000>：(输入新值)

此时 AutoCAD 根据新的比例因子自动重新生成图形。比例因子越大，则线段越长。

## 4.10.4　对象特性的设置与控制

AutoCAD 提供了“图层”及“特性”两个工具栏(见图 4.29 和图 4.30)，排列了有关图层、颜色、线型的有关操作(按钮)图标。由此可方便地设置和控制有关的对象特性。

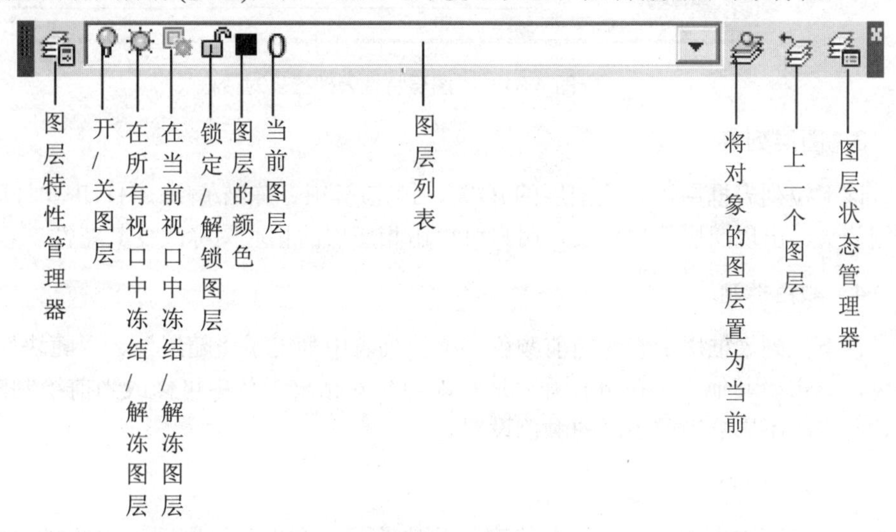


图 4.29　“图层”工具栏

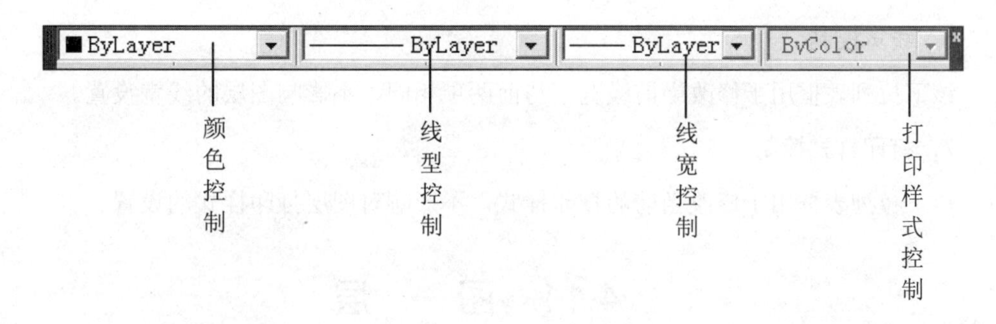


图 4.30　“特性”工具栏

### 1. 将对象的图层置为当前

该图标用于改变当前图层。单击该图标，然后在图形中选择某个对象，则该对象所在图层将成为当前层。

### 2. 图层特性管理器

该图标用于打开图层特性管理器。单击该图标，AutoCAD 打开如图 4.31 所示的“图层特性管理器”对话框，可对图层的各个特性进行修改。

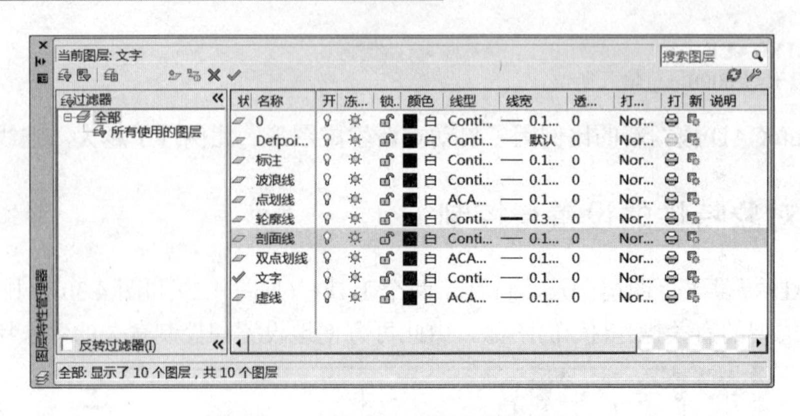


图 4.31 “图层特性管理器”对话框

### 3. 图层列表

该下拉列表框用于修改图层的开/关、锁定/解锁、冻结/解冻、打印/非打印特性。单击右侧箭头，出现图层下拉列表，用户可单击相应层的相应图标改变其特性。

### 4. 颜色控制

该下拉列表框用于修改当前颜色。下拉列表中列出了“随层”、“随块”及 7 种标准颜色，单击“其他”按钮可打开“选择颜色”对话框，从中可修改当前绘制图形所用的颜色。此修改不影响当前图层的颜色设置。

### 5. 线型控制

该下拉列表框用于修改当前线型。此修改只改变当前绘制图形用的线型，不影响当前图层的线型设置。

### 6. 线宽控制

该下拉列表框用于修改当前线宽。与前两项相同，不影响图层的线宽设置。

### 7. 打印样式控制

该下拉列表框用于修改当前的打印样式，不影响对图层打印样式的设置。

# 4.11 图　　层

AutoCAD 提供的图层特性管理器，使用户可以方便地对图层进行操作，例如建立新图层、设置当前图层、修改图层颜色、线型以及打开/关闭图层、冻结/解冻图层、锁定/解锁图层等。

## 4.11.1 图层的设置与控制

### 1. 命令

①命令名：LAYER(缩写名：LA，可透明使用)；②菜单：“格式”|“图层”；③图

标：“特性”工具栏中的(图层)图标。

**2．功能**

对图层进行操作，控制其各项特性。

**3 格式**

命令：**LAYER**↙

打开如图 4.31 所示的“图层特性管理器”对话框，利用此对话框可对图层进行各种操作。

1) 创建新图层

单击新建图层按钮可创建新的图层，新图层的特性将继承 0 层的特性或继承已选择的某一图层的特性。新图层的默认名为“图层 n”，显示在中间的图层列表中，用户可以立即更名。图层名也可以使用中文。

一次可以生成多个图层，单击新建按钮后，在名称栏中输入新层名，紧接着输入“,”，就可以再输入下一个新层名。

2) 图层列表框

在图层特性管理器中有一个图层列表框，列出了用户指定范围的所有图层，其中“0”图层为 AutoCAD 系统默认的图层。对每一图层，都有一状态条说明该层的特性，内容如下。

- 名称：列出图层名。
- 开：有一灯泡形图标，单击此图标可以打开/关闭图层，灯泡发光说明该层打开，灯泡变暗说明该图层关闭。
- (在所有视口)冻结：有一雪花形/太阳形图标，单击此图标可以冻结/解冻图层，图标为太阳说明该层处于解冻状态，图标为雪花说明该层被冻结，注意当前层不可以被冻结。
- 锁(定)：有一锁形图标，单击此图标可以锁定/解锁图层，图标为打开的锁说明该层处于解锁状态，图标为闭合的锁说明该层被锁定。
- 颜色：有一色块形图标，单击此图标将弹出“选择颜色”对话框(见图 4.24)，可修改图层颜色。
- 线型：列出图层对应的线型名，单击线型名，将弹出如图 4.32 所示的“选择线型”对话框，可以从已加载的线型中选择一种代替该图层线型，如果“选择线型”对话框中列出的线型不够，则可单击底部的“加载”按钮调出“加载或重载线型”对话框(见图 4.28)，从线型文件中加载所需的线型。
- 线宽：列出图层对应的线宽，单击线宽值，AutoCAD 将打开“线宽”对话框，如图 4.33 所示，可用于修改图层的线宽。
- 打印样式：显示图层的打印样式。
- 打(印)：有一打印机形图标，单击它可控制图层的打印特性，打印机上有一红色球时表明该层不可被打印，否则可被打印。

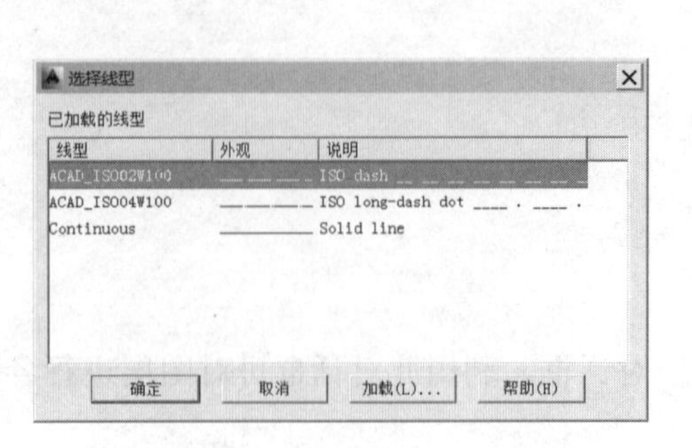


图 4.32 “选择线型”对话框

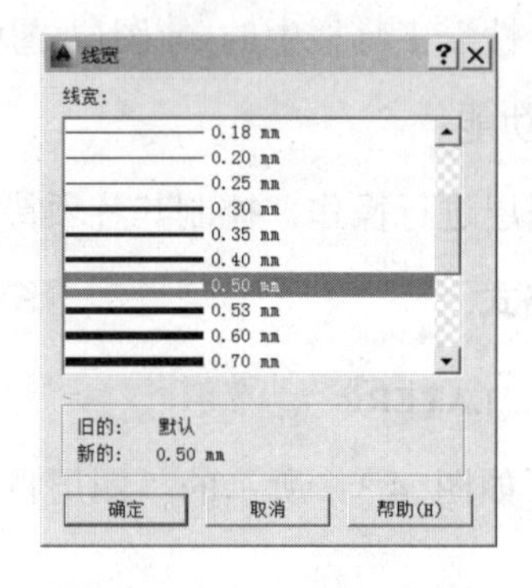


图 4.33 “线宽”对话框

3) 设置当前图层

从图层列表框中选择任一图层，单击“当前”按钮，即把它设置为当前图层。

4) 图层排序

单击图层列表中的“名称”，就可以改变图层的排序。例如要按层名排序，第一次单击“名称”，系统按字典顺序降序排列；第二次单击“名称”，系统按字典顺序升序排列。如单击“颜色”，则图层按 AutoCAD 颜色排序。

5) 删除已创建的图层

用户创建的图层若从未被引用过，则可以用“删除”按钮将其删去。方法是选中该图层，单击“删除”按钮，则该图层消失。系统创建的 0 层不能删除。

6) 图层操作快捷菜单

在图层特性管理器中右击鼠标将弹出一快捷菜单，如图 4.34 所示，利用此菜单中的各命令可方便地对图层进行操作，包括设置当前层、建立新图层、全部选择或全部删除图层、设置图层过滤条件等。

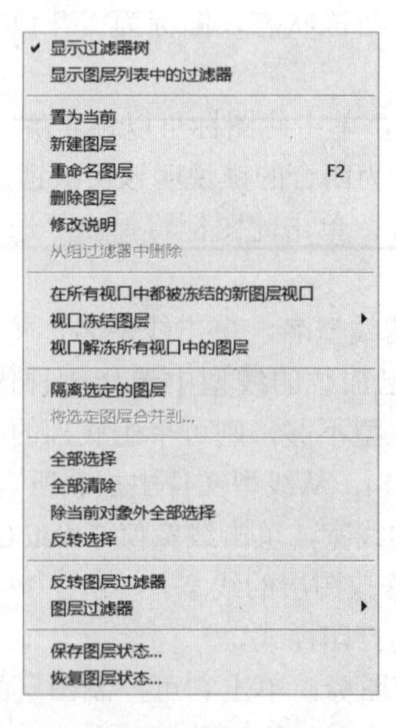


图 4.34 图层操作快捷菜单

## 4.11.2　图层设置的国标规定

国家标准规定了计算机制图中图层、颜色等的具体设置，如表 4.3 所示。

表 4.3　图层设置的国标规定(摘自 GB/T 18229—2000)

| 图线名称 | 图线形式 | 层　号 | 颜　色 |
| --- | --- | --- | --- |
| 粗实线 | | 01 | 白色 |
| 细实线 | | 02 | 绿色 |
| 波浪线 | | | |
| 粗虚线 | | 03 | 白色 |
| 细虚线 | | 04 | 黄色 |
| 细点画线 | | 05 | 红色 |
| 细双点画线 | | 07 | 粉红色 |
| 尺寸界线、尺寸线等 | | 08 | |
| 剖面符号 | | 10 | |
| 文本细实线 | ABCD | 11 | |
| 尺寸值和公差 | 421±0.234 | 12 | |
| 文本粗实线 | ABCDEF | 13 | |
| 用户选用 | | 14、16、16 | |

## 4.11.3　图层应用示例

图层广泛应用于组织图形，通常可以按线型(如粗实线、细实线、虚线和点画线等)、按图形对象类型(如图形、尺寸标注、文字标注、剖面线等)或按生产过程、管理需要来分层，并给每一层赋予适当的名称，使图形管理变得十分方便。

**【例 4.4】**图 4.35 所示为一机械零件的工程图，现结合绘图与生产过程对其设置图层，并进行绘图操作。

操作步骤如下。

(1) 打开“图层特性管理器”对话框，建立三个图层，并依国标规定其名称、颜色、线型、线宽如下(保留系统提供的 0 层，供辅助作图用)。

① 05 层：红色，线型 ACAD_ISO04W100，线宽 0.2——用于画定位轴线(点画线)。

② 01 层：白色，线型 Continuous，线宽 0.4—— 用于画可见轮廓线(粗实线)。

③ 04 层：黄色，线型 ACAD_ISO02W100，线宽 0.2—— 用于画不可见轮廓线(虚线)。

(2) 选中 05 层，单击“当前”按钮，将其设为当前层，画定位轴线。

(3) 设 01 层为当前层，画可见轮廓线。

(4) 设 04 层为当前层，画中间钻孔。

(5) 如设 0 层为当前层，并关闭 04 层，则显示钻孔前的零件图形，如图 4.36 所示。

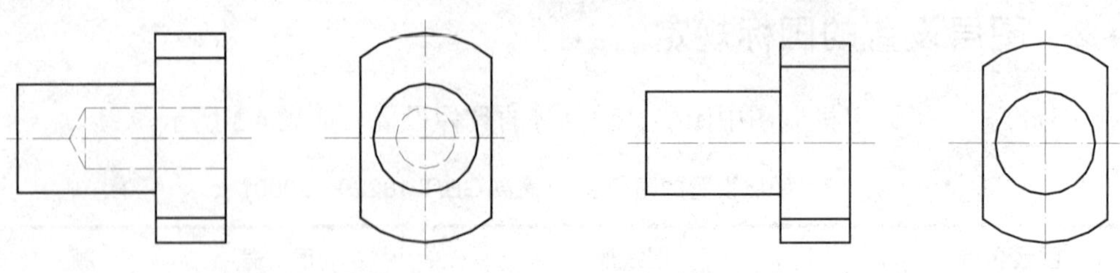

图 4.35　机械零件的工程图　　　图 4.36　显示钻孔前的零件图形

## 4.12　颜　色

用户可以根据需要为图形对象设置不同的颜色，从而把不同类型的对象区分开来。颜色的确定可以采用“随层”方式，即取其所在层的颜色；也可以采用“随块”方式，对象随着图块插入到图形中时，根据插入层的颜色而改变；对象的颜色还可以脱离于图层或图块而单独设置。对于若干取相同颜色的对象，比如全部的尺寸标注，可以把它们放在同一图层上，为图层设定一个颜色，而对象的颜色设置为“随层”方式。有关颜色的操作说明如下。

### 1. 为图层设置颜色

在图层特性管理器中，单击所选图层属性条的颜色块，AutoCAD 弹出“选择颜色”对话框，用户可从中选择适当颜色作为该层颜色。

### 2. 为图形对象设置颜色

“特性”工具栏的颜色下拉列表如图 4.37 所示，它用于改变图形对象的颜色或为新创建对象设置颜色。

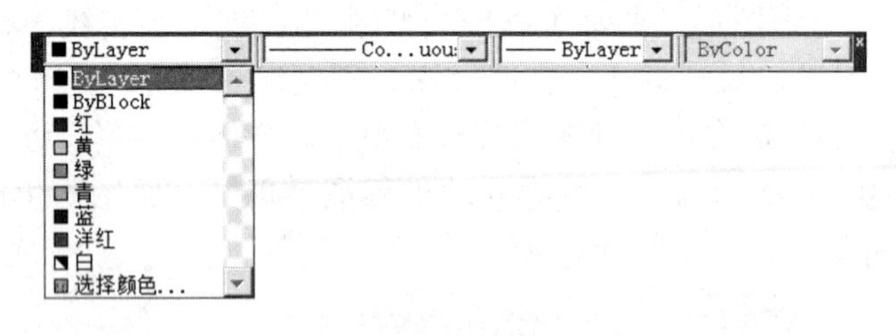


图 4.37　颜色下拉列表

(1) 颜色列表框中的颜色设置：第一行通常显示当前层的颜色设置。列表框中包括“随层”(ByLayer)、“随块”(ByBlock)、7 种标准颜色和选择其他颜色，选择“选择颜色…”选项将弹出“选择颜色”对话框，用户可从中选择颜色，新选中的颜色将加载到颜色列表框的底部，最多可加载 4 种其他颜色。

(2) 改变图形对象的颜色：应先选取图形对象，然后从颜色列表框中选择所需要的颜色。

(3) 为新创建对象设置颜色：可直接从颜色列表框中选取颜色，它显示成为当前颜色，AutoCAD 将以此颜色绘制新创建的对象；也可调用 COLOR 命令，在命令窗口输入该命令，打开“选择颜色”对话框，确定一种颜色为当前色。

# 4.13　线　　型

除了用颜色区分图形对象之外，用户还可以为对象设置不同的线型。线型的设置可采用“随层”方式，即与其所在层的线型一致；也可采用“随块”方式，与所属图块插入到的图层线型一致；还可以独立于图层和图块而具有确定的线型。为方便绘图，可以把相同线型的图形对象放在同一图层上绘制，而其线型采用“随层”方式，例如，可把所有的中心线放在一个层上，该层的线型设定为点画线。有关线型的操作说明如下。

## 1. 为图层设置线型

在图层特性管理器中单击所选图层属性条中的“线型”项，通过“选择线型”对话框(见图 4.32)和“加载或重载线型”对话框(见图 4.28)为该图层设置线型。

## 2. 为图形对象设置线型

1) 修改图形对象的线型

可通过“特性”工具栏中的线型下拉列表框(见图 4.38)实现，先选中要修改线型的图形对象，然后在下拉列表框中选择某一线型，则该对象的线型就改为所选线型。

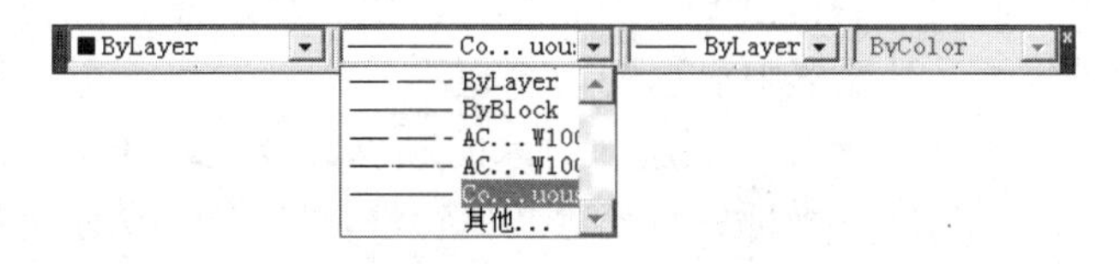


图 4.38　线型下拉列表

2) 为新建图形对象设置线型

用户可以通过线型管理器为新建的图形设置线型，在线型管理器的线型列表中选择一种线型，单击“当前”按钮，即可把它设置为当前线型。打开线型管理器的方法有：①命令名：LINETYPE；②菜单：“格式”|“线型”；③图标：“特性”工具栏中的线型下拉列表。

# 4.14　修改对象特性

AutoCAD 提供了修改对象特性的功能，可执行 PROPERTIES 命令打开“特性”对话框来实现。其中包含对象的图层、颜色、线型、线宽、打印样式等基本特性以及该对象的几何特性，可根据需要进行修改。

另外，AutoCAD 还提供了特性匹配命令 MATCHPROP，可以方便地把一个图形对象的图层、线型、线型比例、线宽等特性赋予另一个对象，而不用再逐项设定，可大大提高绘图速度，节省时间，并保证对象特性的一致性。

### 4.14.1 修改对象特性

1. 命令

①命令名：PROPERTIES；②菜单："修改"|"特性"；③图标："标准"工具栏中的(特性)图标。

2. 功能

修改所选对象的图层、颜色、线型、线型比例、线宽、厚度等基本属性及其几何特性。

3. 格式

命令：**PROPERTIES↙**

打开"特性"对话框，如图 4.39 所示，其中列出了所选对象的基本特性和几何特性的设置，用户可根据需要进行相应修改。

4. 说明

(1) 选择要修改特性的对象可用以下三种方法：在调用特性修改命令之前用夹点选中对象；调用命令打开"特性"对话框之后用夹点选择对象；单击"特性"对话框右上角的"快速选择"按钮，打开"快速选择"对话框，产生一个选择集。

(2) 选择的对象不同，对话框中显示的内容也不一样。选取一个对象，执行特性修改命令，可修改的内容包括对象所在的图层、对象的颜色、线型、线型比例、线宽、厚度等基本特性以及线段长度、角度、坐标、直径等几何特性，图 4.39 所示为修改直线特性的对话框。

如选取多个对象，则执行修改特性命令后，对话框中只显示这些对象的图层、颜色、线型、线型比例、线宽、厚度等基本特性，如图 4.40 所示，可对这些对象的基本特性进行统一修改，文本框中的"全部(6)"表示共选择了 6 个对象。也可单击右侧箭头，在下拉列表中选择某一对象对其特性进行单独修改。

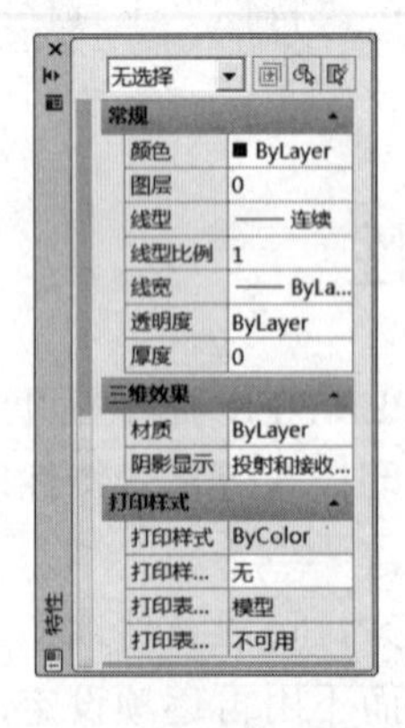


图 4.39 "特性"对话框

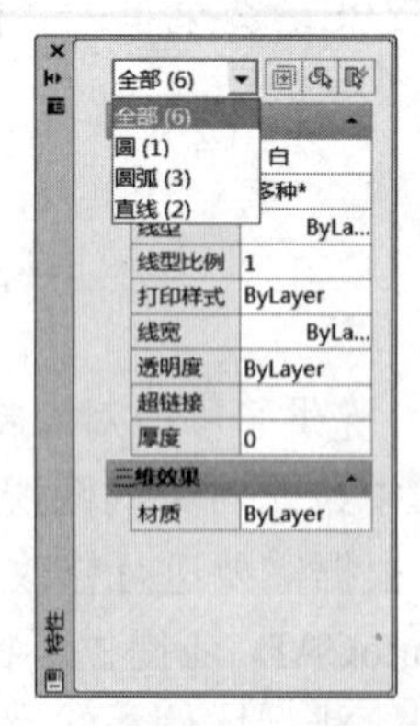


图 4.40 "特性"对话框设置示例

## 4.14.2　特性匹配

### 1. 命令

①命令名：MATCHPROP(缩写名：MA，可透明使用)；②菜单：“修改”|“特性匹配”；③图标：“标准”工具栏中的(特性匹配)图标。

### 2. 功能

把源对象的图层、颜色、线型、线型比例、线宽和厚度等特性复制到目标对象。

### 3. 格式及示例

命令: **MATCHPROP**↙
选择源对象: (拾取 1 个对象)
当前活动设置: 颜色 图层 线型 线型比例 线宽 厚度 打印样式 标注 文字 填充图案 多段线 视口 表格材质 阴影显示
选择目标对象或 [设置(S)]: (拾取目标对象)

选择“特性匹配”命令，源对象的图层、颜色、线型、线型比例和厚度等特性将复制到目标对象。

选择选项“设置(S)”，将打开“特性设置”对话框，如图 4.41 所示，可设置复制源对象的指定特性。

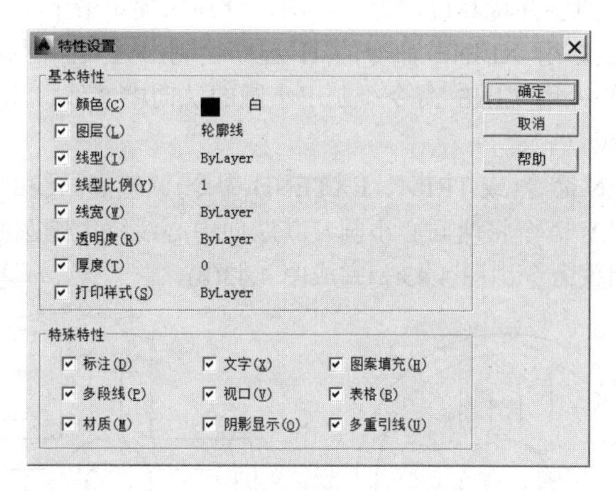


图 4.41　“特性设置”对话框

# 4.15　综合应用示例

本节介绍的两个示例综合应用了第 2、3、4 章介绍的有关命令，目的是给读者一个相对完整的绘图概念。

【**例 4.5**】利用相关命令由图 4.42(a)完成图 4.42(b)。

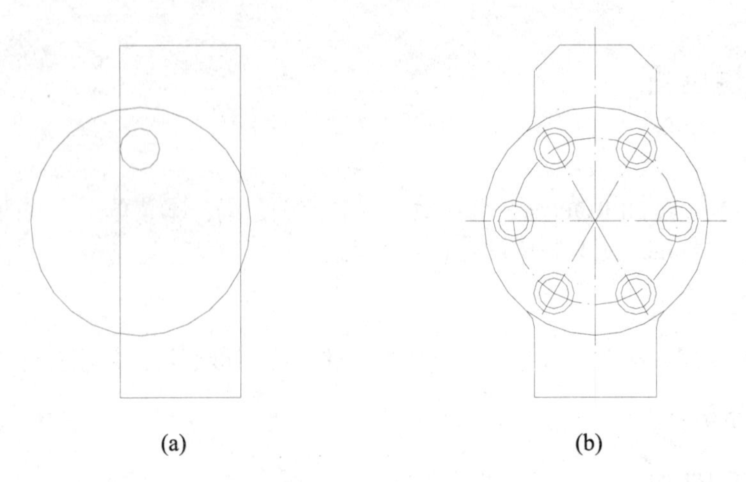

(a)　　　　　　　　　　　　　　(b)

图 4.42　图形编辑

操作步骤如下。

(1) 利用 LINE 命令或 XLINE 命令找出矩形的中心，然后用 MOVE 命令使得大圆圆心与矩形中心重合。

(2) 用 CHAMFER 命令作出矩形上部的两个倒角。

(3) 用 TRIM 命令剪切掉矩形边的圆内部分。

(4) 用 OFFSET 命令在小圆内复制其一个同心圆。

(5) 新建一点画线图层并将其设置为当前层，分别捕捉矩形上下两边的中点，用 LINE 命令绘制出竖直点画线；用 XLINE 命令的 H 选项绘制出过大圆圆心的水平点画线；分别捕捉大圆和小圆的圆心，用 LINE 命令绘制出小圆的法向中心线；用 CIRCLE 命令绘制过小圆圆心的切向中心线。

(6) 用 LENGTHEN 命令(或 TRIM、EXTEND 命令)调整点画线的长度。

(7) 用阵列 ARRAY 命令将两同心小圆及其法向中心线绕大圆圆心环形阵列 6 个。

【例 4.6】利用相关命令由图 4.43(a)完成图 4.43(b)。

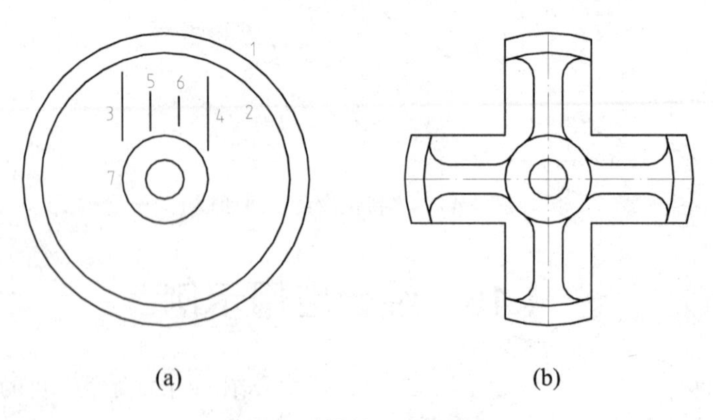


(a)　　　　　　　　　　　　　　(b)

图 4.43　零件二图形编辑

操作步骤如下。

(1) 用 EXTEND 命令分别延伸 3、4 直线的两端均与圆 1 相交。

(2) 用 TRIM 命令剪切掉 3、4 直线外侧的圆 1 和圆 2。

(3) 用 ARRAY 命令将 3、4 直线及圆 1 和圆 2 的剩余部分绕圆心作环形阵列两份。

(4) 用 TRIM 剪切命令剪切掉“大十字”形的中间部分。

(5) 用 FILLET 命令在 5、6 直线与圆 2 及圆 7 间倒圆角。

(6) 用 ARRAY 命令将 5、6 直线及其相连圆角绕圆心作环形阵列 4 份。

(7) 新建一点画线图层并将其设置为当前层，捕捉最左、最右圆弧的中点，用 LINE 命令绘制水平对称线；捕捉最上、最下圆弧的中点，用 LINE 命令绘制垂直对称线。

# 思考题 4

## 一、选择题

1. 确定图形界限所考虑的主要因素是(　　)。

A. 图形的尺寸　　B. 绘图比例
C. 图形的复杂度　　D. 以上全部

2. AutoCAD 的对象特性主要有(　　)。

A. 图层　　B. 颜色　　C. 线型
D. 线宽　　E. 以上全部

## 二、简答题

1. 为什么要运用对象捕捉？对象捕捉有哪两种模式？它们分别适于在什么情况下运用？

2. 直线、圆、圆弧三种图形对象分别有哪些对象捕捉特殊点？

3. 图形显示控制命令是否改变图形的实际尺寸及图形对象间的相对位置关系？实时缩放和实时平移命令有何特点？

4. 在工程制图中图层可以有哪些应用？

5. 在 AutoCAD 环境下如何新建图层、设置图层的颜色、线型、线宽？

6. 绘图时图形总是画在哪一图层上？如何将某一图层设置为当前图层？如何打开和关闭某一图层？

7. 图层的状态包括哪些？如何设置？

8. 图层的颜色和层上图形对象的颜色是否是“一回事儿”？其间关系如何？

9. 如何把一个图形中错画为虚线的中心线改为点画线？

## 三、分析题

1. 图 4.44 中各组图形均是通过捕捉图形某一特征点在左图的基础上用直线命令绘制成右图。请分析并在图下的括号内填写所捕捉的具体特征点，然后在上机时分别用“光标菜单捕捉”和状态栏“对象捕捉”两种方法具体实现。

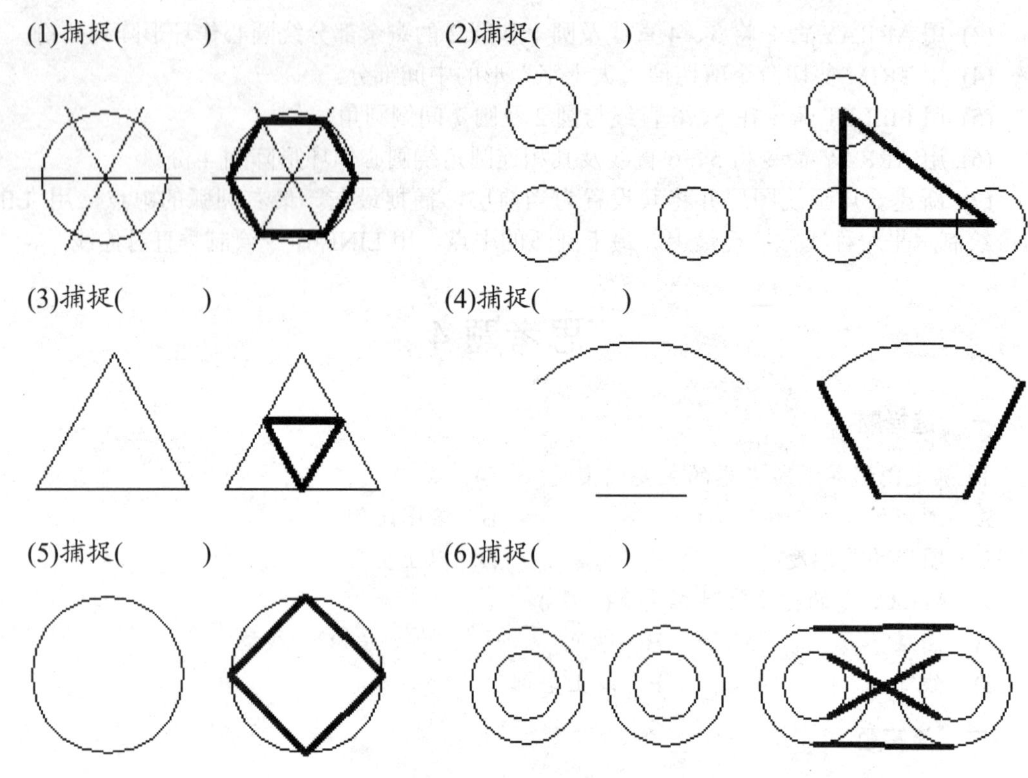


图 4.44　图形特征点的捕捉

2. 如图 4.45(a)所示，已绘有 1、2 两圆及直线 3，现利用对象捕捉功能绘制图 4.45(b)所示的折线：圆 1 圆心(A)→与圆 2 相切(B)→与直线 3 垂直(C)→圆 2 最下点(D)→直线 3 中点(E)→圆 2 上任意一点(F)→直线 3 端点(G)，该如何操作？

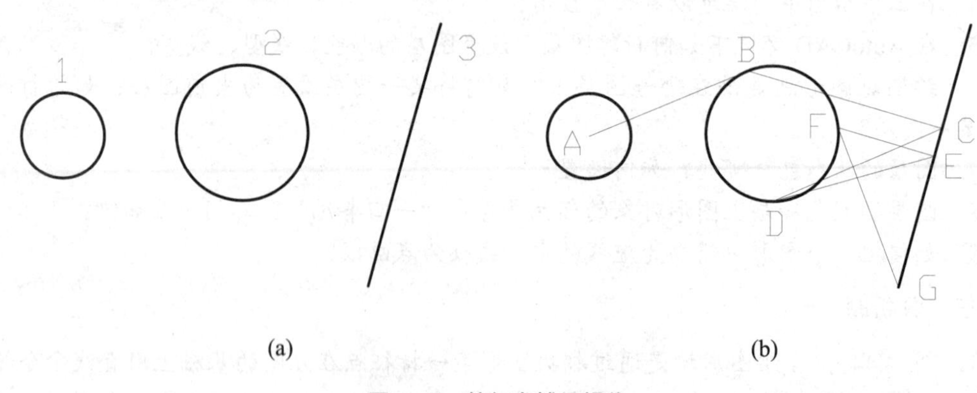


图 4.45　特征点捕捉操作

3. 极轴追踪和对象捕捉追踪练习：用极轴追踪功能绘制如图 4.46 所示的边长为 58 的正六边形。

(提示：在状态栏打开“极轴”功能，将极轴追踪增量角设置为 30°，用直线命令绘图。移动鼠标，待所需方向上出现辅助点线指示时键入边长数值 58。)

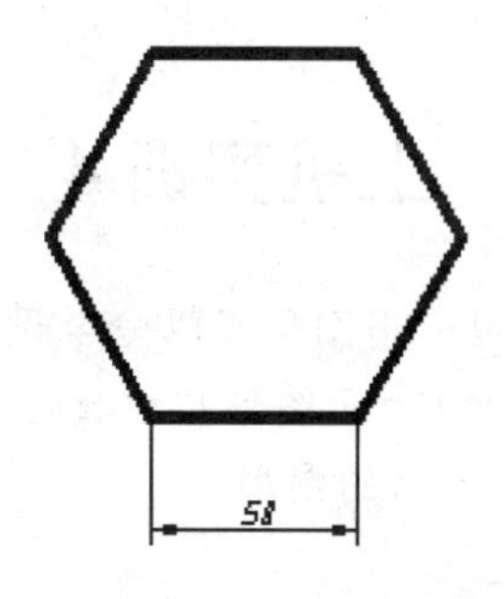


图 4.46　正六边形

4. 图 4.47(a)所示为工程制图中表示一平面立体的三视图。请分析如何利用 AutoCAD 的对象捕捉追踪功能由如图 4.47(b)所示的俯视图和左视图方便地绘制出其主视图。

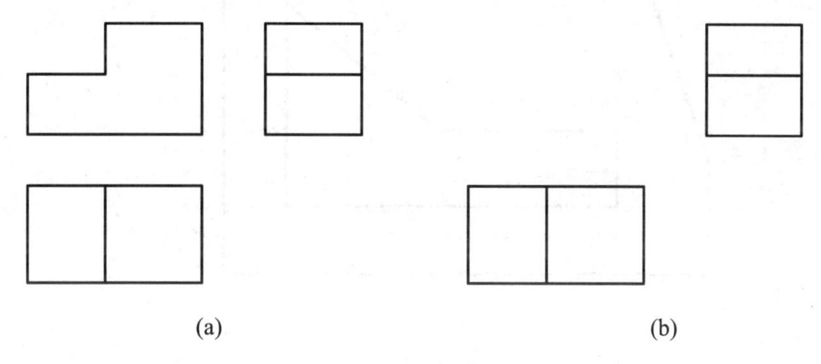


图 4.47　立体三视图的绘制

(提示：主视图的形状与左视图相同。绘图时，在状态栏打开“对象捕捉”功能，“捕捉模式”设置为“端点”；然后启动“对象追踪”功能，用直线命令绘图。将光标分别移近保持“长对正”和“高平齐”时欲追踪对齐的端点，待所需对应点处出现辅助点线及交点指示时确定直线端点。)

5. 参考国标的有关规定，为如图 4.48 所示的投影图设置必要的图层及其颜色、线型和线宽。

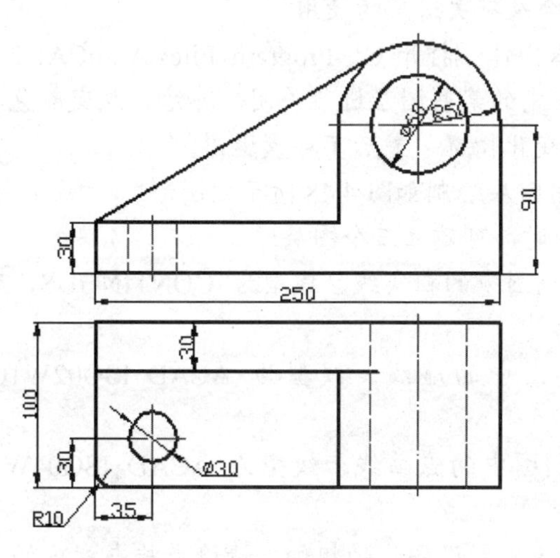


图 4.48　投影图图层的设置

# 上机实训 4

1. 图形界限和栅格与捕捉练习：用图形界限命令设置 A4 图纸幅面，并用直线命令绘制图纸边界和图框。然后根据图 4.49 所示图形尺寸数值的特点(均为 10 的倍数)，设置适当的间距，利用栅格和捕捉功能绘制下面的图形。

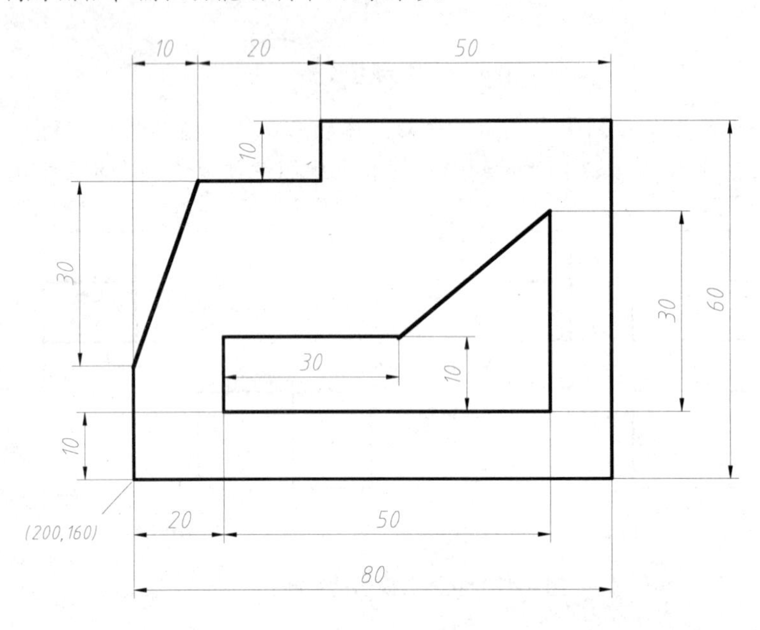


图 4.49　利用栅格和捕捉功能绘图

2*. 精确绘图：打开如图 4.44 所示的各基础图形文件(左图)，将当前线宽设置为 0.5mm，然后根据上面所作分析，利用对象捕捉功能绘制图中的折线，完成右图的绘制。

3. 显示控制：以上面所绘图形为样图，练习 ZOOM、PAN、DSVIEWER、REDRAW、REGEN 命令及有关选项的使用。

4. 对象特性的基本操作：打开 C: Program Files\AutoCAD2014\Sample 文件夹下的某一 dwg 文件，然后对其中的某些图层进行关闭、冻结、改变颜色、改变线型、改变线宽等操作，观察图形显示的变化情况，最后不存盘退出。

5. 图层应用：使用图层绘制如图 4.48 所示的图形。

(提示：在绘制上图时，可建立三个图层：

(1) CSHX 层：绘制图中的粗实线。线型为 CONTINOUS，颜色为白色或黑色，线宽 0.3mm。

(2) XX 层：绘制图中的虚线。线型为 ACAD_ISO02W100，颜色为红色，线宽 0.1mm。

(3) DHX 层：绘制图中的点画线。线型为 ACAD_ISO04W100，颜色为蓝色，线宽 0.1mm。

若图中未直观地显示出所设图线的粗细，请检查状态栏中的“线宽”按钮是否按下；

若显示出的图线太粗，可在状态栏“线宽”按钮处右击鼠标，从快捷菜单中选择“设置”选项，在弹出的“线宽设置”对话框内，向左拖动“调整显示比例”选项组内的滑块至适当位置。）

6. 按照所给步骤完成 4.15 节两例图的绘制和编辑。并提出对此方法和步骤的改进意见。

7*. 根据所作分析，打开基础图形文件，上机完成如图 4.45～图 4.47 所示各图形的绘制。

# 第5章　块、外部参照和图像附着

块(BLOCK)是可由用户定义的子图形，它是 AutoCAD 提供给用户的最有用的工具之一。对于在绘图中反复出现的“图形”(它们往往是多个图形对象的组合)，不必再花费重复劳动、一遍又一遍地画，而只需将它们定义成一个块，在需要的位置插入它们。还可以给块定义属性，在插入时填写可变信息。块有利于用户建立图形库，便于对子图形的修改和重定义，同时节省存储空间。如机械图样中的螺钉、螺栓、螺母等标准件图形和表面粗糙度等符号，建筑设计中的门、窗、家具、橱具、卫具等基础图形，在用 AutoCAD 进行绘图时大多是以图块的形式定义和应用。

外部参照和图像附着与块的功能在形式上很类似，而实质上却有很大不同，它们是将外部的图形、图像文件链接或附着到当前的图形中，为同一设计项目多个设计者的协同工作提供了极大的方便。

本章将学习块定义、属性定义、块插入、块存盘以及外部参照、光栅图像附着等内容。

## 5.1　块　定　义

### 1．命令

①命令名：BLOCK(缩写名：B)；②菜单：“绘制”|“块”|“创建”；③图标：“绘图”工具栏中的(块)图标。

### 2．功能

以对话框方式创建块定义，弹出“块定义”对话框，如图 5.1 所示。(另一个命令 BLOCK 是通过命令窗口输入的块定义命令，两者功能相似。)

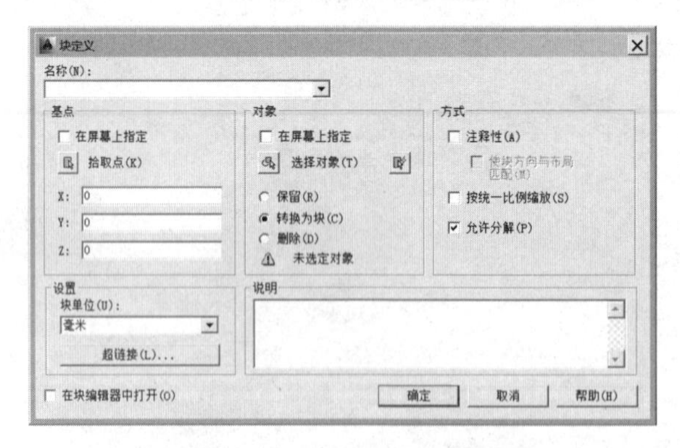


图 5.1　“块定义”对话框

对话框内各项的功能如下。

(1) 名称：在名称输入框中指定块名，它可以是中文或由字母、数字、下画线构成的字符串。

(2) 基点：在块插入时作为参考点。可以用两种方式指定基点，一是单击“拾取点”按钮，在图形窗口给出一点；二是直接输入基点的 X、Y、Z 坐标值。

(3) “对象”选项组：指定定义在块中的对象。可以用构造选择集的各种方式，将组成块的对象放入选择集。选择完毕，重新显示对话框，并在选项组下部显示：已选择 X 个对象。

保留：保留构成块的对象。
转换为块：将定义块的图形对象转换为块对象。
删除：定义块后，删除已选择的对象。

(4)“方式”选项组：指定块的定义方式。

注释性：指定块为注释性对象。
按统一比例缩放：指定是否阻止块参照不按统一比例缩放。
允许分解：指定块参照是否可以被分解。

在定义完块后，单击“确定”按钮。如果用户指定的块名已被定义，则 AutoCAD 显示一个警告信息，询问是否重新建立块定义，如果选择重新建立，则同名的旧块定义将被取代。

### 3．块定义的操作步骤

下面以将图 5.2 所示的图形定义成名为“梅花鹿”的块为例，介绍块定义的具体操作步骤。

(1) 画出块定义所需的“梅花鹿”图形。

(2) 调用 BLOCK 命令，弹出“块定义”对话框。

(3) 输入块名“梅花鹿”。

(4) 单击“拾取点”按钮，在图形中拾取基准点(也可以直接输入坐标值)。

(5) 单击“选择对象”按钮，在图形中选择要定义成块的图形对象(如图 5.2 中整个梅花鹿图形)，对话框中将显示块成员的数目。

图 5.2　块“梅花鹿”的定义

(6) 若选中“保留”复选框，则块定义后保留原图形，否则原图形将被删除。

(7) 单击“确定”按钮，完成块“梅花鹿”的定义，它将保存在当前图形中。

### 4．说明

(1) 用 BLOCK 命令定义的块称为内部块，它保存在当前图形中，且只能在当前图形中用块插入命令引用。

(2) 块可以嵌套定义，即块成员可以包括块插入。

## 5.2 块 插 入

### 1．命令

①命令名：INSERT(缩写名：I)；②菜单：“插入”|“块”；③图标：“绘图”工具

栏中的(插入)图标。

2．功能

弹出“插入”对话框(如图 5.3 所示)，将块或另一个图形文件按指定位置插入到当前图中。插入时可改变图形的 X、Y 方向比例和旋转角度。图 5.4 所示为将块“梅花鹿”用不同比例和旋转角插入后所构成的“梅花鹿一家”。(另一个命令 INSERT 是通过命令窗口输入的块插入命令，两者功能相似。)

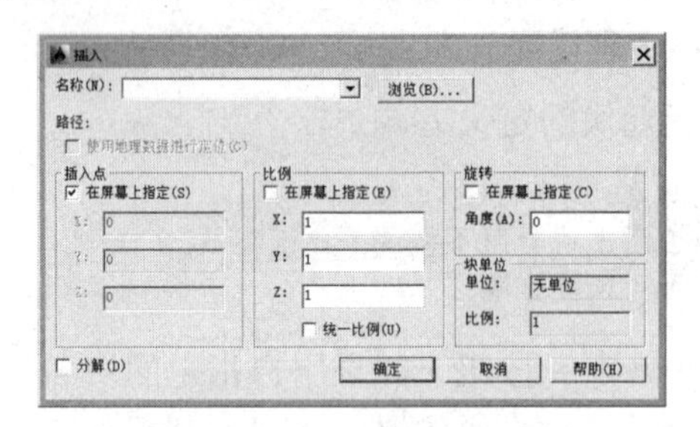


图 5.3　“插入”对话框

图 5.4　由块“梅花鹿”构成的“梅花鹿一家”

3．对话框操作说明

(1) 利用“名称”下拉列表框，可以显示出当前图中已定义的图块块名列表，从中可选定某一图块。

(2) 单击“浏览...”按钮，弹出“选择文件”对话框，可选择磁盘上的某一图形文件插入到当前图形中，并在当前图形中生成一个内部块。

(3) 可以在对话框中，用输入参数的方法指定插入点、缩放比例和旋转角，若选中“在屏幕上指定”复选框，则可以在命令窗口依次出现相应的提示：

```
指定插入点或 [比例(S)/X/Y/Z/旋转(R)/预览比例(PS)/PX/PY/PZ/预览旋转(PR)]:(给出插入点)
输入 X 比例因子，指定对角点，或者 [角点(C)/XYZ] <1>:(给出 X 方向的比例因子)
输入 Y 比例因子或 <使用 X 比例因子>:(给出 Y 方向的比例因子或回车)
指定旋转角度 <0>:(给出旋转角度)
```

(4) 选项介绍如下。

- 角点(C)：以确定一矩形两个角点的方式，对应给出 X、Y 方向的比例值。

- XYZ：用于确定三维块插入，给出 X、Y、Z 三个方向的比例因子。

比例因子若使用负值，可产生对原块定义镜像插入的效果。图 5.5(a)和图 5.5(b)所示为将前述“梅花鹿”块定义 X 方向分别使用正比例因子和负比例因子插入后的结果。

(a) X 方向正比例因子　　(b) X 方向负比例因子

图 5.5　使用正、负比例因子插入

(5) “分解”复选框：若选中该复选框，则块插入后是分解为构成块的各成员对象；反之块插入后仍是一个对象。对于未进行分解的块，在插入后的任何时候都可以用 EXPLODE 命令将其分解。

### 4. 块和图层、颜色、线型的关系

块插入后，插入体的信息(如插入点、比例、旋转角度等)记录在当前图层中，插入体的各成员一般继承各自原有的图层、颜色、线型等特性。但若块成员画在“0”层上，且颜色或线型使用 Bylayer(随层)，则块插入后，该成员的颜色或线型采用插入时当前图层的颜色或线型，称为“0”层浮动；若创建块成员时，对颜色或线型使用 Byblock(随块)，则块成员采用白色与连续线绘制，而在插入时则按当前层设置的颜色或线型画出。

### 5. 单位块的使用

为了控制块插入时的形状大小，可以定义单位块，如定义一个 1×1 的正方形为块，则插入时，X、Y 方向的比例值就直接对应所画矩形的长和宽。

AutoCAD 还提供了一种称为动态块的图块类型，其增强了图块的定义功能及应用范围，并使其具有更大的灵活性和一定的智能性。 用户在操作时可以轻松地更改图形中的动态块参照。可以通过自定义夹点或自定义特性来操作动态块参照中的几何图形。这使得用户可以根据需要在位调整块，而不用搜索另一个块以插入或重定义现有的块。例如，如果在图形中插入一个“门”块，编辑图形时可能需要更改门的大小。如果该块是动态的，并且定义为可调整大小，那么只需拖动自定义夹点或在“特性”选项板中指定不同的大小就可以修改门的大小。用户可能还需要修改门的打开角度。该门块还可能会包含对齐夹点，使用对齐夹点可以轻松地将门块参照与图形中的其他几何图形对齐。创建动态块的命令为 BEDIT，插入动态块的方法与普通块完全相同，均使用 INSERT 命令。限于篇幅，此处不再进一步详述，读者可参阅 AutoCAD 的在线帮助文档。

# 5.3 定 义 属 性

图块除了包含图形对象以外，还可以具有非图形信息。例如把一台电视机图形定义为图块后，还可把其型号、参数、价格以及说明等文本信息一并加入到图块中。图块的这些非图形信息，叫作图块的属性。它是图块的一个组成部分，与图形对象一起构成一个整体，在插入图块时 AutoCAD 把图形对象连同属性一起插入到图形中。

一个属性包括属性标记和属性值两个方面的内容。例如，可以把 PRICE(价格)定义为属性标记，而具体的价格“2.09 元”是属性值。在定义图块之前，要事先定义好每个属性，包括属性标记、属性提示、属性的默认值、属性的显示格式(在图中是否可见)、属性在图中的位置等。属性定义好后，以其标记在图中显示出来，而把有关信息保存在图形文件中。

当插入图块时，AutoCAD 通过属性提示要求用户输入属性值，图块插入后属性以属性值显示出来。同一图块，在不同点插入时可以具有不同的属性值。若在属性定义时把属性值定义为常量，AutoCAD 则不询问属性值。在图块插入以后，可以对属性进行编辑，还可以把属性单独提取出来写入文件，以供统计、制表用，也可以与其他高级语言(如 C、FORTRAN 等)或数据库进行数据通信。

### 1. 命令

①命令名：ATTDEF(缩写名：ATT)；②菜单：“绘图”|“块”|“定义属性”。

### 2. 功能

通过“属性定义”对话框创建属性定义(见图 5.6)。(另一个命令 ATTDEF 是通过命令窗口输入的定义属性命令，两者功能相似。)

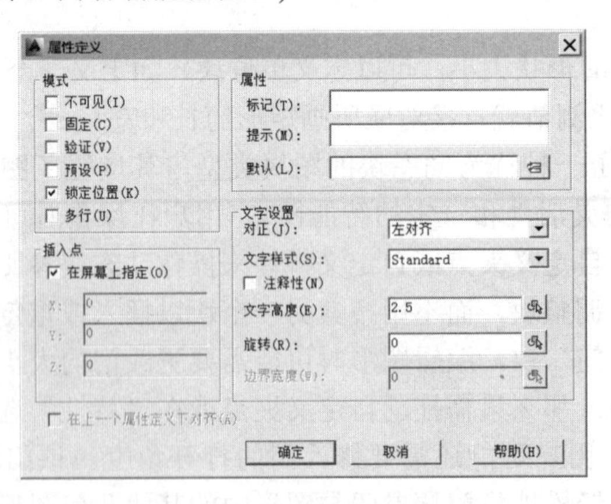


图 5.6 “属性定义”对话框

### 3. 使用属性的操作步骤

以图 5.7 为例，如布置一办公室，各办公桌应注明编号、姓名、年龄等说明，则可以使用带属性的块定义，然后在块插入时给属性赋值。属性定义的操作步骤如下。

(1) 画出相关的图形[如办公桌，见图 5.7(a)]。

(2) 调用 DDATTDEF 命令，弹出“属性定义”对话框。

(3) 在“模式”选项组中，规定属性的特性，如属性值可以显示为“可见”或“不可见”，属性值可以是“固定”或“非常数”等。

(4) 在“属性”选项组中，输入属性标记(如“编号”)，属性提示(若不指定则用属性标记)，属性值(指属性默认值，可不指定)。

(5) 在“插入点”选项组中，指定字符串的插入点，可以用“拾取点”按钮在图形中定位，或直接输入插入点的 X、Y、Z 坐标。

(6) 在“文字选项”选项组中，指定字符串的对正方式、文字样式、字高和字符串旋转角。

(7) 单击“确定”按钮即定义了一个属性，此时在图形相应的位置会出现该属性的标记“编号”。

(8) 同理，重复(2)～(7)可定义属性“姓名”和“年龄”。在定义“姓名”时，若选中对话框中的“在前一个属性下方对齐”复选框，则“姓名”自动定位在“桌号”的下方。

(9) 调用 BMAKE 命令，把办公桌及三个属性定义为块“办公桌”，其基准点为 A[见图 5.7(a)]。

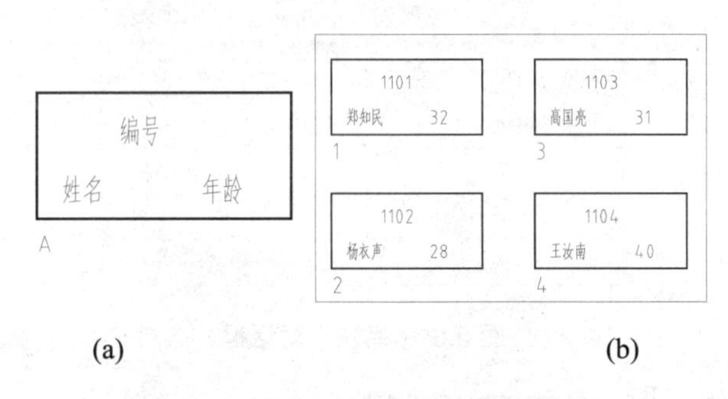


图 5.7　使用属性的操作步骤的例图

### 4．属性赋值的步骤

属性赋值是在插入带属性的块的操作中进行的，具体步骤如下。

(1) 调用 DDINSERT 命令，指定插入块为“办公桌”。

(2) 在图 5.7(b)中，指定插入基准点为 1，指定插入的 X、Y 比例，旋转角为 0，由于“办公桌”带有属性，系统将出现属性提示(“编号”、“姓名”和“年龄”)，应依次赋值，在插入基准点 1 处插入“办公桌”。

(3) 同理，再调用 DDINSERT 命令，在插入基准点 2、3、4 处依次插入“办公桌”，即完成图 5.7(b)。

### 5．关于属性操作的其他命令

- ATTDEF：在命令窗口中定义属性。
- ATTDISP：控制属性值显示可见性。
- DDATTE：通过对话框修改一个插入块的属性值。
- DDATTEXT：通过对话框提取属性数据，生成文本文件。

## 5.4 块 存 盘

### 1．命令

命令名：WBLOCK(缩写名：W)。

### 2．功能

将当前图形中的块或图形存为图形文件，以便其他图形文件引用。又称为“外部块”。

### 3．操作及说明

输入命令后，屏幕上将弹出“写块”对话框(见图 5.8)。其中的选项及含义如下。

图 5.8 “写块”对话框

(1) “源”选项组：指定存盘对象的类型。

- 块：当前图形文件中已定义的块，可从下拉列表中选定。
- 整个图形：将当前图形文件存盘，相当于 SAVEAS 命令，但未被引用过的命名对象(如块、线型、图层、字样等)不写入文件。
- 对象：将当前图形中指定的图形对象赋名存盘，相当于在定义图块的同时将其存盘。此时可在“基点”和“对象”选项组中指定块基点及组成块的对象和处理方法。

(2) “目标”选项组：指定存盘文件的有关内容。

- 文件名和路径：存盘的文件名及其路径。文件名可以与被存盘块名相同，也可以不同。
- 插入单位：图形的计量单位。

### 4．一般图形文件和外部块的区别

一般图形文件和用 WBLOCK 命令创建的外部块都是.DWG 文件，格式相同，但在生成与使用时略有不同。

(1) 一般图形文件常带有图框、标题栏等，是某一主题完整的图形，图形的基准点常采用默认值，即(0,0)点。

(2) 一般图形文件常按产品分类，在对应的文件夹中存放。

(3) 外部块常带有子图形性质，图形的基准点应以插入时能准确定位和使用方便为准，常定义在图形的某个特征点处。

(4) 外部块的块成员，其图层、颜色、线型等的设置，更应考虑通用性。

(5) 外部块常作成单位块，便于公用，使用户能通过插入比例方便地控制插入图形的大小。

(6) 外部块是用户建立图库的一个元素，因此其存放的文件夹和文件命名都应按图库创建与检索的需要而定。

# 5.5　更新块定义

随设计规范和设计标准的不断更新或设计的修改，一些图例符号会发生变化，因而会经常需要更新图库的块定义。

更新内部块定义使用 BMAKE 或 BLOCK 命令。其具体步骤如下。

(1) 插入要修改的块或使用图中已存在的块。

(2) 用 EXPLODE 命令将块分解，使之成为独立的对象。

(3) 用编辑命令按新块图形要求修改旧块图形。

(4) 运行 BLOCK 命令，选择新块图形作为块定义选择对象，给出与分解前的块相同的名字。

(5) 完成此命令后会出现图 5.9 所示的警告框，此时若单击“重定义”按钮，块就被重新定义，图中所有对该块的引用插入同时被自动修改更新。

图 5.9　块重定义警告框

# 5.6　外 部 参 照

外部参照(Xref)是把已有的其他图形文件链接到当前图形中，而不是像插入块那样把块的图形数据全部存储在当前图形中。它的插入操作和块十分类似，但有以下特点。

(1) 当前图形(称为宿主图形)只记录链接信息，因此当插入大图形时将大幅度减小宿主图形的尺寸。

(2) 每次打开宿主图形时总能反映外部参照图形的最新修改。

外部参照特别适用于多个设计者的协同工作。

## 5.6.1 外部参照附着

### 1．命令

①命令名：XATTACH(缩写名：XA)；②菜单：“插入”|“DWG 参照”；③图标：“参照”工具栏中的(外部参照)图标。

### 2．功能

先弹出“选择参照文件”对话框(见图 5.10)，从中选定欲参照的图形文件，然后弹出“附着外部参照”对话框(见图 5.11)，把外部参照图形附着到当前图形中。

图 5.10　“选择参照文件”对话框

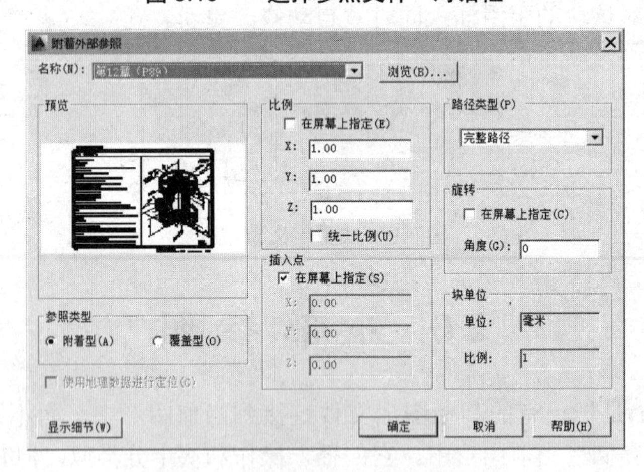


图 5.11　“附着外部参照”对话框

### 3．操作过程

(1) 在“名称”栏中，选择要参照的图形文件，列表框中列出当前图形已参照的图形名，通过“浏览...”按钮，用户可以选择新的参照图形。

(2) 在“参照类型”栏中选定附着的类型。

- 附着型：指外部参照可以嵌套，即当 AA 图形附加于 BB，而 BB 图附加于或覆盖

CC 图时，AA 图也随 BB 图链入到 CC 图中(见图 5.12)。

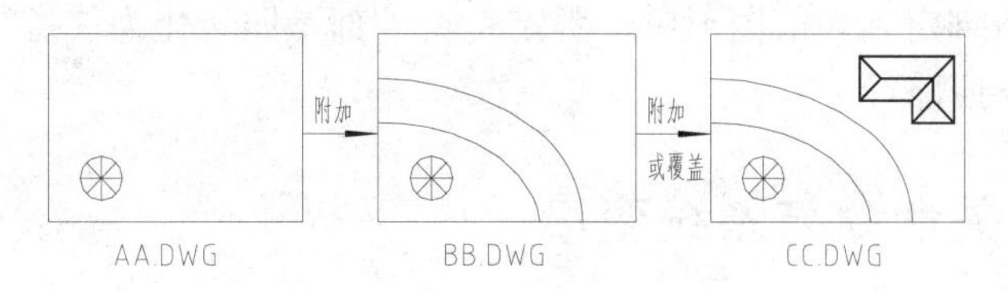


图 5.12 AA 图形附加于 BB

- 覆盖型：指外部参照不嵌套，即当 AA 图覆盖于 BB 图，而 BB 图又附加于或覆盖于 CC 图时，AA 图不随 BB 图链入到 CC 图中(见图 5.13)。

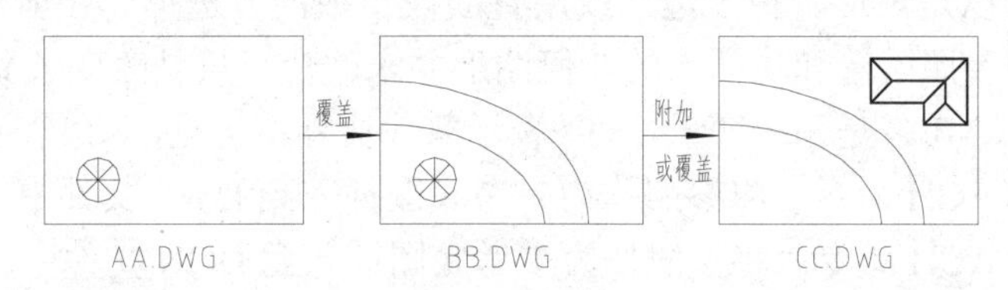


图 5.13 AA 图形覆盖于 BB

(3) 在“插入点”、“比例”及“旋转”选项组中，可以分别确定插入点的位置、插入的比例和旋转角。它们既可以在编辑框中输入，也可以在屏幕上确定，同块的插入操作类似。

## 5.6.2 外部参照

### 1．命令

①命令名：EXTERNALREFERENCES(缩写名：XR)；②菜单：“插入”|“外部参照”；③图标：“参照”工具栏中的(外部参照)图标。

### 2．功能

打开“外部参照”选项板(见图 5.14)，显示外部参照窗口，从中可以管理所有外部参照图形，具体功能如下。

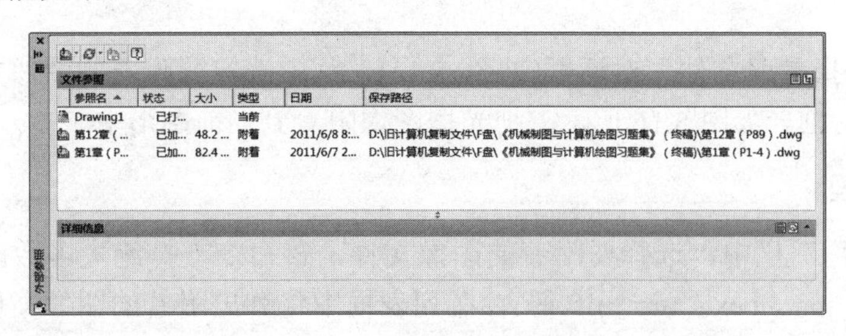


图 5.14 “外部参照”选项板

(1) 附着新的外部参照。

(2) 拆离现有的外部参照，即删除外部参照，它不能拆离嵌套外部参照。

(3) 重载或卸载现有的外部参照，卸载不是拆离只是暂不参照，必要时可参照。

(4) 附着型与覆盖型互相转换。

(5) 将外部参照绑定到当前图形中，绑定是将外部参照转化为块插入。

(6) 修改外部参照路径。

### 5.6.3 其他有关命令与系统变量

- XBIND 命令：将外部参照中参照图形图层名、块名、文字样式名等命令对象(用依赖符号表示)，绑定到当前图形中，转化为非依赖符号表示。
- XCLIP 命令：对外部参照附着和块插入，可使用 XCLIP 命令定义剪裁边界，剪裁边界可以是矩形、正多边形或用直线段组成的多边形。在剪裁边界内的图形可见。外部参照附着和块插入的几何图形并未改变，只是改变了显示可见性。
- XCLPFRAME：是系统变量，<0>表示剪裁边界不可见，<1>表示剪裁边界可见。
- DWFATTACH 命令：将参照作为参考底图插入到 DWF 文件中。
- DGNATTACH 命令：将参照作为参考底图插入到 DGN 文件中。
- PDFATTACH 命令：将新的 PDF 文件附着到当前图形中。

## 5.7 附着光栅图像

在 AutoCAD 中，光栅图像可以像外部参照一样将外部图像文件附着到当前的图形中，一旦附着图像，可以像对待块一样将它重新附着多次，每个插入可以有自己的剪裁边界、亮度、对比度、褪色度和透明度。

### 5.7.1 图像附着

**1. 命令**

①命令名：IMAGEATTACH(缩写名：IAT)；②菜单："插入" | "光栅图像"；③图标："参照"工具栏中的(图像附着)图标。

**2. 功能**

先弹出"选择参照文件"对话框(见图 5.15)，从中选定欲附着的图像文件。然后弹出"附着图像"对话框，如图 5.16 所示，把光栅图像附着到当前图形中。

**3. 操作过程**

(1) 在"名称"栏中，选择要附着的图像文件，该命令支持绝大多数的图像文件格式(如：bmp、gif、jpg、pcx、tga、tif 等)。在列表框中将列出附着的图像文件名，在"路径类型"下拉列表框中若选择"完整路径"，则图像文件名将包括路径。单击"浏览"按钮将再次弹出"选择参照文件"对话框，可以继续选择图像文件。

(2) 在"插入点"、"缩放比例"及"旋转角度"选项组中，可分别指定插入基点的位置、比例因子和旋转角度，若选中"在屏幕上指定"复选框，则可以在屏幕上用拖动图像的方法来指定。

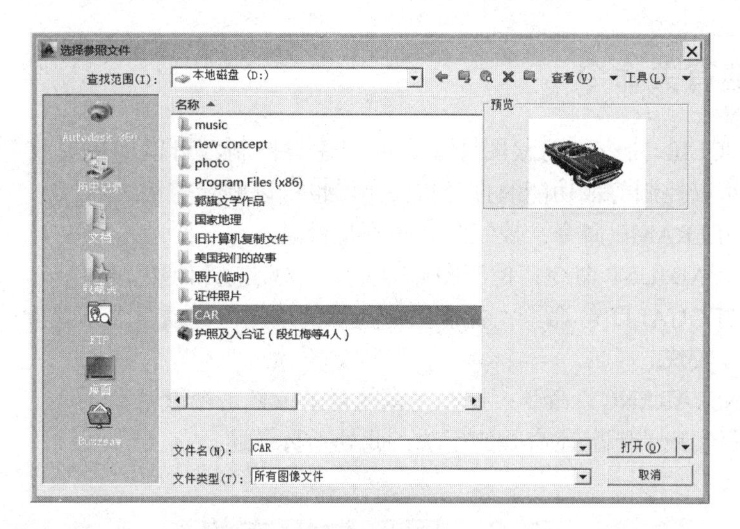


图 5.15　“选择参照文件”对话框

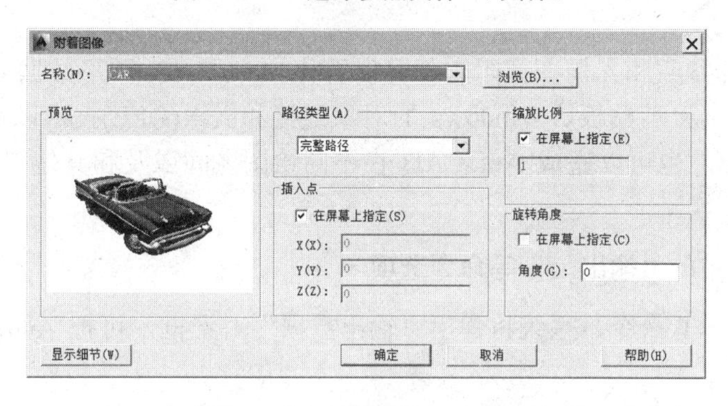


图 5.16　“附着图像”对话框

(3) 若单击“详细信息>>”按钮，对话框将扩展，并列出选中图像的详细信息，如精度、图像像素尺寸等。

图 5.17 所示是在一飞机的三维图形中附着该飞机渲染图像的效果。

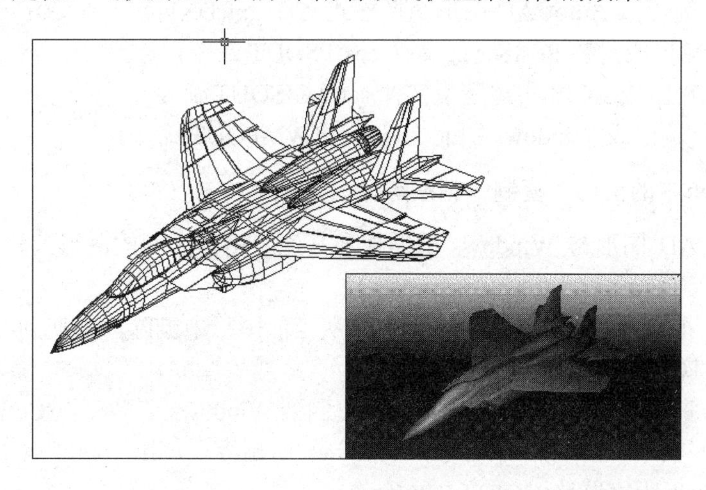

图 5.17　图像附着

### 5.7.2 其他有关命令

- IMAGCLIP 命令：剪裁图像边界的创建与控制，可以用矩形或多边形作剪裁边界，可以控制剪裁功能的打开与关闭，也可以删除剪裁边界。
- IMAGEFRAME 命令：控制图像边框是否显示。
- IMAGEADJUST 命令：控制图像的亮度、对比度和褪色度。
- IMAGEQUALITY 命令：控制图像显示的质量，高质量显示速度较慢，草稿式显示速度较快。
- TRANSPARENCY 命令：控制图像的背景像素是否透明。

读者可自行实践一下上述命令的用法，此处不再详述。

## 5.8 图形数据交换

块插入、外部参照和光栅图像附着都可以看作 AutoCAD 图形数据交换的一些方法。另外，通过 Windows 剪贴板、Windows 的对象链接和嵌入(OLE)技术以及 AutoCAD 的文件格式输入、输出，也可以完成 AutoCAD 在不同绘图之间以及和其他 Windows 应用程序之间的图形数据交换。

#### 1. 文件菜单中的“输出...”等命令选项

它执行 EXPORT 命令，系统将弹出“输出数据”对话框，可把 AutoCAD 图形按下列格式输出。

- 3DS：用于 3D Studio 软件的.3ds 文件(3DSOUT 命令)；
- BMP：输出成位图文件.bmp(BMPOUT 命令)；
- DWG：输出成块存盘文件.dwg(WBLOCK 命令)；
- DWF：输出成 AutoCAD 网络图形文件.dwf(DWFOUT 命令)；
- DXF：输出成 AutoCAD 图形交换格式文件.dxf(DXFOUT 命令)；
- EPS：输出成封装 PostScript 文件.eps(PSOUT 命令)；
- SAT：输出成 ACIS 实体造型文件.sat(ACISOUT 命令)；
- WMF：输出成 Windows 图元文件.wmf(WMFOUT 命令)。

#### 2. 编辑菜单中的剪切、复制、粘贴等命令选项

这是 AutoCAD 图形与 Windows 剪贴板和其他应用程序间的图形编辑手段，具体包括如下内容。

- 剪切：把选中的 AutoCAD 图形对象从当前图形中删除，剪切到 Windows 剪贴板上(CUTCLIP 命令)；
- 复制：把选中的 AutoCAD 图形对象复制到 Windows 剪贴板上(COPYCLIP 命令)；
- 复制链接：把当前视口复制到 Windows 剪贴板上，用于和其他 OLE(对象链接和嵌入)应用程序链接(COPTLINK 命令)；
- 粘贴：从 Windows 剪贴板上把数据(包括图形、文字等)插入到 AutoCAD 图形中

(PASTECLIP 命令)；

- 选择性粘贴：从 Windows 剪贴板上把数据插入到 AutoCAD 图形中，并控制其数据格式，它可以把一个 OLE 对象从剪贴板上粘贴到 AutoCAD 图形中(PASTESPEC 命令)；
- OLE 链接：更新、修改和取消现有的 OLE 链接(OLELINKS 命令)。

### 3. “插入”菜单的文件格式输入

AutoCAD 读入其他文件格式，转化为 AutoCAD 图形，具体格式如下。

- 3D Studio：输入用于 3D Studio 软件的.3ds 文件(3DSIN 命令)；
- ACIS 实体：输入 ACIS 实体造型文件.sat(ACISIN 命令)；
- 图形交换二进制：输入二进制格式图形交换.dxb(DXBIN 命令)；
- 图元文件：输入 Windows 图元文件.wmf(WMFIN 命令)；
- 封装 PostScript：输入封装 PostScript 文件.eps(PSIN 命令)。

### 4. “插入”菜单中的“OLE 对象”

在 AutoCAD 图形中插入 OLE 对象(INSERTOBJ 命令)。

## 思考题 5

### 一、连线题

请将下列左侧块操作命令与右侧相应命令功能用连线连起。

(1) BMAKE 和 BLOCK　　(a) 分解块

(2) DDINSERT 和 INSERT　　(b) 块存盘

(3) WBLOCK　　(c) 插入块

(4) EXPLODE　　(d) 定义块

### 二、选择题

1. 要在图中定义一个图块，必须(　　)。

A. 指定插入基点　　B. 选择组成块的图形对象

C. 给出块名　　D. 上述各条

2. 要在图中插入一个图块，必须(　　)。

A. 指定插入点

B. 给出插入图块块名

C. 确定 X、Y 方向的插入比例和图块旋转角度

D. 上述各条

3. 要在图中插入一个外部参照，必须(　　)。

A. 选定所要外部参照的图形文件

B. 选定参照类型(附加或覆盖)

C. 给出插入点

D. 确定 X、Y(Z)方向的插入比例和图块旋转角度

E. 上述各条

三、简答题

1. 试比较外部参照与块的异同。

2. 请分析将图 5.18 所示的表面粗糙度符号定义为图块并将之插入到零件图中的方法和步骤。

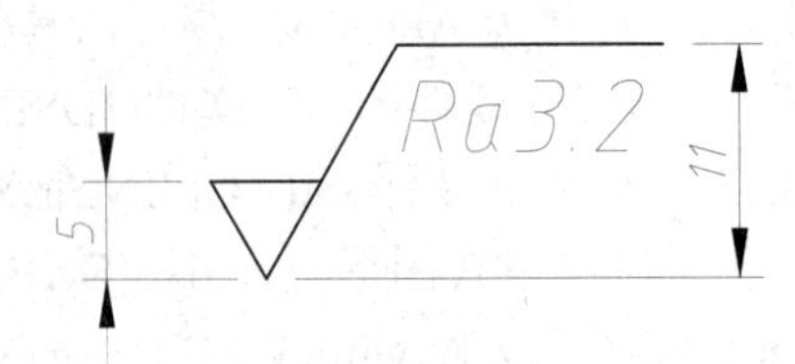


图 5.18　表面粗糙度符号

# 上机实训 5

1. 块的定义、插入和存盘。绘制图 5.19 所示的卡通图，将其定义成名为 SMILE 的块，然后以不同的插入点、比例及旋转角度插入图中，形成由不同大小和胖瘦的笑脸组成的笑脸图。最后将该图块以“笑脸图”为文件名存盘。

图 5.19　笑脸

2. 根据上面的分析，将图 5.18 所示的表面粗糙度符号定义为图块并将之插入到图形中。

3. 图块的机械应用——绘制螺栓连接图。在机械制图中绘制螺栓、螺母和垫圈时，其采用的是比例画法，即大小是随公称直径 d 的大小成比例变化的。根据对螺栓连接图[如图 5.20(d)所示]的分析，可将螺栓连接分成三部分，上面部分包括螺母、垫圈和螺栓的伸出部分[如图 5.20(a)所示]，下面部分为螺栓头[如图 5.20(b)所示]，中间部分为两块带孔的板[如图 5.20(c)所示]及螺栓的圆柱部分。其中上面部分和下面部分可分别定义成块，便于按比例插入到不同规格的螺栓连接图中，板厚是不随公称直径而变化的，所以不宜定义成块。绘制图块图形时，请以公称直径 d=10 的尺寸来绘制螺栓和螺母，这样，在基于此图块绘制不同直径的螺栓连接图时只需参照当下直径与 10 的比例关系，并以此作为图块插入的比例即可。图中打“×”的位置为定义图块时的基点和插入图块时的插入点。请依上述思路将下图中的(a)图和(b)图分别定义成名为“螺栓头”和“螺栓尾”的图块，然后通过

图块的插入操作，分别绘制 d=6、d=20 以及 d=30 的螺栓连接图。

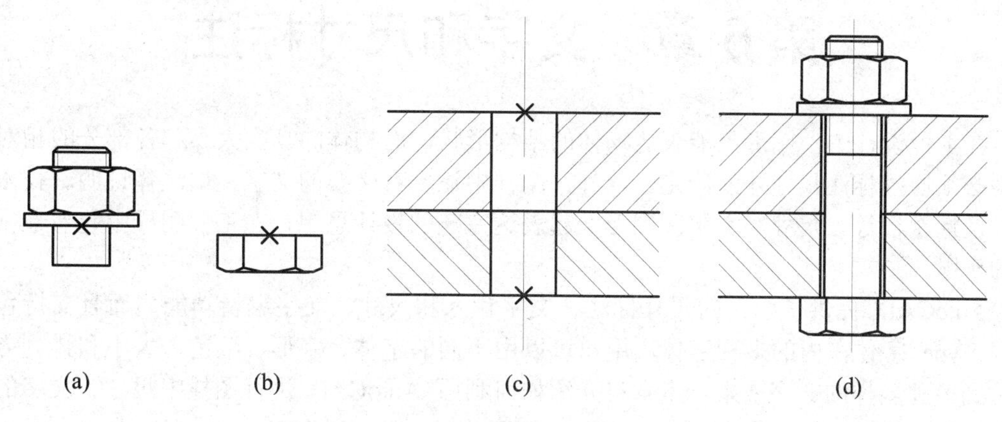


图 5.20　螺栓连接及其图块分解

4. 图块的建筑应用——窗户。用直线命令绘制图 5.21 所示的建筑立面图中的窗户图形，然后将其定义为图块；自行设计一两层小楼的示意性立面图，然后将此窗户图块插入到图中。

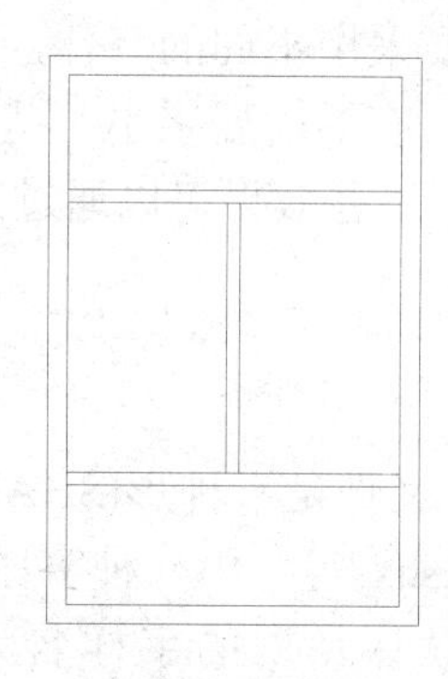

图 5.21　窗户

5. 外部块、外部参照的使用方法和特点。将第 1 题中定义并存盘的"笑脸图"图形文件分别以外部块和外部参照的方式分别插入到同一图形文件中，再将插入块和插入外部参照后的文件分别以 TEST1 和 TEST2 赋名存盘，然后比较 TEST1 和 TEST2 文件的大小。

# 第 6 章　文字和尺寸标注

在工程设计中，图形只能表达物体的结构形状，而物体的真实大小和各部分的相对位置则必须通过标注尺寸才能确定。此外，图样中还要有必要的文字，如注释说明、技术要求以及标题栏等。尺寸、文字和图形一起表达完整的设计思想，在工程图样中起着非常重要的作用。

AutoCAD 提供了强大的尺寸标注、文字输入和尺寸、文字编辑功能，而且支持包括 True Type 字体在内的多种字体，用户可以用不同的字体、字形、颜色、大小和排列方式等达到多种多样的文字效果。本章将介绍如何利用 AutoCAD 进行图样中尺寸、文字的标注和编辑。

## 6.1　字体和字样

在工程图中，不同位置可能需要采用不同的字体，即使用同一种字体又可能需要采用不同的样式，如有的需要字大一些，有的需要字小一些，有的需要水平排列，有的需要垂直排列或倾斜一定角度排列，等等。这些效果可以通过定义不同的文字样式来实现。

### 6.1.1　字体和字样的概念

AutoCAD 系统使用的字体定义文件是一种形(SHAPE)文件，它存放在文件夹 FONTS 中，如 txt.shx、romans.shx、gbcbig.shx 等。由一种字体文件，采用不同的高宽比、字体倾斜角度等可定义多种字样。系统默认使用的字样名为 STANDARD，它根据字体文件 txt.shx 定义生成。用户如果需定义其他字体样式，可以使用 STYLE(文字样式)命令。

AutoCAD 还允许用户使用 Windows 提供的 True Type 字体，包括宋体、仿宋体、隶书、楷体等汉字和特殊字符，它们具有实心填充功能。由同一种字体可以定义多种样式，图 6.1 所示为用仿宋体定义的几种文字样式。

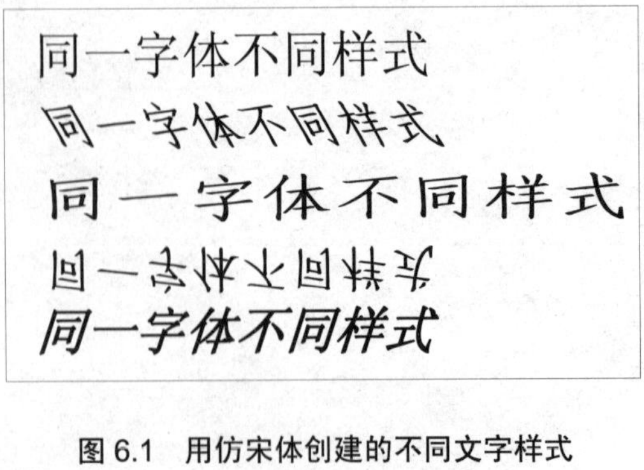

同一字体不同样式
同一字体不同样式
同 一 字 体 不 同 样 式
同一字体不同样式
*同一字体不同样式*

图 6.1　用仿宋体创建的不同文字样式

### 6.1.2 文字样式的定义和修改

用户可以利用 STYLE 命令建立新的文字样式，或对已有样式进行修改。一旦一个文字样式的参数发生变化，则所有使用该样式的文字都将随之更新。

**1．命令**

①命令名：STYLE；②菜单："格式"|"文字样式"；③图标："文字"工具栏中的 (文字样式)图标。

**2．功能**

定义和修改文字样式，设置当前样式，删除已有样式以及文字样式重命名。

**3．格式**

命令： **STYLE↙**

打开如图 6.2 所示的"文字样式"对话框，从中可以选择字体，建立或修改文字样式。

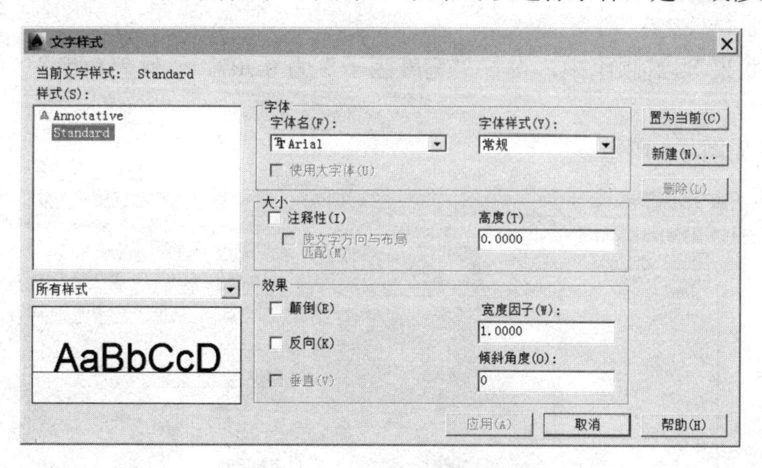


图 6.2 "文字样式"对话框

图 6.3 所示为不同设置下的文字效果。

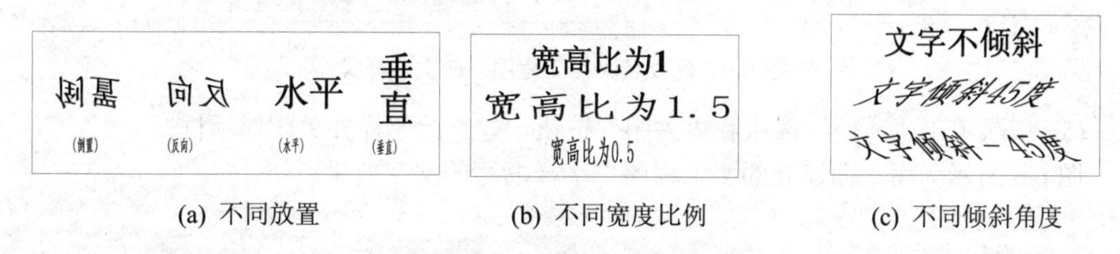


(a) 不同放置　　(b) 不同宽度比例　　(c) 不同倾斜角度

图 6.3 不同设置下的文字效果

在"文字样式"对话框中，也可使用 AutoCAD 中文版提供的符合我国制图国家标准的长仿宋矢量字体。具体方法为：选中"使用大字体"前面的复选框，然后在"字体样式"下拉列表框中选取 gbcbig.shx。

4．示例

建立名为“工程图”的工程制图用文字样式，字体采用仿宋体，常规字体样式，固定字高 10mm，宽度比例为 0.707。

操作步骤如下。

(1) 在“格式”菜单中选择“文字样式”命令，打开“文字样式”对话框。

(2) 单击“新建”按钮打开如图 6.4 所示的“新建文字样式”对话框，输入新建文字样式名“工程图”后，单击“确定”按钮关闭该对话框。

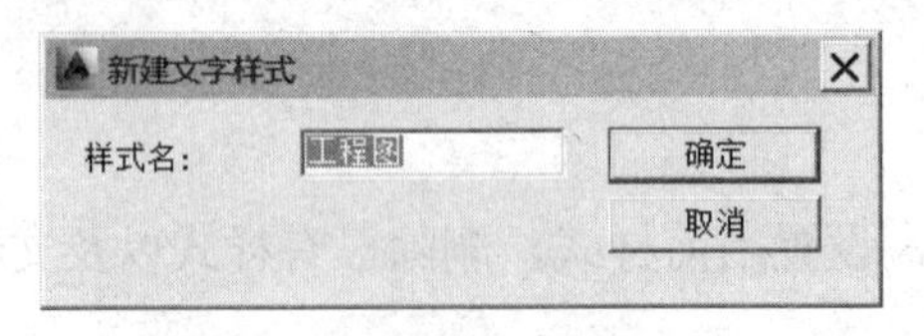


图 6.4　“新建文字样式”对话框

(3) 取消“使用大字体”复选框的选择，在“字体”选项组的“字体名”下拉列表框中选择“仿宋”，在“字体样式”下拉列表框中选择“常规”，在“高度”文本框中输入 10。

(4) 在“效果” 选项组中，设置“宽度因子”为 0.707，“倾斜角度”为 0，其余复选框均不选中。

各项设置如图 6.5 所示。

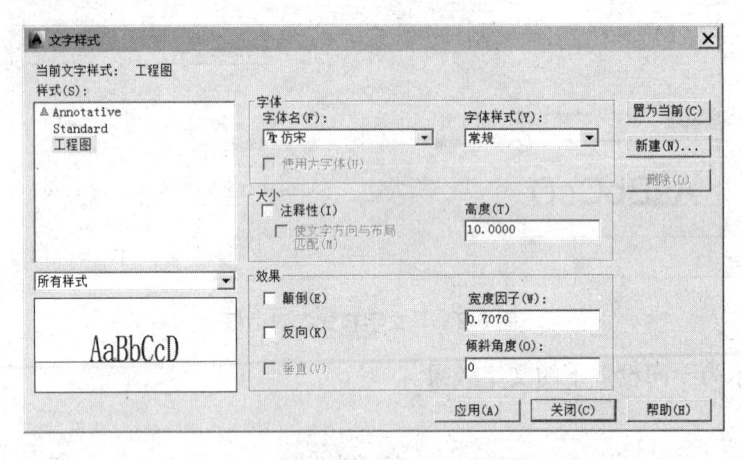


图 6.5　建立名为“工程图”的文字样式

(5) 依次单击“应用”按钮和“关闭”按钮，建立此字样并关闭对话框。

图 6.6 所示为用上面建立的“工程图”字样书写的文字效果。

图样是工程界的一种技术语言

图 6.6　使用“工程图”字样书写的文字

## 6.2 单 行 文 字

### 1．命令

①命令名：TEXT 或 DTEXT；②菜单：“绘图”|“文字”|“单行文字”；③图标：“文字”工具栏中的A(单行文字)图标。

### 2．功能

动态书写单行文字，在书写时所输入的字符动态显示在屏幕上，并用方框显示下一文字书写的位置。书写完一行文字后回车可继续输入另一行文字，利用此功能可创建多行文字。但是每一行文字为一个对象，可单独进行编辑修改。

### 3．格式

命令：**TEXT**↙
当前文字样式：工程图
指定文字的起点或 [对正(J)/样式(S)]: (选取一点作为文本的起始点)
指定高度 <2.5000>:(确定字符的高度)
指定文字的旋转角度 <0>:(确定文本行的倾斜角度)
(输入要书写的文字内容)
(输入下一行文字，或按 Enter 键结束命令)

### 4．选项及说明

(1) 指定文字的起点。为默认选项，用户可直接在屏幕上点取一点作为输入文字的起始点。

(2) 对正(J)。用于选择输入文本的对正方式，对正方式决定文本的哪一部分与所选的起始点对齐。执行此选项，AutoCAD 提示：

输入选项
[对齐(A)/调整(F)/中心(C)/中间(M)/右(R)/左上(TL)/中上(TC)/右上(TR)/左中(ML)/正中(MC)/右中(MR)/左下(BL)/中下(BC)/右下(BR)]:

AutoCAD 提供了 14 种对正方式，这些对正方式都基于为水平文本行定义的顶线、中线、基线和底线，以及 12 个对齐点：左上(TL)/左中(ML)/左下(BL)/中上(TC)/正中(MC)/中央(M)/中心(C)/中下(BC)/右上(TR)/右中(MR)/右(R)/右下(BR)，各对正点如图 6.7 所示。

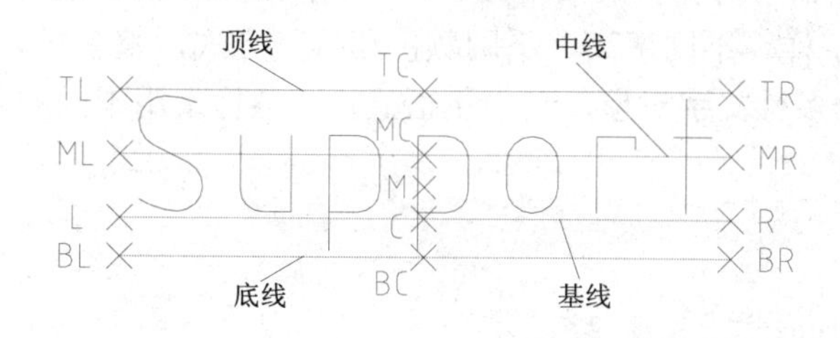


图 6.7　文字的对正方式

用户应根据文字书写外观布置要求，选择一种适当的文字对正方式。

(3) 样式(S)。确定当前使用的文字样式。

#### 5. 文字输入中的特殊字符

对有些特殊字符，如直径符号、正负公差符号、度符号以及上划线、下划线等，AutoCAD 提供了控制码的输入方法。常用控制码及其输入示例和输出效果如表 6.1 所示。

表 6.1　常用控制码

| 控制码 | 意　义 | 输入示例 | 输出效果 |
|---|---|---|---|
| %%o | 文字上划线开关 | %%oAB%%oCD | ABCD |
| %%u | 文字下划线开关 | %%uAB%%uCD | ABCD |
| %%d | 度符号 | 45%%d | 45° |
| %%p | 正负公差符号 | 50%%p0.5 | 50±0.5 |
| %%c | 圆直径符号 | %%c60 | Φ60 |

## 6.3　多 行 文 字

MTEXT 命令允许用户在多行文字编辑器中创建多行文本，与 TEXT 命令创建的多行文本不同的是，前者所有文本行为一个对象，作为一个整体进行移动、复制、旋转、镜像等编辑操作。多行文本编辑器与 Windows 的文字处理程序类似，可以灵活方便地输入文字，不同的文字可以采用不同的字体和文字样式，而且支持 True Type 字体、扩展的字符格式(如粗体、斜体、下划线等)、特殊字符，并可实现堆叠效果以及查找和替换功能等。多行文本的宽度由用户在屏幕上划定一个矩形框来确定，也可在多行文本编辑器中精确设置，文字书写到该宽度后自动换行。

#### 1. 命令

①命令名：MTEXT；②菜单：“绘图”|“文字”|“多行文字”；③图标：“绘图”工具栏中的A(多行文字)图标，“文字”工具栏中的A(多行文字)图标。

#### 2. 功能

利用多行文字编辑器书写多行的段落文字，可以控制段落文字的宽度、对正方式，允许段落内文字采用不同字样、不同字高、不同颜色和排列方式，整个多行文字是一个对象。

图 6.8 所示为一个多行文字对象，其中包括五行，各行采用不同的字体、字样或字高。

#### 3. 格式

命令：**MTEXT**↙
当前文字样式: Standard。文字高度: 2.5
指定第一角点：(指定矩形框的第一个角点)
指定对角点或 [高度(H)/对正(J)/行距(L)/旋转(R)/样式(S)/宽度(W)]:（指定矩形框的另一个角点）

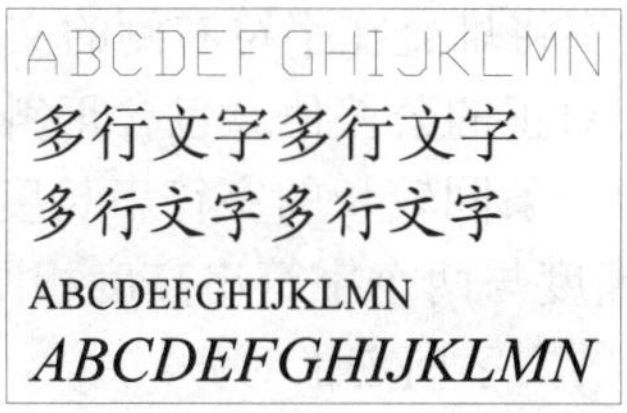
ABCDEFGHIJKLMN
多行文字多行文字
多行文字多行文字
ABCDEFGHIJKLMN
ABCDEFGHIJKLMN

图 6.8　多行的段落文字

在此提示下指定矩形框的另一个角点，则显示一个矩形框，文字按默认的左上角对正方式排布，矩形框内有一箭头表示文字的扩展方向。当指定第二角点后，AutoCAD 弹出“文字格式”工具栏(如图 6.9 所示)和“多行文字编辑器”文本框(如图 6.10 所示)，从中可输入和编辑多行文字，并进行文字参数的多种设置。

文字格式
工程图
仿宋
10
ByLayer
确定
0.0000
1.0000
0.7070

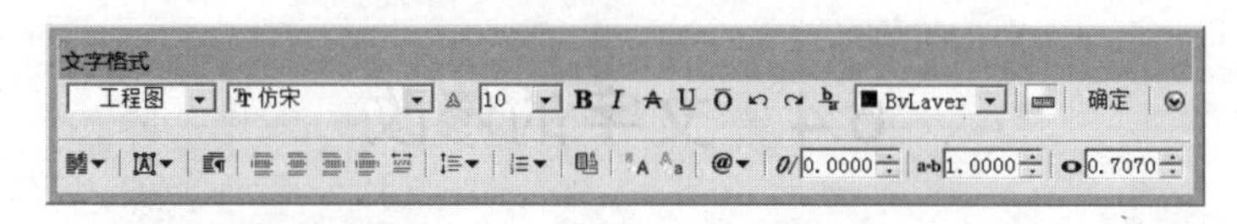

图 6.9　“文字格式”工具栏

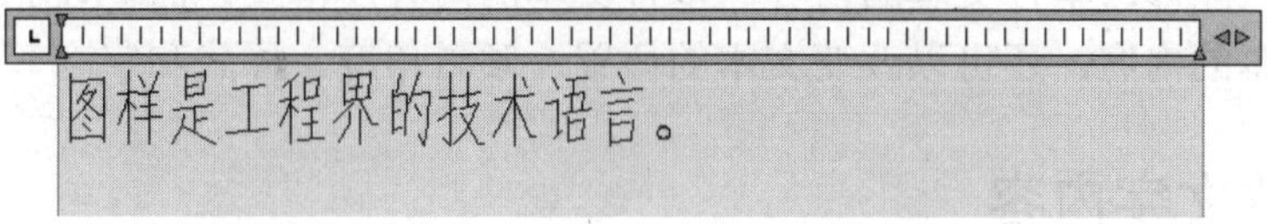
图样是工程界的技术语言。

图 6.10　“多行文字编辑器”文本框

### 4．说明与操作

“文字格式”工具栏用于控制多行文字对象的文字样式和选定文字的字符格式。其中从左至右的各选项说明如下。

- 文字样式：设定多行文字的文字样式。
- 字体：为新输入的文字指定字体或改变选定文字的字体。TrueType 字体按字体族的名称列出。AutoCAD 编译的形(SHX)字体按字体所在文件的名称列出。
- 文字高度：按图形单位设置新文字的字符高度或更改选定文字的高度。如果当前文字样式没有固定高度，则文字高度是 TEXTSIZE 系统变量中存储的值。多行文字对象可以包含不同高度的字符。
- 粗体：为新输入文字或选定文字打开或关闭粗体格式。此选项仅适用于使用 TrueType 字体的字符。
- 斜体：为新输入文字或选定文字打开或关闭斜体格式。此选项仅适用于使用 TrueType 字体的字符。
- 下划线：为新输入文字或选定文字打开或关闭下划线格式。
- 放弃：在多行文字编辑器中撤销操作，包括对文字内容或文字格式的更改。
- 重做：在多行文字编辑器中重做操作，包括对文字内容或文字格式的更改。
- 堆叠：如果选定文字中包含堆叠字符，则创建堆叠文字(例如分数)。如果选定堆叠文字，则取消堆叠。使用堆叠字符、插入符 (^)、正向斜杠 (/) 和磅符号 (#)

时，堆叠字符左侧的文字将堆叠在字符右侧的文字之上。默认情况下，包含插入符 (^) 的文字转换为左对正的公差值。包含正斜杠 (/) 的文字转换为置中对正的分数值，斜杠被转换为一条同较长的字符串长度相同的水平线。包含磅符号 (#) 的文字转换为被斜线(高度与两个字符串高度相同)分开的分数。斜线上方的文字向右下对齐，斜线下方的文字向左上对齐。

- 文字颜色：为新输入文字指定颜色或修改选定文字的颜色。可以将文字颜色设置为随层(BYLAYER)或随块(BYBLOCK)。也可以从颜色列表中选择一种颜色。
- 关闭：关闭多行文字编辑器并保存所做的任何修改。也可以在编辑器外的图形中单击以保存修改并退出编辑器。

需要说明的是，在多行文字编辑器中，直径符号显示为 %%c，而不间断空格显示为空心矩形。两者在图形中会正确显示。

## 6.4 文字的修改

用户可以利用 DDEDIT 命令或 PROPERTIES 命令编辑已创建的文本对象，但 DDEDIT 命令只能修改单行文本的内容和多行文本的内容及格式，而 PROPERTIES 命令不仅可以修改文本的内容，还可以改变文本的位置、倾斜角度、样式和字高等属性。

### 6.4.1 修改文字内容

#### 1. 命令

①命令名：DDEDIT；②菜单：“修改”|“对象”|“文字”|“编辑”；③图标：“文字”工具栏中的(修改文字)图标。

#### 2. 功能

修改已经绘制在图形中的文字内容。

#### 3. 格式

命令：**DDEDIT**↙
选择注释对象或 [放弃(U)]:

在此提示下选择想要修改的文字对象，如果选取的文本是用 TEXT 命令创建的单行文本，则文字将处于可编辑状态，可直接对其进行修改；如果选取的文本是用 MTEXT 命令创建的多行文本，选取后则打开“多行文字编辑器”，可在对话框中对已有文字进行修改和编辑。

### 6.4.2 修改文字大小

#### 1. 命令

①命令名：SCALETEXT；②菜单：“修改”|“对象”|“文字”|“比例”；③图

标：“文字”工具栏中的(缩放文字)图标。

2．功能

修改已经绘制在图形中的文字的大小。

3．格式

命令：**SCALETEXT**↙
选择对象：(指定要缩放的文字)
选择对象：↙
输入缩放的基点选项
[现有(E)/左(L)/中心(C)/中间(M)/右(R)/左上(TL)/中上(TC)/右上(TR)/左中(ML)/正中(MC)/右中(MR)/左下(BL)/中下(BC)/右下(BR)] <现有>:(指定缩放的基准点)
指定新高度或 [匹配对象(M)/缩放比例(S)] <2.5>: (指定新高度或缩放比例)

## 6.4.3　一次修改文字的多个参数

1．命令

①命令名：PROPERTIES；②菜单：“修改”|“对象特性”；③图标：“标准”工具栏中的(属性)图标。

2．功能

修改文字对象的各项特性。

3．格式

命令: **PROPERTIES**↙

先选中需要编辑的文字对象，然后启动该命令， AutoCAD 将打开“特性”对话框(见图 6.11)，利用此对话框可以方便地修改文字对象的内容、样式、高度、颜色、线型、位置、角度等属性。

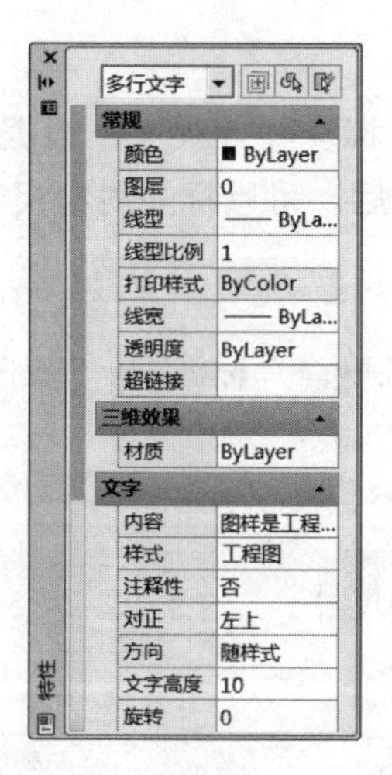


图 6.11　“特性”对话框

# 6.5 尺寸标注命令

由于标注类型较多，AutoCAD 把标注命令和标注编辑命令集中安排在“标注”下拉菜单(见图 6.12)和“标注”工具栏(见图 6.13)中，使得用户可以灵活方便地进行尺寸标注。

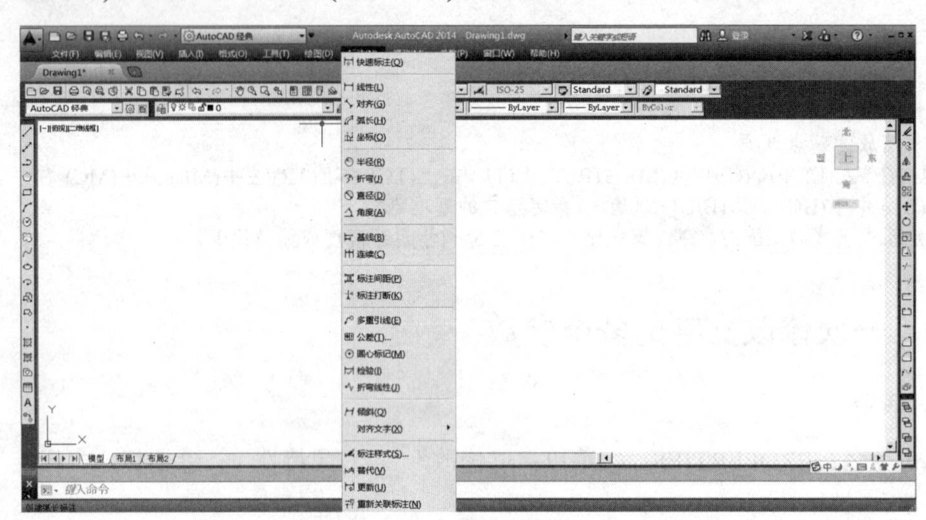


图 6.12 “标注”下拉菜单

ISO-25

图 6.13 “标注”工具栏

一个完整的尺寸标注由四个部分组成：尺寸界线、尺寸线、箭头和尺寸文字，涉及大量的数据。AutoCAD 采用半自动标注的方法，即用户只需指定一个尺寸标注的关键数据，其余参数由预先设定的标注样式和标注系统变量来提供，从而使尺寸标注得到简化。

## 6.5.1 线性尺寸标注

命令名为 DIMLINEAR，用于标注线性尺寸，根据用户操作能自动判别标出水平尺寸或垂直尺寸，在指定尺寸线倾斜角后，可以标注斜向尺寸。

### 1. 命令

①命令名：DIMLINEAR；②菜单：“标注”|“线性”；③图标：“标注”工具栏中的 (线性尺寸标注)图标。

### 2. 功能

标注垂直、水平或倾斜的线性尺寸。

### 3. 格式

命令： **DIMLINEAR↙**
指定第一条尺寸界线原点或 <选择对象>:(指定第一条尺寸界线的起点)

指定第二条尺寸界线原点: (指定第二条尺寸界线的起点)
指定尺寸线位置或[多行文字(M)/文字(T)/角度(A)/水平(H)/垂直(V)/旋转(R)]: (指定尺寸线的位置)

用户指定了尺寸线位置之后，AutoCAD 自动判别标出水平尺寸或垂直尺寸，尺寸文字按 AutoCAD 自动测量值标出，如图 6.14(a)所示。

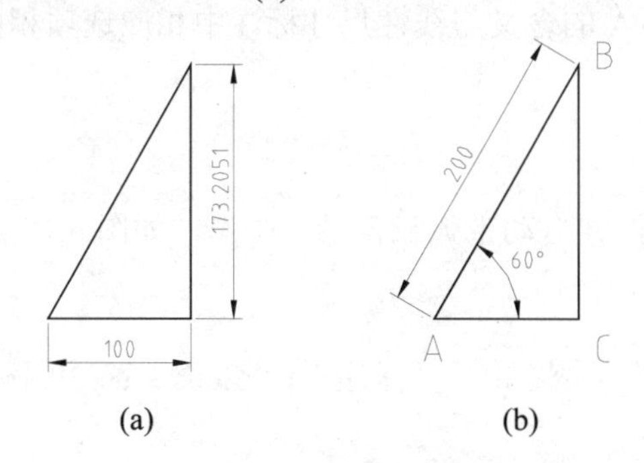


图 6.14　线性尺寸、对齐尺寸和角度尺寸的标注

4．选项说明

(1) 在“指定第一条尺寸界线原点或 <选择对象>:”提示下，若按 Enter 键，则光标变为拾取框，系统要求拾取一条直线或圆弧对象，并自动取其两端点为两条尺寸界线的起点。

(2) 在“指定尺寸线位置或[多行文字(M)/文字(T)/角度(A)/水平(H)/垂直(V)/旋转(R)]:”提示下，如选 M(多行文字)，则系统弹出多行文字编辑器，用户可以输入复杂的标注文字。

(3) 如选 T(文字)，则系统在命令窗口中显示尺寸的自动测量值，用户可以修改尺寸值。

(4) 如选 A(角度)，则可指定尺寸文字的倾斜角度，使尺寸文字倾斜标注。

(5) 如选 H(水平)，则取消自动判断并限定标注水平尺寸。

(6) 如选 V(垂直)，则取消自动判断并限定标注垂直尺寸。

(7) 如选 R(旋转)，则取消自动判断，尺寸线按用户输入的倾斜角标注斜向尺寸。

## 6.5.2　对齐尺寸标注

命令名为 DIMALIGNED，也是标注线性尺寸，其特点是尺寸线和两条尺寸界线起点连线平行，如图 6.14(b)所示。

1．命令

①命令名：DIMALIGNED；②菜单：“标注”|“对齐”；③图标：“标注”工具栏中的(对齐标注)图标。

2．功能

标注对齐尺寸。

3．格式

命令：**DIMALIGNED**↙
指定第一条尺寸界线原点或 <选择对象>:(指定 A 点，见图 6.14(b))
指定第二条尺寸界线原点:(指定 B 点)
指定尺寸线位置或[多行文字(M)/文字(T)/角度(A)]: (指定尺寸线位置)

尺寸线位置确定之后，AutoCAD 即自动标出尺寸，尺寸线和 AB 平行，见图 6.14(b)。

4. 选项说明

(1) 如果直接回车用拾取框选择要标注的线段，则对齐标注的尺寸线与该线段平行。

(2) 其他选项 M、T、A 的含义与线性尺寸标注中相应选项相同。

## 6.5.3 弧长标注

用于标注圆弧的弧长，并自动带弧长符号“⌒”，如图 6.15(a)中的⌒175。

1. 命令

①命令名：DIMARC；②菜单：“标注”|“弧长”；③图标：“标注”工具栏中的(弧长标注)图标。

2. 功能

创建圆弧长度标注。

3. 格式

命令: **DIMARC**↙
选择弧线段或多段线弧线段: (选择圆弧)
指定弧长标注位置或 [多行文字(M)/文字(T)/角度(A)/部分(P)/引线(L)]: (指定点或输入选项)

4. 选项说明

主要选项的含义与前面相同。

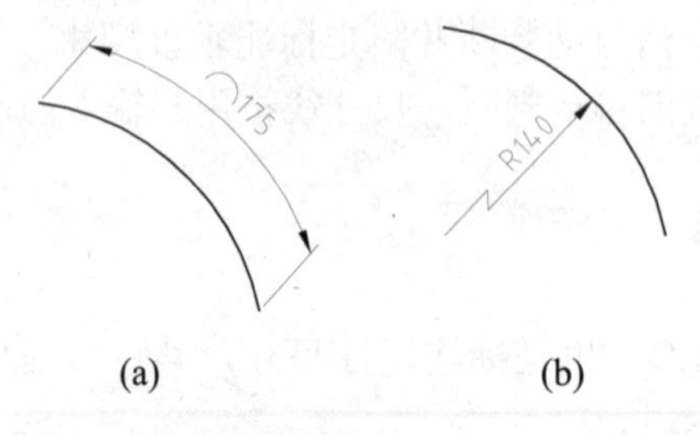


图 6.15 弧长尺寸和折弯半径尺寸的标注

## 6.5.4 半径标注

用于标注圆或圆弧的半径，并自动带半径符号 R，如图 6.16(a)中的 R50。

1. 命令

①命令名：DIMRADIUS；②菜单：“标注”|“半径”；③图标：“标注”工具栏中的(半径标注)图标。

2. 功能

标注半径。

3．格式

```
命令: DIMRADIUS↙
选择圆弧或圆: (选择圆弧，我国标准规定对圆及大于半圆的圆弧应标注直径)
标注文字 =50
指定尺寸线位置或[多行文字(M)/文字(T)/角度(A)]:(确定尺寸线的位置，尺寸线总是指向或通过圆心)
```

4．选项说明

三个选项的含义与前面相同。

### 6.5.5　折弯半径标注

用于折弯标注较大圆弧的半径，并自动带半径符号 R，如图 6.15(b)中的 R140。

1．命令

①命令名：DIMJOGGED；②菜单：“标注”|“折弯”；③图标：“标注”工具栏中的(折弯半径标注)图标。

2．功能

折弯标注较大圆弧的半径。

3．格式

```
命令: DIMJOGGED↙
指定尺寸线位置或 [多行文字(M)/文字(T)/角度(A)]:(确定尺寸线的位置，尺寸线总是指向或通过圆心)
命令: _dimjogged
选择圆弧或圆: (选择圆弧)
指定中心位置替代: (确定尺寸线的始点位置)
标注文字 =2786.86
指定尺寸线位置或 [多行文字(M)/文字(T)/角度(A)]: (确定尺寸线的位置，尺寸线应尽量使其延长线
通过圆心)
指定折弯位置: (给定尺寸线折弯点的位置)
```

4．选项说明

三个选项的含义与前面相同。

### 6.5.6　直径标注

在圆或圆弧上标注直径尺寸，并自动带直径符号“Φ”，如图 6.16(b)所示。

1．命令

①命令名：DIMDIAMETER；②菜单：“标注”|“直径”；③图标：“标注”工具栏中的(直径标注)图标。

2．功能

标注直径。

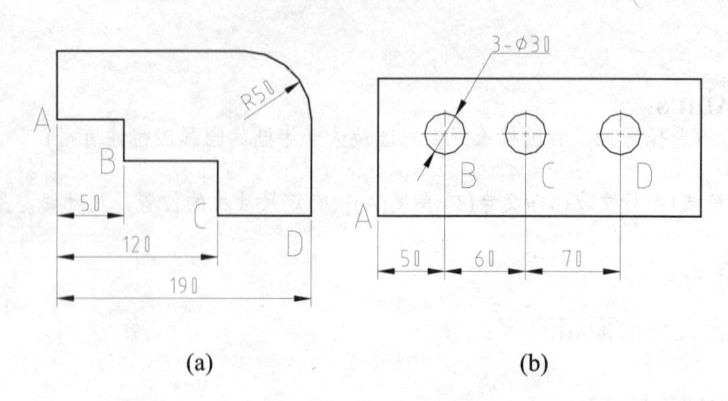


(a)　　　　　　　　(b)

图 6.16　半径和直径标注、基线标注和连续标注

### 3．格式及示例

命令: **DIMDIAMETER**↙
选择圆弧或圆: (选择要标注直径的圆弧或圆，如图 6.16(b)中的小圆)
标注文字 =30
指定尺寸线位置或 [多行文字(M)/文字(T)/角度(A)]:T　(输入选项 T)
输入标注文字 <30>: 3-<>↙(“<>”表示测量值，“3-”为附加前缀)
指定尺寸线位置或 [多行文字(M)/文字(T)/角度(A)]: (确定尺寸线位置)

结果如图 6.16(b)中的 3-Φ30。

### 4．选项说明

命令选项 M、T 和 A 的含义和前面相同。当选择 M 或 T 项在多行文字编辑器或命令窗口中修改尺寸文字的内容时，用“<>”表示保留 AutoCAD 的自动测量值。若取消“<>”，则用户可以完全改变尺寸文字的内容。

## 6.5.7　角度尺寸标注



用于标注角度尺寸，角度尺寸线为圆弧。如图 6.14(b)所示，指定角度顶点 A 和 B、C 两点，标注角度 60°。此命令可标注两条直线所夹的角、圆弧的中心角及三点确定的角。

### 1．命令

①命令名：DIMANGULAR；②菜单：“标注”|“角度”；③图标：“标注”工具栏中的△(角度尺寸标注)图标。

### 2．功能

标注角度。

### 3．格式

命令: **DIMANGULAR**↙
选择圆弧、圆、直线或 <指定顶点>:(选择一条直线)
选择第二条直线: (选择角的第二条边)
指定标注弧线位置或 [多行文字(M)/文字(T)/角度(A)]:(确定尺寸弧的位置)
标注文字 =60

## 6.5.8　基线标注

用于标注有公共的第一条尺寸界线(作为基线)的一组尺寸线互相平行的线性尺寸或角度尺寸。但必须先标注第一个尺寸后才能使用此命令，如图 6.16(a)所示，在标注 AB 间尺寸 50 后，可用基线尺寸命令选择第二条尺寸界线起点 C、D 来标注尺寸 120、190。

### 1．命令

①命令名：DIMBASELINE；②菜单：“标注”|“基线”；③图标：“标注”工具栏中的(基线标注)图标。

### 2．功能

标注具有共同基线的一组线性尺寸或角度尺寸。

### 3．格式及示例

命令: **DIMBASELINE**↙
指定第二条尺寸界线原点或 [放弃(U)/选择(S)] <选择>:(回车选择作为基准的尺寸标注)
选择基准标注: (如图 6.16(a)，选择 AB 间的尺寸标注 50 为基准标注)
指定第二条尺寸界线原点或 [放弃(U)/选择(S)] <选择>:(指定 C 点，标注出尺寸 120)
指定第二条尺寸界线原点或 [放弃(U)/选择(S)] <选择>:(指定 D 点，标注出尺寸 190)

## 6.5.9　连续标注

用于标注尺寸线连续或链状的一组线性尺寸或角度尺寸。如图 6.16(b)所示，从 A 点标注尺寸 50 后，可用连续尺寸命令继续选择第二条尺寸界线起点，链式标注尺寸 60、70。

### 1．命令

①命令名：DIMCONTINUE；②菜单：“标注”|“连续”；③图标：“标注”工具栏中的(连续标注)图标。

### 2．功能

标注连续型链式尺寸。

### 3．格式及示例

命令: **DIMCONTINUE**↙
指定第二条尺寸界线原点或 [放弃(U)/选择(S)] <选择>:(回车选择作为基准的尺寸标注)
选择连续标注: (选择图 6.16(b)中的尺寸标注 50 作为基准)
指定第二条尺寸界线原点或 [放弃(U)/选择(S)] <选择>:(指定 C 点，标出尺寸 60)
指定第二条尺寸界线原点或 [放弃(U)/选择(S)] <选择>: (指定 D 点，标出尺寸 70)

## 6.5.10　标注圆心标记

用于给指定的圆或圆弧画出圆心符号或中心线。圆心标记见图 6.17。

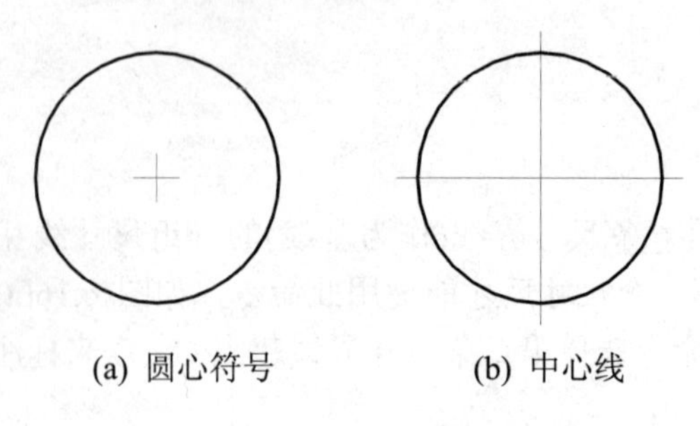

(a) 圆心符号　　(b) 中心线

图 6.17　圆心标记

**1. 命令**

①命令名：DIMCENTER；②菜单：“标注”|“圆心标记”③图标：“标注”工具栏中的(圆心标注)图标。

**2. 功能**

为指定的圆或圆弧绘制圆心标记或中心线。

**3. 格式**

命令：**DIMCENTER↙**
选择圆弧或圆:

**4. 说明**

可以选择圆心标记或中心线，并在设置标注样式时指定它们的大小。也可以使用 DIMCEN 系统变量，修改中心标记线的长短。

## 6.5.11　引线标注

用引线将图形中的有关内容引出标注。引线标注的基本命令有 LEADER 命令和 QLEADER 命令。此外，从 AutoCAD 2008 起又增加了一个新的引线标注命令 MQLEADER(多重引线)，可进行多种形式和多个内容的标注，其具体操作与 LEADER 命令和 QLEADER 命令相似，此处不再详述。

**1. LEADER 命令**

1) 命令
命令名：LEADER。
2) 功能
完成带文字的注释或形位公差标注。图 6.18 所示为用不带箭头的引线标注圆柱管螺纹和圆锥管螺纹代号的标注示例。
3) 格式

命令：**LEADER↙**
指定引线起点:
指定下一点:
指定下一点或 [注释(A)/格式(F)/放弃(U)] <注释>:

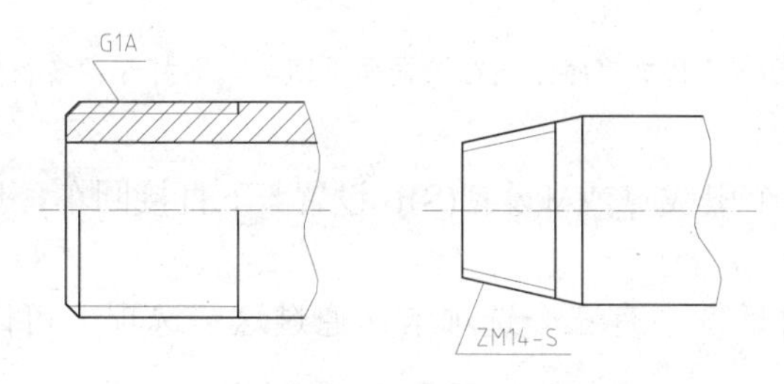


图 6.18 引线标注

在此提示下直接回车，则输入文字注释。回车后提示如下：

输入注释文字的第一行或 <选项>:

在此提示下，输入一行注释后回车，则出现以下提示：

输入注释文字的下一行:

在此提示下可以继续输入注释，回车则结束注释的输入。

若需要改变文字注释的大小、字体等，在提示“输入注释文字的第一行或 <选项>:”下直接回车，则提示“输入注释选项 [公差(T)/副本(C)/块(B)/无(N)/多行文字(M)] <多行文字>:”，继续回车将打开“多行文字编辑器”对话框。可由此输入和编辑注释。

如果需要修改标注格式，在提示指定下一点或 [注释(A)/格式(F)/放弃(U)] <注释>:下选择选项格式(F)，则后续提示为：

输入引线格式选项 [样条曲线(S)/直线(ST)/箭头(A)/无(N)] <退出>:

各选项说明如下。

- 样条曲线(S)：设置引线为样条曲线。
- 直线(ST)：设置引线为直线。
- 箭头(A)：在引线的起点绘制箭头。
- 无(N)：绘制不带箭头的引线。

2. QLEADER 命令

1) 命令

命令名：QLEADER。

2) 功能

快速绘制引线和进行引线标注。利用 QLEADER 命令可以实现以下功能。

- 进行引线标注和设置引线标注格式。
- 设置文字注释的位置。
- 限制引线上的顶点数。
- 限制引线线段的角度。

3) 格式

命令: **QLEADER**↙
指定第一个引线点或 [设置(S)]<设置>:
指定下一点:

指定下一点:
指定文字宽度 <0>:
输入注释文字的第一行 <多行文字(M)>: (在该提示下回车，则打开“多行文字编辑器”对话框)
输入注释文字的下一行:

若在提示指定第一个引线点或 [设置(S)]<设置>:下直接回车，则打开“引线设置”对话框，如图 6.19 所示。

在“引线设置”对话框中有三个选项卡，通过这些选项卡可以设置引线标注的具体格式。

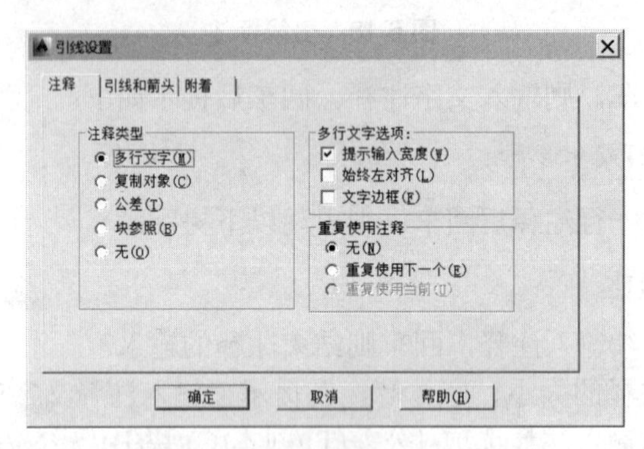


图 6.19 “引线设置”对话框

## 6.5.12 几何公差标注

对于一个零件，其实际形状和位置相对于理想形状和位置存在一定的误差，该误差称为几何公差(也称形状与位置公差，简称形位公差)。在工程图中，通常应当标注出零件某些重要元素的几何公差。AutoCAD 提供了标注几何公差的功能，其标注命令为 TOLERANCE。所标注的几何公差文字的大小由系统变量 DIMTXT 确定。

### 1．命令

①命令名：TOLERANCE；②菜单：“标注”|“公差”；③工具栏：“标注”工具栏中的 (公差标注)图标。

### 2．功能

标注几何公差。

### 3．格式

启动该命令后，打开“形位公差”对话框，如图 6.20 所示。

在对话框中，单击“符号”下面的黑色方块，打开“特征符号”对话框，如图 6.21 所示，通过该对话框可以设置形位公差的代号。在该对话框中，选择某个符号则单击该符号，若不进行选择，则单击右下角的白色方块或按 Esc 键。

在“形位公差”对话框“公差 1”输入区的文本框中输入公差数值，单击文本框左侧的黑色方块则设置直径符号 $\phi$，单击文本框右侧的黑色方块，则打开“包容条件”对话框，利用该对话框设置包容条件。

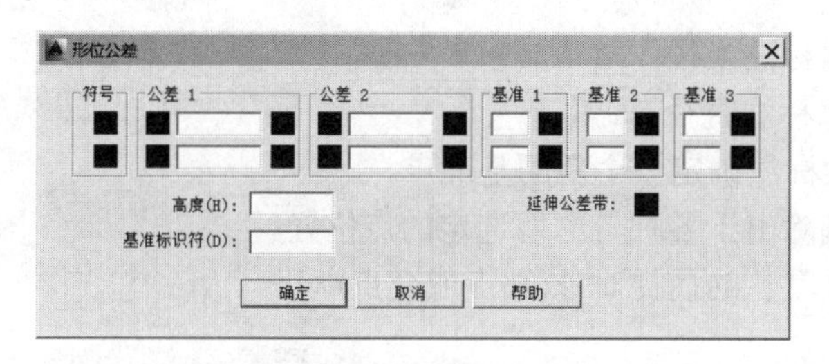


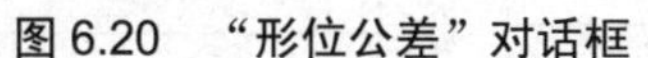
图 6.20　“形位公差”对话框

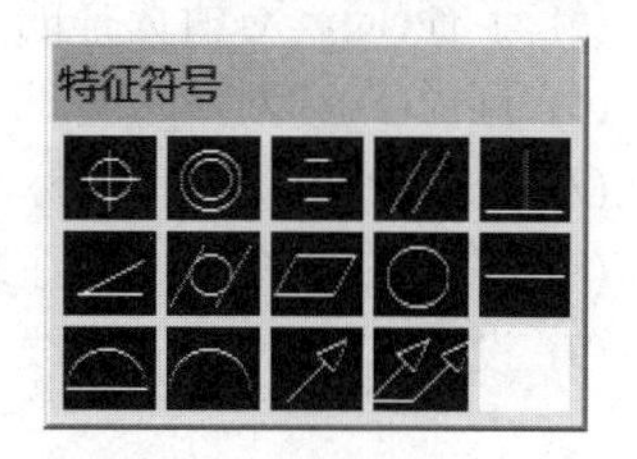


图 6.21　“特征符号”对话框

若需要设置两个公差，利用同样的方法在“公差 2”输入区进行设置。

在“形位公差”对话框的“基准”输入区设置基准，在其文本框输入基准的代号，单击文本框右侧的黑色方块，则可以设置包容条件。

图 6.22 所示为标注的圆柱轴线的直线度公差。

图 6.22　圆柱轴线的直线度公差

## 6.5.13　快速标注

一次选择多个对象，可同时标注多个相同类型的尺寸，这样可大大节省时间，提高工作效率。

### 1．命令

①命令名：QDIM；②菜单：“标注”|“快速标注”；③工具栏：“标注”工具栏中的 (快速标注)图标。

### 2．功能

快速生成尺寸标注。

### 3．格式

命令：**QDIM**↙
选择要标注的几何图形:(选择需要标注的对象，回车则结束选择)
指定尺寸线位置或[连续(C)/并列(S)/基线(B)/坐标(O)/半径(R)/直径(D)/基准点(P)/编辑(E)/设置(T)]<连续>:

系统默认状态为指定尺寸线的位置，通过拖曳鼠标可以并确定调整尺寸线的位置。其余各选项说明如下。

(1) 连续(C)。对所选择的多个对象快速生成连续标注，如图 6.23(a)所示。

(2) 并列(S)。对所选择的多个对象快速生成尺寸标注，如图 6.23(b)所示。

(3) 基线(B)。对所选择的多个对象快速生成基线标注，如图 6.23(c)所示。

(4) 坐标(O)。对所选择的多个对象快速生成坐标标注。

(5) 半径(R)。对所选择的多个对象标注半径。

(6) 直径(D)。对所选择的多个对象标注直径。

(7) 基准点(P)。为基线标注和连续标注确定一个新的基准点。

(8) 编辑(E)。在生成标注之前，删除出于各种考虑而选定的点位置。

(9) 设置(T)。为尺寸界线原点设置默认的捕捉对象(端点或交点)。

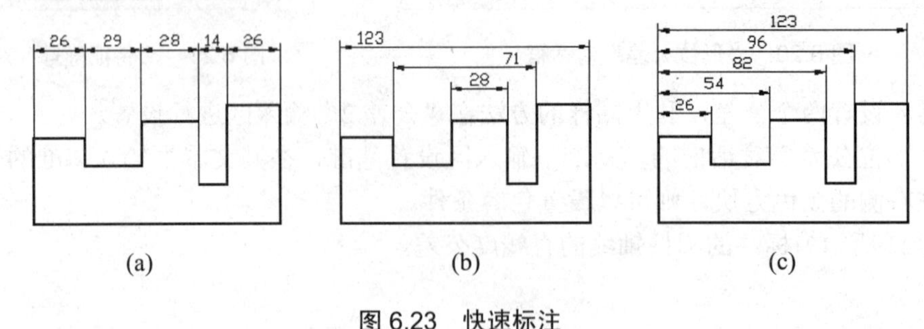


图 6.23　快速标注

## 6.5.14　标注间距

可以自动调整图形中现有的平行线性标注和角度标注，以使其间距相等或在尺寸线处相互对齐。这是 AutoCAD 2008 新增加的一个命令。

### 1．命令

①命令名：DIMSPACE；②菜单：“标注”|“标注间距”；③工具栏：“标注”工具栏中的(标注间距)图标。

### 2．功能

调整多个尺寸线的间距。

### 3．格式

命令：**DIMSPACE**↙
选择基准标注：(选择平行线性标注或角度标注)
选择要产生间距的标注：(选择平行线性标注或角度标注以从基准标注均匀隔开，并按 Enter 键)
输入值或 [自动(A)] <自动>：(指定间距或按 Enter 键)

### 4．选项

(1) 输入间距值：指定从基准标注均匀隔开选定标注的间距值，如图 6.24(a)和图 6.24(b)所示。

**注意：** 可以使用间距值 0(零)将对齐选定的线性标注和角度标注的末端对齐，如图 6.24(c)和图 6.24(d)所示。

(2) 自动：基于在选定基准标注的标注样式中指定的文字高度自动计算间距。所得的间距值是标注文字高度的两倍。

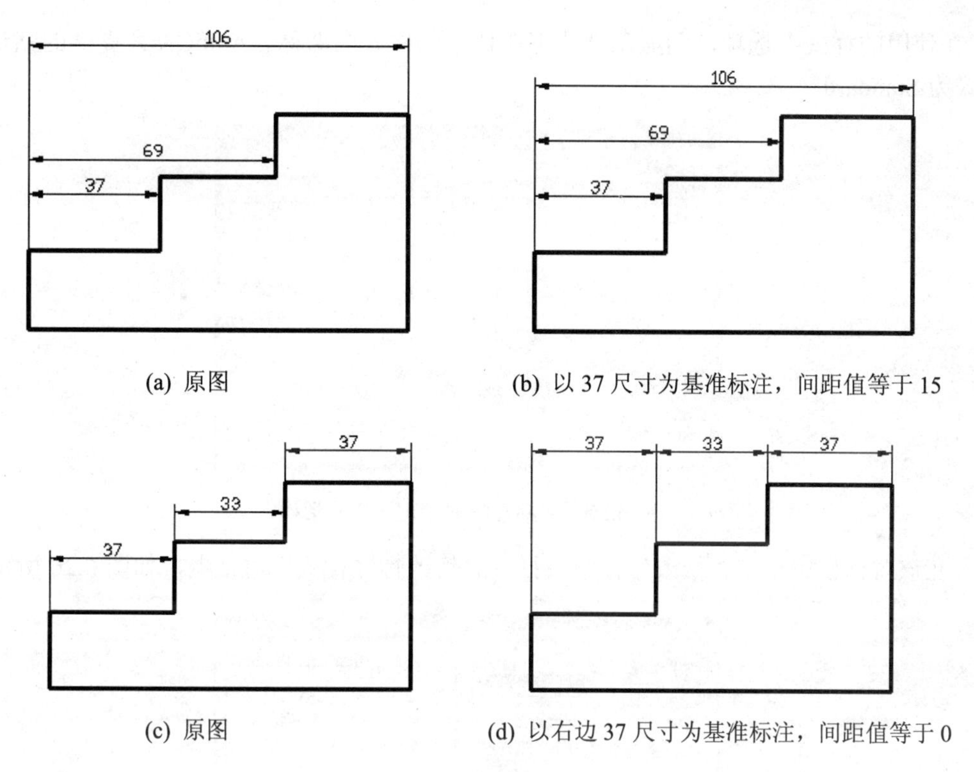


(a) 原图　(b) 以 37 尺寸为基准标注，间距值等于 15

(c) 原图　(d) 以右边 37 尺寸为基准标注，间距值等于 0

图 6.24　标注间距

# 6.6　设置标注样式

AutoCAD 提供的尺寸标注功能是一种半自动标注，它只要求用户输入最少的标注信息，其他参数(如箭头的大小、尺寸数字的高低、尺寸界限的长短、尺寸线之间的间距等)都是通过标注样式的设置来确定的，而标注样式中的各种状态与参数都对应有相应的尺寸标注系统变量。

当进行尺寸标注时，AutoCAD 默认的设置往往不能满足需要，这就需要新建标注样式或对已有的标注样式进行修改，DIMSTYLE 命令提供了设置和修改标注样式的功能。

### 1．命令

①命令名：DIMSTYLE；②菜单：“标注”|“标注样式”；③图标：“标注”工具栏中的(标注样式)图标。

### 2．功能

创建和修改标注样式，设置当前标注样式。

### 3．格式

调用 DIMSTYLE 命令后，打开“标注样式管理器”对话框，如图 6.25 所示。

在该对话框的“样式”列表框中，显示标注样式的名称。若在“列出”下拉列表框中选择“所有样式”选项，则在“样式”列表框显示所有样式名；若在下拉列表框中选择

“正在使用的样式”选项，则显示当前正在使用的样式的名称。AutoCAD 提供的默认标注样式为 Standard。

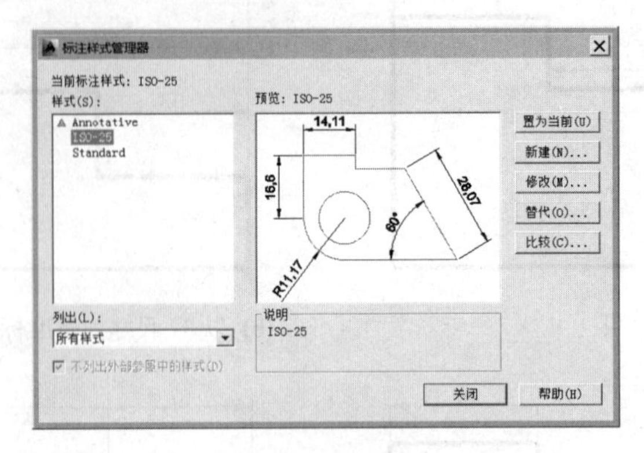

图 6.25　“标注样式管理器”对话框

在该对话框中单击“修改”按钮，打开“修改标注样式”对话框，如图 6.26 所示。

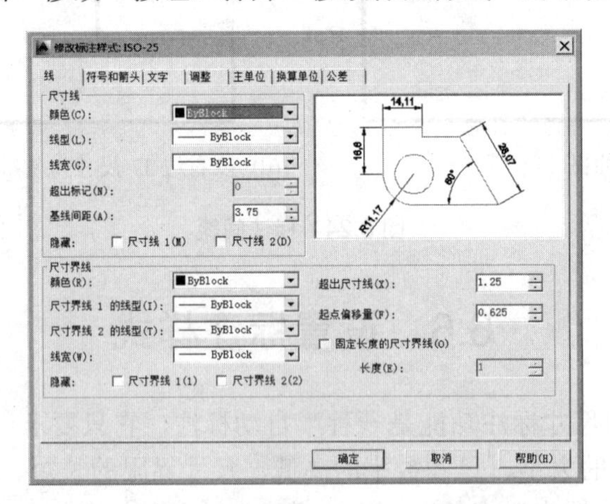

图 6.26　“修改标注样式”对话框

在“修改标注样式”对话框中，通过 7 个选项卡可以实现标注样式的修改。各选项卡的主要内容简介如下。

(1) “线”选项卡(见图 6.26)。设置尺寸线、尺寸界线的格式及相关尺寸。

(2) “符号和箭头”选项卡[见图 6.27(a)]。设置箭头、圆心标记、弧长符号、半径标注折弯等格式及尺寸。

(3) “文字”选项卡(见图 6.28)。设置尺寸文字的形式、位置、大小和对齐方式。

(4) “调整”选项卡(见图 6.29)。在进行尺寸标注时，在某些情况下尺寸界线之间的距离太小，不能够容纳尺寸数字，在此情况下，可以通过该选项卡根据两条尺寸界线之间的空间，设置将尺寸文字、尺寸箭头放在两尺寸界线的里边还是外边，以及定义尺寸要素的缩放比例等。

(5) “主单位”选项卡(见图 6.30)。设置尺寸标注的单位和精度等。注意一般应将其中的“小数分隔符”修改为“句点”。若均取整数，可将“精度”设置为 0。

(6) “换算单位”选项卡(见图 6.31)。设置换算单位及格式。

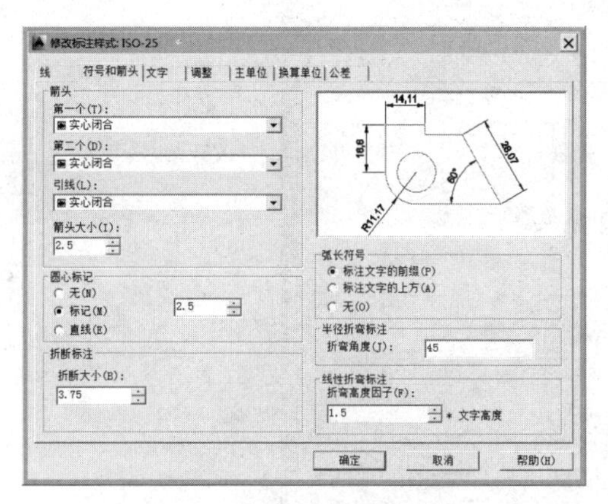


(a) 机械图的通常设置

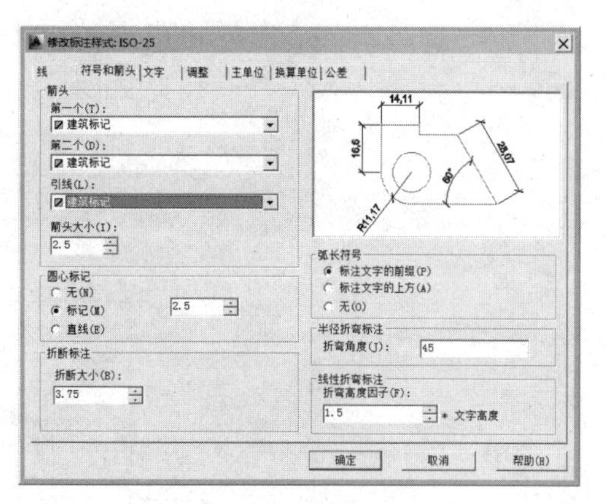


(b) 建筑图的通常设置

图 6.27　“符号和箭头”选项卡

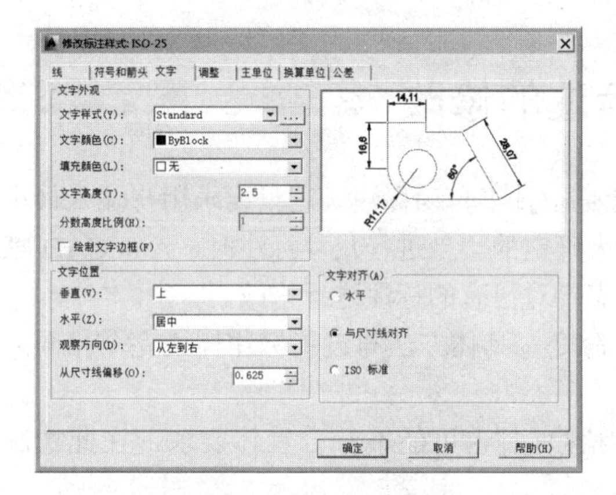


图 6.28　“文字”选项卡

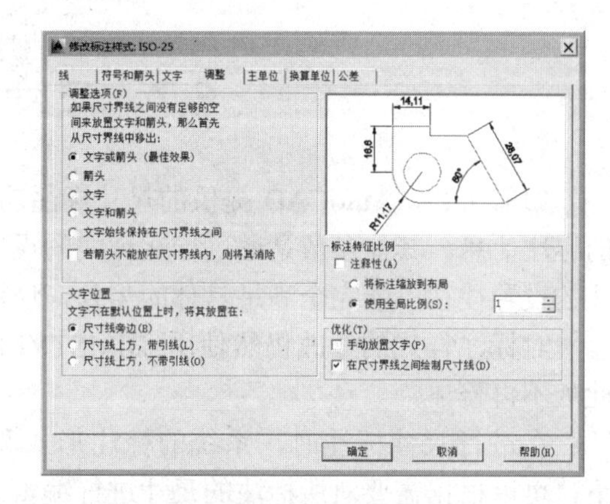


图 6.29　“调整”选项卡

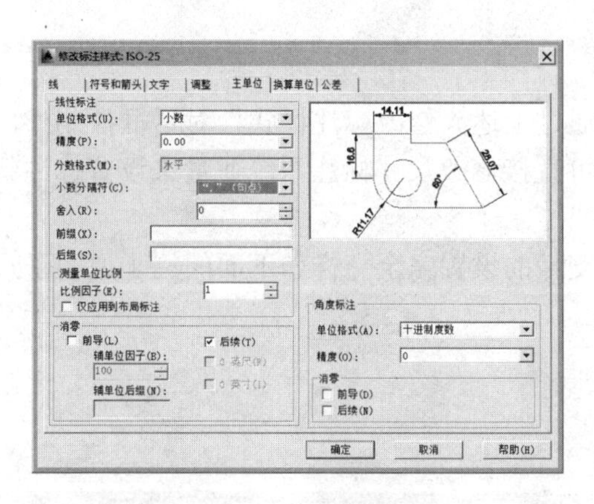


图 6.30　“主单位”选项卡

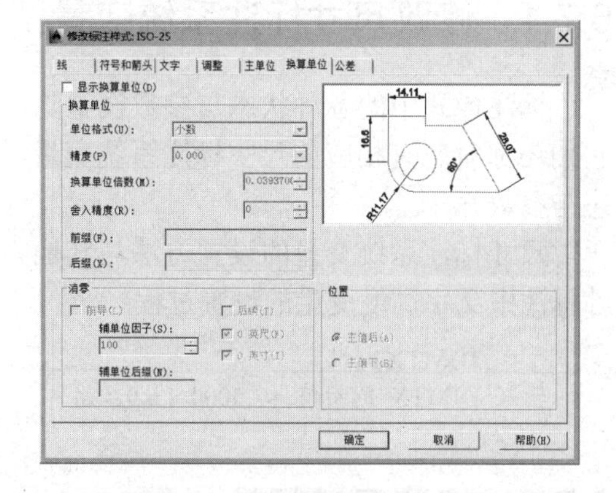


图 6.31　“换算单位”选项卡

(7) “公差”选项卡(见图 6.32)。设置尺寸公差的标注形式和精度。

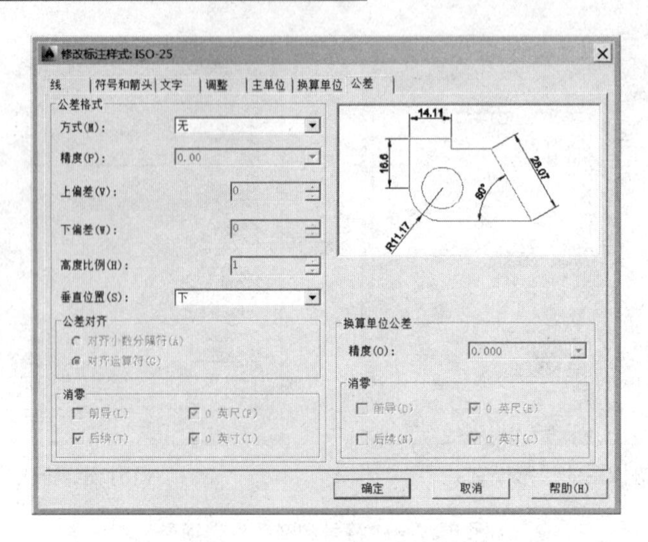

图 6.32 “公差”选项卡

# 6.7 尺寸标注的修改

如前所述，AutoCAD 提供的尺寸标注功能是一种半自动标注，它只要求用户输入最少的标注信息，其他参数是通过标注样式的设置来确定的。当进行尺寸标注时，AutoCAD 默认的设置往往不能完全满足具体的需要，这就需要对已有的标注进行修改。

对标注样式的修改仍然使用 DIMSTYLE 命令，具体方法与设置标注样式完全相同，此处不再赘述。

在进行尺寸标注时，系统的标注形式和内容有时也可能不符合具体要求，在此情况下，可以根据需要对所标注的尺寸进行编辑。

## 6.7.1 修改尺寸标注系统变量

标注样式中的各种状态与参数设置除可以通过上述“修改标注样式”对话框控制外，它们还都对应有相应的尺寸标注系统变量，也可直接修改尺寸标注系统变量来设置标注状态与参数。

尺寸标注系统变量的设置方法与其他系统变量的设置完全一样。下面的例子说明了尺寸标注中文字高度变量的设置过程：

命令: **DIMTXT**↙↙
输入 DIMTX 的新值 <2.5000>: **6.0**↙↙

## 6.7.2 修改尺寸标注

### 1. 命令

①命令名：DIMEDIT；②工具栏：“标注”工具栏中的(编辑标注)图标。

2．功能

用于修改选定标注对象的文字位置、文字内容和倾斜尺寸线。

3．格式

命令：**DIMEDIT**↙
输入标注编辑类型 [默认(H)/新建(N)/旋转(R)/倾斜(O)] <默认>:

各选项说明如下。

(1) 默认(H)：使标注文字放回到默认位置。

(2) 新建(N)：修改标注文字内容。

(3) “旋转(R)”：使标注文字旋转一角度。

(4) “倾斜(O)”：使尺寸线倾斜，与此相对应的菜单为“标注”下拉菜单中的“倾斜”命令。如把图 6.33(a)的尺寸线修改成图 6.33(b)。

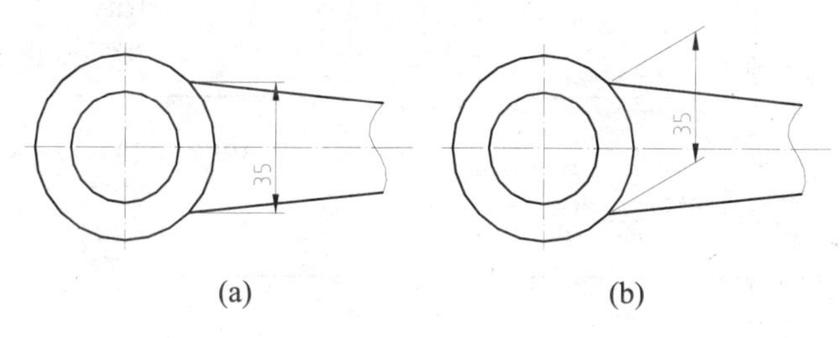


图 6.33　使尺寸线倾斜

## 6.7.3　修改尺寸文字位置

1．命令

①命令名：DIMTEDIT；②菜单：“标注”|“对齐文字”；③工具栏：“标注”工具栏中的(修改尺寸文本位置)图标。

2．功能

用于移动或旋转标注文字，可动态拖动文字。

3．操作

命令：**DIMTEDIT**↙
选择标注：(选择一标注对象)
指定标注文字的新位置或 [左(L)/右(R)/中心(C)/默认(H)/角度(A)]:

提示默认状态为指定标注所选择的标注对象的新位置，通过鼠标拖动所选对象到合适的位置。其余各选项说明如表 6.2 所示。

表 6.2　尺寸文字编辑命令的选项

| 选项名 | 说明 | 图例 |
|---|---|---|
| 左(L) | 把标注文字左移 | 见图 6.34(a) |
| 右(R) | 把标注文字右移 | 见图 6.34(b) |
| 中心(C) | 把标注文字放在尺寸线上的中间位置 | 见图 6.34(c) |
| 默认(H) | 把标注文字恢复为默认位置 | |
| 角度(A) | 把标注文字旋转一角度 | 见图 6.34(d) |

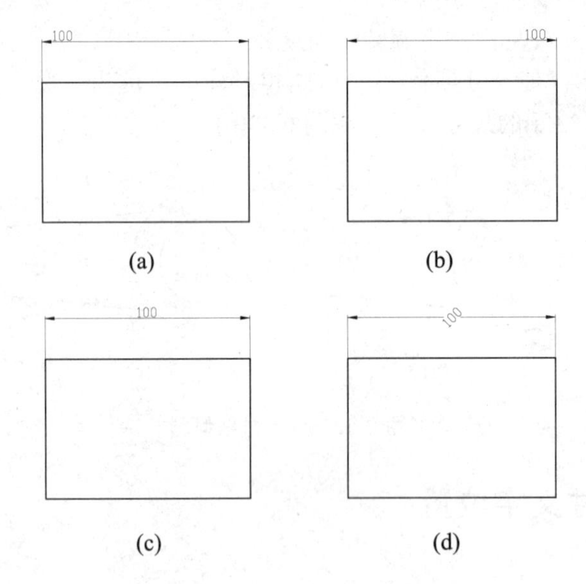


图 6.34　标注文本的编辑

# 思考题 6

## 一、连线题

请将下面左边所列尺寸标注命令与右边对应的命令功能用直线连接。

| | |
|---|---|
| (1) DIMALIGNED | (a) 对齐尺寸标注 |
| (2) DIMLINEAR | (b) 半径标注 |
| (3) DIMRADIUS | (c) 线性尺寸标注 |
| (4) DIMDIAMETER | (d) 基线标注 |
| (5) DIMANGULAR | (e) 引线标注 |
| (6) DIMBASELINE | (f) 形位公差标注 |
| (7) DIMCONTINUE | (g) 快速标注 |
| (8) LEADER | (h) 角度型尺寸标注 |
| (9) TOLERANCE | (i) 连续标注 |
| (10) QDIM | (j) 直径标注 |

## 二、填空题

1. 图 6.35 所示七组图形的尺寸标注均系使用 AutoCAD 的不同标注命令得到的，请在题号后的括号内填写出对应的命令并在上机时具体进行标注。

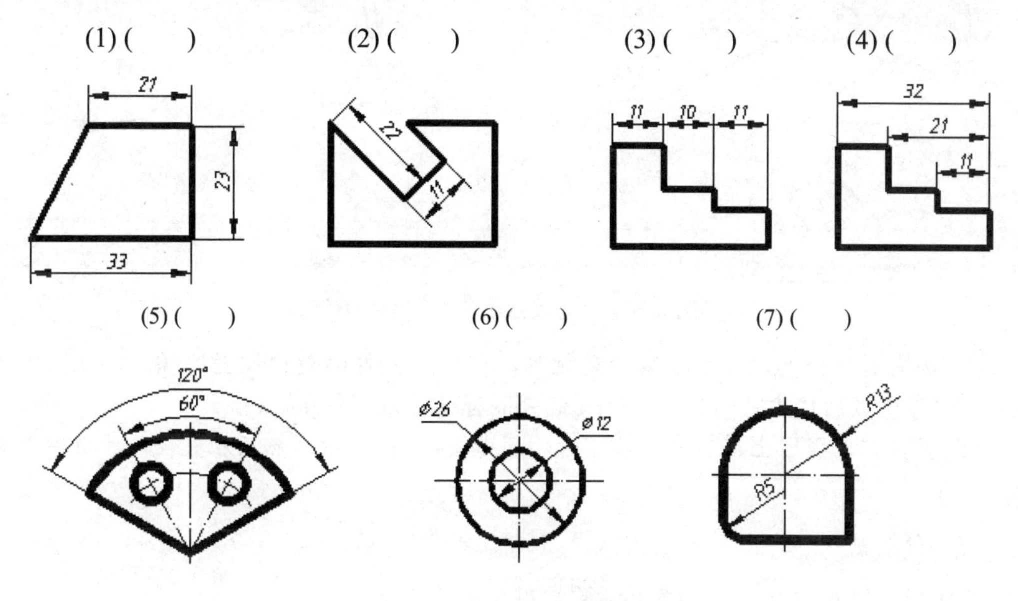


图 6.35　尺寸标注命令

2. 图 6.36 所示四图为“修改标注样式”对话框中不同选项卡下的界面，请填空回答样式设置中的调整内容及调整方向。

(1) 当标注出的尺寸数字高度太小时，需增大(　　)处的数值；当发现尺寸数字与尺寸线几乎连在一起时，需增大(　　)处的数值；欲使标注出的尺寸格式基本符合国家标准的规定时，须使单选按钮选择(　　)处的选项。

(2) 当标注出的尺寸箭头太大时，需减小(　　)处的数值；当尺寸界线超出箭头部分的长度太小时，需增大(　　)处的数值。

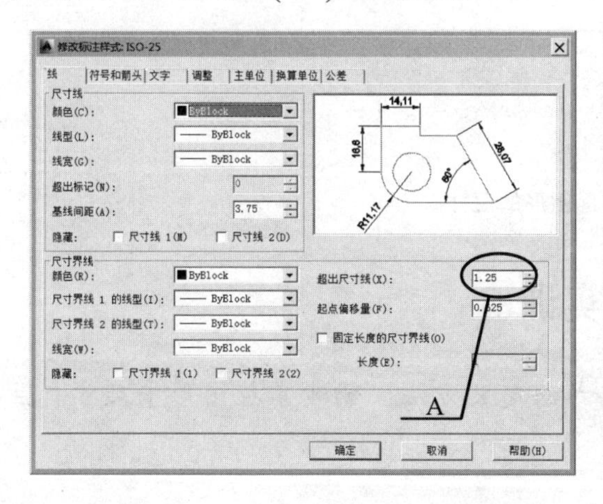


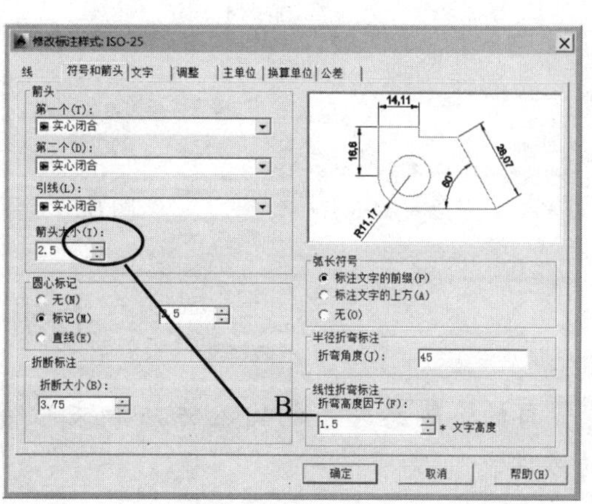


图 6.36　“修改标注样式”对话框

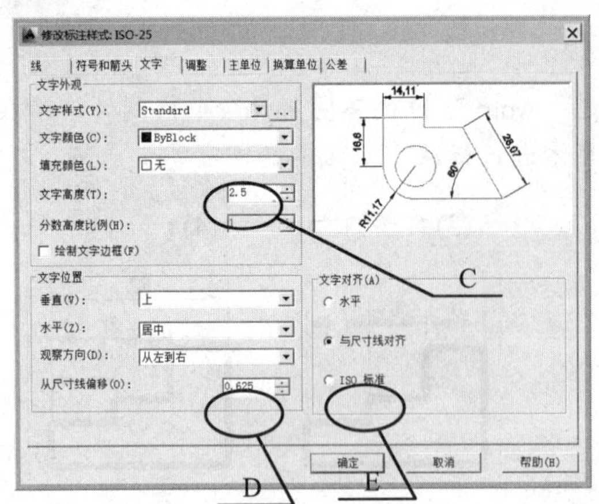


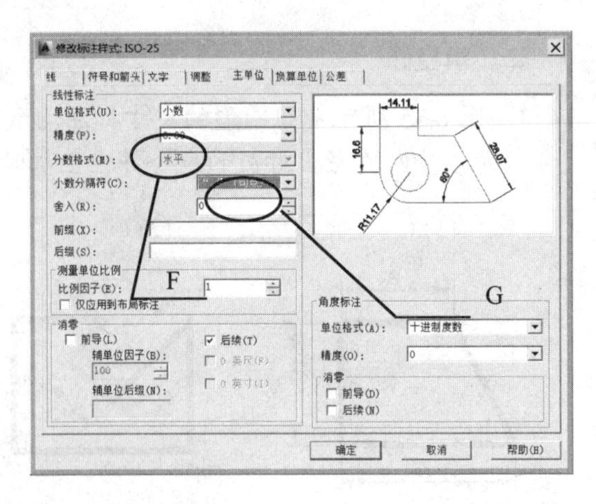


图 6.36 “修改标注样式”对话框(续)

(3) 当需标注出的尺寸数字均为整数时，需将(　　)处的精度设置为 0；欲在图中正确地标注出带小数的尺寸时，需将(　　)处的分隔符设置为“句点”。

(4) 要在非圆视图上标注直径尺寸时，须先输入 T 选项，然后在直径尺寸数字前面加上(　　)。

## 三、分析题

分析标注图 6.37 中所示的各尺寸需应用的标注命令。

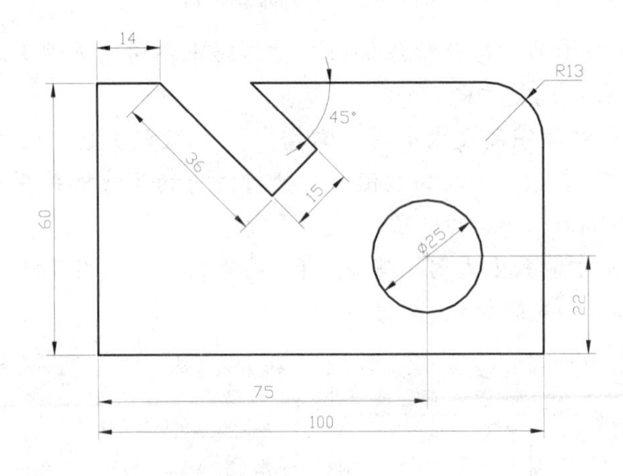


图 6.37 平面图形的尺寸

# 上机实训 6

**目的：** 熟悉文字的输入方法和文字样式的定义方法；初步掌握图形中尺寸标注的方法。

**内容：**

1. 定义文字样式和输入文字。

(1) 建立一个名为 USER 的工程制图用文字样式，采用仿宋体，固定字高 16mm，宽度比例 0.66。然后分别用单行文字(TEXT)和多行文字(MTEXT)命令输入你的校名、班级和姓名。最后用编辑文字命令(DDEDIT)将你的姓名修改为你一位同学的姓名。

(2) 输入下述文字和符号

45° Ø60 100±0.1

123456 AutoCAD

2*. 按照图 6.38 中右图所示的格式上机分别为左图标注尺寸。

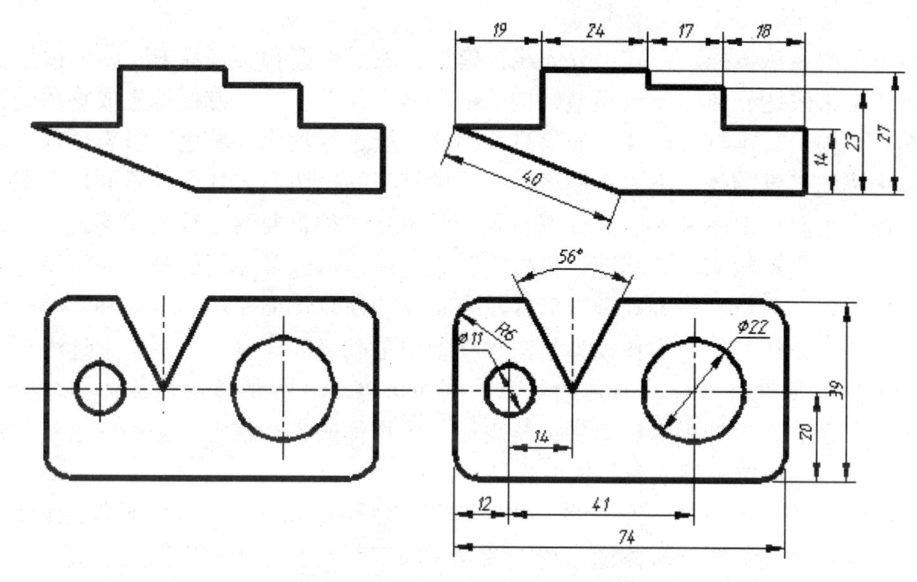


图 6.38　平面图形的尺寸标注

(提示：请用线性尺寸命令和连续尺寸命令标注图形的长度尺寸，用线性尺寸命令和基线尺寸命令标注图形的高度尺寸，用对齐尺寸命令标注图形的倾斜尺寸，用角度尺寸命令及直径和半径尺寸命令标注角度、圆和圆角尺寸。)

3. 用 AutoCAD 抄画图 6.39 所示零件的平面图形并标注尺寸。

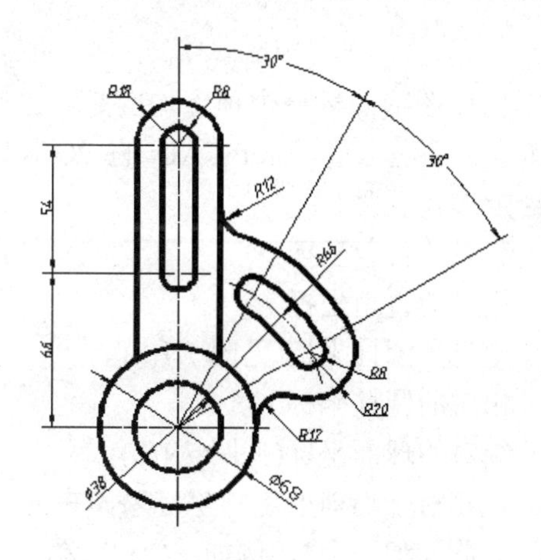


图 6.39　抄画平面图形并标注尺寸

# 第 7 章　三维绘图基础

前面各章介绍了利用 AutoCAD 绘制二维图形的方法。二维图形作图方便，表达图形全面、准确，是机械、建筑等工程图样的主要形式，但二维图形缺乏立体感，需要经过专门的训练才能看懂。而三维图形则能更直观地反映空间立体的形状，富有立体感，更易为人们所接受，是图形设计的发展方向。

三维图形的表达按描述方式可分为线框模型、表面模型和实体模型。线框模型是以物体的轮廓线架来表达立体的。该模型结构简单，易于处理，可以方便地生成物体的三视图和透视图。但由于其不具有面和体的信息，因此不能进行消隐、着色和渲染处理。表面模型是用面来描述三维物体，不光有棱边，而且由有序的棱边和内环构成了面，由多个面围成封闭的体。表面模型在 CAD 和计算机图形学中是一种重要的三维描述形式，如工业造型、服装款式、飞机轮廓设计和地形模拟等三维建模中，大多使用的是表面模型。表面模型可以进行消隐、着色和渲染处理。但其没有实体的信息，如空心的气球和实心的铅球在表面模型描述下是相同的。实体模型是三种模型中最高级的一种，除具有上述线框模型和表面模型的所有特性外，还具有体的信息，因而可以对三维形体进行各种物理特性的计算，如质量、重心、惯性积等。要想完整表达三维物体的各类信息，必须使用实体建模。实体模型也可以用线框模型或表面模型的显示方式去显示。

AutoCAD 提供了强大的三维绘图功能，包括三维图形元素、三维表面和三维实体的创建，三维形体的多面视图、轴测图、透视图表示和富有真实感的渲染图表示等。本章主要介绍三维图形元素、三维表面的创建，用户坐标系的应用和三维形体的显示。三维图形的实体建模将在第 8 章中集中介绍。

## 7.1　三维图形元素的创建

### 7.1.1　三维点的坐标

若要绘制三维图形，则构成图形的每一个顶点均应是三维空间中的点，即每一点均应有 X、Y、Z 三个坐标或其他三维坐标值。AutoCAD 的 POINT、LINE 命令等都接受三维点的输入，三维点坐标的给定形式主要有：

X,Y,Z　　　　绝对的直角坐标
@X,Y,Z　　　　相对的直角坐标
d<A,Z　　　　绝对的圆柱坐标(见图 7.1(a))
@d<A,Z　　　　相对的圆柱坐标
d<A<B　　　　绝对的球面坐标(见图 7.1(b))

三维点的坐标值一般都是相对于当前的用户坐标系而言的。如想以 WCS(世界坐标系)为基准，则输入绝对坐标时，前面加一个*，例如：* X,Y,Z。

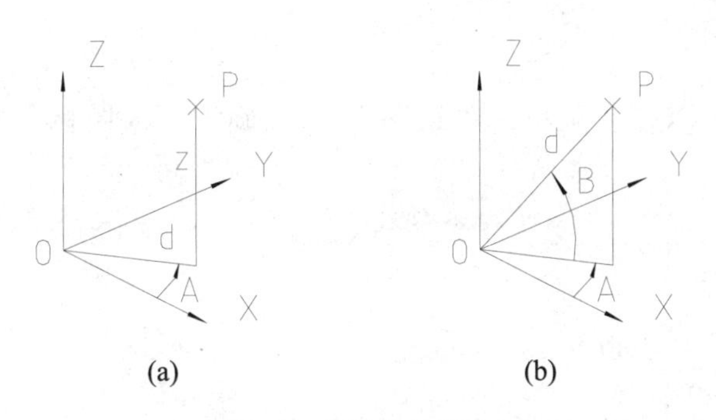


(a) (b)

图 7.1 三维点的输入

## 7.1.2 三维多段线

### 1．命令

①命令名：3DPOLY(缩写名：3P)；②菜单：“绘图”|“三维多段线”。

### 2．格式

命令：**3DPOLY**
指定多段线的起点：(输入起点)
指定直线的端点或 [放弃(U)]：(输入下一点)
指定直线的端点或 [放弃(U)]：(输入下一点)
指定直线的端点或 [闭合(C)/放弃(U)]：(输入下一点，或 C 闭合)

### 3．说明

三维多段线由空间的直线段连成，直线端点的坐标应为三维点的输入，见图 7.2(a)；用 PEDIT 命令可以进行修改，包括三维多段线的闭合、打开、顶点编辑和拟合为空间样条拟合多段线等，见图 7.2(b)。

(a) (b)

图 7.2 三维多段线

## 7.1.3 螺旋线

螺旋线是从 AutoCAD 2007 起开始增加的一个绘图命令，其功能是绘制二维或三维螺旋线(见图 7.3)。与后面介绍的 SWEEP 命令相结合，可以方便地进行螺纹结构或弹簧的三维建模。

### 1．命令

①命令名：HELIX；②菜单：“绘图”|“螺旋”；③图标：“建模”工具栏中的(螺旋线)图标。

### 2．格式

```
命令: HELIX
圈数 = 3.0000        扭曲=CCW
指定底面的中心点:
指定底面半径或 [直径(D)] <280.9785>:
指定顶面半径或 [直径(D)] <128.7827>:
指定螺旋高度或 [轴端点(A)/圈数(T)/圈高(H)/扭曲(W)] <801.9437>:
```

### 3．说明

创建螺旋线时，可以指定其底面半径、顶面半径、高度、圈数、圈高、扭曲方向等参数。如果指定一个值来同时作为底面半径和顶面半径，将创建圆柱形螺旋，见图 7.3(a)；如果指定不同的值来作为顶面半径和底面半径，将创建圆锥形螺旋线，见图 7.3(b)；如果指定的高度值为 0，则将创建平面螺旋线，见图 7.3(c)。

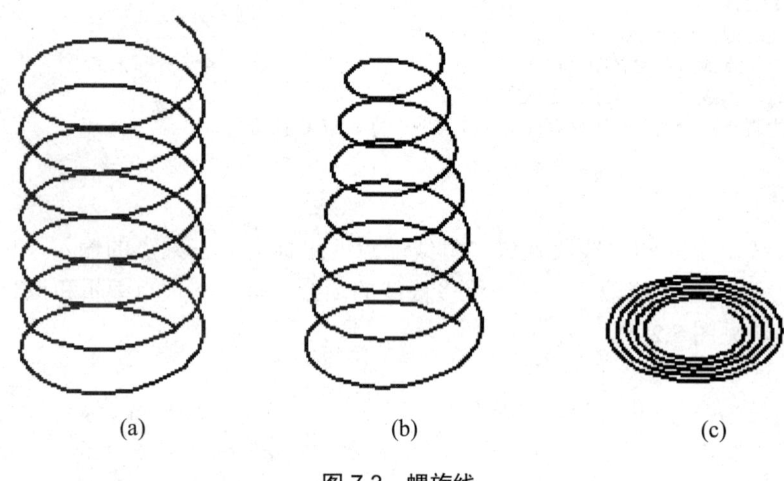


图 7.3　螺旋线

在提示“指定螺旋高度或 [轴端点(A)/圈数(T)/圈高(H)/扭曲(W)]:”下各选项的含义如下。

- 轴端点：指定螺旋线轴线端点的位置。轴端点可以位于三维空间的任意位置。轴端点定义了螺旋线的高度和方向。
- 圈：指定螺旋线的圈数。 圈数不能超过 500，默认值为 3。绘制图形时，圈数的默认值始终是先前输入的圈数值。
- 圈高：指定螺旋内一个完整圈的高度。当指定圈高值时，螺旋中的圈数将相应地自动更新。如果已指定螺旋的圈数，则不能输入圈高的值。
- 扭曲：指定以顺时针(CW)方向还是以逆时针方向(CCW)绘制螺旋。螺旋扭曲的默认值是逆时针。

### 7.1.4　基面

基面是指画图的基准平面，系统默认设置为当前 UCS 下的 XOY 平面，即画图平面始终和当前 UCS 下的 XOY 平面平行。通过 ELEV 命令，可以用二维绘图命令绘制出具有一定厚度的三维图形。

1．命令

命令名：ELEV。

2．格式

命令: **ELEV**
指定新的默认标高 <0.0000>: (给出基面标高)
指定新的默认厚度 <0.0000>: (给出沿 Z 轴线的延伸厚度)

3．说明

利用基面命令，定义当前 UCS 下的标高与厚度，可以使后续画出的二维图形画在三维空间(即画在标高非零的基面上)，见图 7.4(a)，并可具有厚度，见图 7.4(b)。

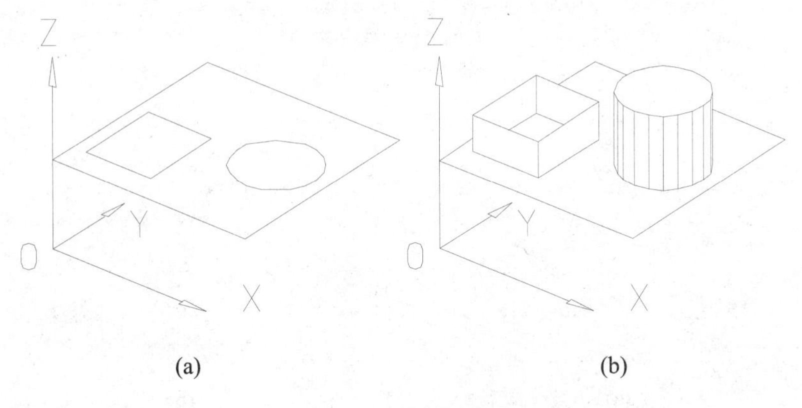


图 7.4　利用基面命令

## 7.2　三维曲面绘图命令

### 7.2.1　三维面

1．命令

①命令名：3DFACE(缩写名：3F)；②菜单：“绘图”|“建模”|“网格”|“三维面”。

2．格式及示例

命令: **3DFACE**
指定第一点或 [不可见(I)]: (输入 1 点)

指定第二点或 [不可见(I)]: (输入 2 点)
指定第三点或 [不可见(I)] <退出>:(输入 3 点)
指定第四点或 [不可见(I)] <创建三侧面>:(输入 4 点)
指定第三点或 [不可见(I)] <退出>:(输入下一个面的第三点，5 点)
指定第四点或 [不可见(I)] <创建三侧面>:(输入下一个面的第四点，6 点)
指定第三点或 [不可见(I)] <退出>:(回车，结束命令)

3. 说明

(1) 每面由四点组成，形成四边形，也可以有两点重合，形成三角形，四点应按顺时针，或逆时针顺序输入。

(2) 输入第一个四边形后，提示继续第三点、第四点，即可连续组成第二个四边形，见图 7.5(a)，用回车可结束命令。

(3) 在一边的起点处，先输入 I，则该边将成为不可见，如图 7.5(b)中，在输入 3 点前输入 I，则 34 边不可见。

(4) 用命令 EDGE(边)可以控制边的可见性。用系统变量 SPLFRAME 可以控制不可见边的可见性(让不可见边显示可见)。

(5) 用命令 3DMESH 可构成由 3DFACE 组成的三维网格面。

(6) 用命令 PFACE 可以构成由多边形(大于四边)组成的多边形网格面。

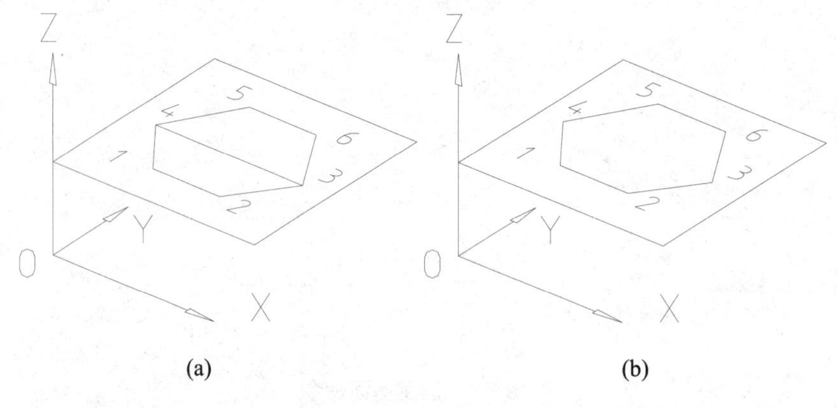


图 7.5　三维面

## 7.2.2　旋转曲面

1. 命令

①命令名：REVSURF；②菜单：“绘图”|“建模”|“网格”|“旋转网格”。

2. 功能

指定路径曲线与轴线，创建旋转曲面。

3. 格式

命令：**REVSURF**
当前线框密度: SURFTAB1=6　SURFTAB2=6

选择要旋转的对象：(可选直线，圆弧，圆，二维或三维多段线 )
选择定义旋转轴的对象：(可选直线，开式二维或三维多段线)
指定起点角度 <0>：(相对于路径曲线的起始角，逆时针为正)
指定包含角 (+=逆时针，-=顺时针) <360>：(输入旋转曲面所张圆心角)

### 4．说明

(1) 旋转轴为有向线段，靠近拾取点处为线段起点。对开式多段线只取起点到终点的直线段。

(2) 系统变量 SURFTAB1 控制旋转方向的分段数，默认值为 6。

(3) 系统变量 SURFTAB2 控制路径曲线的分段数，默认值为 6，路径曲线为直线、圆弧、圆、样条拟合多段线时，分段数按 SURFTAB2；当路径曲线为多段线时，直线段不再分段，圆弧段按 SURFTAB2 分段。

操作时，应先设定 SURFTAB1、SURFTAB2 的值，并画出路径曲线和轴线，必要时，可利用 UCS 命令调整作图平面。图 7.6(a)所示为用多段线作路径曲线，图 7.6(b)所示为用样条拟合多段线作路径曲线。

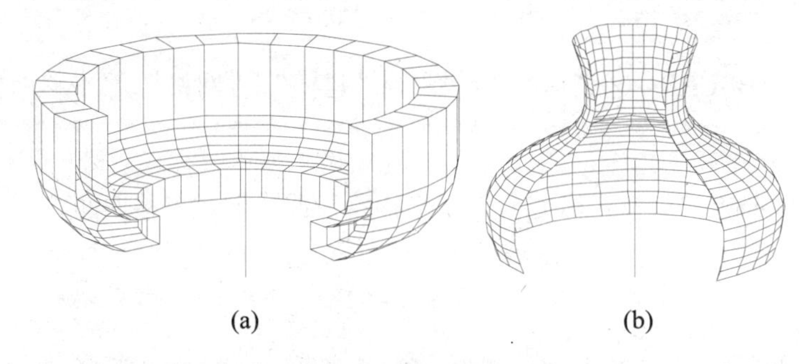

(a) (b)

图 7.6 旋转曲面

### 5．示例

酒杯的绘制。

操作步骤如下。

(1) 选择菜单“视图”|“三维视图”|“主视”。

(2) 分别用 SPLINE 命令和 LINE 命令绘制酒杯的轮廓线、回转轴线，见图 7.7(a)。

(3) 启动 REVSURF 命令。

(4) 拾取要旋转的对象(酒杯轮廓线)。

(5) 选定旋转轴线。

(6) 输入起始角度(0°)。

(7) 输入包含角度(360°)，完成旋转曲面的绘制，见图 7.7(b)。

从图中看出，生成的酒杯精度很差，杯口是一个多边形，轮廓线也不是光滑的曲线。这是由于系统变量 SURFTAB1 和 SURFTAB2 的值太小(默认值均为 6)所造成的。将 SURFTAB1 和 SURFTAB2 的值改为 24，然后重新绘制该酒杯，结果见图 7.7(c)。

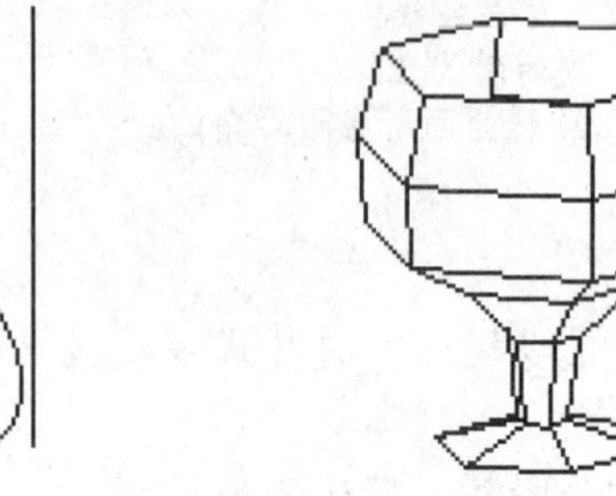
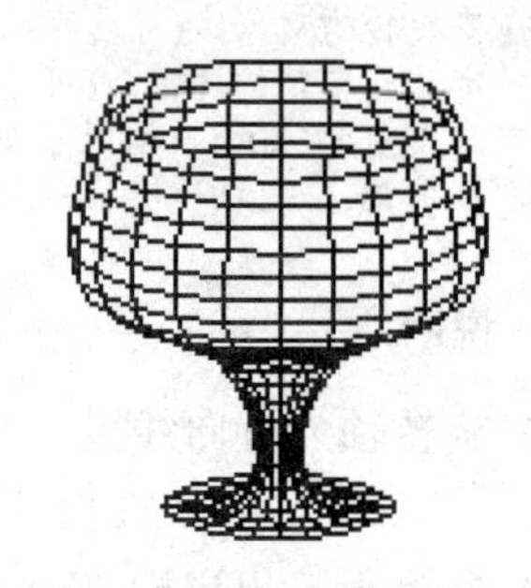

(a) 平面曲线及回转轴　(b) SURFTAB1、SURFTAB2 为 6 时的回转面　(c) SURFTAB1、SURFTAB2 为 24 时的回转面

图 7.7　酒杯及其绘制过程

## 7.2.3　平移曲面

### 1．命令

①命令名：TABSURF；②菜单：“绘图”|“建模”|“网格”|“平移网格”。

### 2．功能

指定路径曲线与方向矢量，沿方向矢量平移路径曲线创建平移曲面。

### 3．格式

命令：**TABSURF**
选择用作轮廓曲线的对象：(可选直线、圆弧、圆、椭圆、二维或三维多段线)
选择用作方向矢量的对象：(可选直线或开式多段线)

### 4．说明

路径曲线的分段数由 SURFTAB1 确定，默认值为 6。图 7.8(a)所示为用多段线作路径曲线，图 7.8(b)所示为用样条拟合多段线作路径曲线。

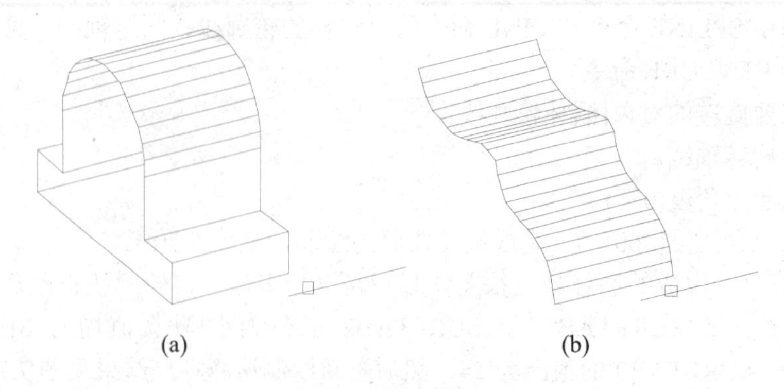

(a)　(b)

图 7.8　平移曲面

## 7.2.4　直纹曲面

### 1. 命令

①命令名：RULESURF；②菜单：“绘图”|“建模”|“网格”|“直纹网格”。

### 2. 功能

指定第一和第二定义曲线，创建直纹曲面。定义曲线可以是点、直线、样条曲线、圆、圆弧或多段线，如一条定义曲线为闭合曲线，则另一条必须闭合。两条定义曲线中只允许一条曲线用点代替。

### 3. 格式

命令：**RULESURF**
选择第一条定义曲线：
选择第二条定义曲线：

### 4. 说明

(1) 分段线由系统变量 SURFTAB1 确定，默认值为 6。

(2) 对开式定义曲线，定义曲线的起点靠近拾取点，对于圆，起点为 0° 象限点，分点逆时针排列。对于闭合多段线起点为多段线终点，分点反向排列到多段线起点，如图 7.9 所示。

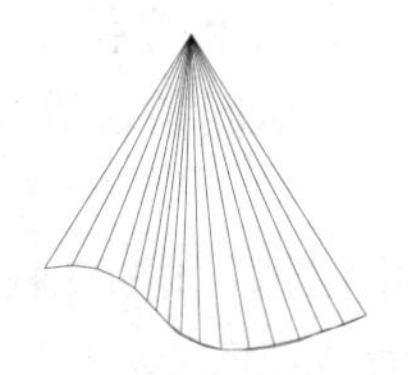

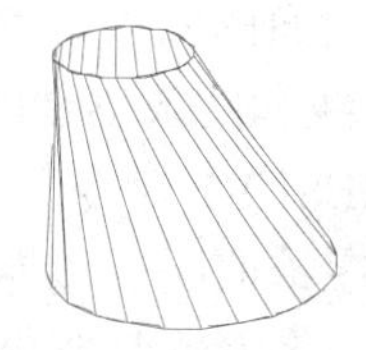

图 7.9　直纹曲面

## 7.2.5　边界曲面

### 1. 命令

①命令名：EDGESURF；②菜单：“绘图”|“建模”|“网格”|“边界网格”。

### 2. 功能

指定首尾相连的四条边界，创建双三次孔斯(COONS)曲面片。边界可以是直线段、圆弧、样条曲线、开式二维或三维多段线。

### 3. 格式

命令：**EDGESURF**
选择用作曲面边界的对象 1：(靠近拾取点的边界顶点为起点，边 1 的方向为 M 方向，从起点出发的另一边方向为 N 方向。)

选择用作曲面边界的对象 2:
选择用作曲面边界的对象 3:
选择用作曲面边界的对象 4:

### 4．说明

(1) 沿 M 方向的分段线由系统变量 SURFTAB1 控制，默认值为 6。

(2) 沿 N 方向的分段线由系统变量 SURFTAB2 控制，默认值为 6。

如图 7.10 所示，为了便于绘制边界曲线，可以调用 3D 命令中的长方体作为参照，并利用 UCS 命令在长方体表面上绘制。

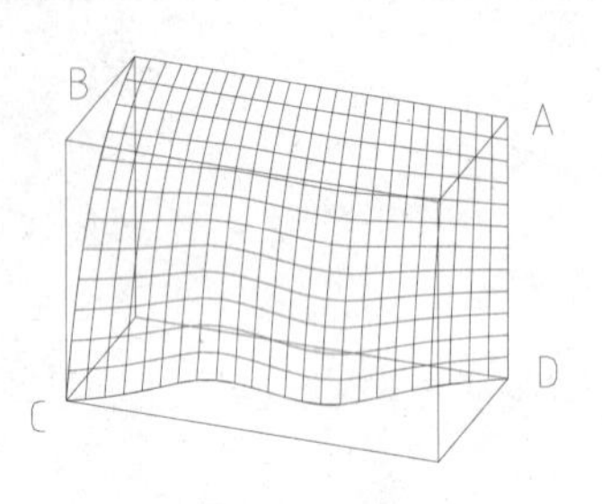


图 7.10　边界曲面

### 5．示例

下面以绘制图 7.11(d)所示桌腿曲面为例，介绍绘制边界曲面的方法。

操作步骤如下。

(1) 画出决定曲面的四条边界曲线，如图 7.11(a)所示。此处是两条分别位于不同高度的水平面内的多段线和两条位于同一侧平面内的样条曲线，这四条边界曲线首尾相接。

(2) 启动 EDGESURF 命令。

(3) 按任意次序拾取四条边界，回车完成边界曲面的作图，如图 7.11(b)所示。

(4) 利用镜像命令对称复制出另一半，结果如图 7.11(c)所示。

渲染后的效果如图 7.11(d)所示。

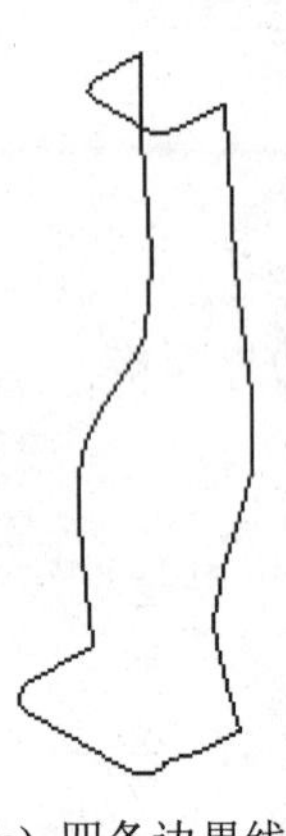

(a) 四条边界线

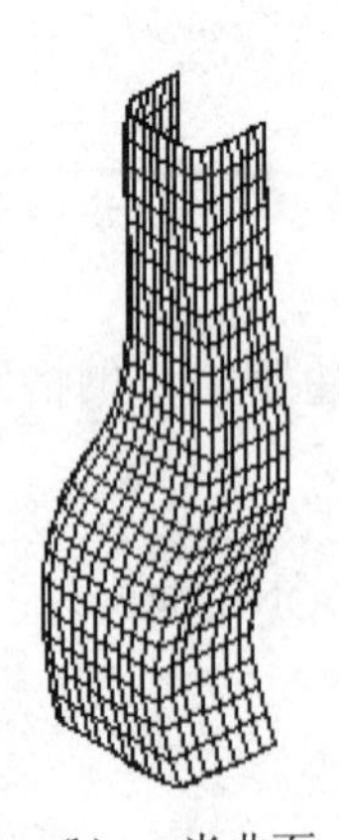

(b) 一半曲面

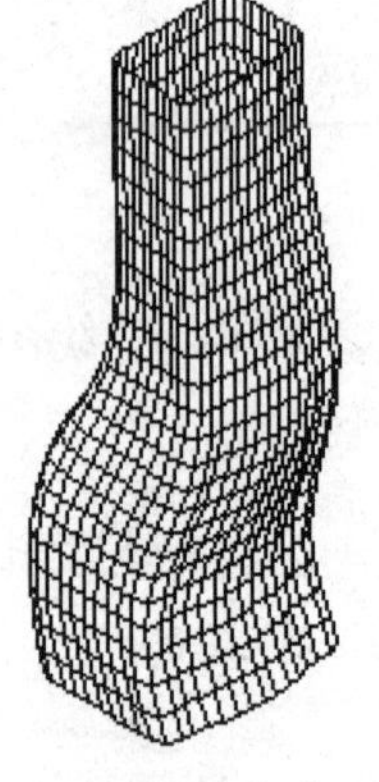

(c) 完整的曲面

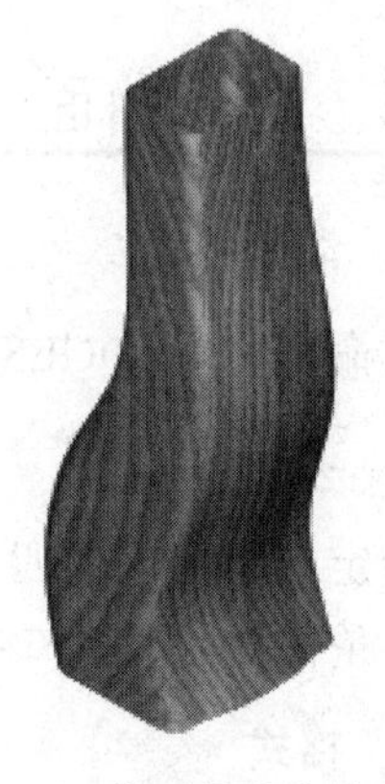

(d) 曲面的渲染效果

图 7.11　边界曲面的应用

## 7.2.6　三维网格曲面

### 1. 命令

①命令名：3DMESH；②菜单："绘图" | "建模" | "网格" | "三维网格"。

### 2. 功能

创建自由格式的多边形网格。

### 3. 格式

```
命令: 3DMESH
输入 M 方向上的网格数量: (输入一个方向上的网格数)
输入 N 方向上的网格数量: (输入另一垂直方向上的网格数)
指定顶点 (0, 0) 的位置:      (依次输入各网格点处的顶点坐标)
指定顶点 (0, 1) 的位置:
指定顶点 (0, 2) 的位置:
指定顶点 (0, 3) 的位置:
指定顶点 (0, 4) 的位置:
⋮
指定顶点 (1, 0) 的位置:
指定顶点 (1, 1) 的位置:
⋮
```

### 4. 说明

(1) 输入 M 方向上的网格数量和 N 方向上的网格数量的取值范围均应在 2 到 256 之间。

(2) 多边形网格由矩阵定义，其大小由 M 和 N 的尺寸值决定。 M 乘以 N 等于必须指定的顶点数。

(3) 该命令主要是为程序员而设计，利用脚本命令或编程实现较为方便。

图 7.12 所示为用 3DMESH 命令生成的丘陵曲面(网格数为 40×40)。

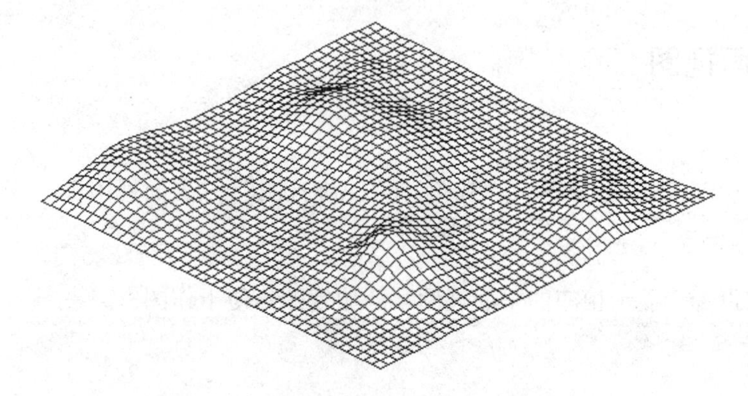

图 7.12　用 3DMESH 命令生成的丘陵曲面

# 7.3 用户坐标系

AutoCAD 作图，通常以当前用户坐标系 UCS 的 XOY 平面为作图基准面，因此，不断变化 UCS 的设置，就可以在三维空间创造任意方位的三维形体。本节将对和 UCS 有关的命令及其应用作一介绍。

## 7.3.1 UCS 图标

### 1. 命令

①命令名：UCSICON；②菜单：“视图”|“显示”|“UCS 图标”|“开，原点”。

### 2. 功能

控制 UCS 图标的是否显示和是否放在 UCS 原点位置。

### 3. 格式

命令：**UCSICON**
输入选项 [开(ON)/关(OFF)/全部(A)/非原点(N)/原点(OR)/特性(P)] <开>:

### 4. 说明

(1) 开/关：在图中显示/不显示 UCS 图标。默认设置为开。

(2) 全部(A)：在所有视口显示 UCS 图标的变化。

(3) 非原点(N)：UCS 图标显示在图形窗口左下角处，此为默认设置。

(4) 原点(O)：UCS 图标显示在 UCS 原点处。

(5) 特性(P)：弹出“UCS 图标”对话框，从中可设置 UCS 图标的样式、大小、颜色等外观显示。

当进行三维作图时，一般应把 UCS 图标设置为显示在 UCS 原点处。

## 7.3.2 平面视图

### 1. 命令

①命令名：PLAN；②菜单：“视图”|“三维视图”|“平面视图”。

### 2. 功能

按坐标系设置，显示相应的平面视图，即俯视图，便于作图。

### 3. 格式

命令：**PLAN**
输入选项 [当前 UCS(C)/UCS(U)/世界(W)] <当前 UCS>:

4．说明

(1) 当前 UCS：按当前 UCS 显示平面视图，即当前 UCS 下的俯视图。

(2) UCS：按指定的命名 UCS 显示其平面视图，即命名 UCS 下的俯视图。

(3) 世界：按世界坐标系 WCS 显示其平面视图，即 WCS 下的俯视图。

### 7.3.3　用户坐标系命令

1．命令

①命令名：UCS；②菜单："工具"|"新建 UCS"|"级联菜单"；③图标：UCS 工具栏中的(UCS)图标。

2．功能

设置与管理 UCS。

3．格式

```
命令：UCS
输入选项
[新建(N)/移动(M)/正交(G)/上一个(P)/恢复(R)/保存(S)/删除(D)/应用(A)/?/世界(W)]
<世界>: N (新建一用户坐标系)
指定新 UCS 的原点或 [Z 轴(ZA)/三点(3)/对象(OB)/面(F)/视图(V)/X/Y/Z] <0,0,0>:
```

4．选项说明

(1) 原点：平移 UCS 到新原点。

(2) Z 轴(ZA)：指新原点和新 Z 轴指向，AutoCAD 自动定义一个当前 UCS。

(3) 3 点(3P)：指定新原点、新 X 轴正向上一点和 XY 平面上 Y 轴正向一侧的一点，用三点定义当前 UCS。

(4) 对象(OB)：选定一个对象(如圆，圆弧，多段线等)，按 AutoCAD 规定对象的局部坐标系定义当前 UCS。

(5) 面(F)：将 UCS 与实体对象的选定面对齐。

(6) 视图(V)：UCS 原点不变，按 UCS 的 XY 平面与屏幕平行定义当前 UCS。

(7) X/Y/Z：分别绕 X、Y、Z 轴旋转一指定角度，定义当前 UCS。

(8) 移动(M)：平移当前 UCS 的原点或修改其 Z 轴深度来重新定义 UCS。

(9) 正交(G)：指定 AutoCAD 提供的六个正交 UCS (俯视、仰视、主视、后视、左视、右视)之一。这些 UCS 设置通常用于查看和编辑三维模型。

(10) 上一个(P)：恢复上一次的 UCS 为当前 UCS。

(11) 恢复(R)：把命名保存的一个 UCS 恢复为当前 UCS。

(12) 保存(S)：把当前 UCS 命名保存。

(13) 删除(D)：删除一个命名保存的 UCS。

(14) 应用(A)：将当前 UCS 设置应用到指定的视口或所有活动视口。

(15) ？：列出保存的 UCS 名表。

(16) 世界：把世界坐标系 WCS 定义为当前 UCS。

## 7.3.4 应用示例

**【例 7.1】**在图 7.13 所示长方体的不同方位绘图和写字。

操作步骤如下。

(1) 利用 3D 命令画制长方体表面。

(2) 利用三维视图命令显示成轴测图(注意 UCS 图标的变化)。

(3) 利用 UCS 命令，选“视图”(V)，设置 UCS 的 XOY 平面与屏幕平面平行，UCS 图标显示如图 7.13 所示。

(4) 画图框，写文字“正轴测图”。

(5) 利用 UCS 命令，选“前一个”(P)，恢复为上一个 UCS。

(6) 利用 UCSICON 命令，将 UCS 图标放在原点处。

(7) 利用 UCS 命令，选择“原点”(O)，利用端点捕捉，把 UCS 平移到顶点 1 处，此时，图标也移到顶点 1 处，如图 7.14(a)所示。

(8) 当前作图平面为顶面，在顶面上写文字“顶面”，并画出外框线。(必要时，也可以利用 PLAN 命令，转化为平面视图，写字，画线)。

(9) 利用 UCS 命令，选择原点(O)，把 UCS 命令平移到顶点 2 处，此时的 UCS 图标在底面上，再用 UCS 命令，选择“X”，把 UCS 坐标系绕 X 轴旋转 90°，使当前 UCS 处于图 7.14(b)所示的位置，当前作图平面为正面，在正面上写文字“正面”，并画出外框线。

(10) 同理，利用 UCS 命令，把当前 UCS 设置成图 7.14(c)，在侧面上写字“侧面”，并画出外框线。完成后如图 7.13 所示。

(11) 在变动 UCS 的过程中，也可以命名保存，以便后续作图时调用。

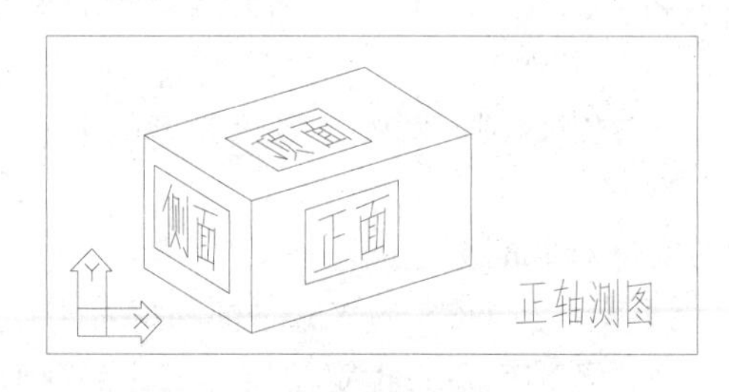


图 7.13 在不同方位绘图、写字

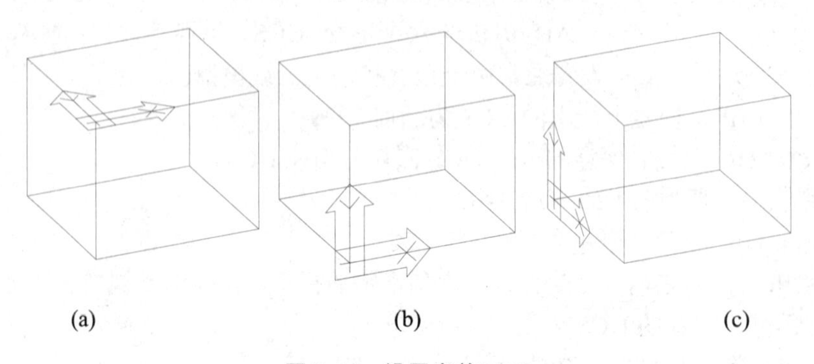

(a) (b) (c)

图 7.14 设置当前 UCS

【例 7.2】在图 7.15 中的斜面上绘制一圆柱。

操作步骤如下。

(1) 利用 3D 命令画楔体表面。

(2) 利用三维视图命令显示成轴测图。

(3) 利用 UCSICON 命令将 UCS 图标放在原点处。

(4) 利用 UCS 命令选“三点(3P)”，利用“端点”捕捉，使 UCS 原点为 1 点，X 轴正向上一点为 2 点，XY 平面 Y 轴为正的一侧上取点 3，显示当前 UCS 图标(见图 7.15)。

(5) 利用 ELEV 命令，设基面标高为 0,0，对象延伸厚度为 100。

(6) 利用 CIRCLE 命令画一圆，由于有厚度，故为一圆柱面。它直立在斜面上。

(7) 利用 HIDE 命令消隐。

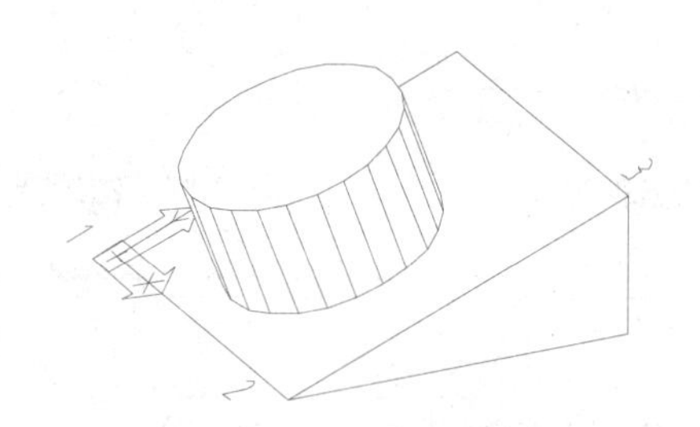

图 7.15　斜面上绘制圆柱

# 7.4　空间、视口和视图设置

模型空间和图纸空间是 AutoCAD 中重要的概念之一，二者与三维绘图、实体建模、多视口和视点设置有着密切的关系。本节将介绍模型空间和图纸空间的概念、视口和视图的设置方法等内容。

## 7.4.1　模型空间和图纸空间的概念

AutoCAD 为用户提供两种工作空间：模型空间和图纸空间。模型空间是指可以在其中建立二维和三维模型的三维空间，即一种建模工作环境。在这个空间中可以使用 AutoCAD 的全部绘图、编辑、显示命令，它是 AutoCAD 为用户提供的主要工作空间。图纸空间是一个二维空间。类似于用户绘图时的绘图纸，把模型空间中的二维和三维模型投影到图纸空间，用户可在图纸空间绘制模型的各个视图，并在图中标注尺寸和注写文字。

用户在模型空间工作是对二维和三维模型进行构造，可以采用多视口显示，但这只是为了图形的观察和绘图方便。各视口的图形不能构成工程制图中表示物体的视图。并且多视口中只有一个视口处于激活状态(称为当前视口)。在输出图形时每次只能将当前视口中的图形绘出，不能同时输出各视口中的图形。因此，用户在模型空间完成不了空间模型与其视图的直接转换，而图纸空间恰好解决了这个问题。图纸空间也具有多视口功能，每一视口与视口内的图形有直接的关系，如果删除了某个视口边框，其内部的图形也同时消失。在图纸空间中，采用多视口的主要目的是便于进行图纸的合理布局。用户可以在多视

口中布置表达模型的几个视图，在视图中写字，整张图形完成后就可以用绘图机一次全部输出。图 7.16 所示为模型空间下的多视图；图 7.17、图 7.18 所示为图纸空间下的多视图。

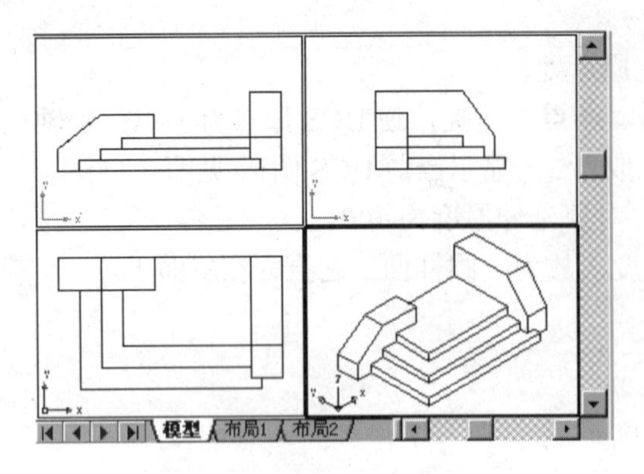


图 7.16　模型空间下的多视图

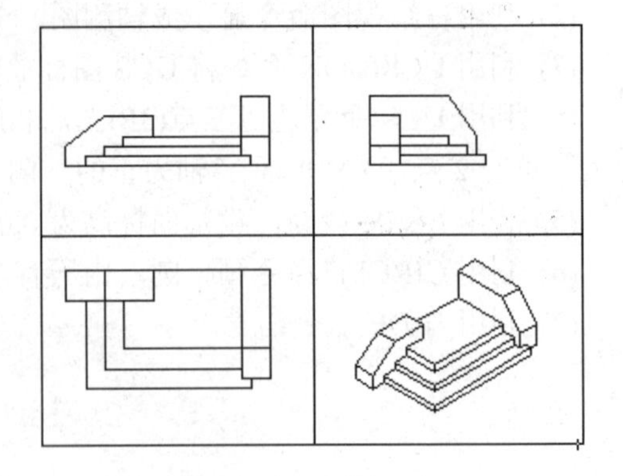

图 7.17　图纸空间多视图(关闭边框层前)

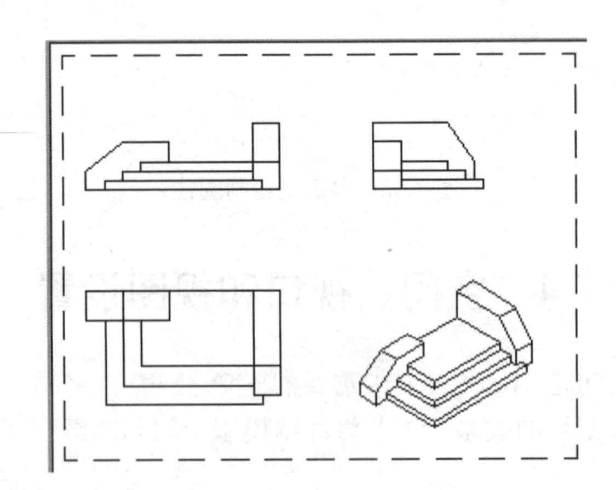

图 7.18　图纸空间多视图(关闭边框层后)

## 7.4.2　模型空间与图纸空间的切换

在 AutoCAD 中，模型空间与图纸空间的切换可通过绘图区下部状态栏中的切换标签来实现。单击“模型”标签，即可进入模型空间；单击“布局”标签，则进入图纸空间。

AutoCAD 在默认状态下，将进入模型空间。在绘图工作中，用户进入图纸空间尚需要进行一些布局方面的设置，具体操作如下。

(1) 右击“布局 1”标签，从中选择“页面设置管理器”菜单项，打开“页面设置管理器”对话框；单击其中的“修改”按钮，打开“页面设置-布局 1”对话框。

(2) 在“页面设置-布局 1”对话框中，可以进行图纸大小、打印范围、打印比例等方面的设置。

状态行最右边的按钮“模型/图纸”可用于在图纸空间和浮动模型空间之间进行切换。当该按钮显示“图纸”字样时，单击它可进入浮动模型空间；当该按钮显示“模型”字样时，单击它可进入图纸空间。

## 7.4.3　在模型空间设置多视口

视口是 AutoCAD 在屏幕上用于显示图形的区域，通常用户总是把整个绘图区作为一个视口，用户观察和绘制图形都是在视口中进行的。绘制三维图形时，常常要把一个绘图区域分割成为几个视口，在各个视口中设置不同的视点，从而可以更加全面地观察物体。图 7.16 所示的屏幕被分割成了四个视口。

在模型空间中设置多视口，是为了用户在绘制三维图形时全面地观察物体，而无须反复更改视点的设置。

### 1．命令

①命令名：VPORTS；②菜单：“视图”|“视口”|“新建视口”(见图 7.19)；③图标：“视口”工具栏中的(视口)图标(见图 7.20)。

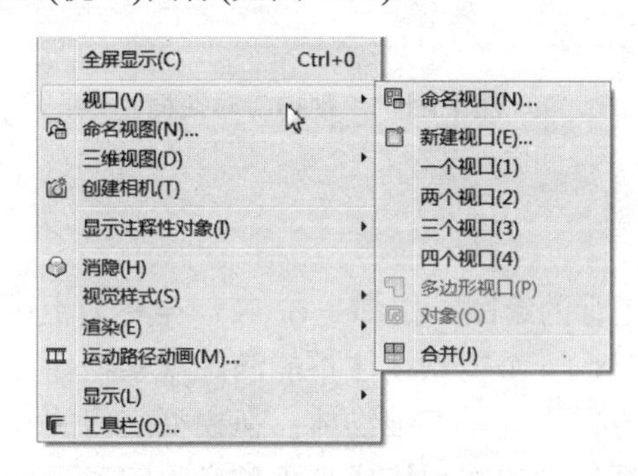


图 7.19　“视口”子菜单

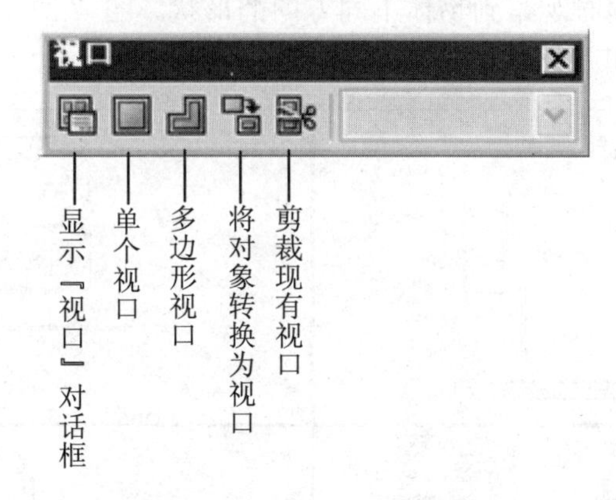


图 7.20　“视口”工具栏

### 2．说明

启动“视口”命令后，弹出“视口”对话框，如图 7.21 所示。

对话框的“标准视口”列表框中列出了各种可供选择的视口配置，单击任一种，“预览”框中便显示该种视口的布置形式；“新名称”文本框用于给所选定的视口命名；在“设置”下拉列表框可选择“二维”或“三维”模式；在“视觉样式”下拉列表框可选择

“二维线框”、“三维线框”、“三维隐藏”、“概念”、“真实”等不同显示模式。选定后，单击“确定”按钮即可完成视口的设置。

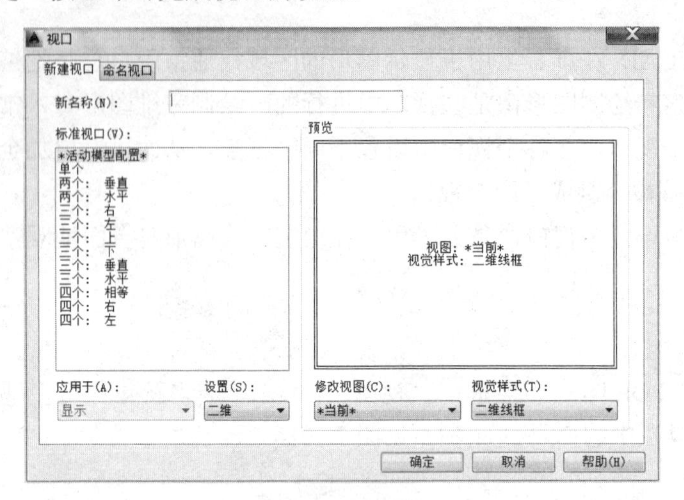


图 7.21　“视口”对话框

## 7.4.4　设置三维视图

绘制二维图形时，所进行的绘图工作都是在 XY 坐标面上进行的，绘图的视点不需要改变。但在绘制三维图形时，一个视点往往不能满足观察物体各个部位的需要，用户常常需要变换视点，从不同的方向来观察三维物体；在模型空间的多视口中，各视口如果设置成不同的视点，则可使多视口中的图形构成真正意义上的多个视图和等轴测图，使用户不需要变换视点，就能够同时观察到物体不同方向的形状。图 7.22 和图 7.23 显示了零件不同投射方向的二维视图和三维轴测图。

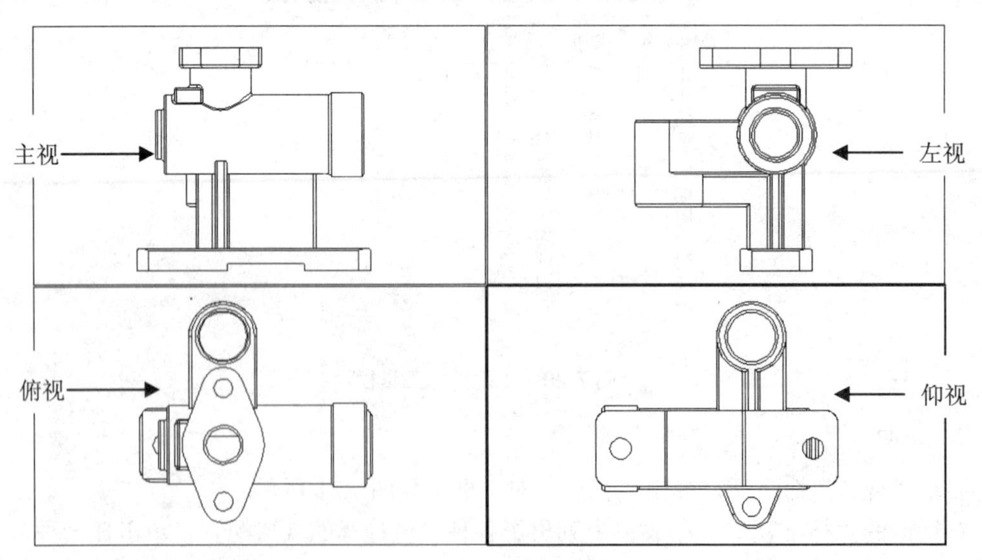


图 7.22　四个基本投射视图

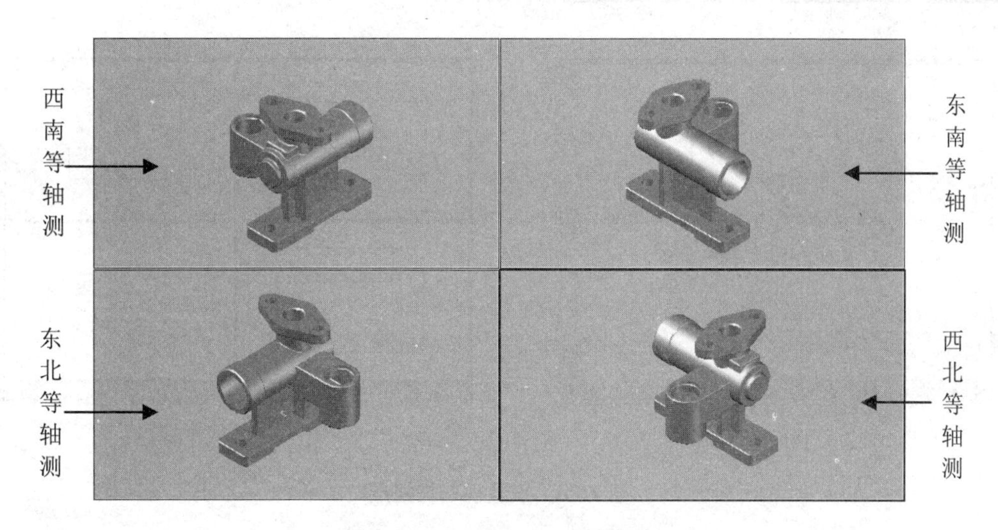


图 7.23　四个方位的正等轴测图

## 1. 命令

①菜单：“视图”|“三维视图”(见图 7.24)；②图标：“视图”工具栏中的有关按钮(见图 7.25)。

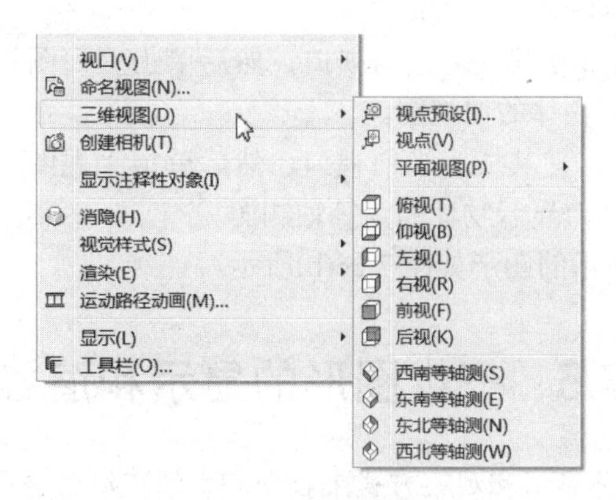


图 7.24　“三维视图”子菜单

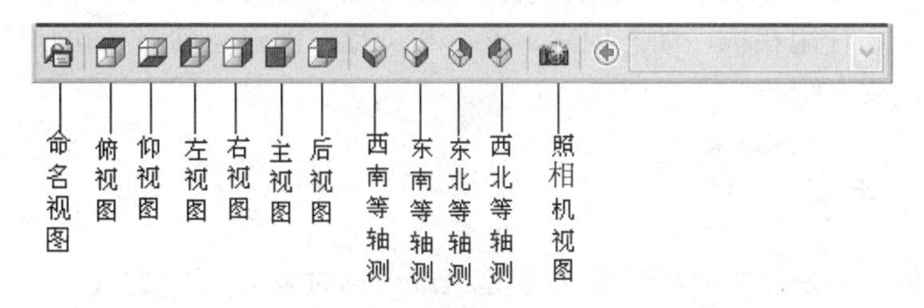


图 7.25　“视图”工具栏

## 2. 示例

假设已经有图 7.26(a)所示的三维模型，现将其设置为如图 7.26(b)所示的四个视口且各视口分别显示立体的三维视点的主视、俯视、左视和正等轴测图。具体方法步骤如下。

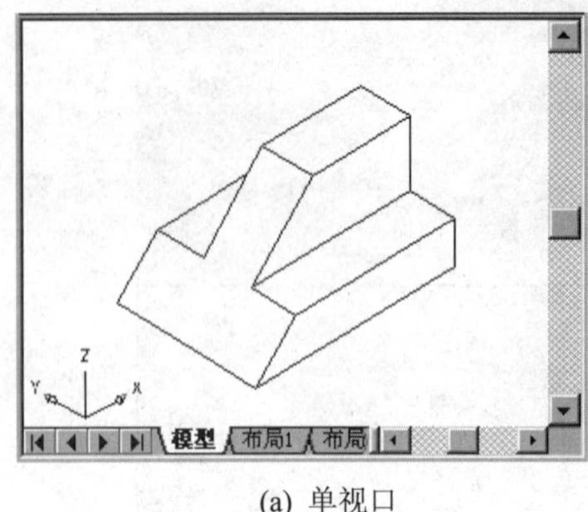

(a) 单视口

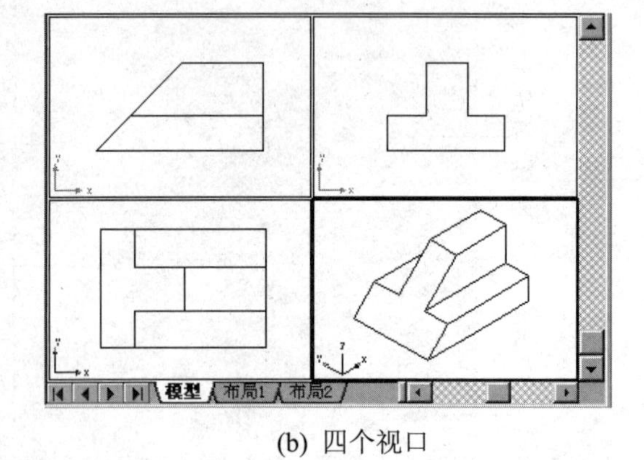

(b) 四个视口

图 7.26　设置视口与视点

(1) 选择“视图”|“视口”|“4 个视口”菜单命令，将绘图区分成四个视口。

(2) 打开“视图”工具栏；单击左上角视口，使其成为活动视口，然后单击“视图”工具栏中的“主视”按钮，则左上角视口显示物体的主视图。

(3) 单击右上角视口，使其成为当前视口，然后单击“视图”工具栏中的“左视”按钮，则右上角视口显示物体的左视图。

(4) 单击左下角视口，使其成为当前视口，然后单击“视图”工具栏中的“俯视”按钮，则左下角视口显示物体的俯视图。

(5) 单击右下角视口，使其成为当前视口，然后单击“视图”工具栏中的“西南等轴测”按钮，则左下角视口显示物体的正等轴测图。

设置视点后各视口显示的图形如图 7.26(b)所示。

# 7.5　三维图形的显示和渲染

AutoCAD 提供了多种显示和观察方式来获得满意的三维效果或对三维场景进行全面的观察和了解，这些方式主要有改变视觉样式、消除隐藏线(消隐)、改变曲面轮廓线密度及显示方式、渲染、使用相机、动态观察、漫游和飞行、创建运动路径动画等。本节将择其主要功能作一简要介绍。

## 7.5.1　视觉样式

视觉样式的功能是控制图形对象(特别是三维图形对象)的显示方式。

### 1. 命令

①命令名：VSCURRENT；②菜单：“视图”|“视觉样式”(见图 7.27)；③图标：“视觉样式”工具栏，如图 7.28 所示。

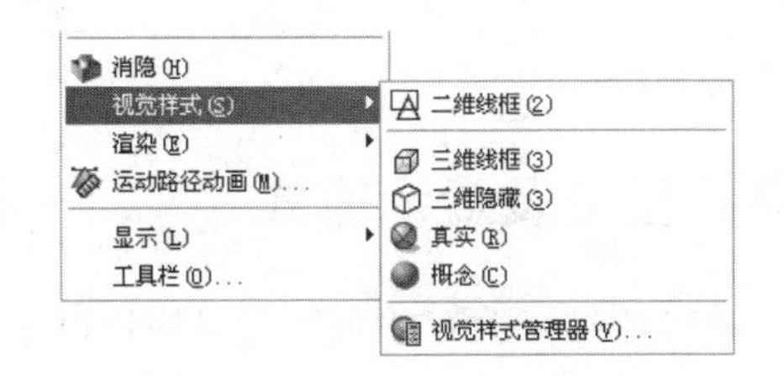


图 7.27　“视觉样式”子菜单

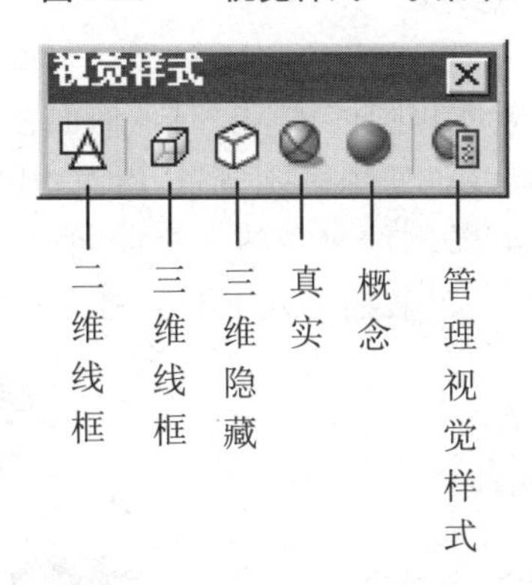


图 7.28　“视觉样式”工具栏

### 2. 格式

命令: **VSCURRENT**
输入选项 [二维线框(2)/三维线框(3)/三维隐藏(H)/真实(R)/概念(C)/其他(O)] <三维隐藏>:

### 3. 选项说明

(1) “二维线框”：显示用直线和曲线表示边界的对象，如图 7.29(a)所示。

(2) “三维线框”：显示用直线和曲线表示边界的对象，如图 7.29(b)所示。

(3) “三维隐藏”：显示用三维线框表示的对象，同时作消隐处理，如图 7.29(c)所示。该命令与“消隐”命令效果相似。

(4) “真实”：显示着色后的多边形平面间的对象，并使对象的边平滑化，同时显示已经附着到对象上的材质效果，如图 7.29(d)所示。

(5) “概念”：显示着色后的多边形平面间的对象，并使对象的边平滑化。该视觉样式效果缺乏真实感，但是可以方便用户查看模型的细节，如图 7.29(e)所示。

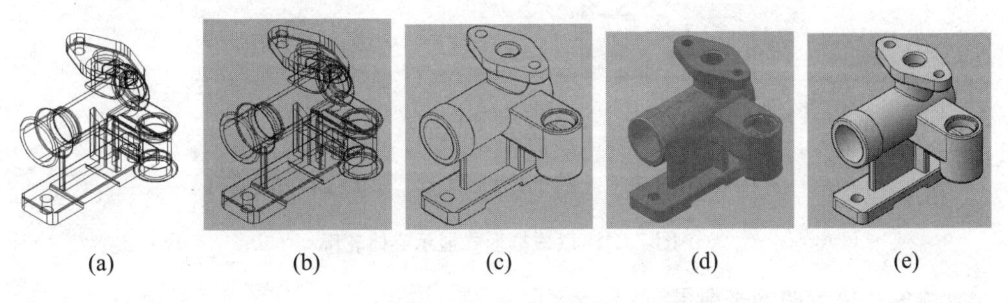

(a)　(b)　(c)　(d)　(e)

图 7.29　视觉样式

使用 VISUALSTYLES 命令可启动“视觉样式管理器”选项板，从中可对视觉样式进行详细的设置和修改。

## 7.5.2 改变曲面轮廓线密度及显示方式

在 AutoCAD 环境下，可以通过修改有关系统变量的数值来改变曲面轮廓线密度及显示方式。现分述如下。

### 1．改变曲面轮廓素线

当三维图形中包含曲面(如球体和圆柱体等) 时，曲面在线框模式下用线条的形式来显示，这些线条称为网线或轮廓素线。使用系统变量 ISOLNES 可以设置显示曲面所用的网线条数，默认值为 4，即使用 4 条网线来表达一个曲面。该值为 0 时，表示曲面没有网线。增加网线的条数，会使图形看起来更接近三维实物，如图 7.30 所示。

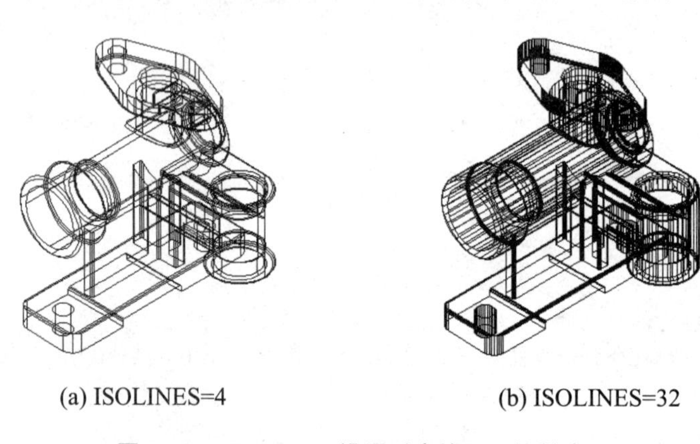

(a) ISOLINES=4　　(b) ISOLINES=32

图 7.30　ISOLINES 设置对实体显示的影响

### 2．以线框形式显示实体轮廓

使用系统变量 DISPSILH 可以以线框形式显示实体轮廓。此时需要将其值设置为 1，并用“消隐”命令(HIDE)隐藏曲面的小平面，如图 7.31 所示。

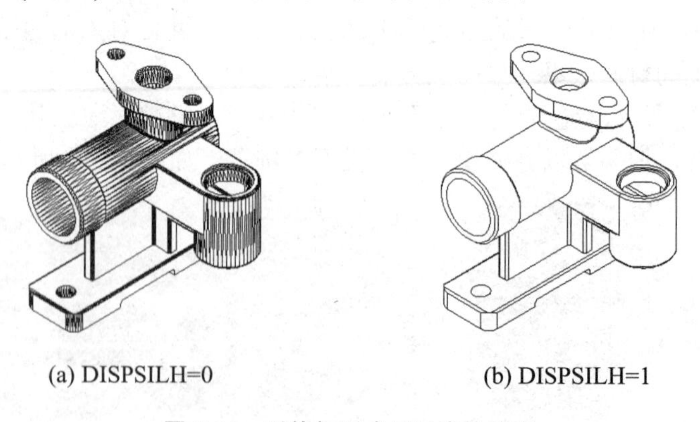

(a) DISPSILH=0　　(b) DISPSILH=1

图 7.31　以线框形式显示实体轮廓

### 3．改变实体表面的平滑度

要改变实体表面的平滑度，可通过修改系统变量 FACETRES 来实现。该变量用于设置曲面的面数，取值范围为 0.01～10。其值越大，曲面越平滑，如图 7.32 所示。

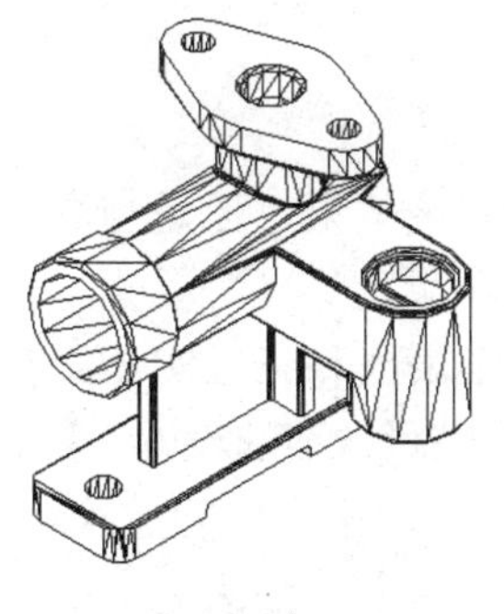

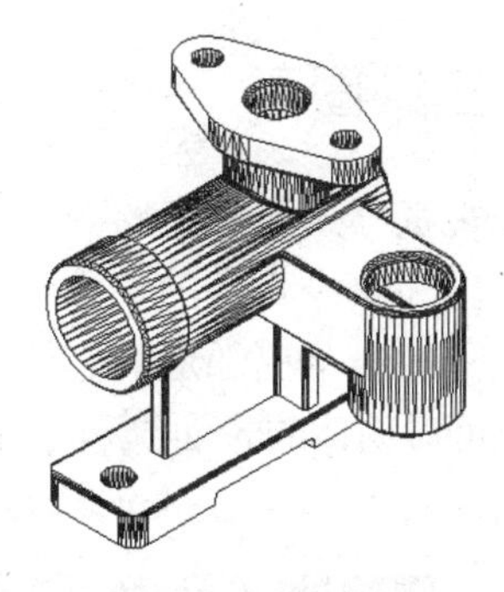

(a) FACETRES=0.5　　　　(b) FACETRES=10

图 7.32　改变实体表面的平滑度

**提示：** 如果 DISPSILH 变量值为 1，那么在执行下面将要介绍的“消隐”和“渲染”等命令时并不能看到 FACETRES 设置的效果，此时必须将 DISPSILH 值设置为 0。

## 7.5.3　三维图形的消隐

用线框显示的三维图形不能准确地反映物体的形状和观察方向。可以利用 HIDE 命令对三维模型进行消隐。对于单个三维模型，可以消除不可见的轮廓线；对于多个三维模型，可以消除所有被遮挡的轮廓线，使图形更加清晰，观察起来更为方便。图 7.33(a)所示为一齿轮减速器三维模型消隐前的情况，所有图线均可看到，图形很不清晰；图 7.33(b)所示为消隐后的结果。

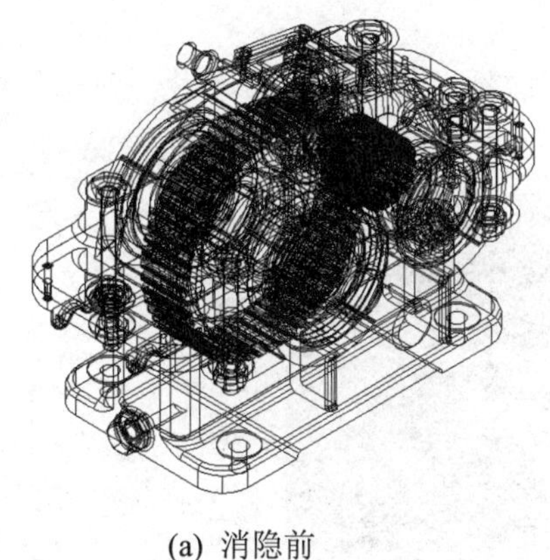

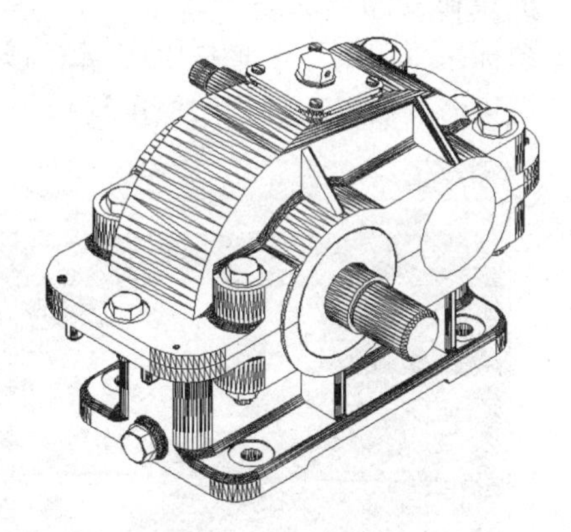

(a) 消隐前　　　　(b) 消隐后

图 7.33　三维图形的消隐

启动消隐命令的方法如下。①命令名：HIDE；②菜单：“视图”|“消隐”；③图标：“渲染”工具栏中的(消隐)图标。

启动消隐命令后，用户无须进行目标选择，AutoCAD 将当前视口内的所有对象自动进行消隐。消隐所需的时间与图形的复杂程度有关，图形越复杂，消隐所耗费的时间就

越长。

## 7.5.4 渲染三维图形

消隐和改变视觉样式虽然能够改善三维实体的外观效果，但是与真实的物体还是有一定的差距，这是因为缺少真实的表面纹理、色彩、阴影、灯光等要素。通过赋予材质和渲染能够使三维图形的显示更加逼真。渲染适用于三维表面和三维实体。在 AutoCAD 中进行渲染时，用户可对物体的表面纹理、光线和明暗等进行详细的设置，以使生成的渲染效果图更为真实。图 7.34 所示为在 AutoCAD 环境下建模并渲染生成的建筑设计效果图。

图 7.34 渲染效果图

启动渲染命令的方法如下。①命令名：RENDER；②菜单：“视图”|“渲染”|“渲染”；③图标：“渲染”工具栏中的(渲染)图标。

启动渲染命令后以在打开的渲染窗口中快速渲染当前视口中的图形，如图 7.35 所示。

图 7.35 渲染图形窗口

# 7.6　三维绘图综合示例

本节将以绘制“写字台与台灯”及“六角凉亭”为例，介绍绘制三维图形的具体过程和方法。

## 7.6.1　“写字台与台灯”的三维绘图

“写字台与台灯”的三维图形如图 7.36 所示。

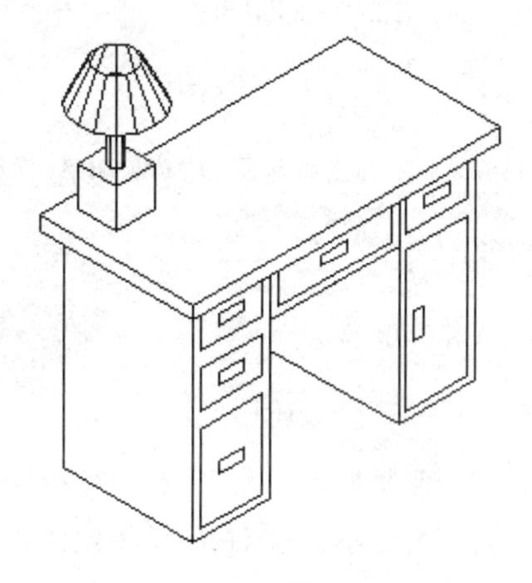

图 7.36　写字台与台灯

### 1. 绘制写字台

1) 布置视图

为便于绘图，将视区设置为四个视图：主视图、俯视图、左视图和西南等轴测视图。在“视图”菜单的“视口”选项选择命令“4 个视口”，则设置为四个视区。单击左上角的视区，将该视图激活，然后单击“视图”工具栏中的“主视图”图标，将该视区设置为主视图。利用同一方法，将右上角的视区设置为左视图，右下角的视区设置为西南等轴测图。左下角视区默认状态即为俯视图。设置后的视图如图 7.37 所示。

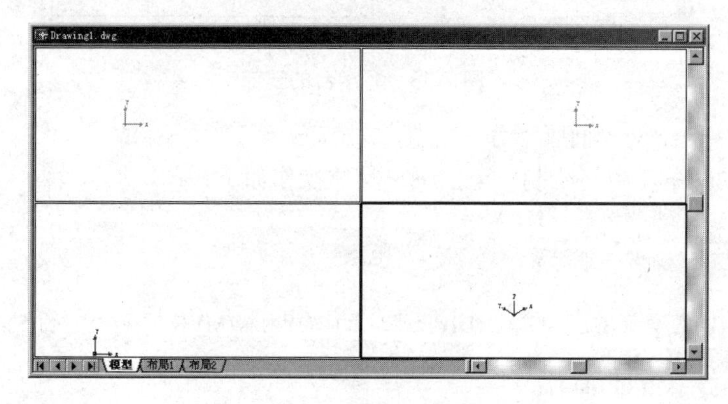


图 7.37　视图设置

2) 绘制写字台左右两腿

激活俯视图，在俯视图中绘制两个长方体表面，具体操作如下：

命令:**3D**↙
正在初始化... 已加载三维对象。
输入选项
[长方体表面(B)/圆锥面(C)/下半球面(DI)/上半球面(DO)/网格(M)/棱锥面(P)/球面(S)/圆环面(T)/楔体表面(W)]: **B**↙
指定角点给长方体: **100,100,100**↙
指定长度给长方体: **30**↙
指定长方体表面的宽度或 [立方体(C)]: **50**↙
指定高度给长方体: **80**↙
指定长方体表面绕 Z 轴旋转的角度或 [参照(R)]: **0**↙
命令: **3D**↙
正在初始化... 已加载三维对象。
输入选项
[长方体表面(B)/圆锥面(C)/下半球面(DI)/上半球面(DO)/网格(M)/棱锥面(P)/球面(S)/圆环面(T)/楔体表面(W)]: **B**↙
指定角点给长方体: **180,100,100**↙
指定长度给长方体: **30**↙
指定长方体表面的宽度或 [正方体(C)]: **50**↙
指定高度给长方体: **80**↙
指定长方体表面绕 Z 轴旋转的角度或 [参照(R)]: **0**↙

绘制出长方体表面之后，激活主视图，然后单击“视图”工具栏中的“主视图”图标，则图形在主视图中以最大方式显示。同样的方法使图形在各个视图都以最大方式显示，如图 7.38 所示。

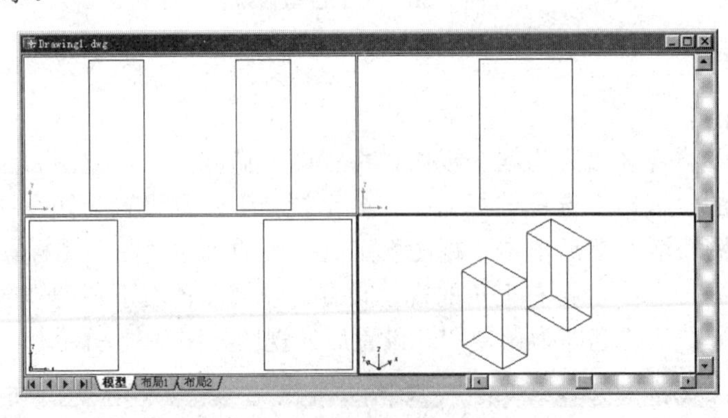


图 7.38　写字台的腿部

3) 绘制写字台中间的抽屉部分

在写字台的两条腿中间绘制一个抽屉，具体操作如下：

命令: **3D**↙
正在初始化... 已加载三维对象。
输入选项
[长方体表面(B)/圆锥面(C)/下半球面(DI)/上半球面(DO)/网格(M)/棱锥面(P)/球面(S)/圆环面(T)/楔体表面(W)]: **B**↙
指定角点给长方体: **130,100,160**↙
指定长度给长方体: **50**↙

指定长方体表面的宽度或 [正方体(C)]: **50**↙
指定高度给长方体: **20**↙
指定长方体表面绕 Z 轴旋转的角度或 [参照(R)]: **0**↙

绘制的图形如图 7.39 所示。

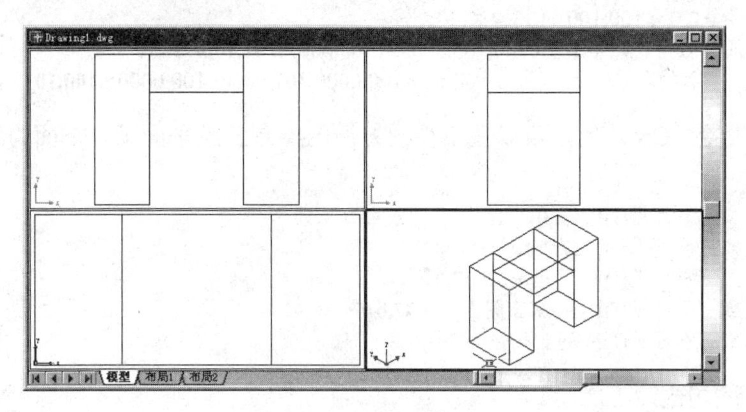

图 7.39　中间抽屉部分

4) 绘制桌面

绘制一个长方体表面作为写字台的桌面，具体操作如下：

命令: **3D**↙
正在初始化... 已加载三维对象。
输入选项
[长方体表面(B)/圆锥面(C)/下半球面(DI)/上半球面(DO)/网格(M)/棱锥面(P)/球面(S)/圆环面(T)/楔体表面(W)]: **B**↙
指定角点给长方体: **95,95,180**↙
指定长度给长方体: **120**↙
指定长方体表面的宽度或 [正方体(C)]: **60**↙
指定高度给长方体: **5**↙
指定长方体表面绕 Z 轴旋转的角度或 [参照(R)]: **0**↙

绘制出桌面之后，将各个图形在视图当中以最大方式显示，如图 7.40 所示。

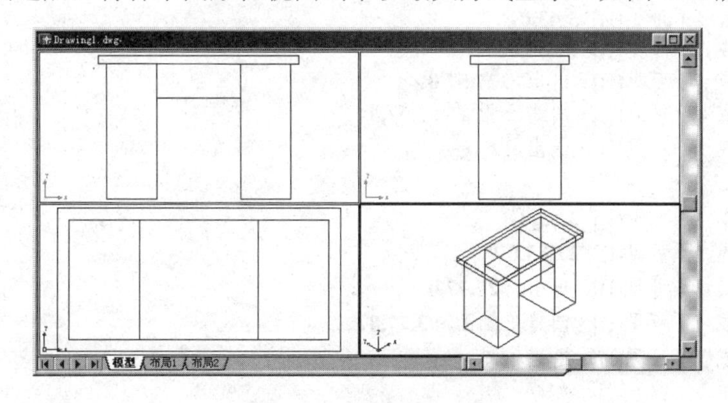

图 7.40　写字台的桌面

5) 绘制抽屉

下面利用 3DFACE 命令绘制几个三维平面作为抽屉和门扇的轮廓。首先激活主视图，在主视图中将 UCS 设置在写字台的左下角以便于绘图。操作过程如下：

命令:**UCS**↙
输入选项 [新建(N)/移动(M)/正交(G)/上一个(P)/恢复(R)/保存(S)/删除(D)/应用(A)/?/世界(W)] <世界>: **N**↙
指定新 UCS 的原点或 [Z 轴(ZA)/三点(3)/对象(OB)/面(F)/视图(V)/X/Y/Z] <0,0,0>: **3**↙
指定新原点 <0,0,0>: 100,100,-100
在正 X 轴范围上指定点 <101.0000,100.0000,-100.0000>:**101,100,-100**↙
在 UCS XY 平面的正 Y 轴范围上指定点 <100.0000,101.0000,-100.0000>:**100,101,-100**↙

在主视图设置 UCS 之后，可以在主视图方便的绘制三维平面了。下面为绘制的过程：

命令: **3DFACE**↙
指定第一点或 [不可见(I)]: **3,3,0**↙
指定第二点或 [不可见(I)]: **27,3,0**↙
指定第三点或 [不可见(I)] <退出>: **27,37,0**↙
指定第四点或 [不可见(I)] <创建三侧面>: **3,37,0**↙
指定第三点或 [不可见(I)] <退出>:↙

绘制的图形如图 7.41 所示。

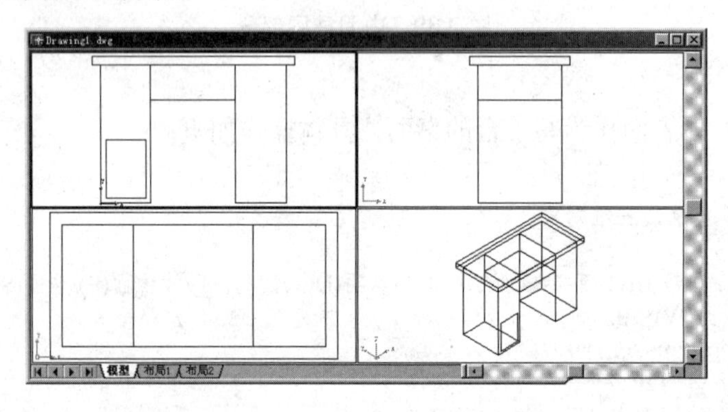

图 7.41　绘制的第一个门扇

继续绘制其余的几个抽屉和门扇。操作过程如下：

命令:**3DFACE**↙
指定第一点或 [不可见(I)]: **3,43,0**↙
指定第二点或 [不可见(I)]: **27,43,0**↙
指定第三点或 [不可见(I)] <退出>: **27,57,0**↙
指定第四点或 [不可见(I)] <创建三侧面>: **3,57,0**↙
指定第三点或 [不可见(I)] <退出>:↙
命令:↙
指定第一点或 [不可见(I)]: **3,63,0**↙
指定第二点或 [不可见(I)]: **27,63,0**↙
指定第三点或 [不可见(I)] <退出>: **27,77,0**↙
指定第四点或 [不可见(I)] <创建三侧面>: **3,77,0**↙
指定第三点或 [不可见(I)] <退出>:↙
命令:↙
指定第一点或 [不可见(I)]: **33,63,0**↙
指定第二点或 [不可见(I)]: **77,63,0**↙
指定第三点或 [不可见(I)] <退出>: **77,77,0**↙
指定第四点或 [不可见(I)] <创建三侧面>: **33,77,0**↙

指定第三点或 [不可见(I)] <退出>:↙
命令:↙
指定第一点或 [不可见(I)]: **83,63,0**↙
指定第二点或 [不可见(I)]: **107,63,0**↙
指定第三点或 [不可见(I)] <退出>: **107,77,0**↙
指定第四点或 [不可见(I)] <创建三侧面>: **83,77,0**↙
指定第三点或 [不可见(I)] <退出>:↙
命令:↙
指定第一点或 [不可见(I)]: **83,57,0**↙
指定第二点或 [不可见(I)]: **107,57,0**↙
指定第三点或 [不可见(I)] <退出>: **107,3,0**↙
指定第四点或 [不可见(I)] <创建三侧面>: **83,3,0**↙
指定第三点或 [不可见(I)] <退出>:↙

绘制抽屉后的图形如图 7.42 所示。

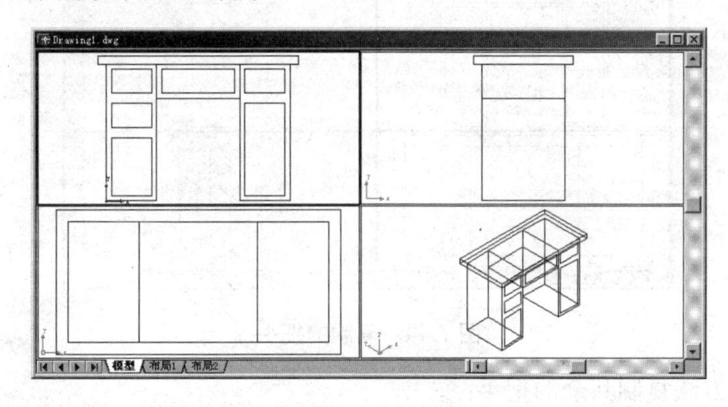


**图 7.42　写字台的抽屉**

6) 绘制抽屉的把手

下面在每个抽屉上绘制一个三维平面作为把手。首先为左下角的抽屉绘制一个把手，操作过程为：

命令:**3DFACE** ↙
指定第一点或 [不可见(I)]: **10,18,0**↙
指定第二点或 [不可见(I)]: **20,18,0**↙
指定第三点或 [不可见(I)] <退出>: **20,22,0**↙
指定第四点或 [不可见(I)] <创建三侧面>: **10,22,0**↙
指定第三点或 [不可见(I)] <退出>:↙

绘制的把手如图 7.43 所示。

在绘制了一个把手之后，利用 COPY 命令复制其余的把手，操作过程如下：

命令: **COPY**↙
选择对象:(选择已绘制的把手)
选择对象: ↙
指定基点或位移，或者 [重复(M)]: **15,20,0**↙
指定位移的第二点或 <用第一点作位移>: **15,50,0**↙

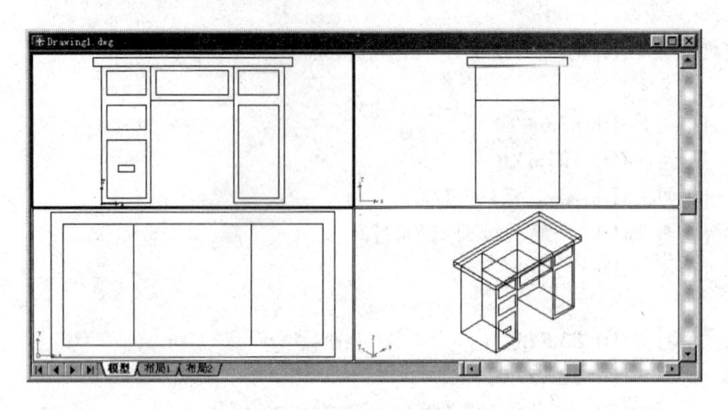

图 7.43　抽屉的把手

绘制的图形如图 7.44 所示。

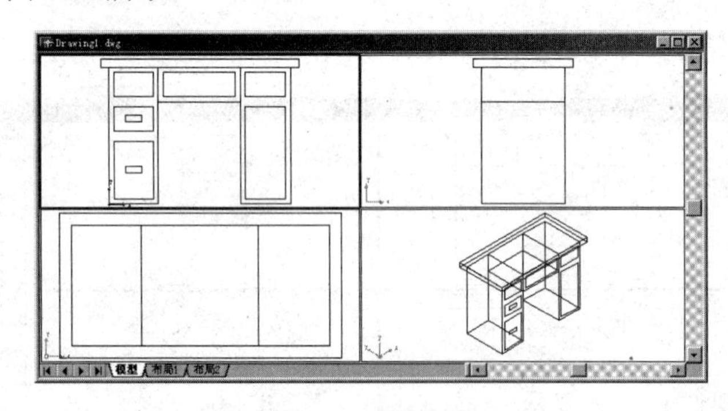

图 7.44　复制的把手

利用同样的方法复制其余的把手：

命令:**COPY**↙
选择对象:(选择上一步复制的把手)
选择对象: ↙
指定基点或位移，或者 [重复(M)]: **15,50,0**↙
指定位移的第二点或 <用第一点作位移>: **15,70,0**↙
命令:**COPY**↙
选择对象:(选择上一步复制的把手)
选择对象: ↙
指定基点或位移，或者 [重复(M)]: **15,70,0**↙
指定位移的第二点或 <用第一点作位移>: **55,70,0**↙
命令:**COPY**↙
选择对象:(选择上一步复制的把手)
选择对象: ↙
指定基点或位移，或者 [重复(M)]: **55,70,0**↙
指定位移的第二点或 <用第一点作位移>: **95,70,0**↙

以上操作绘制的图形如图 7.45 所示。

最后绘制右下角的门把手。操作过程如下：

命令:**3DFACE**↙
指定第一点或 [不可见(I)]: **86,35,0**↙
指定第二点或 [不可见(I)]: **86,25,0**↙
指定第三点或 [不可见(I)] <退出>: **90,25,0**↙

指定第四点或 [不可见(I)] <创建三侧面>: **90,35,0**↙
指定第三点或 [不可见(I)] <退出>:↙

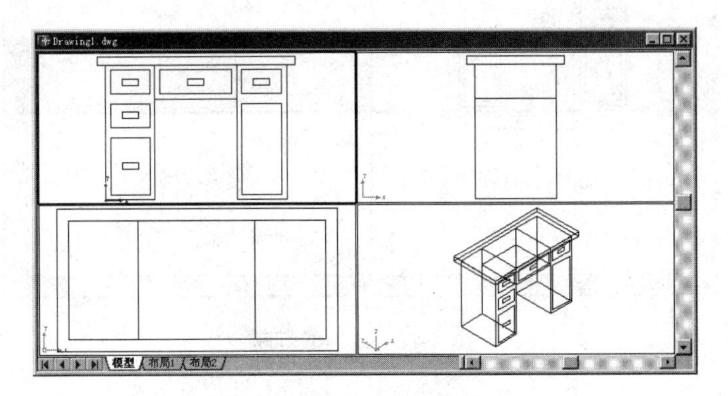


图 7.45　复制的把手

最后绘制完成的写字台的形状如图 7.46 所示。

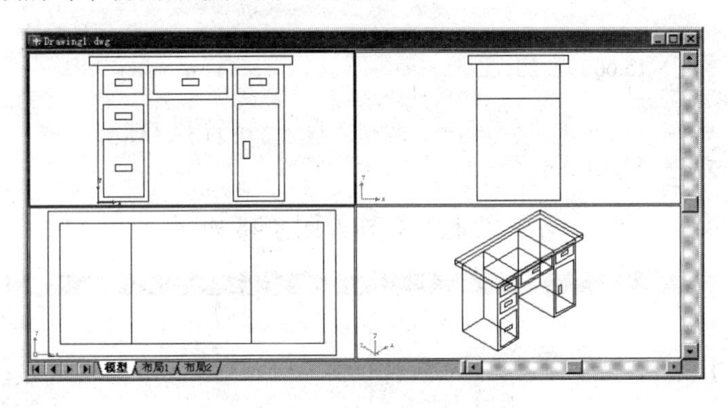


图 7.46　绘制完成的写字台

## 2．绘制台灯

下面在写字台的左上角绘制一个台灯。

1) 绘制灯座

首先激活俯视图，然后利用 ELEV 命令绘制一个灯座，操作过程如下：

命令: **ELEV**↙
指定新的默认标高 <0.0000>: **185**↙
指定新的默认厚度 <0.0000>: **15**↙
命令: **PLINE**↙
指定起点: **105,150**↙
当前线宽为 0.0000
指定下一点或 [圆弧(A)/闭合(C)/半宽(H)/长度(L)/放弃(U)/宽度(W)]: **120,150**↙
指定下一点或 [圆弧(A)/闭合(C)/半宽(H)/长度(L)/放弃(U)/宽度(W)]: **120,135**↙
指定下一点或 [圆弧(A)/闭合(C)/半宽(H)/长度(L)/放弃(U)/宽度(W)]: **105,135**↙
指定下一点或 [圆弧(A)/闭合(C)/半宽(H)/长度(L)/放弃(U)/宽度(W)]:C↙

将各个视图以最大方式显示，绘制的灯座如图 7.47 所示。

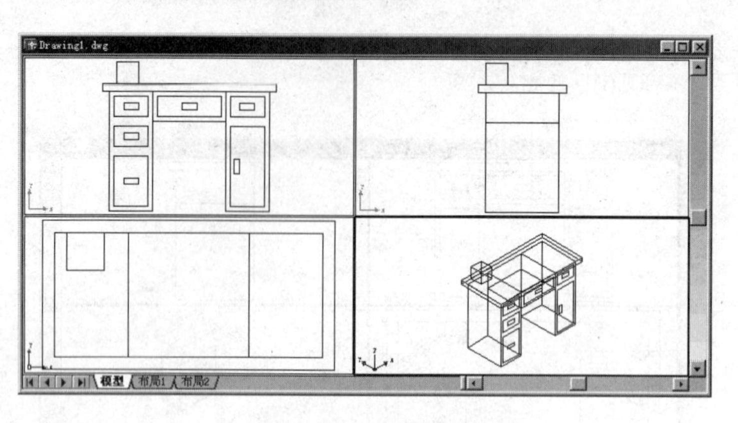

图 7.47　绘制的灯座

2) 绘制灯柱

下面在灯座上面绘制一个灯柱。操作过程如下：

命令: **ELEV**↙
指定新的默认标高 <0.0000>: **200**↙
指定新的默认厚度 <15.0000>: **25**↙
命令: **CIRCLE**↙
指定圆的圆心或 [三点(3P)/两点(2P)/相切、相切、半径(T)]: **112.5,142.5**↙
指定圆的半径或 [直径(D)]: **2.5**↙

将各个视图以最大方式显示，绘制的灯柱如图 7.48 所示。

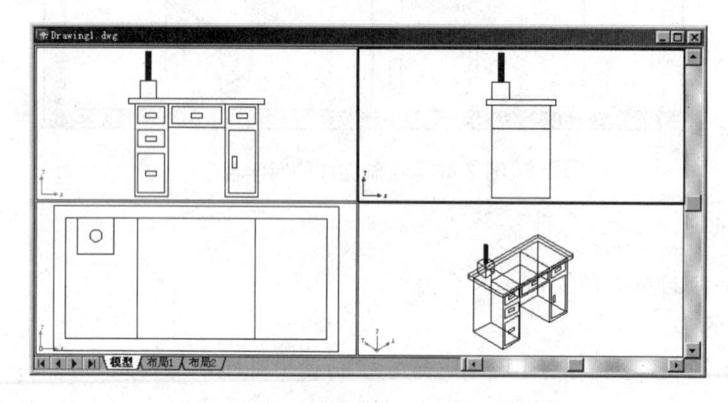

图 7.48　绘制的灯柱

3) 绘制灯罩

下面绘制一个圆锥面作为灯罩，操作过程如下：

命令: **3D**↙
正在初始化... 已加载三维对象
输入选项
[长方体表面(B)/圆锥面(C)/下半球面(DI)/上半球面(DO)/网格(M)/棱锥面(P)/球面(S)/圆环面(T)/楔体表面(W)]: **C**↙
指定圆锥面底面的中心点: **112.4,142.5,220**↙
指定圆锥面底面的半径或 [直径(D)]: **15**↙
指定圆锥面顶面的半径或 [直径(D)] <0>: **7.5**↙
指定圆锥面的高度: **15**↙
输入圆锥面曲面的线段数目 <16>:↙

将各个视图以最大方式显示，绘制完成的台灯如图 7.49 所示。

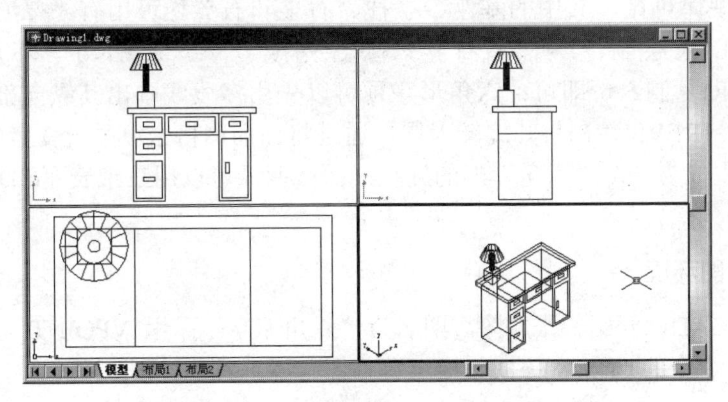

图 7.49　绘制完成的写字台和台灯

为显示三维效果，激活轴测图视口，在“视图”菜单的“视口”子菜单选择“一个视口”命令，则设置为一个视图，消隐后得到的图形如图 7.50 所示。

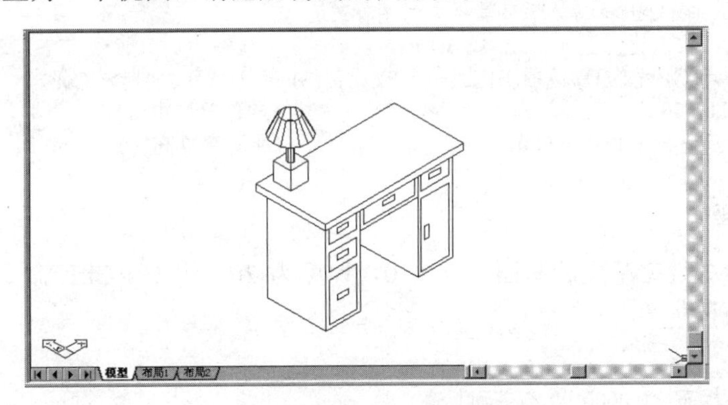

图 7.50　写字台与台灯的消隐效果

## 7.6.2　“六角凉亭”的三维绘图

“六角凉亭”的三维图形如图 7.51 所示。

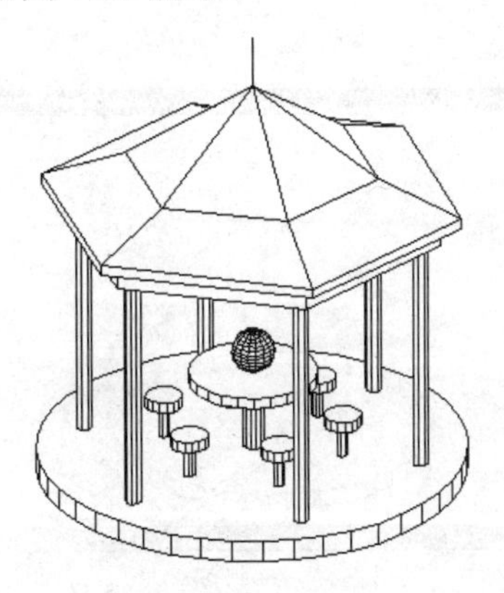

图 7.51　六角凉亭

**分析**：六角凉亭由基座、亭柱、亭顶及厅内的石桌、石凳和桌上的西瓜组成。看似复杂，其实却有规律可循。其中的基座、亭柱、石桌和石凳均可用有“厚度”的画圆命令(ELEV+CIRCLE)来绘制；亭柱和石凳只要各完成一个，然后用“环形阵列”命令(ARRAYPOLAR)复制六份即可；六角形亭顶可以先用多段线画出其纵向剖面轮廓，然后用旋转曲面命令(REVSURF)将其旋转一周，通过将曲面网格密度系统变量(SURFTAB1)设为 6，来控制生成为一个“六角”形的旋转曲面；西瓜可以用三维表面(3D)中的球面命令来实现。

### 1. 设置绘图环境

进入 AutoCAD，开始一张新图，图名为“六角凉亭”；用 VPOINT 命令设定三维视点；用 ZOOM 命令的 C(中心)方式设定屏幕作图范围。具体过程如下：

命令: **VPOINT**↙
当前视图方向: **VIEWDIR=0.0000,0.0000,1.0000**
指定视点或 [旋转(R)]<显示坐标球和三轴架>: **1,-4,2**↙　　(三维视点坐标)
正在重生成模型。
命令: **ZOOM**↙ (或单击“缩放”工具栏中的图标)
指定窗口角点，输入比例因子 (nX 或 nXP)，或
[全部(A)/中心点(C)/动态(D)/范围(E)/上一个(P)/比例(S)/窗口(W)] <实时>: **C**↙
指定中心点: **0,0,160**↙　　(屏幕窗口中心)
输入比例或高度 <558.0030>: **500**↙　　(屏幕窗口高度)

### 2. 绘制基座

用 ELEV 命令设定基座的基面标高为 0，厚度为 20；用 CIRCLE 命令绘制半径为 200 的圆盘。过程如下：

命令: **ELEV**↙
指定新的默认标高 <0.0000>: ↙(基面标高)
指定新的默认厚度 <0.0000>: **20**↙(Z 向延伸厚度)
命令: **CIRCLE**↙
指定圆的圆心或 [三点(3P)/两点(2P)/相切、相切、半径(T)]: **0,0**↙(注：因为已设定标高为 20，故不需要输入 Z 值)
指定圆的半径或 [直径(D)]: **200**↙

结果如图 7.52 所示。

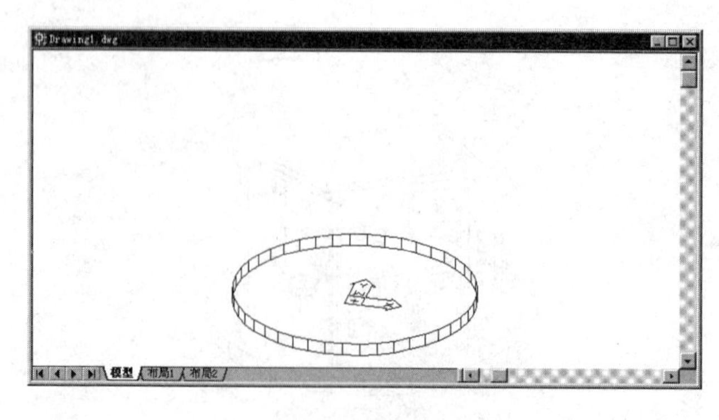

图 7.52　绘制基座

### 3. 绘制亭内中间的石桌

因石桌位于基座之上，故而先用 ELEV 命令设定桌腿的基面标高为 20，厚度为 65；用 CIRCLE 命令绘制半径为 10 的圆柱腿。再用 ELEV 命令设定桌面的基面标高为 85，厚度为 10；用 CIRCLE 命令绘制半径为 60 的圆盘桌面。具体过程如下：

命令: **ELEV**↙
指定新的默认标高 <0.0000>: **20**↙
指定新的默认厚度 <20.0000>: **65**↙
命令: **CIRCLE**↙
指定圆的圆心或 [三点(3P)/两点(2P)/相切、相切、半径(T)]: **0,0**↙
指定圆的半径或 [直径(D)] <200.0000>: **10**↙
命令: **ELEV**↙
指定新的默认标高 <20.0000>: **85**↙
指定新的默认厚度 <65.0000>: **10**↙
命令: **C**↙
CIRCLE 指定圆的圆心或 [三点(3P)/两点(2P)/相切、相切、半径(T)]: **0,0**↙
指定圆的半径或 [直径(D)] <10.0000>: **60**↙

结果如图 7.53 所示。

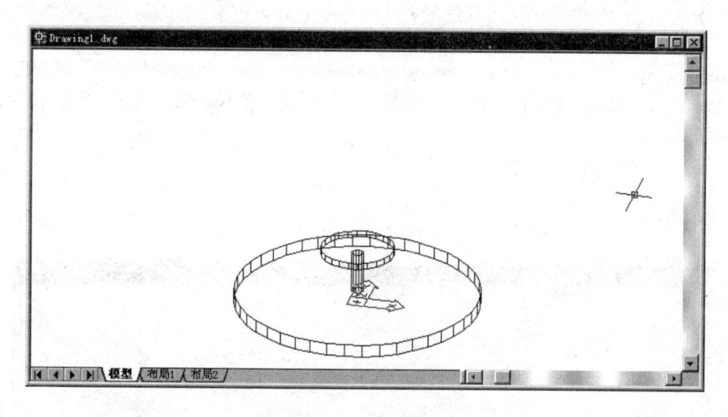


图 7.53 绘制石桌

### 4. 绘制石凳

方法与上面绘制石桌完全相同，只是具体尺寸不同而已。具体过程如下：

命令: **ELEV**↙
指定新的默认标高 <85.0000>: **20**↙
指定新的默认厚度 <10.0000>: **30**↙
命令: **CIRCLE**↙
指定圆的圆心或 [三点(3P)/两点(2P)/相切、相切、半径(T)]: **85,0**↙
指定圆的半径或 [直径(D)] <60.0000>: **5**↙
命令: **ELEV**↙
指定新的默认标高 <20.0000>: **50**↙
指定新的默认厚度 <30.0000>: **10**↙
命令: **CIRCLE**↙
指定圆的圆心或 [三点(3P)/两点(2P)/相切、相切、半径(T)]: **85,0**↙
指定圆的半径或 [直径(D)] <5.0000>: **17.5**↙

结果如图 7.54 所示。

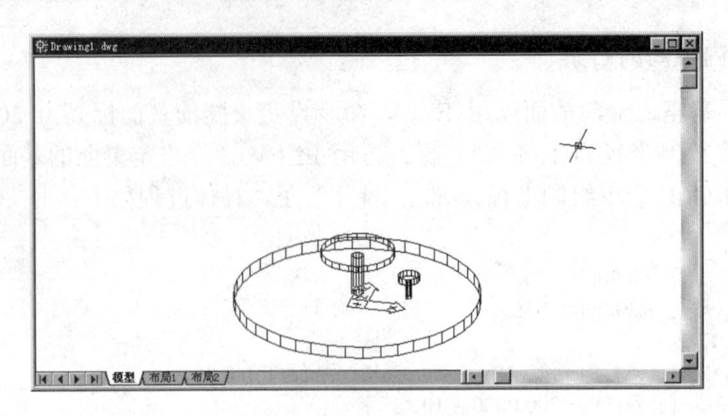

图 7.54　绘制石凳

5．绘制亭柱

用 ELEV 命令设定基面标高为 20，厚度为 220；用 CIRCLE 命令绘制半径为 7.5 的圆柱。具体过程如下：

命令: **ELEV**↙
指定新的默认标高 <85.0000>:**20**↙(基面标高)
指定新的默认厚度 <10.0000>: **220**↙(Z 向延伸厚度)
命令: **CIRCLE**↙
指定圆的圆心或 [三点(3P)/两点(2P)/相切、相切、半径(T)]: **160,0**↙(注：因为已设定标高为 20，故不需要输入 Z 值)
指定圆的半径或 [直径(D)] <60.0000>: **7.5**↙

结果如图 7.55 所示。

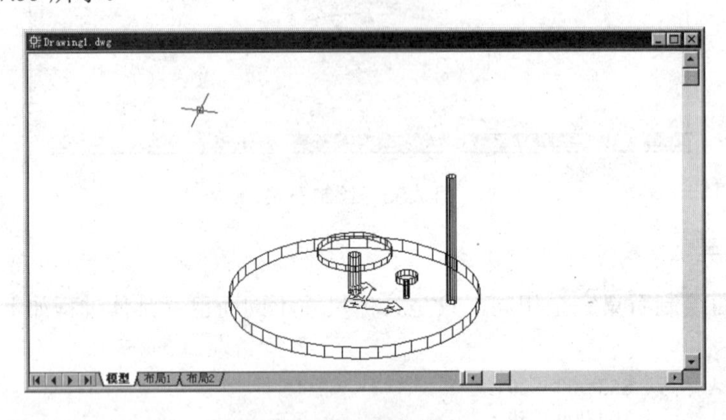

图 7.55　绘制亭柱

6．绘制其他石凳和亭柱

应用环形阵列 ARRAYPOLAR 命令，将刚才画的“石凳”和“亭柱”以 P(环行)方式绕“石桌”阵列拷贝六份。具体过程如下：

命令: **ARRAYPOLAR**↙
选择对象: (用对象检取框分别点取石凳凳腿、凳面和亭柱)
找到 3 个
选择对象: ↙

类型 = 极轴　关联 = 是
指定阵列的中心点或 [基点(B)/旋转轴(A)]: **0,0**↙
选择夹点以编辑阵列或 [关联(AS)/基点(B)/项目(I)/项目间角度(A)/填充角度(F)/行(ROW)/层(L)/旋转项目(ROT)/退出(X)] <退出>: **I**↙
输入阵列中的项目数或 [表达式(E)] <6>: **6**↙
选择夹点以编辑阵列或 [关联(AS)/基点(B)/项目(I)/项目间角度(A)/填充角度(F)/行(ROW)/层(L)/旋转项目(ROT)/退出(X)] <退出>: **ROT**↙
是否旋转阵列项目? [是(Y)/否(N)] <是>: **Y**↙
选择夹点以编辑阵列或 [关联(AS)/基点(B)/项目(I)/项目间角度(A)/填充角度(F)/行(ROW)/层(L)/旋转项目(ROT)/退出(X)] <退出>:↙

结果如图 7.56 所示。

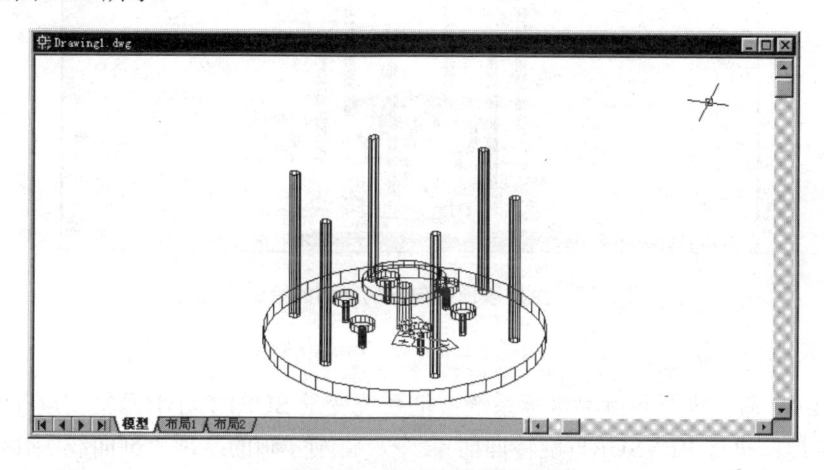


图 7.56　复制石凳和亭柱

### 7. 生成亭顶纵向剖切断面的绘制轮廓线

用 UCS 命令将用户坐标系绕 X 轴旋转 90°，使得 XOY 坐标面由水平变为竖直；执行 ELEV 命令，将图元的标高和厚度都设为 0；用 PLINE 命令在新的坐标系上绘制亭顶纵向剖切断面的外轮廓线；再用 LINE 命令在凉亭顶尖上画一“避雷针”线。具体过程如下：

命令: **UCS**↙　(或单击 UCS 工具栏中的图标)
当前 UCS 名称: *世界*
输入选项 [新建(N)/移动(M)/正交(G)/上一个(P)/恢复(R)/保存(S)/删除(D)/应用(A)/?/世界(W)] <世界>: **X**↙
指定绕 X 轴的旋转角度 <90>:↙
命令: **ELEV**↙
指定新的默认标高 <20.0000>: **0**↙
指定新的默认厚度 <220.0000>: **0**↙

命令: **PLINE**↙(或单击“绘图”工具栏中的图标)
指定起点: **0,224**↙
当前线宽为 0.0000
指定下一个点或 [圆弧(A)/半宽(H)/长度(L)/放弃(U)/宽度(W)]: **@180,0**↙
指定下一点或 [圆弧(A)/闭合(C)/半宽(H)/长度(L)/放弃(U)/宽度(W)]: **@0,20**↙
指定下一点或 [圆弧(A)/闭合(C)/半宽(H)/长度(L)/放弃(U)/宽度(W)]: **@20,0**↙

指定下一点或 [圆弧(A)/闭合(C)/半宽(H)/长度(L)/放弃(U)/宽度(W)]: **@0,10**↙
指定下一点或 [圆弧(A)/闭合(C)/半宽(H)/长度(L)/放弃(U)/宽度(W)]: **@-80,30**↙
指定下一点或 [圆弧(A)/闭合(C)/半宽(H)/长度(L)/放弃(U)/宽度(W)]: **@-120,80**↙
指定下一点或 [圆弧(A)/闭合(C)/半宽(H)/长度(L)/放弃(U)/宽度(W)]: ↙
命令: **LINE**↙
指定第一点: ↙
指定下一点或 [放弃(U)]: **@0,50**↙
指定下一点或 [放弃(U)]: ↙

结果如图 7.57 所示。

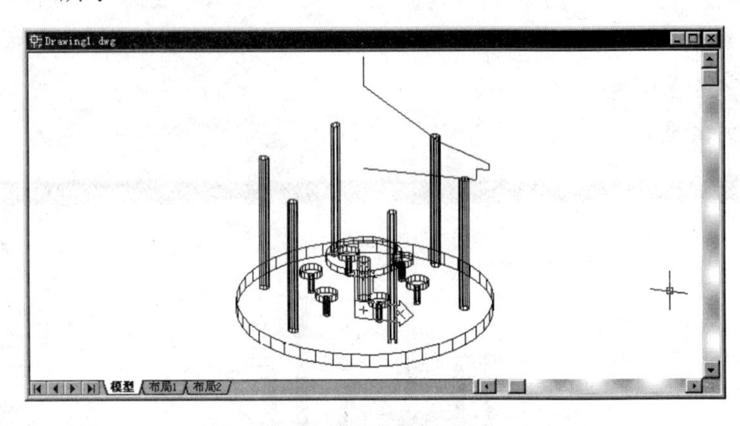


图 7.57　生成亭顶纵向剖切断面的绘制轮廓线

### 8. 生成凉亭顶盖

用 UCS/W 命令恢复到世界坐标系统；把系统变量 SURFTAB1(网格密度 1)设置成 6，以构成六角形；执行 REVSURF(旋转曲面)命令，将刚才画的亭顶“剖面线”作为“路径曲线”，以“避雷针”为“旋转轴”旋转一周，生成凉亭顶盖。具体过程如下：

命令: **UCS**↙ (或单击“UCS”工具栏中的图标)
当前 UCS 名称: *没有名称*
输入选项
[新建(N)/移动(M)/正交(G)/上一个(P)/恢复(R)/保存(S)/删除(D)/应用(A)/?/世界(W)]
<世界>:↙
命令: **SURFTAB1**↙　(系统变量)
输入 SURFTAB1 的新值 <6>: **6**↙
命令: **REVSURF**↙(或单击“曲面”工具栏中的图标)
当前线框密度: SURFTAB1=6　SURFTAB2=6
选择要旋转的对象: (选取图 7.59 中的亭顶剖面)
选择定义旋转轴的对象: (选取图 7.59 中的避雷针)
指定起点角度 <0>:↙
指定包含角 (+=逆时针，-=顺时针) <360>:↙

结果如图 7.58 所示。

### 9. 绘制亭内石桌上的西瓜

用三维曲面命令(3D)中的 S(球面)选项，在石桌的正上方绘制一个球面来表示西瓜。

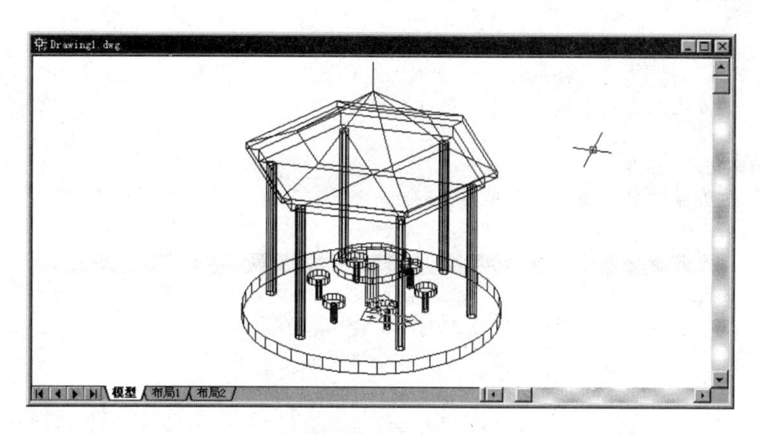

图 7.58　生成凉亭顶盖

具体过程如下：

命令: **3D**↙(或单击“曲面”工具栏中的图标)
正在初始化... 已加载三维对象。
输入选项
[长方体表面(B)/圆锥面(C)/下半球面(DI)/上半球面(DO)/网格(M)/棱锥面(P)/球面(S)/圆环面(T)/楔体表面(W)]: **S**↙
指定中心点给球面: **0,0,115**↙
指定球面的半径或 [直径(D)]: **20**↙
输入曲面的经线数目给球面 <16>:↙
输入曲面的纬线数目给球面 <16>:↙

结果如图 7.59 所示。至此，就完成了六角凉亭的三维造型。接下来看一下不同的三维显示效果。

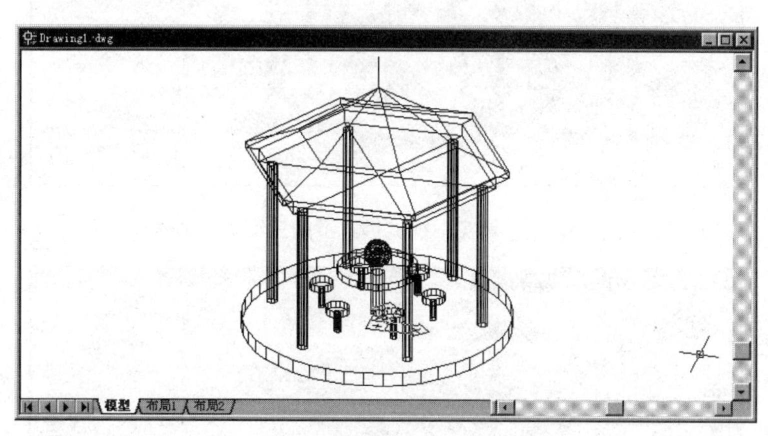

图 7.59　绘制亭内石桌上的西瓜

## 10．不同的三维显示效果

命令: **HIDE**↙(消隐)
正在重生成模型。
(消隐后的三维显示效果见图 7.60)
命令: (选择菜单“视图”|“视觉样式”|“真实”)
(“真实”视觉模式下的三维显示效果见图 7.61)

命令: (选择菜单"视图" | "视觉样式" | "概念")
("概念"视觉模式下的三维显示效果见图 7.62)

命令: **RENDER**↙ (渲染)
(默认环境下渲染后的三维显示效果见图 7.63)

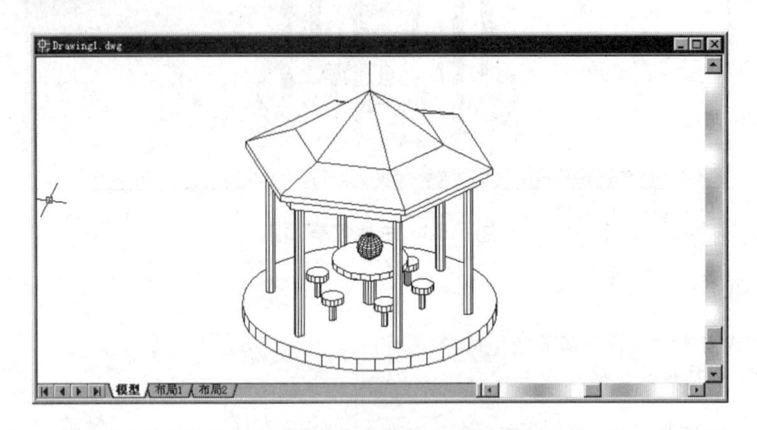

图 7.60 消隐后的三维显示效果

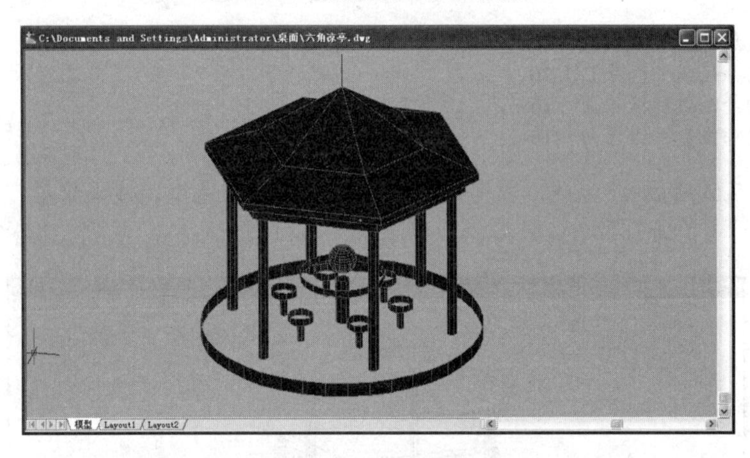

图 7.61 "真实"视觉模式下的三维显示效果

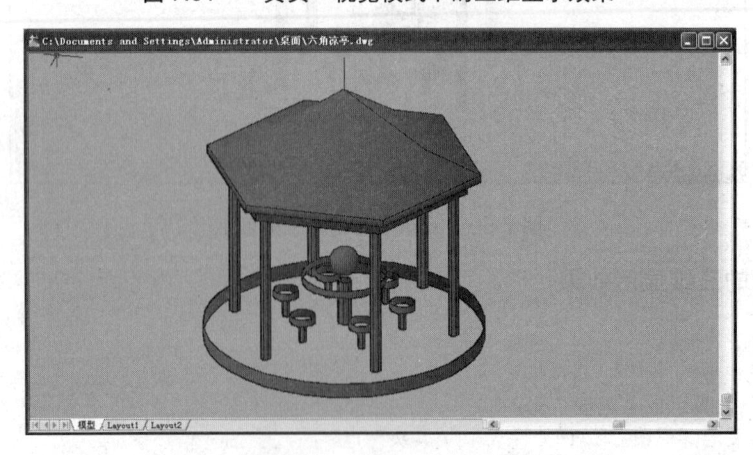

图 7.62 "概念"视觉模式下的三维显示效果

上面着色和渲染处理所采用的均为系统的默认设置，显示效果不是很好。进一步为凉亭的不同部分赋予合适的材质、为三维场景设置适当的光源并选择适当的渲染参数也可获得较为理想的三维渲染效果，若有兴趣且又有时间的话不妨一试。但总的来说，AutoCAD 的三维渲染功能较之三维造型功能要弱，更赶不上其“同胞兄弟”3DStudio Max 的渲染效果。实际的三维设计中常采用的方法是，先用 AutoCAD 进行三维造型，然后将三维模型转到 3DStudio Max 环境下进行渲染处理。

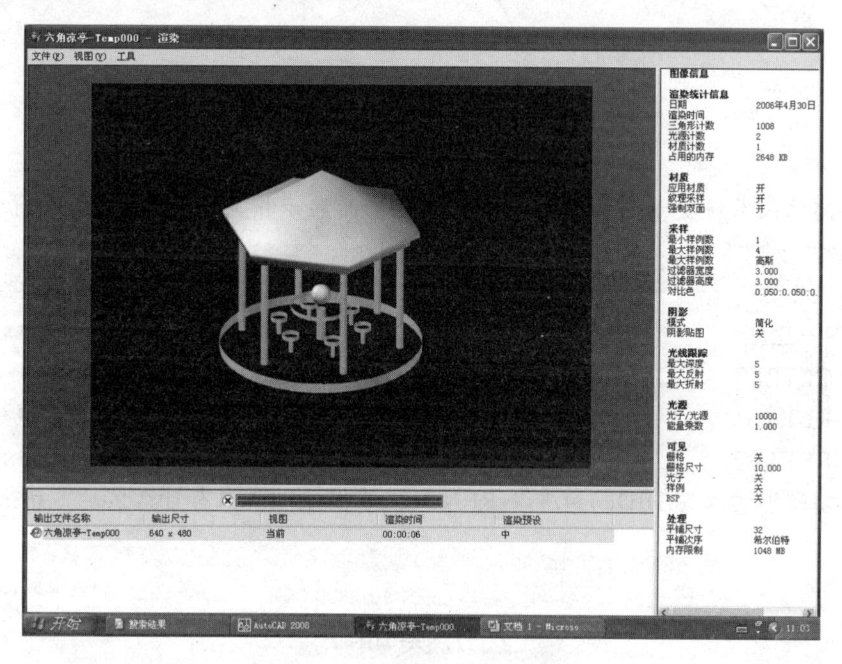


图 7.63　渲染后的三维显示效果

# 思考题 7

1. 线框模型、表面模型和实体模型各有何特点？

2. 请分析分别用基面命令(ELEV)和平移曲面命令(TABSURF)由图 7.64 左图所示多段线生成下右图所示曲面的方法和步骤，并上机验证。

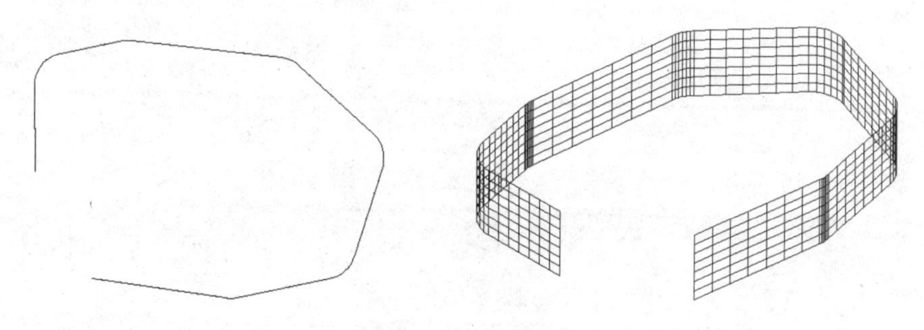

图 7.64　平移曲面

3. 如何定义图 7.65 所示的用户坐标系(UCS)？

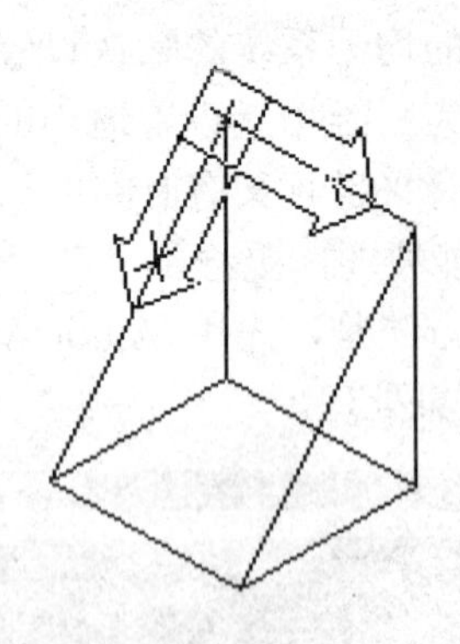

图 7.65　用户坐标系的设置

4. 如何修改系统变量的数值？请将下述与曲面显示相关的系统变量与右侧相应功能用直线连起。

| | |
|---|---|
| (1) ISOLINES | (a) 曲面旋转方向的网格密度 |
| (2) DISPSILH | (b) 以线框形式显示实体轮廓 |
| (3) FACETRES | (c) 实体表面的平滑度 |
| (4) SURFTAB1 | (d) 曲面显示的轮廓素线数 |
| (5) SURFTAB2 | (e) 曲面路径方向的网格密度 |

5. 三维图形的消隐(HIDE)和渲染(RENDER)在显示效果上有什么区别？请上机操作并分别观察。

## 上机实训 7

1. 按照书中所给方法和步骤上机完成“酒杯”、“写字台与台灯”及“六角凉亭”三维图形的绘制。

2. 自己设计一个有意义的三维形体，然后运用本章介绍的三维命令完成其三维绘制和显示。

# 第 8 章　三维实体建模

前面各章介绍了利用 AutoCAD 绘制二维图形的方法，二维图形作图方便，表达图形全面、准确，是机械、建筑等工程图样的主要形式，但二维图形缺乏立体感，需要经过专门的训练才能看懂。而三维图形则能更直观地放映空间立体的形状，富有立体感，更易为人们所接受，是图形设计的发展方向。

实体建模就是创建三维形体的实体模型。三维实体是三维图形中最重要的部分，它具有实体的特征，可以对其进行打孔、切割、挖槽、倒角以及布尔运算等操作，从而形成具有实际意义的物体。在机械和建筑应用中，机械零件和建筑构件几乎全部都是三维实体。

三维实体建模的方法通常有以下三种。

(1) 利用 AutoCAD 提供的绘制基本实体的相关命令，直接输入基本实体的控制尺寸，由 AutoCAD 自动生成。

(2) 由二维图形沿与图形平面垂直的方向或指定的路径拉伸完成，或者将二维图形绕平面内的一条直线回转而成，以及采用扫掠和放样的方法建立。

(3) 将用上面两种方法所创建的实体进行并、交、差等布尔运算从而得到更加复杂的形体。

在对实体进行消隐、着色、渲染之前，实体以线框方式显示。实体建模命令位于菜单“绘图”|“建模”子菜单下(见图 8.1)以及“建模”工具栏中。

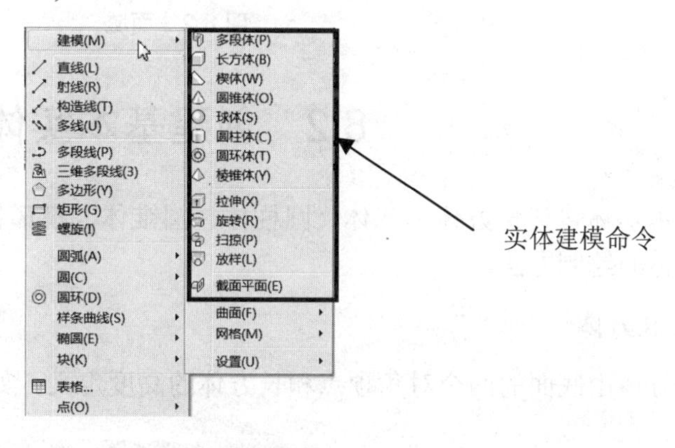


图 8.1　“建模”子菜单

本章将介绍实体建模和三维显示的基本命令及其主要操作，包括二维的面域建模、三维实体的创建、三维显示的设置、布尔运算和对三维实体的剖切，最后给出一个三维实体建模的示例。

## 8.1 创 建 面 域

面域是指严格封闭的实心平面图形，其外部边界称为外环，内部边界称为内环。面域可以放在空间任何位置，可以计算面积。面域在某些方面具有实体的特征，如面域间也可以进行交、并、差布尔运算等。

### 1. 命令

①命令名：REGION(缩写名：REG)；②菜单："绘图"|"面域"；③图标："绘图"工具栏中的图标。

### 2. 格式

命令：**REGION**
选择对象：(可选闭合多段线、圆、椭圆、样条曲线或由直线、圆弧、椭圆弧、样条曲线链接而成的封闭曲线)

### 3. 说明

(1) 选择集中每一个封闭图形创建一个实心面域，如图 8.2 所示。

(2) 在创建面域时，删去原对象，在当前图层创建面域对象。

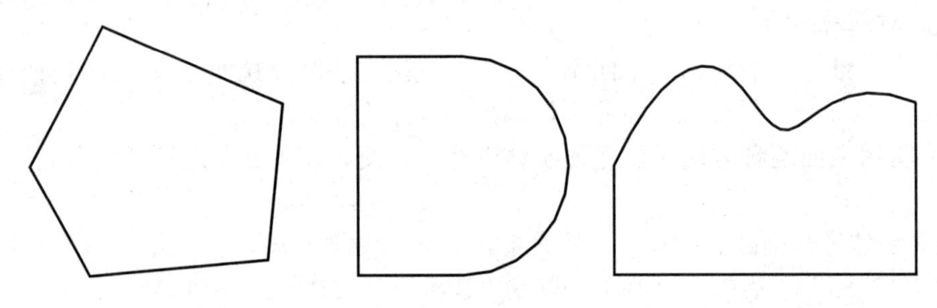

图 8.2　面域

## 8.2　创建基本实体

基本实体包括长方体、球体、圆柱体、圆锥体、楔形体、圆环体。下面分别介绍这些基本实体的绘制方法。

### 1. 长方体

长方体由底面的两个对角顶点和长方体的高度定义，如图 8.3 所示。

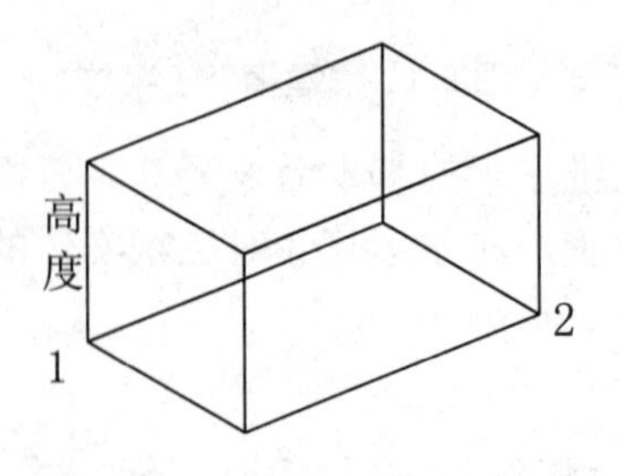


图 8.3　确定长方体的要素

1) 命令

①命令名：BOX；②菜单："绘图"|"建模"|"长方体"；③图标："建模"工具

栏中的(长方体)图标。

2) 步骤

① 启动 BOX 命令。

② 指定长方体底面一个角点 1 的位置。

③ 指定对角顶点 2 的位置。

④ 指定一个距离作为长方体的高度，完成长方体的作图。高度值可以从键盘输入，也可以用鼠标在屏幕指定一个距离作为高度值。

### 2. 球体

球体由球心的位置及半径(或直径)定义。

1) 命令

①命令名：SPHERE；②菜单：“绘图”|“建模”|“球体”；③图标：“建模”工具栏中的(球体)图标。

2) 步骤

① 启动 SPHERE 命令。

② 指定球体中心点的位置。

③ 输入球体的半径，完成球体的作图。消隐后的球体如图 8.4 所示。

### 3. 圆柱体

圆柱体由圆柱底圆中心、圆柱底圆直径(或半径)和圆柱的高度确定，圆柱的底圆位于当前 UCS 的 XY 平面上。

1) 命令

①命令名：CYLINDER；②菜单：“绘图”|“建模”|“圆柱体”；③图标：“建模”工具栏中的(圆柱体)图标。

2) 步骤

① 启动 CYLINDER 命令。

② 指定圆柱的底圆中心点。

③ 确定底圆的半径。

④ 确定圆柱的高度，完成圆柱的作图。消隐后的圆柱体如图 8.5 所示。

### 4. 圆锥体

圆锥体由圆锥体的底圆中心、圆锥底圆直径(或半径)和圆锥的高度确定，底圆位于当前 UCS 的 XY 平面上。

1) 命令

①命令名：CONE；②菜单：“绘图”|“建模”|“圆锥体”；③图标：“建模”工具栏中的(圆锥体)图标。

2) 步骤

① 启动 CONE 命令。

② 指定圆锥底圆的中心点。

③ 确定圆锥底圆的半径。

④ 确定圆锥的高度，完成圆锥的作图。消隐后的圆锥如图 8.6 所示。

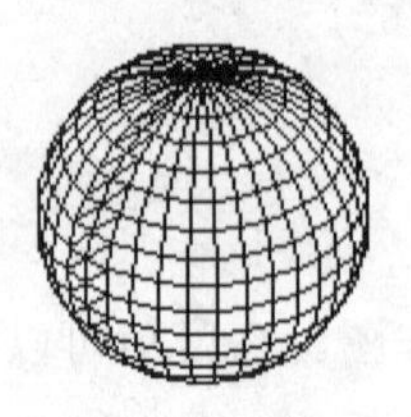

图 8.4　球体

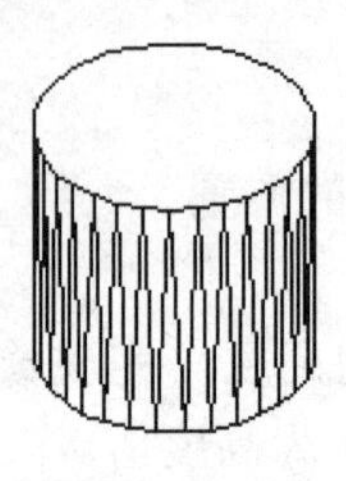

图 8.5　圆柱体

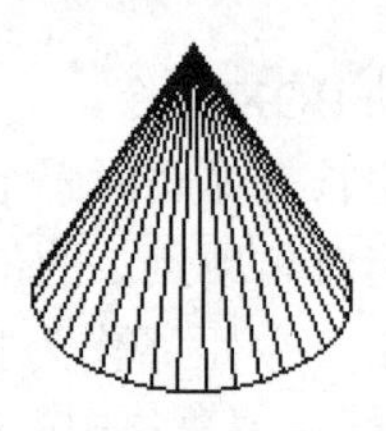

图 8.6　圆锥体

### 5. 圆环

圆环由圆环的中心、圆环的直径(或半径)和圆管的直径(或半径)确定，圆环的中心位于当前 UCS 的 XY 平面上且对称面与 XY 平面重合。

1) 命令

①命令名：TORUS；②菜单：“绘图”|“建模”|“圆环体”；③图标：“建模”工具栏中的(圆环)图标。

2) 步骤

① 启动 TORUS 命令。

② 指定圆环的中心。

③ 指定圆环的半径。

④ 指定圆管的半径，完成圆环体的作图。消隐后的圆环体如图 8.7 所示。

### 6. 楔体

楔体由底面的一对对角顶点和楔体的高度确定，其斜面正对着第一个顶点，底面位于 UCS 的 XY 平面上，与底面垂直的四边形通过第一个顶点且平行于 UCS 的 Y 轴，如图 8.8 所示。

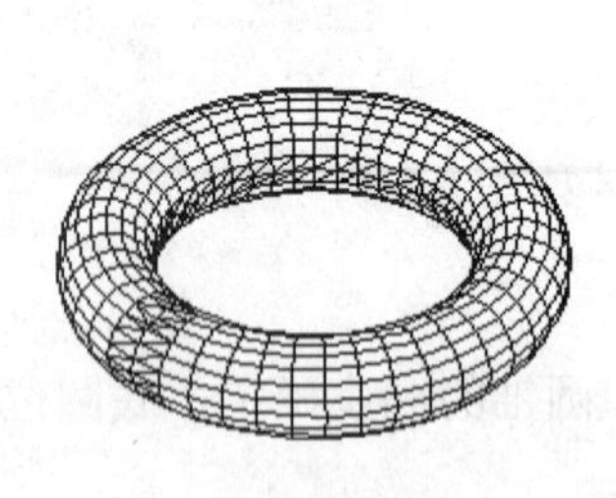

图 8.7　圆环体

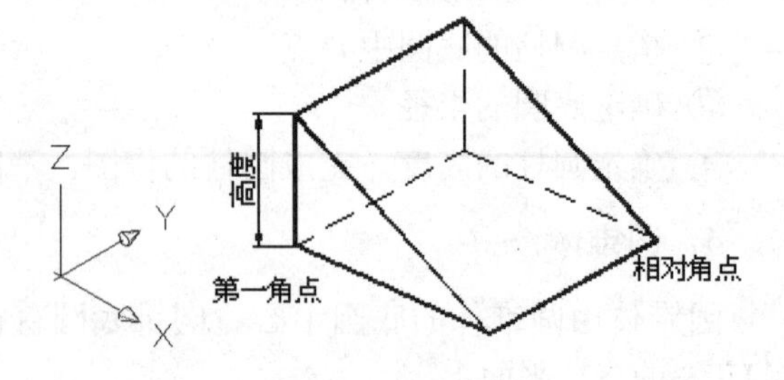



图 8.8　楔体

1) 命令

①命令名：WEDGE；②菜单：“绘图”|“建模”|“楔体”；③图标：“建模”工具栏中的(楔体)图标。

2) 步骤

① 启动 WEDGE 命令。

② 指定底面上的第一个顶点。

③ 指定底面上的对角顶点。

④ 给出楔形体的高度，完成作图。

## 8.3 绘制多段体

将已有直线、二维多段线、圆弧或圆转换为具有等宽和等高的实体。也可使用 POLYSOLID 命令绘制实体，在具体操作上几乎与绘制二维多段线完全一样。

### 1．命令

①命令名：POLISOLID ；②菜单：“绘图” | “建模” | “多段体” ；③图标：“建模”工具栏中的(多段体)图标。

### 2．格式

命令：**POLISOLID**
指定起点或 [对象(O)/高度(H)/宽度(W)/对正(J)] <对象>: (指定实体轮廓的起点，按 Enter 键指定要转换为实体的对象，或输入选项)
指定下一点或 [圆弧(A)/放弃(U)]: (指定实体轮廓的下一点，或输入选项)

### 3．选项说明

(1) 对象：指定要转换为实体的对象。转换对象可以是直线、圆弧、二维多段线或圆。

(2) 高度：指定实体的高度。默认高度设置为当前系统变量 PSOLHEIGHT 的数值。

(3) 宽度：指定实体的宽度。默认宽度设置为当前系统变量 PSOLWIDTH 的数值。

(4) 对正：使用命令定义轮廓时，可以将实体的宽度和高度设置为左对正、右对正或居中。对正方式由轮廓的第一条线段的起始方向决定。默认对正方式设置为居中对正。

其他提示及含义同二维多段线命令。

图 8.9 所示为分别将直线、圆、二维多段线用 POLYSOLID 命令转换为多段体前后的情况。

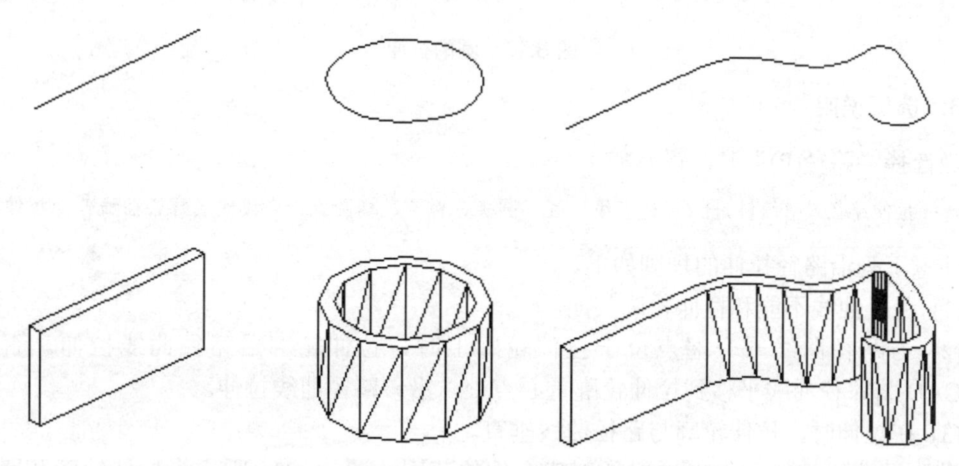

图 8.9　将直线、圆、二维多段线转换为多段体

# 8.4 拉伸体与旋转体

AutoCAD 提供的另外两种创建实体的方法是拉伸体与旋转体，它是更为一般的创建实体方法。

## 8.4.1 拉伸体

### 1. 命令

①命令名：EXTRUDE(缩写名：EXT)；②菜单：“绘图”|“建模”|“拉伸”；③图标：“建模”工具栏中的(拉伸)图标。

### 2. 格式

命令：**EXTRUDE**
选择对象：(可选闭合多段线、正多边形、圆、椭圆、闭合样条曲线、圆环和面域，对于宽线，忽略其宽度，对于带厚度的二维对象，忽略其厚度)
指定拉伸高度或 [路径(P)]：(给出高度，沿轴方向拉伸)
指定拉伸的倾斜角度 <0>:(可给拉伸时的倾斜角度，角度为正，拉伸时向内收缩，见图 8.10(b)；角度为负拉伸时向外扩展，见图 8.10(c)；默认值为 0，见图 8.10(a)。)

图 8.10 所示为用不同的拉伸锥角拉伸圆的建模效果。

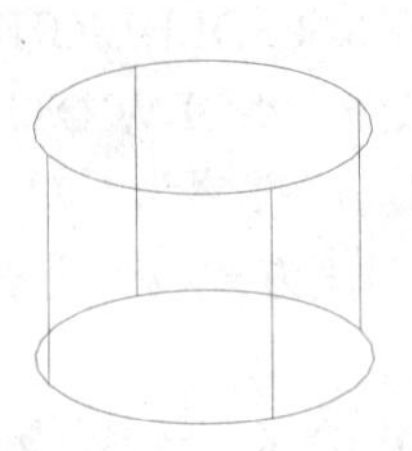
(a) 拉伸锥角为 0°

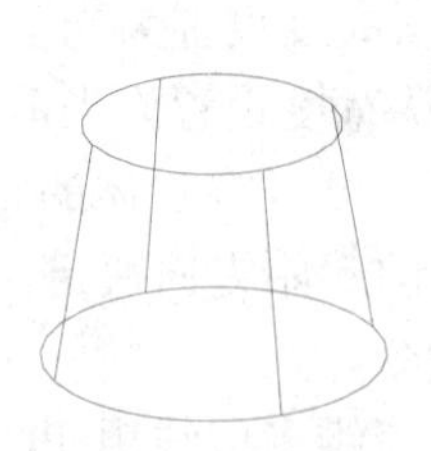
(b) 拉伸锥角为 10°

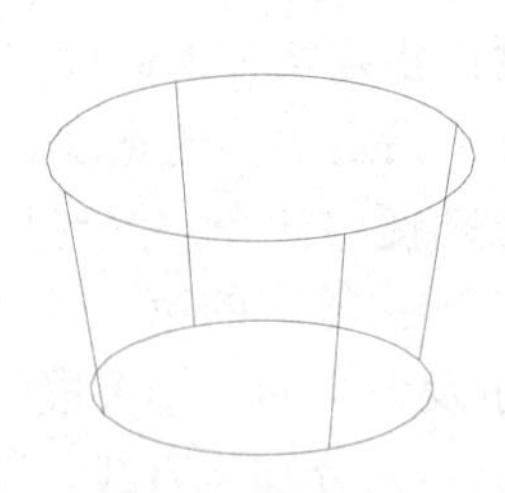
(c) 拉伸锥角为-10°

**图 8.10 圆的拉伸**

### 3. 选项说明

当选择“路径(P)”时，提示如下：

选择拉伸路径或 [倾斜角]：(可选直线、圆、圆弧、椭圆、椭圆弧、多段线或样条曲线作为拉伸路径)

注意下列沿路径拉伸的规则如下。

(1) 路径曲线不能和拉伸轮廓共面。

(2) 当路径曲线一个端点位于拉伸轮廓上时，拉伸轮廓沿路径曲线拉伸。否则，AutoCAD 将路径曲线平移到拉伸轮廓重心点处，沿该路径曲线拉伸。

(3) 在拉伸时，拉伸轮廓与路径曲线垂直。

沿路径曲线拉伸，大大扩展了创建实体的范围。图 8.11(a)所示为拉伸轮廓和路径曲线，图 8.11(b)所示为拉伸结果。

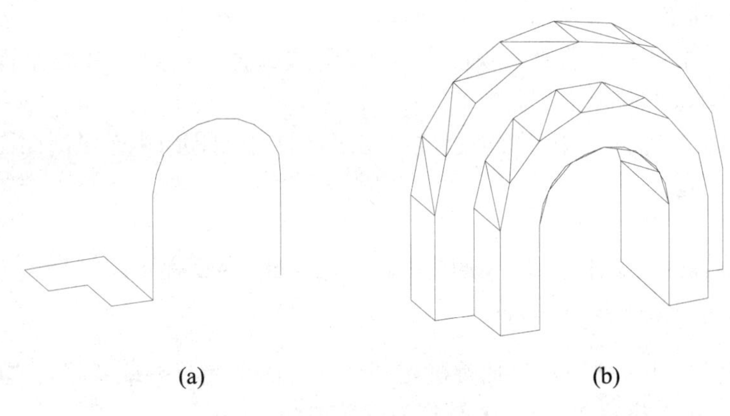

(a)　　　　　　　　　　(b)

图 8.11　沿路径曲线拉伸

## 8.4.2　旋转体

### 1．命令

①命令名：REVOLVE(缩写名：REV)；②菜单：“绘图”|“建模”|“旋转”；③图标：“建模”工具栏中的(旋转)图标。

### 2．格式

```
命令: REVOLVE
选择对象: (可选择闭合多段线、正多边形、圆、椭圆、闭合样条曲线、圆环和面域)
指定旋转轴的起点或
定义轴依照 [对象(O)/X 轴(X)/Y 轴(Y)]: (输入轴线起点)
指定轴端点: (输入轴线端点)
指定旋转角度 <360>:(指定旋转轴，按轴线指向，逆时针为正)
```

### 3．选项说明

(1) 对象(O)：选择已画出的直线段或多段线为旋转轴。

(2) X 轴(X)/Y 轴(Y)：选择当前 UCS 的 X 轴或 Y 轴为旋转轴。

### 4．示例

下面以图 8.12 所示的圆形盆体为例介绍绘制旋转实体的方法和步骤。

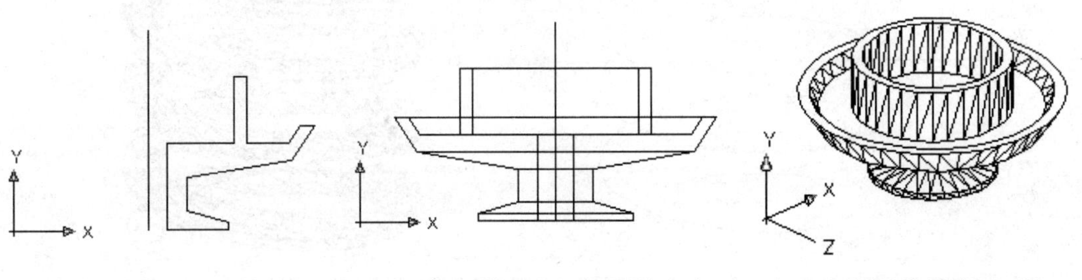


(a) 轮廓线与回转轴　　(b) 生成的回转体的正面图(轮廓线)　　(c) 回转体的等轴测视图

图 8.12　旋转体

(1) 为使旋转轴平行于正立面，需改变视点。

单击“视图”工具栏中的“主视图”按钮 或选择“视图”|“三维视图”|“前视图”命令，此时 UCS 与正立面平行。

(2) 在当前 UCS 平面上用二维多段线绘制闭合的二维图形(半个纵断面图)和旋转轴，如图 8.12(a)所示。

(3) 启动 REVOLVE 命令。

(4) 选择要旋转的对象(闭合的二维图形)，此时 AutoCAD 提示：

定义轴依照[对象(O)/X 轴(X)/Y 轴(Y)]

(5) 指定旋转轴(可以利用对象捕捉确定回转轴的两个端点；或者输入“O”，然后直接拾取回转轴；也可以指定 X、Y、Z 轴作为旋转轴)。

(6) 输入旋转角度(取默认值 360°)。此时已生成回转体，且以线框模型表示，如图 8.12(b)所示。

(7) 选择“视图”|“三维视图”|“西南等轴测”命令，图形窗口显示轴测图的线框模型。

(8) 选择“视图”|“消隐”命令，显示消隐后的轴测图，如图 8.12(c)所示。

# 8.5 扫掠实体和放样实体

扫掠和放样是从 AutoCAD 2007 起新增加的两个三维建模命令。使用这两个命令，可以创建不甚规则的三维实体或曲面。

## 8.5.1 绘制扫掠实体

使用该命令，可以通过沿开放或闭合的二维或三维路径扫掠开放或闭合的平面曲线(轮廓)来创建新实体或曲面。图 8.13 所示为将一小圆沿一条螺旋线扫掠形成弹簧的情况。

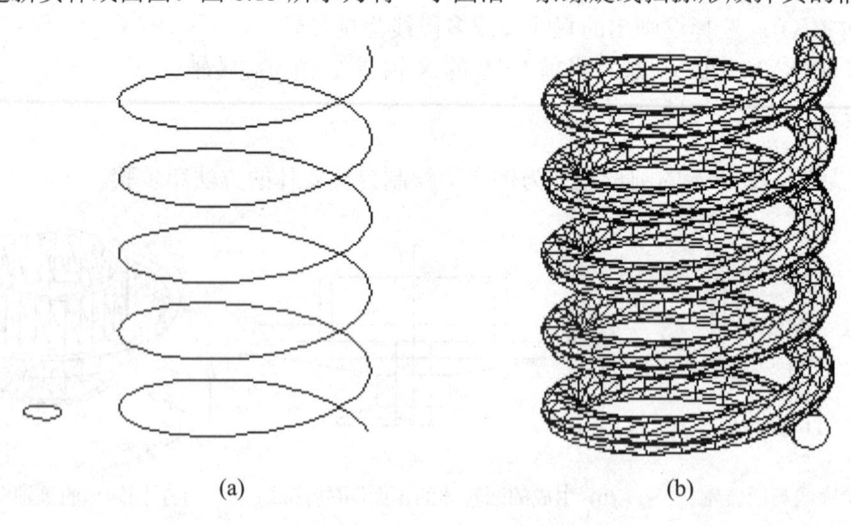

(a) (b)

图 8.13 用扫掠命令绘制弹簧

1．命令

①命令名：SWEEP；②菜单："绘图"|"建模"|"扫掠"；③图标："建模"工具栏中的(扫掠实体)图标。

SWEEP 命令用于沿指定路径以指定轮廓的形状(扫掠对象)绘制实体或曲面。可以一次扫掠多个对象，但是这些对象必须位于同一平面中。

2．步骤

(1) 启动 SWEEP 命令。

(2) 选择要扫掠的对象(见图 8.13(a)中左下位置处的小圆)。

(3) 按 Enter 键结束选择扫掠对象。

(4) 选择扫掠路径(见图 8.13(a)中的螺旋线)。结果如图 8.13(b)所示。

如果沿一条路径扫掠闭合的曲线，则生成实体；如果沿一条路径扫掠开放的曲线，则生成曲面。扫掠与拉伸不同。沿路径扫掠轮廓时，轮廓将被移动并与路径垂直对齐。然后，沿路径扫掠该轮廓。扫掠对象可以是直线、圆弧、椭圆弧、二维多段线、二维样条曲线、圆、椭圆、平面三维面、二维实体、宽线、面域、平面曲面、实体的平面等；可作为扫掠路径对象的包括直线、圆弧、椭圆弧、二维多段线、二维样条曲线、圆、椭圆、三维多段线、螺旋线以及实体或曲面的边等。

当选择"扫掠路径"时，提示为：

选择扫掠路径或 [对齐(A)/基点(B)/比例(S)/扭曲(T)]:

3．选项说明

(1) 对齐：指定是否对齐轮廓以使其作为扫掠路径切向的法向。在默认情况下，轮廓是对齐的。

(2) 基点：指定要扫掠对象的基点。如果指定的点不在选定对象所在的平面上，则该点将被投影到该平面上。

(3) 比例：指定比例因子以进行扫掠操作。从扫掠路径的开始到结束，比例因子将统一应用到扫掠的对象。

(4) 扭曲：设置正被扫掠的对象的扭曲角度。扭曲角度指定沿扫掠路径全部长度的旋转量。

## 8.5.2　绘制放样实体

使用该命令，可以通过一组两个或多个曲线之间放样来创建三维实体或曲面。图 8.14 所示为在一圆和正方形之间放样形成"天圆地方"实体的情况。

1．命令

①命令名：LOFT；②菜单："绘图"|"建模"|"放样"；③图标："建模"工具栏中的(放样实体)图标。

使用 LOFT 命令，可以通过指定一系列横截面来创建新的实体或曲面。横截面用于定义结果实体或曲面的截面轮廓(形状)。LOFT 用于在横截面之间的空间内绘制实体或曲面。使用 LOFT 命令时必须指定至少两个横截面。横截面(通常为曲线或直线)可以是开放的(例如圆弧)，也可以是闭合的(例如圆)。如果横截面均为闭合的曲线，则生成实体；如果横截面中含有开放的曲线，则生成曲面。

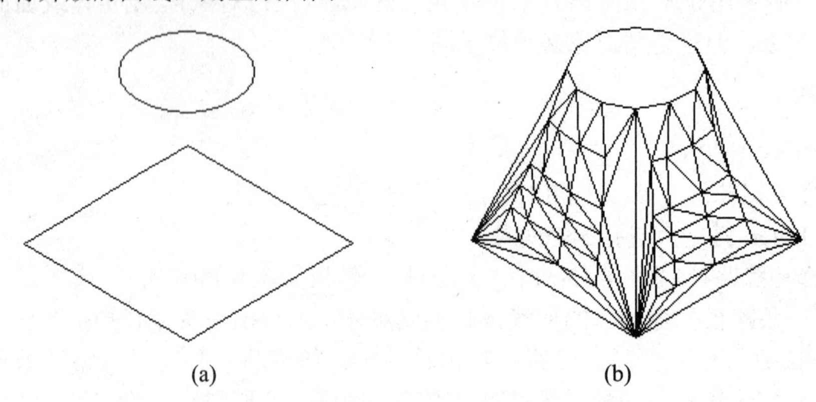

(a) (b)

图 8.14 用放样方法生成“天圆地方”实体

### 2. 步骤

(1) 启动 SWEEP 命令。

(2) 按照用户希望的实体或曲面通过横截面的顺序依次选择横截面。

(3) 按 Enter 键。

(4) 执行以下操作之一。

- 按 Enter 键或输入 c 选项以仅使用横截面。
- 输入 g 选项选择导向曲线。选择导向曲线，然后按 Enter 键。
- 输入 p 选项选择路径。选择路径，然后按 Enter 键。

放样以后，依 DELOBJ 系统变量设置的不同而可以删除或保留原放样对象。

按放样次序选择横截面后，系统将提示：

输入选项 [引导(G)/路径(P)/仅横截面(C)] <仅横截面>:

### 3. 选项说明

(1) 引导：指定控制放样实体或曲面形状的导向曲线。导向曲线是直线或曲线，可通过将其他线框信息添加至对象来进一步定义实体或曲面的形状。可以使用导向曲线来控制点如何匹配相应的横截面以防止出现不希望看到的效果(例如结果实体或曲面中的皱褶)。每条导向曲线必须满足下述三个条件才能正常工作：①与每个横截面相交；②从第一个横截面开始；③到最后一个横截面结束。可以为放样曲面或实体选择任意数量的导向曲线。

(2) 路径：指定放样实体或曲面的单一路径。路径曲线必须与横截面的所有平面相交。

(3) 仅横截面：显示“放样设置”对话框。

图 8.15 所示为用放样方法由五个断面生成的类似山体的三维实体。

可以作为横截面使用的对象包括：直线、圆弧、椭圆弧、二维多段线、二维样条曲线、圆、椭圆、点(仅第一个和最后一个横截面)；作为放样路径使用的对象可以是直线、圆弧、椭圆弧、样条曲线、螺旋线、圆、椭圆、二维多段线、三维多段线；可以作为引导使用的对象有：直线、圆弧、椭圆弧、二维样条曲线、二维样条曲线、二维多段线、三维多段线。

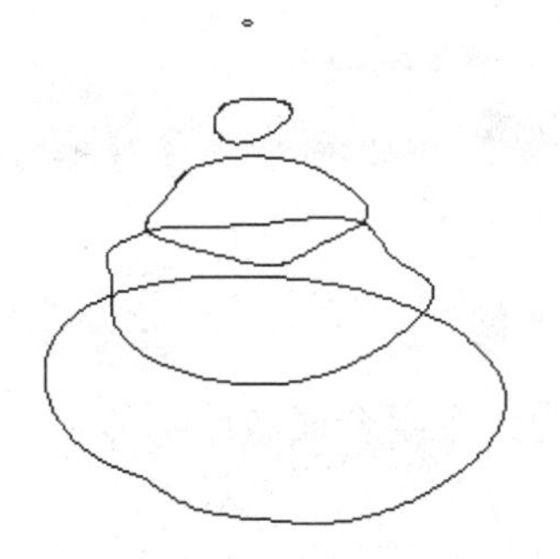

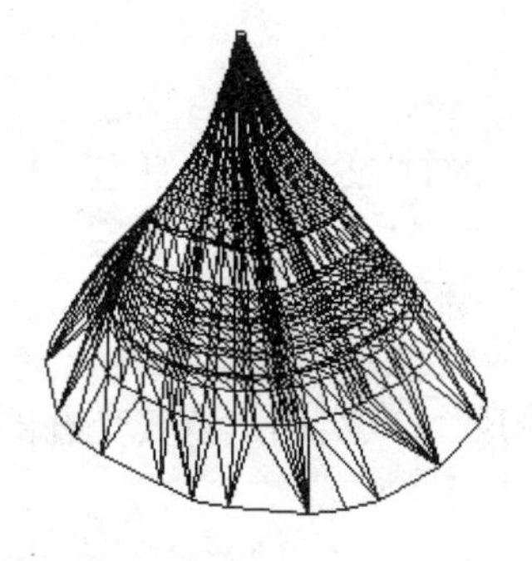

图 8.15　用放样方法由五个断面生成的三维实体

## 8.6　实体建模中的布尔运算

实体建模中的布尔运算，指对实体或面域进行“并、交、差”布尔逻辑运算，以创建组合实体。图 8.16 说明了对两个同高的圆柱体进行布尔运算的结果。

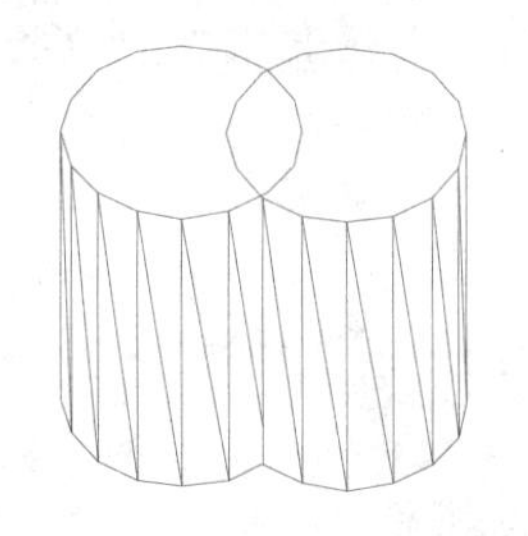

(a) 独立的两圆柱

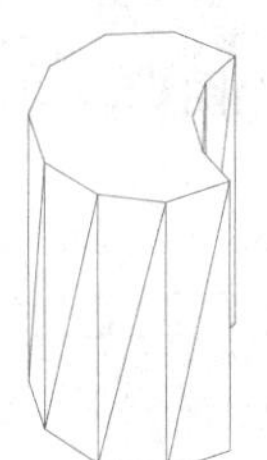

(b) 两圆柱的“差” (c) 两圆柱的“交”

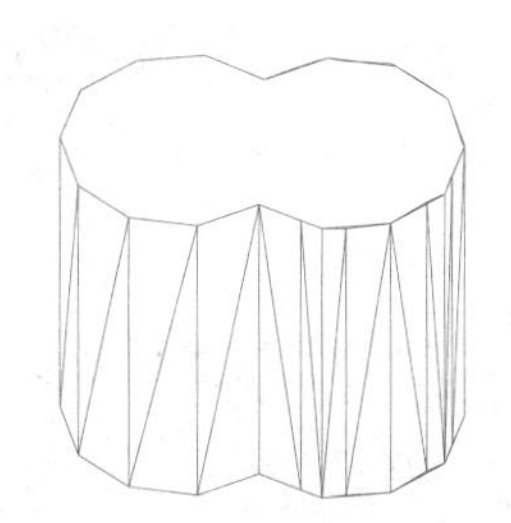

(d) 两圆柱的“并”

图 8.16　两个同高圆柱体的布尔运算

### 8.6.1　并运算

**1．命令**

①命令名：UNION(缩写名：UNI)；②菜单：“修改”|“实体编辑”|“并集”；③图标：“实体编辑”工具栏中的(并运算)图标。

**2．功能**

把相交叠的面域或实体合并为一个组合面域或实体。

**3．格式**

命令：**UNION**
选择对象：(可选择面域或实体)

## 8.6.2　交运算

### 1. 命令

①命令名：INTERSECT(缩写名：IN)；②菜单：“修改”|“实体编辑”|“交集”；③图标：“实体编辑”工具栏中的(交运算)图标。

### 2. 功能

把相交叠的面域或实体，取其交叠部分创建为一个组合面域或实体。

### 3. 格式

命令：**INTERSECT**
选择对象：(可选择面域或实体)

## 8.6.3　差运算

### 1. 命令

①命令名：SUBTRACT(缩写名：SU)；②菜单：“修改”|“实体编辑”|“差集”；③图标：“实体编辑”工具栏中的(差运算)图标。

### 2. 功能

从需减对象(面域或实体)减去另一组对象，创建为一个组合面域或实体。

### 3. 格式

命令：**SUBTRACT**
选择要从中减去的实体或面域...
选择对象：(可选择面域或实体)
选择对象：↙
选择要减去的实体或面域...
选择对象：(可选择面域或实体)
选择对象：↙

## 8.6.4　应用示例

**【例 8.1】**创建图 8.17(b)所示的扳手。

具体步骤如下。

(1) 画出圆 1、2；矩形 3；正六边形 4、5(见图 8.17(a))。

(2) 利用 REGION 命令，创建 5 个面域。

(3) 利用 SUBTRACT 命令，需减去的面域选 1、2、3；被减去的面域选 4、5，构造组合面域扳手平面轮廓。

(4) 利用 EXTRUDE 命令，把扳手平面轮廓拉伸为实体(见图 8.17(b))。

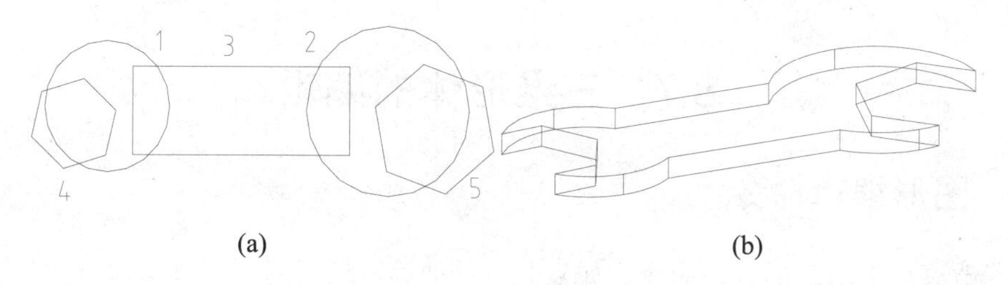


(a)　　　　(b)

图 8.17　创建扳手

【例 8.2】画出图 8.18 所示圆柱与圆锥相贯体的并、交、差运算结果。

具体步骤如下。

(1) 利用 CONE 命令画出直立圆锥体。

(2) 利用 CYLINDER 命令，利用指定两端面圆心位置的方法，画出一轴线为水平的圆柱体。

(3) 利用 COPY 命令，把圆柱、圆锥复制四组。

(4) 利用 UNION 命令，求出柱、锥相贯的组合体[见图 8.18(a)]。

(5) 利用 INTERSECT 命令，求出柱锥相贯体的交，即其公共部分[见图 8.18(b)]。

(6) 利用 SUBTRACT 命令，求圆锥体穿圆柱孔后的结果[见图 8.18(c)]。

(7) 利用 SUBTRACT 命令，求圆柱体挖去圆锥体部分后的结果[见图 8.18(d)]。

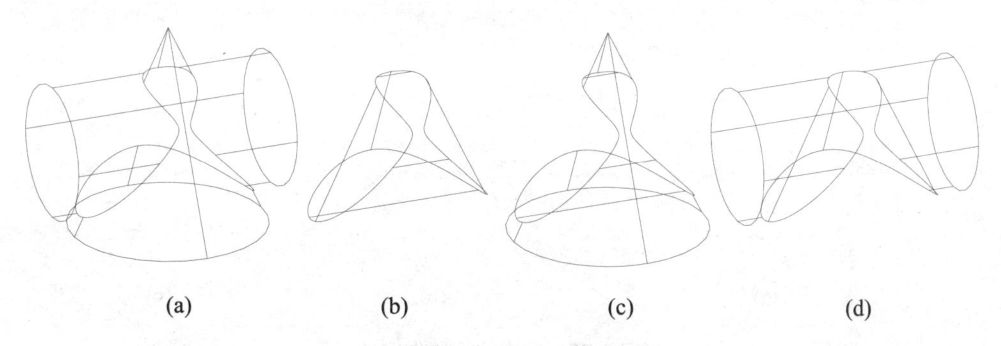

(a)　　(b)　　(c)　　(d)

图 8.18　布尔运算

图 8.19 所示为渲染后的结果。

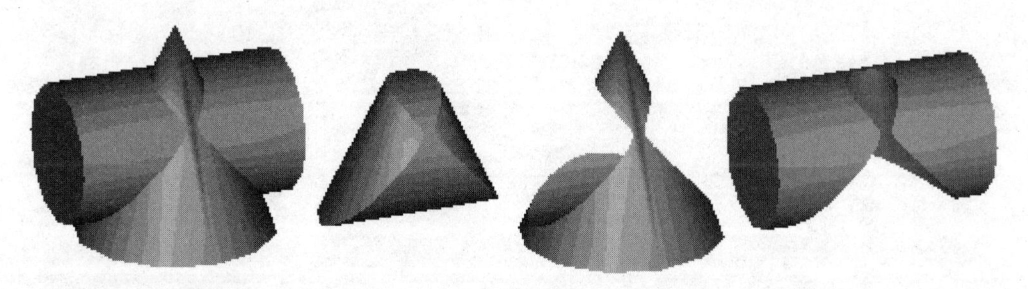

图 8.19　渲染图

# 8.7　三维形体的编辑

## 8.7.1　图形编辑命令

在修改菜单中的图形编辑命令，如复制、移动等，均适用于三维形体，并且还可以对实体的棱边作圆角、倒角，在三维操作项中，还增添了三维形体阵列、三维镜像、三维旋转、对齐等命令。现简介如下。

**1．对实体棱边作倒角**

利用 CHAMFER(倒角)命令，如选择一个三维实体的棱边[见图 8.20(a)]，可修改为倒角[见图 8.20(b)]，并可同时对一边环的环中各边作倒角[见图 8.20(c)]。

**2．对实体棱边作圆角**

利用 FILLET(圆角)命令，如选择一个三维实体的棱边[见图 8.21(a)]，可修改为圆角[见图 8.21(b)]，并可同时对一边链(即边和边相切连接成链)的各边作圆角[见图 8.21(c)]。

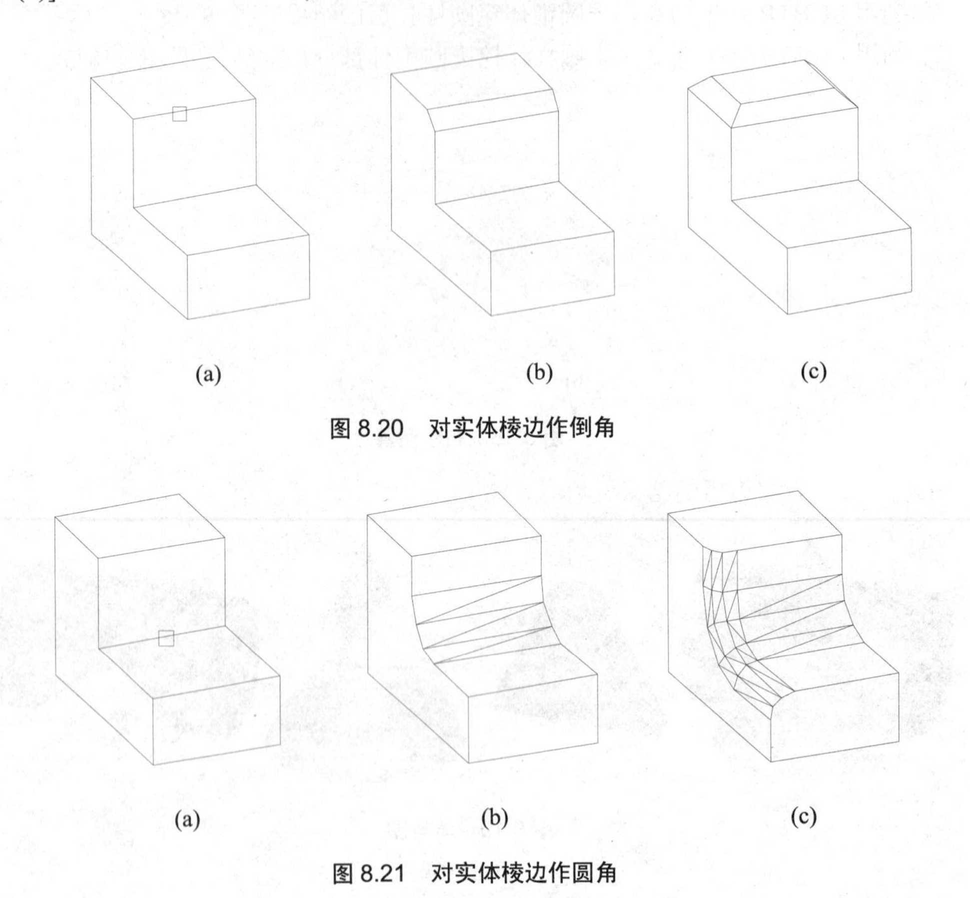

(a)　(b)　(c)

图 8.20　对实体棱边作倒角

(a)　(b)　(c)

图 8.21　对实体棱边作圆角

### 8.7.2　对三维实体作剖切

#### 1. 命令

①命令名：SLICE(缩写名：SL)；②菜单："修改" | "三维操作" | "剖切"。

#### 2. 格式

命令：**SLICE**
选择对象：(选择三维实体)
指定切面上的第一个点，依照 [对象(O)/Z 轴(Z)/视图(V)/XY 平面(XY)/YZ 平面(YZ)/ZX 平面(ZX)/三点(3)] <三点>：(可以根据二维图形对象，指定点和 Z 轴方向，指定点并平行屏幕平面，当前 UCS 的坐标面或平面上三点来确定剖切平面。)
在要保留的一侧指定点或 [保留两侧(B)]：(剖切后，可以保留两侧，也可以删去一侧，保留一侧)

图 8.22 所示为用 3 点定义剖切平面，图 8.22(a)所示为保留两侧，图 8.22(b)、图 8.22(c)所示为保留一侧的剖切结果。

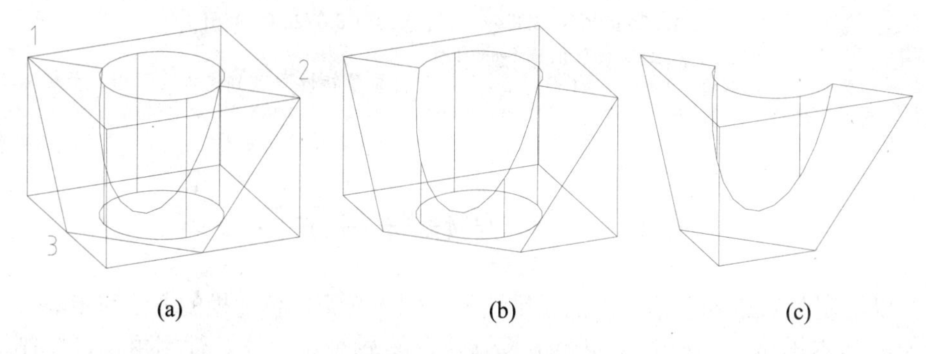


(a)　(b)　(c)

图 8.22　实体的剖切

## 8.8　实体的物理特性计算

AutoCAD 提供了对三维实体的查询功能，可以方便地自动完成三维实体体积、惯性矩、质心等物理特性的计算。

#### 1. 命令

①命令名：MASSPROP；②菜单："工具" | "查询" | "面域/质量特性"；③工具栏："查询"工具栏中的(面域/质量特性)图标。

#### 2. 格式

命令: **MASSPROP**↙
选择对象: (选择实体)
找到 1 个
选择对象: ↙(继续选择，或回车结束选择，将弹出 AutoCAD 文本窗口，显示所选对象的质量特性，如下所示)
----------------　实体　----------------

质量: 730962.8436
体积: 730962.8436
边界框: X: -0.0005 -- 195.0005
Y: -33.0000 -- 146.0000
Z: 0.0000 -- 180.0000
质心: X: 88.5712
Y: 42.5298
Z: 82.8713
惯性矩: X: 9354842097.8019
Y: 14435774937.4521
Z: 9461457116.5751
惯性积: XY: 2583379336.5864
YZ: 2623238208.8262
ZX: 5157794631.3774
旋转半径: X: 113.1281
Y: 140.5311
Z: 113.7709
主力矩与质心的 X-Y-Z 方向:
I: 3042845047.3137 沿 [0.9222 -0.2224 0.3163]
J: 3722263232.0109 沿 [0.2337 0.9723 0.0022]
K: 2334065453.3744 沿 [-0.3081 0.0720 0.9486]
(说明：选择的对象不同，则显示特性的内容将有所不同)
是否将分析结果写入文件? [是(Y)/否(N)] <否>: (是否将质量特性写入到文本文件中，如输入 Y，则将提示输入文件名)

# 8.9 实体建模综合示例

下面以绘制图 8.23 所示烟灰缸的三维图形为例，介绍实体建模的方法和步骤。

绘图的基本思路为，首先绘制一个长方体，然后对长方体进行倒角，再绘制一圆球体，利用长方体和球体间的布尔“差”运算来形成烟灰槽，最后利用缸体和 4 个水平小圆柱体间的布尔“差”运算来形成顶面上的 4 个半圆槽。

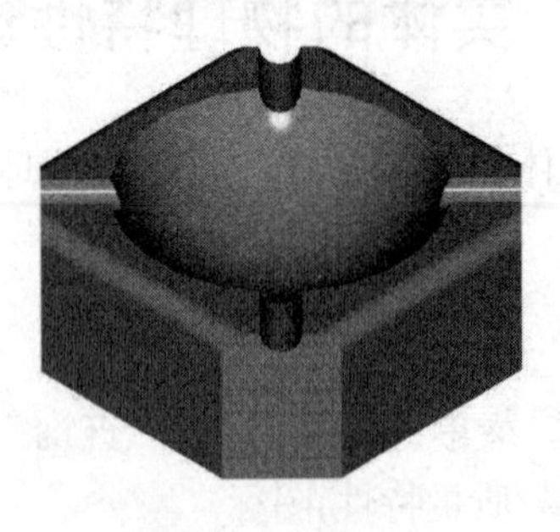

图 8.23 烟灰缸

## 1. 设置视图

将视区设置为三个视口，如图 8.24 所示；然后依次激活各视口，分别设置成：左上为主视图，左下为俯视图，右边为东南轴测图。

命令: **-VPORTS**↙
输入选项 [保存(S)/恢复(R)/删除(D)/合并(J)/单一(SI)/?/2/3/4] <3>: **3**↙
输入配置选项 [水平(H)/垂直(V)/上(A)/下(B)/左(L)/右(R)] <右>:↙

(用鼠标在左上视口内单击一下，激活之)
命令: **-VIEW**↙
输入选项 [?/分类(C)/图层状态(A)/正交(O)/删除(D)/恢复(R)/保存(S)/UCS(U)/窗口(W)]: **O**↙
输入选项 [俯视(T)/仰视(B)/主视(F)/后视(BA)/左视(L)/右视(R)] <俯视>: **F**↙
正在重生成模型。
(用鼠标在左下视口内单击一下，激活之)
命令: **-VIEW**↙
输入选项 [?/分类(C)/图层状态(A)/正交(O)/删除(D)/恢复(R)/保存(S)/UCS(U)/窗口(W)]: **O**↙
输入选项 [俯视(T)/仰视(B)/主视(F)/后视(BA)/左视(L)/右视(R)] <俯视>: **T**↙
正在重生成模型。
(用鼠标在右视口内单击一下，激活之；选择“视图”|“三维视图”|“东南等轴测”命令)

结果如图 8.24 所示。

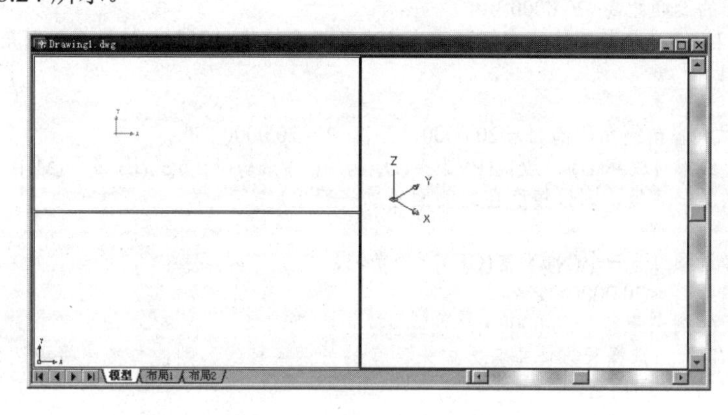


图 8.24　视口和视图设置

## 2. 绘制长方体

命令: **BOX**↙
指定长方体的角点或 [中心点(CE)] <0,0,0>: **100,100,100**↙
指定角点或 [立方体(C)/长度(L)]:**L**↙
指定长度: **100**↙
指定宽度: **100**↙
指定高度: **40**↙

将各个视图最大化显示(具体为分别激活三个视口，然后选择“视图”|“缩放”|“范围”命令)，结果如图 8.25 所示。

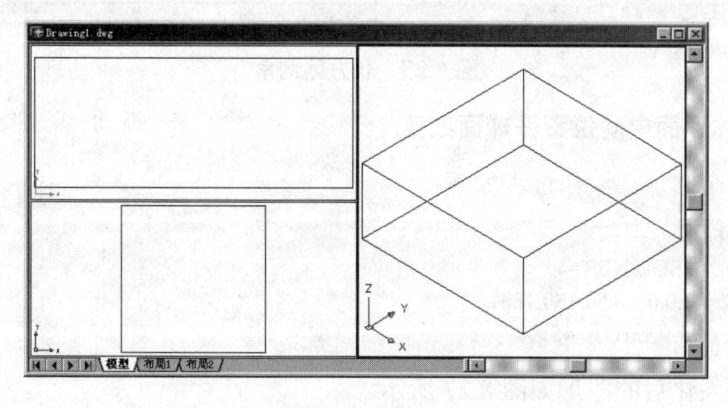


图 8.25　长方体

### 3．为长方体倒角

命令: **CHAMFER**↙
(“修剪”模式) 当前倒角距离 1 = 0.0000，距离 2 = 0.0000
选择第一条直线或 [放弃(U)/多段线(P)/距离(D)/角度(A)/修剪(T)/方式(E)/多个(M)]: **D**↙
指定第一个倒角距离 <20.0000>: **20**↙
指定第二个倒角距离 <20.0000>: **20**↙
选择第一条直线或 [放弃(U)/多段线(P)/距离(D)/角度(A)/修剪(T)/方式(E)/多个(M)]: (选择长方体垂直方向的一条棱，则该棱所在的一个侧面轮廓将变虚)
基面选择...
输入曲面选择选项 [下一个(N)/当前(OK)] <当前>:↙
指定基面倒角距离 <20.0000>:↙
指定其他曲面的倒角距离<20.0000>:↙
选择边或 [环(L)]: (选择长方体变虚侧面垂直方向的两条棱线，则此二棱线将被倒角)
选择边或[环(L)]: ↙
命令: ↙
(“修剪”模式) 当前倒角距离 1 = 20.0000，距离 2 = 20.0000
选择第一条直线或 [放弃(U)/多段线(P)/距离(D)/角度(A)/修剪(T)/方式(E)/多个(M)]: (选择长方体垂直方向尚未倒角的一条棱，则该棱所在的侧面轮廓将变虚)
基面选择...
输入曲面选择选项 [下一个(N)/当前(OK)] <当前>:↙
指定基面倒角距离 <20.0000>:↙
指定其他曲面的倒角距离 <20.0000>:↙
选择边或 [环(L)]: (选择长方体垂直方向未倒角的另两条棱线，则此二棱线将被倒角)
选择边或[环(L)]: ↙

倒角之后的长方体如图 8.26 所示。

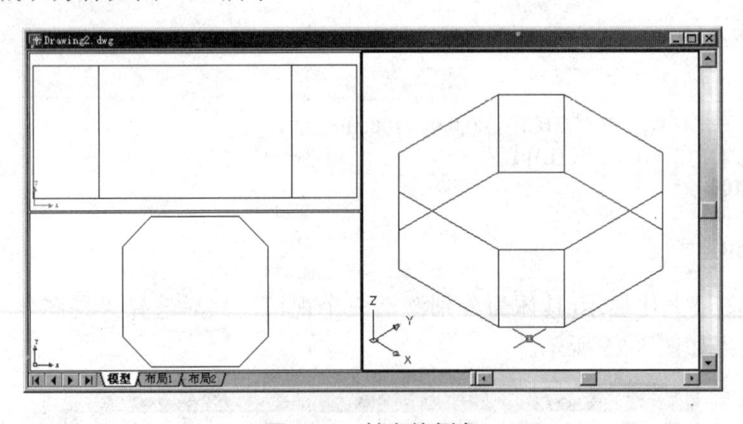


图 8.26　长方体倒角

### 4．在长方体顶面中间位置开球面凹槽

首先绘制一个圆球。操作过程如下：

命令: **SPHERE**↙
当前线框密度: ISOLINES=4
指定球体球心 <0,0,0>: **150,150,160**↙
指定球体半径或 [直径(D)]: **45**↙

对各视口最大化后的图形如图 8.27 所示。

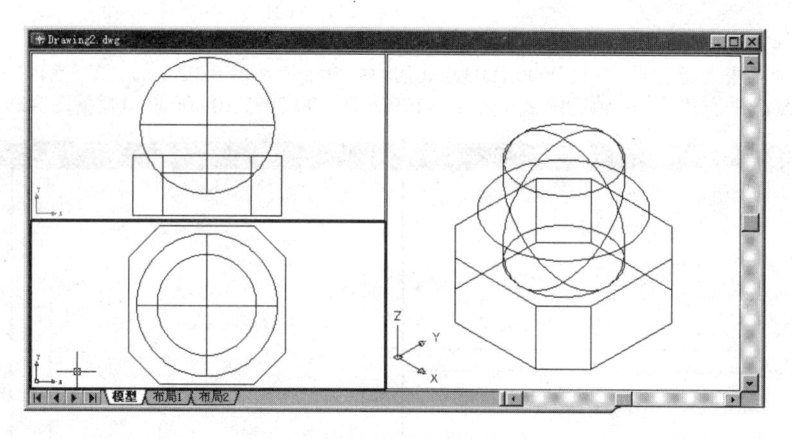

图 8.27　绘制圆球

通过布尔运算进行开槽，操作过程如下：

命令: **SUBTRACT**↙
选择要从中减去的实体或面域...
选择对象: (选择长方体)
选择对象: ↙
选择要减去的实体或面域...
选择对象: (选择球体)
选择对象:↙

布尔运算并最大化后的图形如图 8.28 所示。

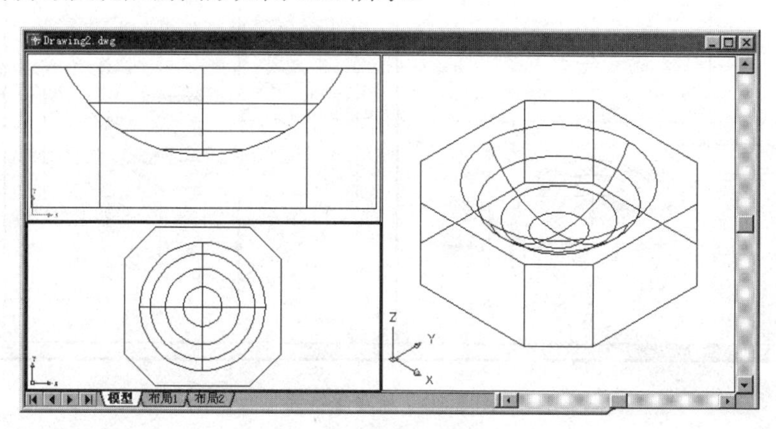

图 8.28　布尔运算后的长方体

## 5．在缸体顶面上构造四个水平半圆柱面凹槽

首先执行 UCS 命令，新建一个坐标系，并用“三点”方式将坐标系统定在烟灰缸的一个截角面上。操作过程如下：

命令: **UCS**↙
当前 UCS 名称: *世界*
输入选项
[新建(N)/移动(M)/正交(G)/上一个(P)/恢复(R)/保存(S)/删除(D)/应用(A)/?/世界(W)]
<世界>: **N**↙
指定新 UCS 的原点或 [Z 轴(ZA)/三点(3)/对象(OB)/面(F)/视图(V)/X/Y/Z] <0,0,0>: **3**↙

指定新原点 <0,0,0>:(捕捉图 8.29 中的“1”点)
在正 X 轴范围上指定点 <181.0000,100.0000,100.0000>:(捕捉图 8.29 中的“2”点)
在 UCS XY 平面的正 Y 轴范围上指定点 <179.2929,100.7071,100.0000>:(捕捉图 8.29 中的“3”点)

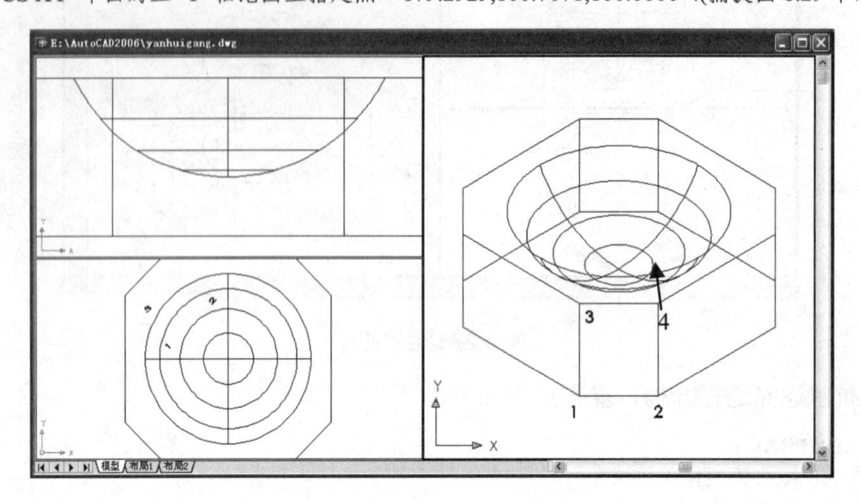


图 8.29 新建坐标系的位置设置

新建的坐标系如图 8.30 所示。

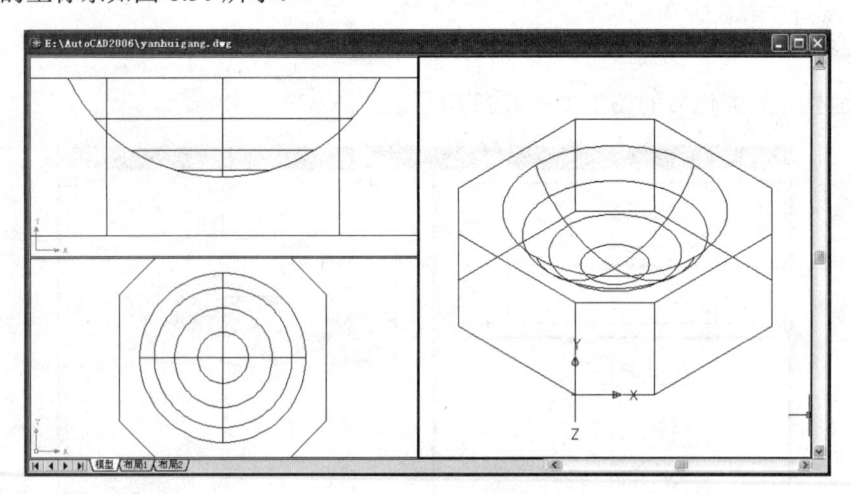


图 8.30 新建坐标系

以截角面顶边中点为圆心，绘制一半径为 5 的圆，为拉伸成圆柱做准备。

命令: **CIRCLE**↙
指定圆的圆心或 [三点(3P)/两点(2P)/相切、相切、半径(T)]: **MID**↙
于 (捕捉图 8.29 中的“4”点)
指定圆的半径或 [直径(D)]: **5**↙

结果如图 8.31 所示。

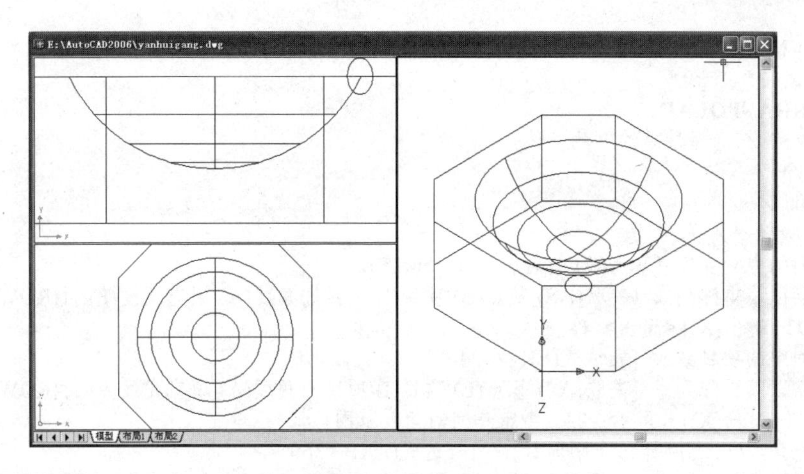


图 8.31　绘制小圆

把系统变量 ISOLINES(弧面表示线)由默认的 4 改为 12(密一些)，再用 EXTRUDE 命令将刚画的圆拉伸成像一根香烟的圆柱体。操作过程如下：

命令: **ISOLINES**↙
输入 ISOLINES 的新值 <4>: **12**↙
命令: **EXTRUDE**↙
当前线框密度:　ISOLINES=12
选择对象: **L**↙　(选择刚绘制的圆)
找到 1 个
选择对象: ↙
指定拉伸高度或 [路径(P)]: **-50**↙ (负值表示沿 Z 轴反方向拉伸)
指定拉伸的倾斜角度 <0>:↙

结果如图 8.32 所示。

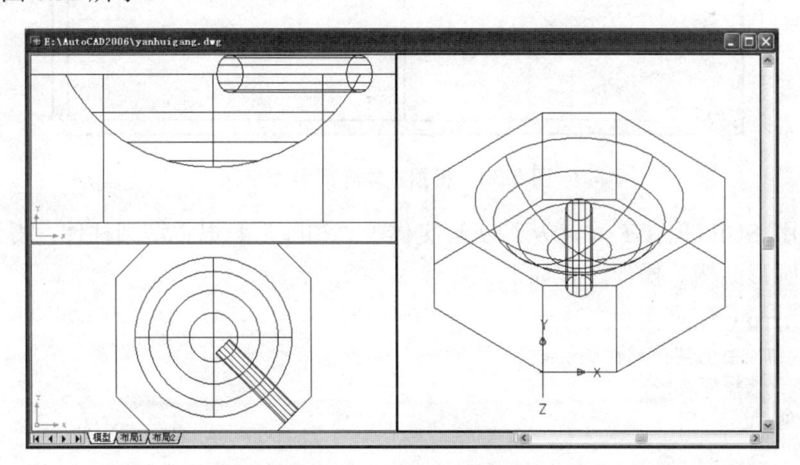


图 8.32　绘制圆柱体

用 UCS 命令将系统坐标系恢复为世界坐标系，再用 ARRAYPOLAR 命令将所绘圆柱体绕缸体铅垂中心线环形阵列为 4 个。操作过程如下：

命令: **UCS**↙
当前 UCS 名称: *没有名称*
输入选项

[新建(N)/移动(M)/正交(G)/上一个(P)/恢复(R)/保存(S)/删除(D)/应用(A)/?/世界(W)]
<世界>:↙
命令: **ARRAYPOLAR**↙
选择对象: L↙(选择最后绘制的实体)
找到 1 个
选择对象: ↙
类型 = 极轴  关联 = 是
指定阵列的中心点或 [基点(B)/旋转轴(A)]: **150,150**↙
选择夹点以编辑阵列或 [关联(AS)/基点(B)/项目(I)/项目间角度(A)/填充角度(F)/行(ROW)/层(L)/旋转项目(ROT)/退出(X)] <退出>: **I**↙
输入阵列中的项目数或 [表达式(E)] <6>:**4**↙
选择夹点以编辑阵列或 [关联(AS)/基点(B)/项目(I)/项目间角度(A)/填充角度(F)/行(ROW)/层(L)/旋转项目(ROT)/退出(X)] <退出>: **F**↙(指定阵列的角度范围)
指定填充角度(+=逆时针、-=顺时针)或 [表达式(EX)] <360>:↙
选择夹点以编辑阵列或 [关联(AS)/基点(B)/项目(I)/项目间角度(A)/填充角度(F)/行(ROW)/层(L)/旋转项目(ROT)/退出(X)] <退出>: **ROT**↙
是否旋转阵列项目? [是(Y)/否(N)] <是>: **Y**↙  (阵列时旋转项目)
选择夹点以编辑阵列或 [关联(AS)/基点(B)/项目(I)/项目间角度(A)/填充角度(F)/行(ROW)/层(L)/旋转项目(ROT)/退出(X)] <退出>:↙

结果如图 8.33 所示。

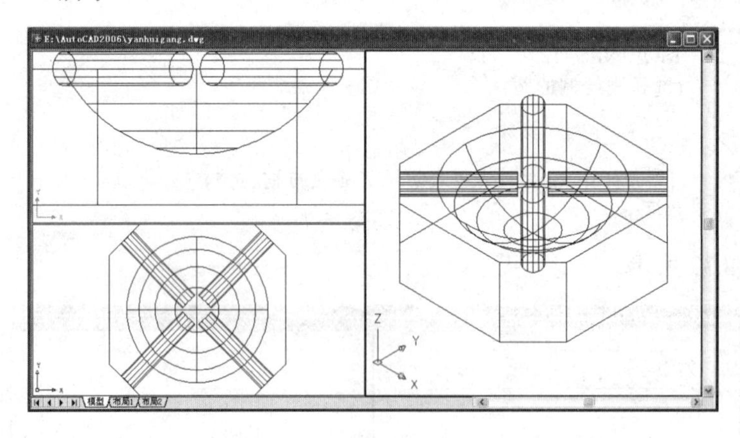


图 8.33  将圆柱体阵列为 4 个

最后，用 SUBTRACT 命令从烟灰缸实体中“扣除”4 根香烟圆柱体，得到 4 个可以放香烟的半圆形凹槽。操作过程如下：

命令: **SUBTRACT**↙
选择要从中减去的实体或面域...
选择对象: (选择烟灰缸)
找到 1 个
选择对象: ↙
选择要减去的实体或面域...
选择对象: (依次选取 4 个小圆柱体)
找到 1 个，总计 4 个
选择对象: ↙

结果如图 8.34 所示。

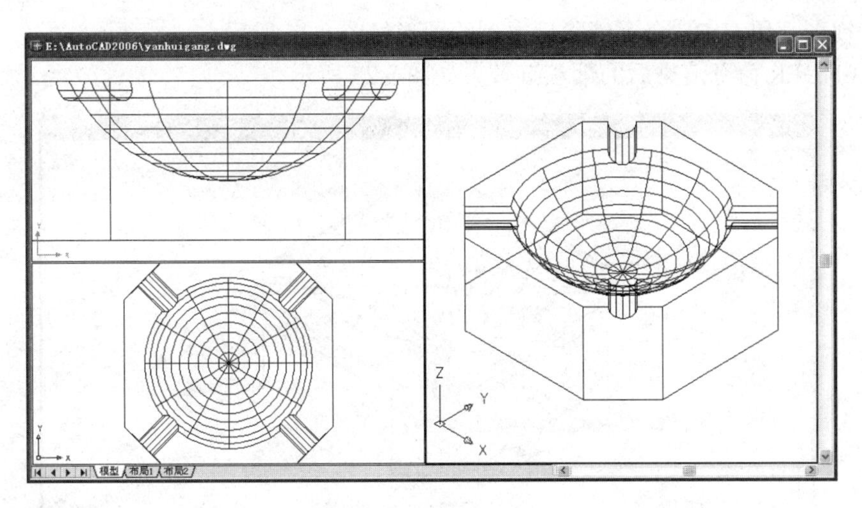


图 8.34　生成半圆形凹槽

### 6. 为顶面上外沿倒圆角

用 FILLET 命令为顶面上外沿的 4 条长棱边作倒圆角处理。操作过程如下：

命令: **FILLET**↙
当前设置: 模式 = 不修剪，半径 = 0.0000
选择第一个对象或 [放弃(U)/多段线(P)/半径(R)/修剪(T)/多个(M)]: **R**↙
指定圆角半径 <0.0000>: **5**↙
选择第一个对象或 [放弃(U)/多段线(P)/半径(R)/修剪(T)/多个(M)]:(选择一条欲倒圆角的长棱边)
输入圆角半径 <5.0000>:↙
选择边或 [链(C)/半径(R)]: (依次选择 4 条欲倒圆角的长棱边)
;
已选定 4 条边用于圆角。

结果如图 8.35 所示。

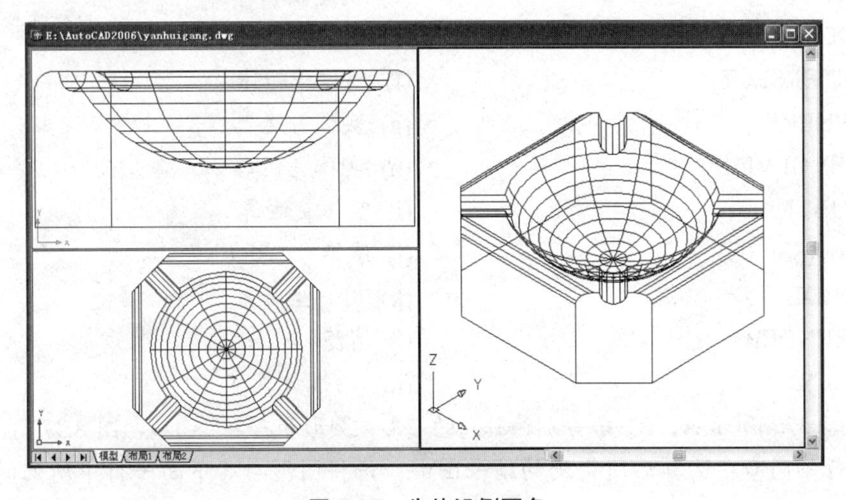


图 8.35　为外沿倒圆角

### 7. 三维显示与渲染

为显示三维效果，激活轴测图视口，选择“视图”|“视口”|“一个视口”命令，则设

置为一个视图，用 HIDE 命令消隐后得到的图形如图 8.36 所示。

用 RENDER 命令渲染后的烟灰缸效果如图 8.23 所示。

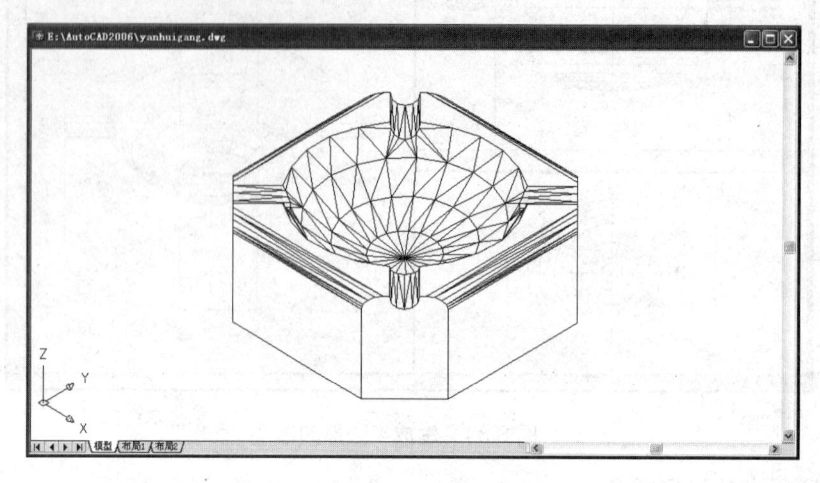


图 8.36　消隐

# 思考题 8

## 一、连线题

1. 请将下面左侧所列三维命令名与右侧对应命令功能用直线连起。

| | |
|---|---|
| (1) SLICE | (a) 剖切实体 |
| (2) REGION | (b) 创建球体 |
| (3) CYLINDER | (c) 创建面域 |
| (4) UNION | (d) 创建圆柱体 |
| (5) EXTRUDE | (e) 创建拉伸体 |
| (6) INTERSECT | (f) 创建旋转体 |
| (7) SPHERE | (g) 实体并运算 |
| (8) REVOLVE | (h) 实体差运算 |
| (9) SUBTRACT | (i) 实体交运算 |
| (10) MASSPROP | (j) 渲染 |
| (11) HIDE | (k) 用户坐标系 |
| (12) RENDER | (l) 消隐 |
| (13) UCS | (m) 物性计算 |

2. 图 8.37(a)所示 A、B、C 分别为独立的矩形、圆形和三角形面域，图 8.37(b) ~ 图 8.37(e)为对其进行不同布尔运算后所得到的结果图形。请将图形与其下面一行中所列的相应布尔运算操作用连线连起。

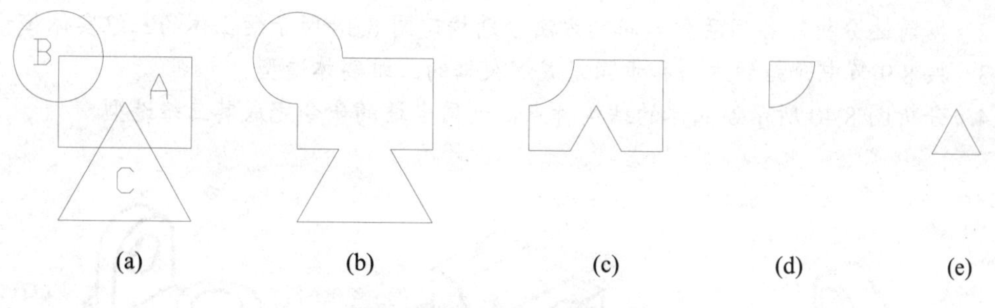


(a)　(b)　(c)　(d)　(e)

图 8.37　图形间的布尔运算

(1)A 并 B 并 C　(2)A 差 B 差 C　(3)A 交 B　(4)A 交 C

## 二、简答题

分析图 8.38 所示两立体的特点，请针对每一立体提出两种不同的方法构建其三维实体模型。

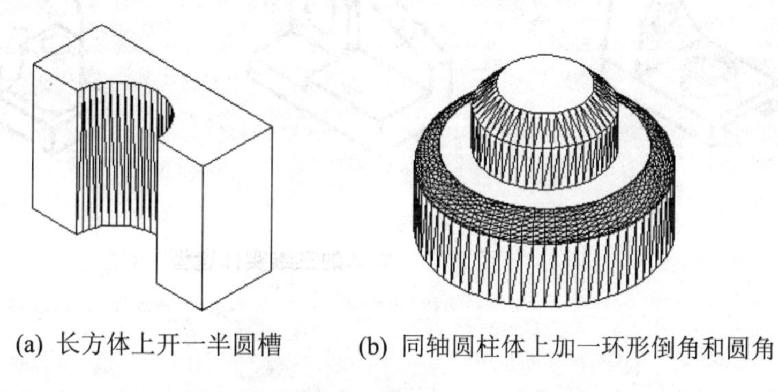

(a) 长方体上开一半圆槽　(b) 同轴圆柱体上加一环形倒角和圆角

图 8.38　实体模型

# 上机实训 8

1*. 打开基础图档，由已给图 8.39(a)所示底部共面但高度不同的圆柱体和棱柱体，通过“并”“差”“交”布尔运算，分别生成图 8.39(b)～图 8.39(d)所示的不同实体。

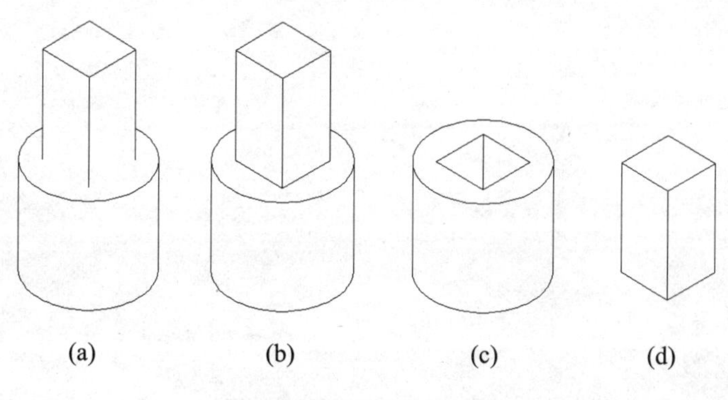

(a)　(b)　(c)　(d)

图 8.39　形体的布尔运算

2. 据前述分析，各用两种不同的方法分别构建图 8.38 所示两立体的三维实体模型。
3. 按 8.9 节中介绍的方法和步骤完成烟灰缸的三维实体造型。
4. 分析图 8.40 所示各立体的结构特点，选用合适的命令完成其三维造型。

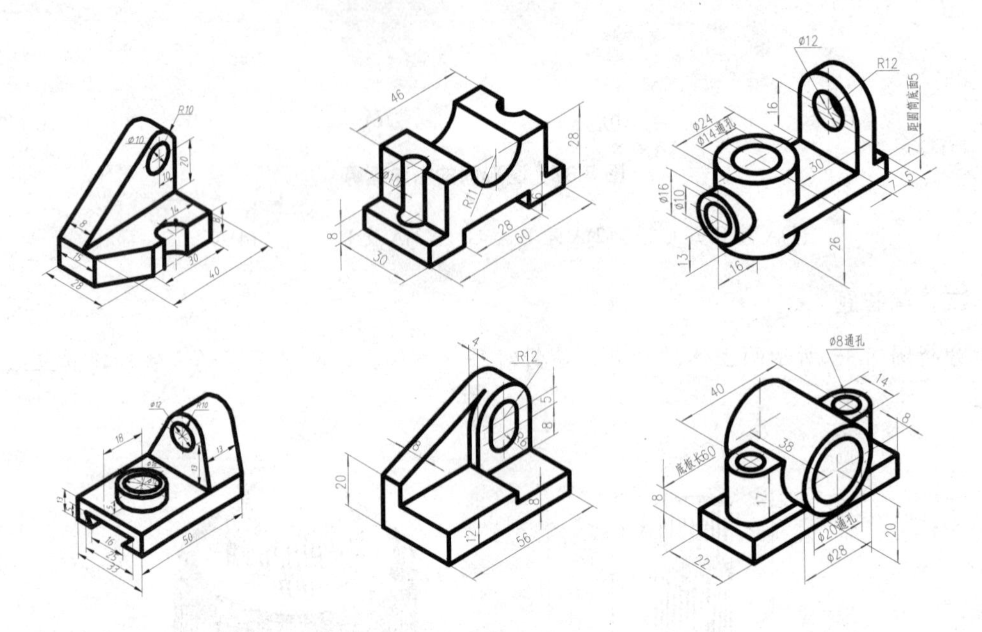


图 8.40　立体的三维实体造型

# 应 用 篇

# 第 9 章　工程图形绘制示例

本章将结合 6 个不同结构特点的工程图形的绘制过程，介绍综合应用前面所学图形绘制命令、图形编辑命令进行平面图形绘制的具体方法，以巩固和加深对前面所学命令的理解和掌握，提高对软件运用能力的培养。

## 9.1　圆角图形绘制示例：机加模板

按照所给尺寸绘制图 9.1 所示的“机加模板”图形。

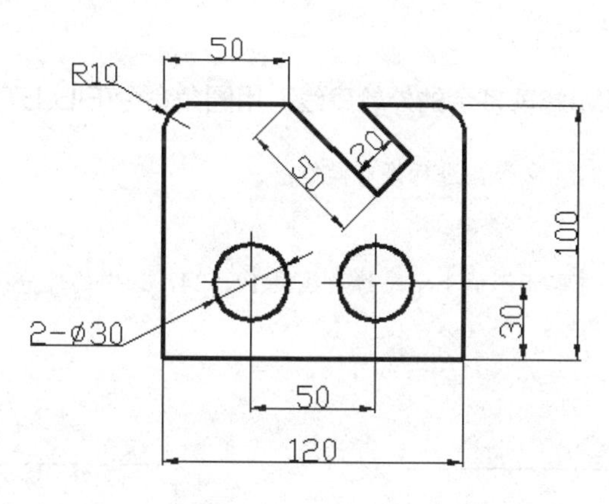


图 9.1　机加模板

【分析】该图形比较简单，主要是由直线、圆和圆弧组成的，因此可以用绘制直线命令(LINE)和绘制圆命令(CIRCLE)绘制图形的主要轮廓线；用圆角命令(FILLET)绘制图形上端的 R10 圆角；用修剪命令(TRIM)进行编辑。

【步骤】

### 1. 启动 AutoCAD

双击计算机桌面上的 AutoCAD 2014 中文版图标 ，启动 AutoCAD。

### 2．设置图形界限，并进行缩放操作，使所绘制的图形尽可能大地显示在窗口中

命令: **LIMITS**↙(在命令行输入 LIMITS 命令，设置图形界限)
重新设置模型空间界限指定左下角点或 [开(ON)/关(OFF)] <0.0000,0.0000>:↙(回车，取默认值)
指定右上角点 <420.0000,297.0000>:↙(回车，取默认值)
命令: **ZOOM**↙(输入 ZOOM 命令，对图形界限进行缩放)
指定窗口角点，输入比例因子 (nX 或 nXP)，或
[全部(A)/中心点(C)/动态(D)/范围(E)/上一个(P)/比例(S)/窗口(W)] <实时>: **E**↙(输入 E，选择“范围“缩放模式，使所绘制的图形尽可能大地显示在窗口内)
正在重生成模型。

### 3．用绘制矩形命令(RECTANG)和绘制直线命令(LINE)绘制外轮廓线

命令: **LINE**↙(输入绘制直线命令 LINE，绘制图形外轮廓线)
指定第一点: **150,100**↙(输入如图 9.2 所示矩形左下角点的直角坐标)
指定下一点或 [放弃(U)]: **@0,100**↙(输入矩形左上角点对左下角点的相对直角坐标)
指定下一点或 [放弃(U)]: **@120,0**↙(输入矩形右上角点对左上角点的相对直角坐标)
指定下一点或 [闭合(C)/放弃(U)]: **@0,-100**↙(输入矩形右下角点对右上角点的相对直角坐标)
指定下一点或 [闭合(C)/放弃(U)]: **C**↙(闭合为矩形)
命令:↙(回车，重复执行上一命令，即继续绘制直线)
指定第一点: **200,200**↙(输入如图 9.2 所示 1 点的直角坐标)
指定下一点或 [放弃(U)]: **@50<-45**↙(输入 2 点的相对极坐标)
指定下一点或 [放弃(U)]: **@20<45**↙(输入 3 点的相对极坐标)
指定下一点或 [闭合(C)/放弃(U)]: **@50<135**↙(输入 4 点的相对极坐标)
指定下一点或 [闭合(C)/放弃(U)]: ↙(回车，结束绘制直线命令)

绘制的图形如图 9.2 所示。

### 4．用修剪命令(TRIM)修剪多余的外轮廓线，用圆角命令(FILLET)绘制图形上端 R10 圆角

命令: **TRIM**↙(输入 TRIM 命令，进行修剪操作)
当前设置:投影=UCS，边=无
选择剪切边...
选择对象:(用鼠标依次选取矩形的上水平边及线段 12、34，选中的部分将变虚，如图 9.3 所示)
...

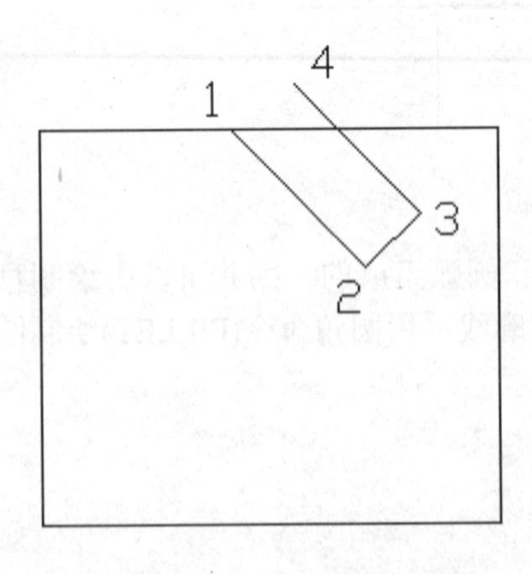


图 9.2　绘制图形外轮廓线

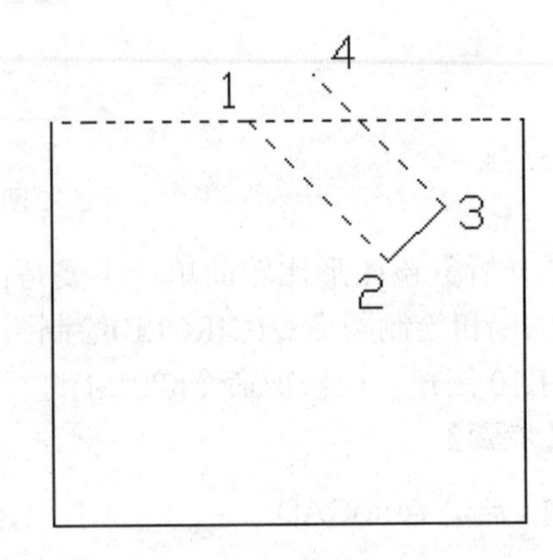


图 9.3　选择剪切边

找到 1 个，总计 3 个
选择对象: ↙(回车，结束对象选取)
选择要修剪的对象，按住 Shift 键选择要延伸的对象，或 [投影(P)/边(E)/放弃(U)]:(用鼠标选取要修剪掉的线段，修剪后的图形如图 9.4 所示)
...
命令: **FILLET**↙(输入 FILLET 命令，绘制图 9.5 中的两处 R10 的圆角)
当前设置: 模式 = 修剪，半径 = 0.0000
选择第一个对象或 [多段线(P)/半径(R)/修剪(T)/多个(U)]: **R**↙(更改半径值)
指定圆角半径 <0.0000>: **10**↙(输入圆角半径)
选择第一个对象或 [多段线(P)/半径(R)/修剪(T)/多个(U)]:(用鼠标选取矩形的左竖直边)
选择第二个对象: (用鼠标选取矩形的左上水平边，则绘制完成图形左上角处的 R10 圆角)
命令: ↙(回车，继续执行 FILLET 命令)
FILLET 当前模式: 模式 = 修剪，半径 = 10.0000
选择第一个对象或 [多段线(P)/半径(R)/修剪(T) /多个(U)]:(用鼠标选取矩形的右竖直边)
选择第二个对象:(用鼠标选取矩形的右上水平边，则绘制完成图形右上端 R10 的圆角)

绘制圆角后的图形如图 9.5 所示。

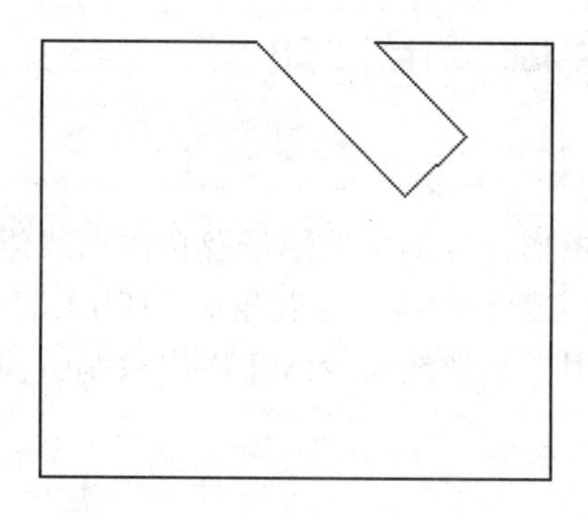

图 9.4　修剪后的图形

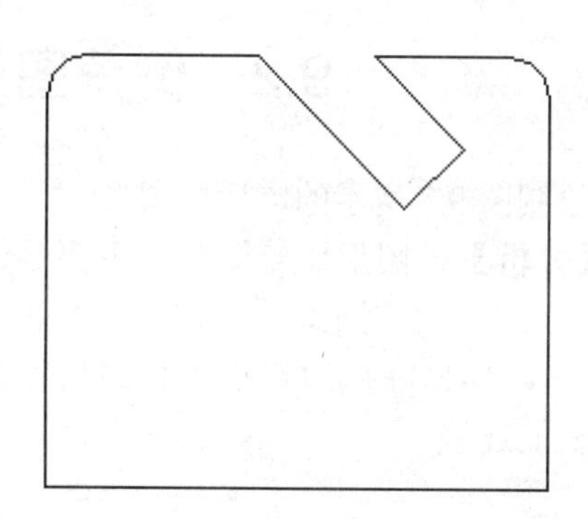

图 9.5　绘制圆角后的图形

## 5．用绘制圆命令(CIRCLE)绘制φ30 的圆

命令: **CIRCLE**↙(输入 CIRCLE 命令，绘制φ30 的圆)
指定圆的圆心或 [三点(3P)/两点(2P)/相切、相切、半径(T)]: **185,130**↙(输入图形左侧φ30 圆的圆心坐标)
指定圆的半径或 [直径(D)] <20.0000>: **15**↙(输入圆的半径值)
命令: ↙(回车，继续执行绘制圆命令)
CIRCLE 指定圆的圆心或 [三点(3P)/两点(2P)/相切、相切、半径(T)]: **235,130**↙(输入图形右侧φ30 圆的圆心坐标)
指定圆的半径或 [直径(D)] <15.0000>:↙(回车，圆的半径取默认值)

绘制完成的图形如图 9.6 所示。

## 6．保存图形

命令: **QSAVE**↙(💾，快速保存文件命令。以 “纸垫.dwg” 为文件名保存图形)

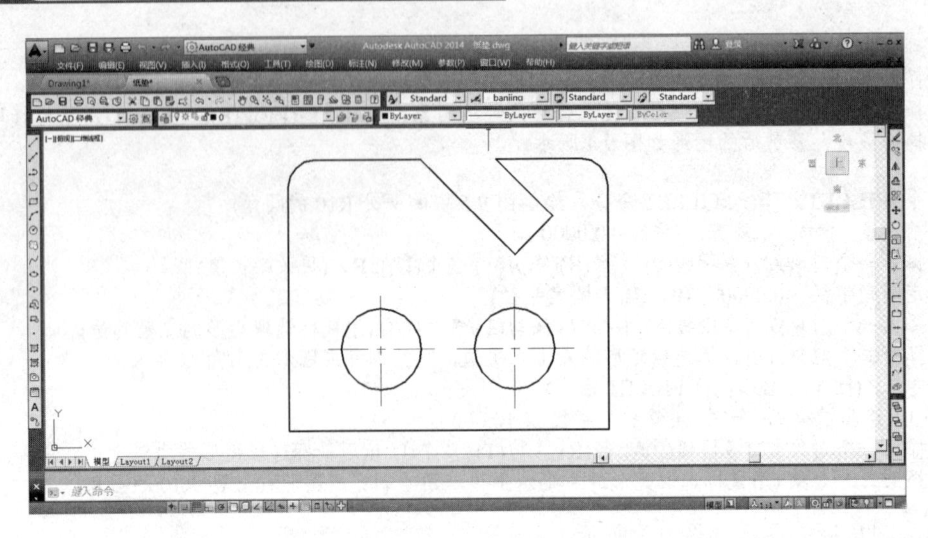

图 9.6　绘制完成的“纸垫”图形

## 9.2　倒角图形绘制示例：电话机

绘制图 9.7 所示的电话机图形。

【分析】该图形比较简单，主要是由带圆角的矩形、带倒角的矩形及自由曲线组成。因此，可以用绘制矩形命令(RECTANG)绘制图形的主要轮廓线；用圆角命令(FILLET)和倒角命令(CHAMFER)对矩形进行圆角和倒角处理；用样条曲线命令(SPLINE)绘制听筒与电话主机的连线。

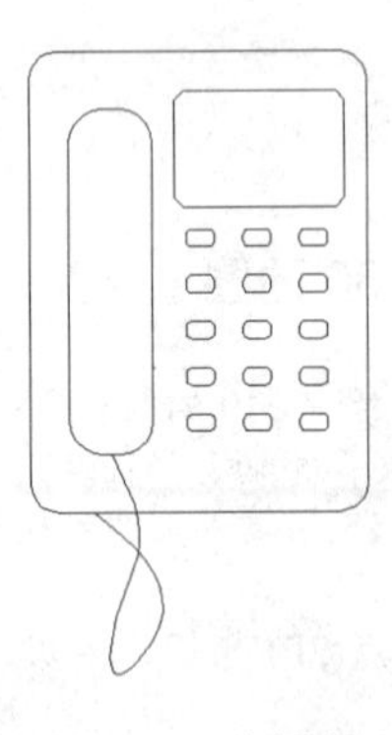

图 9.7　电话机

【步骤】

### 1. 创建新图形文件

启动 AutoCAD，以 acadiso.dwt 为模板建立新的图形文件。

### 2. 绘制基本轮廓

使用 RECTANG 命令，在点(10,10)～(70，90)、(17,20)～(32,80)、(36,63)～(66，83)和(38,24)～(43，27)之间分别绘制 4 个矩形作为基本轮廓线。具体操作过程如下。

命令: **RECTANG**↙
指定第一个角点或 [倒角(C)/标高(E)/圆角(F)/厚度(T)/宽度(W)]: **10,10**↙
指定另一个角点或 [面积(A)/尺寸(D)/旋转(R)]: **70,90**↙
命令: ↙ (重复执行“矩形”命令)
RECTANG
指定第一个角点或 [倒角(C)/标高(E)/圆角(F)/厚度(T)/宽度(W)]: **17,20**↙
指定另一个角点或 [面积(A)/尺寸(D)/旋转(R)]: **32,80**↙
命令: ↙
RECTANG
指定第一个角点或 [倒角(C)/标高(E)/圆角(F)/厚度(T)/宽度(W)]: **36,63**↙
指定另一个角点或 [面积(A)/尺寸(D)/旋转(R)]: **66,83**↙
命令: ↙
RECTANG
指定第一个角点或 [倒角(C)/标高(E)/圆角(F)/厚度(T)/宽度(W)]: **38,24**↙
指定另一个角点或 [面积(A)/尺寸(D)/旋转(R)]: **43,27**↙

结果如图 9.8 所示。

### 3. 修改轮廓线

现在使用 FILLET 命令，将矩形的四个角改为圆弧状。选择“修改”工具栏中的图标，并根据提示进行如下操作：

命令: **FILLET**↙
当前设置: 模式 = 修剪，半径 = 0.0000
选择第一个对象或 [放弃(U)/多段线(P)/半径(R)/修剪(T)/多个(M)]: **R**↙
指定圆角半径 <0.0000>: **5**↙(指定圆角的半径)
选择第一个对象或 [放弃(U)/多段线(P)/半径(R)/修剪(T)/多个(M)]: **P**↙(指定采用多段线方式进行圆角操作)
选择二维多段线: (选择图 9.9 中最外面的矩形)
4 条直线已被圆角

修改的结果见图 9.9。

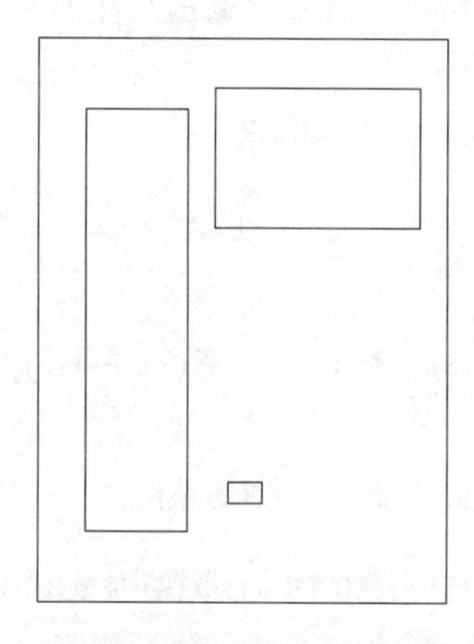

图 9.8 电话机的基本轮廓

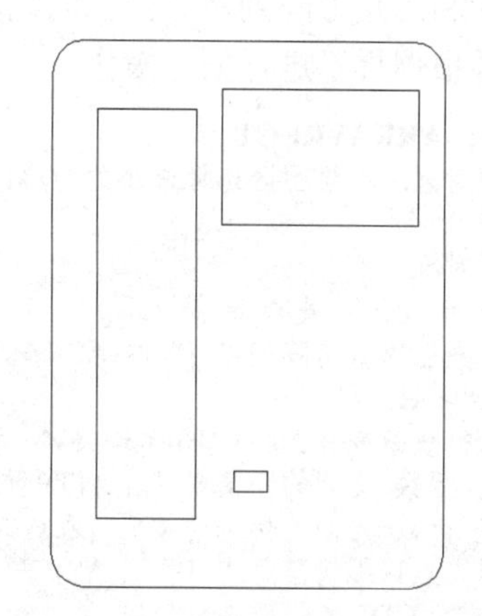

图 9.9 圆角后的外轮廓线

同上一步的操作过程一样，再调用 FILLET 命令，以 6 为半径对图形内左侧的矩形进行圆角操作；以 1 为半径对图形中最小的矩形进行圆角操作。结果如图 9.10 所示。

使用 CHAMFER 命令，将右上方的矩形的四个角改为折线。选择“修改”工具栏中的图标，并根据提示进行如下操作：

命令: **CHAMFER**↙
("修剪" 模式) 当前倒角距离 1 = 0.0000，距离 2 = 0.0000
选择第一条直线或 [放弃(U)/多段线(P)/距离(D)/角度(A)/修剪(T)/方式(E)/多个(M)]: **D**↙(指定倒角的距离)
指定第一个倒角距离 <0.0000>: **1.5**↙(指定倒角的距离1为1.5)
指定第二个倒角距离 <1.5000>: **1.5**↙(指定倒角的距离2为1.5)
选择第一条直线或 [放弃(U)/多段线(P)/距离(D)/角度(A)/修剪(T)/方式(E)/多个(M)]: **P**↙(指定采用多段线方式进行倒角操作)
选择二维多段线:(选择图9.10中右上角的矩形)
4 条直线已被倒角

倒角操作的结果见图9.11。

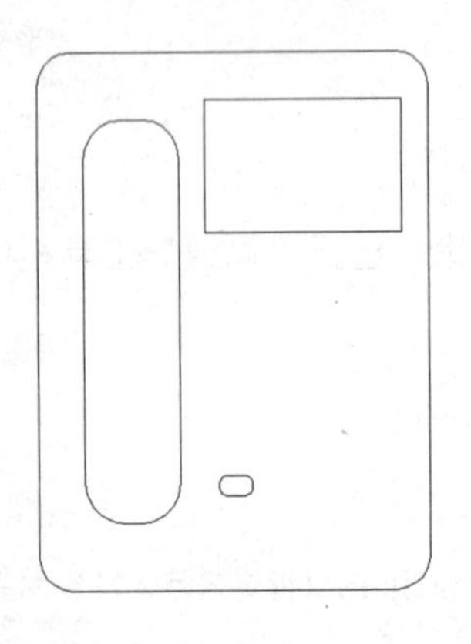

图9.10 对其他轮廓线进行圆角

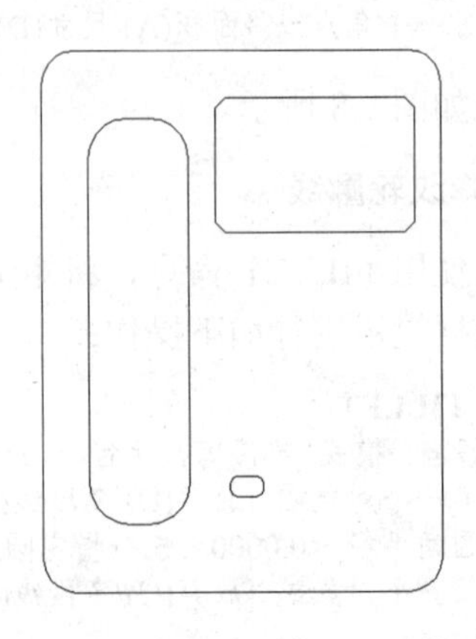

图9.11 倒角后的轮廓线

### 4．创建电话按键和连线

首先利用矩形阵列命令由已创建的按键来生成其他按键。选择"修改"工具栏中的图标，并根据提示进行如下操作：

命令: **ARRAYRECT**↙
选择对象: (在绘图区选择最小的矩形)
找到 1 个
选择对象: ↙
类型 = 矩形 关联 = 是
选择夹点以编辑阵列或 [关联(AS)/基点(B)/计数(COU)/间距(S)/列数(COL)/行数(R)/层数(L)/退出(X)] <退出>: **R**↙
输入行数数或 [表达式(E)] <3>: **5**↙
指定 行数 之间的距离或 [总计(T)/表达式(E)] <377.8634>: **8**↙ (输入行间距数值)
指定 行数 之间的标高增量或 [表达式(E)] <0>:↙
选择夹点以编辑阵列或 [关联(AS)/基点(B)/计数(COU)/间距(S)/列数(COL)/行数(R)/层数(L)/退出(X)] <退出>: **COL**↙
输入列数数或 [表达式(E)] <4>: **3**↙
指定 列数 之间的距离或 [总计(T)/表达式(E)] <769.582>: **10**↙ (输入列间距数值)
选择夹点以编辑阵列或 [关联(AS)/基点(B)/计数(COU)/间距(S)/列数(COL)/行数(R)/层数(L)/退出(X)] <退出>:↙

绘制结果如图9.12所示。

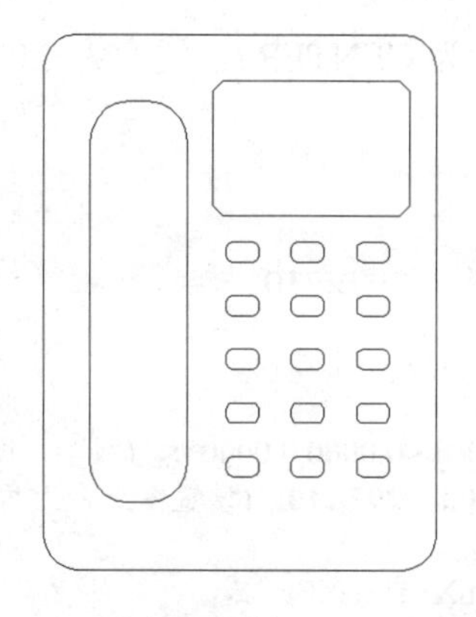

图 9.12　通过阵列产生其他按键图

调用 SPLINE 命令，用样条曲线将话筒与主机联结起来，结果如图 9.7 所示。

5．保存文件

命令: **QSAVE**↙(以 “电话机.dwg” 为文件名保存图形)

## 9.3　对称图形绘制示例：底板

本节将结合如图 9.13 所示“底板”的绘制过程(不必标注尺寸)，介绍图形编辑命令复制、镜像和修剪在绘制对称结构图形时的具体使用方法。

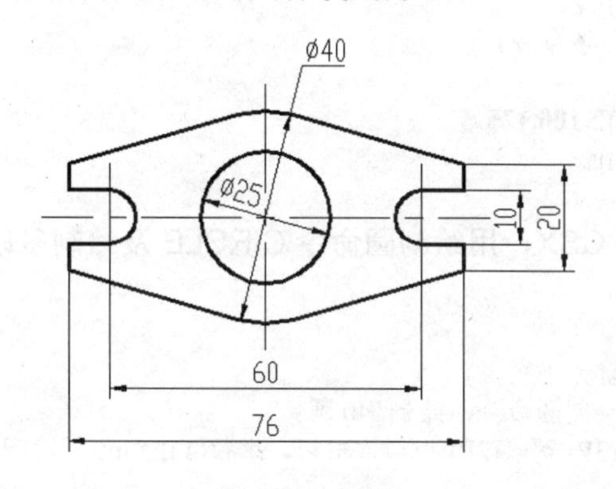


图 9.13　底板

【分析】对于对称结构图形，可以采用复制 COPY 及镜像命令 MIRROR 对图形的对称部分进行编辑操作，这样可以大大简化绘图过程，提高绘图速度。

该图形主要由圆、圆弧和直线组成，并且上下、左右均对称，因此可以用画圆命令 CIRCLE、绘制多段线命令 PLINE，并配合修剪命令 TRIM 绘制出图形的右上部分，然后再利用镜像命令分别进行上下及左右的镜像操作，即可绘制完成该图形。

需要注意的是，该图形中有两种线型，即粗实线及细点画线，因此在绘制图形之前，必须创建两个图层：①CSX 层：线型为 CONTINOUS，颜色为白色，线宽为 0.3mm，用于绘制粗实线；②XDHX 层：线型为 CENTER2，线宽为 0.09mm，用于绘制细点画线。

【步骤】

### 1. 设置绘图环境

(1) 用 LIMITS 命令设置图幅：297×210。

命令: **LIMITS**↙(设置图纸界限命令)
重新设置模型空间界限:
指定左下角点或 [开(ON)/关(OFF)] <0.0000,0.0000>:↙(回车，图纸左下角点坐标取默认值)
指定右上角点 <420.0000,297.0000>: **297,210**↙(设置图纸右上角点坐标值)
命令: **ZOOM**↙(图形缩放命令)
指定窗口角点，输入比例因子 (nX 或 nXP)，或
[全部(A)/中心点(C)/动态(D)/范围(E)/上一个(P)/比例(S)/窗口(W)] <实时>: **A**↙(进行全部缩放操作，显示全部图形)
正在重生成模型。

(2) 用 LAYER 命令创建图层 CSX 及 XDHX。

命令: **LAYER**↙(输入图层命令，或单击“图层”工具栏中的图层图标打开“图层特性管理器”对话框，分别设置 CSX 与 XDHX 层，并将 XDHX 层设置为当前层)

### 2. 用绘制直线命令 LINE 绘制图形的对称中心线

命令:<线宽 开>(单击状态栏中的“线宽”按钮，显示线宽)
命令: **LINE**↙(，绘制直线命令，绘制水平对称中心线)
指定第一点: **57,100**↙(给出第一点的坐标)
指定下一点或 [放弃(U)]: **143,100**↙(给出第二点的坐标)
指定下一点或 [放弃(U)]:↙
命令:↙(回车，继续执行该命令)
指定第一点: **100,75**↙
指定下一点或 [放弃(U)]: **100,125**↙
指定下一点或 [放弃(U)]:↙

### 3. 将当前层设置为 CSX，用绘制圆命令 CIRCLE 及绘制多段线命令 PLINE 绘制图形的右上部分

命令: **LA**↙(将 CSX 设置为当前层)
命令: **CIRCLE**↙(，绘制圆命令，绘制ϕ40 圆)
指定圆的圆心或 [三点(3P)/两点(2P)/相切、相切、半径(T)]: _int 于(打开交点捕捉，捕捉对称中心线的交点作为圆心)
指定圆的半径或 [直径(D)]: **D**↙(选择输入直径方式绘制圆)
指定圆的直径: **40**↙(输入圆的直径)
命令: ↙(绘制ϕ25 圆)
CIRCLE 指定圆的圆心或 [三点(3P)/两点(2P)/相切、相切、半径(T)]: _int 于(打开交点捕捉，捕捉对称中心线的交点作为圆心)
指定圆的半径或 [直径(D)] <20.0000>: **D**↙
指定圆的直径 <40.0000>: **25**↙
命令: **PLINE**↙(，绘制多段线命令)
指定起点: **125,100**↙(输入起点坐标)
当前线宽为 0.0000
指定下一个点或 [圆弧(A)/半宽(H)/长度(L)/放弃(U)/宽度(W)]: **A**↙(绘制圆弧)

指定圆弧的端点或
[角度(A)/圆心(CE)/方向(D)/半宽(H)/直线(L)/半径(R)/第二个点(S)/放弃(U)/宽度(W)]: **CE**↙(选择指定圆心方式)
指定圆弧的圆心: **130,100**↙(输入圆心坐标)
指定圆弧的端点或 [角度(A)/长度(L)]: **A**↙(选择角度方式)
指定包含角: **-90**↙(输入圆弧的包角)
指定圆弧的端点或
[角度(A)/圆心(CE)/闭合(CL)/方向(D)/半宽(H)/直线(L)/半径(R)/第二个点(S)/放弃(U)/宽度(W)]: **L**↙(绘制直线)
指定下一点或 [圆弧(A)/闭合(C)/半宽(H)/长度(L)/放弃(U)/宽度(W)]: **@8,0**↙
指定下一点或 [圆弧(A)/闭合(C)/半宽(H)/长度(L)/放弃(U)/宽度(W)]: **@0,5**↙
指定下一点或 [圆弧(A)/闭合(C)/半宽(H)/长度(L)/放弃(U)/宽度(W)]:_tan 到(捕捉ϕ40 圆的切点)
指定下一点或 [圆弧(A)/闭合(C)/半宽(H)/长度(L)/放弃(U)/宽度(W)]:↙

绘制结果如图 9.14 所示。

### 4．用镜像命令 MIRROR，镜像所绘制的图形

命令:**LA**↙(将当前图层设置为 XDHX)
命令: **L**↙(，绘制右端竖直对称中心线)
LINE 指定第一点: **130,110**↙
指定下一点或 [放弃(U)]: **@0,-20**↙
指定下一点或 [放弃(U)]:↙
命令: **MIRROR**↙(，镜像命令，对所绘制的多段线进行镜像操作)
选择对象:(选择绘制的多段线)
指定镜像线的第一点: _endp 于(捕捉水平对称中心线的左端点)
指定镜像线的第二点: _endp 于(捕捉水平对称中心线的右端点)
是否删除源对象？[是(Y)/否(N)] <N>:↙
命令: **MI**↙()
选择对象:(用窗口选择方式，指定窗口角点，选择右端的两段多段线与中心线)
指定镜像线的第一点: _endp 于(捕捉中间竖直对称中心线的上端点)
指定镜像线的第二点: _endp 于(捕捉中间竖直对称中心线的下端点)
是否删除源对象？[是(Y)/否(N)] <N>:↙
命令: **TRIM**↙(，修剪命令，剪去多余的线段)
当前设置:投影=UCS，边=无
选择剪切边...
选择对象:(选择四条多段线，如图 9.15 所示)
...总计 4 个
选择对象:↙
选择要修剪的对象，按住 Shift 键选择要延伸的对象，或 [投影(P)/边(E)/放弃(U)]:(分别选择中间大圆的左右段)

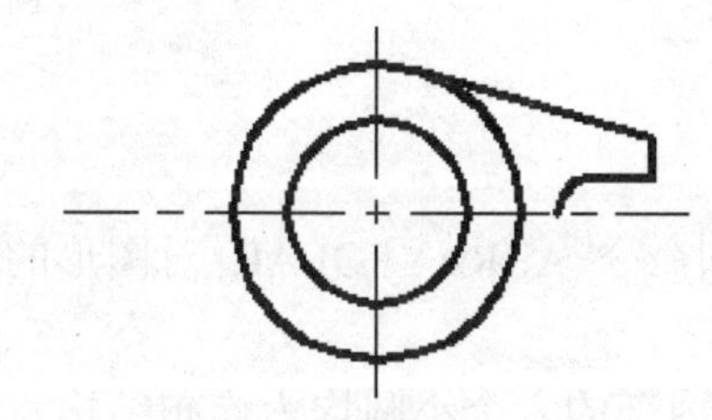

图 9.14　图形的主要轮廓线

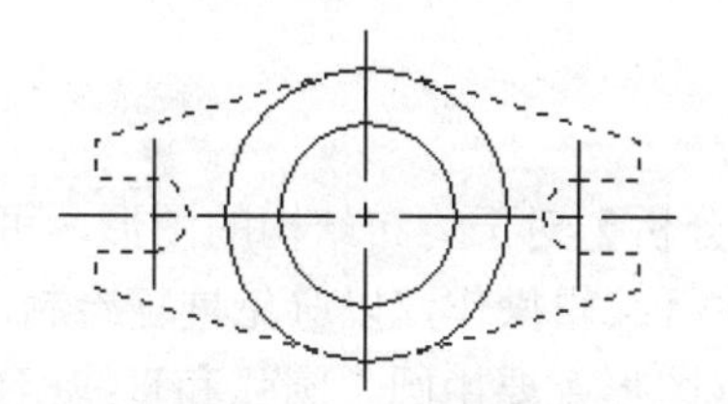

图 9.15　选择剪切边

绘制完成的图形如图 9.16 所示。

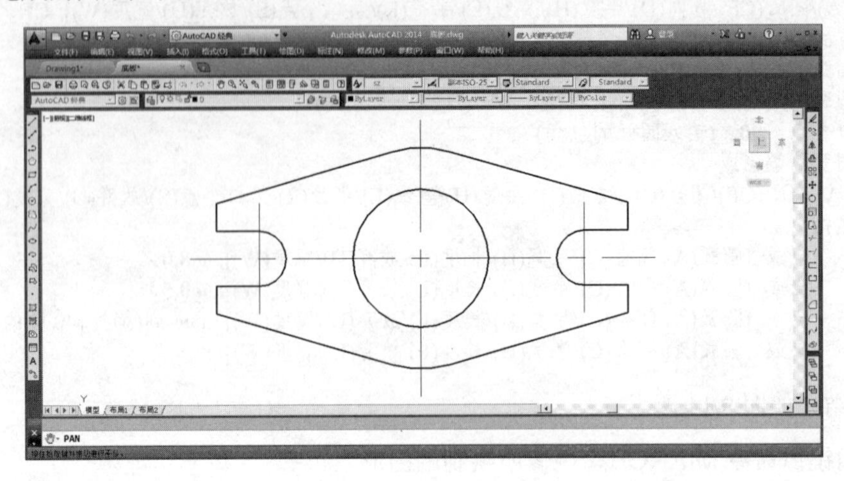


图 9.16　绘制完成的图形

5．保存图形

命令: (以“底板”为文件名，将图形保存在指定路径中)

# 9.4　环形均布图形绘制示例：轮盘

本节将结合图 9.17 所示轮盘的绘制过程(不必标注尺寸)，介绍利用环形阵列命令绘制环形均布结构的图形。

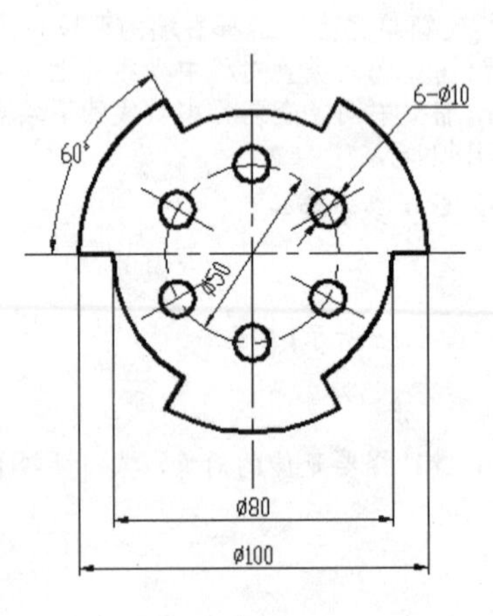


图 9.17　轮盘

【分析】对于均布结构的图形，可以采用环形阵列命令 ARRAYPOLAR 对图形的均布结构进行编辑操作，以避免重复绘制，提高绘图效率。

该图形主要由圆、圆弧和直线组成，并且外形与内部的六个小圆均为均布结构，因此可以用画圆命令 CIRCLE、绘制直线命令 LINE，并配合修剪命令 TRIM 绘制出一个小圆及一个外形结构，然后再利用环形阵列命令 ARRAYPOLAR 分别对其进行环形阵列操作，即可绘制完成该图形。

绘制该图形前，同样需要建立两个图层，方法同前。

**【步骤】**

### 1. 设置绘图环境

(1) 用 LIMITS 命令设置图幅：297×210。

(2) 用 LAYER 命令创建图层 CSX 及 XDHX。

### 2. 将 XDHX 设置为当前层，绘制图形的对称中心线

命令: **LA**↙(将当前图层设置为 XDHX)
命令: **L**↙(，绘制水平对称中心线)
LINE 指定第一点: **50,100**↙
指定下一点或 [放弃(U)]: **160,100**↙
指定下一点或 [放弃(U)]:↙
命令:↙(绘制竖直对称中心线)
LINE 指定第一点: **100,50**↙
指定下一点或 [放弃(U)]: **100,160**↙
指定下一点或 [放弃(U)]:↙
命令: C↙(，绘制ϕ50 圆)
CIRCLE 指定圆的圆心或 [三点(3P)/两点(2P)/相切、相切、半径(T)]: _int 于(捕捉中心线的交点作为圆心)
指定圆的半径或 [直径(D)]: **D**↙
指定圆的直径: **50**↙

### 3. 将 CSX 设置为当前层，绘制图形的主要轮廓线

命令: **LA**↙(将当前图层设置为 CSX)
命令: (绘制ϕ80 圆)
_circle 指定圆的圆心或 [三点(3P)/两点(2P)/相切、相切、半径(T)]: _int 于(捕捉中心线的交点作为圆心)
指定圆的半径或 [直径(D)] <25.0000>: **D**↙
指定圆的直径 <50.0000>: **80**↙
命令:↙(绘制ϕ100 圆)
CIRCLE 指定圆的圆心或 [三点(3P)/两点(2P)/相切、相切、半径(T)]:_cen 于(捕捉ϕ80 圆的圆心)
指定圆的半径或 [直径(D)] <40.0000>: **D**↙
指定圆的直径 <80.0000>: **100**↙
命令:↙(绘制ϕ10 圆)
CIRCLE 指定圆的圆心或 [三点(3P)/两点(2P)/相切、相切、半径(T)]:_int 于(捕捉中心线圆与竖直中心线的交点作为圆心)
指定圆的半径或 [直径(D)] <40.0000>: **D**↙
指定圆的直径 <80.0000>: **10**↙
命令:
_line 指定第一点: _int 于(捕捉ϕ80 圆与水平对称中心线的交点)
指定下一点或 [放弃(U)]: _int 于(捕捉ϕ100 圆与水平对称中心线的交点)
指定下一点或 [放弃(U)]:↙

结果如图 9.18 所示。

### 4. 用环形阵列命令 ARRAYPOLAR 进行环形阵列操作

命令: **ARRAYPOLAR**↙
选择对象: (选择所绘制的直线和φ10 圆)
找到 2 个
选择对象: ↙
类型 = 极轴  关联 = 是
指定阵列的中心点或 [基点(B)/旋转轴(A)]: (捕捉φ100 圆的圆心)
选择夹点以编辑阵列或 [关联(AS)/基点(B)/项目(I)/项目间角度(A)/填充角度(F)/行(ROW)/层(L)/旋转项目(ROT)/退出(X)] <退出>: **I**↙
输入阵列中的项目数或 [表达式(E)] <6>:**6**↙
选择夹点以编辑阵列或 [关联(AS)/基点(B)/项目(I)/项目间角度(A)/填充角度(F)/行(ROW)/层(L)/旋转项目(ROT)/退出(X)] <退出>: F↙(指定阵列的角度范围)
指定填充角度(+=逆时针、−=顺时针)或 [表达式(EX)] <360>:↙
选择夹点以编辑阵列或 [关联(AS)/基点(B)/项目(I)/项目间角度(A)/填充角度(F)/行(ROW)/层(L)/旋转项目(ROT)/退出(X)] <退出>:↙

结果如图 9.19 所示。

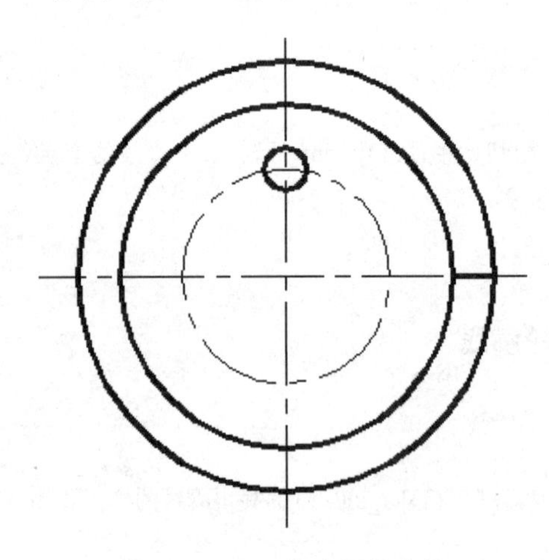

图 9.18　图形的主要轮廓线

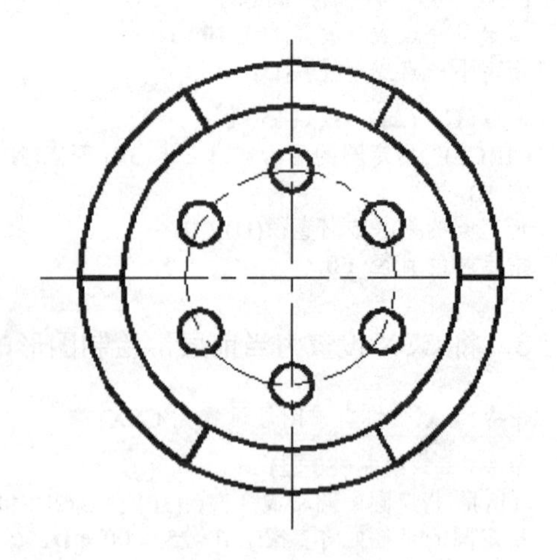

图 9.19　阵列结果

### 5. 用修剪命令 TRIM 对所绘制的图形进行修剪

命令: (剪去多余的线段)
TRIM 当前设置:投影=UCS，边=无
选择剪切边...
选择对象:(分别选择 6 条直线，如图 9.20 所示)
...
找到 1 个，总计 6 个
选择要修剪的对象，按住 Shift 键选择要延伸的对象，或 [投影(P)/边(E)/放弃(U)]: (分别选择要修剪的圆弧)

绘制完成的图形如图 9.21 所示。

### 6. 保存图形

命令: (以“轮盘”为文件名，将该图形保存在指定路径中)

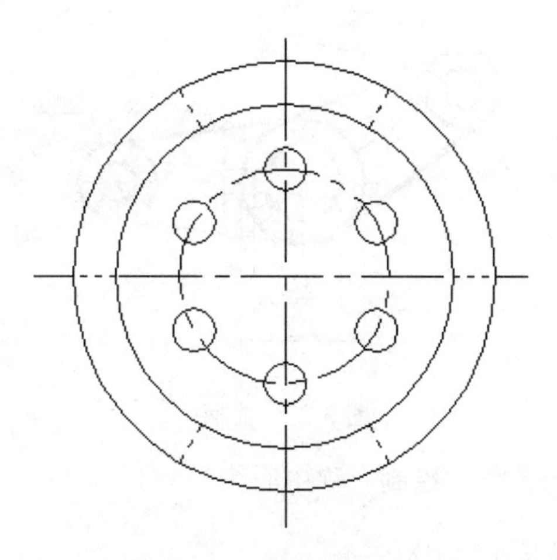

图 9.20　选择剪切边

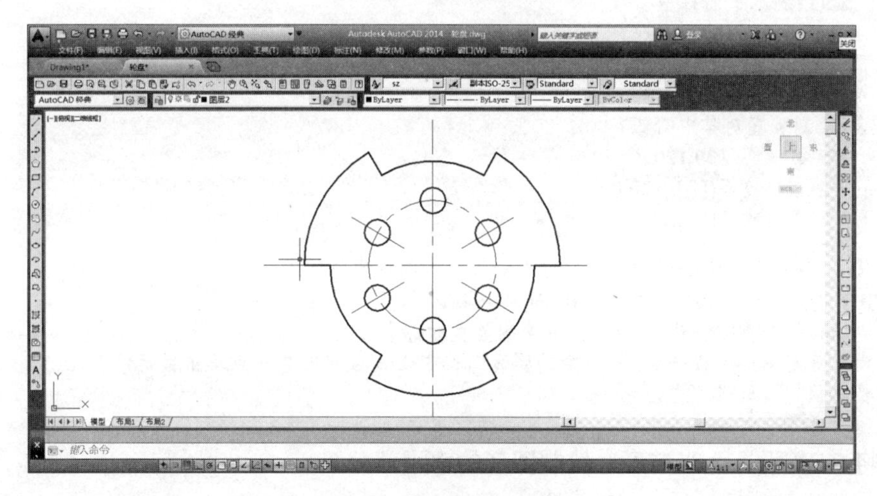

图 9.21　绘制完成的图形

## 9.5　旋转结构图形绘制示例：曲柄

本节将结合如图 9.22 所示曲柄的绘制过程(不必标注尺寸)，介绍图形编辑命令移动和旋转在绘制旋转结构图形时的具体使用方法。

**【分析】**该曲柄由左右两臂组成，并且结构相同，因此，可以用绘制直线及圆命令，首先绘制出右臂，然后，再利用旋转命令 ROTATE 对其进行旋转操作。

绘制该图形前，同样需要建立两个图层，方法同前。

**【步骤】**

### 1．设置绘图环境

(1) 用 LIMITS 命令设置图幅：297×210。

(2) 用 LAYER 命令创建图层 CSX 及 XDHX。

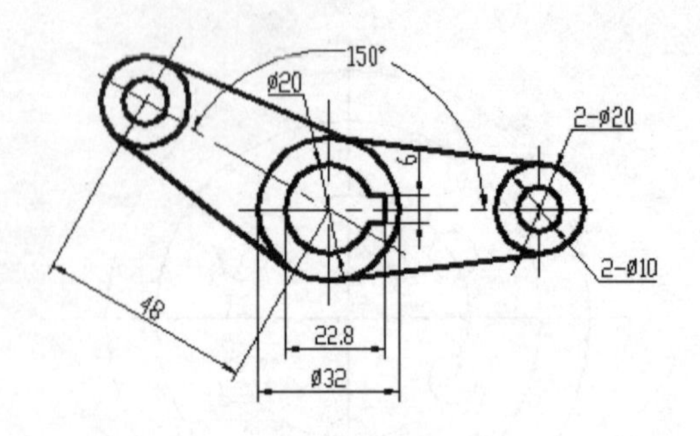


图 9.22 曲柄

### 2. 将 XDHX 设置为当前层，绘制对称中心线

命令: **LA**↙(将当前图层设置为 XDHX)
命令: (绘制水平对称中心线)
_line 指定第一点: **100,100**↙
指定下一点或 [放弃(U)]: **180,100**↙
指定下一点或 [放弃(U)]:↙
命令:↙(绘制竖直对称中心线)
LINE 指定第一点: **120,120**↙
指定下一点或 [放弃(U)]: **120,80**↙
指定下一点或 [放弃(U)]:↙
命令: **O**↙( ，对所绘制的竖直对称中心线进行偏移操作)
OFFSET 指定偏移距离或 [通过(T)] <通过>: **48**↙
选择要偏移的对象或 <退出>:(选择所绘制竖直对称中心线)
指定点以确定偏移所在一侧:(在选择的竖直对称中心线右侧任意一点单击鼠标)
选择要偏移的对象或 <退出>:↙

### 3. 将 CSX 设置为当前层，绘制图形的水平部分

命令: **LA**↙(将当前图层设置为 CSX)
命令: (绘制ϕ32 圆)
_circle 指定圆的圆心或 [三点(3P)/两点(2P)/相切、相切、半径(T)]: _int 于(捕捉左端对称中心线的交点)
指定圆的半径或 [直径(D)]: **D**↙
指定圆的直径: **32**↙
命令: ↙(绘制左端ϕ20 圆)
CIRCLE 指定圆的圆心或 [三点(3P)/两点(2P)/相切、相切、半径(T)]: _int 于(捕捉左端对称中心线的交点)
指定圆的半径或 [直径(D)]: **D**↙
指定圆的直径: **20**↙
命令: ↙(绘制右端ϕ20 圆)
CIRCLE 指定圆的圆心或 [三点(3P)/两点(2P)/相切、相切、半径(T)]: _int 于(捕捉右端对称中心线的交点)
指定圆的半径或 [直径(D)]: **D**↙
指定圆的直径: **20**↙
命令: ↙(绘制右端ϕ10 圆)
CIRCLE 指定圆的圆心或 [三点(3P)/两点(2P)/相切、相切、半径(T)]: _int 于(捕捉右端对称中心线的交点)
指定圆的半径或 [直径(D)]: **D**↙
指定圆的直径: **10**↙

命令: (绘制左端φ32 圆与右端φ20 圆的切线)
_line 指定第一点: _tan 到(捕捉右端φ20 圆上部的切点)
指定下一点或 [放弃(U)]: _tan (捕捉左端φ32 圆上部的切点)
指定下一点或 [放弃(U)]:↙
命令: (镜像所绘制的切线)
_mirror 选择对象:(选择绘制的切线)
指定镜像线的第一点: _endp 于(捕捉水平对称中心线的左端点)
指定镜像线的第二点: _endp 于(捕捉水平对称中心线的右端点)
是否删除源对象？[是(Y)/否(N)] <N>:↙
命令: (偏移水平对称中心线)
_offset 指定偏移距离或 [通过(T)] <通过>: **3**↙
选择要偏移的对象或 <退出>:(选择水平对称中心线)
指定点以确定偏移所在一侧:(在选择的水平对称中心线上侧任意一点处单击)
选择要偏移的对象或 <退出>:(继续选择水平对称中心线)
指定点以确定偏移所在一侧:(在选择的水平对称中心线下侧任意一点处单击)
选择要偏移的对象或 <退出>:↙
命令: ↙(偏移竖直对称中心线)
_offset 指定偏移距离或 [通过(T)] <通过>: **12.8**↙
选择要偏移的对象或 <退出>:(选择竖直对称中心线)
指定点以确定偏移所在一侧:(在选择的竖直对称中心线右侧任意一点处单击)
选择要偏移的对象或 <退出>:↙(结果如图 9.23 所示)
命令: (绘制中间的键槽)
_line 指定第一点: _int 于(捕捉上部水平线与小圆的交点)
指定下一点或 [放弃(U)]: _int 于(捕捉上部水平线与竖直线的交点)
指定下一点或 [放弃(U)]: _int 于(捕捉下部水平线与竖直线的交点)
指定下一点或 [闭合(C)/放弃(U)]: _int 于(捕捉下部水平线与小圆的交点)
指定下一点或 [闭合(C)/放弃(U)]:↙(结果如图 9.24 所示)
命令: **ERASE**↙( ，删除偏移的对称中心线)
选择对象:(分别选择偏移的 3 条对称中心线)
…
找到 1 个，总计 3 个
选择对象:↙
命令: (剪去多余的线段)
_trim 当前设置:投影=UCS，边=无
选择剪切边...
选择对象:(分别选择键槽的上下边)
…
找到 1 个，总计 2 个
选择对象:↙
选择要修剪的对象，按住 Shift 键选择要延伸的对象，或 [投影(P)/边(E)/放弃(U)]:(选择键槽中间的圆弧，结果如图 9.25 所示)

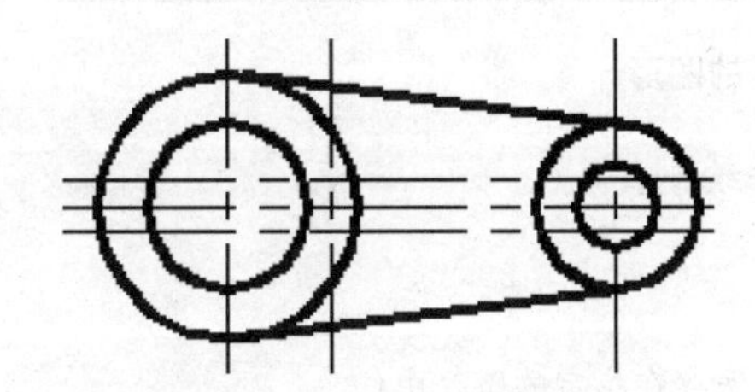

图 9.23　偏移对称中心线

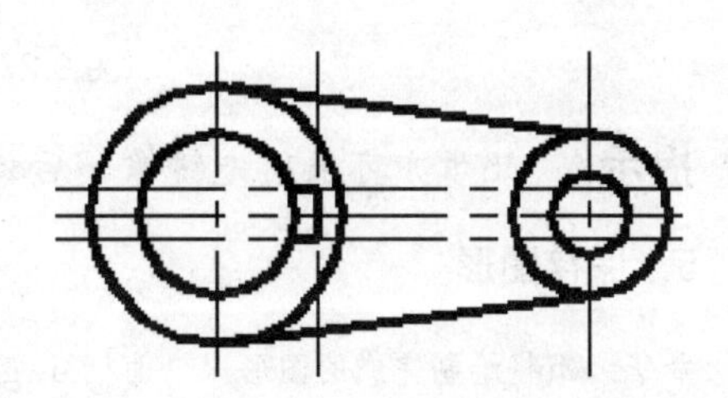

图 9.24　绘制键槽

### 4．用旋转命令 ROTATE 及其“复制”选项，将所绘制的图形进行复制旋转

命令: **ROTATE**↙(，旋转命令。旋转复制的图形)
UCS 当前的正角方向: ANGDIR=逆时针 ANGBASE=0
选择对象: (如图 9.26 所示，选择图形中要旋转的部分)
…
找到 1 个，总计 6 个
选择对象:↙
指定基点: _int 于(捕捉左边中心线的交点)
指定旋转角度，或 [复制(C)/参照(R)] <0>: **C**↙
旋转一组选定对象。
指定旋转角度，或 [复制(C)/参照(R)] <0>: **150**↙

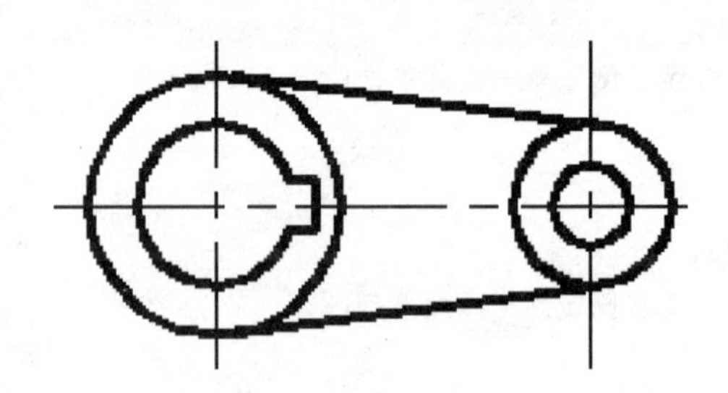

图 9.25 图形的水平部分

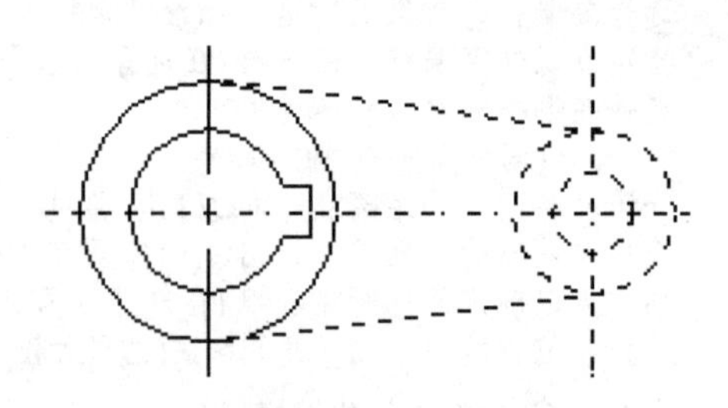

图 9.26 选择复制对象

绘制完成的图形如图 9.27 所示。

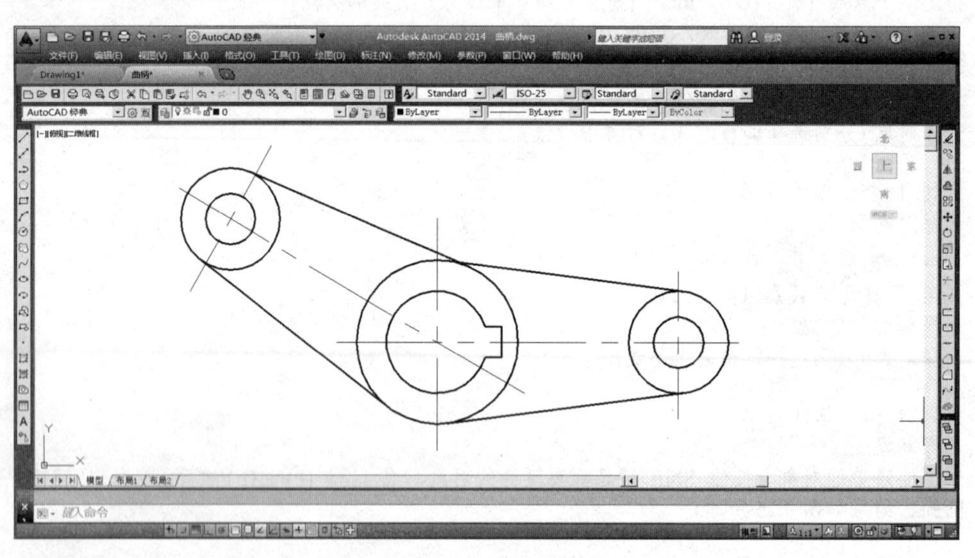

图 9.27 绘制完成的图形

**提示：** 此步亦可采用先镜像、后旋转的方法绘制。

### 5．保存图形

命令: (将绘制完成的图形以“曲柄.dwg”为文件名保存在指定的路径中)

## 9.6　仪表图形绘制示例：压力表

本节将结合图 9.28 所示压力表图形的绘制过程，介绍综合应用图形绘制及编辑命令，创建仪表类图形的具体方法。

【分析】由图可知，压力表的最外轮廓可由重叠的矩形和圆经相互裁剪形成；中间表盘部分的主要轮廓线及表轴均为同心圆，可分别通过偏移命令 OFFSET 获得；表针可利用镜像和剪切得到；刻度线可借助绘制直线及环形阵列命令产生；文字可利用单行文字命令 TEXT 书写。

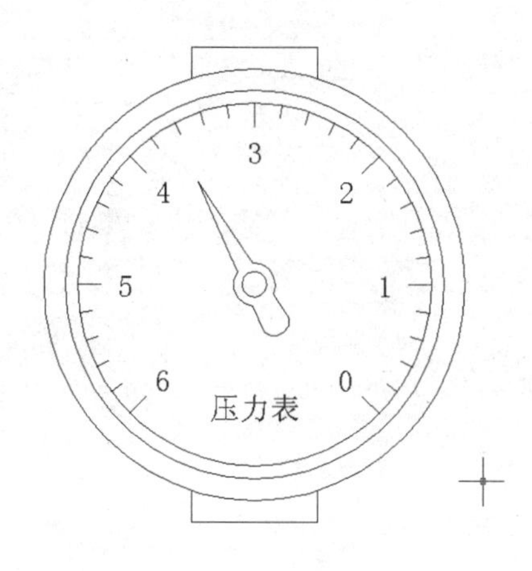


图 9.28　压力表

【步骤】

### 1. 创建新图形文件

启动 AutoCAD，以 acadiso.dwt 为模板建立新的图形文件。

### 2. 绘制压力表轮廓

首先使用 CIRCLE 命令，以点(100,100)为圆心，以 50 为半径绘制一个圆；然后调用 RECTANG 命令，在点(85,45)和点(115,155)之间绘制一个矩形。具体过程如下：

命令: **CIRCLE**↙
指定圆的圆心或 [三点(3P)/两点(2P)/相切、相切、半径(T)]: **100,100**↙
指定圆的半径或 [直径(D)]: 50↙
命令: RECTANG↙
指定第一个角点或 [倒角(C)/标高(E)/圆角(F)/厚度(T)/宽度(W)]: **85,45**↙
指定另一个角点或 [面积(A)/尺寸(D)/旋转(R)]: **115,155**↙

结果如图 9.29 所示。

利用 TRIM 命令将圆内的矩形部分去掉。选择“修改”工具栏中图标，并根据提示进行如下操作：

命令: **TRIM**↙
当前设置:投影=UCS，边=无

选择剪切边...
选择对象或 <全部选择>: (选择圆作为修剪的边界)
找到 1 个
选择对象: ↙(确定所选择的修剪边界)
选择要修剪的对象，或按住 Shift 键选择要延伸的对象，或
[栏选(F)/窗交(C)/投影(P)/边(E)/删除(R)/放弃(U)]: (选择圆内需要修剪的线段)
选择要修剪的对象，或按住 Shift 键选择要延伸的对象，或
[栏选(F)/窗交(C)/投影(P)/边(E)/删除(R)/放弃(U)]: (选择圆内需要修剪的另一条线段)
选择要修剪的对象，或按住 Shift 键选择要延伸的对象，或
[栏选(F)/窗交(C)/投影(P)/边(E)/删除(R)/放弃(U)]: ↙(结束修剪命令)

结果如图 9.30 所示。

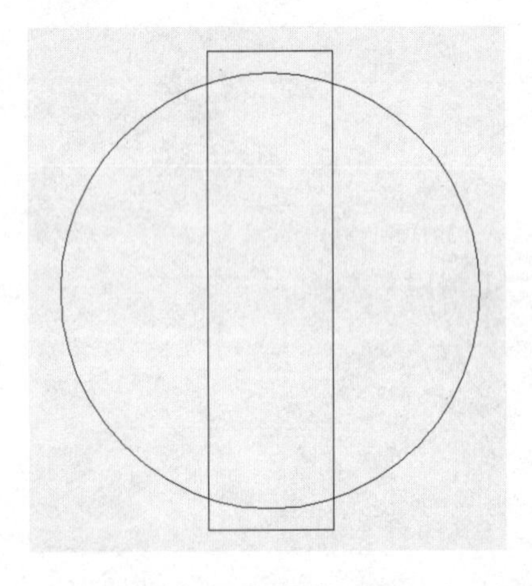

图 9.29　修剪前的图形

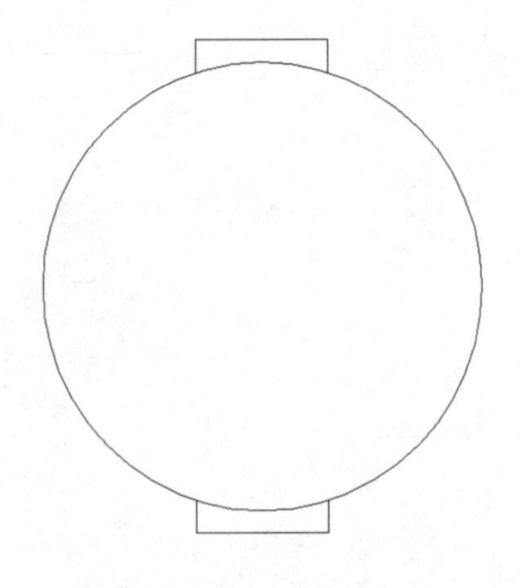

图 9.30　修剪后的图形

### 3. 绘制表盘

绘制另外两个圆。可以不必使用 CIRCLE 命令来绘制，而是利用 OFFSET 命令，由已有的圆直接生成新的圆。为了便于说明，将上一步骤中绘制的圆称为圆 1，本步骤中所绘制的圆分别称为圆 2 和圆 3。选择“修改”工具栏中的图标，并根据提示进行如下操作：

命令: **OFFSET**↙
当前设置: 删除源=否　图层=源　OFFSETGAPTYPE=0
指定偏移距离或 [通过(T)/删除(E)/图层(L)] <1.0000>:　**5**↙(指定偏移距离为 5)
选择要偏移的对象，或 [退出(E)/放弃(U)] <退出>:(选择圆 1 作为偏移对象)
指定要偏移的那一侧上的点，或 [退出(E)/多个(M)/放弃(U)] <退出>:(选择圆 1 内任意一点来指定偏移方向)
选择要偏移的对象，或 [退出(E)/放弃(U)] <退出>: ↙(结束偏移命令)

这样，就通过对圆 1 的偏移操作而生成了与其具有同一圆心的圆 2，结果如图 9.31 所示。

现在再利用 OFFSET 命令，由圆 2 生成圆 3。选择“修改”工具栏中的图标，并根据提示进行如下操作：

命令:**OFFSET**↙
当前设置: 删除源=否　图层=源　OFFSETGAPTYPE=0

指定偏移距离或 [通过(T)/删除(E)/图层(L)] <1.0000>: **3** ↙
选择要偏移的对象，或 [退出(E)/放弃(U)] <退出>:(选择圆 2 作为偏移对象)
指定要偏移的那一侧上的点，或 [退出(E)/多个(M)/放弃(U)] <退出>:(选择圆 2 内任意一点来指定偏移方向)
选择要偏移的对象，或 [退出(E)/放弃(U)] <退出>: ↙(结束偏移命令)

完成后，结果应如图 9.32 所示。

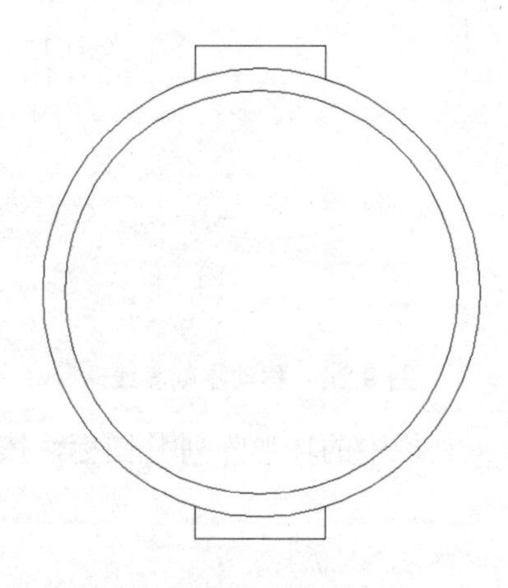

图 9.31　用偏移命令生成圆 2

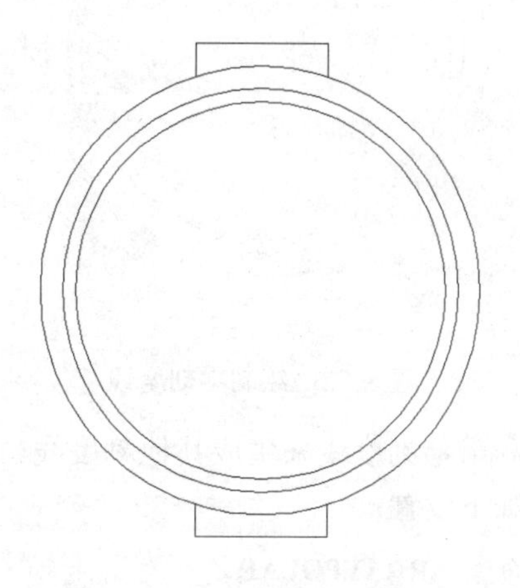

图 9.32　用偏移命令生成圆 3

## 4．绘制刻度线

首先绘制零刻度线。调用 LINE 命令，利用中心点捕捉来的圆心作为起点，然后输入极坐标“@3<-45”确定端点。具体操作过程如下：

命令: **LINE**↙
指定第一点: **CEN**↙
于　(选择圆 1)
指定下一点或 [放弃(U)]: **@3<-45**↙
指定下一点或 [放弃(U)]: ↙

绘制结果如图 9.33 所示。

将绘制好的零刻度线移动到指定的位置。选择“修改”工具栏中的✥图标，并根据提示进行如下操作：

命令: **MOVE**↙
选择对象: (选择已绘制好的直线)
找到 1 个
选择对象: ↙(结束选择)
指定基点或 [位移(D)] <位移>:　(利用端点捕捉来选择直线上的右下端点作为移动的基点)
指定第二个点或 <使用第一个点作为位移>: **APPINT**↙
于　和　(利用外观交点捕捉来选择直线与圆 3 的外观交点作为移动的第二点)

完成后，结果如图 9.34 所示。

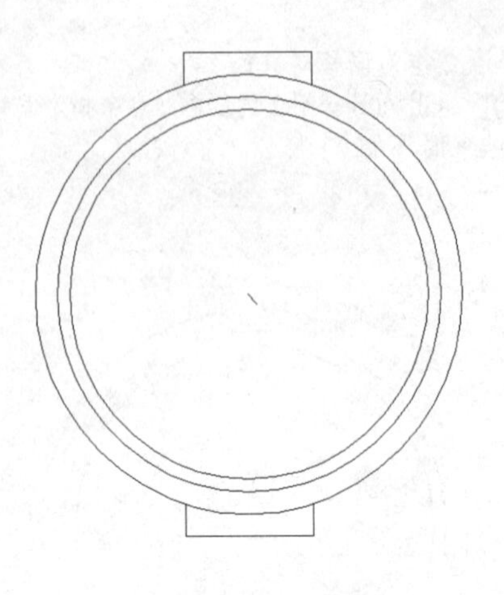
图 9.33　绘制零刻度线

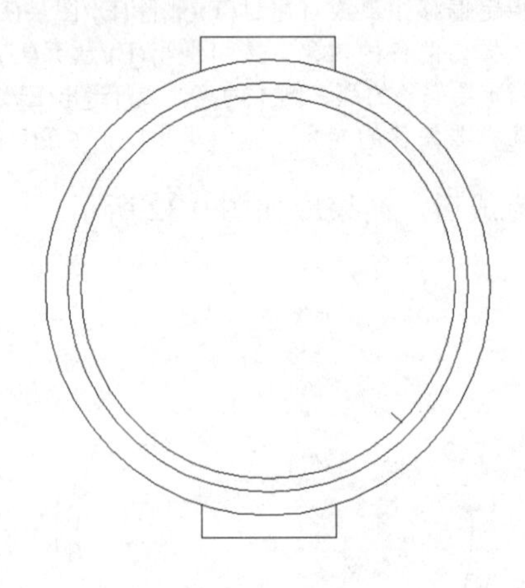
图 9.34　移动零刻度线

利用零刻度线来生成其他刻度线。选择“修改”工具栏中的环形阵列图标，按提示进行如下设置：

命令: **ARRAYPOLAR**↙
选择对象: (选择零刻度线)
找到 1 个
选择对象: ↙
类型 = 极轴　关联 = 是
指定阵列的中心点或 [基点(B)/旋转轴(A)]: (捕捉大圆的圆心)
选择夹点以编辑阵列或 [关联(AS)/基点(B)/项目(I)/项目间角度(A)/填充角度(F)/行(ROW)/层(L)/旋转项目(ROT)/退出(X)] <退出>: **I**↙
输入阵列中的项目数或 [表达式(E)] <6>: **31**↙
选择夹点以编辑阵列或 [关联(AS)/基点(B)/项目(I)/项目间角度(A)/填充角度(F)/行(ROW)/层(L)/旋转项目(ROT)/退出(X)] <退出>: **F**↙ (指定阵列的角度范围)
指定填充角度(+=逆时针、-=顺时针)或 [表达式(EX)] <360>: **270**↙
选择夹点以编辑阵列或 [关联(AS)/基点(B)/项目(I)/项目间角度(A)/填充角度(F)/行(ROW)/层(L)/旋转项目(ROT)/退出(X)] <退出>: **ROT**↙
是否旋转阵列项目? [是(Y)/否(N)] <是>: **Y**↙　(阵列时旋转项目)
选择夹点以编辑阵列或 [关联(AS)/基点(B)/项目(I)/项目间角度(A)/填充角度(F)/行(ROW)/层(L)/旋转项目(ROT)/退出(X)] <退出>:↙

绘制结果如图 9.35 所示。

利用延伸命令来着重显示主刻度线(即从零刻度线开始，每隔 4 条刻度线为主刻度线)。再次使用 OFFSET 命令，将圆 3 向内部偏移来生成一个临时的圆作为辅助线，偏移距离为 5.5；选择“修改”工具栏中的图标，并根据提示进行如下操作：

命令: **OFFSET**↙
当前设置: 删除源=否　图层=源　OFFSETGAPTYPE=0
指定偏移距离或 [通过(T)/删除(E)/图层(L)] <1.0000>: **5.5**↙
选择要偏移的对象，或 [退出(E)/放弃(U)] <退出>:(选择圆 3 作为偏移对象)
指定要偏移的那一侧上的点，或 [退出(E)/多个(M)/放弃(U)] <退出>:(选择圆 3 内任意一点来指定偏移方向)
选择要偏移的对象，或 [退出(E)/放弃(U)] <退出>:↙ (结束偏移命令)
命令: **EXTEND**↙
当前设置:投影=UCS，边=无

选择边界的边...
选择对象或 <全部选择>: (选择辅助圆作为延伸的边界)
找到 1 个
选择对象: ↙
选择要延伸的对象，或按住 Shift 键选择要修剪的对象，或
[栏选(F)/窗交(C)/投影(P)/边(E)/放弃(U)]: (依次选择主刻度线(共 7 条)，使之延伸至辅助圆上，最后回车结束延伸命令)
选择要延伸的对象，或按住 Shift 键选择要修剪的对象，或
[栏选(F)/窗交(C)/投影(P)/边(E)/放弃(U)]:
选择要延伸的对象，或按住 Shift 键选择要修剪的对象，或
[栏选(F)/窗交(C)/投影(P)/边(E)/放弃(U)]:
选择要延伸的对象，或按住 Shift 键选择要修剪的对象，或
[栏选(F)/窗交(C)/投影(P)/边(E)/放弃(U)]:
选择要延伸的对象，或按住 Shift 键选择要修剪的对象，或
[栏选(F)/窗交(C)/投影(P)/边(E)/放弃(U)]:
选择要延伸的对象，或按住 Shift 键选择要修剪的对象，或
[栏选(F)/窗交(C)/投影(P)/边(E)/放弃(U)]:
选择要延伸的对象，或按住 Shift 键选择要修剪的对象，或
[栏选(F)/窗交(C)/投影(P)/边(E)/放弃(U)]:
选择要延伸的对象，或按住 Shift 键选择要修剪的对象，或
[栏选(F)/窗交(C)/投影(P)/边(E)/放弃(U)]: ↙

完成后的结果见图 9.36。绘制结束后删除辅助圆。

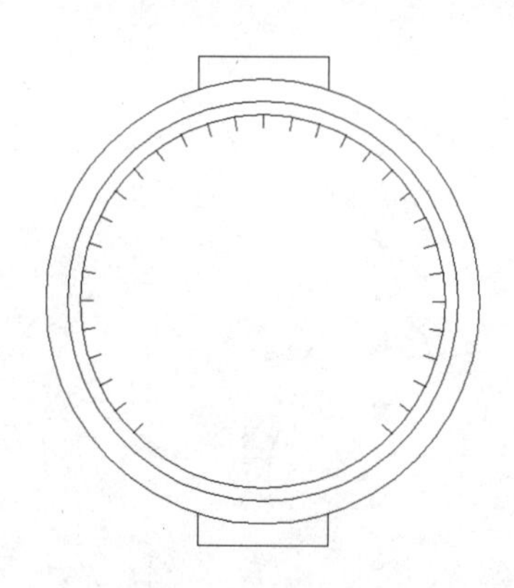

图 9.35 通过阵列命令绘制其他刻度线图

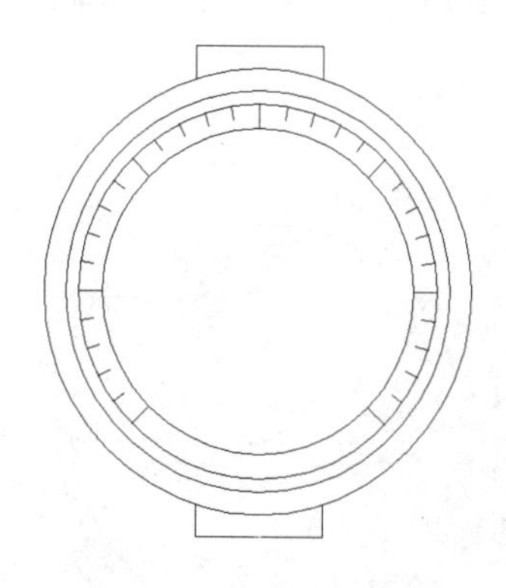

图 9.36 绘制主刻度线

### 5. 绘制表针

首先仍以点(100,100)为圆心，分别以 3、5 半径绘制两个圆；再绘制一条穿过这两个圆的直线，其大概位置如图 9.37 所示。

现在调用“镜像”命令绘制表针的另一条边。然后用“圆”命令中的“相切、相切、半径”方式作与表针两直线相切的半径为 3 的圆；再用“修剪”命令剪去该圆靠表针两直线内侧的圆弧部分及表针两直线超出圆的部分。具体过程如下：

命令: **MIRROR**↙
选择对象: (选择已绘制好的直线)
找到 1 个
选择对象: ↙(结束选择)
指定镜像线的第一点:(利用端点捕捉来选择直线上的端点，即针尖上的点)

指定镜像线的第二点:(利用中心点捕捉来选择圆心点)
要删除源对象吗？[是(Y)/否(N)] <N>: ↙(选择 N 保留源对象)
命令: **CIRCLE**↙
指定圆的圆心或 [三点(3P)/两点(2P)/相切、相切、半径(T)]: T↙(指定用“相切、相切、半径”方式画圆)
指定对象与圆的第一个切点:(选择构成表针的第一条直线)
指定对象与圆的第二个切点:(选择构成表针的第二条直线)
指定圆的半径 <5.0000>: **3**↙
命令: **TRIM**↙
当前设置:投影=UCS，边=无
选择剪切边...
选择对象或 <全部选择>: (依次选择构成表针的第一条直线、第二条直线及与其相切的圆)找到 1 个
选择对象: 找到 1 个，总计 2 个
选择对象: 找到 1 个，总计 3 个
选择对象: ↙
选择要修剪的对象，或按住 Shift 键选择要延伸的对象，或
[栏选(F)/窗交(C)/投影(P)/边(E)/删除(R)/放弃(U)]: (依次选择构成表针的第一条直线、第二条直线及与其相切的圆中多余的部分)
选择要修剪的对象，或按住 Shift 键选择要延伸的对象，或
[栏选(F)/窗交(C)/投影(P)/边(E)/删除(R)/放弃(U)]:
选择要修剪的对象，或按住 Shift 键选择要延伸的对象，或
[栏选(F)/窗交(C)/投影(P)/边(E)/删除(R)/放弃(U)]:
选择要修剪的对象，或按住 Shift 键选择要延伸的对象，或
[栏选(F)/窗交(C)/投影(P)/边(E)/删除(R)/放弃(U)]: ↙

结果如图 9.38 所示。

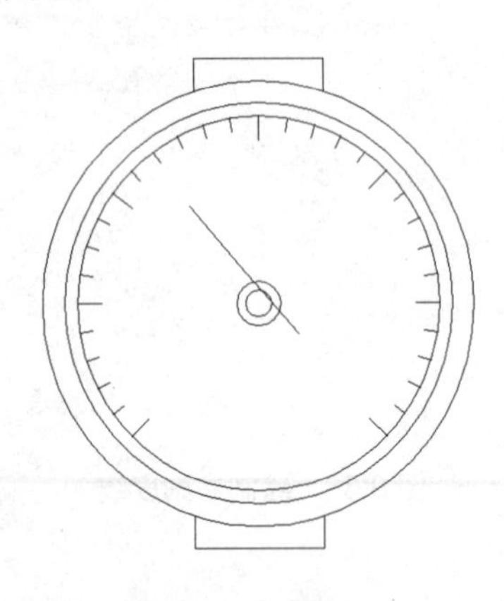

**图 9.37　表针绘制图一**

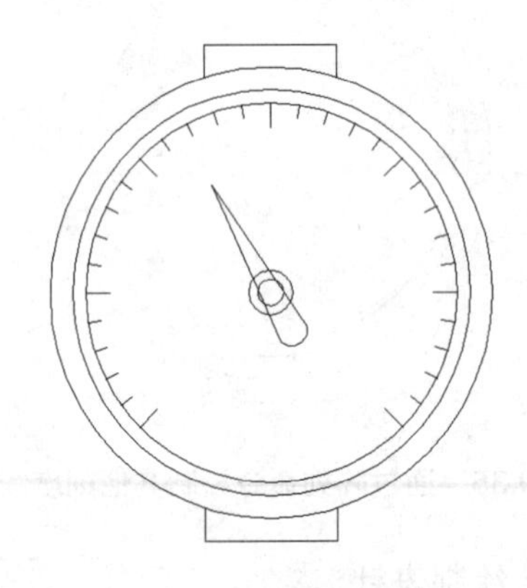

**图 9.38　表针绘制图二**

最后，调用 TRIM 命令，先以两条表针直线为边界，将两条直线之间表轴处的部分圆弧修剪掉；再以剩下的圆弧为边界，将圆弧内部的部分直线修剪掉。具体过程如下：

命令: **TRIM**↙
当前设置:投影=UCS，边=无
选择剪切边...
选择对象或 <全部选择>: (依次选择构成表针的第一条直线、第二条直线及与表轴处的大圆)
找到 1 个
选择对象: 找到 1 个，总计 2 个
选择对象: 找到 1 个，总计 3 个
选择对象: ↙

选择要修剪的对象，或按住 Shift 键选择要延伸的对象，或
[栏选(F)/窗交(C)/投影(P)/边(E)/删除(R)/放弃(U)]: (依次选择构成表针的第一条直线和第二条直线位于圆内的部分及圆位于两直线之间的部分)
选择要修剪的对象，或按住 Shift 键选择要延伸的对象，或
[栏选(F)/窗交(C)/投影(P)/边(E)/删除(R)/放弃(U)]:
选择要修剪的对象，或按住 Shift 键选择要延伸的对象，或
[栏选(F)/窗交(C)/投影(P)/边(E)/删除(R)/放弃(U)]:
选择要修剪的对象，或按住 Shift 键选择要延伸的对象，或
[栏选(F)/窗交(C)/投影(P)/边(E)/删除(R)/放弃(U)]:
选择要修剪的对象，或按住 Shift 键选择要延伸的对象，或
[栏选(F)/窗交(C)/投影(P)/边(E)/删除(R)/放弃(U)]: ↙

完成后的表针如图 9.39 所示。

### 6．绘制文字和数字

在绘制文字前应首先对当前的文字样式进行设置。选择“格式”|“文字样式”命令，弹出“文字样式”对话框。在“字体名”下拉列表框中选择“宋体”，并保持其他选项不变。单击“应用”按钮使设置生效，然后单击“关闭”按钮关闭对话框。

调用 TEXT 命令，并根据提示进行如下操作：

命令: **TEXT**↙
当前文字样式: Standard　当前文字高度: 2.5000
指定文字的起点或 [对正(J)/样式(S)]:(在表盘下部偏左位置选择一点作为文字的起点)
指定高度 <2.5000>: **5**↙
指定文字的旋转角度 <0>: ↙
(在图中输入欲创建的文字“压力表”)
(按回车结束创建文字命令)

完成后结果如图 9.40 所示。再次调用 TEXT 命令创建数字 0，其位置如图 9.41 所示。

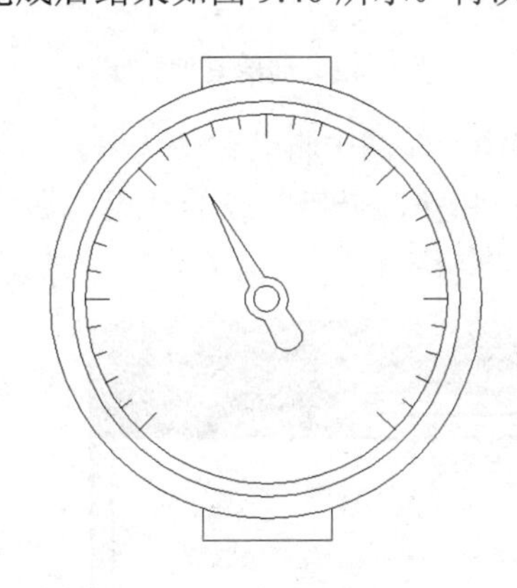

图 9.39　完成后的表针

图 9.40　创建文字

然后利用数字 0 来产生其他数字。启动环形阵列命令，按提示进行如下设置：

命令: **ARRAYPOLAR**↙
选择对象: (选择数字 0)
找到 1 个
选择对象: ↙
类型 = 极轴　关联 = 是

指定阵列的中心点或 [基点(B)/旋转轴(A)]: (捕捉大圆的圆心)
选择夹点以编辑阵列或 [关联(AS)/基点(B)/项目(I)/项目间角度(A)/填充角度(F)/行(ROW)/层(L)/旋转项目(ROT)/退出(X)] <退出>: **I**↙
输入阵列中的项目数或 [表达式(E)] <6>: **7**↙
选择夹点以编辑阵列或 [关联(AS)/基点(B)/项目(I)/项目间角度(A)/填充角度(F)/行(ROW)/层(L)/旋转项目(ROT)/退出(X)] <退出>: **F**↙ (指定阵列的角度范围)
指定填充角度(+=逆时针、-=顺时针)或 [表达式(EX)] <360>: **270**↙
选择夹点以编辑阵列或 [关联(AS)/基点(B)/项目(I)/项目间角度(A)/填充角度(F)/行(ROW)/层(L)/旋转项目(ROT)/退出(X)] <退出>: **ROT**↙
是否旋转阵列项目? [是(Y)/否(N)] <是>: **N**↙ (阵列时旋转项目)
选择夹点以编辑阵列或 [关联(AS)/基点(B)/项目(I)/项目间角度(A)/填充角度(F)/行(ROW)/层(L)/旋转项目(ROT)/退出(X)] <退出>: **B**↙
指定基点或 [关键点(K)] <质心>: (单击数字 0 的中心)
选择夹点以编辑阵列或 [关联(AS)/基点(B)/项目(I)/项目间角度(A)/填充角度(F)/行(ROW)/层(L)/旋转项目(ROT)/退出(X)] <退出>:↙

绘制结果如图 9.42 所示。

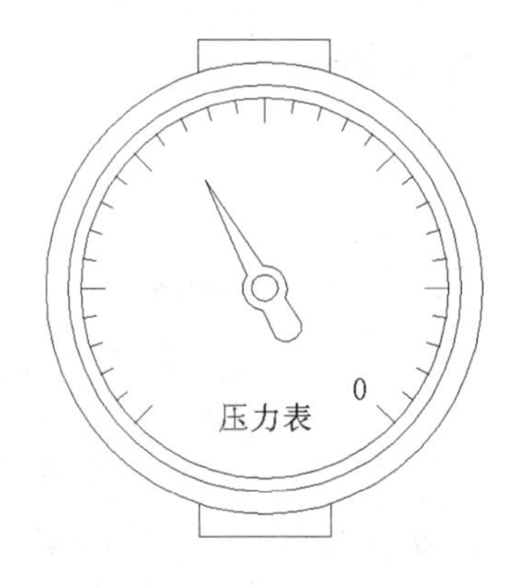


图 9.41 创建数字 0

图 9.42 创建其他数字

调用 DDEDIT 命令，并根据提示选择第二个数字 0，在图中将其修改为 1，然后回车确定；以此方式依次将其他数字分别改为 2、3、4、5 和 6，最后完成的结果，如图 9.43 所示。

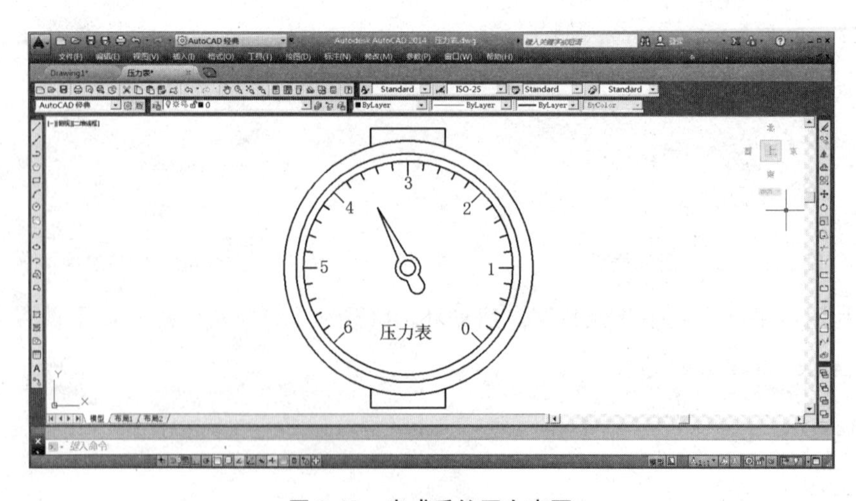


图 9.43 完成后的压力表图

### 7. 保存文件

命令: (以“压力表.dwg”为文件名保存图形)

## 上机实训 9

1. 按正文中所述方法和步骤上机完成 6 个示例图形的绘制。

2. 针对 6 个示例绘图过程中的某一部分提出不同的绘图方案，然后上机验证所提绘图方案的正确性。

3. 按所标注尺寸上机绘制图 9.44 所示的各工程图形。

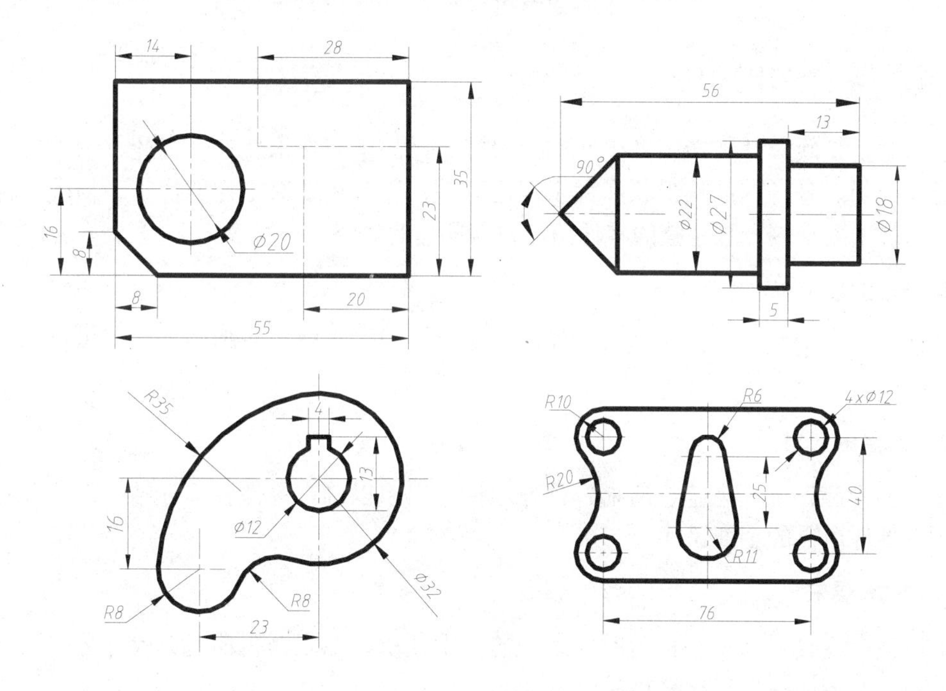


图 9.44　工程图形

# 第 10 章　机械图样的绘制

机械图样主要包括零件图和装配图。本章将结合前面学习过的绘图命令、编辑命令及尺寸标注命令，详细介绍机械工程中零件图和装配图的绘制方法、步骤及图中技术要求的标注，使读者掌握灵活运用所学过的命令，方便快捷地绘制机械图样的方法，提高绘图效率。

## 10.1　绘制零件图概述

### 10.1.1　零件图的内容

零件图是反映设计者意图及生产部门组织生产的重要技术文件。因此，它不仅应将零件的材料、内、外部的结构形状和大小表达清楚，而且还要对零件的加工、检验、测量提供必要的技术要求。一张完整的零件图应包含的内容如下。

#### 1．一组视图

包括视图、剖视图、断面图、局部放大图等，用以完整、清晰地表达出零件的内、外形状和结构。

#### 2．完整的尺寸

零件图中应正确、完整、清晰、合理地标注出用以确定零件各部分结构形状和相对位置、制造零件所需的全部尺寸。

#### 3．技术要求

用以说明零件在制造和检验时应达到的技术要求，如表面粗糙度、尺寸公差、形状和位置公差以及表面处理和材料热处理等。

#### 4．标题栏

位于零件图的右下角，用以填写零件的名称、材料、比例、数量、图号以及设计、制图、校核人员签名等。

### 10.1.2　用 AutoCAD 绘制零件图的一般过程

在使用计算机绘图时，必须遵守机械制图国家标准的规定。以下是用 AutoCAD 绘制零件图的一般过程及须注意的一些问题。

(1) 建立零件图模板。在绘制零件图之前，应根据图纸幅面大小和格式的不同，分别建立符合机械制图国家标准及企业标准的若干机械图模板。模板中应包括图纸幅面、图层、使用文字的一般样式、尺寸标注的一般样式等。这样，在绘制零件图时，就可直接调用建立好的模板进行绘图，以提高工作效率。图形模板文件的扩展名为 DWT。

(2) 使用绘图命令、编辑命令及绘图辅助工具完成图形的绘制。在绘制过程中，应根据零件图形结构的对称性、重复性等特征，灵活运用镜像、阵列、多重复制等编辑操作，避免不必要的重复劳动，提高绘图效率；要充分利用正交、捕捉等功能，以保证绘图的速度和准确度。

(3) 进行工程标注。将标注内容分类，可以首先标注线性尺寸、角度尺寸、直径及半径尺寸等，这些操作比较简单、直观的尺寸，然后标注技术要求，如尺寸公差、形位公差及表面粗糙度等，并注写技术要求中的文字。

(4) 定义图形库和符号库。由于在 AutoCAD 中没有直接提供表面粗糙度符号、剖切位置符号、基准符号等，因此可以通过定义块的方式创建针对用户绘图特点的专用图形库和符号库，以达到快速标注符号和提高绘图速度的目的。

(5) 填写标题栏，并保存图形文件。

### 10.1.3　零件图中投影关系的保证

如前所述，零件图中包含一组表达零件形状的视图，绘制零件图中的视图是绘制零件图的重要内容。对其要求是：视图应布局匀称、美观，且符合“主、俯视图长对正，主、左视图高平齐，俯、左视图宽相等”的投影规律。

用 AutoCAD 绘制零件图形时如何保证上述“长对正、高平齐、宽相等”的投影规律并无定法，为叙述方便起见，本书将其归纳为辅助线法和对象捕捉跟踪法，供读者参考并根据图形特点灵活运用。

#### 1. 辅助线法

即通过构造线命令 XLINE 等绘制出一系列水平与竖直辅助线，以便保证视图之间的投影关系，并结合图形绘制及编辑命令完成零件图的绘制。

#### 2. 对象捕捉跟踪法

即利用 AutoCAD 提供的对象捕捉追踪功能，来保证视图之间的投影关系，并结合图形绘制及编辑命令完成零件图的绘制。

在 10.4 节中，将结合两张零件图的绘制实例，分别介绍采用上述两种方法绘制零件图的过程及步骤。

## 10.2　零件图中技术要求的标注

零件图中的技术要求一般包括表面粗糙度、尺寸公差、几何公差、零件的材料、热处理和表面处理等内容。其中，前三项应按国家标准规定的代号在视图中标注，现分别详述如下。其他内容则可在标题栏的上方或右方空白处使用 TEXT 或 MTEXT 命令用文字书写，这里不再赘述。

### 10.2.1　表面粗糙度代号的定义

用创建块(BLOCK)命令创建用于去除材料的粗糙度代号块，然后用插入(INSERT)命令将其插入到需要标注的表面。注意插入前务必使“最近点”对象捕捉功能有效。创建块时需先按图 10.1 所示的尺寸绘制出用于去除材料的粗糙度代号。图中的尺寸数字高度为 3.5。

对于不同的粗糙度参数值可以做多个块，也可以把粗糙度参数值定义成“属性”后再创建块，这样一个块插入可输入不同的粗糙度参数值。

对于其他较常用的基本图形或符号，也可以分别定义成图块存放在一个图形文件中，利用设计中心的功能，拖入到当前绘图窗口中。

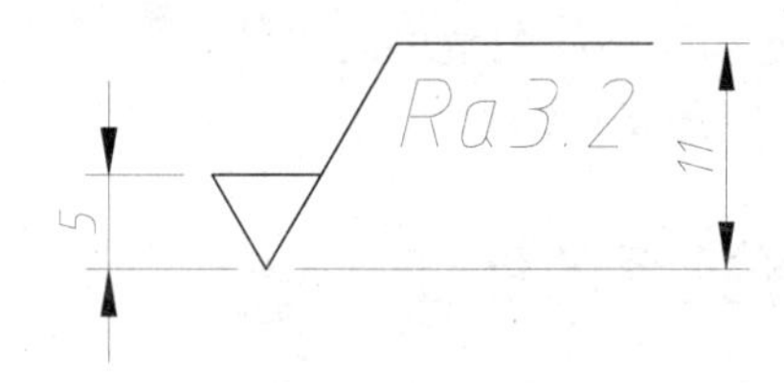


图 10.1　表面粗糙度代号

### 10.2.2　几何公差的标注

几何公差代号包括：几何特征符号，公差框格及指引线，公差数值和其他有关符号，以及基准符号等，如图 10.2 所示。

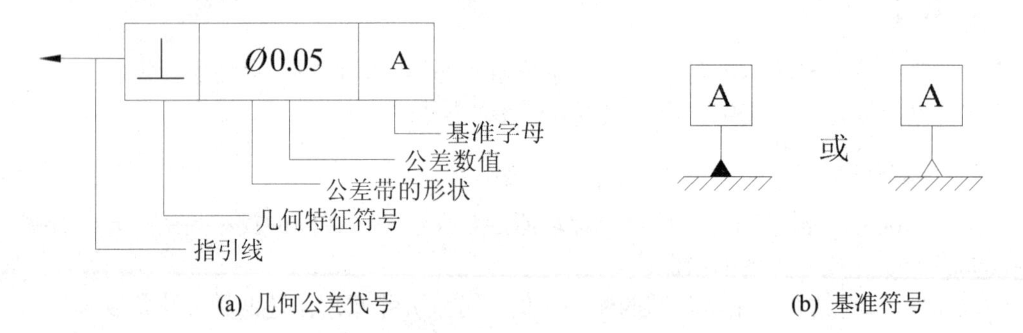


图 10.2　几何公差代号及基准

虽然 AutoCAD 在尺寸标注工具栏上提供了专门的几何公差(软件中称为形位公差)标注工具，但其并不实用，尚需单独另行为其绘制指引线。建议使用“快速引线”(QLEADER)命令进行几何公差代号的标注，其操作过程如下。

(1) 单击标注工具栏的“快速引线”按钮或命令行输入 QLEADER 命令。

(2) 命令行提示“指定第一个引线点或[设置(S)]<设置>：”。

(3) 回车，会弹出图 10.3 所示的“引线设置”对话框。

(4) 在“注释”选项卡下选中“公差”单选按钮，单击“确定”按钮退出对话框。

图 10.3　“引线设置”对话框

(5) 在被测要素上指定指引线的起点，指引线画好后系统自动弹出图 10.4 所示的“形位公差”对话框。

(6) 单击“形位公差”对话框中“符号”选项组内的小方框，弹出图 10.5 所示的几何公差符号选择框，从中选取对应项目符号即可。

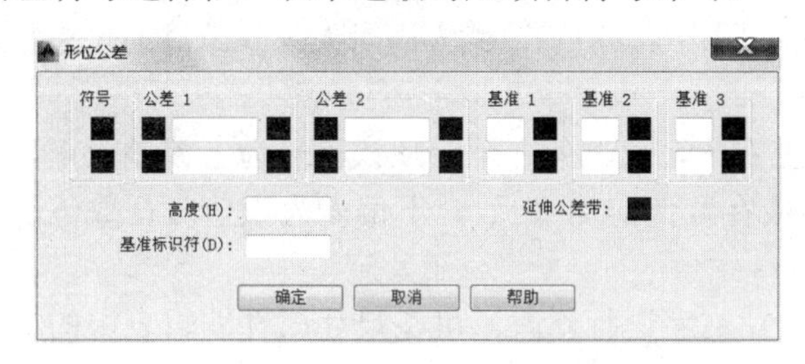


图 10.4　“形位公差”对话框

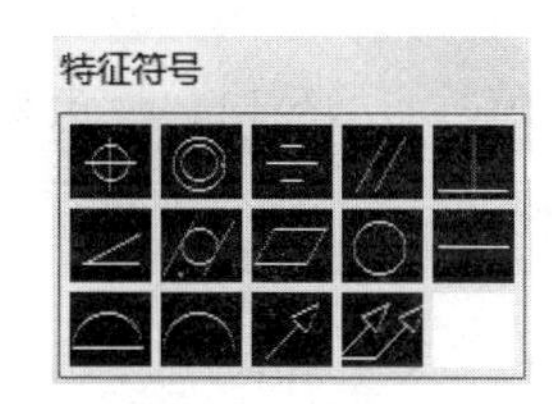


图 10.5　符号选择框

(7) 单击“公差 1”选项组内左边第一方框，可出现一个符号“Ø”(公差带为圆柱时使用)。

(8) 在“公差 1”选项组内第二方框中输入公差值。

(9) 当有两项公差要求时，在“公差 2” 选项组内重复操作。

(10) 在“基准 1”选项组内左边第一框格内输入基准字母。

(11) 单击“确定”按钮，对话框消失，系统自动在指引线结束处画出形位公差框。

(12) 当同一要素有两个形位公差特征要求时，在对话框中第二行各选项组内重复操作。

几何公差基准符号[见图 10.2(b)]的标注可通过定义为带属性的图块来实现。

## 10.2.3　尺寸公差的标注

在标注尺寸时，可以运用“尺寸样式”设置尺寸标注的格式，并设定尺寸公差的具体数值。但由于一张零件图上尺寸公差相同的尺寸较少，为每一个尺寸设定一个样式也没有必要，可以在尺寸样式中设定为无公差，如图 10.6 所示。但在设定无公差的样式之前，可将精度改成 0.000，将高度比例改成 0.5。这样可以省去为每个公差都要修改这两个值的麻烦。

有公差的尺寸先标注成没有公差的尺寸，然后可双击此尺寸启动“特性”对话框，在特性编辑表内对公差的尺寸进行编辑。例如，上下偏差是 $50^{+0.009}_{-0.025}$，有以下两种标注

方法。

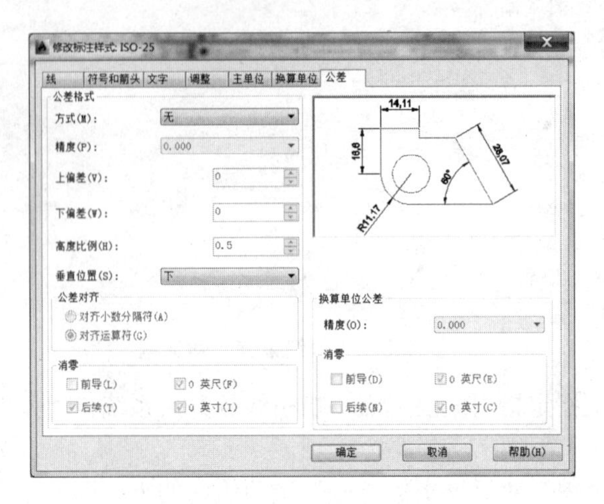


图 10.6　修改公差标注样式

(1) 修改表中“公差”的有关参数，如图 10.7 所示，此方法对人为修改过的尺寸数值无效。

在填写参数值时，注意表格中下偏差在上，上偏差在下，默认符号为上偏差为正，下偏差为负。因此，若上偏差为负值，则应在数值前加“-”，下偏差为正值时在数值前加“_”。

(2) 用文字格式控制符对有公差的尺寸文字进行修改，可在尺寸属性编辑表中的文本替代处输入\A0;<>\H0.5X;\S+0.009^-0.025 即可，如图 10.8 所示。

图 10.7　设定公差数值

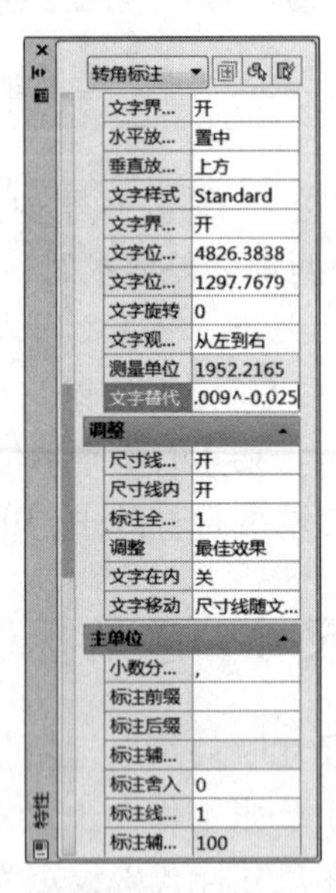


图 10.8　进行公差数值文字替代

其中：

\A0;　表示公差数值与尺寸数值底边对齐；

<>　表示系统自动测量的尺寸数值，也可写成具体的数字；

\H0.5X;　表示公差数值的字高是尺寸数字高度的 0.7 倍；

\S....^....　表示堆叠，^符号前的数字是上偏差(+0.009)，^符号后的数字是下偏差(−0.025)。

**注意：** 输入的字符都是半角字符，且\后的控制符必须是大写字母。

以上两种方法请勿同时使用，如果尺寸数值没有人为改动，推荐使用第一种方法。

# 10.3　图框和标题栏的绘制

在机械图样中必须绘制出图框及标题栏，装配图中还要绘制明细栏。标题栏位于图纸的右下角，其格式和尺寸应符合国家标准 GB/T 106010.1—1989 的有关规定，如图 10.9 所示。

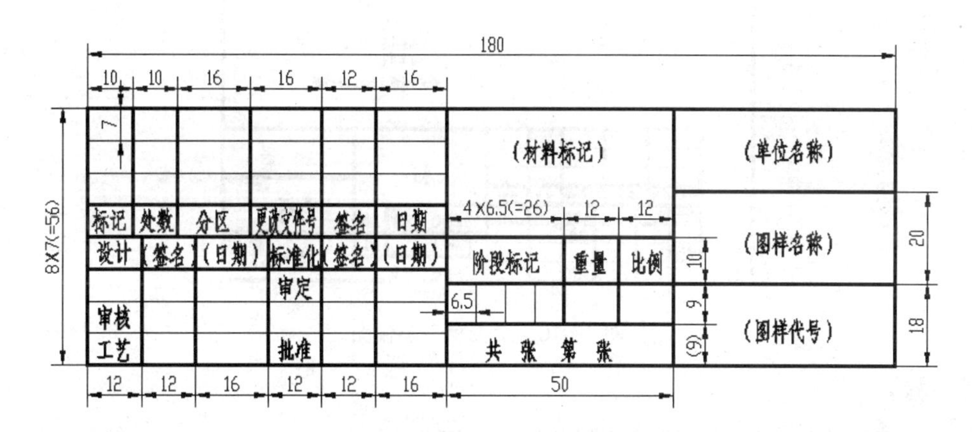


图 10.9　标题栏的格式和尺寸

可将图框和标题栏定义在样板文件里。如果自定义的样板图中没有图框和标题栏，即可按上述格式和尺寸自行绘制，可以从 AutoCAD 提供的样板图中直接复制重用。AutoCAD 的样板图中文件名以 GB 开头的，都包含符合国标的图框和标题栏。如果需要插入 A3 图框和标题栏，可打开文件名为 Gb_a3 -Color Dependent Plot Styles.dwt 的样板图，然后将图框和标题栏选中，将其复制到剪贴板，把窗口切换到原先的绘图窗口，再从剪贴板粘贴到当前窗口中。复制过来的图框和标题栏是一个图块，要编辑标题栏中的内容，可用分解(X)命令将其分解。

# 10.4　零件图绘制示例

## 10.4.1　“曲柄”零件图

本节将结合图 10.10 所示“曲柄”零件图的绘制，介绍利用辅助线方法绘制零件图的具体过程。

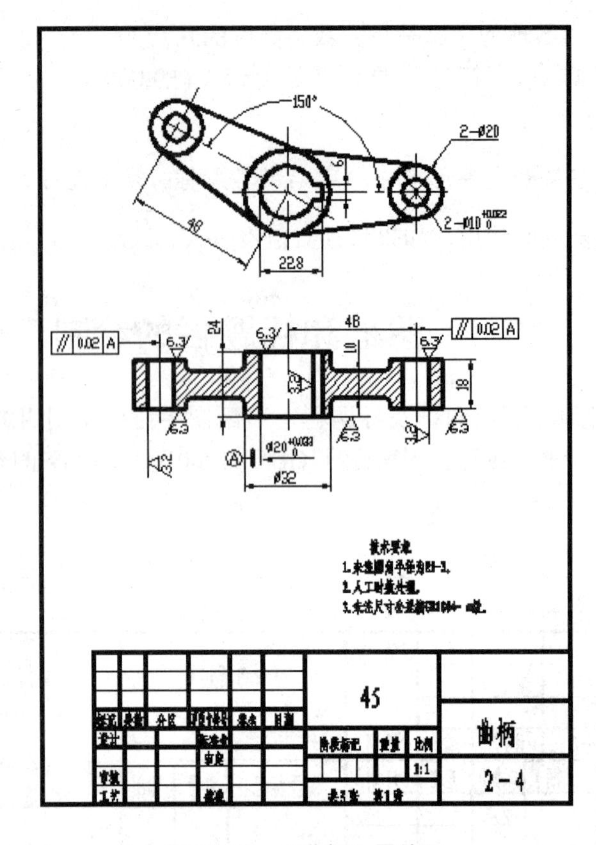


图 10.10 “曲柄”零件图

【步骤】

### 1. 使用创建的机械图样模板绘制曲柄零件图

命令:**NEW**↙(，方法同前，打开模板文件“A4 图纸－竖放.dwt”。由于在 6.3 节中已经绘制过该曲柄零件图的主视图，因此可以直接重用之，即将该图形复制到此处并关闭尺寸层)
命令:**SAVEAS**↙(将包含一个主视图的曲柄图形以“曲柄零件图.dwg”为文件名保存在指定路径中)

### 2. 将“0 层”设置为当前层，绘制辅助线

命令: **LA**↙(将当前图层设置为 0)
命令: **XLINE**↙(，绘制构造线命令。绘制作图辅助线)
指定点或 [水平(H)/垂直(V)/角度(A)/二等分(B)/偏移(O)]: **V**↙(绘制竖直构造线)
指定通过点: <对象捕捉 开>(打开对象捕捉功能，捕捉主视图中竖直中心线的端点)
指定通过点:(捕捉主视图中间ϕ32 圆右边与水平中心线的交点)
指定通过点:(分别捕捉主视图右边ϕ20 及ϕ10 圆与水平中心线的四个交点)
…
(总共绘制六条竖直辅助线)
命令:↙(继续绘制构造线)
XLINE 指定点或 [水平(H)/垂直(V)/角度(A)/二等分(B)/偏移(O)]: **H**↙(绘制水平构造线)
指定通过点:(在主视图下方适当位置处单击，确定俯视图中曲柄最后面的线)
指定通过点: ↙(回车，结束绘制)
命令:↙

XLINE 指定点或 [水平(H)/垂直(V)/角度(A)/二等分(B)/偏移(O)]: **O**↙(绘制偏移构造线)
指定偏移距离或 [通过(T)] <通过>: **12**↙(输入偏移距离)
选择直线对象:(选择刚刚绘制的水平构造线)
指定向哪侧偏移:(在所选水平构造线的下方任意一点单击，偏移生成俯视图中水平对称线)
选择直线对象:↙
命令:↙
XLINE 指定点或 [水平(H)/垂直(V)/角度(A)/二等分(B)/偏移(O)]: **O**↙
指定偏移距离或 [通过(T)] <12.0000>: **5**↙
选择直线对象:(选择偏移生成的水平构造线)
指定向哪侧偏移:(在所选水平构造线的上方任意一点单击，偏移生成曲柄臂的后端线)
选择直线对象: ↙
命令:↙
XLINE 指定点或 [水平(H)/垂直(V)/角度(A)/二等分(B)/偏移(O)]: **O**↙
指定偏移距离或 [通过(T)] <5.0000>: **9**↙
选择直线对象:(仍选择第一次偏移生成的水平构造线)
指定向哪侧偏移:(在所选水平构造线的上方任意一点单击。偏移生成曲柄右边圆柱的后端线)
选择直线对象: ↙(绘制的一系列辅助线见图 10.11)

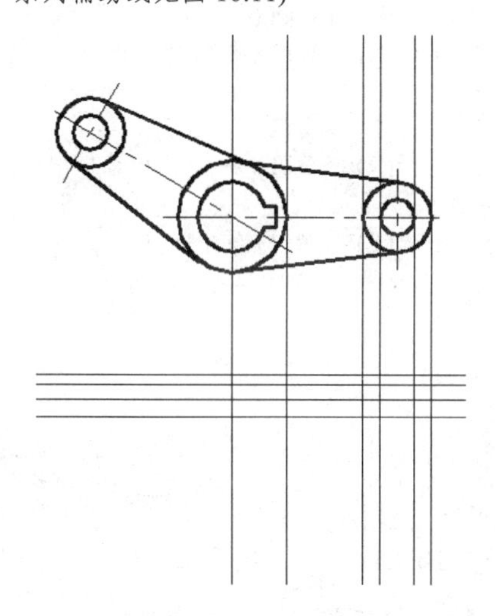

图 10.11　绘制辅助线

## 3. 将 LKX 设置为当前层，绘制俯视图

命令: **LA**↙(将当前图层设置为 LKX)
命令: (绘制俯视图中轮廓线)
_line 指定第一点: <对象捕捉 开>(如图 10.12 所示，捕捉最左边构造线与最上边构造线的交点 1)

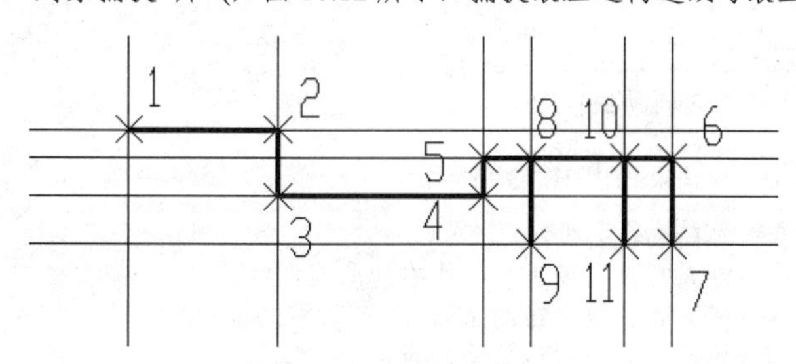


图 10.12　捕捉辅助线交点

指定下一点或 [放弃(U)]:(捕捉构造线的交点 2)
指定下一点或 [放弃(U)]:(捕捉构造线的交点 3)
指定下一点或 [放弃(U)]:(捕捉构造线的交点 4)
指定下一点或 [放弃(U)]:(捕捉构造线的交点 5)
指定下一点或 [放弃(U)]:(捕捉构造线的交点 6)
指定下一点或 [放弃(U)]:(捕捉构造线的交点 7)
指定下一点或 [放弃(U)]:↙
命令: ↙(绘制俯视图右边孔的轮廓线)
_line 指定第一点:(捕捉构造线的交点 8)
指定下一点或 [放弃(U)]:(捕捉构造线的交点 9)
指定下一点或 [放弃(U)]:↙
命令: ↙
指定下一点或 [放弃(U)]:(捕捉构造线的交点 10)
指定下一点或 [放弃(U)]:(捕捉构造线的交点 11)
指定下一点或 [放弃(U)]:↙
命令: (绘制 R2 圆角)
_fillet 当前模式: 模式 = 修剪，半径 = 16.0000
选择第一个对象或 [多段线(P)/半径(R)/修剪(T)/多个(U)]: **R**↙
指定圆角半径 <16.0000>: **2**↙
选择第一个对象或 [多段线(P)/半径(R)/修剪(T)/多个(U)]: **U**↙
选择第一个对象或 [多段线(P)/半径(R)/修剪(T)/多个(U)]:(选择中间水平线)
选择第二个对象:(选择左边竖直线)
选择第一个对象或 [多段线(P)/半径(R)/修剪(T)/多个(U)]:
…
(方法同前，绘制右边 R2 圆角)
命令: (镜像所绘制的轮廓线)
选择对象:(选择绘制的轮廓线)
指定镜像线的第一点:(捕捉最下边水平构造线与最左边竖直构造线的交点)
指定镜像线的第二点:(捕捉最下边水平构造线与最右边竖直构造线的交点 7)
是否删除源对象? [是(Y)/否(N)] <N>:↙
命令: **LA**↙(将当前图层设置为 DHX)
命令: (绘制俯视图右边孔的中心线)
_line 指定第一点:(如图 10.12 所示，捕捉 56 的中点)
指定下一点或 [放弃(U)]:(捕捉与 56 对称的水平线中点)
指定下一点或 [放弃(U)]:↙
命令: ↙(绘制俯视图中间孔的中心线)
_line 指定第一点:(如图 10.12 所示，捕捉 1 点)
指定下一点或 [放弃(U)]:(捕捉与 1 对称的点)
指定下一点或 [放弃(U)]:↙
命令: (删除辅助线)
_erase 选择对象:(选择所有辅助线)
…
找到 1 个，总计 10 个(结果如图 10.13 所示)
命令: (镜像所绘制的右边轮廓线)
选择对象:(用窗口选择方式，选择竖直中心线右边所有图线)
指定镜像线的第一点:(捕捉竖直中心线的上端点)
指定镜像线的第二点:(捕捉竖直中心线的下端点)
是否删除源对象? [是(Y)/否(N)] <N>:↙
命令: **LA**↙(将当前图层设置为 0)

命令: (绘制俯视图中间的竖直辅助线)
_xline 指定点或 [水平(H)/垂直(V)/角度(A)/二等分(B)/偏移(O)]: **V**↙
指定通过点:(捕捉主视图中间ϕ20 圆左边与水平中心线的交点)
指定通过点:(捕捉主视图中键槽与ϕ20 圆的交点)
指定通过点:(捕捉主视图中键槽右端面与水平中心线的交点)
指定通过点: ↙
命令: **LA**↙(将当前图层设置为 LKX)
命令: (绘制俯视图中间孔与键槽的轮廓线)
_line 指定第一点:(捕捉最左边构造线与中间圆柱后端面的交点)
指定下一点或 [放弃(U)]:(捕捉最左边构造线与中间圆柱前端面的交点)
指定下一点或 [放弃(U)]:↙
…
(方法同前，分别绘制俯视图中剩余轮廓线)
命令: (删除辅助线)
_erase 选择对象:(选择所有辅助线)
…
找到 1 个，总计 3 个
命令: **LEN**↙(，调整沉孔的中心线)
选择对象或 [增量(DE)/百分数(P)/全部(T)/动态(DY)]: **DY**↙(选择动态调整)
选择要修改的对象或 [放弃(U)]:(选择俯视图中竖直中心线)
指定新端点:(将所选中心线的端点调整到新的位置)
命令: **LA**↙(将当前图层设置为 PMX)
命令: **BH**↙(，绘制俯视图中的剖面线。回车后，弹出“边界图案填充”对话框，将设置类型为“用户定义”，角度为 45，间距为 2，单击“拾取点”按钮，在图形中欲绘制剖面线的区域内单击，如图 10.14 所示。选择完成后，回车即可返回到对话框，此时单击“确定”按钮，即可绘制完成剖面线)

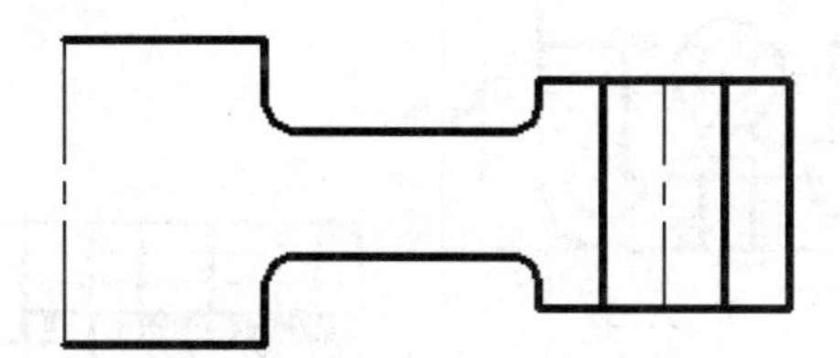

图 10.13　俯视图右边轮廓线

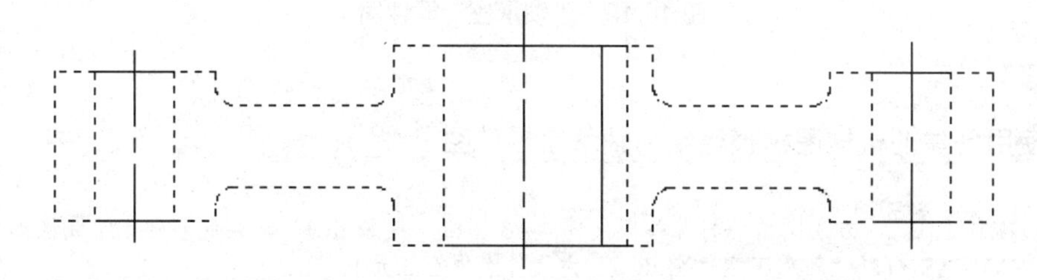

图 10.14　选择填充区域

## 4．标注尺寸

将当前层设置为 BZ，方法同前，标注曲柄零件图中的尺寸。

**5．填写标题栏及技术要求**

将当前层设置为 WZ，方法同前，填写标题栏及技术要求。

**6．保存图形**

命令:

## 10.4.2 “轴承座”零件图

本节将结合图 10.15 所示“轴承座”零件图的绘制，介绍利用对象捕捉追踪方法绘制零件图的具体过程。

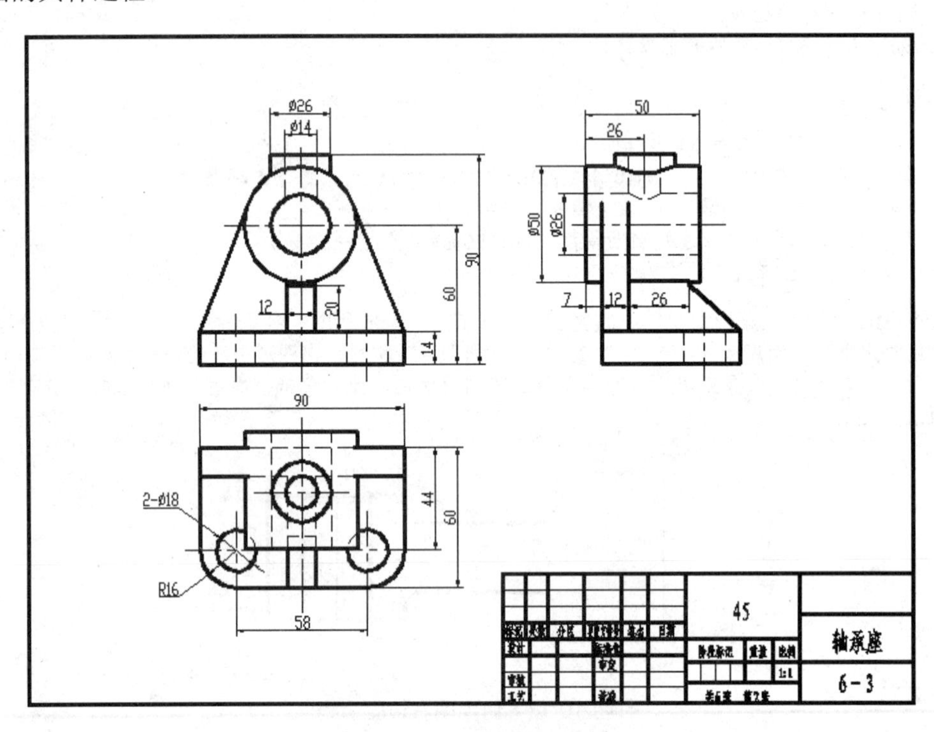


图 10.15 “轴承座”零件图

【步骤】

**1．使用创建的机械图样模板绘制轴承座零件图**

命令: **NEW**↙(，方法同前，打开模板文件“A3 图纸－横放.dwt”，在此基础上绘制图形)
命令: **SAVEAS**↙(以“轴承座零件图.dwg”为文件名保存图形)

**2．将“LKX 层”设置为当前层，绘制主视图**

命令: **LA**↙(将当前图层设置为 LKX)
命令: (绘制主视图中轴承座底板轮廓线)
_line 指定第一点:(在图框适当处单击，确定底板左上点的位置)

指定下一点或 [放弃(U)]: **@0,-14**↙
指定下一点或 [放弃(U)]: **@90,0**↙
指定下一点或 [放弃(U)]: **@0,14**↙
指定下一点或 [放弃(U)]: **C**↙
命令: **LA**↙(将当前图层设置为 DHX)
命令: (绘制主视图中竖直中心线)
_line 指定第一点: <对象捕捉 开><对象捕捉追踪 开> <正交 开>(打开对象捕捉、对象追踪及正交功能，捕捉绘制的底板下边的中点，并向下拖曳鼠标，此时出现一条闪动的虚线，并且虚线上有一个小叉随着光标的移动而移动，小叉即代表当前点的位置，在适当位置处单击，确定竖直中心线的下端点)
指定下一点或 [放弃(U)]:(向上拖曳鼠标，在适当位置处单击，确定竖直中心线的上端点)
指定下一点或 [放弃(U)]: ↙
命令: **LA**↙(将当前图层设置为 LKX)
命令: (绘制主视图中ϕ50 圆)
_circle 指定圆的圆心或 [三点(3P)/两点(2P)/相切、相切、半径(T)]: _from 基点:(打开"捕捉自"功能，捕捉竖直中心线与底板底边的交点作为基点)
<偏移>: @0,60↙
指定圆的半径或 [直径(D)]: **D**↙
指定圆的直径: **50**↙
命令:↙(绘制主视图中ϕ26 圆)
_circle 指定圆的圆心或 [三点(3P)/两点(2P)/相切、相切、半径(T)]:(捕捉ϕ50 圆的圆心)
指定圆的半径或 [直径(D)]: **D**↙
指定圆的直径: **26**↙
命令: **LA**↙(将当前图层设置为 DHX)
命令: (绘制ϕ50 圆的水平中心线)
_line 指定第一点:(利用对象捕捉追踪功能捕捉ϕ50 圆左端象限点，向左拖曳鼠标到适当位置并单击)
指定下一点或 [放弃(U)]:(向右拖动鼠标到适当位置并单击)
指定下一点或 [放弃(U)]:↙
命令: **LA**↙(将当前图层设置为 LKX)
命令: (绘制主视图中左边切线)
_line 指定第一点:(捕捉底板左上角点)
指定下一点或 [放弃(U)]: <正交 关>(捕捉ϕ50 圆的切点)
指定下一点或 [放弃(U)]:↙
…(方法同上，绘制主视图中右边切线，当然也可以使用镜像命令对左边切线进行镜像操作)
命令: (偏移底板底边，绘制凸台的上边)
_offset 指定偏移距离或 [通过(T)] <通过>: **90**↙
选择要偏移的对象或 <退出>:(选择底板底边)
指定点以确定偏移所在一侧:(向上偏移)
选择要偏移的对象或 <退出>:↙
命令: ↙(偏移竖直中心线，绘制凸台ϕ26 圆柱的左边)
_offset 指定偏移距离或 [通过(T)] <90.0000>: **13**↙
选择要偏移的对象或 <退出>:(选择竖直中心线)
指定点以确定偏移所在一侧:(向左偏移)
选择要偏移的对象或 <退出>:↙
…(方法同上，将偏移距离设置为 7，继续向左偏移竖直中心线，绘制凸台ϕ14 孔的左边)
命令: (连线)
_line 指定第一点:(捕捉左边竖直中心线与上边水平线的交点)
指定下一点或 [放弃(U)]: <正交 开>(捕捉左边竖直中心线与ϕ50 圆的交点)
指定下一点或 [放弃(U)]:↙
命令: **LA**↙(将当前图层设置为 XX)

命令: (方法同前，绘制凸台ϕ14 孔的左边)
…
命令: (删除偏移的中心线)
_erase 选择对象:(选择偏移的中心线)
找到 1 个，总计 2 个
命令: (镜像所绘制的凸台轮廓线)
_mirror 选择对象:(选择绘制的凸台轮廓线)
找到 2 个
指定镜像线的第一点:(捕捉竖直中心线的上端点)
指定镜像线的第二点:(捕捉竖直中心线的下端点)
是否删除源对象? [是(Y)/否(N)] <N>:↙
命令: (修剪凸台上边)
_trim 当前设置:投影=UCS，边=无
选择剪切边...
选择对象:(分别选择凸台ϕ26 圆柱的左、右边)
找到 1 个，总计 2 个
选择对象:↙
选择要修剪的对象，按住 Shift 键选择要延伸的对象，或 [投影(P)/边(E)/放弃(U)]:(选择凸台上边在所选对象外面的部分)
命令: (偏移竖直中心线，绘制底板左边孔的中心线)
_offset 指定偏移距离或 [通过(T)] <通过>: **29**↙
选择要偏移的对象或 <退出>:(选择竖直中心线)
指定点以确定偏移所在一侧:(向左偏移)
选择要偏移的对象或 <退出>:↙
命令: ↙(偏移生成的竖直中心线，绘制底板上孔的轮廓线)
_offset 指定偏移距离或 [通过(T)] <通过>: **9**↙
选择要偏移的对象或 <退出>:(选择偏移生成的竖直中心线)
指定点以确定偏移所在一侧:(向左偏移)
选择要偏移的对象或 <退出>:↙
命令: (连线)
_line 指定第一点:(捕捉左边竖直中心线与底板上边的交点)
指定下一点或 [放弃(U)]:(捕捉左边竖直中心线与底板下边的交点)
指定下一点或 [放弃(U)]:↙
命令: (删除偏移的中心线)
_erase 选择对象:(选择偏移的中心线)
找到 1 个，总计 1 个
命令: **LEN**↙(，调整底板左边孔的中心线)
…
命令: (镜像所绘制的底板左边孔的轮廓线)
_mirror 选择对象:(选择绘制的轮廓线)
找到 1 个
指定镜像线的第一点:(捕捉底板孔中心线的上端点)
指定镜像线的第二点:(捕捉底板孔中心线的下端点)
是否删除源对象? [是(Y)/否(N)] <N>:↙
…(方法同上，选择底板左边孔的轮廓线及中心线，镜像生成底板右边孔)
命令: (偏移竖直中心线，绘制中间加强筋的左边)
_offset 指定偏移距离或 [通过(T)] <通过>: **6**↙
选择要偏移的对象或 <退出>:(选择竖直中心线)
指定点以确定偏移所在一侧:(向左偏移)

选择要偏移的对象或 <退出>:↙
…(方法同前，将当前层设置为 LKX，利用偏移的中心线绘制中间的加强筋)
命令: (偏移底板上边，绘制加强筋中间的粗实线)
_offset 指定偏移距离或 [通过(T)] <通过>: **20**↙
选择要偏移的对象或 <退出>:(选择底板上边)
指定点以确定偏移所在一侧:(向上偏移)
选择要偏移的对象或 <退出>:↙
命令: (修剪偏移生成的线)
…(至此，主视图绘制完成)

## 3．绘制俯视图

命令: (绘制俯视图中底板轮廓线)
_line 指定第一点:(利用对象捕捉追踪功能，捕捉主视图中底板左下角点，向下拖曳鼠标，在适当位置处单击，确定底板左上角点)
指定下一点或 [放弃(U)]:(向右拖曳鼠标，到主视图中底板右下角点处，在该点出现小叉，向下拖曳鼠标，当小叉出现在两条闪动虚线的交点处时，如图 10.16 所示，单击鼠标，即可绘制出一条与主视图底板长对正的直线)

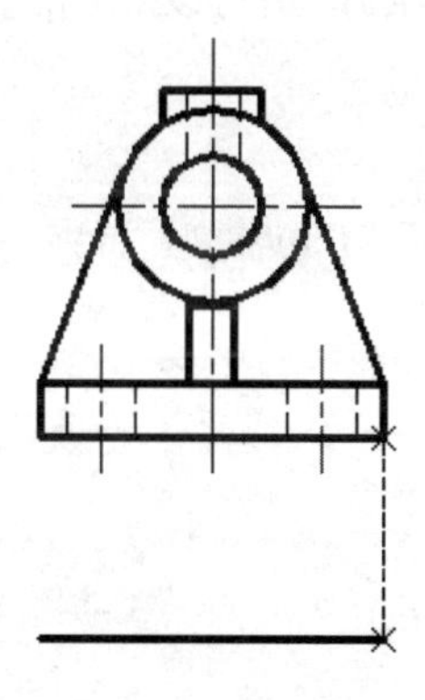

图 10.16　用对象追踪功能绘制底板

指定下一点或 [放弃(U)]: **@0,60**↙
指定下一点或 [放弃(U)]:(方法同前，向右拖曳鼠标，指定底板左下角)
指定下一点或 [放弃(U)]: **C**↙
命令: **LA**↙(将当前图层设置为 DHX)
命令: (方法同前，绘制俯视图中竖直中心线)
…
命令: (偏移俯视图中底板后边，绘制支承板前端面)
_offset 指定偏移距离或 [通过(T)] <通过>: **12**↙
选择要偏移的对象或 <退出>:(选择底板后边)
指定点以确定偏移所在一侧:(向下偏移)
选择要偏移的对象或 <退出>:↙
…(方法同上，利用偏移命令，生成俯视图中中间圆柱的前后端面)
命令: **LA**↙(将当前图层设置为 LKX)
命令: (方法同前，利用对象捕捉追踪功能，绘制俯视图中圆柱的轮廓线，注意孔的轮廓线为虚线)
…(结果如图 10.17 所示)
命令: (修剪多余的线)
…(结果如图 10.18 所示)

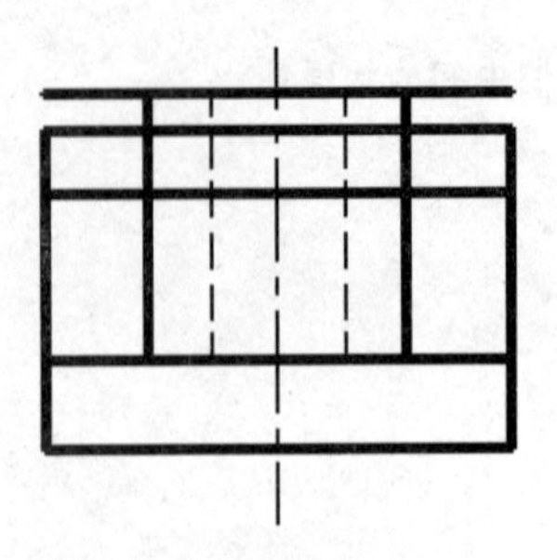

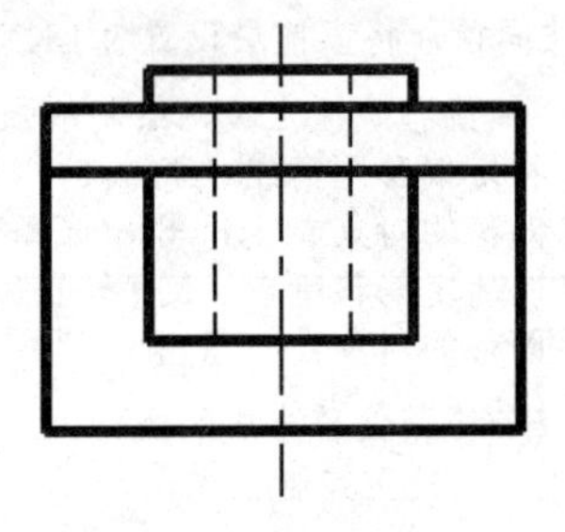

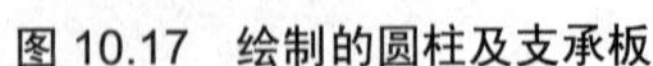
图 10.17 绘制的圆柱及支承板

图 10.18 修剪圆柱结果

命令: (绘制底板左边 R16 圆角)
_fillet 当前设置: 模式 = 修剪，半径 = 0.0000
选择第一个对象或 [多段线(P)/半径(R)/修剪(T)/多个(U)]: **R**↙
指定圆角半径 <0.0000>: **16**↙
选择第一个对象或 [多段线(P)/半径(R)/修剪(T)/多个(U)]: **U**↙
选择第一个对象或 [多段线(P)/半径(R)/修剪(T)/多个(U)]:(选择底板左边)
选择第二个对象: (选择底板下边)
选择第一个对象或 [多段线(P)/半径(R)/修剪(T)/多个(U)]:
…
(方法同前，绘制右边 R16 圆角)
命令: (绘制俯视图中左边ϕ18 圆)
_circle 指定圆的圆心或 [三点(3P)/两点(2P)/相切、相切、半径(T)]:(捕捉左边圆角的圆心)
指定圆的半径或 [直径(D)]: **D**↙
指定圆的直径: **18**↙
命令: (修剪ϕ18 圆)
…
命令: **LA**↙(将当前图层设置为 XX)
命令: (绘制俯视图中ϕ18 圆的虚线)
_arc 指定圆弧的起点或 [圆心(C)]:**C**↙
指定圆弧的圆心:(捕捉ϕ18 圆的圆心)
指定圆弧的起点: (捕捉ϕ18 圆与轴承前端面的交点)
指定圆弧的端点或 [角度(A)/弦长(L)]:(捕捉ϕ18 圆与轴承左边轮廓线的交点)
命令: (镜像所绘制的ϕ18 圆)
…
命令: **LA**↙(将当前图层设置为 0)
命令: (在主视图切点处绘制作图辅助线)
指定点或 [水平(H)/垂直(V)/角度(A)/二等分(B)/偏移(O)]: **V**↙(绘制竖直构造线)
指定通过点:(捕捉主视图中左边切点)
指定通过点:(捕捉主视图中右边切点)
指定通过点:↙
命令: (修剪支承板在辅助线中间的部分)
…(结果如图 10.19 所示)
命令: **LA**↙(将当前图层设置为 XX)
命令: (绘制支承板中的虚线)
…
命令: (方法同前，利用对象捕捉追踪功能，绘制俯视图中加强筋的虚线)
…
命令: **LA**↙(将当前图层设置为 LKX)

命令: (绘制俯视图中加强筋的粗实线)
…(结果如图 10.20 所示)

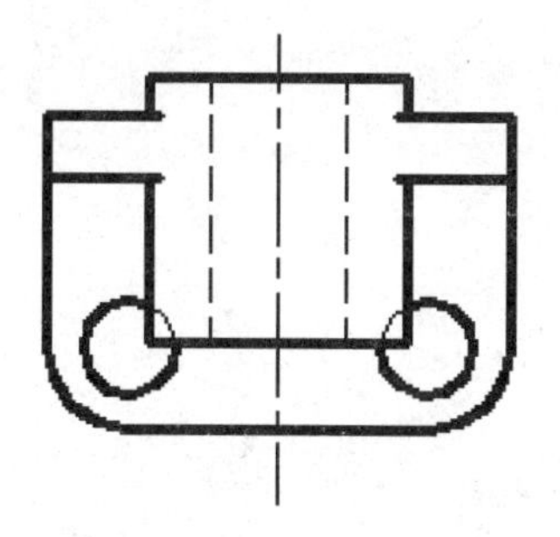

图 10.19　修剪支承板结果

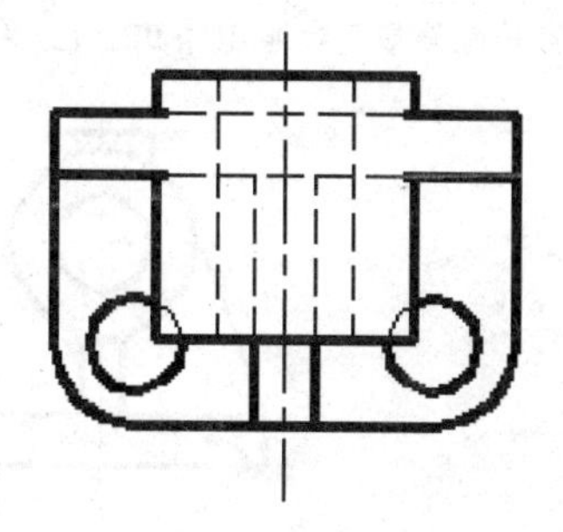

图 10.20　俯视图中的加强筋

命令: (打断命令)
_break 选择对象:(选择支承板前边虚线)
指定第二个打断点或 [第一点(F)]: **F**↙
指定第一个打断点:(选择加强筋左边与支承板前边的交点)
指定第二个打断点: @
…(方法同上，将支承板前边虚线在右边打断)

命令: (移动打断的虚线)
_move 选择对象:(选择中间打断的虚线)
找到 1 个
选择对象: ↙
指定基点或位移:(捕捉中间虚线与竖直中心线的交点)
指定位移的第二点或 <用第一点作位移>: **@0,−26**↙

命令: (绘制俯视图中间ϕ26 圆)
_circle 指定圆的圆心或 [三点(3P)/两点(2P)/相切、相切、半径(T)]: _from 基点:(打开“捕捉自”功能，捕捉圆柱后边与中心线的交点)
<偏移>: **@0,−26**↙
指定圆的半径或 [直径(D)] <10.0000>: **D**↙
指定圆的直径 <18.0000>: **26**↙
……(方法同上，捕捉ϕ26 圆的圆心，绘制ϕ14 圆)
命令: **LA**↙(将当前图层设置为 DHX)

命令: (方法同前，绘制俯视图中圆的中心线)
…(至此，俯视图绘制完成)

## 4．绘制左视图

命令: **LA**↙(将当前图层设置为 LKX)
命令: (复制绘制的俯视图)
_copy 选择对象:(用窗口选择方式，选择绘制的俯视图)
找到 35 个
选择对象:↙
指定基点或位移，或者 [重复(M)]:(指定基点)
指定位移的第二点或 <用第一点作位移>:(向右拖曳鼠标，在适当位置处单击，确定复制的位置)

命令: (旋转复制的俯视图)
_rotate UCS 当前的正角方向: ANGDIR=逆时针 ANGBASE=0
选择对象:(用窗口选择方式，选择复制的俯视图)

找到 1 个，总计 35 个
选择对象：↙
指定基点:(捕捉ϕ26 圆的圆心作为旋转的基点)
指定旋转角度或 [参照(R)]: **90**↙(结果如图 10.21 所示)

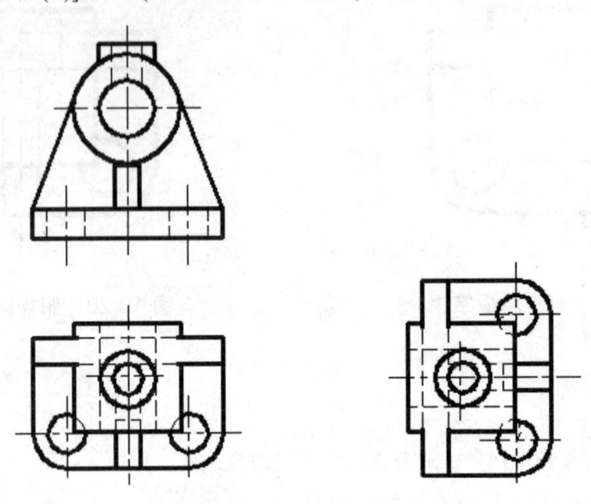

图 10.21　复制并旋转俯视图

命令：(绘制左视图中底板。方法同前，利用对象追踪功能，如图 10.22 所示，先将光标移动到主视图中 1 点处，然后移动到复制并旋转的俯视图中 2 点处，向上移动光标到两条闪动的虚线的交点 3 处，单击鼠标，即确定左视图中底板的位置，同理，接着绘制完成底板的其他图线)

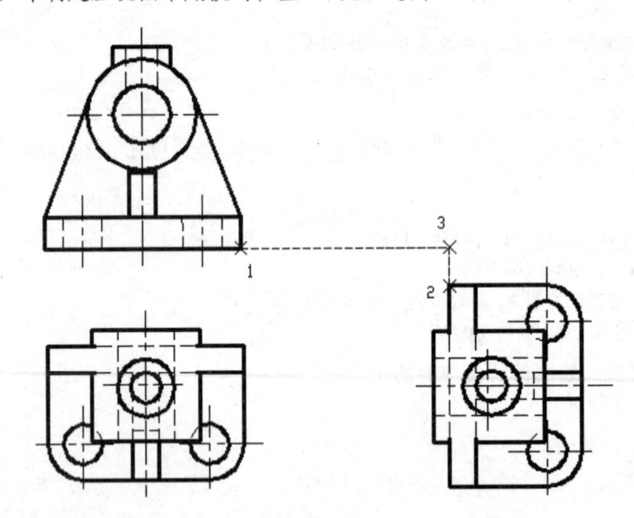


图 10.22　用对象追踪功能绘制左视图

命令：(移动旋转的俯视图中的圆柱)
_move 选择对象:(分别选择ϕ50 圆柱及ϕ26 圆柱的内外轮廓线和中心线)
…
找到 1 个，总计 9 个
选择对象：↙
指定基点或位移:(如图 10.23 所示，捕捉圆柱左边与中心线的交点 1)
指定位移的第二点或 <用第一点作位移>:(首先拖曳鼠标向上移动，利用对象追踪功能，如图 10.23 所示，将光标移动到主视图中水平中心线的右端点 2，拖曳鼠标向右移动，在交点处单击)

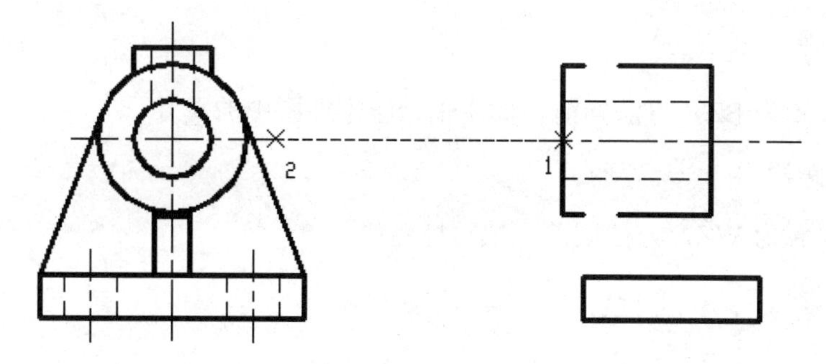


图 10.23　移动圆柱

命令: (方法同前，绘制左视图中支承板及加强筋，并补全ϕ50 圆柱上边)
…
命令: (修剪ϕ50 圆柱在支承板中间的部分)
…
命令: (方法同前，利用对象追踪功能，复制主视图中底板上的圆柱孔到左视图中)
…
命令: (方法同前，利用对象追踪功能，复制主视图中凸台到左视图中)
…
命令:
…(结果如图 10.24 所示)

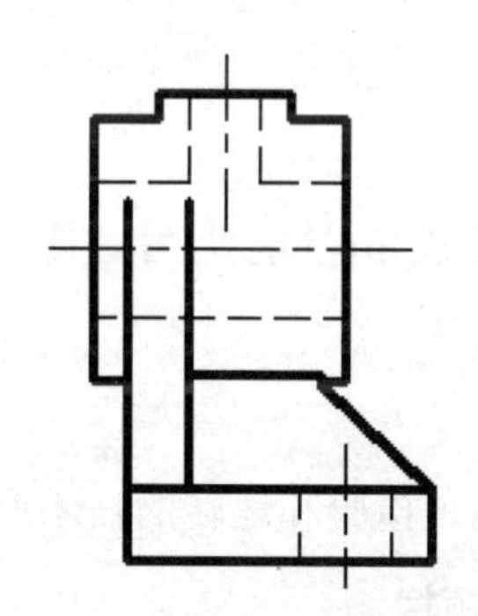

图 10.24　修剪凸台及圆柱

命令: (绘制左视图中相贯线)
_arc 指定圆弧的起点或 [圆心(C)]:(捕捉凸台ϕ26 圆柱左边与ϕ50 圆柱上边的交点)
指定圆弧的第二个点或 [圆心(C)/端点(E)]: **E**↙
指定圆弧的端点:(捕捉凸台ϕ26 圆柱右边与ϕ50 圆柱上边的交点)
指定圆弧的圆心或 [角度(A)/方向(D)/半径(R)]: **R**↙
指定圆弧的半径: **25**↙
命令: **LA**↙(将当前图层设置为 XX)
命令: (方法同前，绘制剩余的相贯线)
…
命令: (删除复制的俯视图)
…
(至此，轴承座三视图绘制完毕，如果三个视图的位置不理想，可以用移动命令 MOVE 对其进行移动，但仍要保证它们之间的投影关系)

5．标注尺寸

将当前层设置为BZ，方法同前，标注轴承座零件图中的尺寸。

6．填写标题栏

将当前层设置为WZ，方法同前，填写标题栏。

7．保存图形

命令:

## 10.5 用AutoCAD绘制装配图

### 10.5.1 装配图的内容

一张完整的装配图，一般应包括下列内容。

1．一组视图

装配图由一组视图组成，用以表达各组成零件的相互位置和装配关系，部件或机器的工作原理和结构特点。

2．必要的尺寸

必要的尺寸包括部件或机器的规格(性能)尺寸、零件之间的装配尺寸、外形尺寸、部件或机器的安装尺寸和其他重要尺寸。

3．技术要求

说明部件或机器的装配、安装、检验和运转的技术要求，一般用文字写出。

4．零部件序号、明细栏和标题栏

在装配图中，应对每个不同的零部件编写序号，并在明细栏中依次填写序号、名称、件数、材料和备注等内容。标题栏与零件图中的标题栏基本相同。

### 10.5.2 用AutoCAD绘制装配图的一般过程

装配图的绘制方法和过程与零件图大致相同，但又有其特点。用AutoCAD绘制装配图的一般过程如下。

(1) 建立装配图模板。在绘制装配图之前，同样需要根据图纸幅面的不同，分别建立符合机械制图国标规定的若干机械装配图图样模板。模板中既包括图纸幅面、图层、文字样式、标注样式等基本设置，也包含图框、标题栏、明细栏基础框格等图块定义。这样，在绘制装配图时，就可以直接调用建立好的模板进行绘图，从而提高绘图效率。

(2) 绘制装配图。

(3) 对装配图进行尺寸标注。

(4) 编写零、部件序号。用快速引线标注命令(QLEADER)绘制序号指引线及注写序号。

(5) 绘制并填写标题栏、明细栏及技术要求。绘制或直接用表格命令 TABLE 生成明细栏，填写标题栏及明细栏中的文字，注写技术要求。

(6) 保存图形文件。

利用计算机绘制装配图时，可完全按手工绘制装配图的方法，利用 AutoCAD 的基本绘图、编辑等命令并配合图块操作，在屏幕上直接绘制出装配图，此方法与绘制零件图并无明显的区别，这里不再详述。另外，还可由已有零件图直接拼画装配图，本节主要就此做更为详细的介绍。

### 10.5.3　由零件图拼画装配图的方法步骤

该画法是建立在已完成零件图绘制的基础上的，参与装配的零件可分为标准件和非标准件。对非标准件应有已绘制完成的零件图；对标准件则无须画零件图，可采用参数化的方法实现，即通过编程建立标准件库，也可将标准件做成图块或图块文件，随用随调。

零件在装配图中的表达与零件图中不尽相同，在拼画装配图前，应先对零件图作以下修改。

(1) 统一各零件的绘图比例，删除零件图上标注的尺寸。

(2) 在每个零件图中选取画装配图时需要的若干视图，一般还需根据需要改变表达方法，如把零件图中的全剖视改为装配图中所需的局部剖视，而对被遮挡的部分则需要进行裁剪处理等。

(3) 将上述处理后的各零件图存为图块，并确定插入基点。也可将上述处理后的零件图存为图形文件，存盘前使用 BASE 命令确定文件作为块插入时的定位点。

通过以上对零件图的处理，即可按照装配图的绘制方法用计算机拼画出装配图。

### 10.5.4　拼画装配图示例

本节以绘制图 10.25 所示的“低速滑轮装置”装配图为例，说明利用块功能由零件图拼画装配图的方法和步骤。

从明细栏中可以看出低速滑轮装置由 6 个零件组成，其中 5、6 号零件螺母和垫圈为标准件。

该装配图的绘制方法和步骤如下。

(1) 根据原有的非标准件的零件图，选择所需要的视图做成图块。例如分别选择图 10.26 所示的轴、铜套、滑轮的主视图做成图块。定义图块时要根据装配图的需要对零件图的内容作一些选择和修改，例如零件图中的尺寸一般不需要包括在图块中，有旋合的螺纹孔可以按大径画成光孔。另外要注意选择适当的插入基点，才能保证准确的装配。图 10.26 中各图定义图块时选择的基点图中用“×”注出。

(2) 由各图块拼装成装配图中的一个视图。其中若包含有标准件，可由事先做好的标准件图库(也是用图块定义)中调出，如此例中的螺母和垫圈。

打开支架零件图，将其整理成图 10.26 中所示图形，然后另存为“低速滑轮装置装配图.dwg”文件。将所定义轴的图块插入到图 10.26 中支架图形标“×”的交点处，并在插入时分解图块。

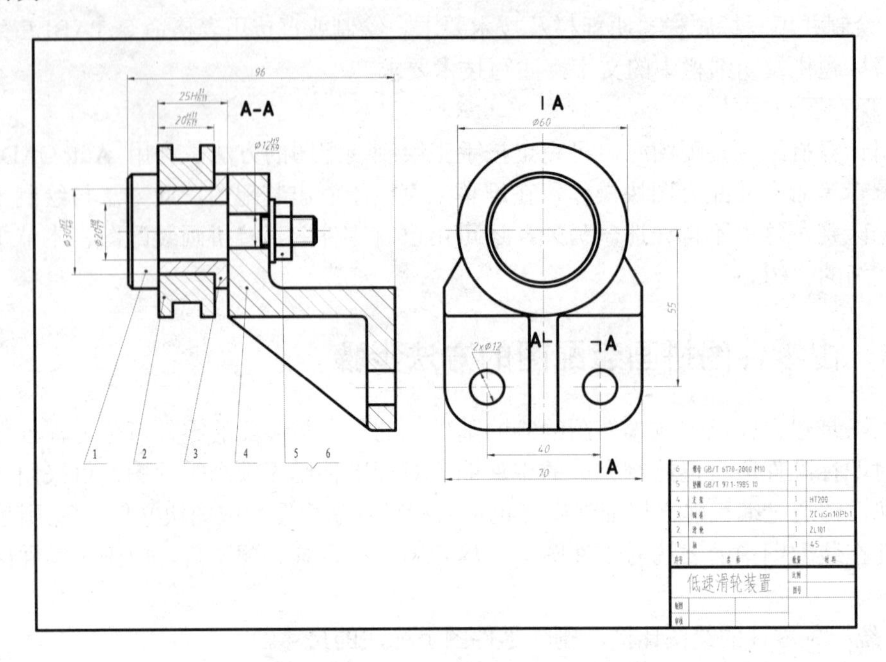


图 10.25 “低速滑轮装置”装配图

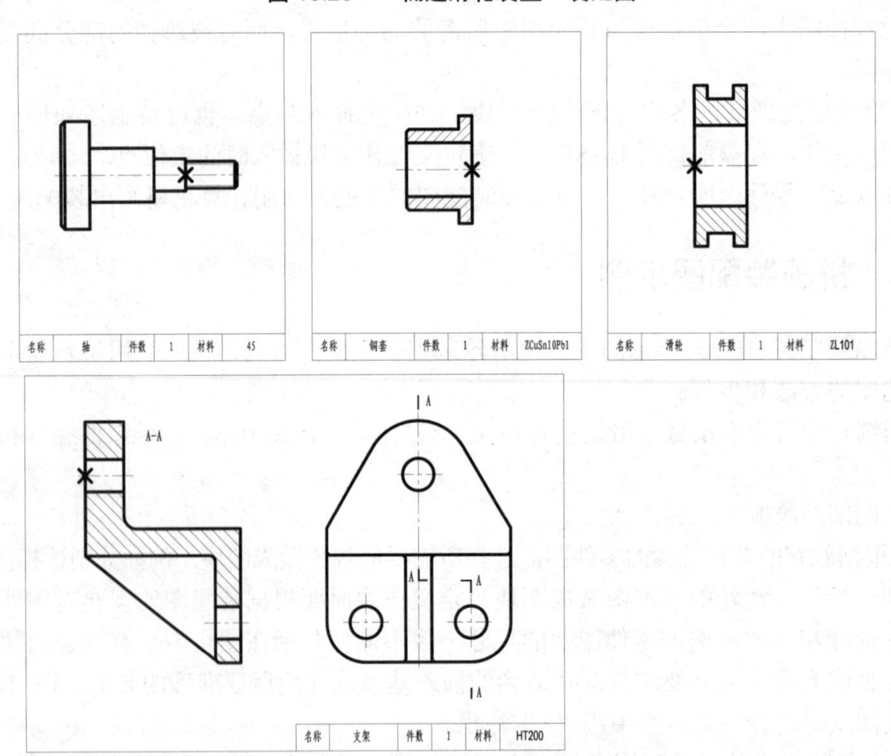


图 10.26 低速滑轮装置零件图图块

(3) 对拼装成的图形按需要进行修改整理，删去重复多余的图线，补画缺少的图线，如图 10.27(a)所示。仿此依次插入铜套、滑轮、垫圈、螺母等图块，并作相应的修改，过程如图 10.27(b)～图 10.27(e)所示。

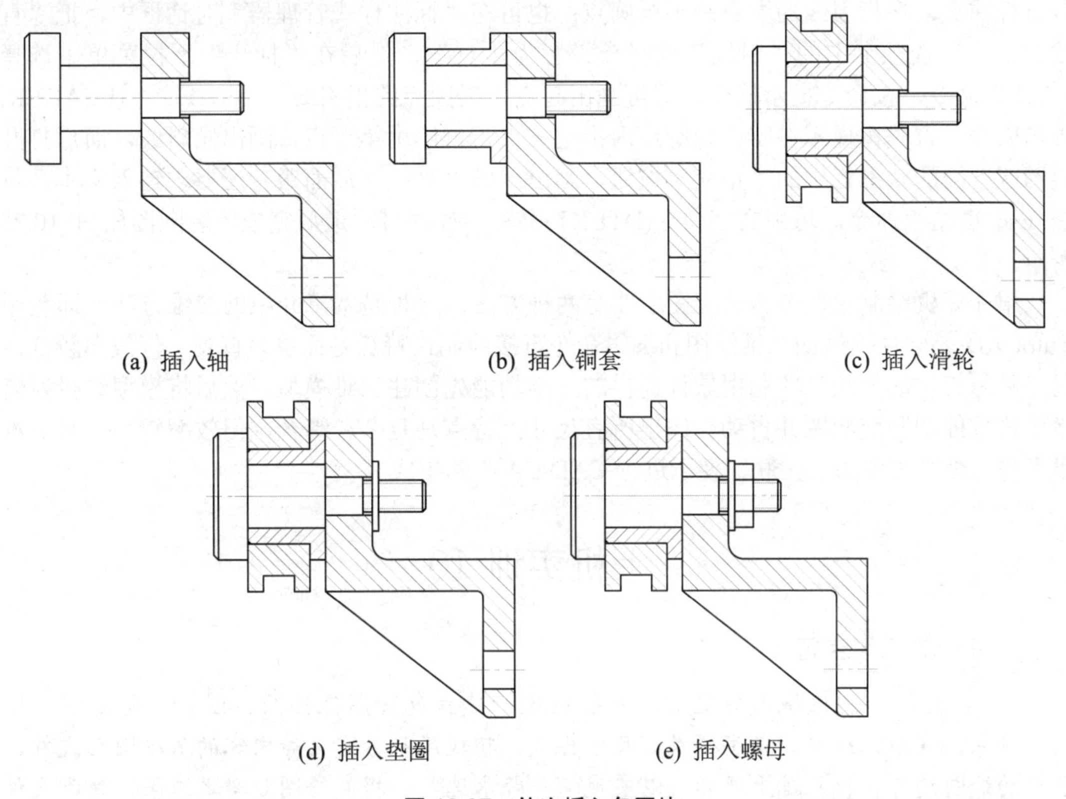

(a) 插入轴　(b) 插入铜套　(c) 插入滑轮

(d) 插入垫圈　(e) 插入螺母

图 10.27　依次插入各图块

(4) 按类似方法完成装配图其他视图。在本例中按高平齐的投影关系由主视图对应补画出完整装配体的左视图，并修剪掉支架零件图中被遮挡的部分，结果如图 10.28 所示。

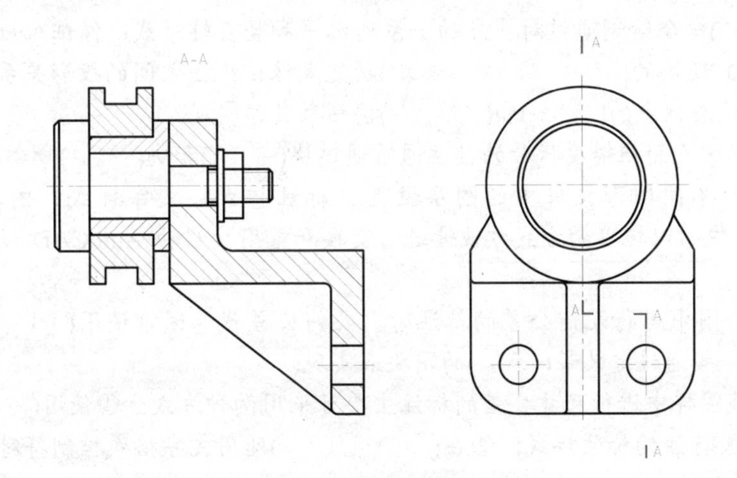


图 10.28　完成图形绘制的装配图

(5) 添加并填写标题栏和明细栏。绘制明细栏时，可按照这样的顺序：绘制明细栏中

的第一行，并填好相关的内容；用矩形阵列的方式，阵列出需要的行数；双击每行中的文字修改内容。这样做的好处是每列的文字位置是自动对齐的。

(6) 编写并绘制零件序号。可用直线命令(LINE)画指引线，再用圆环命令(DONUT)配合目标捕捉，在指引线的端点画小黑圆点；也可在“标注样式管理器”对话框中，把“直线和箭头”选项卡中的“引线”选择项设置为“点”，然后在“标注”下拉菜单中选择“引线”命令，按命令提示操作，即可画出起点为黑圆点的指引线。用引线命令(LEADER)画指引线，首先按提示在零件轮廓线内指定一点，再给出第二点，画出倾斜线，而后打开绘图区下面的状态栏中的“正交”按钮，画出一条水平线，后面跟着还要求输入文本，可按 Esc 键结束命令。可用文字命令(DTEXT)书写零件序号。最后完成的装配图如图 10.25 所示。

用计算机绘制零件图和装配图主要有两种方法：一种是本章介绍的二维方法，即利用 AutoCAD 等软件提供的二维绘图和编辑命令直接绘制，特点是简单、直观，但效率较低；另一种是三维的方法，即利用软件提供的三维功能先创建三维模型，然后将模型经投射转换生成零件图和装配图并自动标注出所有尺寸，特点是复杂、综合，但效率较高，且三维模型与二维工程图为全关联，便于进行 CAD/CAM 的集成。

# 上机实训 10

### 1. 基础知识填空题

(1) 在具体绘制机械图样之前，一般应先行建立包含图纸幅面、图框、标题栏、图层、颜色、线型、线宽、文字样式、尺寸样式、粗糙度符号定义等内容的基础图形文件，此后的绘图均可在此基础上开始，以实现“一劳永逸”、提高绘图效率之效果。该类文件称为(　　　)文件，其文件扩展名为(　　　)。

(2) 用 AutoCAD 绘制机械图样时，保证视图之间“长对正、高平齐、宽相等”投影规律的方法主要有(　　　　　　　　)和(　　　　　　　　)两种。前者主要是利用(　　　)命令绘制通过对应点的一系列水平和竖直辅助线以保证对应关系；后者是利用 AutoCAD 提供的(　　　　　　　　)功能来保证视图之间的投影关系，启用该功能一般通过按下状态栏中的(　　)和(　　　)按钮来具体实现。

(3) 零件图中表面粗糙度代号的标注通常通过块(　　　)和块(　　　)命令来实现。

(4) 定义在不同图形文件中的图层设置、标注样式、文字样式、图块等均可通过 AutoCAD 设计中心以拖曳的方式方便地进行交换和重用，启动 AutoCAD 设计中心的命令是(　　　　)。

(5) 在零件图中进行几何公差的标注时，几何公差代号通常使用(　　　　)命令来绘制，基准代号一般通过定义带(　　　)的图块来实现。

(6) 在机械图样中进行尺寸公差的标注主要可采用两种方式：①使用(　　　　)命令定义一种带有公差标注的标注样式；②在(　　　　　)处用文字格式控制符对有公差的尺寸文字进行修改。

(7) 零件图中的热处理和表面处理等文字性技术要求的内容可使用文字命令(　　　)或

(　　　　)在图中的适当位置直接书写。

(8) 装配图中零件序号引线的绘制和书写一般使用(　　　　　)命令。

(9) 绘制装配图时，若已有各组成零件的零件图，可利用之通过定义(　　　)的方法直接拼绘出装配图，而无须全部从零开始。

### 2．基础知识简答题

(1) 对于定幅面(例如 A3 幅面)的零件图，你认为绘图过程中的哪些方面的内容是基本不变的，从而可以将其预先定义在样板图中？请以 A3 幅面为例具体细化其相关内容及参数。

(2) 请分析在 AutoCAD 环境下分别将图 10.1 所示表面粗糙度代号和图 10.2(b)所示几何公差基准代号定义成带属性图块的方法和步骤。

(3) 你认为由零件图拼绘装配图时需注意哪些问题？

### 3．上机操作题

(1) 根据上面的分析，上机完成 A3 幅面机械零件图模板的定义，最后以“A3 零件图.dwt”为文件名存盘；然后以该模板文件为基础，新建图形文件，从中练习模板中所定义相关内容的运用。

(2) 根据上面的分析，上机将图 10.1 所示表面粗糙度代号和图 10.2(b)所示几何公差基准代号定义成带属性图块并练习不同参数值(属性值)时的图块插入方法。

(3) 参考 10.4.1 节所述方法和步骤完成“曲柄”零件图的绘制。

(4) 参考 10.4.2 节所述方法和步骤完成“轴承座”零件图的绘制。

(5) *根据提供的“低速换轮装置”装配体各零件图电子图档(*.dwg)，参考 10.5.4 小节所述方法和步骤，由零件图完成“低速换轮装置”装配图的拼绘。

# 第 11 章　建筑平面图的绘制

按照建筑制图国家标准的规定，在建筑工程图中的建筑部件可采用图例的形式绘出。房屋建筑图可以分为建筑施工图、结构施工图和设备施工图，各种施工图中都有相应的国家标准，在绘制这些施工图时，要遵循相应的国家标准。

在建筑工程图中，有许多建筑部件需要采用建筑图例的方式表达，例如门、窗、烟道、通风道等。在建筑制图国家标准中，都列出了相应的图例，这些图例在建筑设计与绘图时经常用到。在应用实践中，通常将图例制作成图块或带有属性的图块，从而提高绘图速度、便于修改设计并保持图例的协调一致。

本章将介绍用 AutoCAD 绘制建筑平面图的具体方法，包括轴线、墙体、柱子、门窗、楼梯、家具以及尺寸文字标注等各项设计内容。

## 11.1　建筑轴线和墙体的绘制

建筑平面图主要包括墙体、柱子、门窗、楼梯、家具、轴线以及尺寸文字等的基本内容。利用 AutoCAD 强大的绘图功能，能够轻松完成各项设计工作。首先，应依建筑平面图的特点和绘图需要设置必要的图层以及相应的线型、线宽以及颜色。然后具体进行各部分的绘图。

### 11.1.1　建筑轴线的创建

建筑轴线一般根据开间和进深确定，框架结构则根据柱距来确定，用点画线表示。将点画线层切换为当前图层，轴线的绘制方法如下所述。

(1) 使用 LINE 或 PLINE 命令绘制 1 条直线，其长度要大于建筑总长度尺寸，如图 11.1 所示。

图 11.1　绘制 1 条直线

命令: **LINE**↙
指定第一个点: (直线起点)
指定下一点或 [放弃(U)]: (直线终点)
指定下一点或 [放弃(U)]: ↙

(2) 若线形未能显示，则需要设置新的线形比例，可按下面方法进行设置：

命令: **LTSCALE**↙(设置新的线形比例，直至合适为止)
输入新线型比例因子 <1.0000>: **100**↙(输入新的线形比例)
正在重生成模型。

结果如图 11.2 所示。

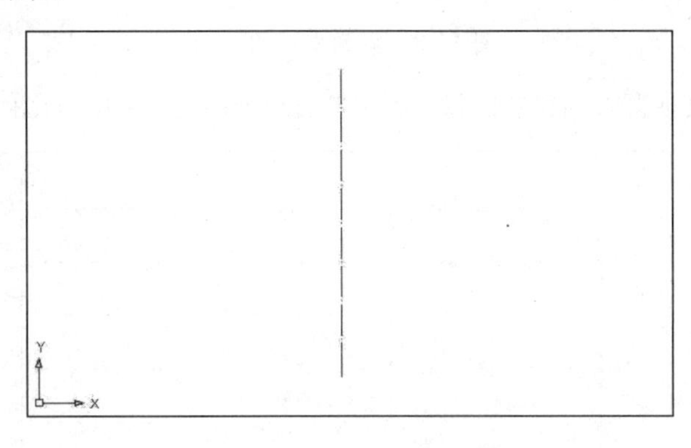


**图 11.2　直线变为点画线**

(3) 按照开间和进深或者柱距的尺寸大小，复制形成与其平行的轴线。也可以使用偏移方法得到与其平行的轴线，如图 11.3 所示。

命令: **COPY**↙
选择对象: (选择图形)
找到 1 个
选择对象:
当前设置:　复制模式 = 单个
指定基点或 [位移(D)/模式(O)] <位移>: **O**↙
输入复制模式选项 [单个(S)/多个(M)] <单个>: **M**↙(输入 M 进行多个复制)
指定基点或 [位移(D)/模式(O)] <位移>:(指定复制图形起点位置)
指定第二个点或 [阵列(A)] <使用第一个点作为位移>:(输入尺寸进行复制第 1 条轴线)
指定第二个点或 [阵列(A)/退出(E)/放弃(U)] <退出>:(复制第 2 条轴线)
…
指定第二个点或 [阵列(A)/退出(E)/放弃(U)] <退出>:↙

命令:**OFFSET**↙
当前设置: 删除源=否　图层=源　OFFSETGAPTYPE=0
指定偏移距离或 [通过(T)/删除(E)/图层(L)] <通过>: **6000**↙(输入偏移距离)
选择要偏移的对象，或 [退出(E)/放弃(U)] <退出>:(选择要偏移的图形)
指定要偏移的那一侧上的点，或 [退出(E)/多个(M)/放弃(U)] <退出>:(指定偏移位置)
…
选择要偏移的对象，或 [退出(E)/放弃(U)] <退出>:↙

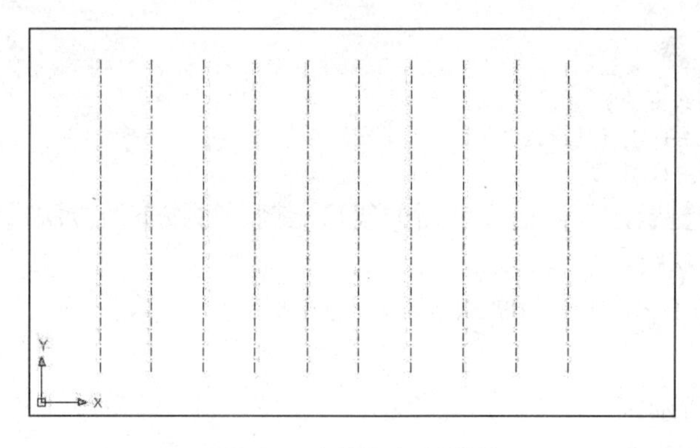

图 11.3　复制平行的轴线

(4) 水平方向(或垂直方向)的轴线按上述方法同理进行绘制，如图 11.4 所示。

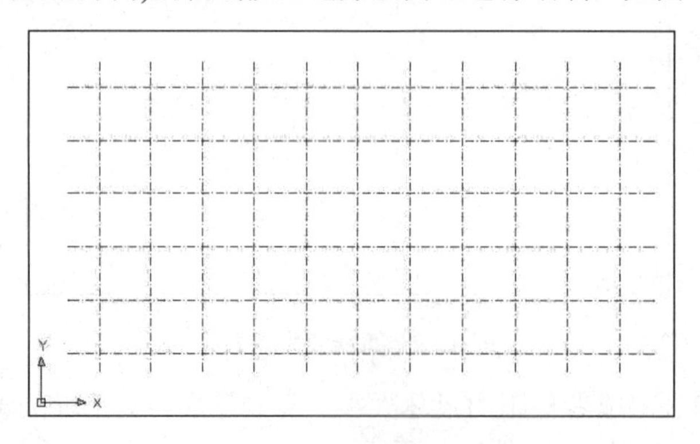

图 11.4　绘制其他方向轴线

## 11.1.2　建筑墙体的创建

建筑墙体一般是双线，在砖混结构中其宽度常见的有 60mm、120mm、240mm、370mm 等，在钢筋混凝土结构中常见的有 50mm、100mm、150mm、200mm 等，具体尺寸根据建筑类型和高度确定。将粗实线层设置为当前图层。AutoCAD 提供如下两种方法绘制建筑墙体。

### 1. 采用 MLINE 命令

MLINE 命令可以绘制多线。先使用 MLINE 进行绘制，然后可以使用 MLEDIT 命令进行修改，完成建筑墙体绘制。具体操作步骤如下。

(1) 按照轴线，设置墙体宽度，直接进行绘制，如图 11.5 所示。

命令: **MLINE**↙
当前设置: 对正 = 上，比例 = 20.00，样式 = STANDARD
指定起点或 [对正(J)/比例(S)/样式(ST)]: **S**↙(输入 S 设置墙体宽度)

输入多线比例 <20.00>: **360**↙(输入墙体宽度)

当前设置: 对正 = 上，比例 = 360.00，样式 = STANDARD
指定起点或 [对正(J)/比例(S)/样式(ST)]: **J**↙(输入 J 设置墙体对齐方式)
输入对正类型 [上(T)/无(Z)/下(B)] <上>: **Z**↙(墙体沿轴线居中)

当前设置: 对正 = 无，比例 = 360.00，样式 = STANDARD
指定起点或 [对正(J)/比例(S)/样式(ST)]: (指定起点位置)
指定下一点:
指定下一点或 [放弃(U)]:
…
指定下一点或 [闭合(C)/放弃(U)]:
指定下一点或 [闭合(C)/放弃(U)]: ↙

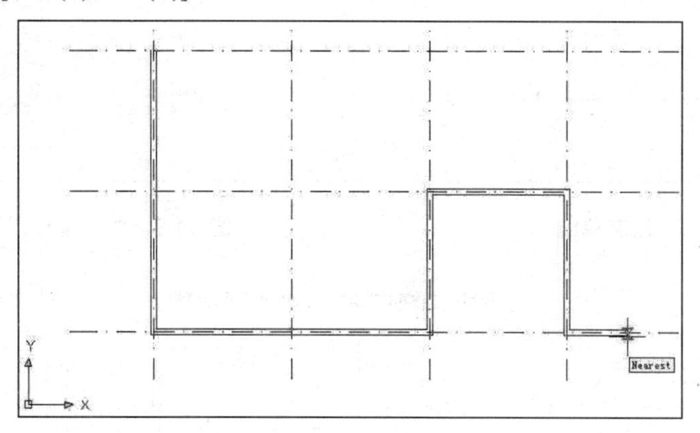


图 11.5　绘制墙体

(2) 对交叉点位置，通过使用 MLEDIT 功能命令进行修改，如图 11.6 和图 11.7 所示。

命令: **MLEDIT**(进行修改，执行命令后弹出如图 11.6 所示的“多线编辑工具”对话框，在其中选择合适的修改形式，如“T 形打开”等)
选择第一条多线: (选择第 1 条多线)
选择第二条多线: (选择第 2 条多线)
选择第一条多线 或 [放弃(U)]: (继续进行操作)
选择第二条多线:
…
选择第一条多线 或 [放弃(U)]: ↙

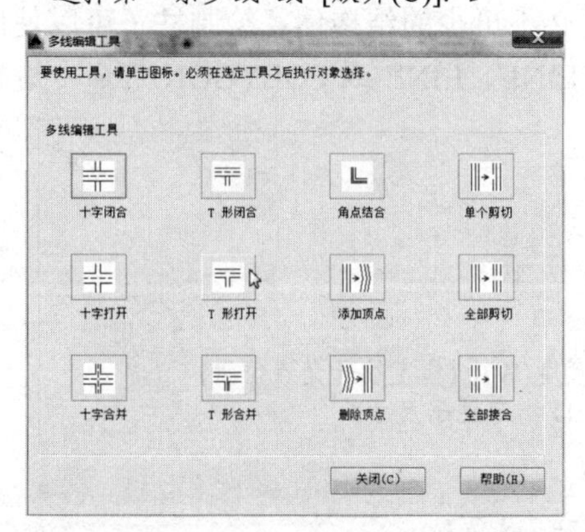


图 11.6　“多线编辑工具”对话框

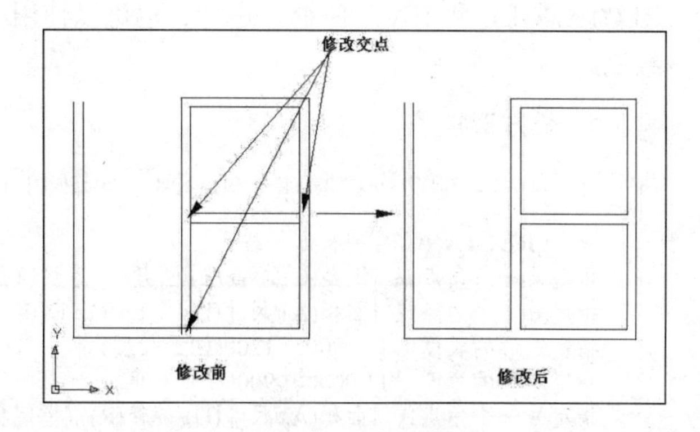


图 11.7　修改墙体

2. 采用 PLINE、OFFSET 和 TRIM 命令

先使用 PLINE 命令绘制墙体单线，如图 11.8 所示；然后使用 OFFSET 命令偏移生成

墙体双线，如图 11.9 所示；最后对墙线相交处，使用 TRIM 命令进行编辑修改，如图 11.10 所示。

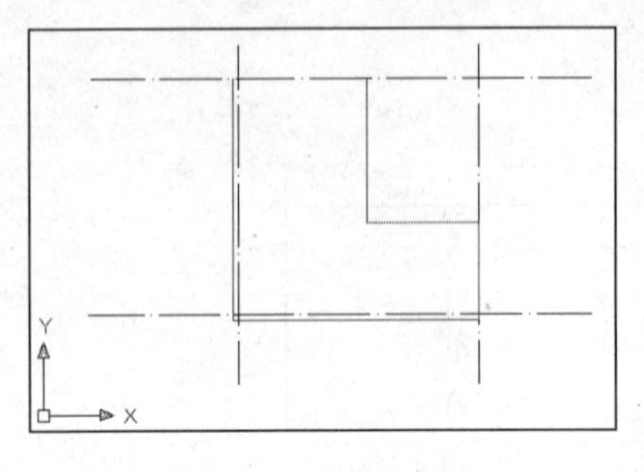

图 11.8　绘制单线

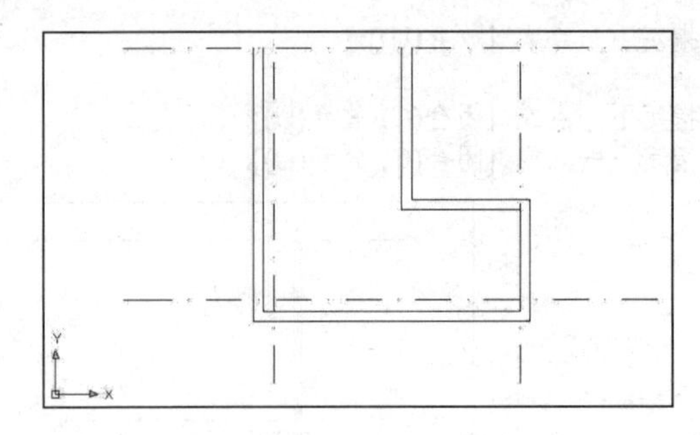

图 11.9　生成墙体双线

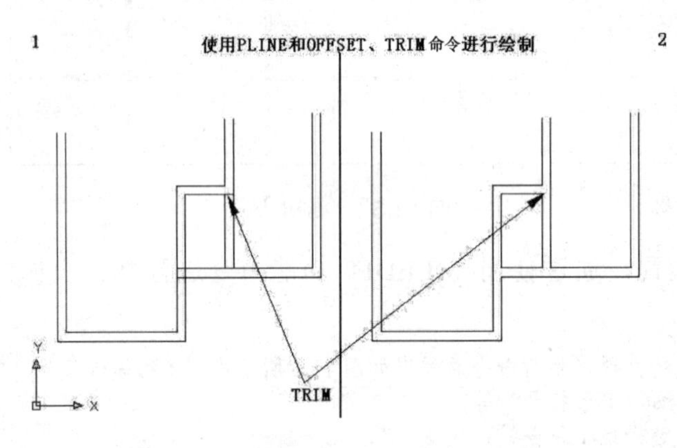


图 11.10　进行剪切

## 11.1.3　创建柱子

建筑柱子在建筑中，特别在高层框架结构中是必不可少的结构体。绘制柱子可以使用 RECTANGLE 和 HATCH 命令进行。也可以使用 PLINE、LINE 或 POLYGON 等命令进行绘制。

### 1. 长方形柱子

(1) 使用功能命令绘制柱子外轮廓，如图 11.11 所示。

命令: **RECTANG**(绘制长方形柱子)
指定第一个角点或 [倒角(C)/标高(E)/圆角(F)/厚度(T)/宽度(W)]: (指定柱子角点位置)
指定另一个角点或 [面积(A)/尺寸(D)/旋转(R)]: D(输入 D 指定柱子尺寸)
指定矩形的长度 <11.0000>: 1200(柱子长度)
指定矩形的宽度 <11.0000>: 900(柱子宽度)
指定另一个角点或 [面积(A)/尺寸(D)/旋转(R)]:(指定柱子具体位置)

(2) 启动图案填充命令，在弹出的如图 11.12 所示的对话框中，将填充“图案”设置为 SOLID，用“添加：选择对象”方法指定边界，然后选择刚刚绘制的长方形柱子。

(3) 单击“确定”按钮，长方形柱子将被填充。可以按此绘制其他柱子。也可以采用复制命令得到相同的柱子，如图 11.13 所示。

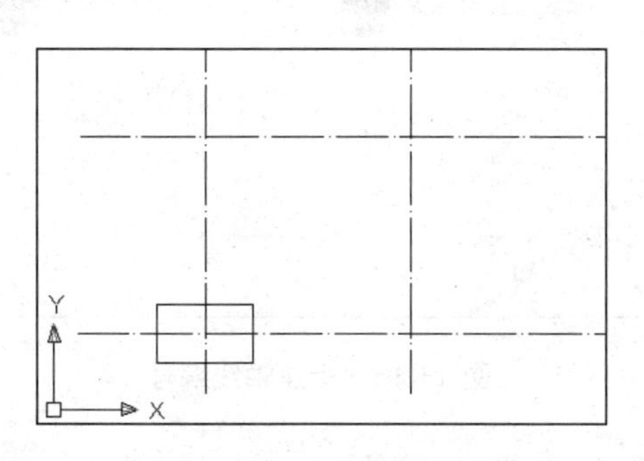


图 11.11　绘制其外轮廓

图 11.12　选择 SOLID 图案填充柱子

### 2. 正方形柱子

正方形柱子可以使用 POLYGON 命令进行绘制，填充方法与上面论述的方法是一致的，此处从略，如图 11.14 所示。

命令: **POLYGON**
输入侧面数 <4>: **4**
指定正多边形的中心点或 [边(E)]: E(用指定柱子边长方式)
指定边的第一个端点: (指定柱子位置)
指定边的第二个端点: **1200**(指定柱子边长)
指定边的第二个端点:

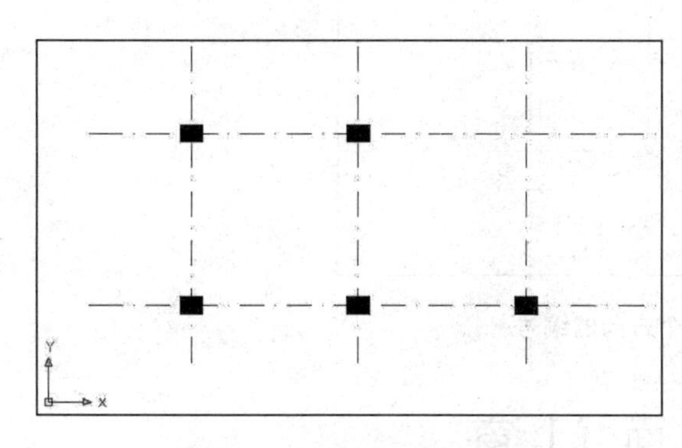


图 11.13　填充长方形柱子

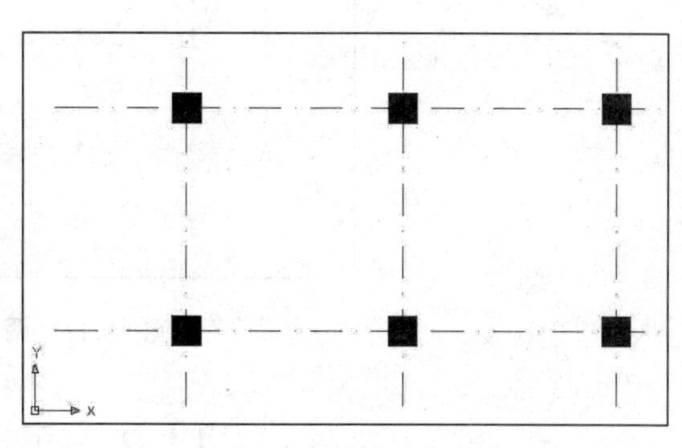


图 11.14　绘制正方形柱子

## 11.1.4　创建轴线编号

建筑图形中的轴线编号可以通过 CIRCLE 与 TEXT 命令来完成。

(1) 绘制圆形作为轴线编号外轮廓，如图 11.15 所示。

命令: **CIRCLE**
指定圆的圆心或 [三点(3P)/两点(2P)/切点、切点、半径(T)]:
指定圆的半径或 [直径(D)]: **24**

(2) 标注轴线编号，如图 11.16 所示。

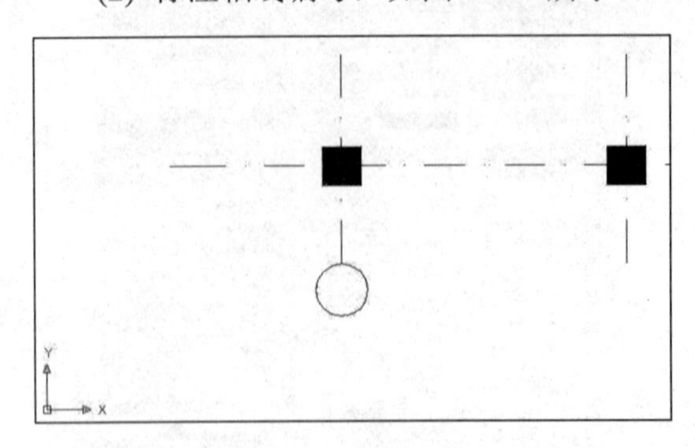


图 11.15　绘制圆形

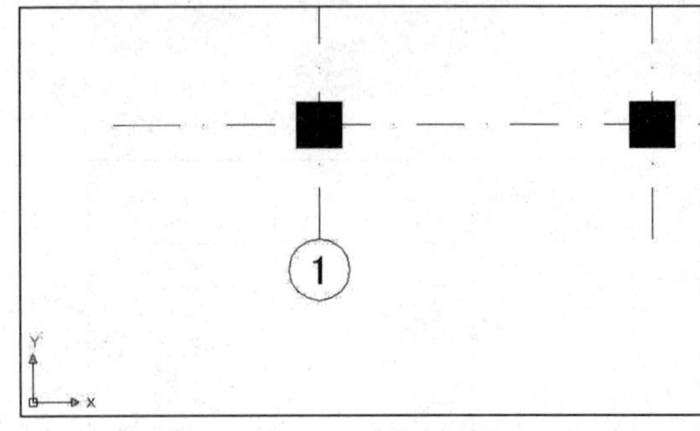


图 11.16　标注轴线编号

命令: **TEXT**
当前文字样式: Standard　文字高度: 2.5000　注释性: 否　对正: 左
指定文字的起点 或 [对正(J)/样式(S)]: (指定文字的位置)
指定高度 <2.5000>: **750**(输入文字的高度)
指定文字的旋转角度 <0>:
(输入文字编号 1、2 和 A 等)

(3) 按上述方法，可以顺利绘制两个方向(①\②\③\...，A\B\C\...)的轴线编号，如图 11.17 所示。

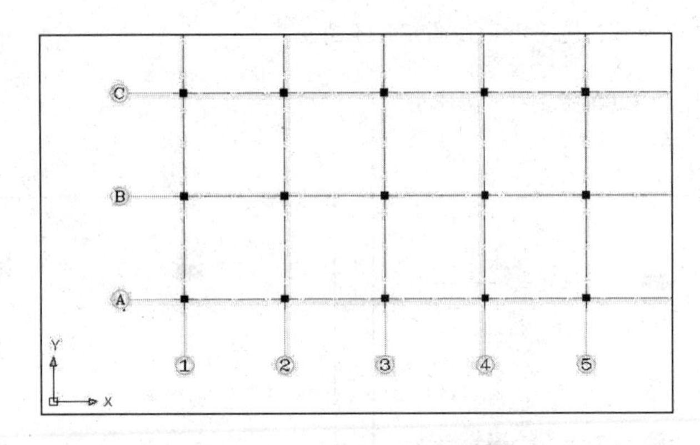


图 11.17　两个方向的编号

## 11.2　平面门窗

平面门窗是建筑平面图中最基本的构成内容，属于交通及通风和采光系统。门窗的种类很多，如平开门(窗)、推拉门(窗)、旋转门等。本节以平开门、固定窗为例，介绍门窗的绘制方法。

### 11.2.1　平开门的绘制

(1) 在墙体开门位置，使用 LINE、OFFSET 命令绘制门洞的宽度，如图 11.18 所示。

命令: **LINE**↙　　(输入绘制直线命令)
指定第一点: (直线起点)
指定下一点或 [放弃(U)]: (直线终点)
指定下一点或 [放弃(U)]: ↙
命令: **OFFSET**↙　(偏移生成双线)
指定偏移距离或 [通过(T)] <通过>: **1500**↙　(输入偏移距离或指定通过点位置)
选择要偏移的对象或 <退出>: (选择要偏移的图形)
指定点以确定偏移所在一侧: (指定偏移位置)
选择要偏移的对象或 <退出>:↙　(结束)

(2) 进行剪切，形成门洞，如图 11.19 所示。

命令: **TRIM**↙　(对图形对象进行剪切)
当前设置:投影=UCS，边=无
选择剪切边...
选择对象: (选择剪切边界)
找到 1 个
选择对象: (选择剪切边界)
找到 1 个，总计 2 个
选择对象: ↙
选择要修剪的对象，或按住 Shift 键选择要延伸的对象，或 [投影(P)/边(E)/放弃(U)]: (选择剪切对象)
选择要修剪的对象，或按住 Shift 键选择要延伸的对象，或 [投影(P)/边(E)/放弃(U)]: (选择剪切对象)
…
选择要修剪的对象，或按住 Shift 键选择要延伸的对象，或 [投影(P)/边(E)/放弃(U)]: ↙

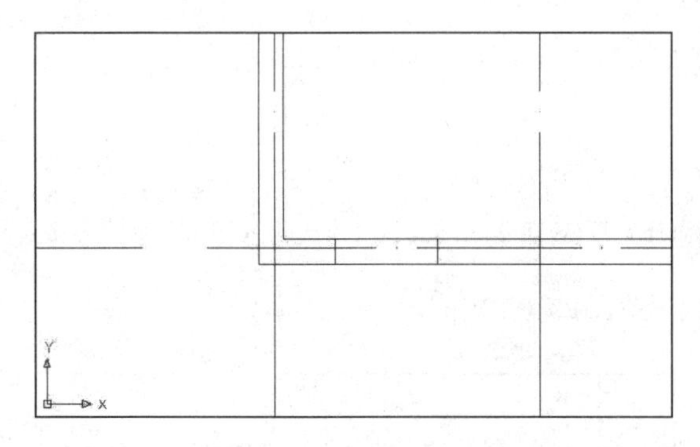

图 11.18　绘制门洞

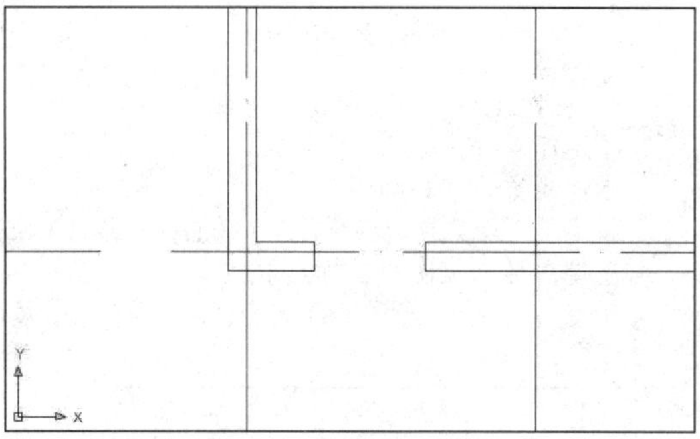

图 11.19　形成门洞

(3) 使用 LINE、ARC 命令绘制门扇。也可以使用 LINE、CIRCLE、TRIM 进行绘制。注意门扇的大小与门洞大小应一致，如图 11.20 所示。

命令: **LINE**↙　　(输入绘制直线命令)
指定第一点: (直线起点)
指定下一点或 [放弃(U)]: (直线终点)
指定下一点或 [放弃(U)]: ↙
命令: **ARC**↙　(绘制弧线)
指定圆弧的起点或 [圆心(C)]:(输入起始点)
指定圆弧的第二个点或 [圆心(C)/端点(E)]: (指定中间点)
指定圆弧的端点: (输入终点)

(4) 其他类型的门，如图 11.21 所示的自动旋转门，可按上述方法进行绘制。

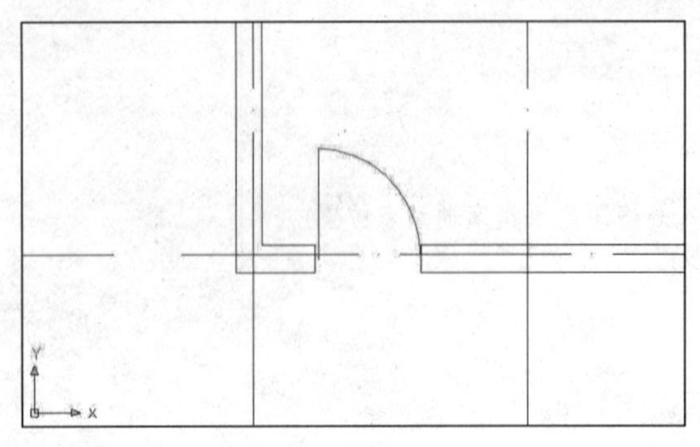

图 11.20　绘制门扇

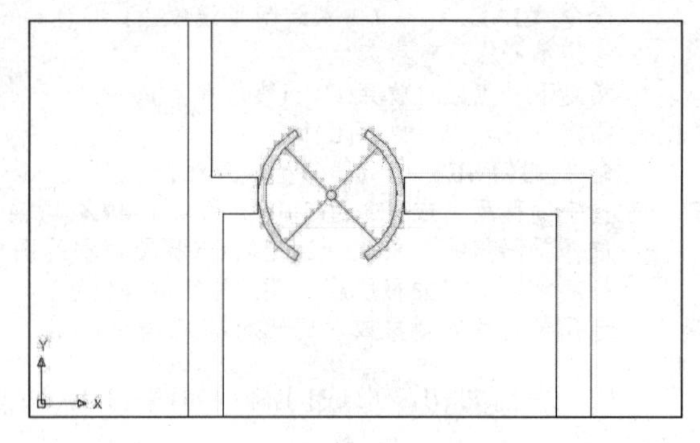

图 11.21　自动旋转门

## 11.2.2　窗户的绘制

(1) 窗户的绘制相对简单些，使用 LINE、OFFSET 命令绘制窗户洞口的宽度，如图 11.22 所示。

命令: **LINE**↙　　(输入绘制直线命令)
指定第一点: (直线起点)
指定下一点或 [放弃(U)]: **@0,360**↙ (直线终点)
指定下一点或 [放弃(U)]: ↙

(2) 在窗户洞口之间绘制两条平面线，即可构成固定窗户，如图 11.23 所示。

命令: **PLINE**↙ (绘制窗户直线)
指定起点: (确定起点位置)
当前线宽为 0.0000
指定下一个点或 [圆弧(A)/半宽(H)/长度(L)/放弃(U)/宽度(W)]: **@0,1500**↙ (依次输入图形形状尺寸或直接在屏幕上使用鼠标点取)
指定下一点或 [圆弧(A)/闭合(C)/半宽(H)/长度(L)/放弃(U)/宽度(W)]: ↙ (结束操作)

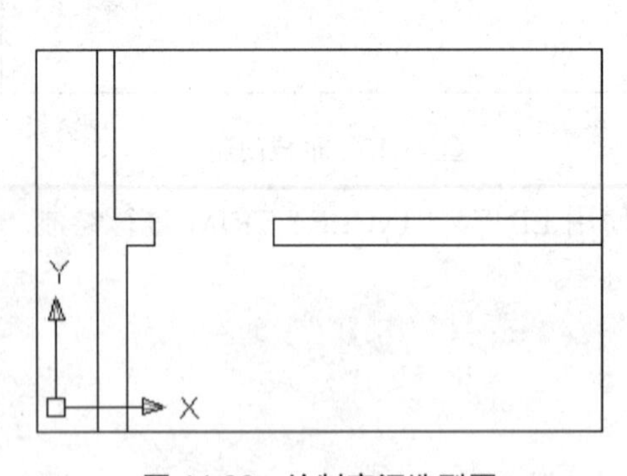


图 11.22　绘制窗洞造型图

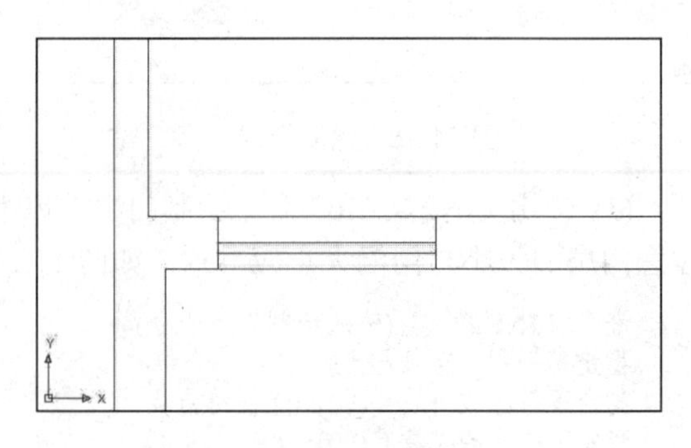

图 11.23　绘制窗户线

# 11.3　平 面 楼 梯

楼梯是建筑平面图中最基本的构成内容之一，是交通系统的重要组成部分，常见的楼梯有单跑梯、双跑梯和旋转楼梯等。下面以双跑楼梯平面图为例，介绍建筑楼梯平面图的绘制方法。

(1) 按前面相关章节介绍的方法，完成楼梯间的墙体、门窗等绘制操作，如图 11.24 所示。

(2) 使用 LINE 和 OFFSET 或 COPY 命令绘制楼梯踏步，如图 11.25 所示。

命令: **LINE**↙　　(输入绘制直线命令)
指定第一点: (直线起点)
指定下一点或 [放弃(U)]: **@2700,0**↙ (直线终点)
指定下一点或 [放弃(U)]: ↙
命令: **OFFSET**↙(偏移生成楼梯踏步)
指定偏移距离或 [通过(T)] <通过>: **300**↙　(输入偏移距离或指定通过点位置)
选择要偏移的对象或 <退出>: (选择要偏移的图形)
指定点以确定偏移所在一侧: (指定偏移位置)
选择要偏移的对象或 <退出>:↙　(结束)

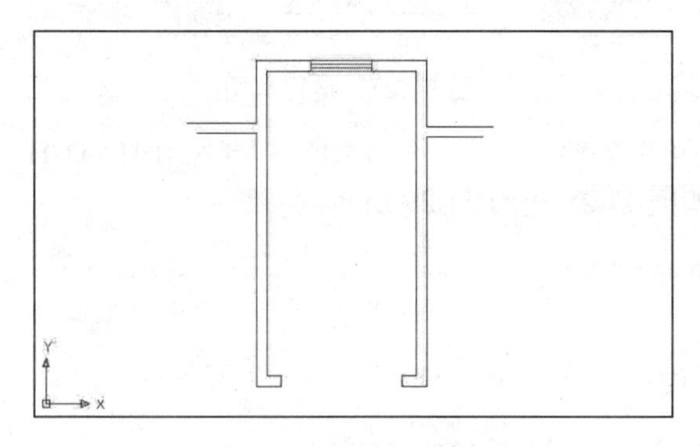

图 11.24　楼梯间的墙体与门窗

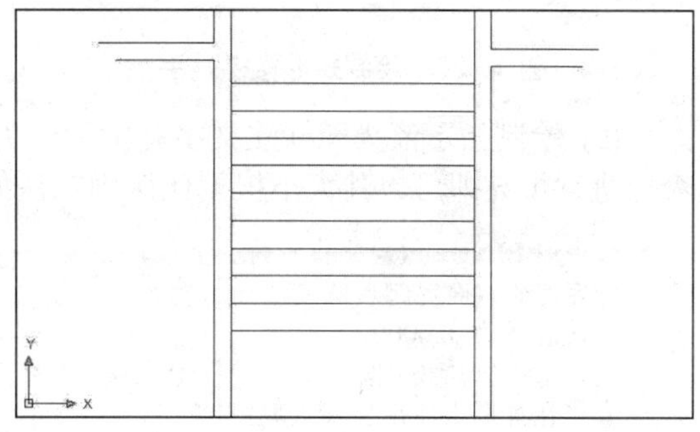

图 11.25　绘制楼梯踏步

(3) 通过 RECTANGLE 命令建立楼梯扶手。楼梯扶手位于楼梯中间位置，注意捕捉直线的中点，如图 11.26 所示。

命令: **RECTANG**↙　(绘制矩形楼梯扶手)
指定第一个角点或 [倒角(C)/标高(E)/圆角(F)/厚度(T)/宽度(W)]: (指定一点)
指定另一个角点或 [尺寸(D)]: **D**↙　(输入 D 指定尺寸)
指定矩形的长度 <0.0000>: **3000**↙ (输入长度)
指定矩形的宽度 <0.0000>: **150**↙　(输入宽度)
指定另一个角点或 [尺寸(D)]: ↙

(4) 将多余的线条进行剪切，并偏移生成扶手，如图 11.27 所示。

命令: **TRIM**↙ (进行多个图形同时剪切)
当前设置:投影=UCS，边=无
选择剪切边...
选择对象: (选择剪切边界)
找到 1 个
选择对象: ↙
选择要修剪的对象，或按住 Shift 键选择要延伸的对象，或 [投影(P)/边(E)/放弃(U)]: **F**↙(输入 F 进行多个图形同时剪切)
第一栏选点: (指定起点位置)
指定直线的端点或 [放弃(U)]: (下一点位置)
指定直线的端点或 [放弃(U)]: ↙
选择要修剪的对象，或按住 Shift 键选择要延伸的对象，或 [投影(P)/边(E)/放弃(U)]: ↙

命令: **OFFSET**↙(偏移生成楼梯扶手)
指定偏移距离或 [通过(T)] <通过>: **30**↙ (输入偏移距离或指定通过点位置)
选择要偏移的对象或 <退出>: (选择要偏移的图形)
指定点以确定偏移所在一侧: (指定偏移位置)
选择要偏移的对象或 <退出>:↙ (结束)

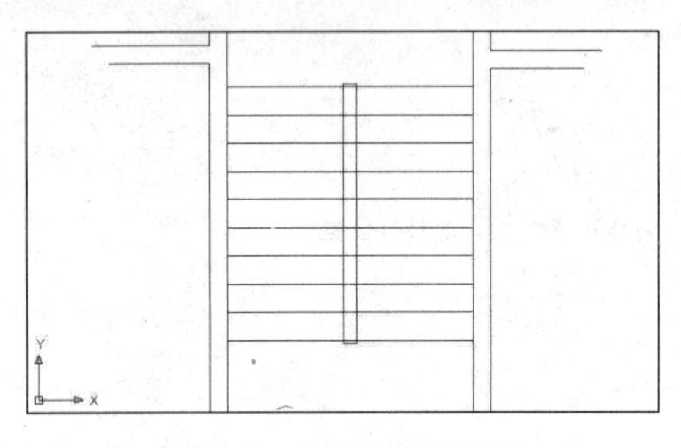

图 11.26 绘制矩形楼梯扶手

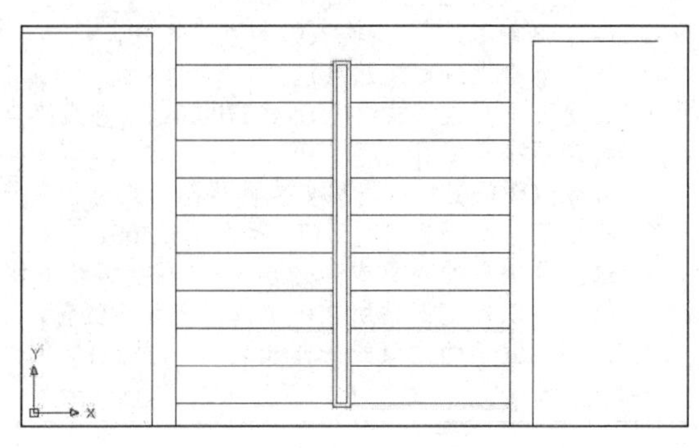

图 11.27 进行剪切

(5) 绘制指示箭头和标注文字。指示箭头可以先绘制一个小三角图形，再使用 HATCH 命令进行填充即可。其大小根据比例确定，如图 11.28 和图 11.29 所示。

命令: **PLINE**↙ (绘制指示箭头直线)
指定起点: (确定起点位置)
当前线宽为 0.0000
指定下一个点或 [圆弧(A)/半宽(H)/长度(L)/放弃(U)/宽度(W)]: **@0,2400**↙ (依次输入图形形状尺寸或直接在屏幕上使用鼠标点取)
指定下一点或 [圆弧(A)/闭合(C)/半宽(H)/长度(L)/放弃(U)/宽度(W)]: (下一点)
…
指定下一点或 [圆弧(A)/闭合(C)/半宽(H)/长度(L)/放弃(U)/宽度(W)]: ↙ (结束操作)
命令: **TEXT**↙ (标注文字)
当前文字样式: Standard 当前文字高度: 2.5000
指定文字的起点或 [对正(J)/样式(S)]: (指定文字的起点位置)
指定高度 <2.5000>:↙
指定文字的旋转角度 <0>:↙
输入文字: 下↙
输入文字: ↙

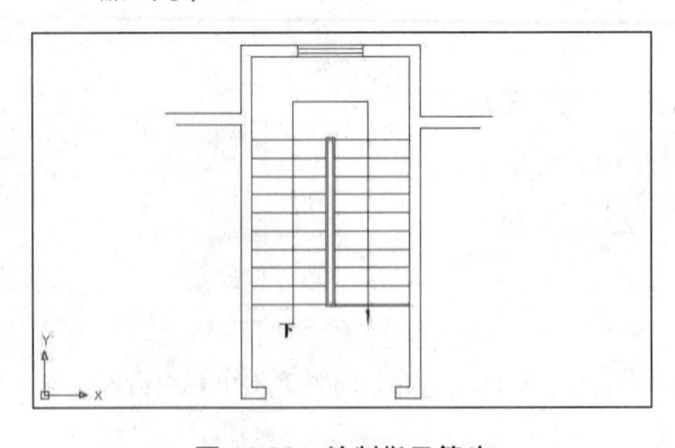


图 11.28 绘制指示箭头

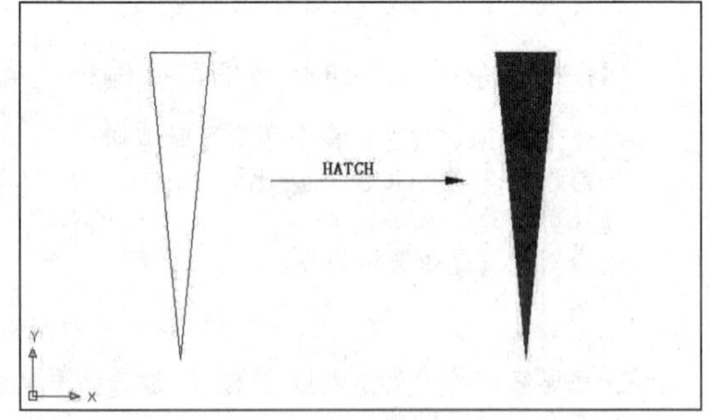


图 11.29 绘制箭头方法

(6) 其他形状的楼梯，可以按上述介绍的方法进行绘制，如图 11.30 所示。

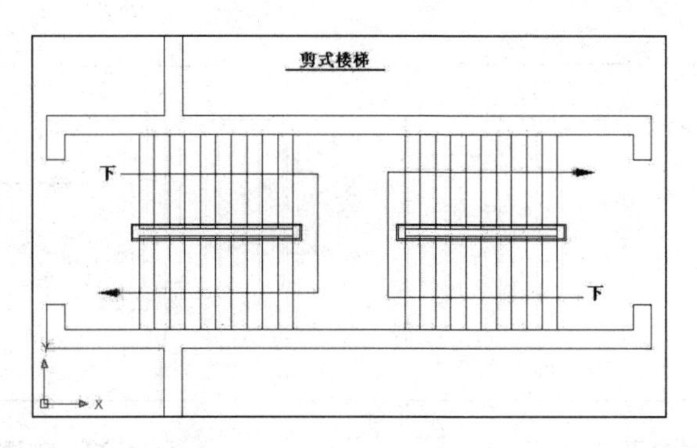


图 11.30　绘制其他楼梯

## 11.4　平 面 电 梯

在高层建筑，电梯是主要的交通工具，如图 11.31 所示。下面以其中一个电梯为例，介绍电梯平面图的绘制方法。

(1) 先完成电梯间的墙体及门洞绘制。绘制方法与前面的论述相同，如图 11.32 所示。

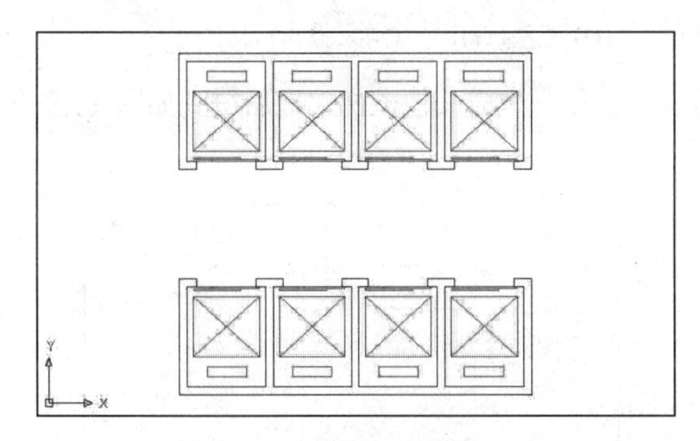

图 11.31　电梯间

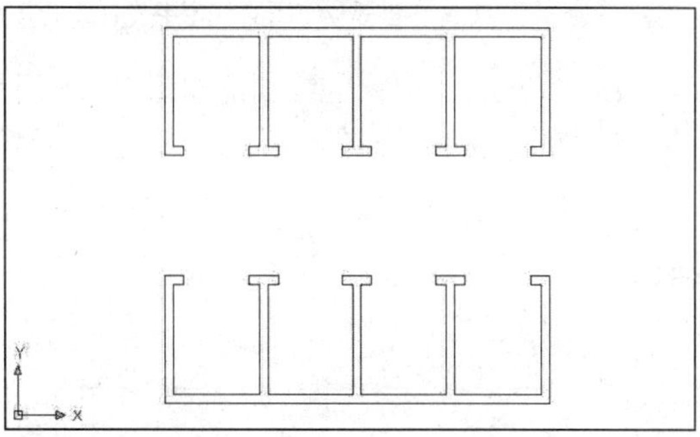

图 11.32　电梯间的墙体

(2) 使用 RECTANG 或 PLINE 命令绘制两个矩形，构成电梯轿厢造型。两个矩形的中心要保持上下对齐，如图 11.33 所示。

命令: **RECTANG**↙　(绘制矩形)
指定第一个角点或 [倒角(C)/标高(E)/圆角(F)/厚度(T)/宽度(W)]:(指定位置)
指定另一个角点或 [尺寸(D)]: **D**↙　(输入 D 指定尺寸)
指定矩形的长度 <0.0000>: **2500**↙　(输入长度)
指定矩形的宽度 <0.0000>: **2150**↙　(输入宽度)
指定另一个角点或 [尺寸(D)]: ↙

(3) 创建两条交叉直线作为电梯整体示意，如图 11.34 所示。

命令: **LINE**↙ (输入绘制直线命令)
指定第一点: (直线起点)
指定下一点或 [放弃(U)]: (直线终点)
指定下一点或 [放弃(U)]: ↙

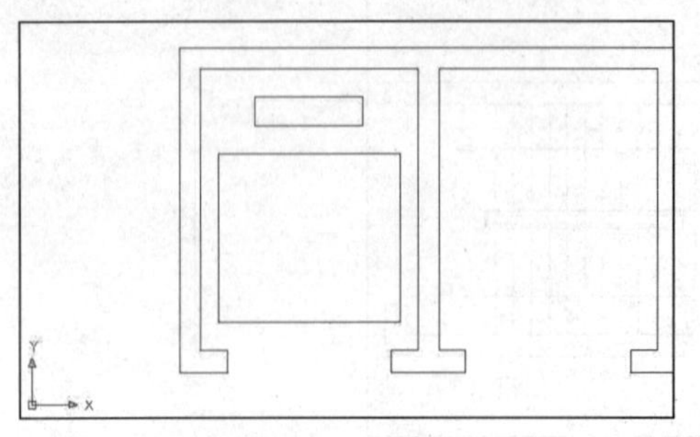

图 11.33　绘制两个矩形

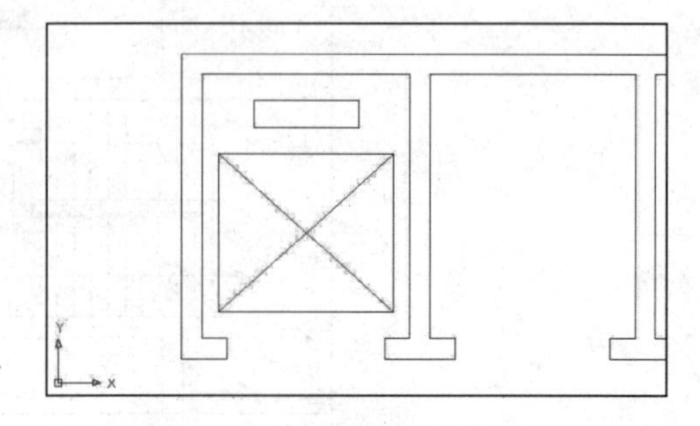

图 11.34　创建两条交叉直线

(4) 绘制电梯门。可以通过 PLINE、RECTANG 或 LINE 命令进行，如图 11.35 所示。

命令: **PLINE**↙ (绘制电梯门)
指定起点: (确定起点位置)
当前线宽为 0.0000
指定下一个点或 [圆弧(A)/半宽(H)/长度(L)/放弃(U)/宽度(W)]:**@1100，0**↙ (依次输入图形形状尺寸或直接在屏幕上使用鼠标点取)
指定下一点或 [圆弧(A)/闭合(C)/半宽(H)/长度(L)/放弃(U)/宽度(W)]: (下一点)
…
指定下一点或 [圆弧(A)/闭合(C)/半宽(H)/长度(L)/放弃(U)/宽度(W)]:↙ (结束操作)

(5) 完成单个电梯的绘制，如图 11.36 所示。可以复制生成其他电梯，最后得到如图 11.31 所示的整个电梯平面图。

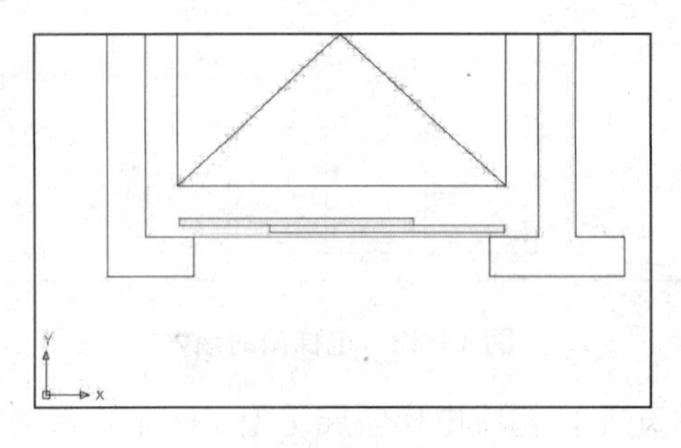

图 11.35　绘制电梯门

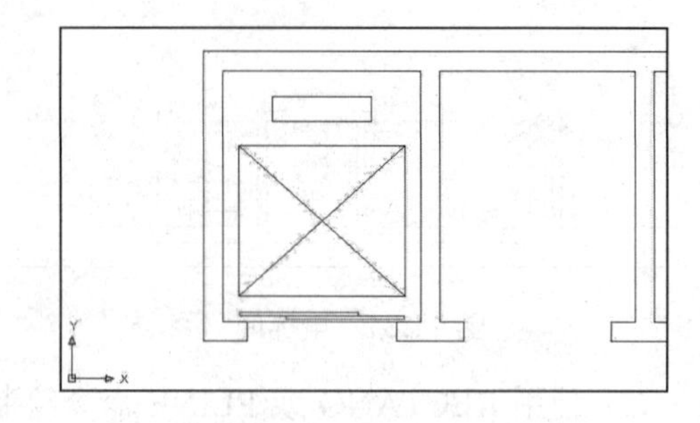

图 11.36　完成单个电梯

(6) 其他电梯同样按此方法进行绘制，如图 11.37 所示的自动扶梯。

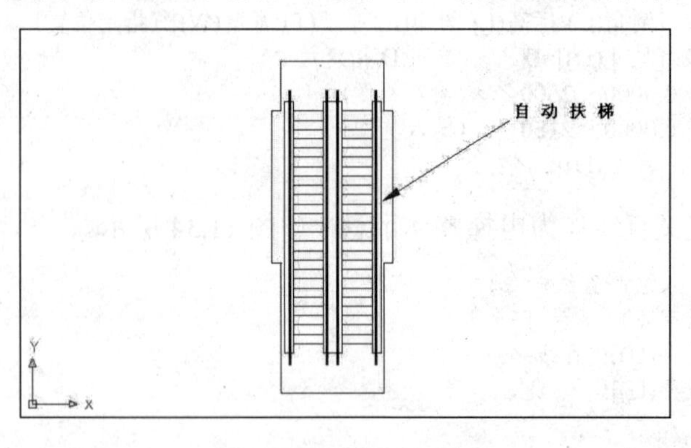


图 11.37　自动扶梯

# 11.5　平面家具和洁具

平面家具包括椅子、桌子、沙发和衣柜等一些生活设施，平面洁具则包括洗脸盆、浴缸等，此外，还有电视、洗衣机、冰箱等家电设备。下面以一些常见的家具为例，说明如何绘制建筑平面图中的生活设施和家电设备等平面配景图。其他一些平面家具和洁具可以按照相应的方法进行即可。

## 11.5.1　沙发及椅子

以图 11.38 所示的休闲椅子为例，介绍沙发及椅子的绘制方法。

(1) 使用 LINE 命令绘制一条辅助线，然后使用 ARC 创建椅子的扶手和椅子面，如图 11.39 所示。

命令: **LINE**↙ (绘制沙发或椅子等家具的直线部分)
指定第一点: (起点位置)
指定下一点或 [放弃(U)]: (下一点)
指定下一点或 [放弃(U)]:↙　(结束)
命令:**ARC**↙ (绘制弧线段部分)
指定圆弧的起点或 [圆心(C)]: (确定弧线的端点)
指定圆弧的第二个点或 [圆心(C)/端点(E)]: (确定弧线的中点)
指定圆弧的端点: (确定弧线的另一个端点)

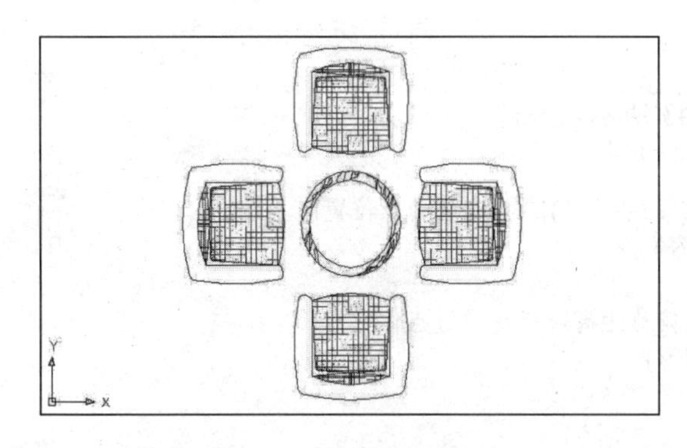

图 11.38　休闲椅子

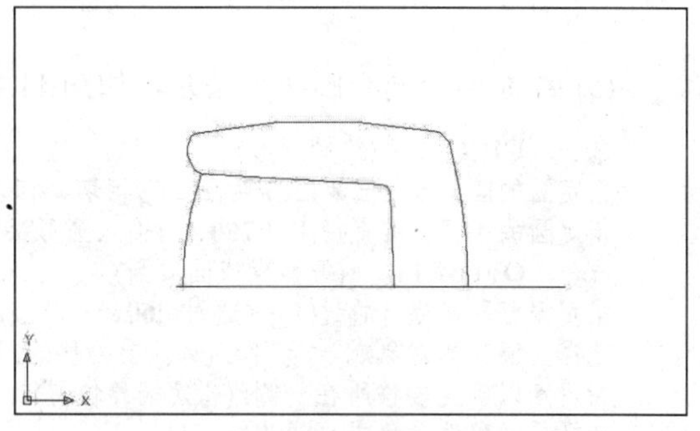

图 11.39　创建椅子面

(2) 勾画扶手与椅子面交接轮廓，如图 11.40 所示。

命令:**ARC**↙ (绘制弧线段部分)
指定圆弧的起点或 [圆心(C)]: (确定弧线的端点)
指定圆弧的第二个点或 [圆心(C)/端点(E)]: (确定弧线的中点)
指定圆弧的端点: (确定弧线的另一个端点)
命令: **LINE**↙ (绘制沙发或椅子等家具的直线部分)
指定第一点: (起点位置)
指定下一点或 [放弃(U)]: (下一点)
指定下一点或 [放弃(U)]:↙ (结束)

(3) 创建对应的一侧的沙发，如图 11.41 所示。

命令: **MIRROR**↙ (镜像创建对应的一侧的椅子图形)
选择对象: (使用窗口选择对象) 找到 31 个

选择对象:↙
指定镜像线的第一点:(指定镜像线第 1 位置点)
指定镜像线的第二点:(指定镜像线第 2 位置点)
是否删除源对象? [是(Y)/否(N)] <N>:↙ (保留原图形)

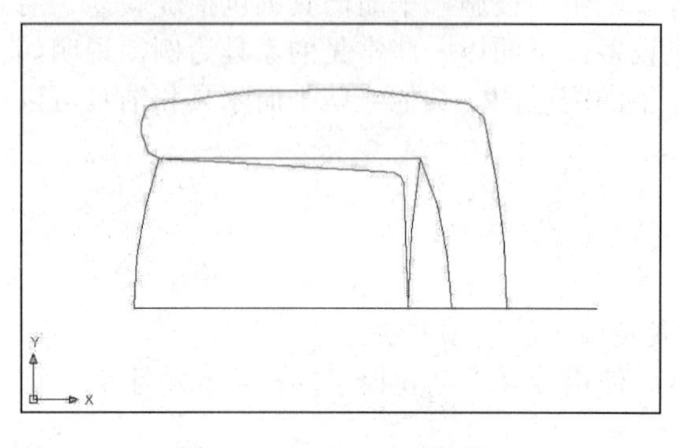

图 11.40 勾画交接轮廓

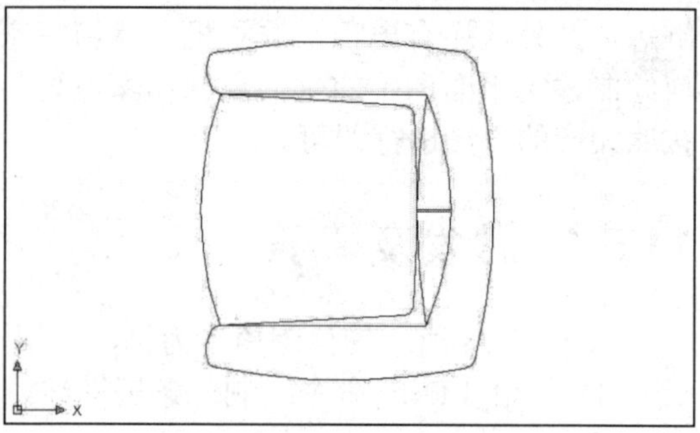

图 11.41 镜像对应的一侧

(4) 使用填充命令,选择合适的填充图案对所绘图形椅子面进行图案填充。需要进行两次填充,填充的比例、角度可以根据效果调整,如图 11.42 所示。

命令: **HATCH**↙ (进行椅子面及靠背图案填充)
输入图案名或 [?/实体(S)/用户定义(U)] <ANGLE>:↙
指定图案缩放比例 <1.0000>:↙
指定图案角度 <0>:↙
选择定义填充边界的对象或 <直接填充>,
选择对象:

(5) 绘制两个同心圆作为茶几,如图 11.43 所示。

命令: **CIRCLE**↙(绘制圆形)
指定圆的圆心或 [三点(3P)/两点(2P)/相切、相切、半径(T)]: (指定圆心点位置)
指定圆的半径或 [直径(D)]:**750**↙ (输入圆形半径)
命令: **OFFSET**↙ (偏移生成同心圆)
指定偏移距离或 [通过(T)] <通过>:**60**↙ (输入偏移距离或指定通过点位置)
选择要偏移的对象或 <退出>: (选择要偏移的图形)
指定点以确定偏移所在一侧: (指定偏移位置)
选择要偏移的对象或 <退出>:↙

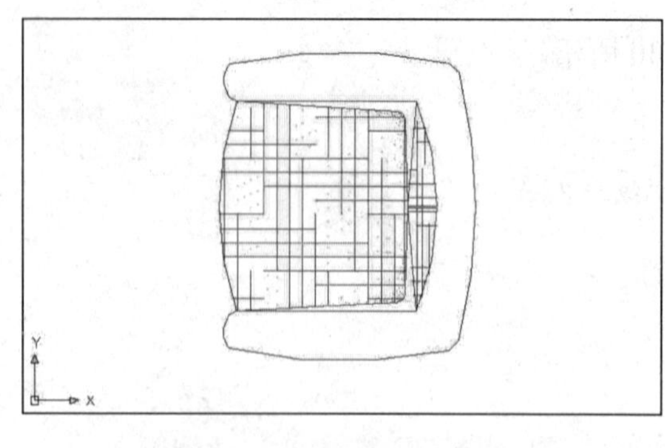

图 11.42 进行图案填充

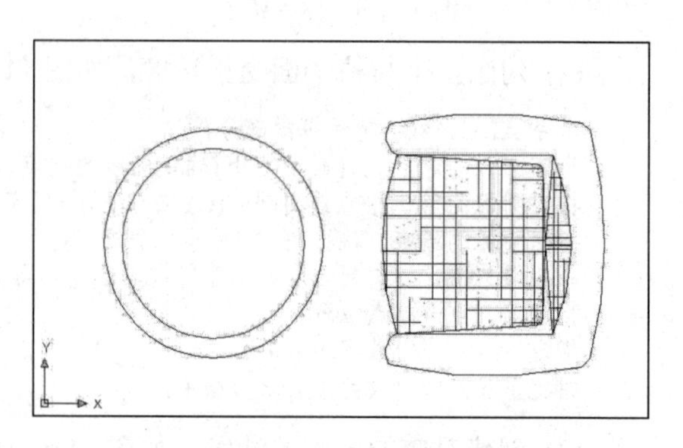

图 11.43 绘制茶几

(6) 使用 SPLINE 命令随机勾画两圆之间的填充效果，如图 11.44 所示。

命令: **SPLINE**↙ (绘制填充效果)
指定第一个点或 [对象(O)]: (在屏幕上指定起点)
指定下一点: (下一点)
指定下一点或 [闭合(C)/拟合公差(F)] <起点切向>: (依次绘制下一点)
…
指定下一点或 [闭合(C)/拟合公差(F)] <起点切向>: (绘制下一点)
指定起点切向:↙
指定端点切向:↙

(7) 进行环形阵列，生成其他椅子，结果如图 11.38 所示。

命令: **ARRAYPOLAR**↙　(对椅子进行环形圆周阵列)
选择对象: (选择椅子)
找到 16 个
选择对象: ↙
类型 = 极轴　关联 = 是
指定阵列的中心点或 [基点(B)/旋转轴(A)]: (捕捉茶几的中心)
选择夹点以编辑阵列或 [关联(AS)/基点(B)/项目(I)/项目间角度(A)/填充角度(F)/行(ROW)/层(L)/旋转项目(ROT)/退出(X)] <退出>: **I**↙
输入阵列中的项目数或 [表达式(E)] <6>: **4**↙
选择夹点以编辑阵列或 [关联(AS)/基点(B)/项目(I)/项目间角度(A)/填充角度(F)/行(ROW)/层(L)/旋转项目(ROT)/退出(X)] <退出>: **F**↙(指定阵列的角度范围)
指定填充角度(+=逆时针、-=顺时针)或 [表达式(EX)] <360>:↙
选择夹点以编辑阵列或 [关联(AS)/基点(B)/项目(I)/项目间角度(A)/填充角度(F)/行(ROW)/层(L)/旋转项目(ROT)/退出(X)] <退出>:**ROT**↙
是否旋转阵列项目？[是(Y)/否(N)] <是>: **Y**↙
选择夹点以编辑阵列或 [关联(AS)/基点(B)/项目(I)/项目间角度(A)/填充角度(F)/行(ROW)/层(L)/旋转项目(ROT)/退出(X)] <退出>:↙

(8) 其他的沙发或椅子等可同理进行绘制，如图 11.45 所示。

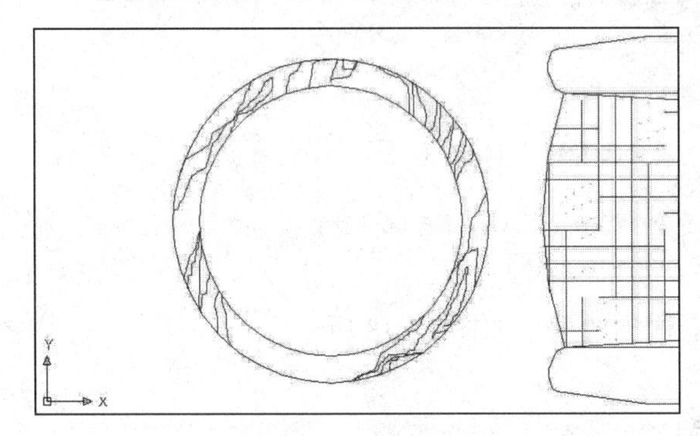

图 11.44　勾画填充效果

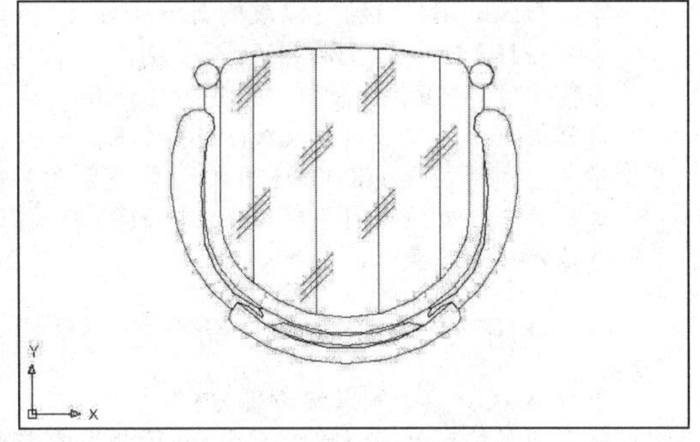

图 11.45　创建其他沙发椅子

## 11.5.2　床和桌子

(1) 床的外轮廓绘制，如图 11.46 所示。

命令: **RECTANG**↙　(绘制矩形作为床的外轮廓)
指定第一个角点或 [倒角(C)/标高(E)/圆角(F)/厚度(T)/宽度(W)]: (指定位置)

指定另一个角点或 [尺寸(D)]:**D**↙ (输入 D 指定尺寸)
指定矩形的长度 <0.0000>:**2500**↙ (输入长度)
指定矩形的宽度 <0.0000>:**2150**↙ (输入宽度)
指定另一个角点或 [尺寸(D)]:↙
命令: **LINE**↙ (绘制直线部分)
指定第一点: (起点位置)
指定下一点或 [放弃(U)]:**@0,-1000**↙ (下一点)
指定下一点或 [放弃(U)]:↙ (结束)

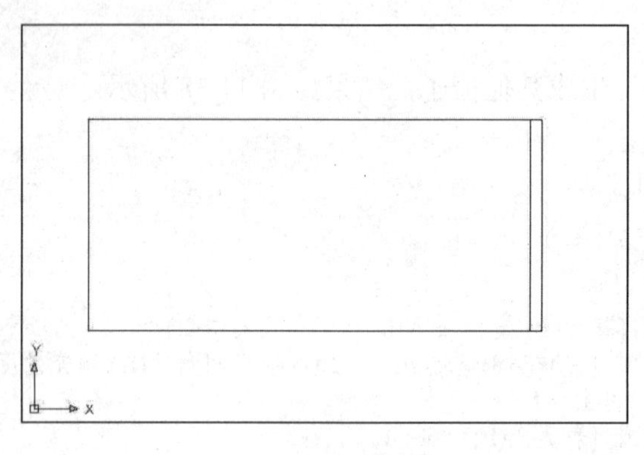


图 11.46 床的外轮廓绘制

(2) 利用 ARC、LINE 和 FILLET 命令绘制床的被单造型，如图 11.47 所示。

命令:**LINE**↙ (绘制直线部分)
指定第一点: (起点位置)
指定下一点或 [放弃(U)]:**@1000,0**↙ (下一点)
指定下一点或 [放弃(U)]:↙ (结束)
命令:**ARC**↙ (绘制弧线段部分)
指定圆弧的起点或 [圆心(C)]: (确定弧线的端点)
指定圆弧的第二个点或 [圆心(C)/端点(E)]: (确定弧线的中点)
指定圆弧的端点: (确定弧线的另一个端点)
命令: **FILLET**↙ (倒圆角)
当前设置: 模式 = 修剪，半径 = 0.0000
选择第一个对象或 [多段线(P)/半径(R)/修剪(T)/多个(U)]:**R**↙ (输入 R 设置倒角半径)
指定圆角半径 <0.0000>:**150**↙ (设置倒角半径)
选择第一个对象或 [多段线(P)/半径(R)/修剪(T)/多个(U)]: (依次选择各倒角边)
选择第二个对象:

(3) 利用 ARC、SPLINE 命令绘制靠垫、枕头造型，如图 11.48 所示。

命令:**ARC**↙ (绘制弧线段部分)
指定圆弧的起点或 [圆心(C)]: (确定弧线的端点)
指定圆弧的第二个点或 [圆心(C)/端点(E)]: (确定弧线的中点)
指定圆弧的端点: (确定弧线的另一个端点)
命令: **SPLINE**↙ (绘制靠垫、枕头造型)
指定第一个点或 [对象(O)]: (在屏幕上指定起点)
指定下一点: (下一点)
指定下一点或 [闭合(C)/拟合公差(F)] <起点切向>: (依次绘制下一点)
指定下一点或 [闭合(C)/拟合公差(F)] <起点切向>: (绘制下一点)
指定下一点或 [闭合(C)/拟合公差(F)] <起点切向>: (绘制下一点)
指定下一点或 [闭合(C)/拟合公差(F)] <起点切向>: (绘制下一点)
…

指定起点切向: ↙
指定端点切向: ↙

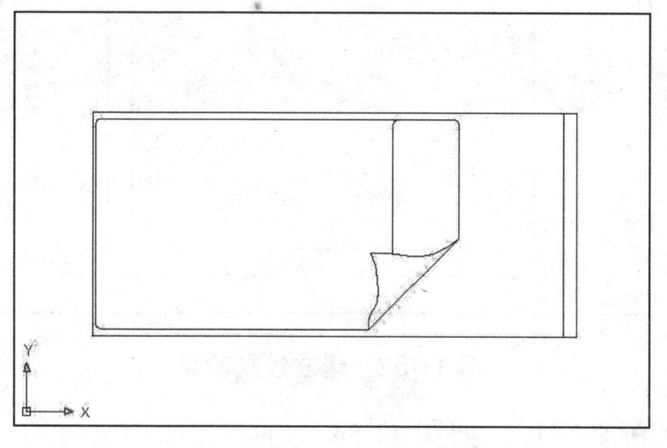

图 11.47　被单造型

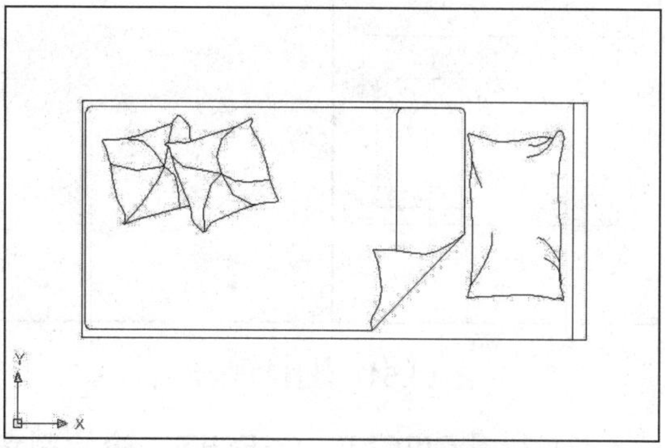

图 11.48　绘制枕头等造型

(4) 双人床的创建与此相类似，如图 11.49 所示。

(5) 桌子的绘制方法可以参照床的绘制方法，如图 11.50 所示。

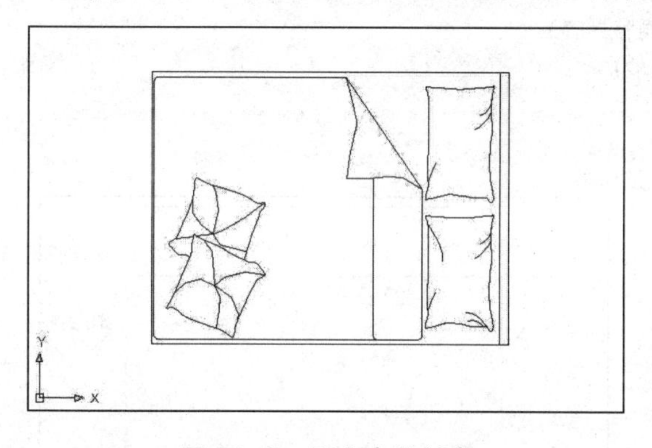

图 11.49　双人床的创建

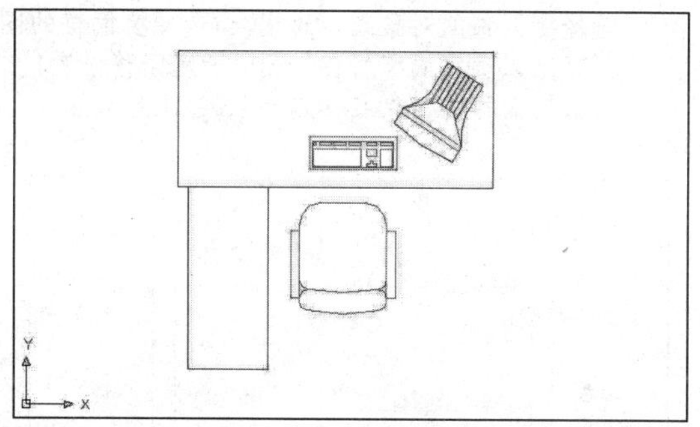

图 11.50　桌子的绘制

## 11.5.3　灶具及洁具

以如图 11.51 所示的灶具、洁具为例，说明如何绘制这些设备平面图。

(1) 通过 RECTANG 命令建立的灶具轮廓平面图形，如图 11.52 所示。

命令: **RECTANG**↙　(绘制灶具轮廓平面图形)
指定第一个角点或 [倒角(C)/标高(E)/圆角(F)/厚度(T)/宽度(W)]: (指定灶具轮廓平面位置)
指定另一个角点或 [尺寸(D)]:**D**↙ (输入 D 指定轮廓平面尺寸)
指定矩形的长度 <0.0000>:**1000**↙　(输入长度)
指定矩形的宽度 <0.0000>:**500**↙　(输入宽度)
指定另一个角点或 [尺寸(D)]:↙

(2) 通过 LINE 命令绘制内侧线条图形，如图 11.53 所示。

命令: **LINE**↙ (绘制直线部分)
指定第一点: (起点位置)
指定下一点或 [放弃(U)]: (下一点)
指定下一点或 [放弃(U)]:↙ (结束)

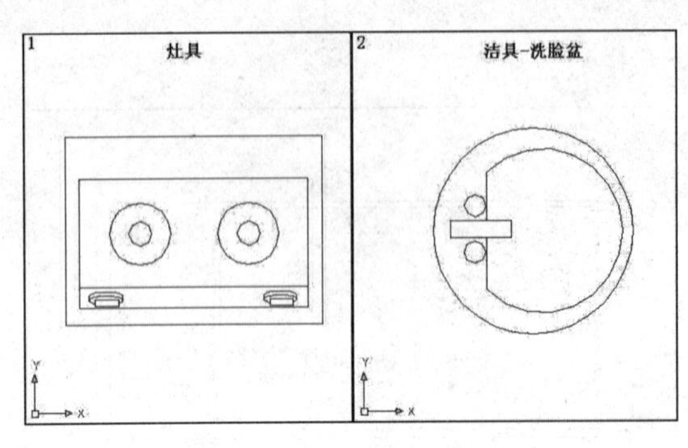


图 11.51　灶具和洁具

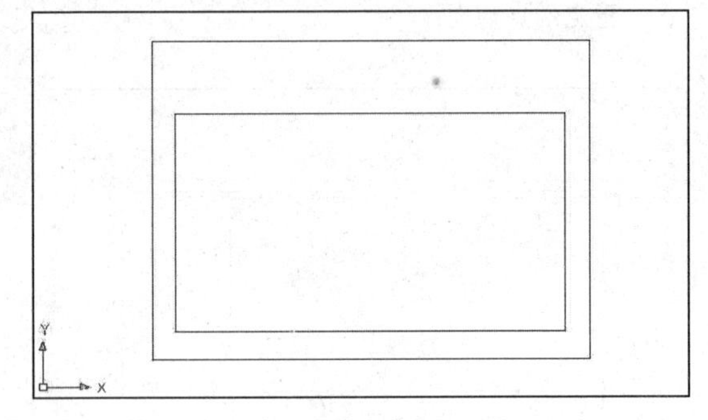

图 11.52　建立灶具轮廓

(3) 利用 CIRCLE、OFFSET 命令绘制支架配件图形，如图 11.54 所示。

命令: **CIRCLE**↙　(绘制支架配件图形)
指定圆的圆心或 [三点(3P)/两点(2P)/相切、相切、半径(T)]: (指定圆心点位置)
指定圆的半径或 [直径(D)]:**25**↙　(输入半径)
命令: **OFFSET**↙　(偏移生成平行线)
指定偏移距离或 [通过(T)] <通过>:**20**↙　(输入偏移距离)
选择要偏移的对象或 <退出>: (选择要偏移的图形)
指定点以确定偏移所在一侧: (指定偏移位置)
选择要偏移的对象或 <退出>:↙

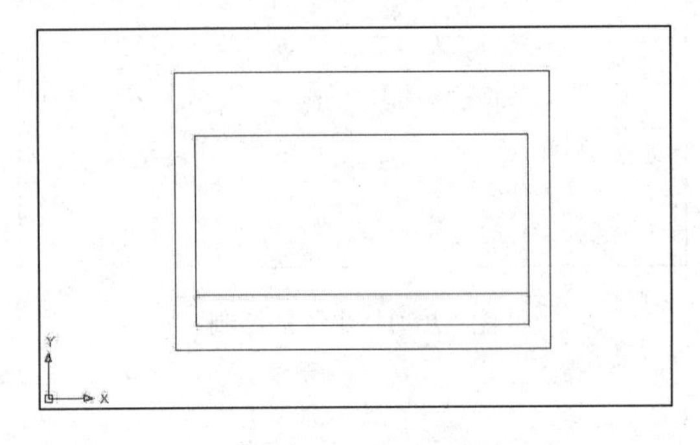

图 11.53　绘制内侧线条

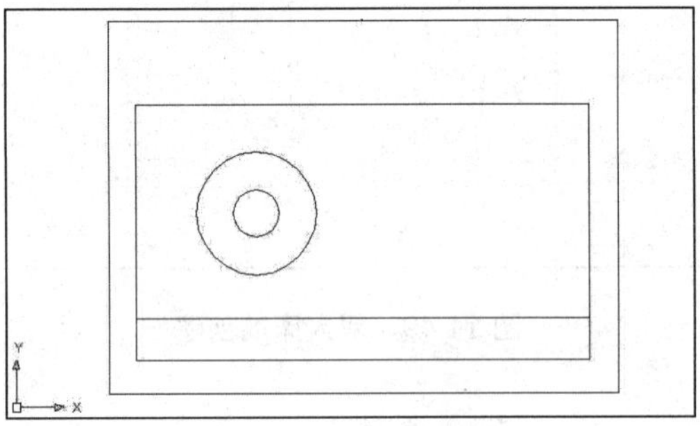

图 11.54　绘制支架配件

(4) 进行镜像得到对称部分构造，如图 11.55 所示。

命令: **MIRROR**↙　(镜像创建对应一侧的图形)
选择对象: (选择对象)
找到 2 个
选择对象:↙
指定镜像线的第一点: (指定镜像线第 1 位置点)
指定镜像线的第二点: (指定镜像线第 2 位置点)
是否删除源对象? [是(Y)/否(N)] <N>:↙　(保留原图形)

(5) 建立按钮轮廓图形，如图 11.56 所示。

命令: **ELLIPSE**↙　(绘制椭圆形外轮廓线)
指定椭圆的轴端点或 [圆弧(A)/中心点(C)]: **C**↙　(指定椭圆形位置)
指定椭圆的中心点: (指定椭圆中心位置)
指定轴的端点: (指定椭圆轴线端点位置)
指定另一条半轴长度或 [旋转(R)]: (指定椭圆另外一个轴线端点长度)

命令: **OFFSET**↙ (偏移生成平行线)
指定偏移距离或 [通过(T)] <通过>: **10**↙ (输入偏移距离)
选择要偏移的对象或 <退出>: (选择要偏移的图形)
指定点以确定偏移所在一侧: (指定偏移位置)
选择要偏移的对象或 <退出>: ↙

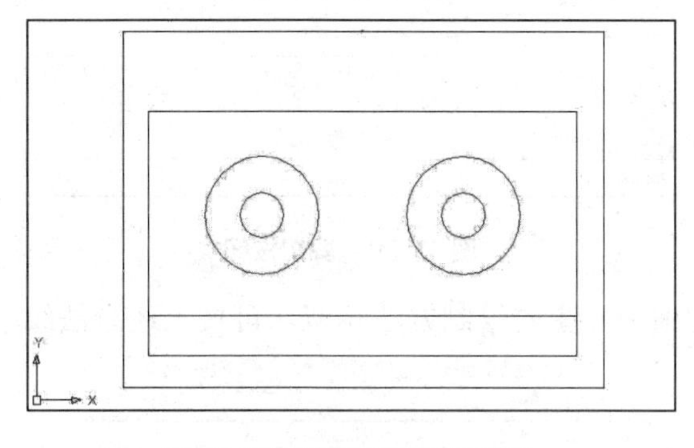

图 11.55 镜像得到对称部分

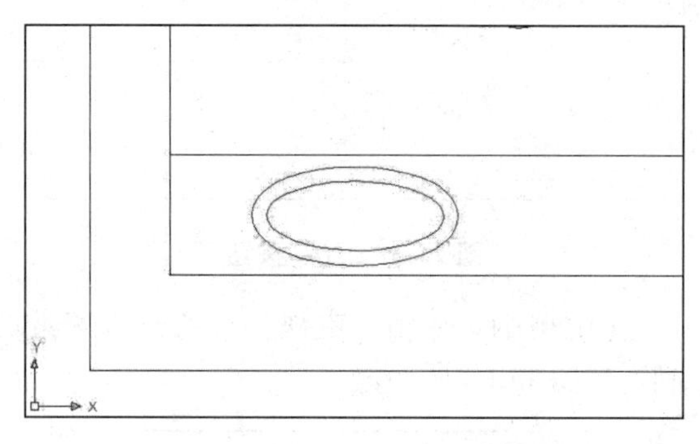

图 11.56 建立按钮轮廓图形

(6) 绘制按钮，如图 11.57 所示。

命令:**LINE**↙ (绘制直线)
指定第一点: (起点位置)
指定下一点或 [放弃(U)]: (下一点)
指定下一点或 [放弃(U)]:↙ (结束)
命令:**RECTANG**↙ (绘制按钮平面图形)
指定第一个角点或 [倒角(C)/标高(E)/圆角(F)/厚度(T)/宽度(W)]: (指定按钮平面位置)
指定另一个角点或 [尺寸(D)]:**D**↙ (输入 D 指定平面尺寸)
指定矩形的长度 <0.0000>:**500**↙ (输入长度)
指定矩形的宽度 <0.0000>:**200**↙ (输入宽度)
指定另一个角点或 [尺寸(D)]:↙

(7) 进行剪切得到按钮，如图 11.58 所示。

命令: **TRIM**↙ (进行剪切)
当前设置:投影=UCS，边=无
选择剪切边...
选择对象: (指定剪切边界线)
找到 1 个
选择对象:↙
选择要修剪的对象，或按住 Shift 键选择要延伸的对象，或 [投影(P)/边(E)/放弃(U)]: (选择需剪切的对象)
…
选择要修剪的对象，或按住 Shift 键选择要延伸的对象，或 [投影(P)/边(E)/放弃(U)]:↙(结束)

(8) 将图形复制。最后可得到如图 11.59 所示的燃气灶。

命令: **COPY**↙ (将图形复制)
选择对象: (选择图形)
找到 3 个，总计 5 个
选择对象:↙
指定基点或位移: (指定起始点)
指定位移的第二点或 <用第一点作位移>: (指定复制对象的目标点)
指定位移的第二点:↙

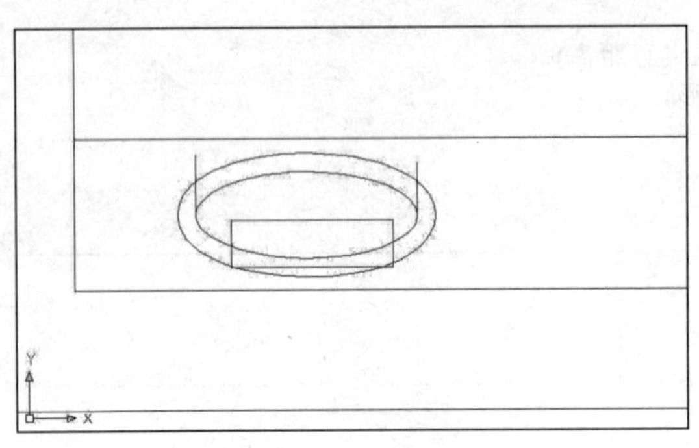

图 11.57　绘制按钮

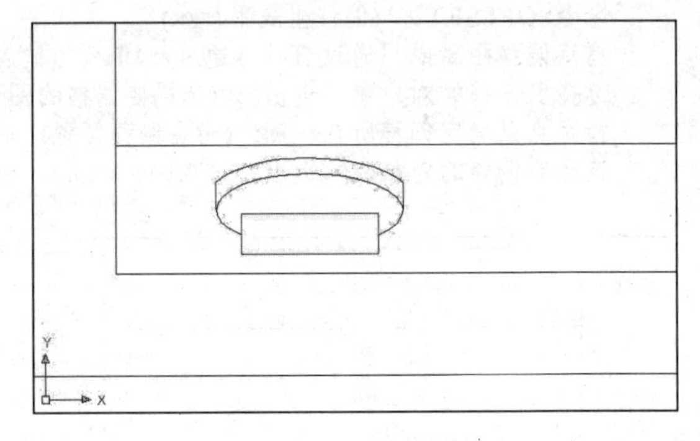

图 11.58　剪切按钮

(9) 电脑、冰箱、电视和洗衣机等家具设施平面图的绘制方法相似，可按上述方法绘制，如图 11.60 所示。

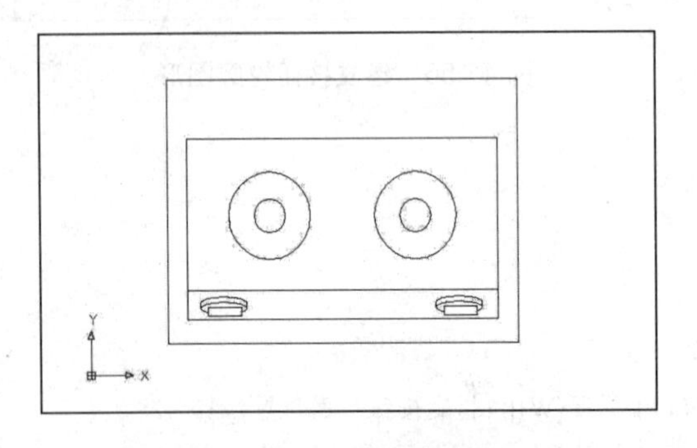

图 11.59　燃气灶平面图

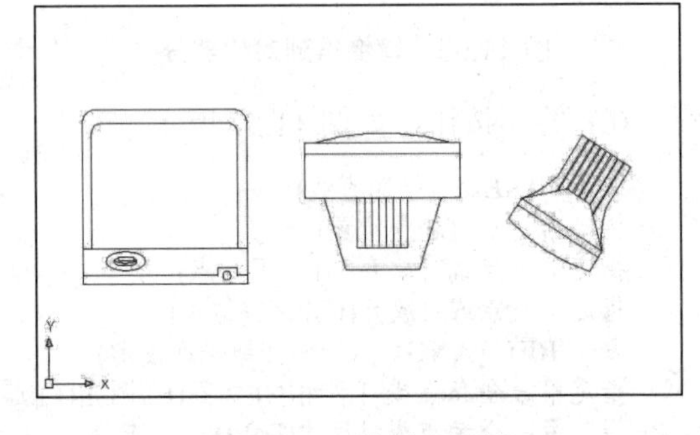

图 11.60　绘制电视等

(10) 使用 CIRCLE 命令绘制两个大圆形图案作为洗脸盆外轮廓，如图 11.61 所示。

命令: **CIRCLE**↙　(绘制两个大圆形)
指定圆的圆心或 [三点(3P)/两点(2P)/相切、相切、半径(T)]: (指定圆心点位置)
指定圆的半径或 [直径(D)]:**300**↙ (输入半径)

(11) 重复上述操作，绘制两个小圆形图案，作为水龙头，如图 11.62 所示。

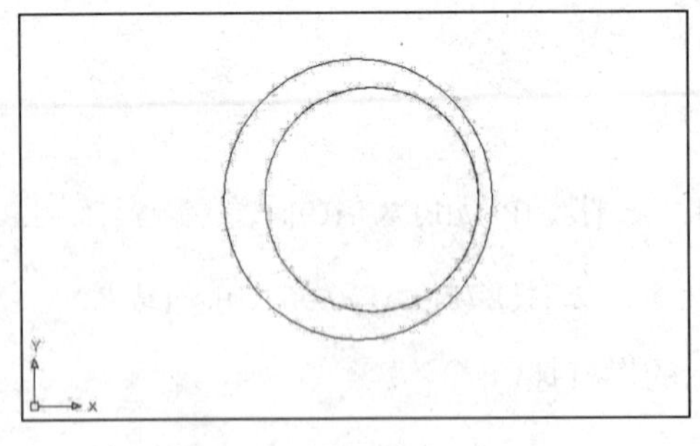

图 11.61　绘制两个大圆形

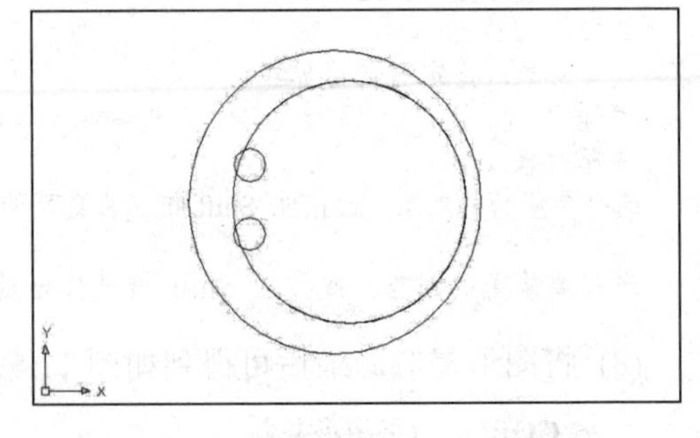

图 11.62　绘制两个小圆形

(12) 利用 PLINE 命令绘制一条直线和一个矩形，如图 11.63 所示。

命令: **PLINE**↙ (绘制一条直线和一个矩形)
指定起点: (确定起点位置)
当前线宽为 0.0000
指定下一个点或 [圆弧(A)/半宽(H)/长度(L)/放弃(U)/宽度(W)]:**@0,220**↙ (依次输入图形形状尺寸或直

接在屏幕上使用鼠标选取)
指定下一点或 [圆弧(A)/闭合(C)/半宽(H)/长度(L)/放弃(U)/宽度(W)]:(下一点)
…
指定下一点或 [圆弧(A)/闭合(C)/半宽(H)/长度(L)/放弃(U)/宽度(W)]:↙ (结束操作)

(13) 对绘制直线和矩形进行剪切。得到如图 11.64 所示的洗脸盆洁具。

命令:**TRIM**↙　(进行剪切)
当前设置:投影=UCS，边=无
选择剪切边...
选择对象: 指定对角点: 找到 1 个
选择对象:↙
选择要修剪的对象，或按住 Shift 键选择要延伸的对象，或 [投影(P)/边(E)/放弃(U)]: (选择需剪切的对象)
…
选择要修剪的对象，或按住 Shift 键选择要延伸的对象，或 [投影(P)/边(E)/放弃(U)]:↙ (结束)

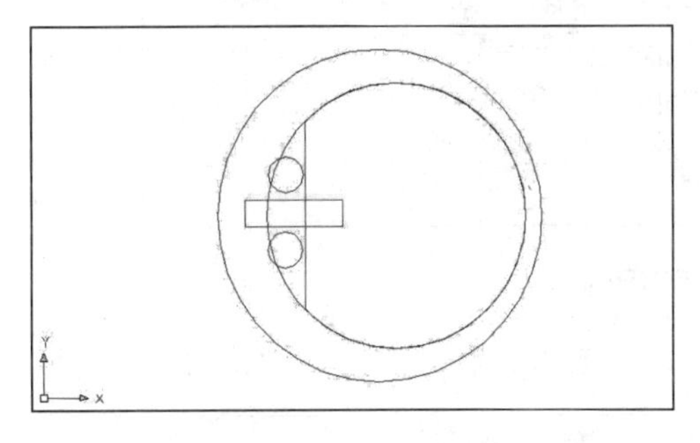

图 11.63　绘制直线和矩形

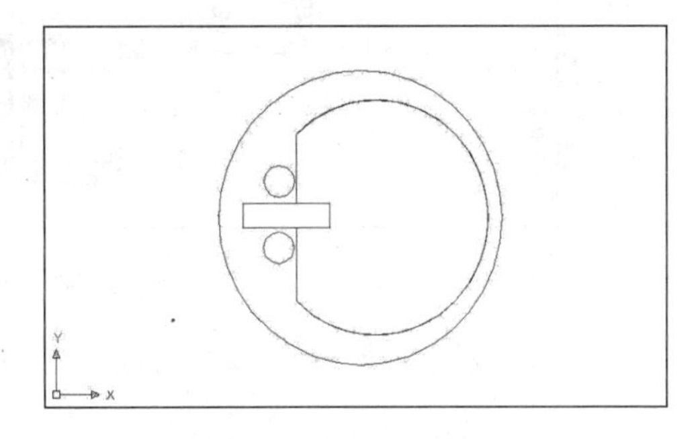

图 11.64　进行剪切

(14) 其他的居家设施，如坐便器、小便器、洗脸盆等，可参照上述方法创建，如图 11.65 所示。

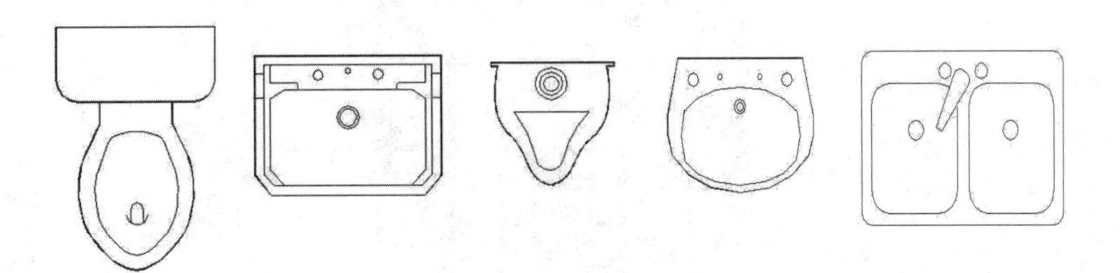

图 11.65　其他洁具、洗脸盆

## 11.6　文字和尺寸的标注

进行文字和尺寸标注，是建筑平面图设计的重要环节。因为文字和尺寸是进行工程施工的主要依据。

### 11.6.1 标注文字

(1) 按照前面相关章节介绍的方法，完成建筑轴线、墙线、门窗和家具等绘制，如图 11.66 所示。

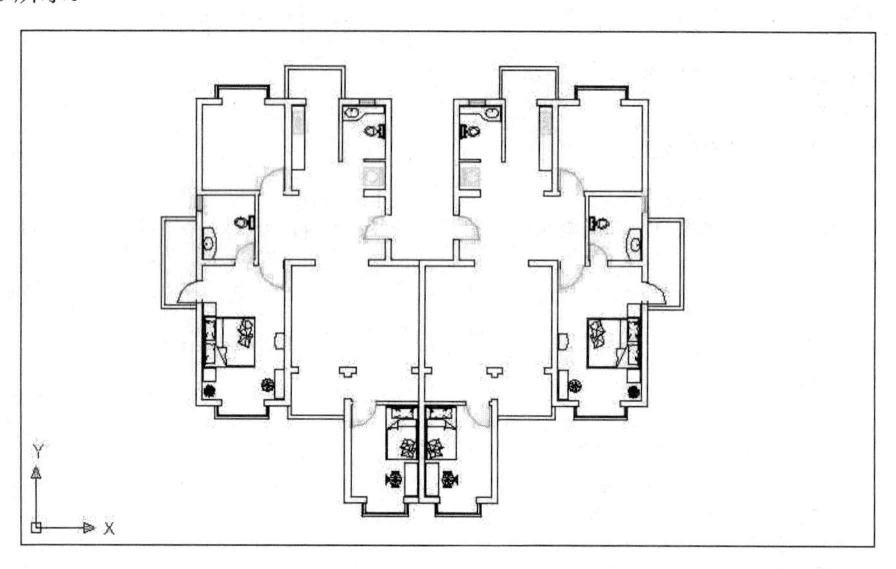


图 11.66 完成平面图主体

(2) 标注轴线编号。轴线编号可以通过 CIRCLE 与 TEXT 命令来完成，如图 11.67 所示。

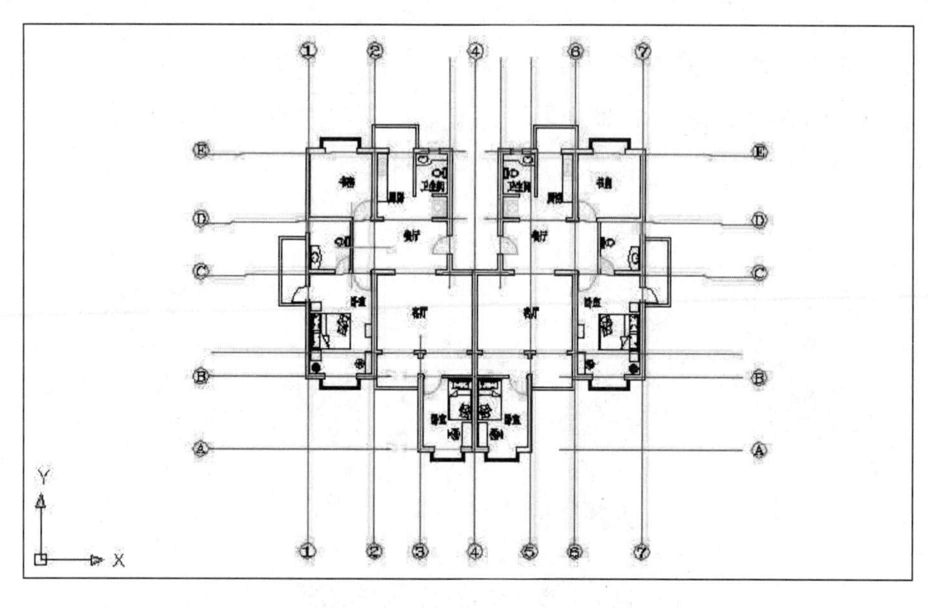


图 11.67 标注轴线编号

(3) 标注图形名称。可以利用 TEXT 或 MTEXT 命令来完成，如图 11.68 所示。

(4) 按上述方法标注房间名称等文字说明，如图 11.69 所示。

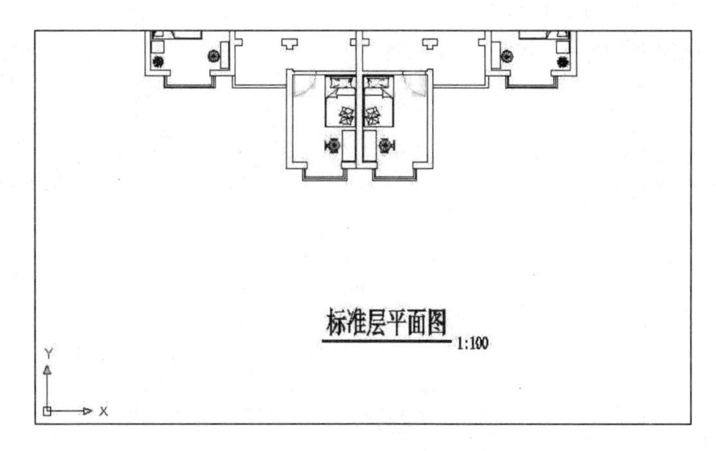


图 11.68　标注图形名称

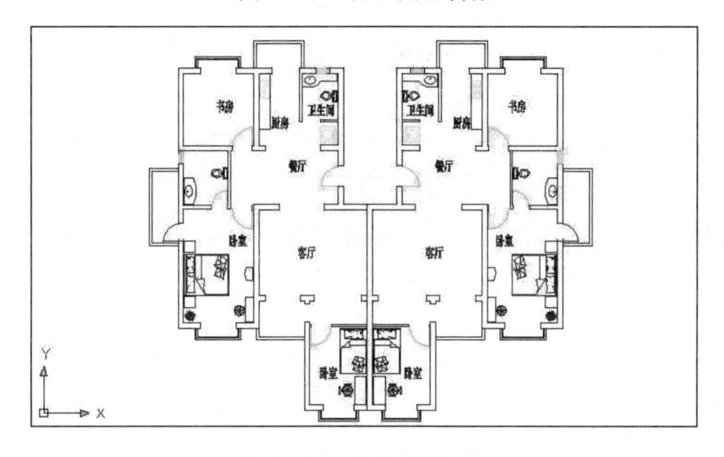


图 11.69　标注房间文字

## 11.6.2　标注尺寸

(1) 设置标注样式。启动标注样式命令 DIMSTYLE，在弹出的“标注样式管理器”对话框中单击“修改”按钮；在弹出的“修改标注样式”对话框中的“符号和箭头”选项卡下设置箭头的形式为“建筑标记”。然后单击“确定”按钮，如图 11.70 所示。

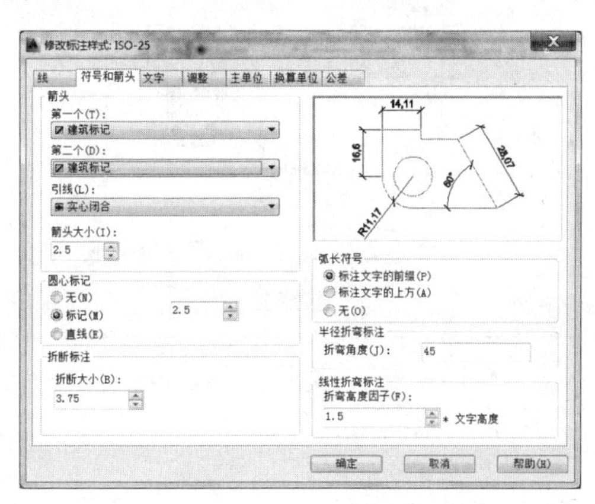


图 11.70　设置标注样式参数

(2) 用线性尺寸标注命令 DIMLINEAR，进行 2 点线性尺寸标注，如图 11.71 所示。

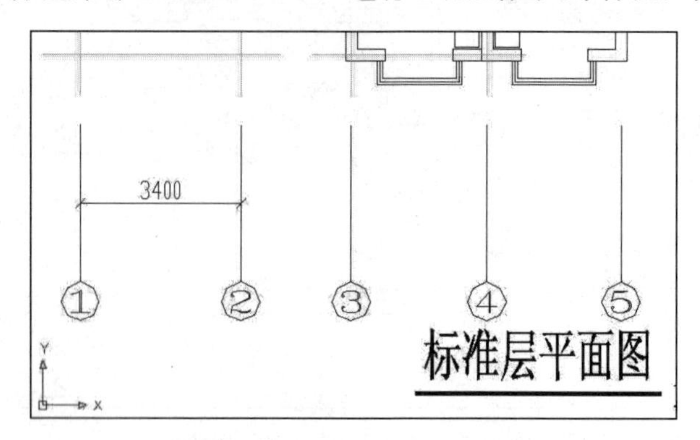


图 11.71　进行 2 点线性标注

(3) 用连续尺寸标注命令 DIMCONTINUE，进行多个连续线性尺寸的标注，如图 11.72 所示。

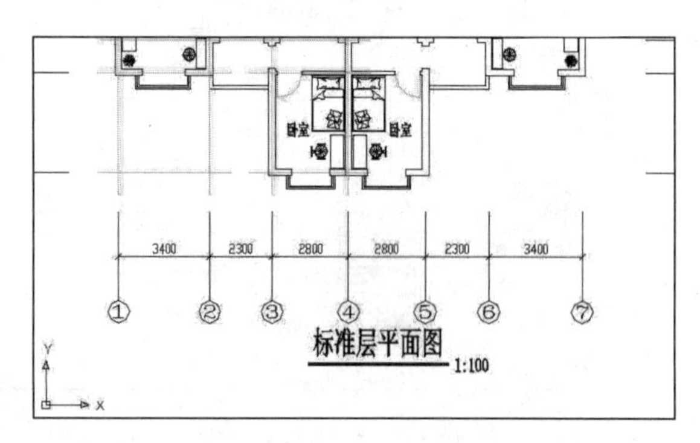


图 11.72　进行连续线性标注

(4) 其他方向的尺寸按此方法进行标注，如图 11.73 所示。

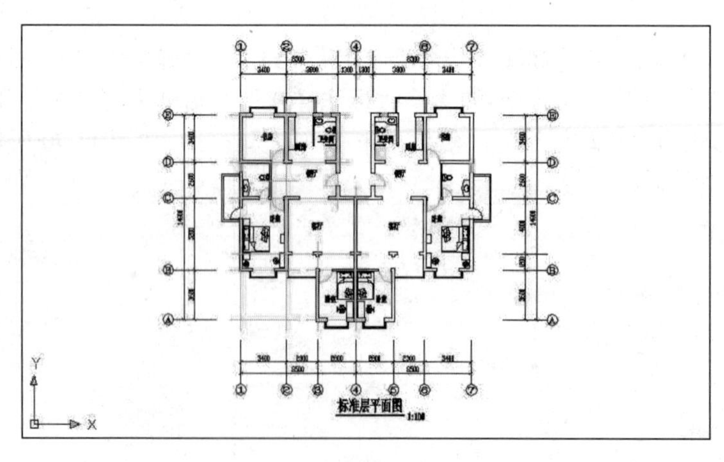


图 11.73　标注其他方向尺寸

# 上机实训 11

1. 墙线、轴线、柱子和编号等图形绘制练习，如图 11.74 所示。

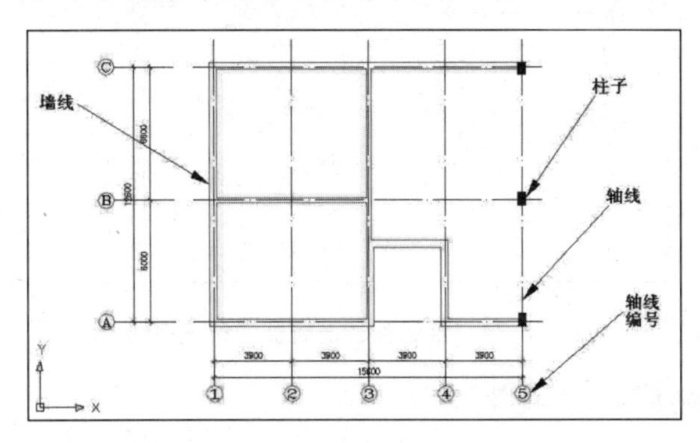


图 11.74　墙线等绘制练习

2. 楼梯图形的绘制练习，包括墙线和柱子等，如图 11.75 所示。

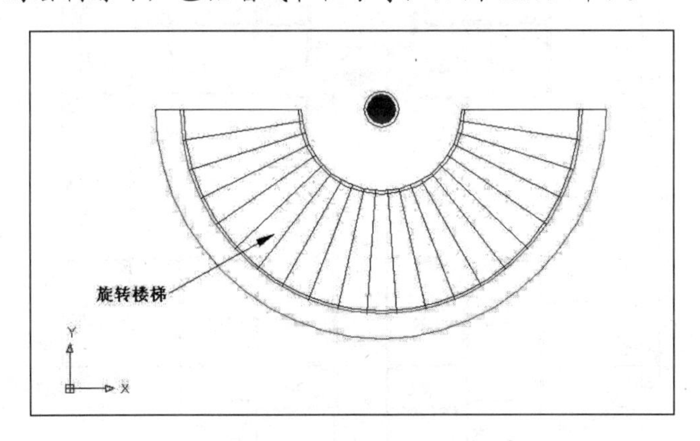


图 11.75　楼梯图形练习

3. 椅子和桌子等图形绘制练习，如图 11.76 所示。

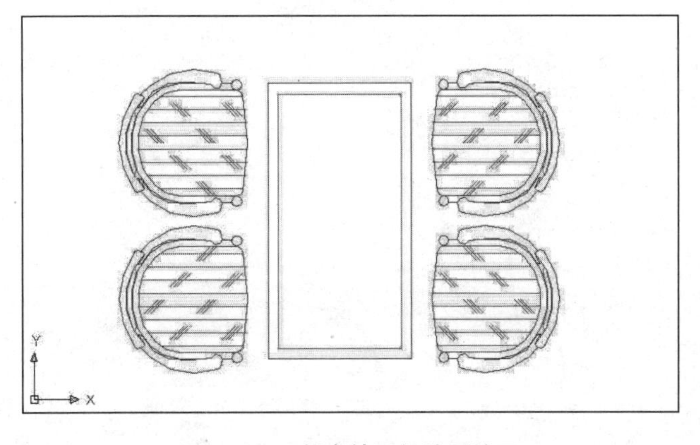


图 11.76　餐桌椅子的绘图练习

4. 洗脸盆和洗碗盆等图形绘制练习，如图 11.77 所示。

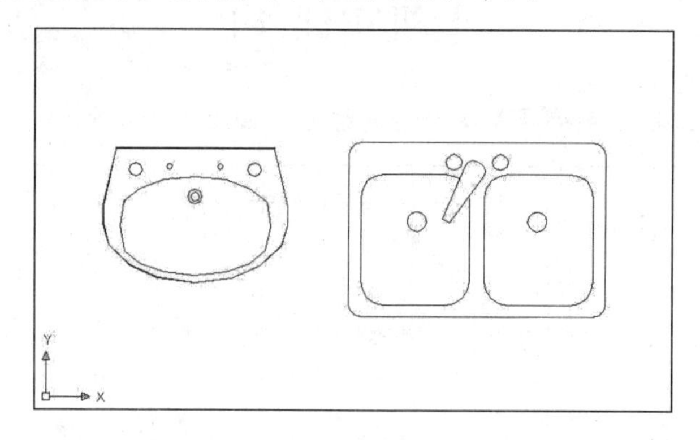


图 11.77　洗脸盆和洗碗盆的绘图练习

5. 尺寸和文字标注练习，如图 11.78 所示。

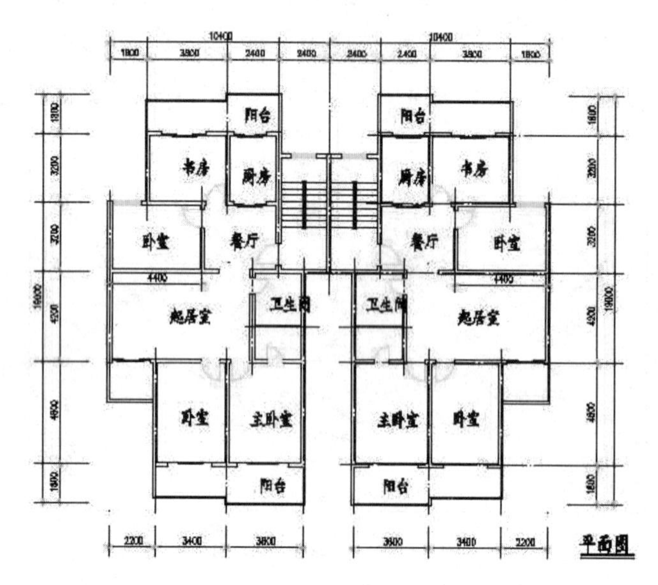


图 11.78　尺寸和文字标注练习

# 第 12 章　电气系统图的绘制

较之机械图样和建筑图样，电气系统图对尺寸要求不太严格，而更讲究图形的布局。本章将通过三个电气系统图的绘制，介绍用 AutoCAD 绘制电气图样的基本方法。

## 12.1　配电系统图

**分析：**本节示例为图 12.1 所示某网球场配电系统图，观察发现，此图中需要复制的部分比较多，利用阵列和复制命令结合起来，可以使绘图简便，而且使图形整洁、清晰。本图绘制时先绘制定位辅助线，然后分为左右两个部分，分别加以绘制。

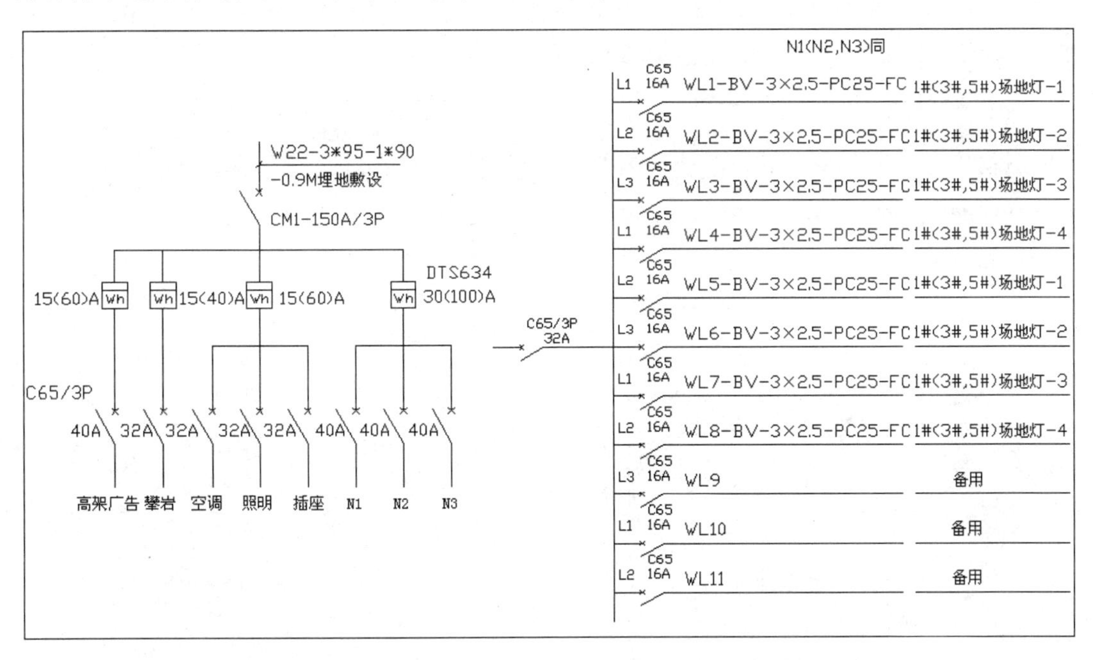


图 12.1　某网球场配电系统图

### 12.1.1　设置绘图环境

#### 1. 建立新文件

启动 AutoCAD，以 A4.dwt 样板文件为模板，建立新文件，将新文件命名为“某网球场配电系统图.dwt”并保存。

#### 2. 设置图层

一共设置以下 3 个图层：“绘图层”、“标注层”和“辅助线层”，设置好的各图层的属性如图 12.2 所示。

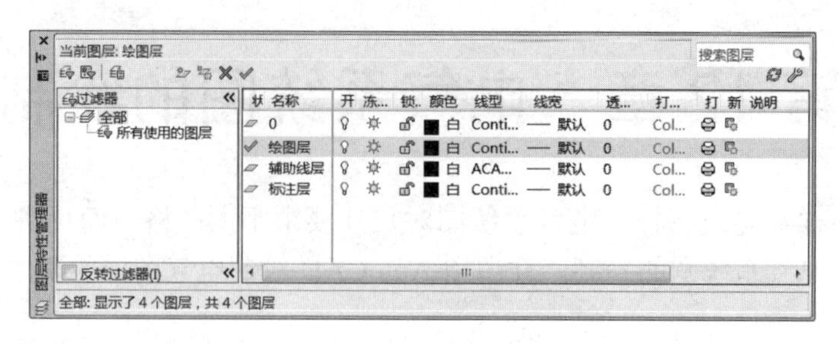


图 12.2　图层设置

## 12.1.2　绘制定位辅助线

### 1. 绘制图框

将“辅助线层”设置为当前层，启动“矩形”命令，绘制一个长度为 370、宽度为 250 的矩形，作为绘图的界限，如图 12.3 所示。

### 2. 绘制轴线

启动“直线”命令，以矩形的长边中点为起始点和终止点绘制一条直线，将图分为两个部分，如图 12.4 所示。

图 12.3　绘制图框

图 12.4　分割绘图区域

## 12.1.3　绘制系统图形

### 1. 转换图层

打开“图层特性管理器”对话框，把“绘图层”设置为当前层。

### 2. 分解矩形

启动“分解”命令，将矩形边框分解为直线。

### 3. 偏移直线

启动“偏移”命令，将矩形上边框直线向下偏移，偏移距离为 95，同时将矩形左边框直线向右偏移，偏移距离为 36，如图 12.5 所示。

### 4. 绘制直线

启动“直线”命令，在“对象捕捉”和“正交”绘图方式下，用鼠标捕捉图 12.5 中的交点 A，以其作为起点，向右绘制长度为 102 的直线 AB，向下绘制长度为 82 的直线 AC，同时启动“删除”命令，将两条垂直的辅助线删除掉，结果如图 12.6 所示。

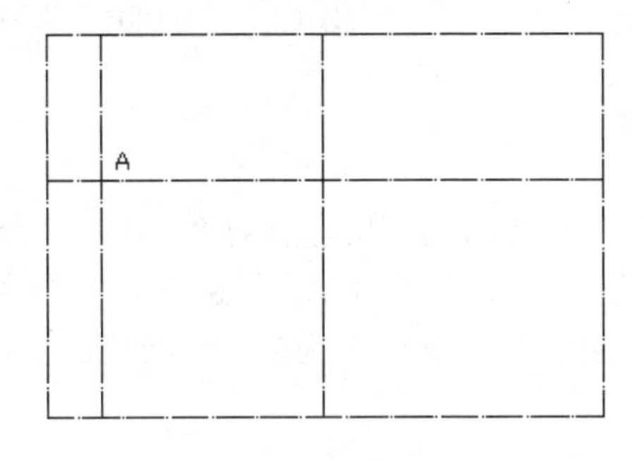


图 12.5　偏移直线(1)

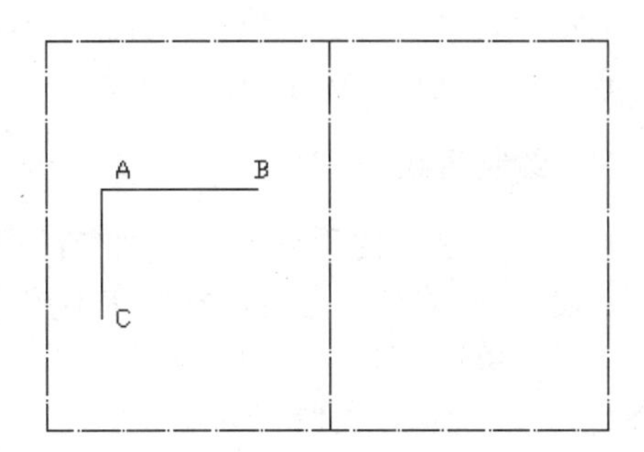


图 12.6　绘制直线

### 5. 偏移直线

启动“偏移”命令，将直线 AB 向下偏移，偏移距离为 11 和 67，结果如图 12.7 所示。

### 6. 绘制矩形

启动“矩形”命令，绘制长度为 9、宽度为 9 的矩形。

### 7. 分解矩形

启动“分解”命令，将上一步绘制矩形边框分解为直线。

### 8. 偏移直线

启动“偏移”命令，将矩形的上边框向下偏移，偏移距离为 2.7，结果如图 12.8 所示。

### 9. 添加文字

打开“图层特性管理器”对话框，把“标注层”设置为当前层。启动“文字”工具栏中的“多行文字”命令，样式为 Standard，字体高度为 2.5，结果如图 12.9 所示。

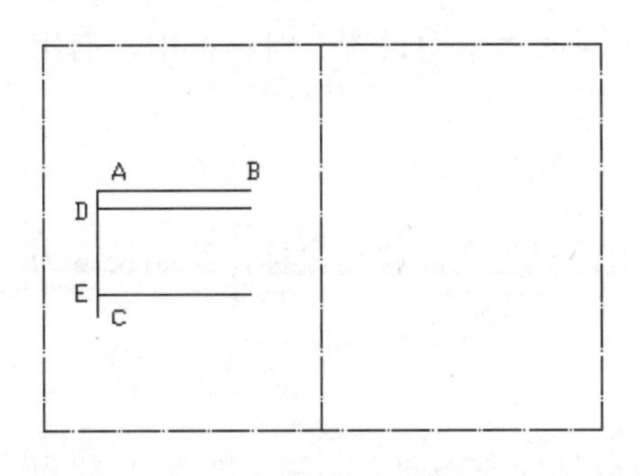


图 12.7　偏移直线(2)

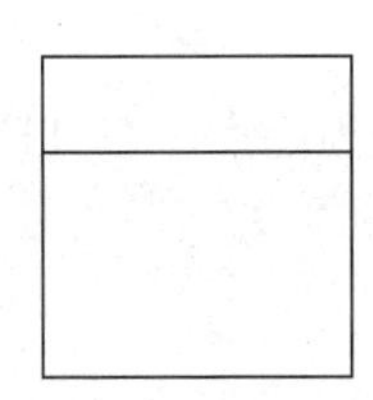

图 12.8　偏移直线(3)

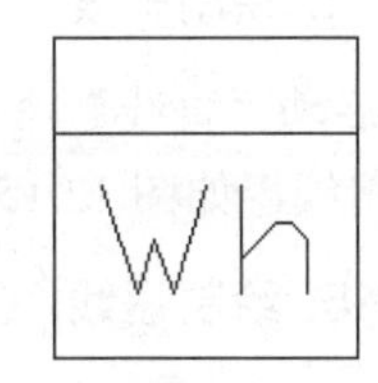


图 12.9　添加文字

### 10. 局部放大

选择“标准”工具栏中的“窗口缩放”命令，局部放大如图 12.10 所示的图形，预备下一步操作。

### 11. 移动图形

启动“移动”命令，以如图 12.11 所示中点为移动基准点，如图 12.7 中的 D 点为移动目标点，移动结果如图 12.12 所示。

### 12. 绘制直线

打开“图层特性管理器”对话框，把“绘图层”设置为当前层。启动“直线”命令，绘制长度为 5 的竖直直线，然后在不按鼠标按键的情况下竖直向下拉伸追踪线，在命令行输入 7.5 个单位，即中间的空隙为 7.5，单击在此确定点 1，以点 1 为起点，绘制长度为 5 的竖直直线，如图 12.13 所示。

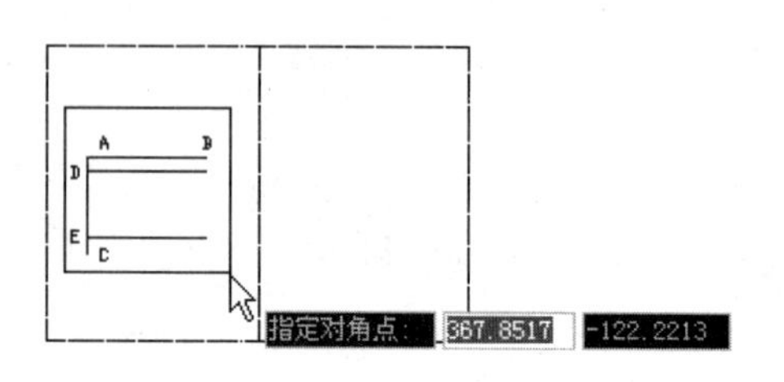


图 12.10　框选图形

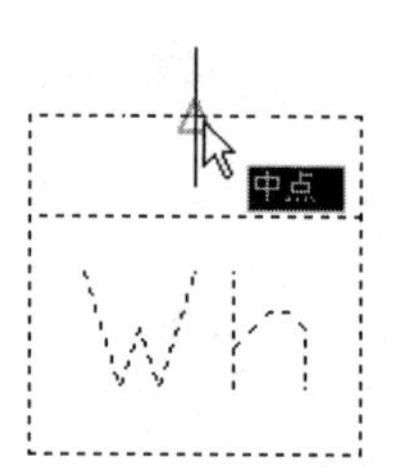


图 12.11　捕捉中点

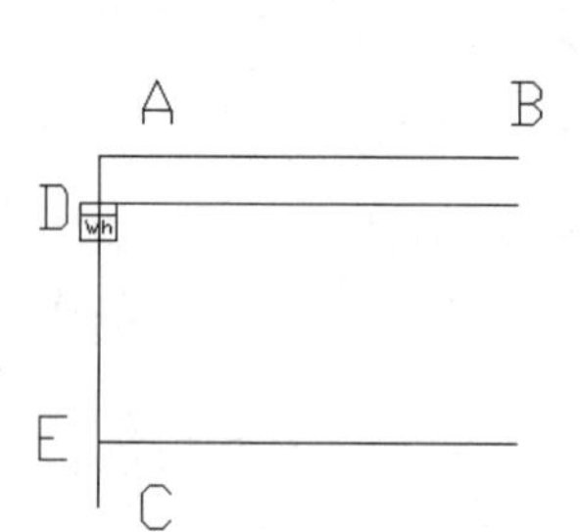


图 12.12　移动图形

图 12.13　绘制直线

### 13. 设置极轴追踪

单击“工具”菜单中的“绘图设置”菜单项，在出现的“草图设置”对话框中，启用极轴追踪，增量角设置为 25°，如图 12.14 所示。

### 14. 绘制斜线

启动“直线”命令，以点 1 为起点，在 115° 的追踪线上向左移动鼠标，绘制长度为 6 的斜线，如图 12.15 所示。

### 15. 绘制短线

启动“直线”命令，以图 12.15 中端点 2 为起点分别向左、向右绘制长度为 1 的短线，如图 12.16 所示。

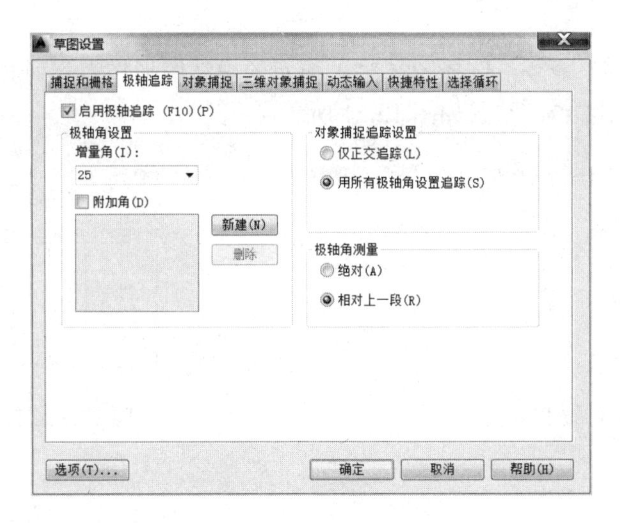


图 12.14　“草图设置”对话框

### 16. 旋转短线

启动“旋转”命令，选择“复制”模式，将上一步绘制的水平短线绕端点 2 旋转 45°和-45°，然后启动“删除”命令，删除掉多余的短线，如图 12.17 所示。

图 12.15　绘制斜线　　图 12.16　绘制短线　　图 12.17　旋转短线

### 17. 移动图形

启动“移动”命令，以如图 12.17 中端点 1 为移动基准点，如图 12.12 中的 E 点为移动目标点，移动结果如图 12.18 所示。

### 18. 修剪图形

启动“修剪”命令，修剪掉多余直线，修剪结果如图 12.19 所示。

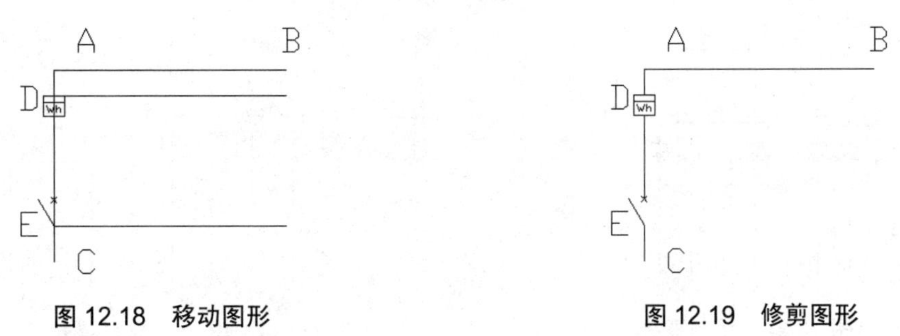


图 12.18　移动图形　　图 12.19　修剪图形

## 19. 阵列图形

启动“矩形阵列”命令，选择图 12.20 所示的虚线图形作为阵列对象，阵列成 1 行 8 列，行偏移 0，列偏移 17，结果如图 12.21 所示。

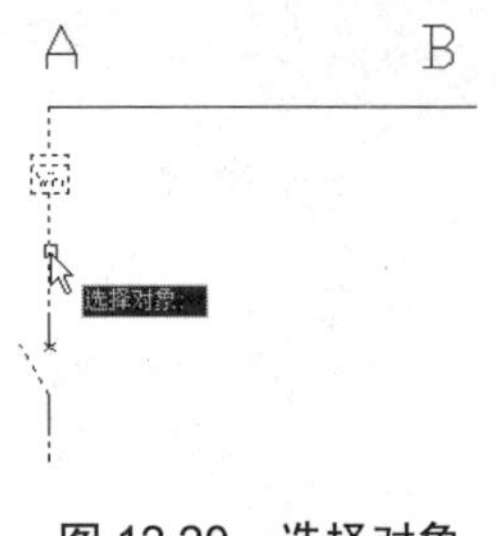


图 12.20　选择对象

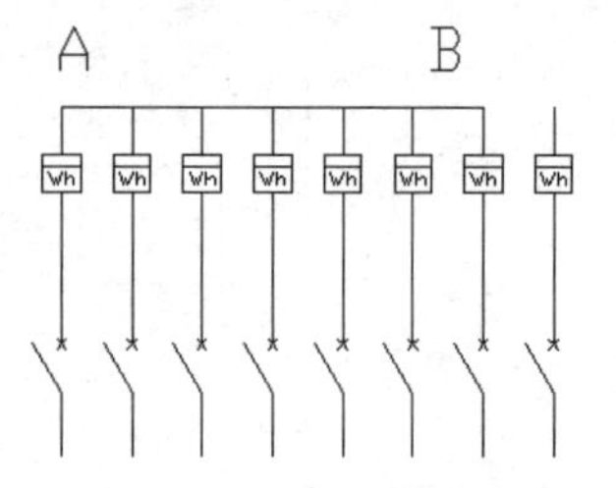


图 12.21　阵列结果

## 20. 修剪图形

启动“偏移”命令，将图 12.21 中所示的直线 AB 向下偏移，偏移距离为 33，然后启动“拉长”命令，将刚偏移的直线向右拉长 17，如图 12.22 所示。启动“修剪”和“删除”命令，修剪删除掉多余的图形，结果如图 12.23 所示。

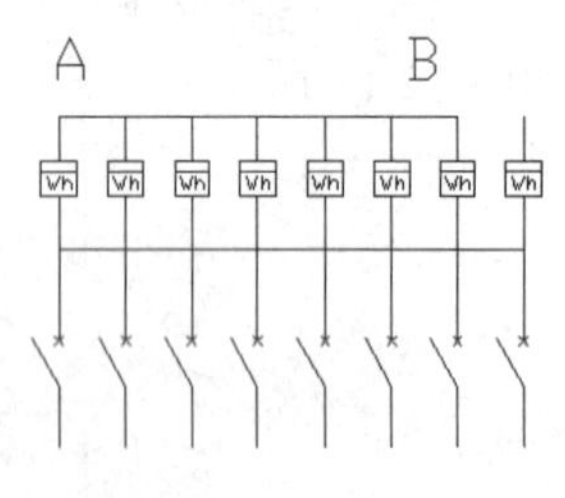


图 12.22　偏移直线(4)

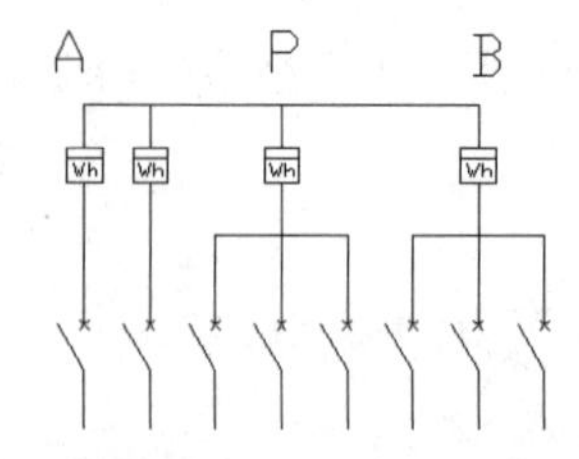


图 12.23　修剪图形

## 21. 绘制直线

启动“直线”命令，以 P 点为起始点，竖直向上绘制长度为 37.5 的直线 1，以直线 1 上端点为起点，水平向右绘制长度为 50 的直线 2，如图 12.24 所示。

## 22. 移动直线

启动“移动”命令，将图 12.24 中的直线 2 向下移动 7.8，并且启动“直线”命令，绘制短斜线，结果如图 12.25 所示。

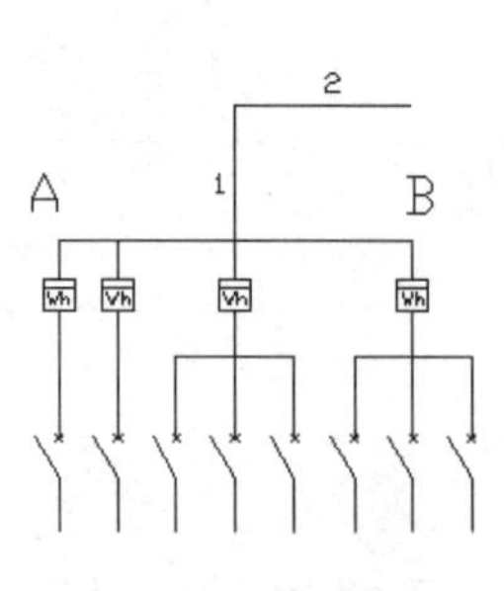


图 12.24　绘制直线

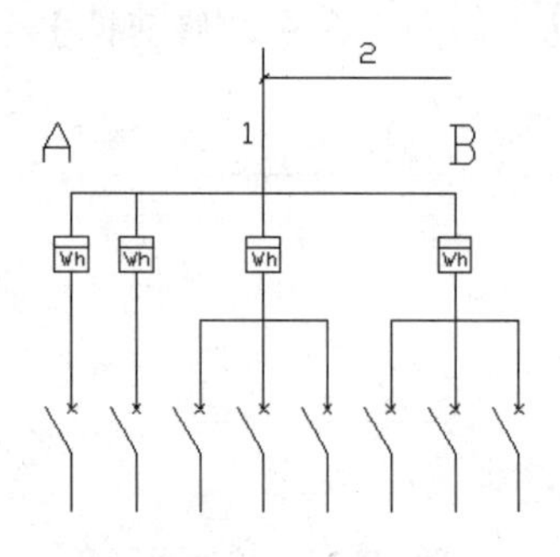


图 12.25　移动直线

### 23. 添加注释文字

打开“图层特性管理器”对话框，把“标注层”设置为当前层。启动“文字”工具栏中的“多行文字”命令，样式为 Standard，字体高度为 4，添加注释文字，如图 12.26 所示。

### 24. 插入断路器符号

启动“复制”命令，将断路器符号插入到如图 12.27 所示的位置，并且启动“修剪”命令，修剪掉多余的线段，然后启动“文字”工具栏中的“多行文字”命令，添加注释文字，如图 12.27 所示。

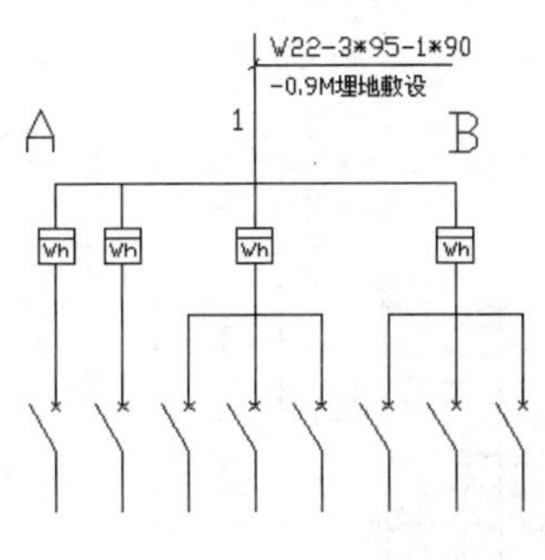


图 12.26　添加注释文字

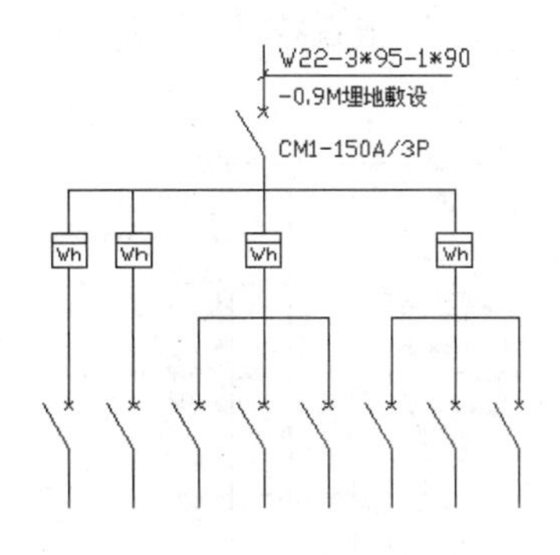


图 12.27　插入断路器符号

### 25. 添加其他注释文字

启动“文字”工具栏中的“多行文字”命令，补充添加其他注释文字，如图 12.28 所示。

### 26. 偏移直线

启动“偏移”命令，将定位辅助线的上边框向下偏移 34，轴线向右偏移 27，如图 12.29 所示。

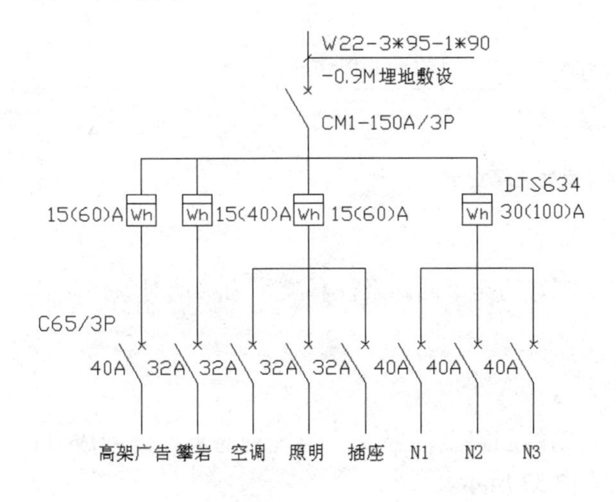


图 12.28　添加注释文字

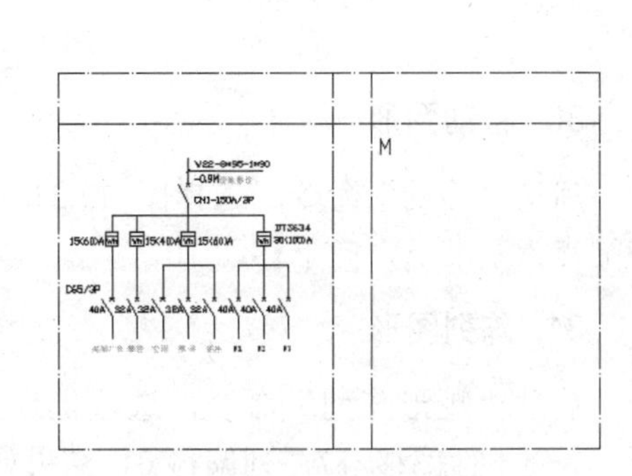


图 12.29　偏移直线(5)

### 27. 绘制直线

打开“图层特性管理器”对话框，把“绘图层”设置为当前层。启动“直线”命令，以图 12.29 中 M 点为起点，竖直向下绘制长度为 190 直线，水平向右绘制长度为 103 的直线，然后在不按鼠标按键的情况下向右拉伸追踪线，在命令行输入 5 个单位，即中间的空隙为 5，单击鼠标左键在此确定点 N，以 N 为起点，水平向右绘制长度为 55 的直线，然后启动“删除”命令，删除掉上步偏移复制的两条定位辅助线，如图 12.30 所示。

### 28. 插入断路器符号

启动“旋转”命令，将断路器符号旋转 90°，然后启动“移动”命令，将断路器符号插入到图 12.30 中直线 MN 上，最后启动“修剪”命令，修剪掉多余的直线，如图 12.31 所示。

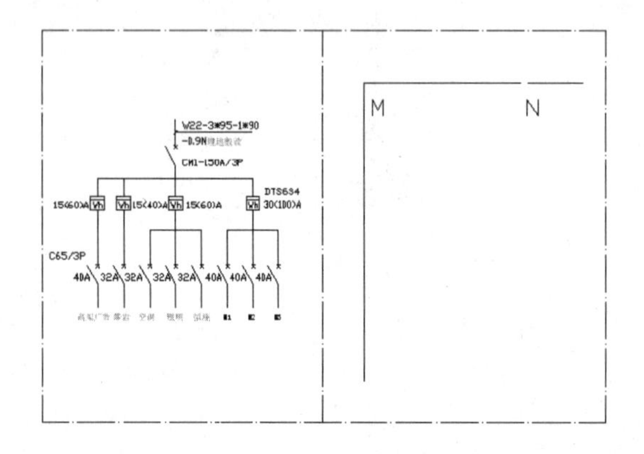


图 12.30　绘制直线图

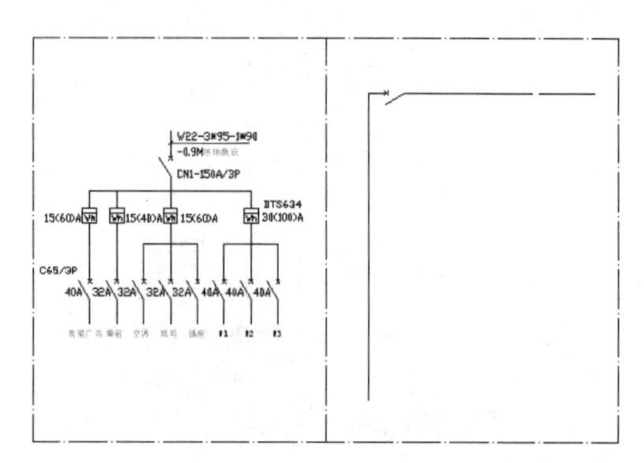


图 12.31　插入断路器

### 29. 添加注释文字

打开“图层特性管理器”对话框，把“标注层”设置为当前层。启动“文字”工具栏中的“多行文字”命令，添加注释文字，如图 12.32 所示。

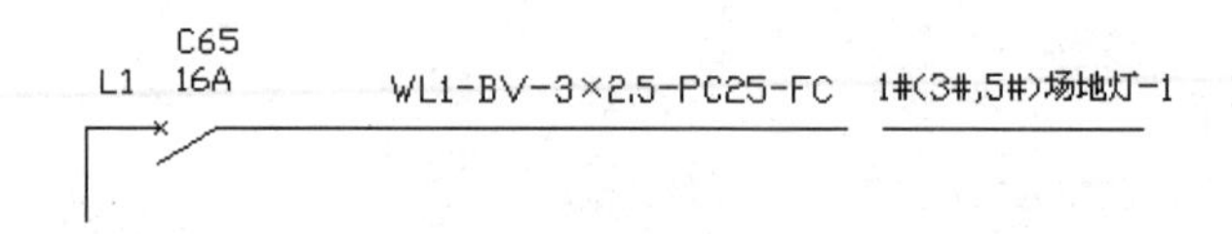


图 12.32　添加注释文字

### 30. 移动图形

启动“移动”命令，选择图 12.31 中绘制好的一个回路及注释文字为移动对象，以其左端点为基准点，向下移动 10。

### 31. 阵列图形

启动“矩形阵列”命令，选取上步中移动的回路及注释文字为阵列对象，阵列成 11 行、1 列，行偏移-17，列偏移 0，结果如图 12.33 所示。

### 32. 修改文字

双击要修改的文字，在编辑框中填入要修改的内容，回车即可。同理可以对其他的文字进行修改，修改结果如图 12.34 所示。

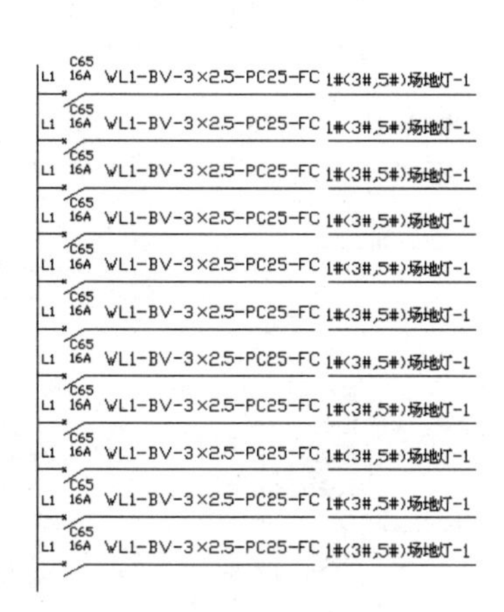


图 12.33　阵列结果

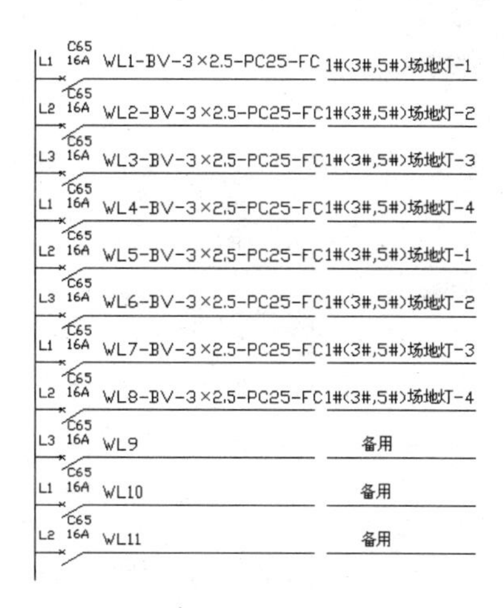


图 12.34　修改文字

### 33. 绘制直线

打开“图层特性管理器”对话框，把“绘图层”设置为当前层。启动“直线”命令，选择配电箱中部，以其为起点水平向左绘制长度为 42 的直线。

### 34. 插入断路器符号

启动“复制”命令，从已经绘制好的回路中复制断路器符号到图 12.35 中所示的位置，然后启动“修剪”命令，修剪掉多余的线段。启动“文字”工具栏中的“多行文字”命令，添加注释文字，如图 12.35 所示。

至此，网球场配电系统图绘制完毕，最终结果如图 12.1 所示。

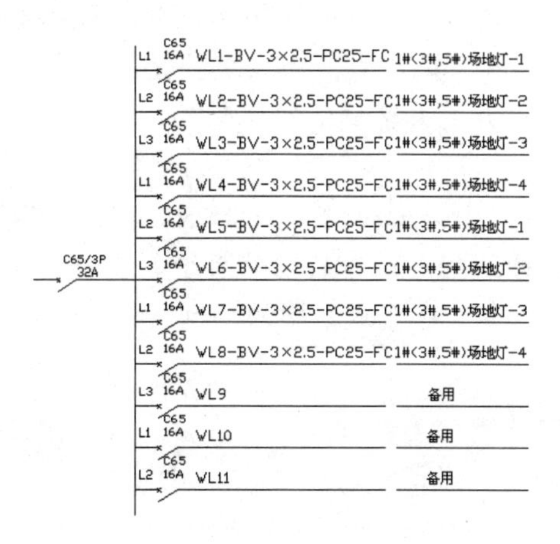


图 12.35　插入断路器

## 12.2 消防安全系统图

分析：图 12.36 所示是某一建筑物消防安全系统图，该建筑物消防安全系统主要由以下几个部分组成。

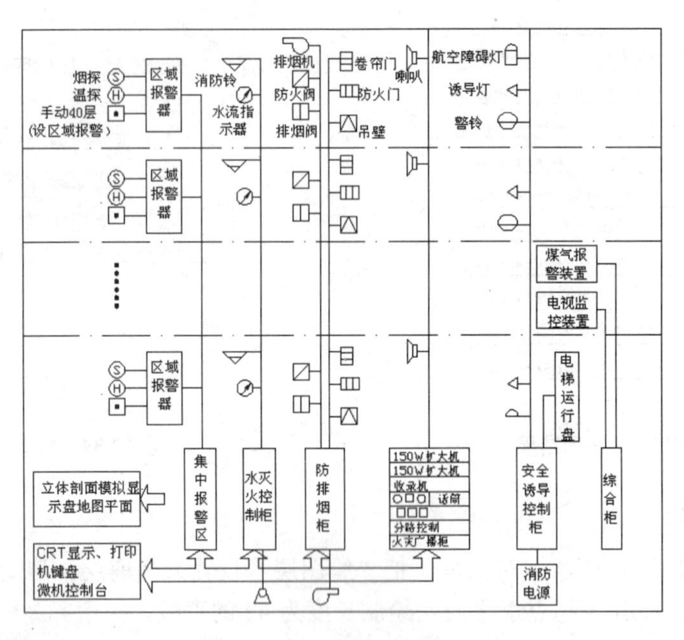

图 12.36 某建筑物消防安全系统图

(1) 火灾探测系统：主要分布在 1～40 层各个区域的多个探测器网络构成。图中 S-感烟探测器，H-感温探测器，手动装置主要供调试和平时检查试验用。

(2) 火灾判断系统：主要由各楼层区域报警器和大楼集中报警器组成。

(3) 通报与疏散诱导系统：由消防紧急广播、事故照明、避难诱导灯、专用电话等组成。当楼中人员听到火灾报警之后，可根据诱导灯的指示方向撤离现场。

(4) 灭火设施：由自动喷淋系统组成。当火灾广播之后，延时一段时间，总监控台使消防泵启动，建立水压，并打开着火区域消防水管的电磁阀，使消防水进入喷淋管路进行喷淋灭火。

(5) 排烟装置及监控系统：由排烟阀门、抽排烟机及其电气控制系统组成。

本图绘制思路是先确定图纸的大致布局，然后绘制各个元件和设备，并将元件及设备插入到结构图中，最后添加注释文字完成本图的绘制。

### 12.2.1 设置绘图环境

#### 1. 建立新文件

打开 AutoCAD 2014 应用程序，以 A4.dwt 样板文件为模板，建立新文件，将新文件命名为“某建筑物消防安全系统图.dwt”并保存。

2. 设置图层

一共设置以下 3 个图层：“绘图层”、“标注层”和“虚线层”，将“绘图层”设置为当前层，设置好的各图层的属性如图 12.37 所示。

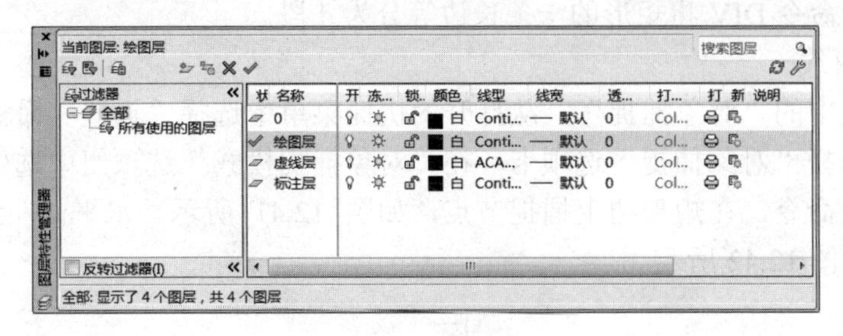


图 12.37　图层设置

## 12.2.2　图纸布局

1. 绘制辅助矩形

启动“矩形”命令，绘制一个长度为 160、宽度为 143 的矩形，并将其移动到合适的位置，结果如图 12.38 所示。

2. 分解矩形

启动“分解”命令，将矩形边框分解为直线。

3. 偏移直线

启动“偏移”命令，将图 12.38 所示的矩形上边框向下偏移，偏移距离为 29、52、75，选中偏移后的三条直线，将其图层特性设为“虚线层”，将矩形左边框向右偏移，偏移距离为 45、15、15、2、25、25，如图 12.39 所示。

图 12.38　辅助矩形

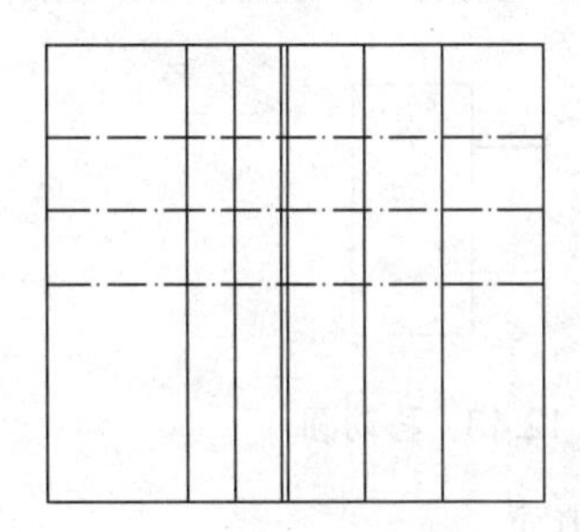

图 12.39　绘制辅助线

## 12.2.3　绘制各元件和设备符号

1. 绘制区域报警器标志框

1) 绘制矩形

启动“矩形”命令，绘制一个长度为 18、宽度为 9 的矩形，如图 12.40 所示。

2) 分解矩形

启动“分解”命令，将矩形边框分解为直线。

3) 等分矩形边

用定数等分命令 DIV 将矩形的一条长边等分为 4 段。

4) 绘制短直线

右击状态栏中的“对象捕捉”，从打开的快捷菜单中选择“设置”命令打开“草图设置”对话框，选择“对象捕捉”选项卡，在“对象捕捉模式”选项组中选中“节点”。然后启动“直线”命令，在矩形边上捕捉节点，如图 12.41 所示，水平向左绘制长度为 5.5 的直线，结果如图 12.42 所示。

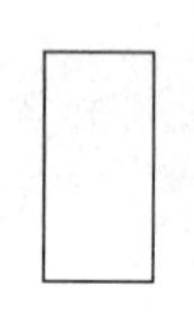

图 12.40　绘制矩形

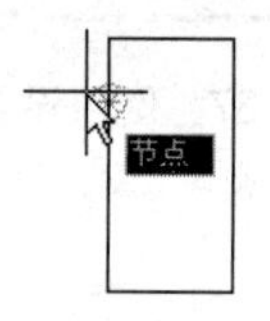


图 12.41　捕捉节点

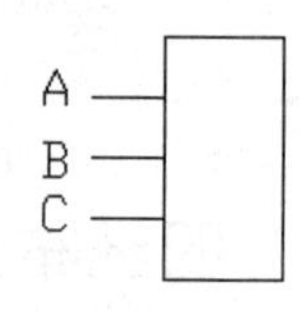


图 12.42　绘制短线

5) 绘制圆

启动“圆”命令，以图 12.42 中 A 点为圆心，绘制半径为 2 的圆。

6) 移动圆

启动“移动”命令，以圆心为基准点水平向左移动 2，如图 12.43 所示。

7) 复制圆

启动“复制”命令，将上一步移动的圆形竖直向下复制一个，复制距离为 4.5，如图 12.44 所示。

8) 绘制矩形

启动“矩形”命令，绘制长为 4、宽为 4 的矩形，捕捉矩形右边框中点，启动“移动”命令，以其为移动基准点，以图 12.44 中 C 点为移动目标点移动，结果如图 12.45 所示。

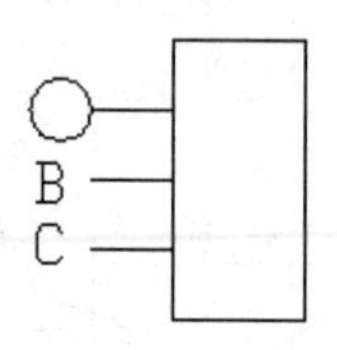


图 12.43　移动圆

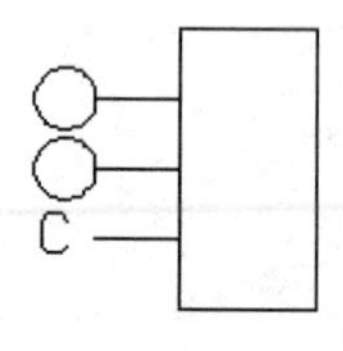


图 12.44　复制圆

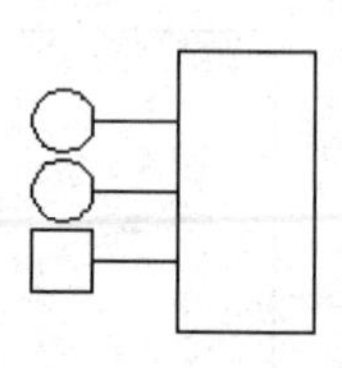

图 12.45　绘制矩形

9) 填充

① 启动“圆”命令，捕捉图 12.45 中小正方形中心，以其为圆心绘制半径为 0.5 的圆。

② 启动“绘图”工具栏中的“图案填充”命令，用 SOLID 图案填充所要填充的图形，如图 12.46 所示。

10) 添加文字

打开“图层特性管理器”对话框，把“标注层”设置为当前层。启动“文字”工具栏中的“多行文字”命令，样式为 Standard，字体高度为 2.5，添加文字后结果如图 12.47

所示。

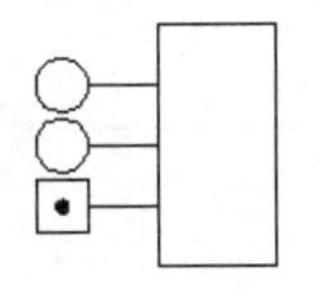

图 12.46　填充圆

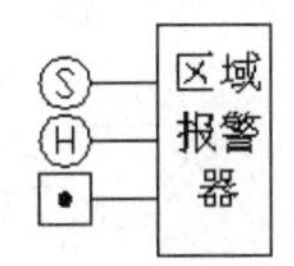


图 12.47　添加文字

11) 移动图形

启动“移动”命令，移动图 12.47 所示的图形到图 12.39 中合适的位置，并且启动“直线”命令，添加连接线，结果如图 12.48 所示。

12) 复制图形

启动“复制”命令，将移动到图 12.48 中的图形向下复制两份，复制距离分别为 25 和 72，如图 12.49 所示。

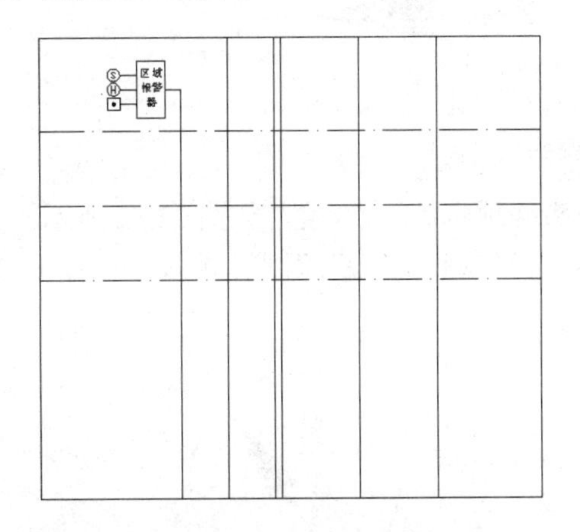

图 12.48　放置区域报警器

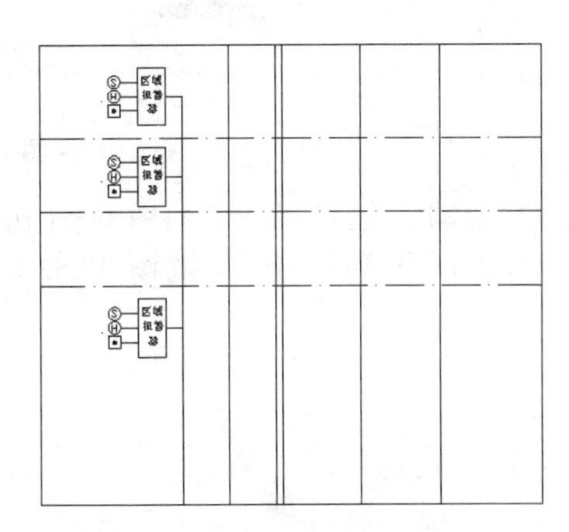

图 12.49　复制图形

### 2. 绘制消防铃与水流指示器

1) 绘制消防铃

① 绘制直线。启动“直线”命令，绘制长度为 6 的水平直线 1。捕捉直线 1 的中点，以其为起点竖直向下绘制长度为 3 的直线 2，分别以直线 1 左右端点为起点，直线 2 下端点为终点绘制斜线 3 和 4，如图 12.50(a)所示。

② 偏移直线。启动“偏移”命令，将直线 1 向下偏移，偏移距离为 1.5。

③ 修剪图形。启动“修剪”命令，以斜线 3 和 4 为修剪边，修剪上一步所偏移的直线，然后启动“删除”命令，删除直线 2，如图 12.50(b)所示，即为绘制完成的消防铃符号。

2) 绘制水流指示器

① 绘制圆。启动“圆”命令，以屏幕上合适位置为圆心，绘制半径为 2 的圆。

② 插入“箭头”块。启动“插入”|“块”命令，弹出“插入”对话框。在“名称”后面的下拉列表框中选择“箭头”块;“插入点”选择“在屏幕上指定”；“缩放比例”选择“统一比例”；在 X 后面的空白格输入 0.05；“旋转”选择“在屏幕上指定”，“块单

位”为“毫米”，“比例”为 1。单击“确定”按钮，回到绘图屏幕，结果如图 12.51(a)所示。

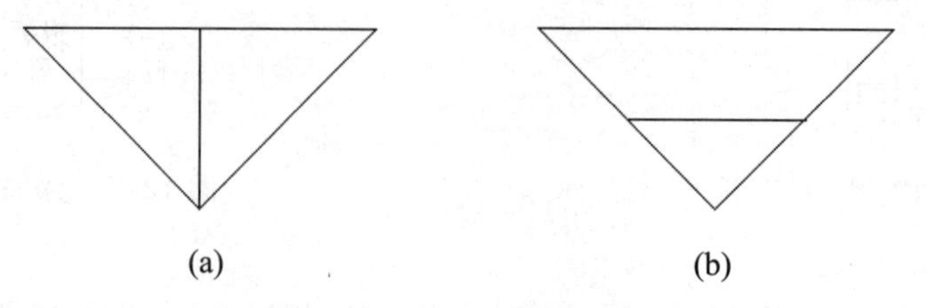

(a)　　(b)

图 12.50　绘制消防铃

③ 绘制直线。启动“直线”命令，捕捉图 12.51(a)箭头中竖直线的中点，水平向左绘制长为 2 的直线，如图 12.51(b)所示。

(a)　　(b)

图 12.51　箭头

④ 启动“旋转”命令，将图 12.51(b)中的箭头绕顶点旋转 50 度，如图 12.52 所示。

⑤ 启动“复制”命令，将图 12.52 绘制的箭头复制到上一步绘制的圆中，如图 12.53 所示。

图 12.52　旋转箭头

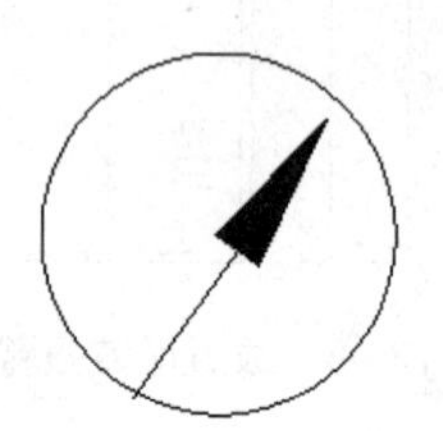

图 12.53　水流指示器

3) 移动图形

启动“移动”命令，将上面绘制的消防铃和水流指示器符号插入到图 12.49 中合适的位置，并且启动“直线”命令，添加连接线，部分图形如图 12.54 所示。

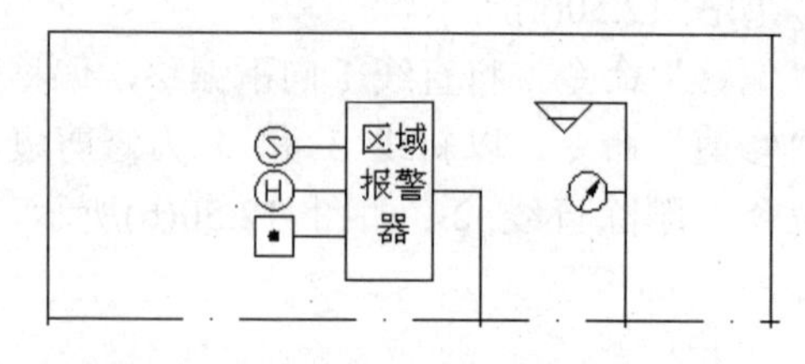


图 12.54　放置消防铃与水流指示器

4) 复制图形

启动“复制”命令，将移动到图 12.54 中的消防铃和水流指示器符号向下复制两份，复制距离分别为 25 和 72，如图 12.55 所示。

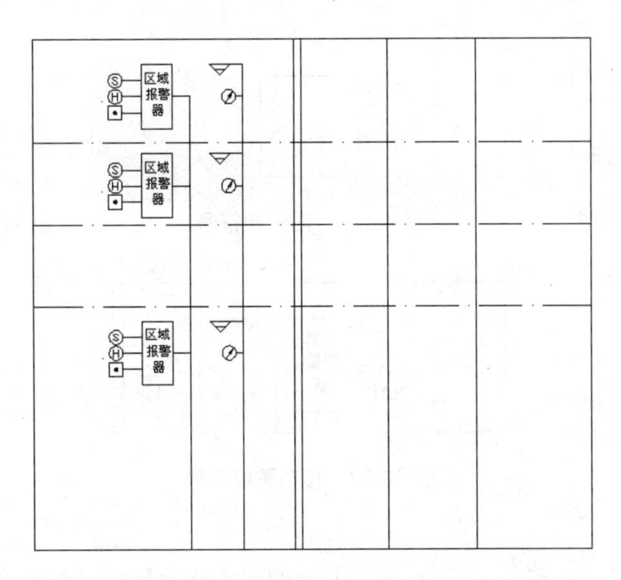


图 12.55　复制图形

### 3. 绘制排烟机、防火阀与排烟阀

1) 绘制排烟机

① 绘制圆。启动“圆”命令，以屏幕上合适位置为圆心，绘制半径为 2 的圆。

② 绘制直线。启动“直线”命令，捕捉圆的上象限点，以其为起点水平向左绘制长度为 4.5 的直线。

③ 偏移直线。启动“偏移”命令，将上一步绘制的直线向下偏移，偏移距离为 1.5，然后启动“直线”命令，连接两条水平直线的左端点，如图 12.56(a)所示。

④ 修剪图形。启动“修剪”命令，修剪掉多余的线段，结果如图 12.56(b)所示。

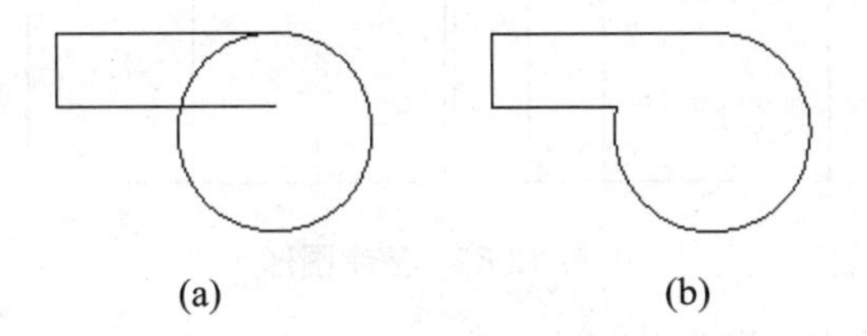

(a)　　(b)

图 12.56　绘制排烟机

2) 绘制防火阀与排烟阀

① 绘制矩形。启动“矩形”命令，绘制长度为 4、宽度为 4 的矩形，如图 12.57 所示。

② 绘制斜线。启动“直线”命令，连接点 B 与点 D，如图 12.58 所示，即为绘制完成的防火阀符号。

③ 绘制直线。启动“复制”命令，将图 12.57 所示的图形复制一份，启动“直线”命令，连接 AB 与 CD 的中点，如图 12.59 所示，即为绘制完成的排烟阀符号。

3) 移动图形

启动“移动”命令，将上面绘制的排烟机、防火阀与排烟阀符号插入到图 12.55 中合适的位置，并且启动“直线”命令，添加连接线，部分图形如图 12.60 所示。

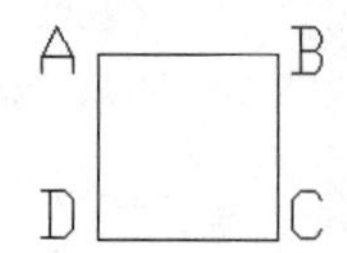


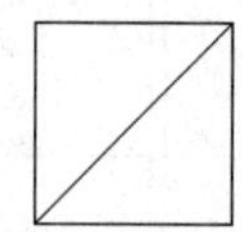

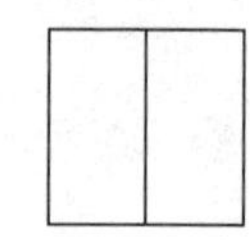

图 12.57　绘制矩形　　图 12.58　防火阀符号　　图 12.59　排烟阀符号

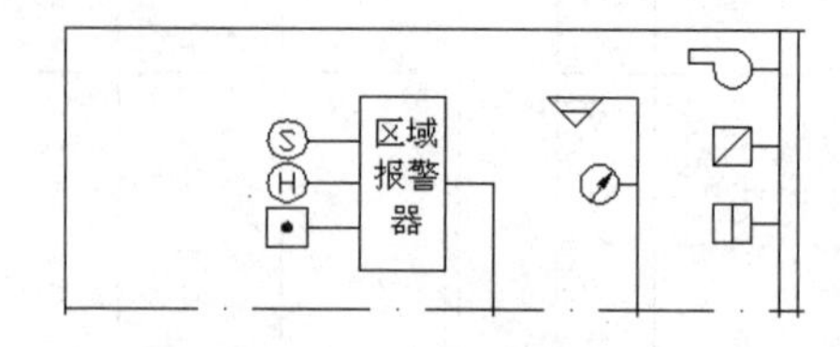


图 12.60　移动图形符号

4) 复制图形

启动“复制”命令，将移动到图 12.60 中的防火阀与排烟阀符号向下复制两份，复制距离分别为 25 和 72，如图 12.61 所示。

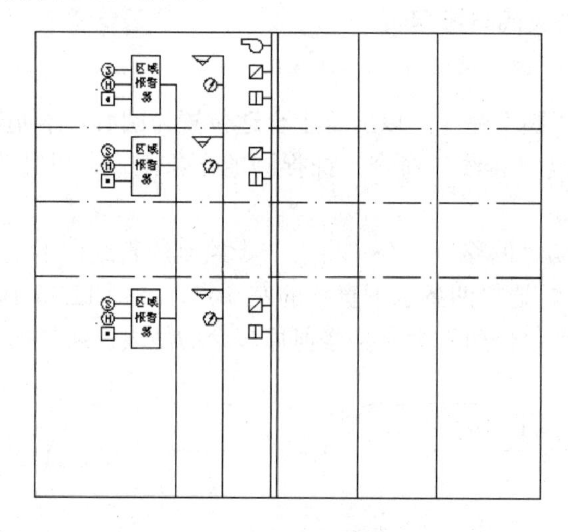

图 12.61　复制图形

### 4. 绘制卷帘门、防火门和吊壁

1) 绘制卷帘门与防火门

① 启动“矩形”命令，绘制一个宽度为 3、长度为 4.5 的矩形，并将其移动到合适的位置，结果如图 12.62 所示。

② 等分矩形边为 4 段。

③ 绘制水平直线。启动“直线”命令，捕捉矩形等分节点，以其为起始点水平向右绘制长度为 3 的直线，结果如图 12.63 所示，即为绘制完成的卷帘门符号。

④ 旋转图形。在卷帘门符号的基础上，启动“旋转”命令，将图 12.63 所示的图形旋转 90°，如图 12.64 所示，即为绘制完成的防火门符号。

2) 绘制吊壁

① 启动“矩形”命令，绘制一个宽度为 4、长度为 4 的矩形，并将其移动到合适的位

置，结果如图 12.65 所示。

图 12.62　绘制矩形　　图 12.63　卷帘门符号

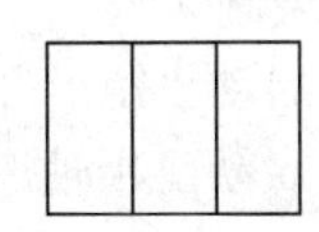

图 12.64　防火门符号

② 启动“直线”命令，捕捉矩形上边框中点，以其为起点，点 M 与点 N 为终点绘制斜线，如图 12.65(b)所示，即为绘制完成的吊壁符号。

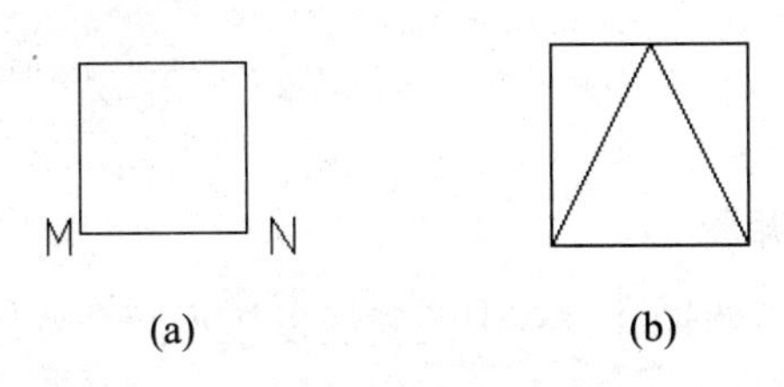


图 12.65　吊壁符号

3) 移动图形

启动“移动”命令，将上面绘制的卷帘门、防火门与吊壁符号插入到图 12.61 中合适的位置，并且启动“直线”命令，添加连接线，部分图形如图 12.66 所示。

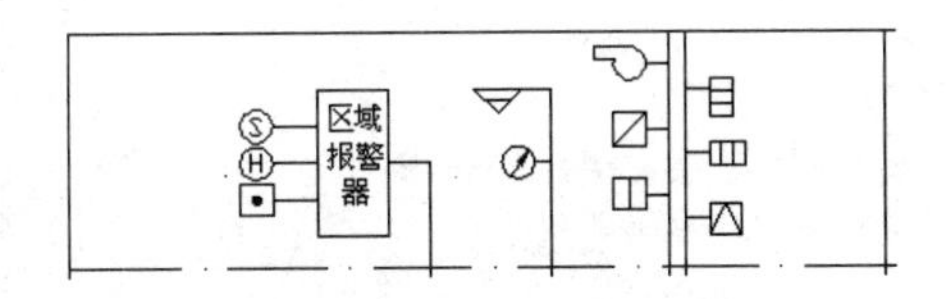


图 12.66　移动图形

4) 复制图形

启动“复制”命令，将移动到图 12.66 中的卷帘门、防火门和吊壁符号向下复制两份，复制距离分别为 25 和 72，同时启动“修剪”命令，修剪掉多余的线段，如图 12.67 所示。

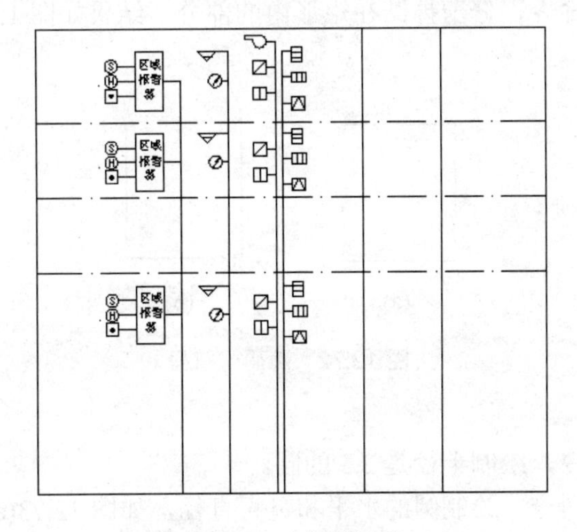

图 12.67　复制图形

### 5. 绘制喇叭、障碍灯、诱导灯和警铃

1) 绘制喇叭

① 启动“矩形”命令，绘制一个长为 3、宽为 1 的矩形，结果如图 12.68 所示。

② 启动“极轴追踪”，并将“增量角”设置为 45°。启动“直线”命令，关闭“正交”模式，绘制一定长度为 2 的斜线，如图 12.69 所示。

图 12.68　绘制矩形　　　图 12.69　绘制斜线

③ 启动“镜像”命令，将图 12.69 中的斜线以矩形两个宽边的中点为镜像线，对称复制到下边，如图 12.70 所示。

④ 启动“直线”命令，连接两斜线端点，如图 12.71 所示，即为喇叭的图形符号。

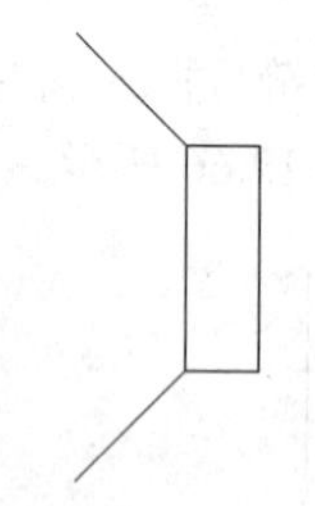

图 12.70　镜像图形

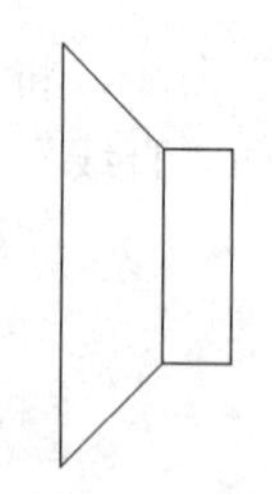

图 12.71　喇叭符号

2) 绘制障碍灯

① 启动“矩形”命令，绘制一个长度为 3.5、宽度为 3 的矩形，如图 12.72(a)所示。

② 启动“圆”命令，以矩形上边中点为圆心，绘制半径是 1.5 的圆。

③ 启动“修剪”命令，修剪掉圆在矩形内的部分，结果如图 12.72(b)所示。

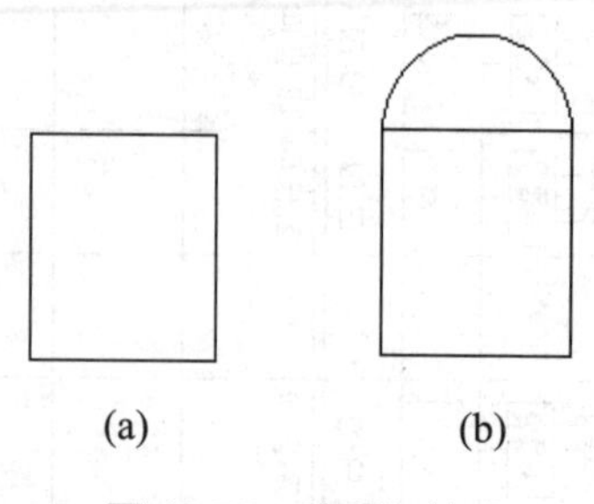


图 12.72　障碍灯符号

3) 绘制警铃符号

① 启动“圆”命令，绘制半径是 2.5 的圆。

② 启动“直线”命令，绘制圆的水平和竖直直径，如图 12.73(a)所示。

③ 启动“偏移”命令，将上步绘制的水平直径向下偏移，偏移距离为 1.5，竖直直径

向左右偏移，偏移距离均为 2，如图 12.73(b)所示。

④ 启动“直线”命令，分别连接图 12.73(b)中点 P 与点 T、点 q 与点 S。

⑤ 启动“修剪”命令，修剪掉多余的线段，结果如图 12.73(c)所示，即为绘制完成的警铃符号。

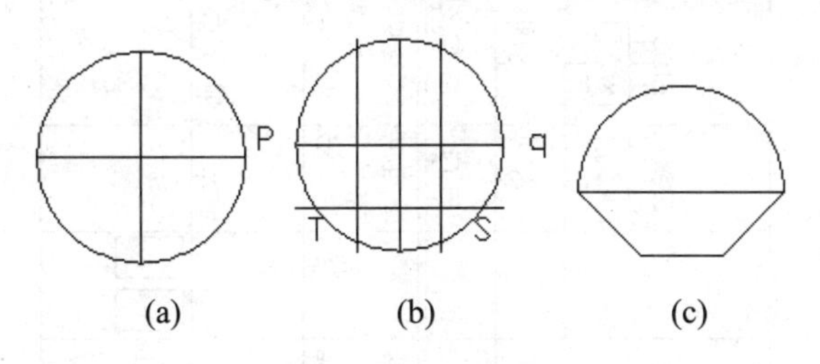


图 12.73　警铃符号

4) 诱导灯符号

用正多边形命令绘制边长为 3 的正三角形，如图 12.74 所示。

5) 移动图形

启动“移动”命令，将上面绘制的喇叭、航空障碍灯、警铃与诱导灯符号插入到图 12.67 中合适的位置，并且启动“直线”命令，添加连接线，部分图形如图 12.75 所示。

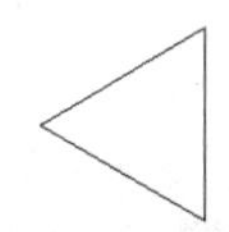

图 12.74　诱导灯符号

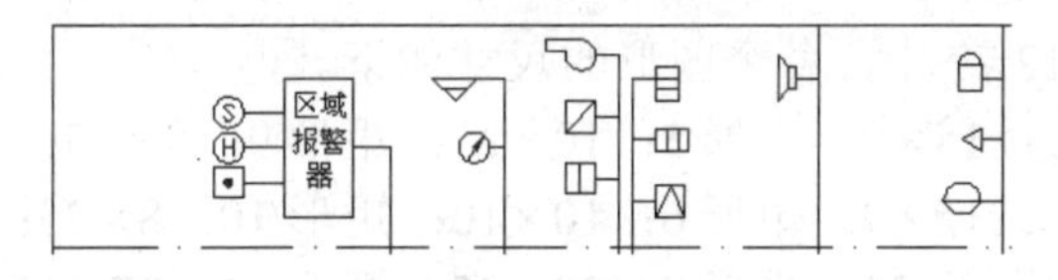


图 12.75　移动图形

6) 复制图形

启动“复制”命令，将移动到图 12.75 中的喇叭和诱导灯符号向下复制两份，复制距离分别为 25 和 72，将警铃符号向下复制一份，复制距离为 25，同时启动“修剪”命令，修剪掉多余的线段，并且补充绘制其他图形，如图 12.76 所示。

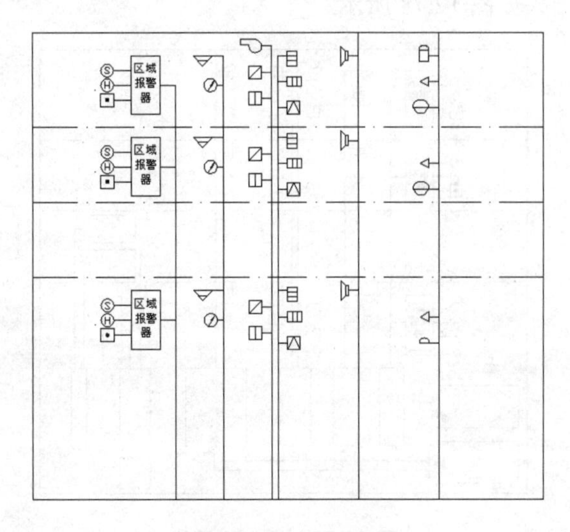


图 12.76　复制图形

### 6. 绘制其他设备标志框

启动“矩形”命令，绘制一系列矩形，以下矩形为各主要组成部分在图 12.77 中的位置分布。

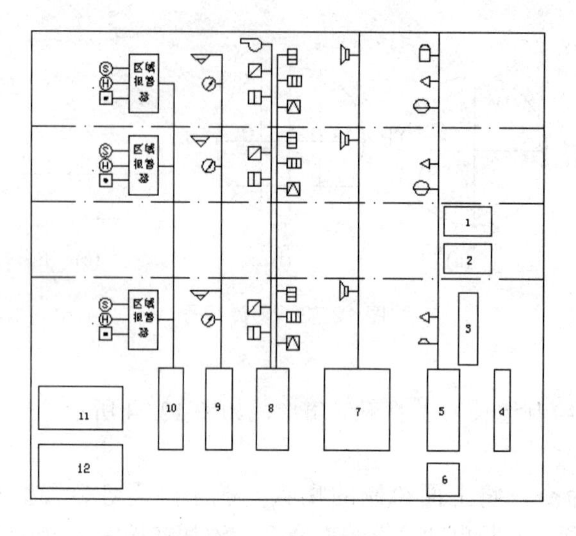


图 12.77　图纸布局

在图 12.77 中，各个图形的尺寸如下。

矩形 1：15×9；矩形 5：10×25；矩形 9：8×25；

矩形 2：15×9；矩形 6：10×10；矩形 10：8×25；

矩形 3：6×22；矩形 7：20×25；矩形 11：27×13.5；

矩形 4：5×25；矩形 8：10×25；矩形 12：27×13.5。

### 7. 添加连接线

添加连接线实际上就是用导线将图中相应的模块连接起来，实际上很简单，只需要执行一些简单的操作。启动“直线”命令，绘制导线，然后启动“移动”命令，将各个导线移动到合适的位置，结果如图 12.78 所示。

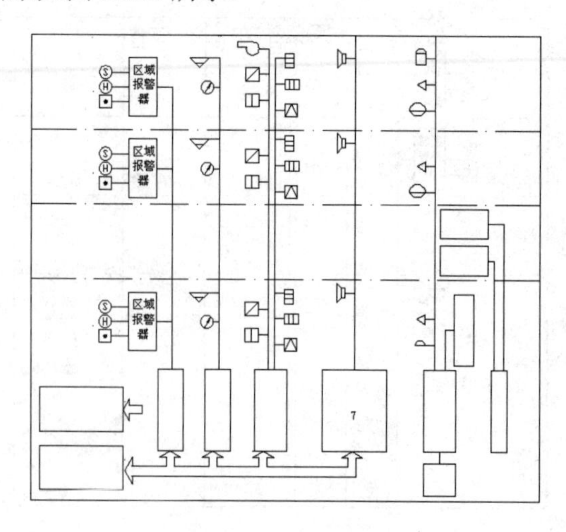


图 12.78　添加连接线

### 8. 添加各部件文字

将“标注层”设置为当前层，在对应的矩形中间和各元件旁边加入各主要部分的文字。首先启动“分解”命令，将图 12.78 中的矩形 7 边框分解为直线，然后等分矩形 7 的长边为 7 段。

最后启动“直线”命令，以各个节点为起点水平向右绘制直线，长度为 20，如图 12.79 所示。

启动“文字”工具栏中的“多行文字”命令，此时在屏幕上将会跳出一个工具条并出现添加文字的空白格，在“文字格式”工具条内，可以设置字体、文字大小、文字风格、文字排列样式等。读者可以根据自己的需要在工具条中设置好合适的文字样式，将光标移动到下面的空白格，在空白格内添加需要的文字内容，最后单击“确定”按钮。

如果觉得文字的位置不理想，可以选定文字，将文字移动到需要的位置，添加完文字后结果如图 12.80 所示。

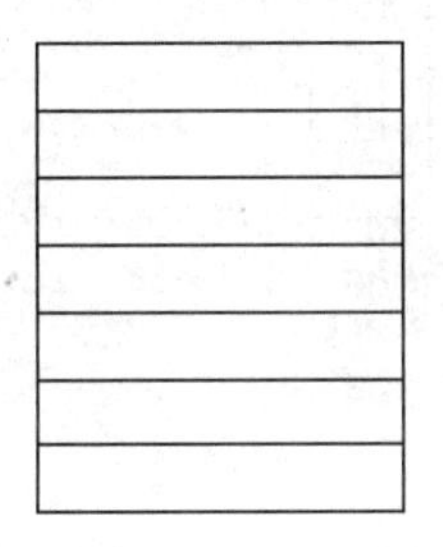

图 12.79　绘制直线

图 12.80　添加文字

再次启动“文字”工具栏中的“多行文字”命令，添加其他文字，结果如图 12.81 所示。仔细检查图形，补充绘制消防泵、送风机等其他图形，最终结果如图 12.36 所示。

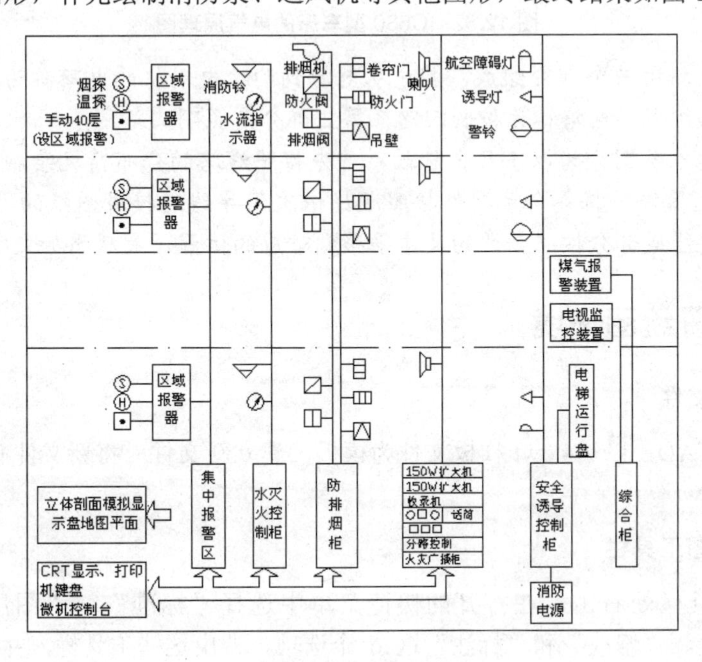


图 12.81　添加文字

# 12.3 车床电气原理图

C630 型车床的电气原理图如图 12.82 所示，从图中可以看出，C630 型车床的主电路有两台电动机，主轴电动机 M1 拖动主轴旋转，采用直接启动。电动机 M2 为冷却泵电动机，用转换开关 QS2 操作其启动和停止。M2 由熔断器 FU1 作短路保护，热继电器 FR2 作过载保护，M1 只有 FR1 过载保护。合上总电源开关 QS1 后，压下启动 SB2，接触器 KM 吸合并自锁，M1 启动并运转。要停止电动机时，压下停止 SB1 即可。由变压器 T 将 380V 交流电压转变成 36V 安全电压，供照明灯 EL。

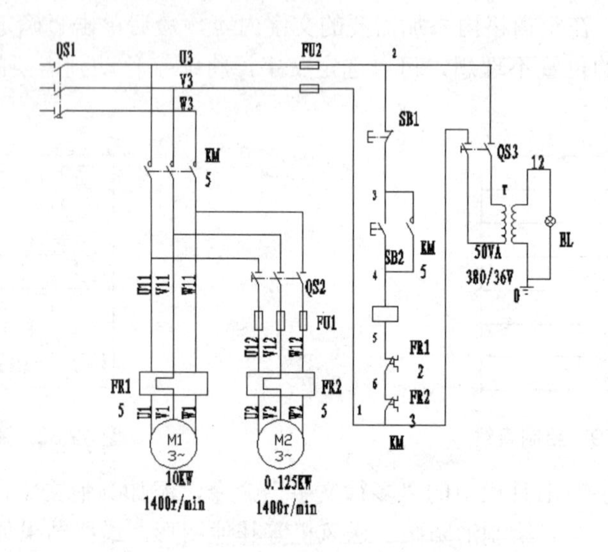


图 12.82　C630 型车床的电气原理图

分析：该电路由三个部分组成，其中从电源到两台电动机的电路称为主回路；而由继电器、接触器等组成的电路称为控制回路，第三部分是照明回路。

绘制这样的电气图分为以下几个阶段，首先按照线路的分布情况绘制主连接线。然后分别绘制各个元器件，将各个元器件按照顺序依次用导线连接成图纸的 3 个主要组成部分，把 3 个主要组成部分按照合适的尺寸平移到对应的位置，最后添加文字注释。

## 12.3.1 设置绘图环境

### 1. 建立新文件

打开 AutoCAD，以 A4.dwt 样板文件为模板，建立新文件，将新文件命名为“C630 车床电气原理图.dwt”并保存。

### 2. 设置绘图工具栏

在任意工具栏处右击，在打开的快捷菜单中选择“标准”、“图层”、“对象特性”、“绘图”、“修改”和“标注”这 6 个选项，调出这些工具栏，并将它们移动到绘图窗口中的适当位置。

### 3. 开启栅格

单击状态栏中的“栅格”，或者使用快捷键 F7，在绘图窗口中显示栅格，命令行中会提示“命令：<栅格 开>”。若想关闭栅格，可以再次单击状态栏中的“栅格”，或者使用快捷键 F7。

## 12.3.2　绘制主连接线

### 1. 绘制水平线

启动“直线”命令，绘制长度为 435 直线，绘制结果如图 12.83 所示。

### 2. 偏移水平线

启动“偏移”命令，以图 12.83 所示直线为起始，向下绘制两条水平直线 2 和 3，偏移量为 24，如图 12.84 所示。

图 12.83　绘制水平直线　　　图 12.84　偏移直线

### 3. 绘制竖直直线

启动“偏移”命令，并启动“对象追踪”功能，用鼠标分别捕捉直线 1 和直线 3 的左端点，连接起来，得到直线 4，如图 12.85 所示。

### 4. 拉长直线

用 LENGTHEN 命令把直线 4 竖直向下拉长 30。

结果如图 12.86 所示。

图 12.85　绘制竖直直线　　　图 12.86　拉长直线

### 5. 偏移直线

启动“偏移”命令，以直线 4 为起始，依次向右绘制一组竖直直线，偏移量依次为 76、24、24、166、34、111，如图 12.87 所示。

启动“修剪”和“删除”命令，对图形进行修剪，并删除掉直线 4。

结果如图 12.88 所示。

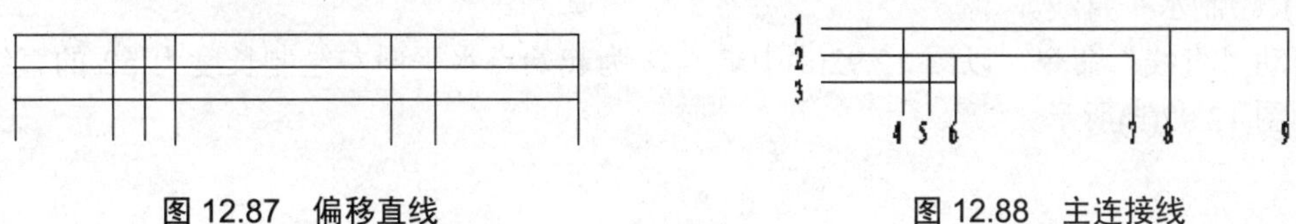


图 12.87　偏移直线　　　图 12.88　主连接线

## 12.3.3　绘制主要电气元件

### 1. 绘制电动机符号

1) 绘制整圆

启动“圆”命令，在屏幕上合适位置选择一点作为圆心，绘制一个半径为 25 的圆，结果如图 12.89(a)所示。

2) 添加文字

启动“文字”工具栏中的“多行文字”命令，弹出“文字格式”对话框，选择“A4 文字样式”在各个元件的旁边撰写元件的符号，调整其位置，以对齐文字。

添加注释文字后的结果如图 12.89(b)所示。

### 2. 绘制转换开关

(1) 选择“插入”|“块”命令，系统弹出“插入”对话框，如图 12.90(a)所示。单击“浏览”按钮，选择“普通开关”图块为插入对象，“插入点”选择在屏幕上指定，其他按照默认值即可，然后单击“确定”按钮。插入的普通开关如图 12.90(b)所示。

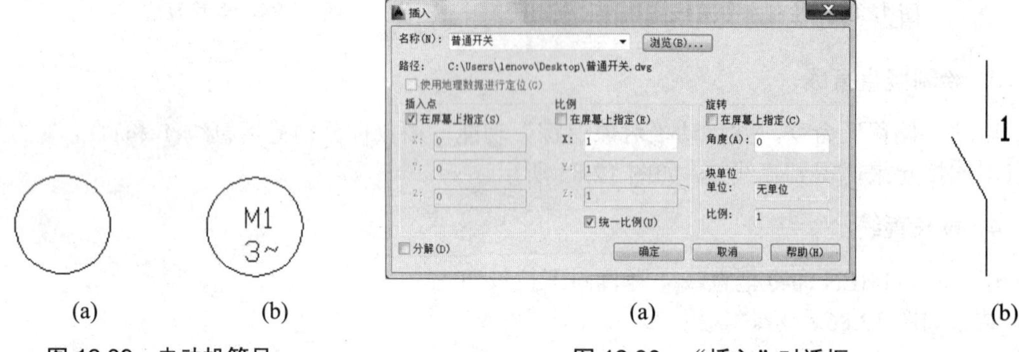


(a)　(b)

图 12.89　电动机符号

(a)　(b)

图 12.90　“插入”对话框

(2) 绘制水平直线。

启动“直线”命令，以端点 1 为起始点水平向右绘制长度为 3 的直线，绘制结果如图 12.91(a)所示。

(3) 镜像直线。

将直线 2 以直线 1 为镜像线进行镜像复制，结果如图 12.91(b)所示。

(4) 阵列图形。

启动“矩形阵列”命令，选择图 12.91(b)所示的图形为阵列对象，设置阵列“行”为 1，“列”为 3，“行偏移”为 0，“列偏移”为 24，“阵列角度”为 0，结果如图 12.92(a)所示。

(5) 绘制水平直线。

启动“直线”命令，以图 12.92(a)中端点 2 为起始点水平向左绘制长度为 52 的直线，结果如图 12.92(b)所示。

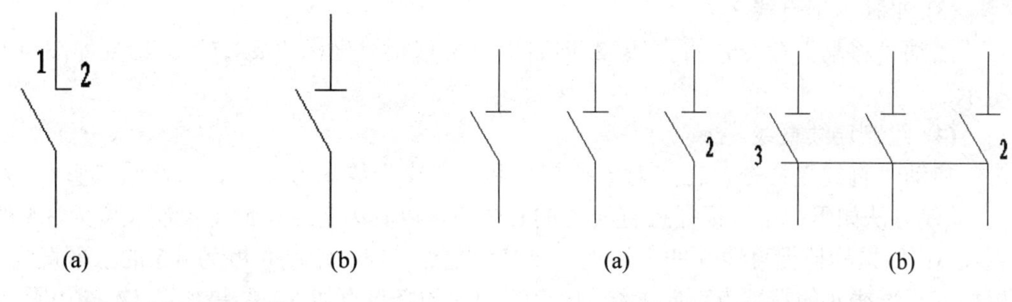


图 12.91　镜像直线　　　　图 12.92　阵列结果

(6) 绘制竖直直线。

启动“直线”命令，以图 12.92(b)中端点 3 为起始点竖直向下绘制 3 直线，绘制结果如图 12.93(a)所示。

(7) 镜像直线。

启动“镜像”命令，将刚绘制的竖直直线以 2、3 点连线为镜像线复制一份，镜像后的结果如图 12.93(b)所示。

(8) 平移直线。

启动“移动”命令，将水平直线和竖直短线向左移动 3.5，向上移动 6。移动后的结果如图 12.93(c)所示。

(9) 更改图形对象的图层属性。

选中水平直线，将其图层属性设置为“虚线层”。更改图层后的结果如图 12.93(c)所示。

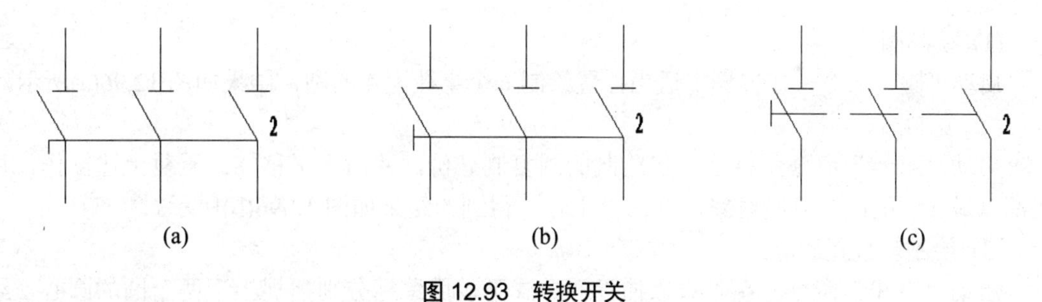


图 12.93　转换开关

**3. 绘制总电源开关**

启动“旋转”命令，将转换开关绕点 2 旋转 90°，旋转后的结果如图 12.94 所示。

**4. 绘制热继电器**

(1) 选择“插入”|“块”命令，系统弹出“插入”对话框。单击“浏览”按钮，选择“开关”图块为插入对象，“插入点”选择在屏幕上指定，其他按照默认值即可，然后单击“确定”按钮。插入的开关如图 12.95(a)所示。

(2) 绘制水平直线 2。

启动“直线”命令，以图 12.95(a)中直线 1 上端点为起始点水平向右绘制长为 5.5 的直线，结果如图 12.95(b)所示。

(3) 平移水平直线 2。

启动“移动”命令，将直线 2 向右上方平移相对坐标“@4,7”。结果如图 12.95(c)所示。

(4) 绘制连续直线。

启动“直线”命令，在“对象捕捉”和“正交”绘图方式下，依次绘制直线 3、4、5。绘制方法如下：用鼠标捕捉直线 2 的右端点，以其为起点，向上绘制长度为 3.5 的竖直直线 3；用鼠标捕捉直线 3 的上端点，以其为起点，向右绘制长度为 4.5 的水平直线 4；用鼠标捕捉直线 4 的右端点，向上绘制长度为 4.5 的竖直直线 5，结果如图 12.95(d)所示。

(5) 镜像直线。

启动“镜像”命令，以直线 2 为镜像线，对直线 3、4、5 做镜像操作。结果如图 12.95(e)所示。

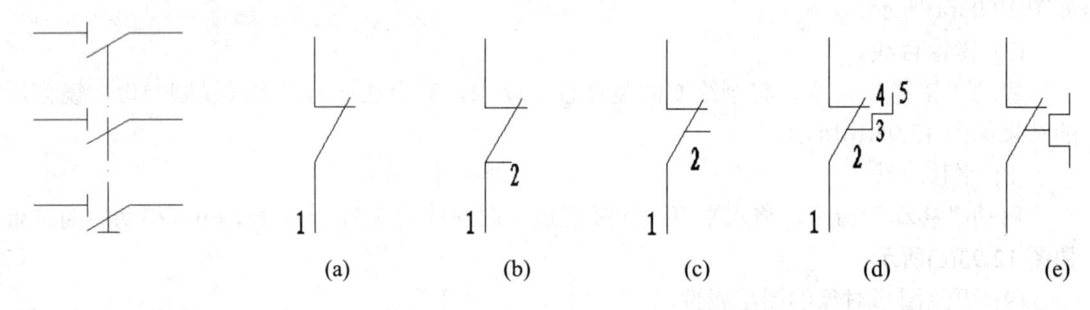


图 12.94　电源开关　　　　图 12.95　完成绘制

## 5. 绘制变压器

(1) 绘制圆。

启动“圆”命令，在屏幕中适当位置绘制一个半径为 4 的圆，结果如图 12.96(a)所示。

(2) 复制圆。

启动“复制”命令，将上一步绘制的圆复制一份，并向下平移 8。重复上述操作，每次都以最下面的圆为复制对象，并向下平移，得到的结果如图 12.96(b)所示。

(3) 绘制竖直直线。

启动“直线”命令，在“对象捕捉”方式下，用鼠标分别捕捉上下两个圆的圆心，绘制竖直直线 ab，如图 12.96(c)所示。

(4) 将直线 ab 拉长 4。

结果如图 12.96(d)所示。

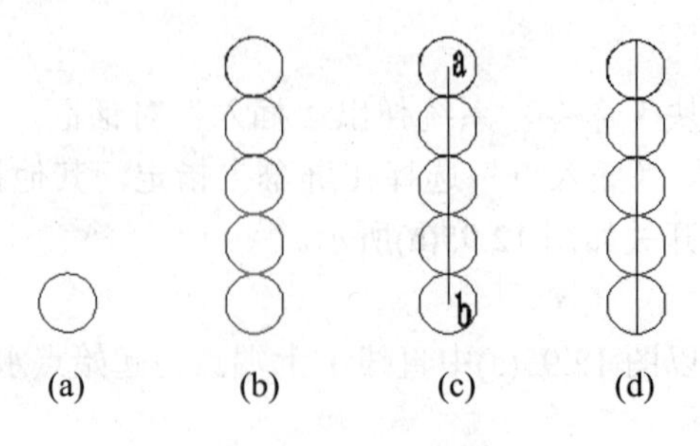


图 12.96　变压器

(5) 修剪图形。

启动“修剪”命令，以竖直直线为剪切边，对圆进行修剪，修剪结果如图 12.97(a)所示。

(6) 平移直线。

启动“移动”命令，将直线 ab 向右平移 7，平移后结果如图 12.97(b)所示。

(7) 镜像图形。

启动“镜像”命令，选择 5 段半圆弧为镜像对象，以竖直直线为镜像线，做镜像操作，得到竖直直线右边的一组半圆弧，启动“删除”命令，删除掉竖直直线，如图 12.97(c)所示。

(8) 绘制连接线。

启动“直线”命令，在“对象捕捉”和“正交”绘图方式下，用鼠标捕捉 A 点，以其为起点，向左绘制一条长度为 12 的水平直线。重复上面的操作，以 B 为起点，向左绘制长度为 12 的水平直线。用鼠标捕捉 C 点、D 点分别向右绘制长度为 12 的水平直线，作为变压器的输入输出连接线，如图 12.97(d)所示。

### 6. 绘制指示灯

(1) 绘制圆。

启动“圆”命令，在屏幕中适当位置绘制一个半径为 5 的圆，结果如图 12.98(a)所示。

(2) 绘制灯芯线。

启动“直线”命令，在“对象捕捉”和“极轴”绘图方式下，用鼠标捕捉圆心，以其为起点，分别绘制与水平方向成 45°、长度都为 5 的直线 1 和 2，以及以圆心为起点、与水平方向成 45°、长度为 5 的直线 3 和 4，如图 12.98(b)所示。

(3) 绘制连接线。

启动“直线”命令，用鼠标捕捉圆心，以其为起点，分别竖直向上、向下绘制长度都为 15 的直线。

(4) 修剪图形。

启动“修剪”命令，修剪掉多余的直线，修剪结果如图 12.98(c)所示。

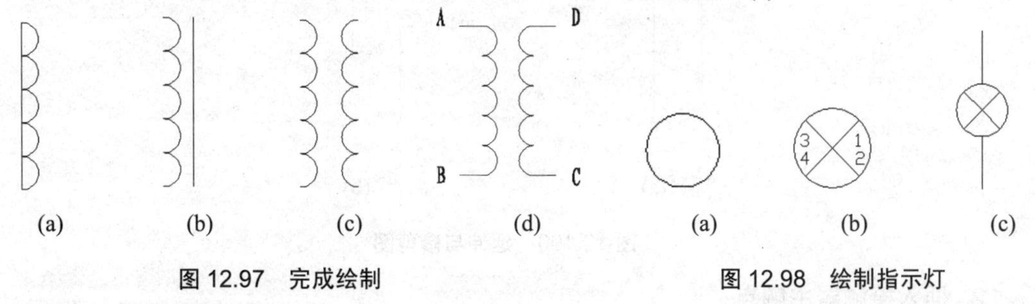


图 12.97　完成绘制　　　　图 12.98　绘制指示灯

## 12.3.4　绘制主回路

### 1. 连接主电动机 M1 与热继电器

(1) 选择“插入”|“块”命令，系统弹出“插入”对话框。单击“浏览”按钮，选择

“热继电器”图块为插入对象，“插入点”选择在屏幕上指定，其他按照默认值即可，然后单击“确定”按钮。插入的热继电器如图 12.99(a)所示。

(2) 绘制直线。

启动“直线”命令，用鼠标捕捉电动机符号的圆心，以其为起点，竖直向上绘制长度为 36 的直线，如图 12.99(b)所示。

(3) 连接主电动机 M1 与热继电器。

启动“移动”命令，选择整个电动机为平移对象，用鼠标捕捉图 12.99(b)中直线端点 1 为平移基点，移动图形，并捕捉图 12.99(a)所示热继电器中间接线头 2 为目标点，平移后的结果如图 12.99(c)所示。

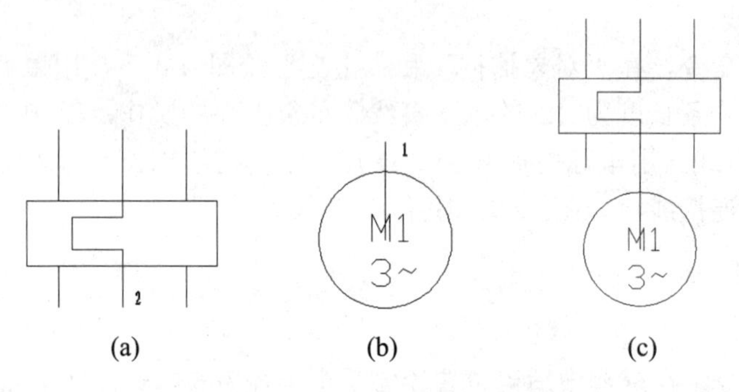


(a)　　(b)　　(c)

图 12.99　连接图

(4) 延伸直线。

启动“延伸”命令，选择电动机符号圆作为边界边，选择热继电器左右接线头为延伸边，延伸结果如图 12.100(a)所示。

(5) 修剪直线。

启动“修剪”命令，修剪掉多余的直线，修剪结果如图 12.100(b)所示。

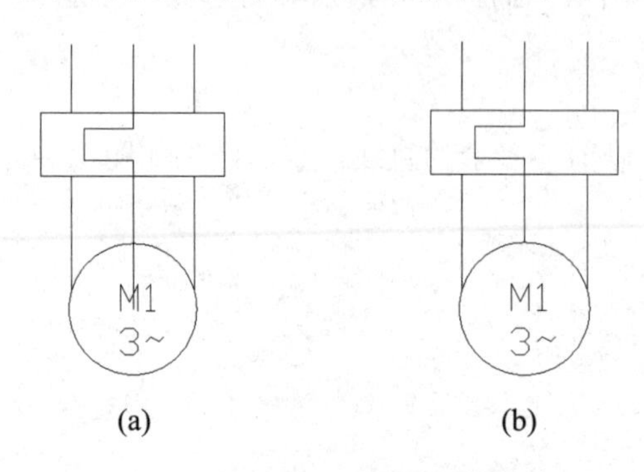


(a)　　(b)

图 12.100　延伸与修剪图

2. 插入接触器主触点

(1) 选择“插入”|“块”命令，系统弹出“插入”对话框。单击“浏览”按钮，选择“接触器主触点”图块为插入对象，“插入点”选择在屏幕上指定，其他按照默认值即可，然后单击“确定”按钮。插入的热接触器主触点如图 12.101(a)所示。

(2) 拉长直线。

用 LENGTHEN 命令将热继电器的第一个接线头和第二个接线头各拉长 165，绘制结果如图 12.101(b)所示。

(3) 连接接触器主触点与热继电器。

启动“移动”命令，选择接触器主触点为平移对象，用鼠标捕捉图 12.101(a)中直线端点 3 为平移基点，移动图形，并捕捉图 12.101(b)中热继电器右边接线头 4 为目标点，平移后结果如图 12.101(c)所示。

(4) 绘制直线。

启动“直线”命令，以接触器主触点符号中端点 3 为起始点，水平向左绘制长度为 48 的直线 L。

(5) 平移直线。

启动“移动”命令，将直线 L 向左平移 4，向上平移 7，平移后的结果如图 12.101(d)所示。选中该直线，在图层列表中将其修改为“虚线层”，得到如图 12.101(e)所示的结果。

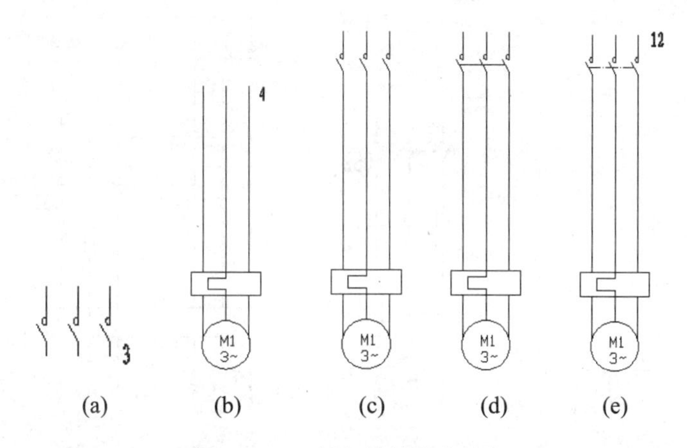


图 12.101　插入接触器主触点

### 3. 连接冷却泵电动机 M2 与热继电器

(1) 选择“插入”|“块”命令，系统弹出“插入”对话框。单击“浏览”按钮，选择“熔断器”图块为插入对象，“插入点”选择在屏幕上指定，其他按照默认值即可，然后单击“确定”按钮。插入的熔断器符号如图 12.102(a)所示。

(2) 使用剪切板，从以前绘制过的图形中复制需要的元件符号，如图 12.102(b)所示。

(3) 连接熔断器与热继电器。

启动“移动”命令，选择熔断器为平移对象，用鼠标捕捉图 12.102(a)中直线端点 6 为平移基点，移动图形，并捕捉图 12.102(b)中热继电器右边接线头 5 为目标点，平移后结果如图 12.102(c)所示。

### 4. 连接熔断器与转换开关

(1) 使用剪切板，从以前绘制过的图形中复制转换开关元件符号，如图 12.103(a)所示。

(2) 启动“移动”命令，选择转换开关为平移对象，用鼠标捕捉图 12.103(a)中直线端点 8 为平移基点，移动图形，并捕捉图 12.102(c)熔断器右边接线头 7 为目标点，修改添加的文字，将电动机中的文字 M1 修改为 M2，结果如图 12.103(b)所示。

(3) 绘制连接线，完成主电路的连接图，如图 12.103(c)所示。

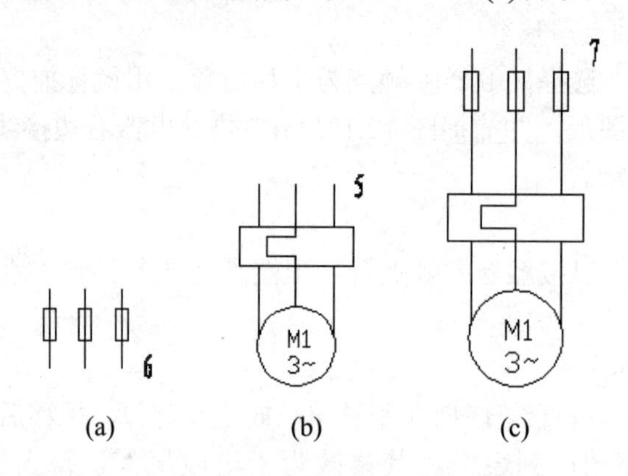


图 12.102　熔断器与热继电器连接图

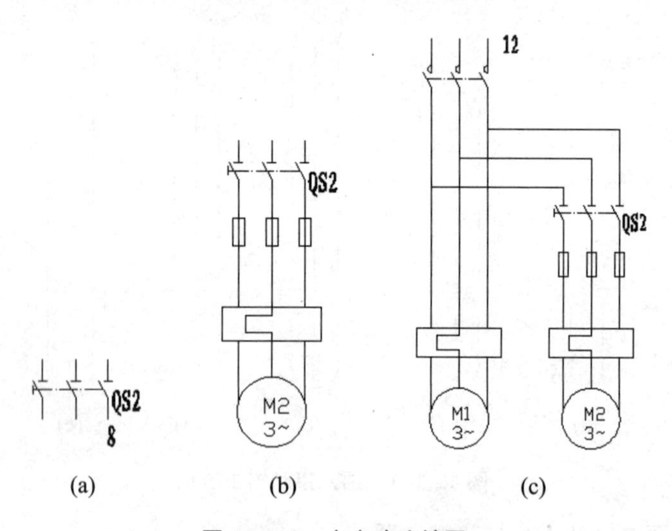


图 12.103　主电路连接图

## 12.3.5　绘制控制回路

### 1. 绘制控制回路连接线

(1) 绘制直线。

启动“直线”命令，选取屏幕上合适位置为起始点，竖直向下绘制长度为 350 的直线，用鼠标捕捉此直线的下端点，以其为起点，水平向右绘制长度为 98 的直线；以此直线右端点为起点，向上绘制长度为 308 的竖直直线；用鼠标捕捉此直线的上端点，向右绘制长度为 24 的水平直线，结果如图 12.104(a)所示。

(2) 偏移直线。

启动“偏移”命令，以直线 01 为起始，向右绘制一条直线 02，偏移量为 34，结果如图 12.104(b)所示。

(3) 绘制直线。

启动“直线”命令，用鼠标捕捉直线 02 的上端点，以其为起点，竖直向上绘制长度为 24 的直线，以此直线上端点为起始点，水平向右绘制长度为 112 的直线，以此直线右端点为起始点，竖直向下绘制长度为 66 的直线，结果如图 12.104(c)所示。

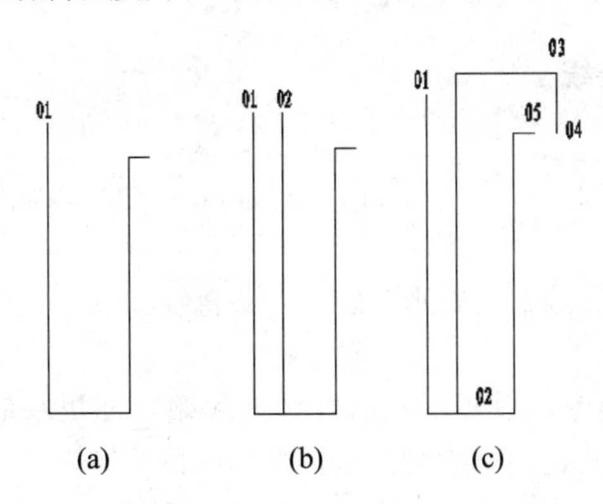


图 12.104 控制回路连接线

### 2. 完成控制回路

图 12.105 所示为控制回路中用到的各种元件。

(1) 插入热继电器。

启动“移动”命令，选择热继电器为平移对象，用鼠标捕捉图 12.105(a)中热继电器接线头 1 为平移基点，移动图形，并捕捉图 12.104(c)所示的控制回路连接线图端点 02 作为平移目标点，将热继电器平移到连接线图中来，采用同样的方法插入另一个热继电器。最后启动“删除”命令，将多余的直线段删除。

(2) 插入接触器线圈。

启动“移动”命令，选择图 12.105(b)为平移对象，用鼠标捕捉其接线头 3 为平移基点，移动图形，并在图 12.104(c)所示的控制回路连接线图中，用鼠标捕捉插入的热继电器接线头 2 作为平移目标点，将接触器线圈平移到连接线图中来。采用同样的方法将控制回路中其他的元器件插入到连接线图中，得到如图 12.106 所示的控制回路。

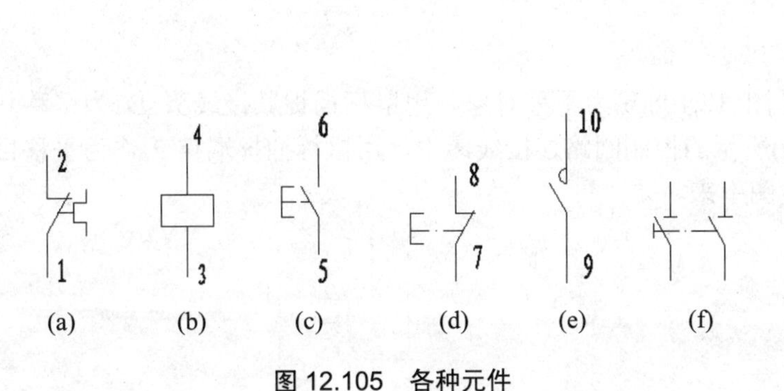


图 12.105 各种元件

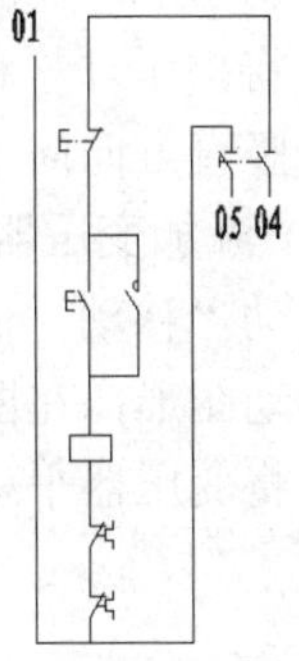

图 12.106 完成控制回路

## 12.3.6 绘制照明回路

### 1. 绘制照明回路连接线

(1) 绘制矩形。

启动“矩形”命令，绘制一个长为114、宽为86的矩形，如图12.107(a)所示。

(2) 分解矩形。

启动“分解”命令，将绘制的矩形分解为四条直线。

(3) 偏移矩形。

分别启动“偏移”命令，以矩形左右两边为起始，向里绘制两条直线，偏移量均为24；以矩形上下两边为起始，向里绘制两条直线，偏移量均为37，如图12.107(b)所示。

(4) 修剪图形。

启动“修剪”命令，修剪掉多余的直线，修剪结果如图12.107(c)所示。

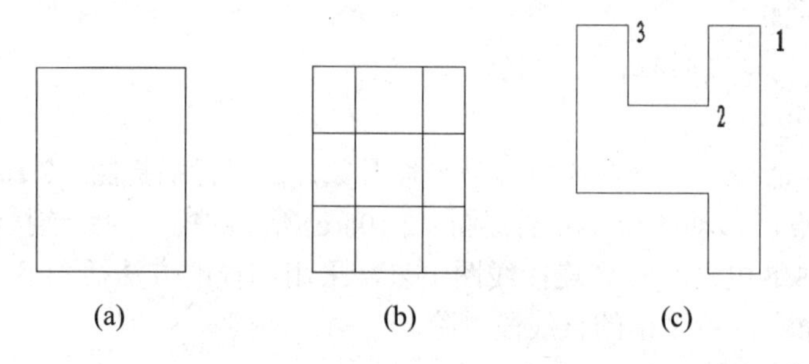


图 12.107 照明回路连接线

### 2. 添加电气元件

(1) 添加指示灯。

启动“移动”命令，选择图12.108(a)为平移对象，用鼠标捕捉其接线头P为平移基点，移动图形，在图12.107(c)所示的控制回路连接线图中，用鼠标捕捉端点1作为平移目标点，将指示灯平移到连接线图中来。启动“移动”命令，选择指示灯为平移对象，将指示灯沿竖直方向向下平移40。

(2) 添加变压器。

启动“移动”命令，选择图12.108(b)为平移对象，用鼠标捕捉其接线头D为平移基点，移动图形，在图12.107(c)所示的控制回路连接线图中，用鼠标捕捉端点2作为平移目标点，将变压器平移到连接线图中来。

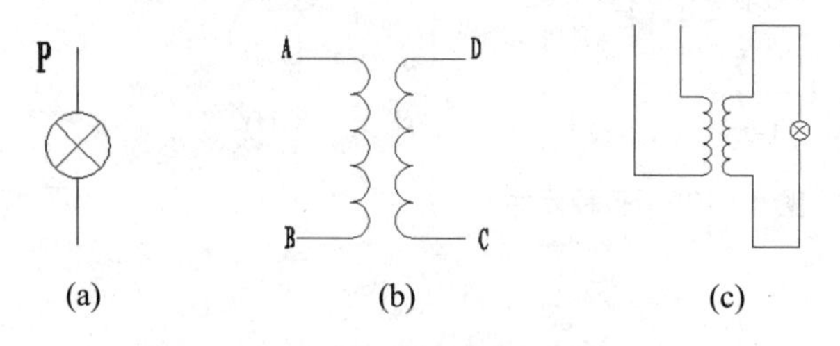


图 12.108 完成照明回路

(3) 修剪图形。

启动“修剪”命令，修剪掉多余的直线，修剪结果如图 12.108(c)所示。

### 12.3.7　绘制组合回路

将主回路、控制回路和照明回路组合起来，即以各个回路的接线头为平移的起点，以主连接线的各接线头为平移的目标点，将各个回路平移到主连接线的相应位置，步骤与上面各个回路连接方式相同，再把总电源开关 QS1、熔断器 FU2 和地线插入到相应的位置，结果如图 12.109 所示。

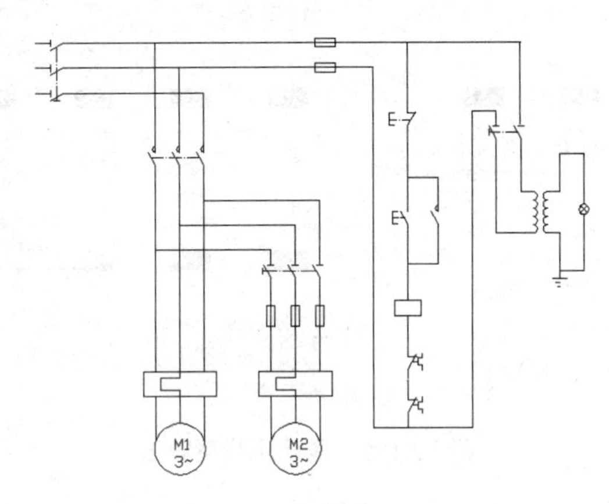


图 12.109　完成绘制

### 12.3.8　添加注释文字

#### 1. 创建文字样式

选择“格式”|“文字样式”命令，弹出“文字样式”对话框，创建一个样式名为“C630 型车床的电气原理图”的文字样式，“字体名”设置为“仿宋_GB2312”，“字体样式”设置为“常规”，“高度”设置为“15”，“宽度因子”设置为“0.7”。

#### 2. 添加注释文字

利用 MTEXT 命令一次输入几行文字，然后调整其位置，以对齐文字。调整位置的时候，结合使用正交命令。

添加注释文字后，即完成了整张图纸的绘制，如图 12.82 所示。

## 上机实训 12

1. 完成图 12.110 所示某跳水馆照明干线系统图的绘制。

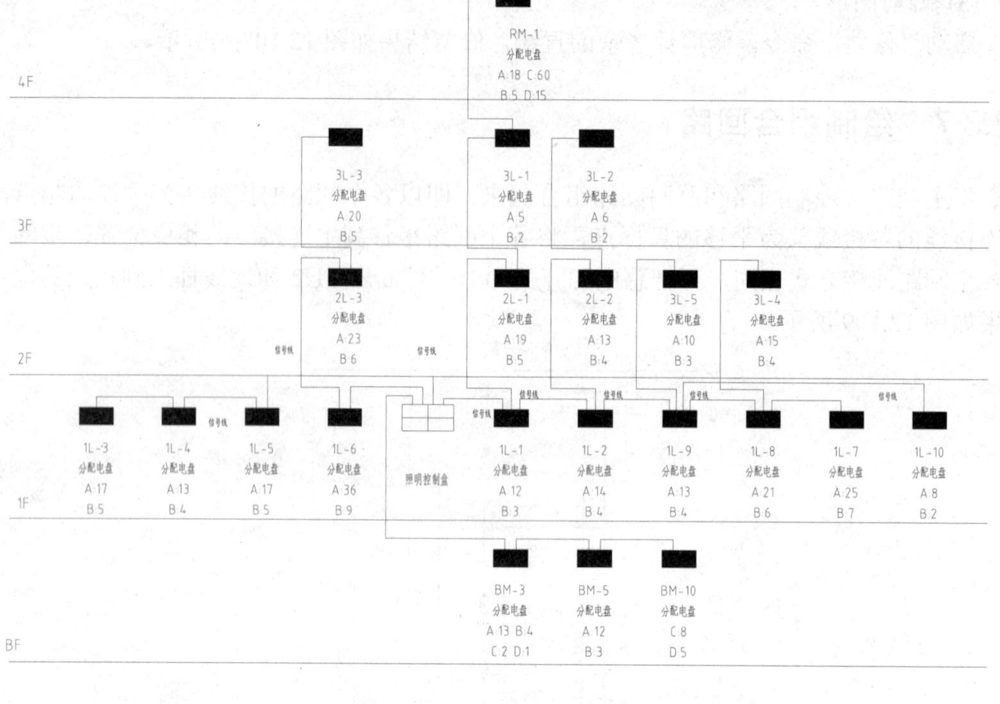


图 12.110　照明干线系统图

2. 完成图 12.111 所示某电动机控制电路图的绘制。

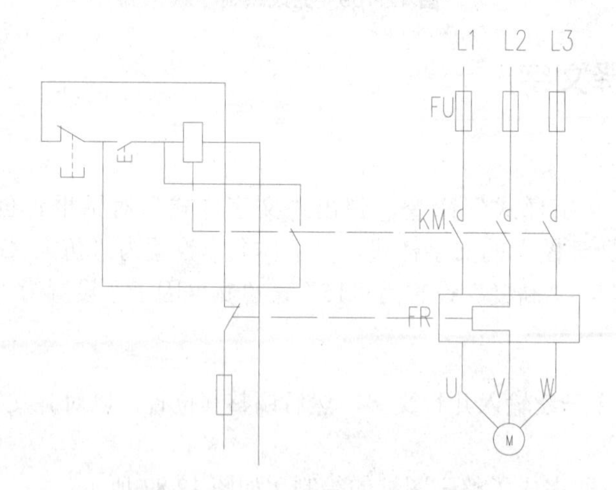


图 12.111　电动机控制电路图

# 第 13 章　综合应用实训与检测

本章以制图员国家职业技能鉴定统一考试的要求为背景，介绍 AutoCAD 软件在工程中的具体应用，以提高运用 AutoCAD 解决工程绘图实际问题的综合能力。制图员曾经是需由国家考试认证的职业资格之一，考试分为机械和土建两大类别，由制图知识考试(笔试)和制图技能考试(计算机绘图)两部分组成，时长均为 2 小时。虽然目前已不将此考试作为从业资格的准入门槛，但其考题无疑较为全面和客观地反映了工程设计和生产中对 AutoCAD 等软件应用方面的具体要求。本章将结合一期制图员国家职业技能鉴定统一考试《计算机绘图》(此为机械类，土建类与此大同小异)试题的完成，对用 AutoCAD 进行工程绘图给出具体的应用实训指导。章末提供了较为丰富的国考真题供读者进行自我检测和练习。

## 13.1　实 训 内 容

(1) 绘图环境设置。

① 设置 A3 图幅，用粗实线画出边框(400×277)，按图 13.1 所示样式和尺寸在右下角绘制标题栏，在对应框内填写姓名和考号，字高 7mm。

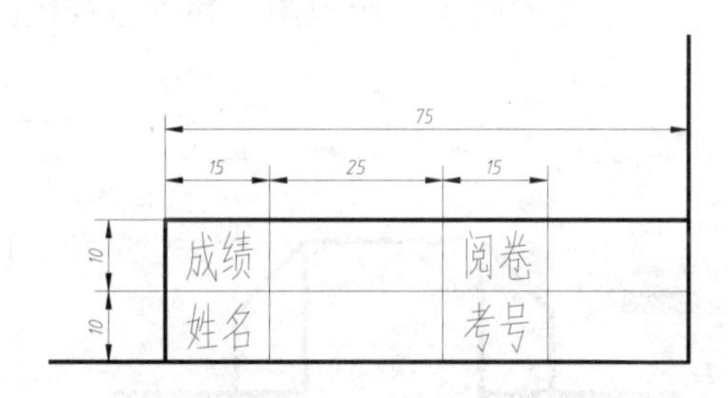


图 13.1　标题栏样式

② 尺寸标注按图中格式。尺寸参数：字高为 3.5mm，箭头长度为 3.5mm，尺寸界线延伸长度为 2mm，其余参数使用系统默认设置。

③ 分层绘图。图层、颜色、线型要求如表 13.1 所示。其余参数使用系统默认设置。另外需要建立的图层，考生自行设置。

表 13.1　图层设置表

| 层　名 | 颜　色 | 线　型 | 用　途 |
|---|---|---|---|
| 0 | 黑/白 | 实线 | 粗实线 |
| 1 | 红 | 点画线 | 中心线 |
| 2 | 洋红 | 虚线 | 虚线 |
| 3 | 绿 | 实线 | 细实线 |
| 4 | 蓝 | 实线 | 尺寸标注 |
| 5 | 青 | 实线 | 文字 |

④ 将所有图形存在一个文件中，均匀布置在边框内。存盘前使图框充满屏幕，文件名采用考试号码。

(2) 按图 13.2 所标注尺寸 1∶1 绘制该图形，并标注尺寸。

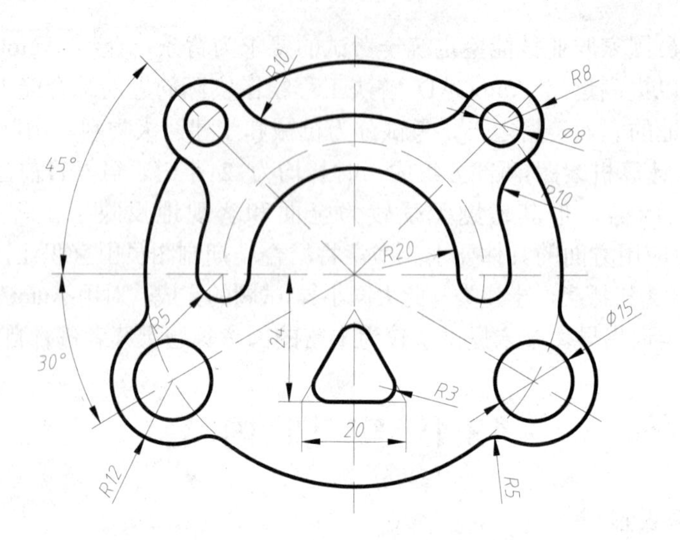


图 13.2 平面图形的绘制

(3) 按图 13.3 所标注尺寸 2∶1 抄画主、俯视图，补画左视图(不标尺寸)。

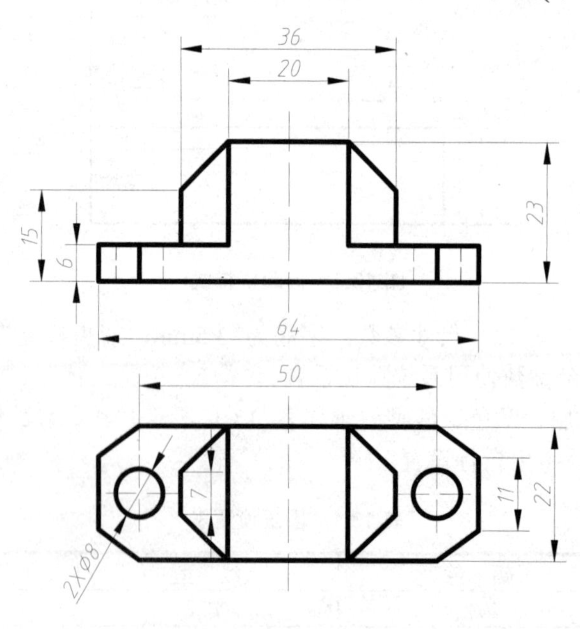


图 13.3 三视图的绘制

(4) 按图 13.4 所标注尺寸 1∶1 抄画该零件图，并标全尺寸、技术要求和粗糙度。

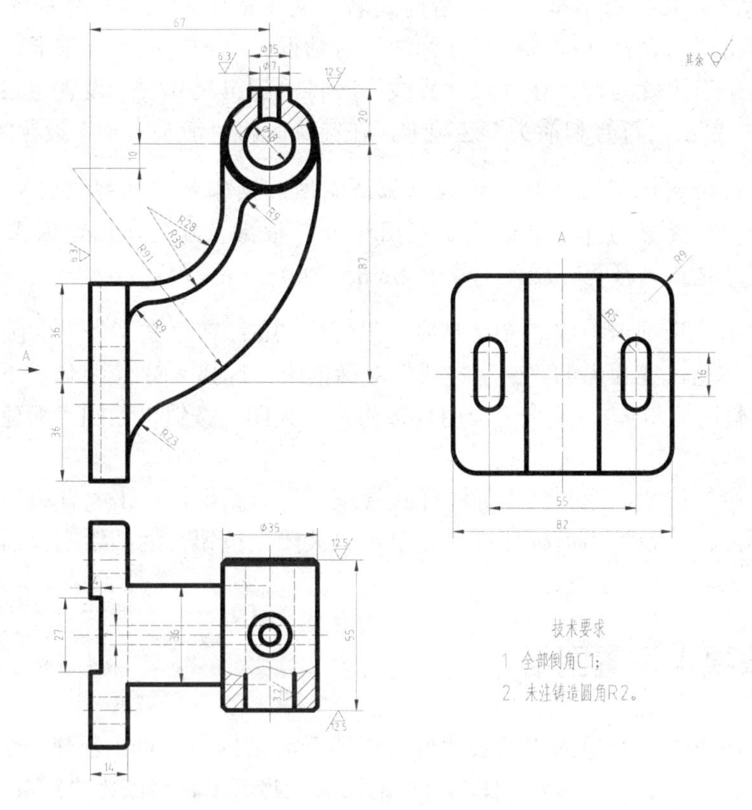


图 13.4　零件图的绘制

## 13.2　绘图环境设置

在国家中、高级制图员职业资格认证的技能测试中，均要求对绘图环境进行设置，包括图幅的设定，文字标注参数和尺寸标注参数的设置，图层、线型和颜色的设置，绘制图框及标题栏等。本节将介绍绘图初始环境的具体设置方法。

### 13.2.1　设置文字样式

启动文字样式命令，在弹出的“文字样式”对话框中，单击“新建”按钮，在随即弹出的“新建文字样式”对话框中输入新创建的文字样式名“标题栏”，单击“确定”按钮，返回到“文字样式”对话框。在对话框中的“SHX 字体”下拉列表框中，选择“标题栏”的文字样式为 gbenor.shx，选中其下位置的“使用大字体”复选框，在“大字体”下拉列表框中，选择 gbcbig.shx，在“高度”文本框中输入 7，其余参数使用系统默认设置。单击“应用”按钮和“关闭”按钮，完成“标题栏”文字样式的设置。

### 13.2.2　设置标注样式

启动标注样式命令，在弹出的“标注样式管理器”对话框中，单击“新建”按钮，弹出“创建新标注样式”对话框，在“新样式名”文本框中输入“尺寸标注”。单击“继续”按钮，弹出“新建标注样式：尺寸标注”对话框。单击“线”选项卡，在“尺寸线”区将“基线间距”设置为 7；在“尺寸界线”区将“超出尺寸线”设置为 2，“起点偏移量”设置为 0。单击“符号和箭头”选项卡，在箭头区将“箭头大小”设置为 3.5。

**注意：** 在绘制机械图样时，根据《机械制图》国家标准的规定，应将“起点偏移量”设置为 0；在绘制建筑图样时，根据《建筑制图》国家标准的规定，“起点偏移量”应大于等于 2mm。

单击“文字”选项卡，将“文字高度”设置为 3.5；在“文字外观”区单击“文字样式”右边的□按钮，在弹出的“文字样式”对话框中，选择“SHX 字体”下拉列表框中的 gbeitc.shx 字体(国标斜体)，单击“应用”按钮和“关闭”按钮，返回“新建标注样式：尺寸标注”对话框。

单击“确定”按钮，返回到“标注样式管理器”对话框，单击“置为当前”按钮，将新建的尺寸标注样式设为当前标注样式。单击“关闭”按钮，返回绘图界面，完成标注样式设置。

## 13.2.3 按要求设置图层

启动图层命令，在弹出的“图层特性管理器”对话框中，单击新建图层图标，对话框的图层列表中显示一个名为“图层 1”的图层，将其名称修改为“1”；单击该图层的线型名称 Continuous，在弹出的“选择线型”对话框中，单击“加载”按钮，在弹出的“加载或重载线型”对话框中，选择列表中的线型 ACAD_ISO04W100(点画线)，然后单击“确定”按钮，返回到“选择线型”对话框；在该对话框的列表中选择 ACAD_ISO04W100，单击“确定”按钮，返回到“图层特性管理器”对话框；此时，“1”层的线型由 Continuous 改变为 ACAD_ISO04W100。单击该图层的颜色框，在弹出的“选择颜色”对话框中选择红色，单击“确定”按钮，返回到“图层特性管理器”对话框，此时“1”层的颜色变为红色。单击该图层的线宽框，在弹出的“线宽”对话框中选择“0.25 毫米”，单击“确定”按钮，返回到“图层特性管理器”对话框。此时，“1”层的线宽变为 0.25mm，单击“确定”按钮，完成图层“1”的设置。

仿此按测试要求完成其他图层的建立、更名和颜色、线型及线宽的设置。其中，将“0”层的线宽改为“0.50 毫米”，其他层线宽“0.25 毫米”；“2”层的线型为 ACAD_ISO02W100(虚线)；完成设置后的结果如图 13.5 所示。

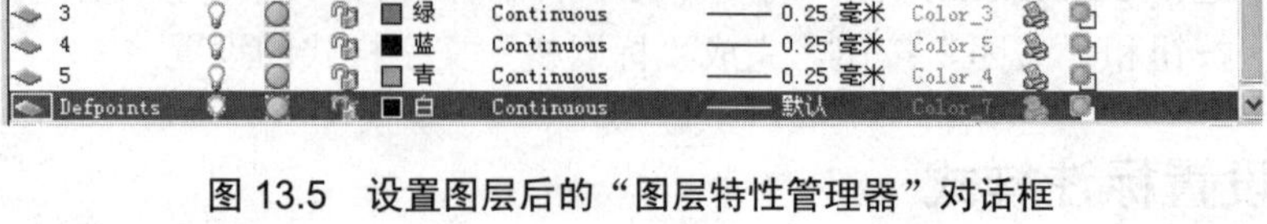

| 状. | 名称 | 开 | 冻结 | 锁.. | 颜色 | 线型 | 线宽 | 打印... | 打. | 冻. | 说明 |
|---|---|---|---|---|---|---|---|---|---|---|---|
| | 0 | | | | 白 | Continuous | 0.50 毫米 | Color_7 | | | |
| ✓ | 1 | | | | 红 | ACAD_ISO04W100 | 0.25 毫米 | Color_1 | | | |
| | 2 | | | | 洋红 | ACAD_ISO02W100 | 0.25 毫米 | Color_6 | | | |
| | 3 | | | | 绿 | Continuous | 0.25 毫米 | Color_3 | | | |
| | 4 | | | | 蓝 | Continuous | 0.25 毫米 | Color_5 | | | |
| | 5 | | | | 青 | Continuous | 0.25 毫米 | Color_4 | | | |
| | Defpoints | | | | 白 | Continuous | 默认 | Color_7 | | | |

图 13.5　设置图层后的“图层特性管理器”对话框

## 13.2.4　设置图形单位和图形界限

选择菜单栏中的“格式”|“单位”命令，在弹出的“图形单位”对话框中，设置长度精度为 0。单击“确定”按钮，返回到 AutoCAD 绘图界面，完成图形单位的设置。

用图形界限命令设置图纸幅面并将其全部显示。具体过程如下：

命令: **LIMITS**↙ (或选择“格式”|“图形界限”命令)
重新设置模型空间界限:
指定左下角点或 [开(ON)/关(OFF)] <0.0000,0.0000>:↙(表示图形界限左下角点位置不变，为坐标原点)
指定右上角点 <420.0000,297.0000>:**420,297**↙ (A3 图纸幅面的尺寸)
命令: **ZOOM**↙
指定窗口的角点，输入比例因子 (nX 或 nXP)，或者
[全部(A)/中心(C)/动态(D)/范围(E)/上一个(P)/比例(S)/窗口(W)/对象(O)] <实时>:**A**↙
正在重生成模型。

## 13.2.5　绘制边框和标题栏

### 1. 绘制 400×277 的边框

将“0”层设置为当前层；用矩形命令绘制图框并将其全部显示，具体过程如下：

命令: **RECTANG**↙ (或单击“绘图”工具栏中的图标)
指定第一个角点或 [倒角(C)/标高(E)/圆角(F)/厚度(T)/宽度(W)]: **10,10**↙ (输入矩形的左下角点)
指定另一个角点或 [面积(A)/尺寸(D)/旋转(R)]: **410,287**↙ (输入矩形的右上角点)
命令:**Z**↙ (或单击“标准”工具栏中的图标)
指定窗口的角点，输入比例因子 (nX 或 nXP)，或者
[全部(A)/中心(C)/动态(D)/范围(E)/上一个(P)/比例(S)/窗口(W)/对象(O)] <实时>:**A**↙

结果如图 13.6 所示。

### 2. 保存文件

为防止操作失误，应及时对所绘图形进行存盘操作。单击“标准”工具栏中的“保存”图标，在 “图形另存为”对话框中的“文件名”文本框内输入考号的后四位数作为文件名，单击“保存”按钮存储文件。

### 3. 按尺寸在矩形边框的右下角绘制标题栏

(1) 绘制外轮廓。

用矩形命令绘制标题栏的外框轮廓，具体过程如下：

命令: **RECTANG**↙ (或单击“绘图”工具栏中的图标)
指定第一个角点或 [倒角(C)/标高(E)/圆角(F)/厚度(T)/宽度(W)]: (捕捉已绘图框的右下角点。即按下 Shift 键和鼠标右键，在弹出的快捷菜单中选择“交点”命令，然后将光标移到图框的右下角点处，当显示“交点”提示时单击。)
指定另一个角点或 [面积(A)/尺寸(D)/旋转(R)]: **D**↙
指定矩形的长度 <10.0000>: **75**↙
指定矩形的宽度 <10.0000>: **20**↙
指定另一个角点或 [面积(A)/尺寸(D)/旋转(R)]: (在图框右下角的左上位置单击)

结果如图 13.7 所示。

图 13.6　绘制边框并满屏显示

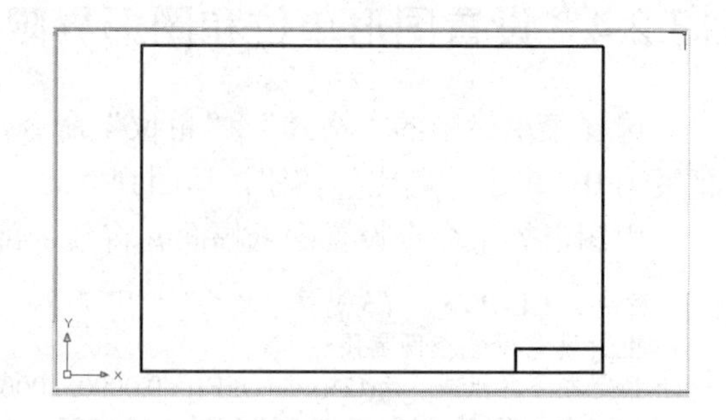

图 13.7　绘制标题栏(一)

(2) 绘制框内各直线。

先将已绘的标题栏外框分解为独立的 4 条直线，然后用偏移命令复制出框内的各条直线。具体过程如下：

命令: **EXPLODE**↙　(或单击“修改”工具栏中的图标)
选择对象: **L**↙　(输入 L 表示选择最后绘制的图形实体，此处为矩形)
找到 1 个
选择对象: ↙
命令: **OFFSET**↙　(或单击“修改”工具栏中的图标)
当前设置: 删除源=否　图层=源　OFFSETGAPTYPE=0
指定偏移距离或 [通过(T)/删除(E)/图层(L)] <13.0000>:**10**↙
选择要偏移的对象，或 [退出(E)/放弃(U)] <退出>: (选择标题栏最上面的水平直线)
指定要偏移的那一侧上的点，或 [退出(E)/多个(M)/放弃(U)] <退出>: (在直线的下方单击)
选择要偏移的对象，或 [退出(E)/放弃(U)] <退出>:↙
命令: ↙　(重复执行偏移命令)
当前设置: 删除源=否　图层=源　OFFSETGAPTYPE=0
指定偏移距离或 [通过(T)/删除(E)/图层(L)] <10.0000>:**15**↙
选择要偏移的对象，或 [退出(E)/放弃(U)] <退出>: (选择标题栏最左面的竖直直线)
指定要偏移的那一侧上的点，或 [退出(E)/多个(M)/放弃(U)] <退出>: (在直线的右方单击)
选择要偏移的对象，或 [退出(E)/放弃(U)] <退出>:↙
命令: ↙　(重复执行偏移命令)
当前设置: 删除源=否　图层=源　OFFSETGAPTYPE=0
指定偏移距离或 [通过(T)/删除(E)/图层(L)] <13.0000>:**25**↙
选择要偏移的对象，或 [退出(E)/放弃(U)] <退出>: (选择刚绘制的竖直直线)
指定要偏移的那一侧上的点，或 [退出(E)/多个(M)/放弃(U)] <退出>: (在直线的右方单击)
选择要偏移的对象，或 [退出(E)/放弃(U)] <退出>:↙
命令: ↙　(重复执行偏移命令)
当前设置: 删除源=否　图层=源　OFFSETGAPTYPE=0
指定偏移距离或 [通过(T)/删除(E)/图层(L)] <25.0000>:**15**↙
选择要偏移的对象，或 [退出(E)/放弃(U)] <退出>: (选择刚绘制的竖直直线)
指定要偏移的那一侧上的点，或 [退出(E)/多个(M)/放弃(U)] <退出>: (在直线的右方单击)
选择要偏移的对象，或 [退出(E)/放弃(U)] <退出>:↙

结果如图 13.8 所示。

(3) 将框内直线修改为细实线。

用属性修改命令将已绘框内直线的图层由粗实线层(“0”层)修改为细实线层(“3”层)。在“命令：”提示下，依次点取标题栏外框内的 4 条直线，然后点取“标准”工具栏中的属性图标，在弹出的“属性”对话框中将“图层”属性通过下拉列表由“0”改为“3”，关闭“属性”对话框，则框内直线将全部变为细实线。结果如图 13.9 所示。

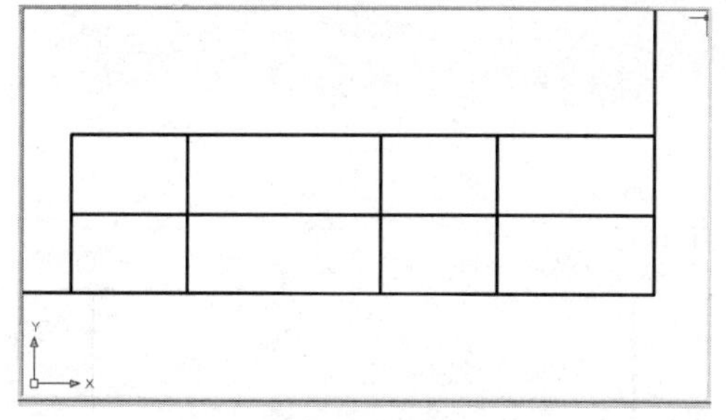

图 13.8　绘制标题栏(二)

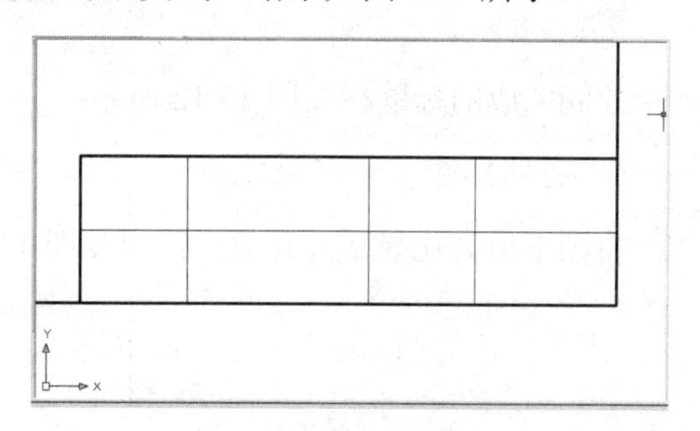

图 13.9　绘制标题栏(三)

### 4．书写标题栏中的文字

将“5”层(文字层)设置为当前层；将“标题栏”文字样式设置为当前样式；用单行文字命令在标题栏左上格中书写文字“成绩”；然后再用复制命令将“成绩”两字在要写字的其余三个框格内各复制一份；最后用文字编辑命令将各文字修改为正确的内容。具体过程如下：

命令: **DTEXT**↙　(或选择“绘图”|“文字”|“单行文字”命令)
当前文字样式: “标题栏”　文字高度: 7.0000　注释性: 否
指定文字的起点或 [对正(J)/样式(S)]:
指定文字的旋转角度 <0>:↙

输入“成绩”并两次回车，完成左上格中文字的书写(见图 13.10)。

命令: **COPY**↙　(或单击“修改”工具栏中的图标)
选择对象: (选择已书写的文字“成绩”)
找到 1 个
选择对象: ↙
当前设置: 复制模式 = 多个
指定基点或 [位移(D)/模式(O)] <位移>: (捕捉“成绩”文字所在框格的左下角点)
指定第二个点或 [退出(E)/放弃(U)] <退出>: (捕捉左下框格的左下角点)
指定第二个点或 [退出(E)/放弃(U)] <退出>: (捕捉第一行左数第三框格的左下角点)
指定第二个点或 [退出(E)/放弃(U)] <退出>: (捕捉第二行左数第三框格的左下角点)
指定第二个点或 [退出(E)/放弃(U)] <退出>:↙

结果如图 13.11 所示。

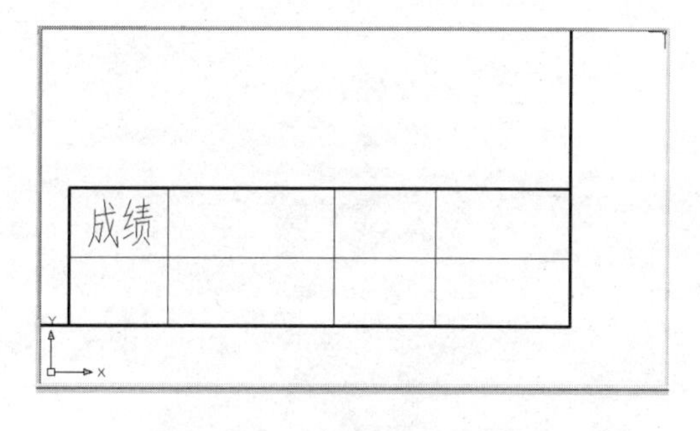


图 13.10　绘制标题栏(四)

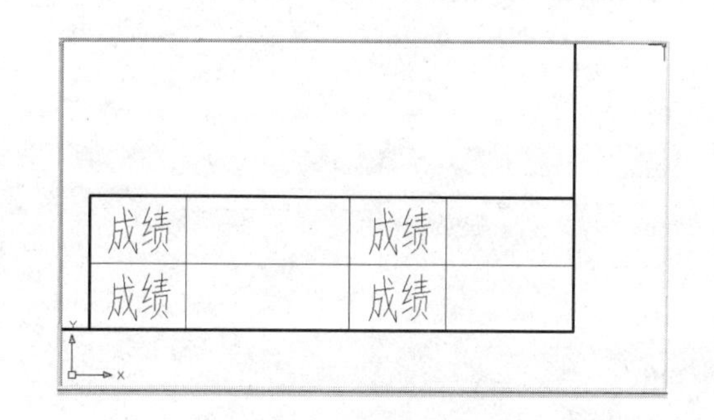


图 13.11　绘制标题栏(五)

命令: **DDEDIT** (或选择“修改”|“对象”|“文字”|“编辑”命令)
选择注释对象或 [放弃(U)]: (依次选择标题栏中除左上框格外的其他各文字，然后将其修改为正确的文字内容)

绘制完成的标题栏如图 13.12 所示。

### 5. 存储文件

将图形最大化显示并存盘。结果如图 13.13 所示。

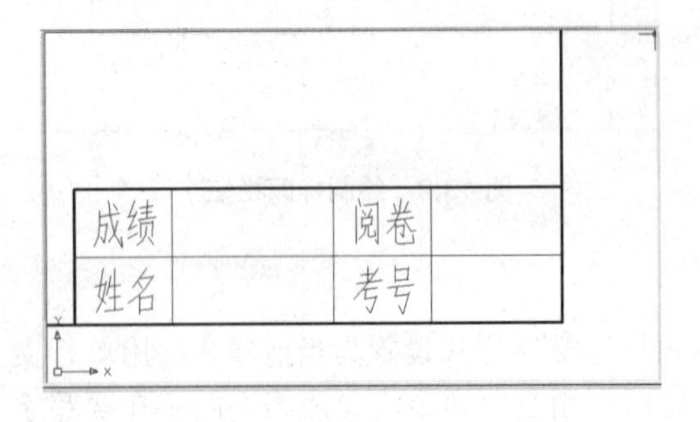


图 13.12 绘制标题栏(六)

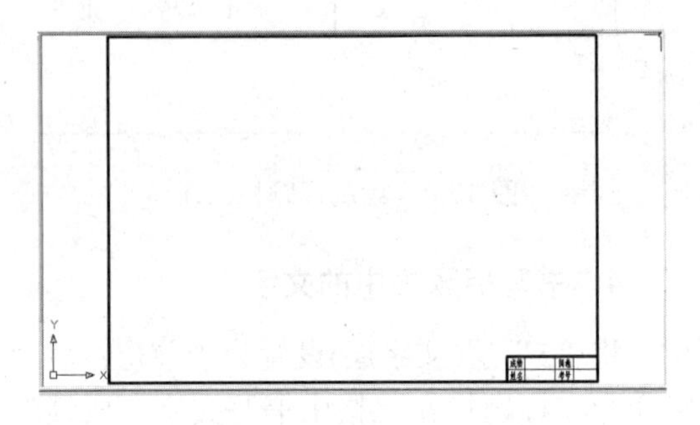

图 13.13 绘制标题栏(七)

## 13.3 平面图形的绘制

绘制平面图形是国家中、高级制图员职业资格认证技能测试的必考内容之一，即根据题目要求，按照一定的比例抄画平面图形并标注尺寸。本节将以绘制样题第 2 题为例，介绍平面图形的绘制方法和步骤。

### 13.3.1 绘制图形

(1) 打开“启用极轴追踪”并将“增量角”设置为 15°。

(2) 绘制中心线。

将中心线图层“1”设置为当前层；用 LTSCALE 命令将线型比例因子调整为 0.5；利用直线命令和极轴追踪功能绘制图 13.14 所示长 90 的竖直线、长 45 的水平直线、长 51 的右下 30° 斜线和长 55 的右上 45° 斜线；用画圆命令绘制半径为 25 的圆(见图 13.15)；使用 BREAK 命令按图 13.16 所示去掉圆的左下部分。

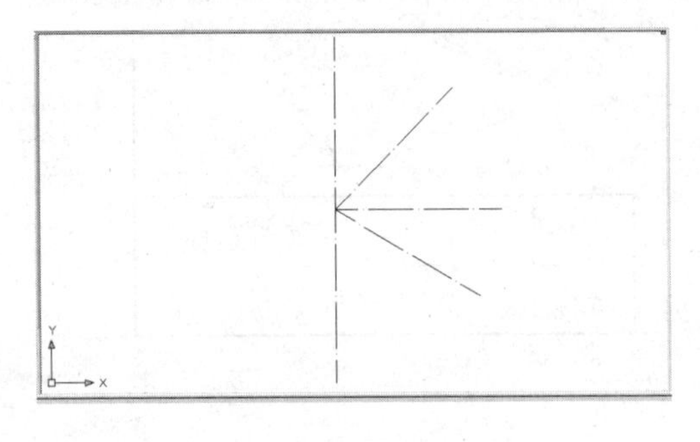

图 13.14 绘制直线

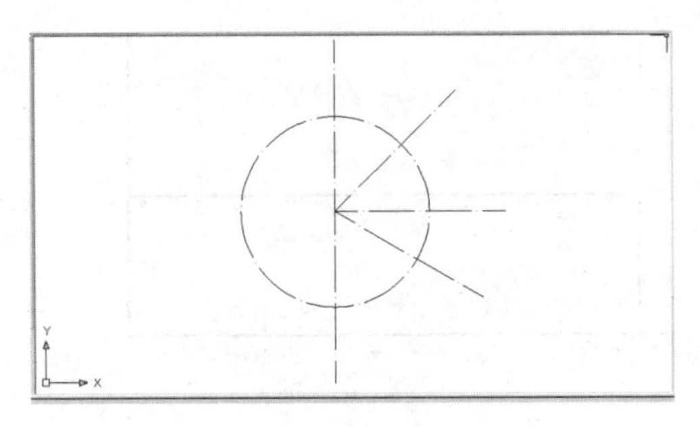

图 13.15 绘制圆

(3) 绘制粗实线圆。

将粗实线图层“0”设置为当前层；用画圆命令绘制图 13.17 所示各粗实线圆。具体过程如下：

命令: **CIRCLE**↙
指定圆的圆心或 [三点(3P)/两点(2P)/相切、相切、半径(T)]: (捕捉图 13.16 中水平点画线与圆弧的交点)
指定圆的半径或 [直径(D)] <25.0000>: **5**↙
命令: ↙
指定圆的圆心或 [三点(3P)/两点(2P)/相切、相切、半径(T)]: (捕捉图 13.16 中圆弧的圆心)
指定圆的半径或 [直径(D)] <5.0000>: (捕捉所绘粗实线小圆与水平点画线的左交点)
命令: ↙
CIRCLE 指定圆的圆心或 [三点(3P)/两点(2P)/相切、相切、半径(T)]: (同上)
指定圆的半径或 [直径(D)] <20.0000>: (捕捉所绘粗实线小圆与水平点画线的右交点)
命令: ↙
CIRCLE 指定圆的圆心或 [三点(3P)/两点(2P)/相切、相切、半径(T)]: (同上)
指定圆的半径或 [直径(D)] <30.0000>: **40**↙

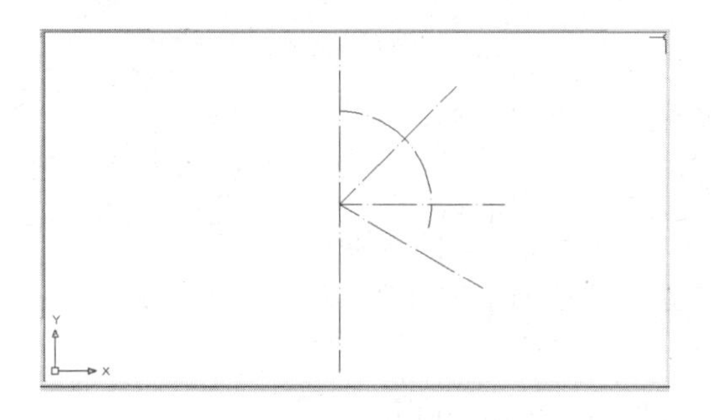

图 13.16　去掉圆的左下部分

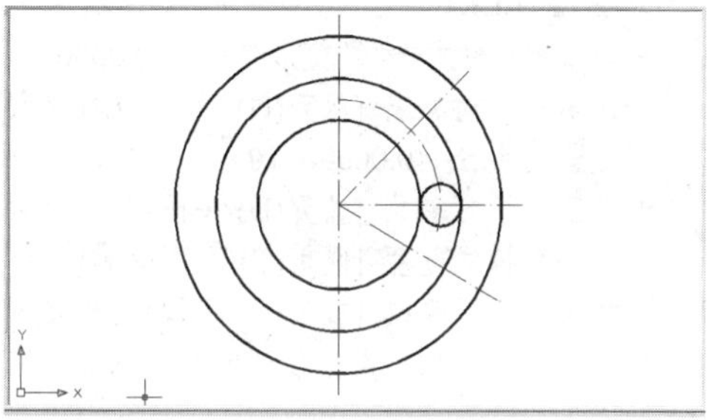

图 13.17　绘制粗实线圆

(4) 用修剪命令剪切掉圆的多余部分。过程如下：

命令: **TRIM**↙
当前设置:投影=UCS，边=无
选择剪切边...
选择对象或 <全部选择>:　(选择竖直点画线)
找到 1 个
选择对象: ↙
选择要修剪的对象，或按住 Shift 键选择要延伸的对象，或[栏选(F)/窗交(C)/投影(P)/边(E)/删除(R)/放弃(U)]: (在左侧依次选择图 13.17 中的三个大圆，然后回车)
命令: ↙
当前设置:投影=UCS，边=无
选择剪切边...
选择对象或 <全部选择>:　(选择小圆及与其相连的两个半圆)
找到 3 个
选择对象: ↙
选择要修剪的对象，或按住 Shift 键选择要延伸的对象，或[栏选(F)/窗交(C)/投影(P)/边(E)/删除(R)/放弃(U)]: (依次选择小圆的上半部分和两半圆的下半部分，然后回车)

结果如图 13.18 所示。

(5) 绘制图 13.19 所示的两组同心圆。

以图 13.18 中右上倾斜点画线与最外半圆的交点为圆心，用画圆命令绘制半径分别为

4 和 8 的两同心圆；以右下倾斜点画线与最外半圆的交点为圆心，用画圆命令绘制半径分别为 7.5 和 12 的两同心圆。

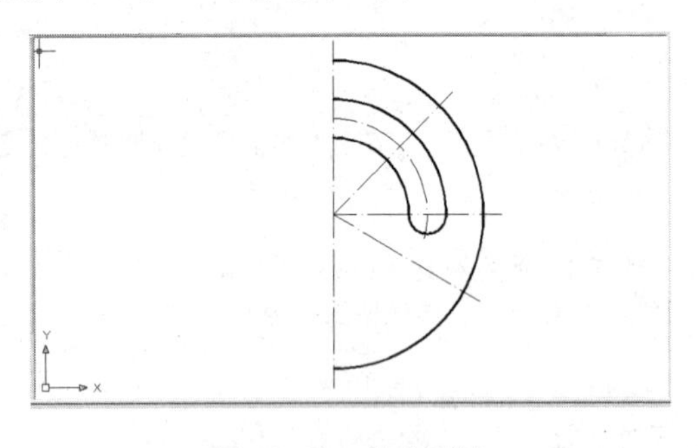

图 13.18　修剪图形

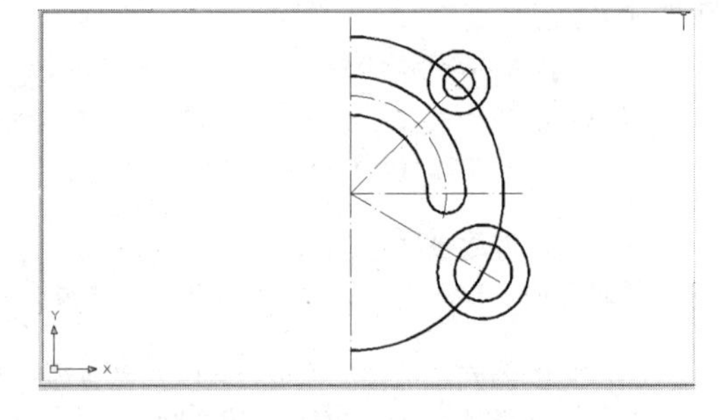

图 13.19　绘制两组同心圆

(6) 圆间倒圆角。过程如下：

命令: **FILLET**↙
当前设置: 模式 = 修剪，半径 = 0.0000
选择第一个对象或 [放弃(U)/多段线(P)/半径(R)/修剪(T)/多个(M)]: **R**↙
指定圆角半径 <0.0000>: **10**↙
选择第一个对象或 [放弃(U)/多段线(P)/半径(R)/修剪(T)/多个(M)]: **T**↙
输入修剪模式选项 [修剪(T)/不修剪(N)] <修剪>: **N**↙(只倒圆角，不作修剪操作)
选择第一个对象或 [放弃(U)/多段线(P)/半径(R)/修剪(T)/多个(M)]: (选择居中的粗实线大圆弧)
选择第二个对象，或按住 Shift 键选择要应用角点的对象:(选择右上外侧小圆)

仿此完成右下两处半径为 5 的圆角的绘制，结果如图 13.20 所示。

(7) 用修剪命令剪切掉多余的圆弧部分，结果如图 13.21 所示。

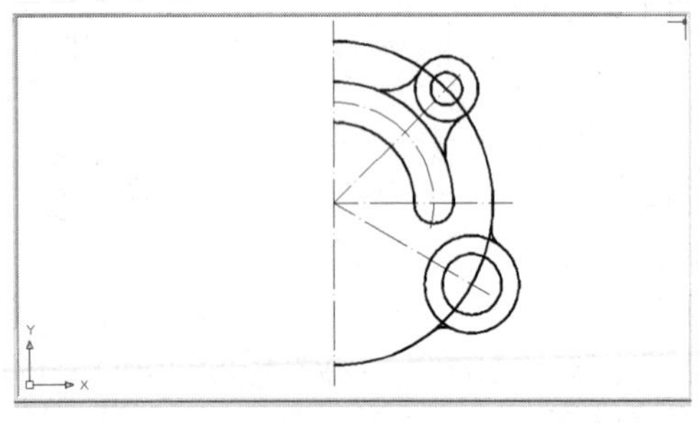

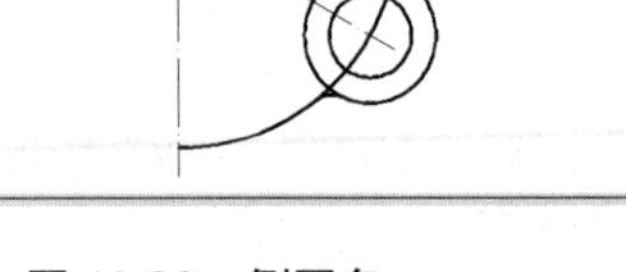

图 13.20　倒圆角

图 13.21　修剪多余圆弧

(8) 绘制正三角形并将其移动到正确位置。

将细实线图层“3”设置为当前层；用正多边形命令绘制边长为 20 的正三角形；用移动命令将三角形移动到正确位置。主要操作过程如下：

命令: **POLYGON**↙
输入边的数目 <4>:**3**↙
指定正多边形的中心点或 [边(E)]: **E**↙
指定边的第一个端点: (捕捉中心线交点)
指定边的第二个端点: (打开“正交”方式，向右水平移动鼠标，然后键入边长 20)

结果如图 13.22 所示。

命令: **MOVE**↙
选择对象: (选择已绘三角形)
找到 1 个
选择对象: ↙
指定基点或 [位移(D)] <位移>:**@**↙
指定第二个点或 <使用第一个点作为位移>:**@-10,-24**↙(用相对直角坐标指定移动距离)

结果如图 13.23 所示。

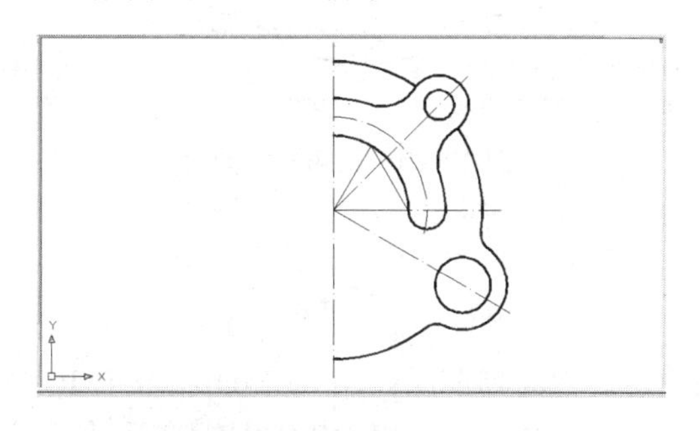

图 13.22　绘制正三角形

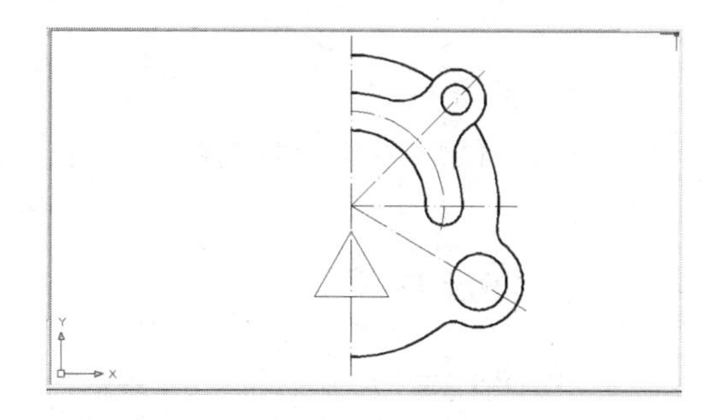

图 13.23　将三角形移动到正确位置

(9) 利用镜像命令，将已绘图形以竖直点画线为对称线在左侧复制一份。

命令: **MIRROR**↙
选择对象: (用“窗选”方式选择除竖直点画线外的整个图形)
找到 20 个
选择对象: ↙
指定镜像线的第一点: (捕捉竖直点画线的上端点)
指定镜像线的第二点: (捕捉竖直点画线的下端点)
要删除源对象吗? [是(Y)/否(N)] <N>:↙

结果如图 13.24 所示。

(10) 将一个三角形的图层特性修改为“0”层(粗实线)；将“0”层(粗实线)设置为当前层；用圆角命令给“粗实线”三角形倒圆角。主要过程如下：

命令: **FILLET** ↙
当前设置: 模式 = 不修剪，半径 = 5.0000
选择第一个对象或 [放弃(U)/多段线(P)/半径(R)/修剪(T)/多个(M)]: **R** ↙
指定圆角半径 <5.0000>: **3** ↙
选择第一个对象或 [放弃(U)/多段线(P)/半径(R)/修剪(T)/多个(M)]: **T** ↙
输入修剪模式选项 [修剪(T)/不修剪(N)] <不修剪>: **T** ↙
选择第一个对象或 [放弃(U)/多段线(P)/半径(R)/修剪(T)/多个(M)]: **P** ↙
选择二维多段线:(选择“粗实线”三角形)
3 条直线已被圆角

结果如图 13.25 所示。

(11) 绘制通过小圆圆心的点画线圆。

将“1”层设置为当前层；以图形中心为圆心，用画圆命令绘制半径为 40 的圆。结果如图 13.26 所示。

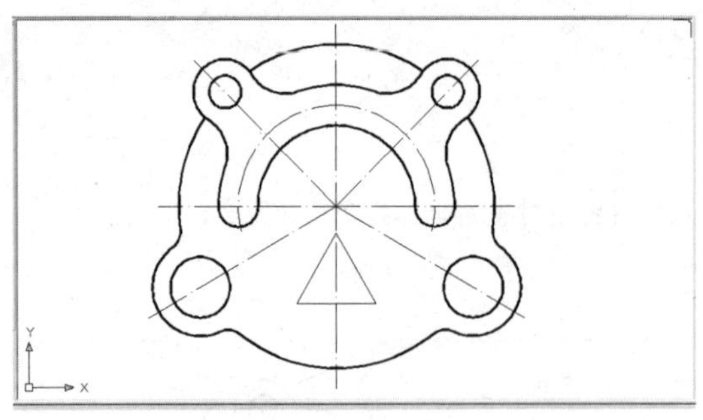

图 13.24　镜像复制图形

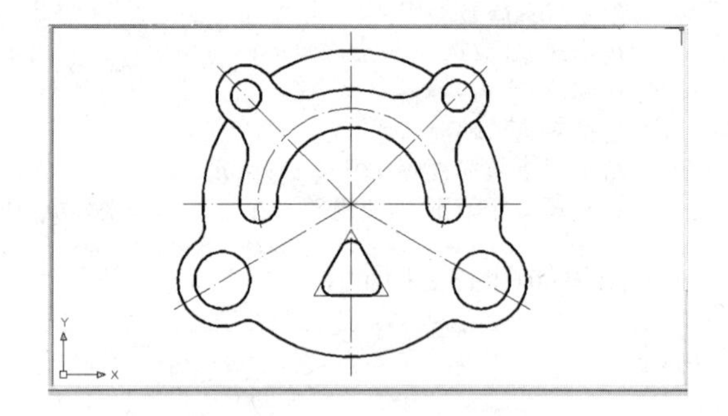

图 13.25　三角形倒圆角

## 13.3.2　标注尺寸

为已绘图形标注尺寸。将“4”(尺寸标注)图层设置为当前层；用 DIMDIAMETER 命令标注所有直径尺寸；用 DIMRADIUS 命令标注所有半径尺寸；用 DIMLINEAR 命令标注所有长度和高度尺寸；用 DIMANGULAR 命令标注所有角度尺寸。结果如图 13.27 所示。

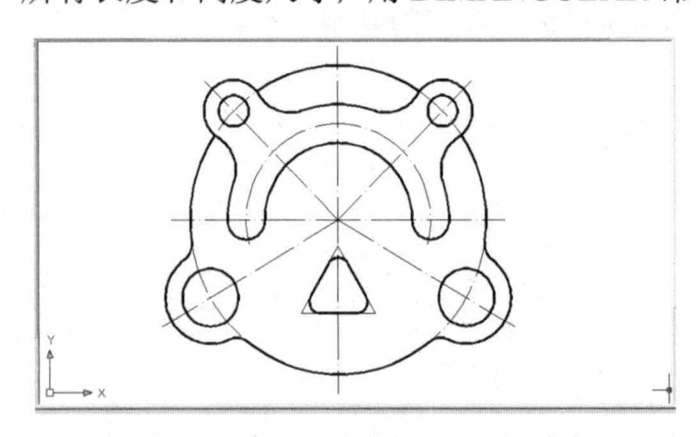

图 13.26　绘制中心线圆

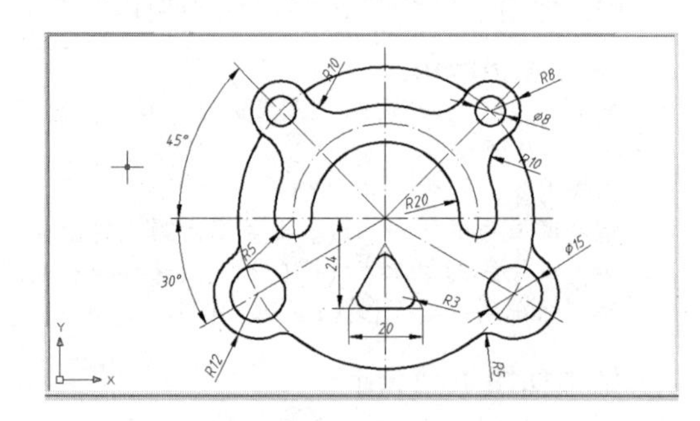


图 13.27　标注尺寸

# 13.4　绘制三视图

绘制三视图是中级制图员职业资格认证技能测试的必考内容之一。试卷中要求应试者按照给出的物体的两个视图，依一定的比例抄画之，看懂所表达立体的空间形状，并按投影关系补画出第三视图。本节将以绘制样题第 3 题为例，介绍三视图的绘图方法和步骤。

## 13.4.1　绘制俯视图

### 1. 绘制矩形框

将“0”层设置为当前层；启动矩形命令，具体过程如下：

命令: **RECTANG**↙ (或单击“绘图”工具栏中的图标)
指定第一个角点或 [倒角(C)/标高(E)/圆角(F)/厚度(T)/宽度(W)]: (在适当位置单击)
指定另一个角点或 [面积(A)/尺寸(D)/旋转(R)]: **D**↙
指定矩形的长度 <10.0000>: **64**↙

指定矩形的宽度 <10.0000>: **22**↙
指定另一个角点或 [面积(A)/尺寸(D)/旋转(R)]: (向右上移动鼠标，单击左键确定矩形位置)

绘制出的矩形如图 13.28(a)所示。

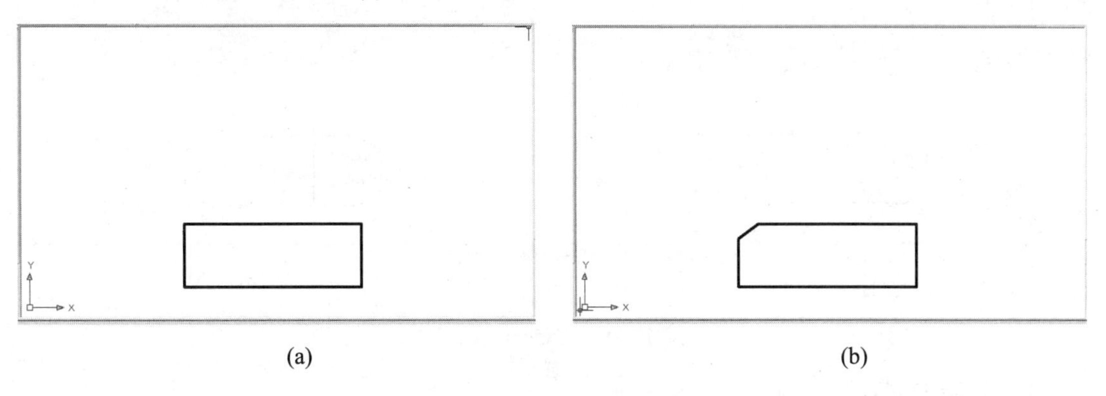


(a)　　(b)

图 13.28　绘制俯视图(一)

## 2．为矩形倒角

命令: **CHAMFER**↙　(或单击“修改”工具栏中的图标)
(“修剪”模式) 当前倒角距离 1 = 0.0000，距离 2 = 0.0000 (显示当前修剪模式和倒角边的大小)
选择第一条直线或 [放弃(U)/多段线(P)/距离(D)/角度(A)/修剪(T)/方式(E)/多个(M)]: **D**↙
指定第一个倒角距离 <0.0000>: **5.5**↙　(输入第一个倒角距离数值)
指定第二个倒角距离 <5.5000>: **7**↙　(输入第二个倒角距离数值)
选择第一条直线或 [放弃(U)/多段线(P)/距离(D)/角度(A)/修剪(T)/方式(E)/多个(M)]: (拾取矩形左侧短边)
选择第二条直线，或按住 Shift 键选择要应用角点的直线: (拾取矩形上部长边)

完成一个倒角后的矩形如图 13.28(b)所示。按空格键或 Enter 键重复执行倒角命令，按系统提示先拾取矩形短边，后拾取矩形长边，完成其余三个倒角的绘制。

## 3．绘制对称线

将“1”层设置为当前层；打开状态栏中的“对象捕捉”和“对象追踪”功能；用直线命令绘制对称线，具体过程如下：

命令: **LINE**↙　(或单击“绘图”工具栏中的图标)
指定第一点: (捕捉矩形水平线的中点为追踪起点，向上移动光标，使其过追踪起点的追踪矢量线)**5**↙
指定下一点或 [放弃(U)]: (打开“正交”模式，向下移动光标)**32**↙
指定下一点或 [放弃(U)]: ↙

## 4．绘制圆及其中心线

将“0”层设置为当前层；启动画圆命令，具体过程如下：

命令: **CIRCLE**↙　(或单击“绘图”工具栏中的图标)
指定圆的圆心或 [三点(3P)/两点(2P)/相切、相切、半径(T)]: (捕捉矩形左边线的中点为追踪起点，向右移动光标，显示过追踪起点的 180° 追踪矢量线)7

指定圆的半径或 [直径(D)]: **4**↙

将“1”层设置为当前层；启动画直线命令，捕捉圆心为追踪起点，绘制出圆的中心线，结果如图 13.29(a)所示。

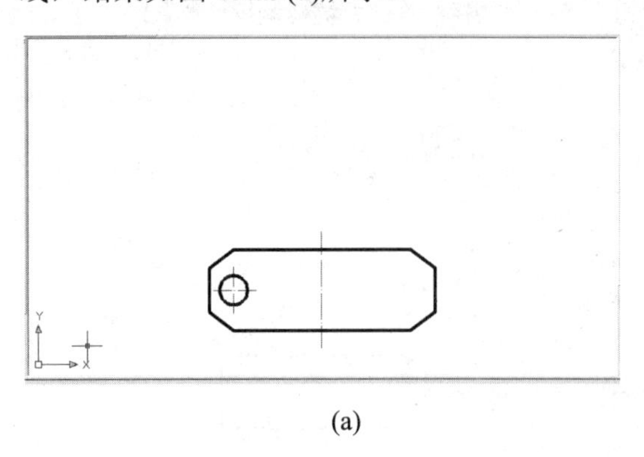

(a)

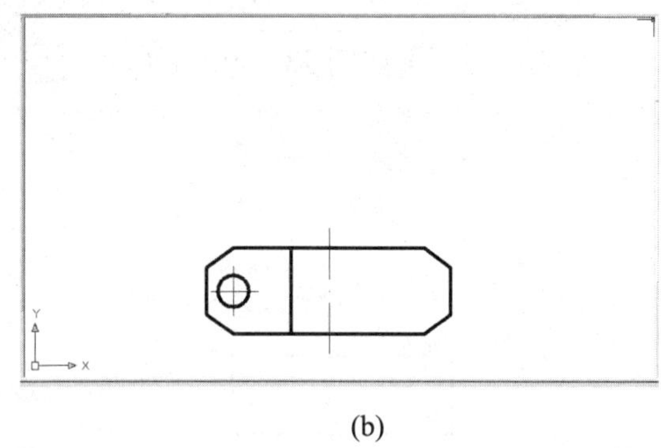

(b)

图 13.29　绘制俯视图(二)

### 5. 绘制左侧其余轮廓

将 “0”层设置为当前层；用偏移命令将对称线向左复制一条，然后用修剪命令剪切掉超出轮廓的部分，再将其图层特性修改为“0”层。具体过程如下：

命令: **OFFSET**↙ (或单击“修改”工具栏中的图标 )
当前设置: 删除源=否　图层=源　OFFSETGAPTYPE=0
指定偏移距离或 [通过(T)/删除(E)/图层(L)] <通过>: **10**↙
选择要偏移的对象，或 [退出(E)/放弃(U)] <退出>: (选择已绘制的对称线)
指定要偏移的那一侧上的点，或 [退出(E)/多个(M)/放弃(U)] <退出>: (在对称线左侧单击)
选择要偏移的对象，或 [退出(E)/放弃(U)] <退出>:↙
命令: **TRIM**↙ (或单击“修改”工具栏中的图标 )
当前设置:投影=UCS，边=无
选择剪切边...
选择对象或 <全部选择>: (选择已绘制的矩形)
找到 1 个
选择对象:↙
选择要修剪的对象，或按住 Shift 键选择要延伸的对象，或[栏选(F)/窗交(C)/投影(P)/边(E)/删除(R)/放弃(U)]: (分别单击偏移出的对称线上、下超出矩形轮廓的部分)

在“命令：”提示下选择偏移出的对称线，右击，在弹出的快捷菜单中选择“特性”项，再在弹出的“特性”对话框中将当前直线的图层由“1”修改为“0”，关闭该对话框。结果如图 13.29(b)所示。

用直线命令绘制左侧其余的轮廓线。具体过程如下：

命令: **LINE**↙　(或单击“绘图”工具栏中的图标 )
指定第一点: (捕捉偏移线与下轮廓线的交点)
指定下一点或 [放弃(U)]: **@-8,7.5**↙
指定下一点或 [放弃(U)]: **@0,7**↙
指定下一点或 [闭合(C)/放弃(U)]: (捕捉偏移线与上轮廓线的交点)
指定下一点或 [闭合(C)/放弃(U)]: ↙

绘制完成的图形，如图 13.30(a)所示。

### 6．镜像出右侧轮廓

使用镜像命令将左侧图形在右侧对称复制一份，具体过程如下：

命令: **MIRROR**↙　(或单击“修改”工具栏中的图标 )
选择对象: (用窗选方式选择左侧欲镜像的部分)
找到 7 个
选择对象: ↙
指定镜像线的第一点: (捕捉对称线的上端点)
指定镜像线的第二点: (捕捉对称线的下端点)
要删除源对象吗？[是(Y)/否(N)] <N>:↙

镜像后的图形如图 13.30(b)所示。

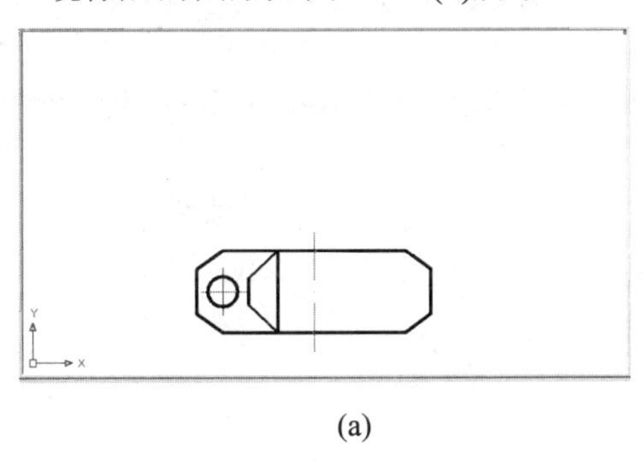

(a)

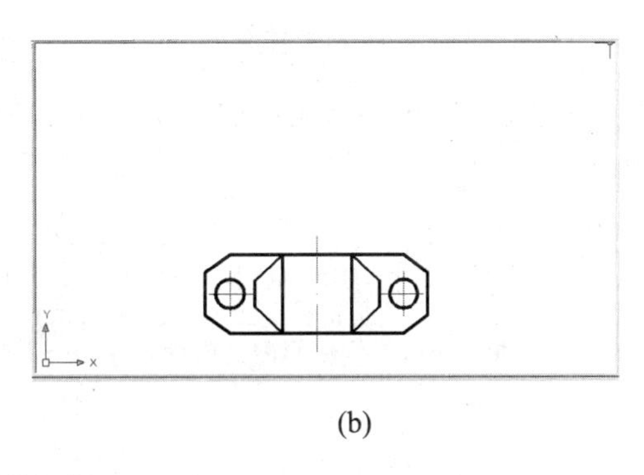

(b)

图 13.30　绘制俯视图(三)

## 13.4.2　绘制主视图

### 1．绘制对称线

将“1”层设置为当前层；启动画直线命令，捕捉俯视图对称线端点为追踪起点，拉出 90° 追踪线，在俯视图上方适当位置绘制出长 33 的对称线。

### 2．绘制轮廓线

将“0”层设置为当前层；用直线命令绘制左侧轮廓线。具体过程如下：

命令: **LINE**↙　(或单击“绘图”工具栏中的图标 )
指定第一点: (捕捉对称线的下端点作为追踪起点，拉出 90° 追踪线)**5**↙
指定下一点或 [放弃(U)]:(向左移动光标)**32**↙
指定下一点或 [放弃(U)]:(向上移动光标)**6**↙
指定下一点或 [闭合(C)/放弃(U)]: (向右移动光标，如图 13.31(a)所示，捕捉两直线的交点，左击)
指定下一点或 [闭合(C)/放弃(U)]: (向上移动光标)**17**↙
指定下一点或 [闭合(C)/放弃(U)]:**@−8,−8**↙
指定下一点或 [闭合(C)/放弃(U)]: (向下移动光标)**9**↙
指定下一点或 [闭合(C)/放弃(U)]:↙

绘制完成的图形如图 13.31(b)所示。

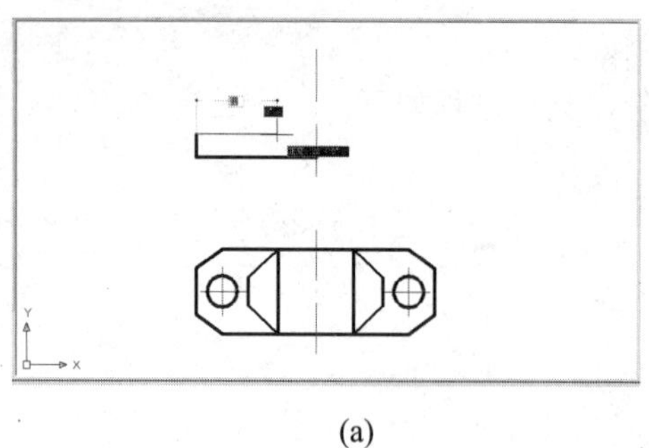

(a)

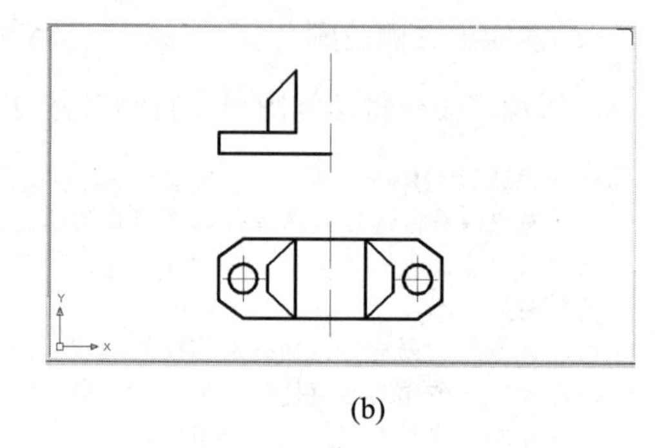

(b)

图 13.31　绘制主视图(一)

### 3. 绘制左边孔的轮廓线

将“2”层设置为当前层；用构造线命令绘制与俯视图保持“长对正”对应关系的辅助线，具体过程如下：

命令: **XLINE**↙　　(或单击“绘图”工具栏中的图标 )
指定点或 [水平(H)/垂直(V)/角度(A)/二等分(B)/偏移(O)]: **V**↙　　(绘制垂直构造线)
指定通过点: (捕捉俯视图上圆的左象限点)
指定通过点: (捕捉俯视图上圆的右象限点)
指定通过点: ↙

结束命令后的图形如图 13.32(a)所示。

用修剪命令去掉多余部分，具体过程如下：

命令: **TRIM**↙ (或单击“修改”工具栏中的图标 )
当前设置:投影=UCS，边=无
选择剪切边...
选择对象或 <全部选择>: (分别单击底板部分的上、下轮廓线)
找到 1 个
选择对象:↙
选择要修剪的对象，或按住 Shift 键选择要延伸的对象，或[栏选(F)/窗交(C)/投影(P)/边(E)/删除(R)/放弃(U)]: (分别单击底板上、下轮廓线外面部分的辅助线)

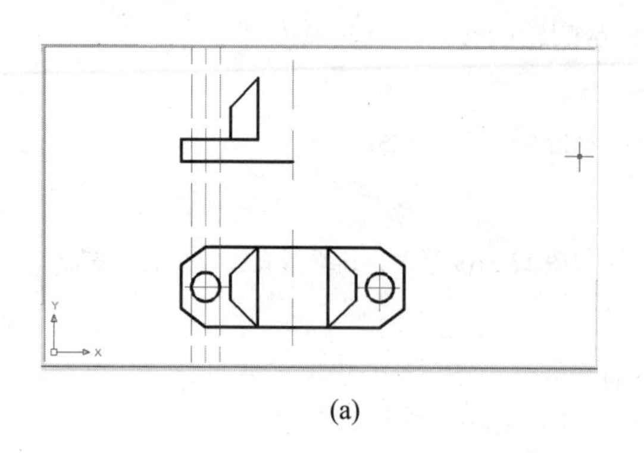

(a)

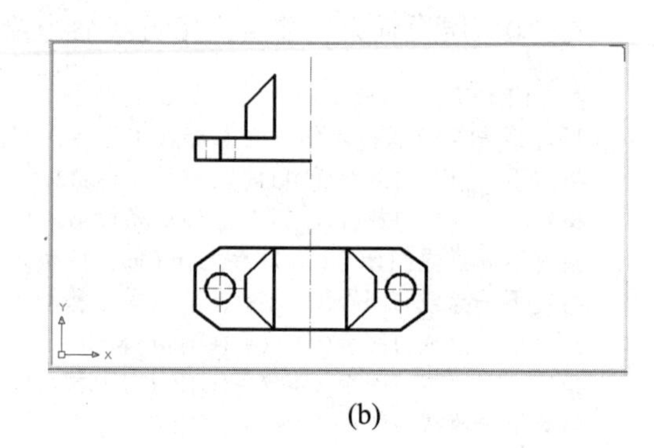

(b)

图 13.32　绘制主视图(二)

### 4. 绘制倒角处的交线

将“0”层设置为当前层；用上述方法，绘制出倒角处的交线，结果如图 13.32(b)所示。

### 5. 镜像出右侧轮廓

用镜像命令将已绘图形在右侧对称复制一份，具体过程如下：

命令: **MIRROR**↙　　(或单击“修改”工具栏中的图标 )
选择对象: (用窗选方式选择左侧欲镜像的部分)
找到 9 个
选择对象:↙
指定镜像线的第一点:(捕捉对称线的上端点)
指定镜像线的第二点:(捕捉对称线的下端点)
要删除源对象吗？[是(Y)/否(N)] <N>:↙

镜像后的图形，如图 13.33(a)所示。

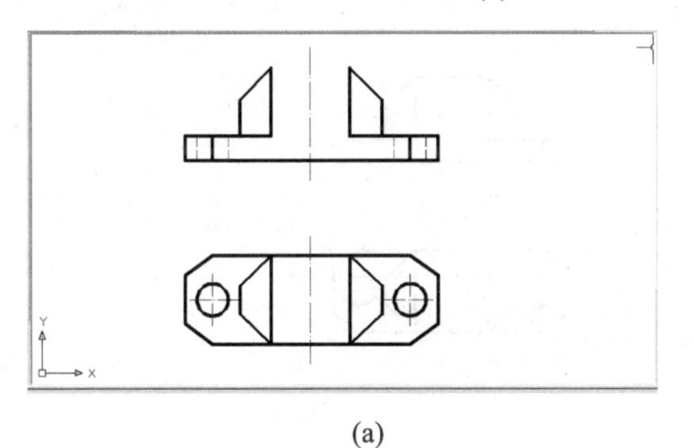

(a)

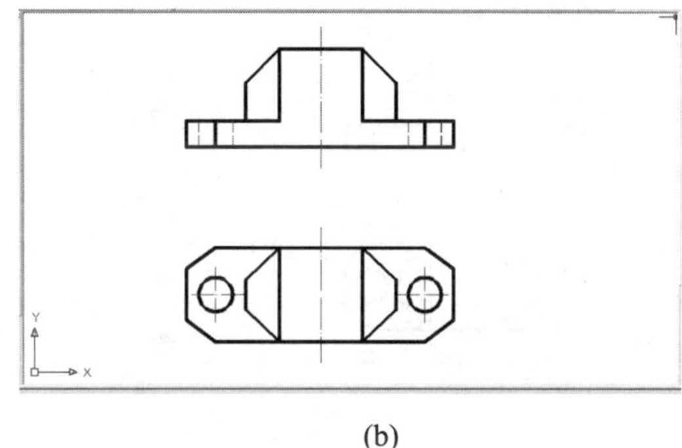

(b)

图 13.33　绘制主视图(三)

### 6. 绘制顶部直线

将“0”层设置为当前层；捕捉顶部两端点，用直线命令绘制出顶部的水平直线，如图 13.33(b)所示。

## 13.4.3　绘制左视图

通过“制图”课的学习，我们知道，根据主、俯视图可以看懂其所表达的立体的空间形状，并可按“主、左视图高平齐，俯、左视图宽相等”的对应关系绘制出左视图。

### 1. 绘制 135° 辅助线

用构造线命令绘制一条与 X 轴正向成 135° 角的直线，作为用于保持“俯、左视图宽相等”对应关系的辅助线。具体过程如下：

命令: **XLINE**↙　(或单击“绘图”工具栏中的图标 )
指定点或 [水平(H)/垂直(V)/角度(A)/二等分(B)/偏移(O)]: **A**↙
输入构造线的角度 (0) 或 [参照(R)]: **135**↙
指定通过点: (在俯视图右边适当位置单击)
指定通过点:↙

### 2. 绘制投影连线

用构造线命令绘制保持“主、左视图高平齐”和“俯、左视图宽相等”对应关系的投影连线。具体过程如下：

命令：**XLINE**↙ （或单击“绘图”工具栏中的图标 ）
指定点或 [水平(H)/垂直(V)/角度(A)/二等分(B)/偏移(O)]：**H**↙ （绘制水平线）
指定通过点：(捕捉俯视图上的交点，绘制出5条水平辅助线，如图13.34(a)所示)
指定通过点：(捕捉主视图上的交点，绘制出4条水平辅助线)
指定通过点：↙
命令：↙
指定点或 [水平(H)/垂直(V)/角度(A)/二等分(B)/偏移(O)]：**V**↙ （垂直线）
指定通过点：(捕捉135° 辅助线上的交点，绘制出4条垂直构造线)
指定通过点：↙

绘制出的投影连线，如图13.34(b)所示。

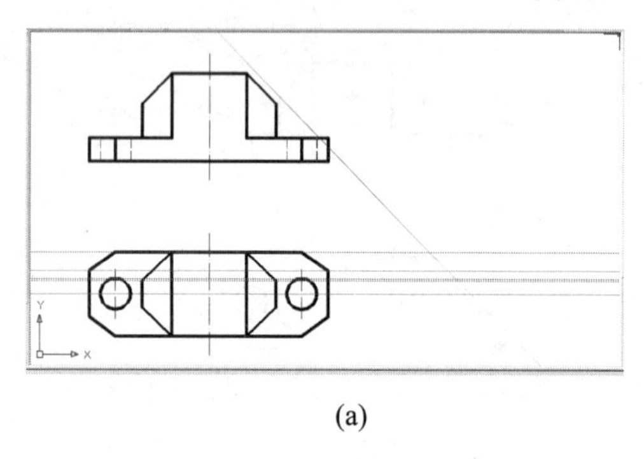
(a)

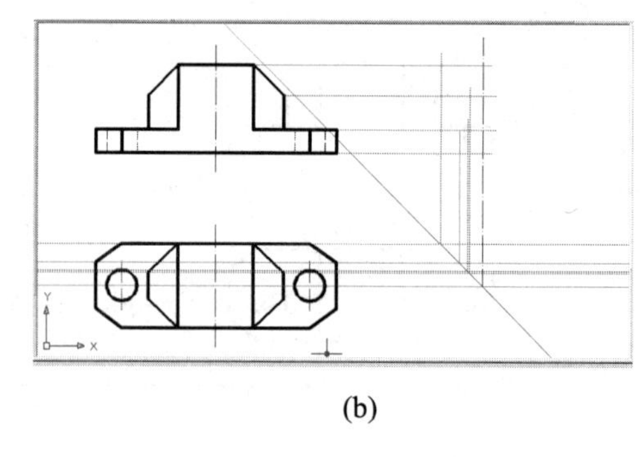
(b)

图13.34 绘制左视图(一)

### 3．整理图形

用修剪命令修剪掉左视图中多余的图线；用删除命令删除俯视图上的构造线和135° 辅助线。整理后的图形，如图13.35(a)所示。

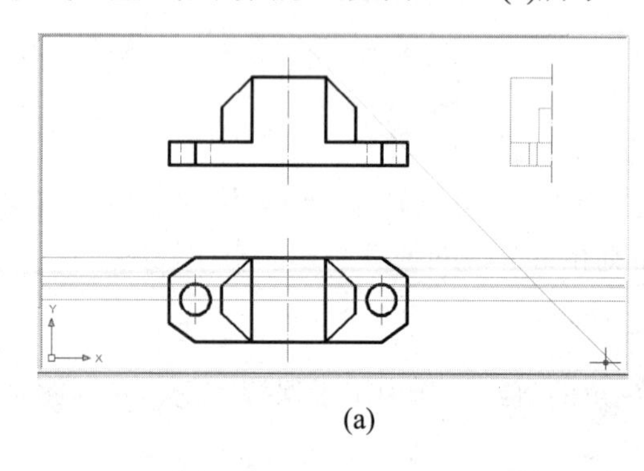
(a)

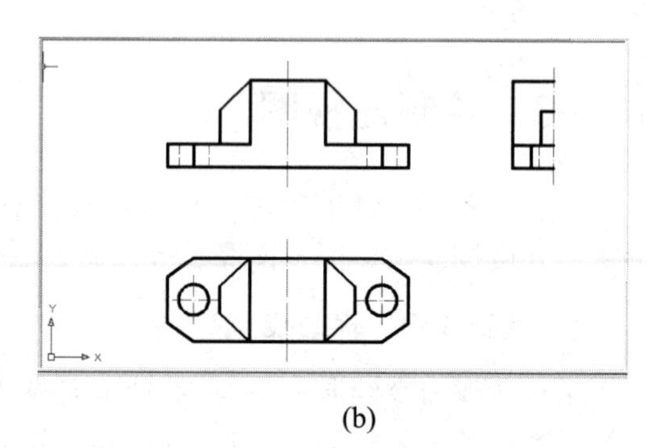
(b)

图13.35 绘制左视图(二)

### 4．修改线型

通过修改图层属性的方法将左视图修改为规定的线型。修改后的图形，如图13.35(b)所示。

### 5．绘制斜线

捕捉图形左上方的两个端点，用直线命令在“0”层绘制出左视图中的斜线。

6．镜像出右侧轮廓

用镜像命令将已绘左视图图形在右侧对称复制一份。镜像后的图形，如图 13.36 所示。

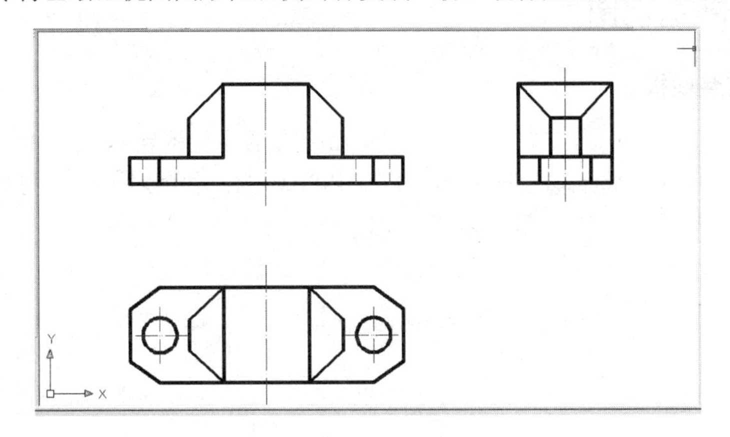

图 13.36　绘制左视图(三)

## 13.4.4　存储文件

1．范围缩放

检查全图正确无误后，用缩放命令将所绘三视图最大化显示。具体过程如下：

命令: **ZOOM**↙　(或单击“标准”工具栏中的图标 )
指定窗口的角点，输入比例因子 (nX 或 nXP)，或者
[全部(A)/中心(C)/动态(D)/范围(E)/上一个(P)/比例(S)/窗口(W)/对象(O)] <实时>: **E**↙
正在重生成模型。

所绘图形将充满屏幕。

2．存储文件

单击“标准”工具栏中的“保存”图标，存储文件。

# 13.5　绘制零件图

绘制零件图是中、高级制图员职业资格认证技能测试的必考内容之一。试卷中要求应试者按照给出的图例，抄画零件图图形、标注尺寸及相应的技术要求。本节将以绘制样题第 4 题“踏脚座零件图”为例，介绍绘制零件图的绘图方法和步骤。

## 13.5.1　图形分析

踏脚座的零件图由主视图、俯视图和 A 向局部视图三个图形构成。由制图知识可知，踏脚座的右上部为轴线垂直于 V 面的轴承孔，轴承孔上方有一凸台。凸台上加工出的孔与轴承孔垂直相交。左下部为安装底板，底板上切制出垂直于 H 面的通槽，且前后对称分布两个长圆形安装孔。轴承孔与底板之间用连接板圆滑连接。为增加强度，在连接板下方设

置了宽度为 7 的肋板。

## 13.5.2 绘制主视图

### 1. 绘制安装底板

选择“0”层(粗实线)为当前层；用画矩形命令在适当位置绘制长为 14、宽为 72 的矩形，如图 13.37 所示；将当前层改变为“1”(中心线层)；利用对象捕捉与追踪功能，以直线命令绘制出主视图上的水平基准线，如图 13.38 所示。

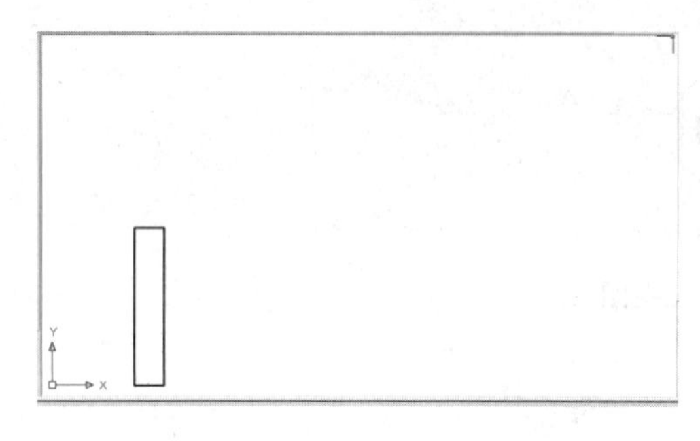

图 13.37 绘制矩形

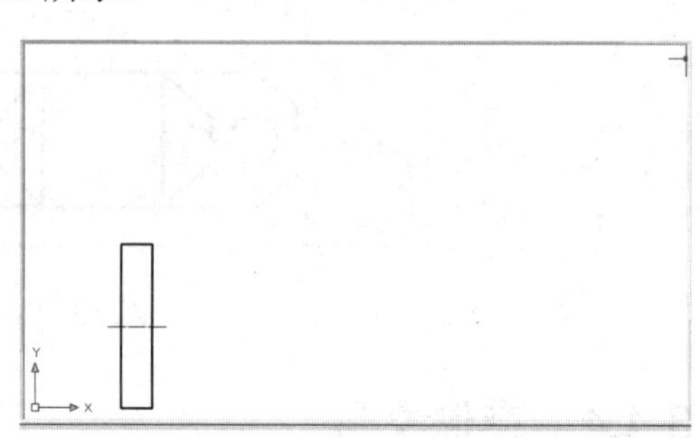

图 13.38 绘制水平基准线

### 2. 绘制轴承

选择“0”层为当前层；捕捉安装底板的左端面中点为圆心，用画圆命令绘制出直径分别为 18、32 和 35 的三个圆，如图 13.39 所示。启动移动命令，拾取新绘制的三个圆，捕捉圆心为基点，输入相对坐标“@67,87”，将三个圆平移到正确位置，如图 13.40 所示。用直线命令在“1”层绘制出圆的中心线，如图 13.41 所示。

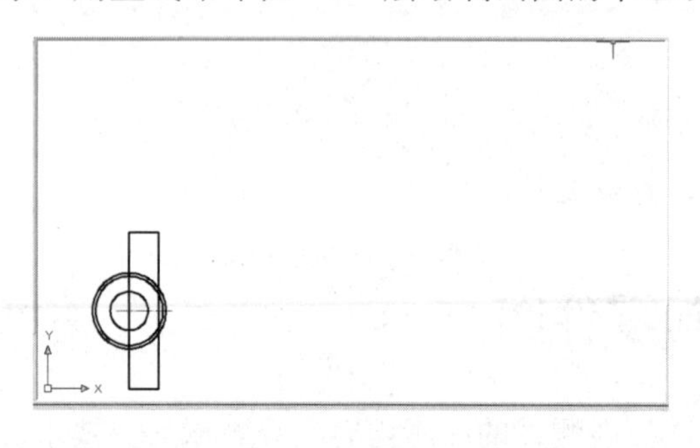

图 13.39 绘制三同心圆

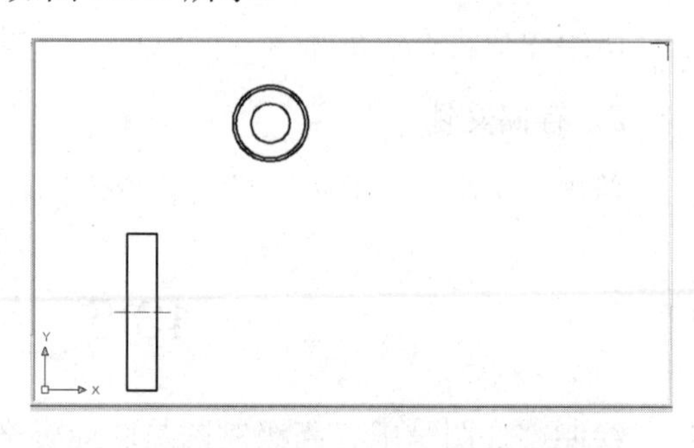

图 13.40 将圆平移到正确位置

### 3. 绘制连接板

捕捉$\phi$35 圆的左象限点，在“1”层绘制一定长度的竖直直线，如图 13.42 所示。用分解命令将矩形分解为四段直线；指定圆角半径为 28，用圆角命令以修剪方式绘制出圆弧，如图 13.43 所示。指定偏移距离为 7，拾取连接板的圆弧部分，用偏移命令在其右下部绘制出另一圆弧，如图 13.44 所示。指定圆角半径为 9，用圆角命令以修剪方式绘制出右上圆角和左下圆角，如图 13.45 所示。以矩形顶边为边界，用延伸命令恢复倒圆角时剪切掉的矩形右上角处的直线，如图 13.46 所示。

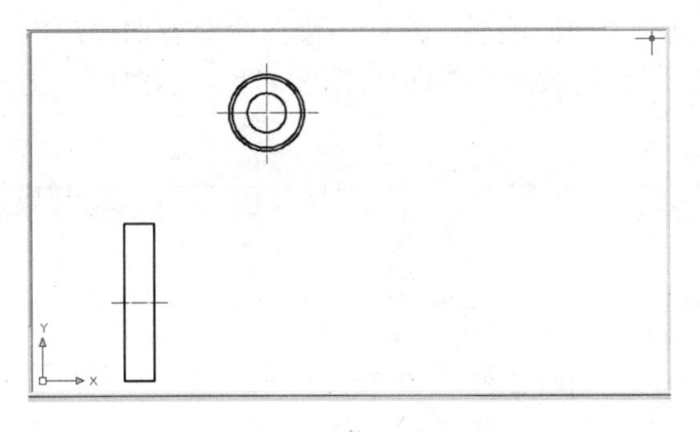

图 13.41　绘制圆的中心线

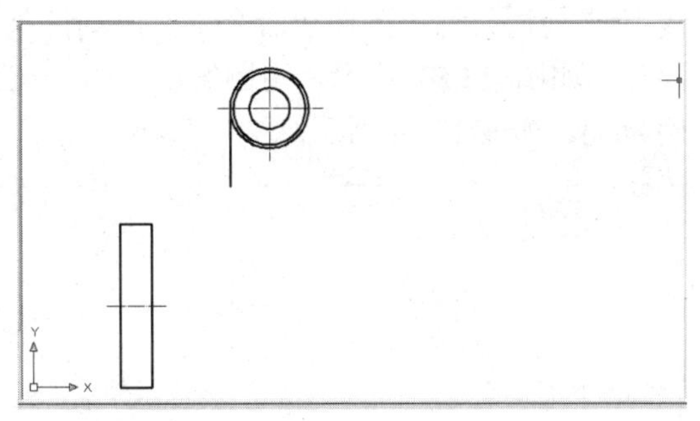

图 13.42　绘制竖直直线

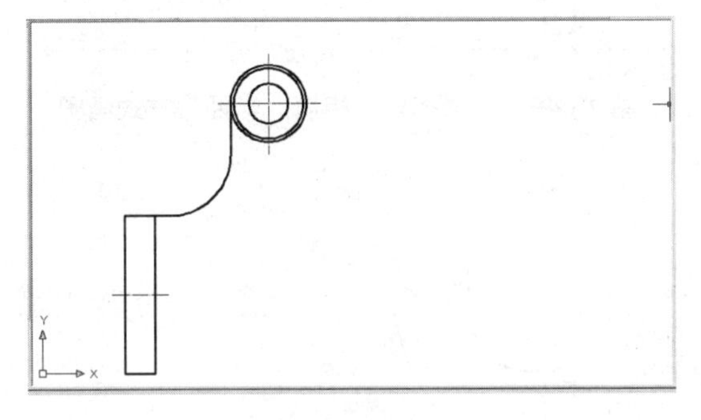

图 13.43　绘制圆弧

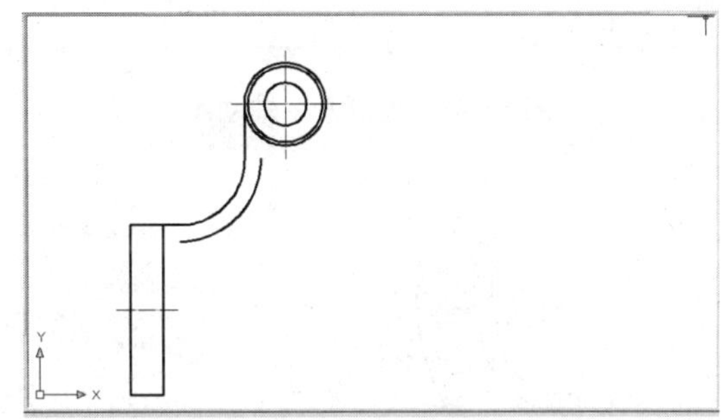

图 13.44　偏移复制圆弧

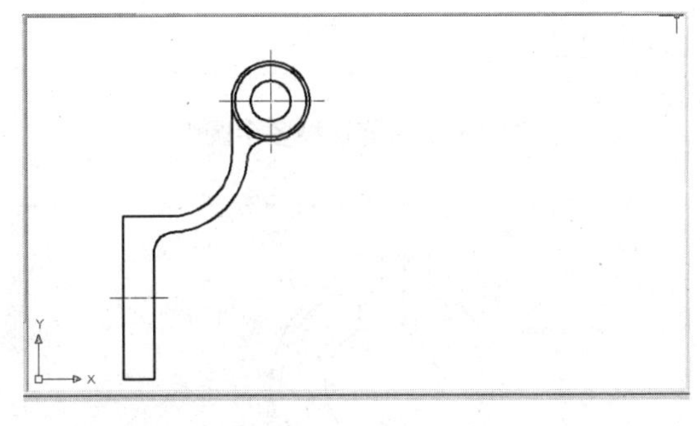

图 13.45　倒圆角

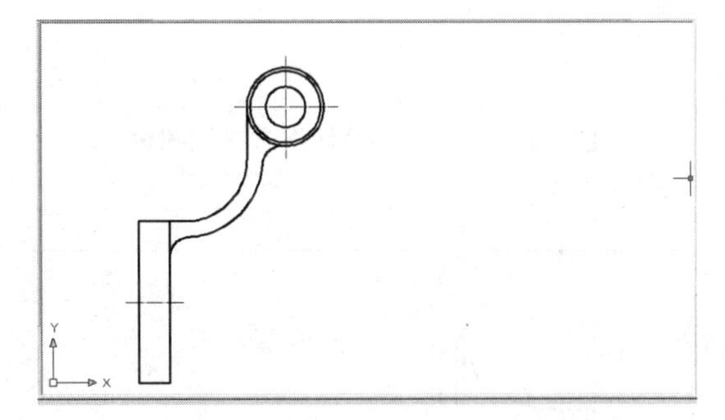

图 13.46　恢复倒圆角时剪切掉的直线

#### 4．绘制肋板

将轴承的水平中心直线向下偏移 101，绘制出一条水平的辅助线，如图 13.47 所示。用画圆命令的“相切、相切、半径”方式绘制一个与刚画辅助线及$\phi$35 圆均相切且半径为 91 的圆，如图 13.48 所示。删除水平辅助线。用“不修剪”方式，绘制 R23 圆角，如图 13.49 所示。以$\phi$35 圆和 R23 圆角为剪切边，用修剪命令去掉大圆上的多余部分，如图 13.50 所示。

#### 5．绘制凸台

利用构造线命令的 O(偏移)选项，分别以 3.5 和 7.5 为偏移距离，将轴承竖直中心线在其两侧各绘制一条构造线；以 20 为偏移距离，将轴承水平中心线在其上侧绘制一条构造线，如图 13.51 所示。用修剪命令剪切掉多余图线，如图 13.52 所示。选择“3”层(细实线)为当前层；用样条曲线命令绘制出局部剖视图中的波浪线，然后用修剪命令剪切掉超出部分，如图 13.53 所示。用图案填充命令在局部剖区域绘制剖面线(图案名称 ANSI31，比例为 1)，如图 13.54 所示。

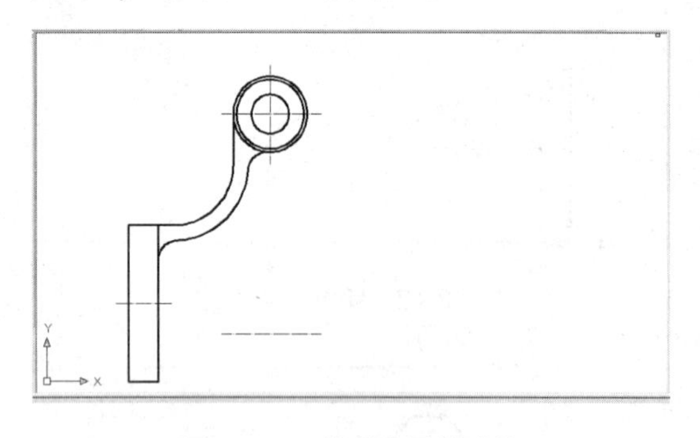

图 13.47　绘制水平辅助线

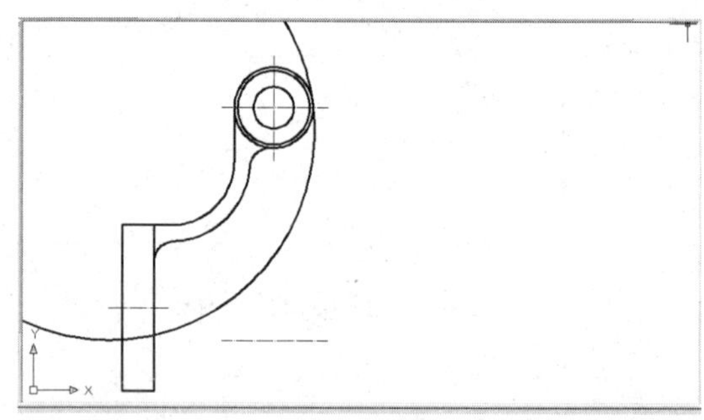

图 13.48　用“相切、相切、半径”方式画圆

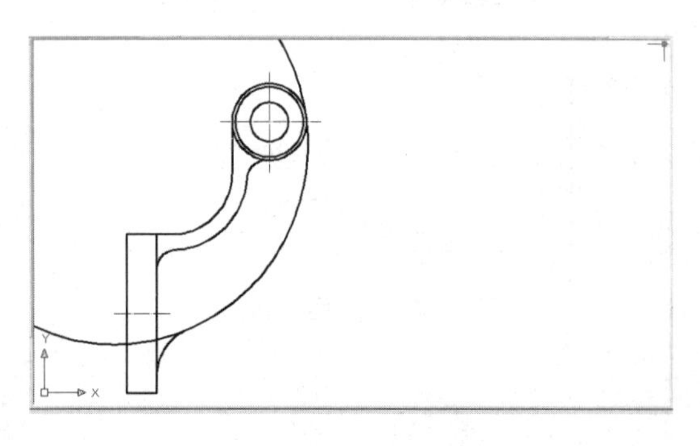

图 13.49　用“不剪切”方式倒圆角

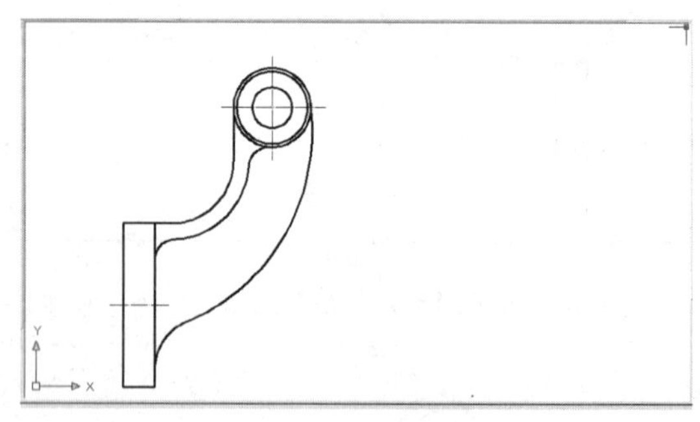

图 13.50　剪切掉多余圆弧

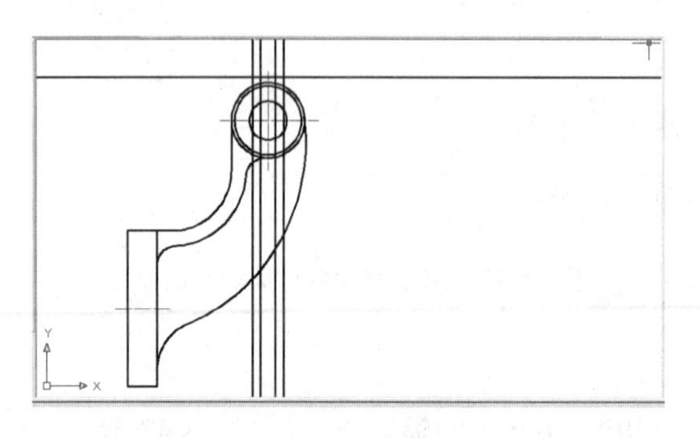

图 13.51　绘制凸台构造线

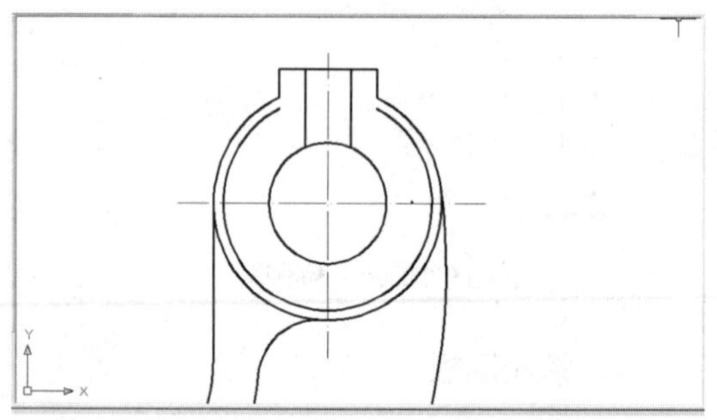

图 13.52　修剪掉多余的凸台轮廓线

### 6. 绘制其余轮廓

选择“2”层(虚线)为当前层；利用构造线命令的 O(偏移)选项，分别以 3.5 和 7.5 为偏移距离，将轴承竖直中心线在其两侧对称各绘制一条构造线；以 4 为偏移距离，将安装底板左侧竖直直线在其右侧绘制一条构造线，然后剪切掉上下的超出部分，得到表示凹槽的虚线；仿此完成安装底板上孔的虚线和轴线的绘制，如图 13.55 所示。

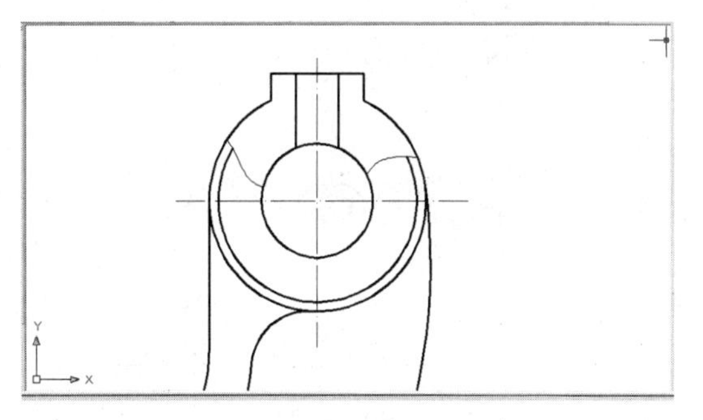


图 13.53　绘制波浪线

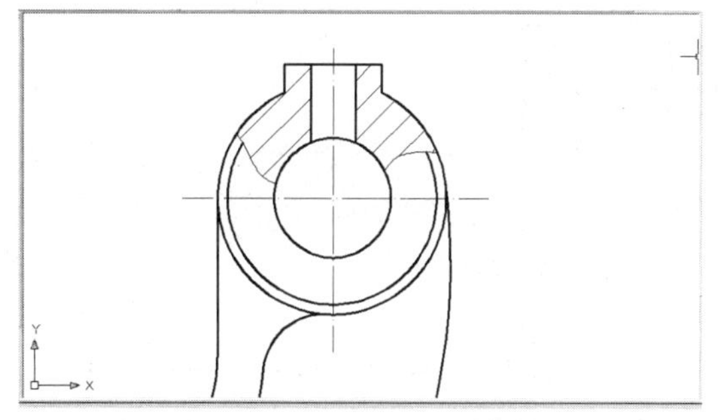


图 13.54　绘制剖面线

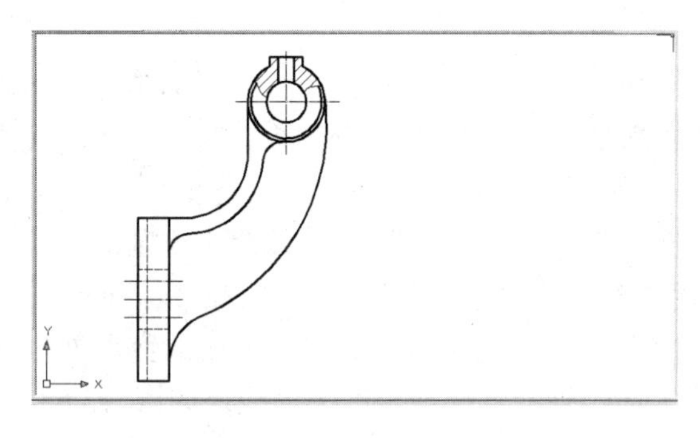


图 13.55　绘制其余轮廓线

## 13.5.3　绘制俯视图

### 1．绘制底板轮廓

打开“正交”模式，通过捕捉和追踪保持与主视图间的“长对正”关系，由鼠标指定画线方向，输入各段直线的长度，在“0”层画出底板外轮廓的俯视图，如图 13.56 所示。

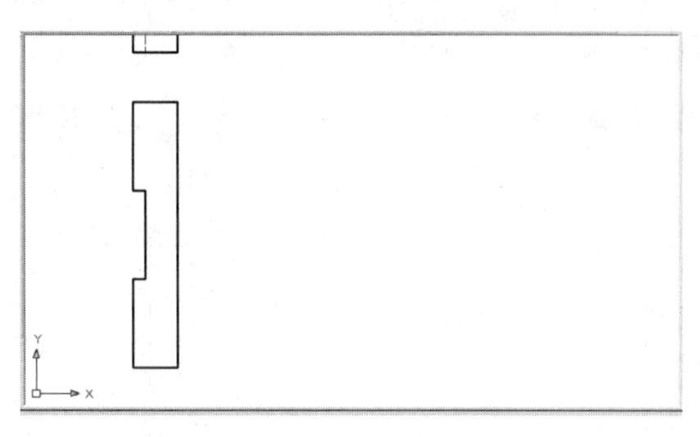


图 13.56　绘制底板外轮廓

### 2．绘制凸台轮廓

选择“1”层为当前层。通过捕捉和追踪，用直线命令绘制轴承的中心线，如图 13.57 所示。选择“0”层为当前层。用画圆命令，绘制直径为 7 和 15 的圆，如图 13.58 所示。

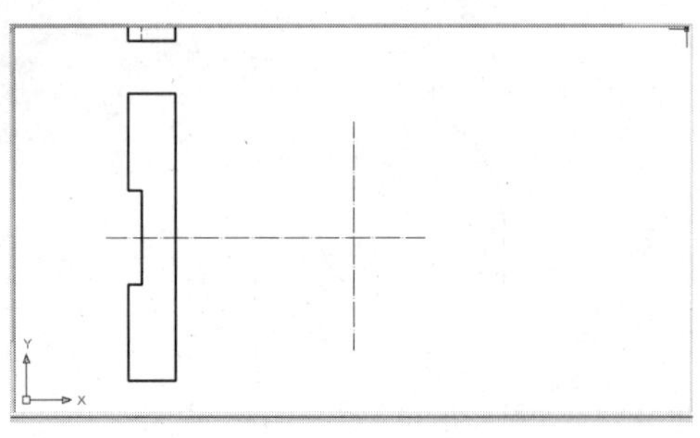

图 13.57　绘制轴承中心线

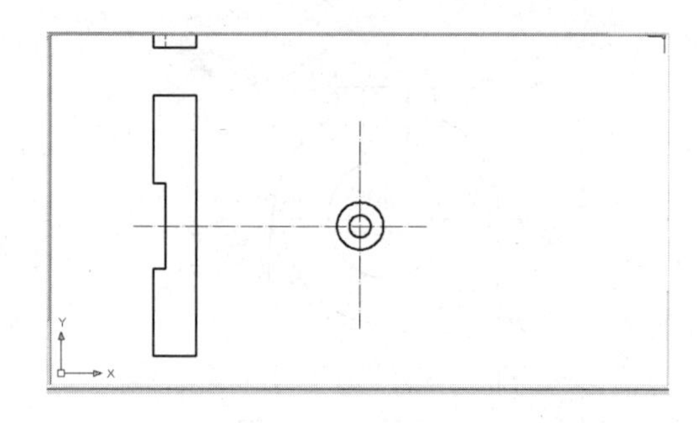

图 13.58　绘制凸台

3．绘制轴承

利用构造线命令的 O(偏移)选项，分别以 17.5 和 9 为偏移距离，将轴承竖直中心线在其两侧对称各绘制一条构造线；以 27.5 为偏移距离，将水平中心线在其上、下两侧各绘制一条构造线，如图 13.59 所示。用修剪命令剪去多余图线，如图 13.60 所示。用倒角命令，以“修剪”方式绘制矩形的 4 个倒角，用直线命令绘制倒角线，如图 13.61 所示。选择“3”层为当前层，用样条曲线命令绘制局部剖的波浪线，如图 13.62 所示。用打断命令中的“打断于点”方式将两条轴孔轮廓线在其与波浪线的交点处打断为两个部分，然后用特性匹配命令将波浪线上部的轴孔轮廓线修改为虚线，如图 13.63 所示。以由主视图剖面线“继承特性”的方式绘制局部剖中的剖面线，如图 13.64 所示。

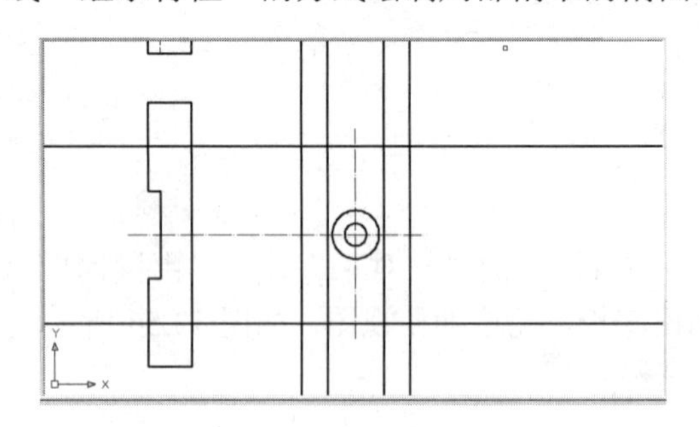

图 13.59　绘制构造线

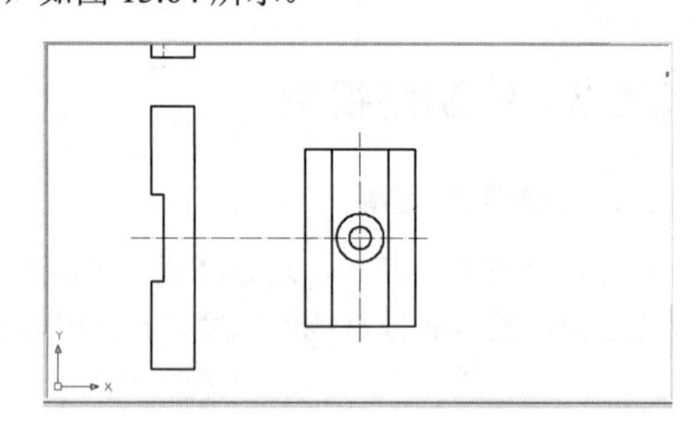

图 13.60　剪切图线

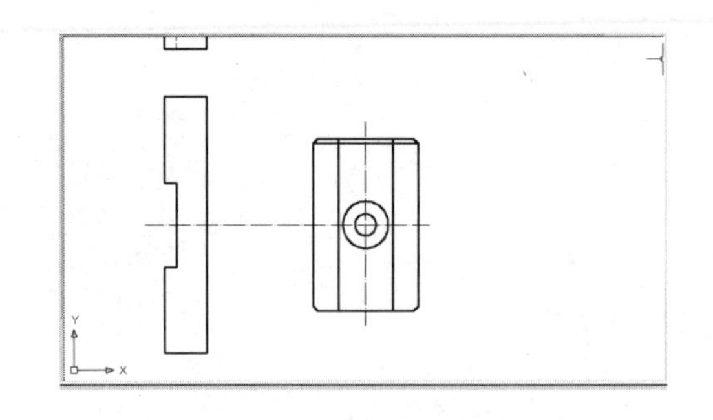

图 13.61　绘制倒角及倒角线

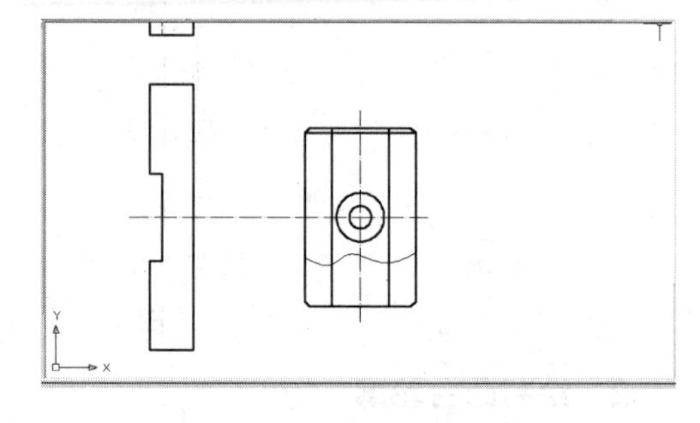

图 13.62　绘制波浪线

4．绘制连接板、肋板

选择“0”层为当前层，用构造线命令中的“偏移”方式，绘制 4 条水平构造线，修剪掉多余图线，如图 13.65 所示。用打断命令的“打断于点”方式将连接板轮廓线在与轴承轮廓线交点处打断为两个部分；用特性匹配命令，将肋板及连接板的部分轮廓线改变为虚线，如图 13.66 所示。

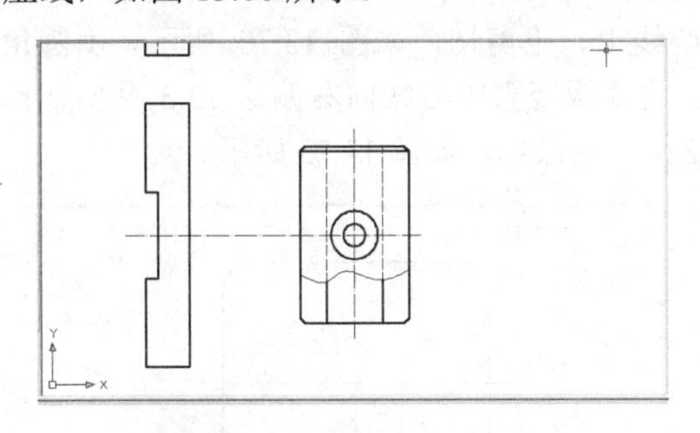

图 13.63　打断孔线并修改线型

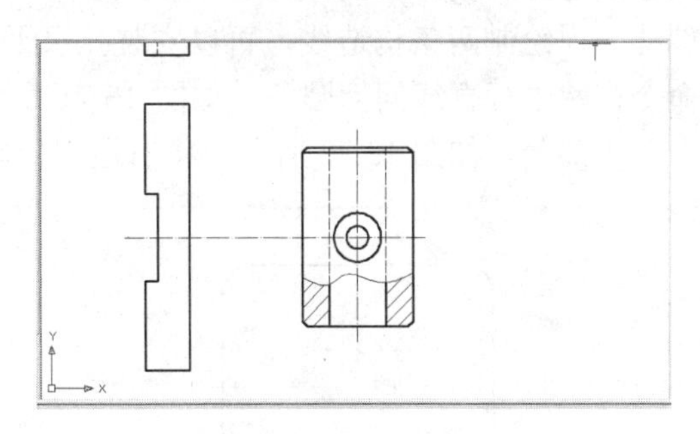

图 13.64　绘制剖面线

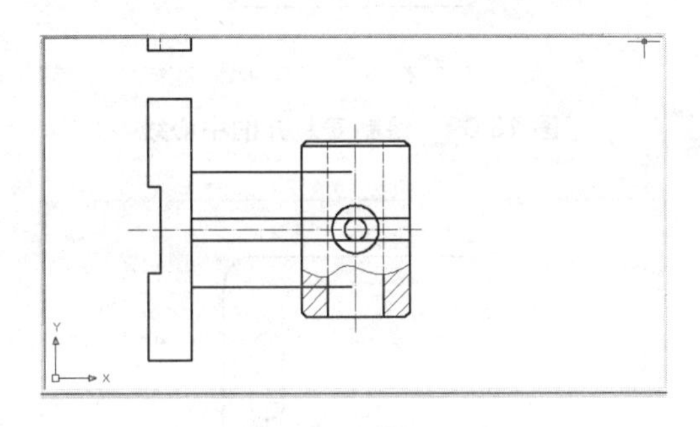

图 13.65　绘制轮廓线

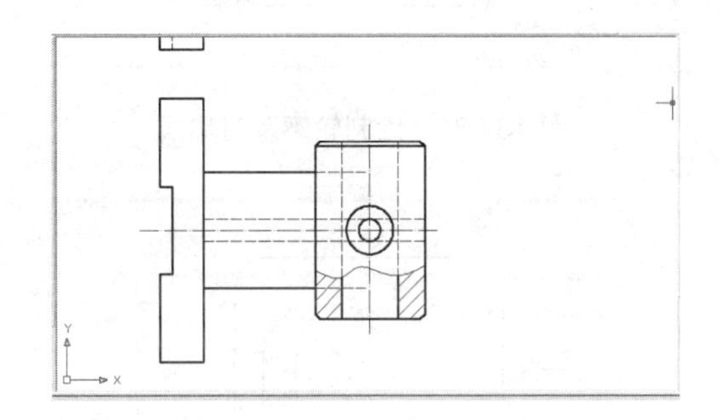

图 13.66　修改线型

5．绘制其余轮廓

用直线命令分别在“1”层和“2”层绘制一侧安装孔的轴线及轮廓线(虚线)，然后镜像复制出另一侧安装孔的轴线和虚线。将安装底板的右轮廓线在其与连接板轮廓线交点处打断为三个部分，用特性匹配命令，将中间部分修改为虚线；用圆角命令绘制出安装板上 R2 的圆角，如图 13.67 所示。

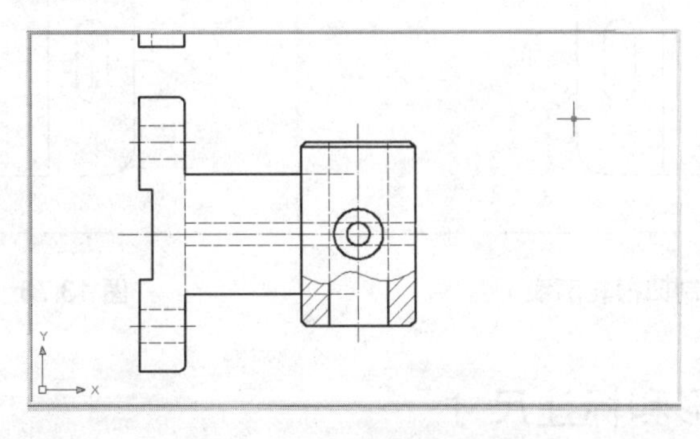

图 13.67　绘制其余轮廓

## 13.5.4　绘制局部视图

选择“0”层为当前层，用矩形命令的 F 选项设置绘制带圆角的矩形，圆角半径为 9，矩形长 82、宽 72；，选择“1”层为当前层，通过捕捉和追踪，用直线命令绘制两条对称中心线，如图 13.68 所示。用构造线命令的 O 选项对矩形的对称中心线进行偏移，并剪切调整到适当长度，如图 13.69 所示。选择“0”层为当前层，将安装孔竖直中心线左、右各偏移 5，绘制两条构造线，再以安装孔水平中心线上、下剪切，如图 13.70 所示。用圆角命令在两平行直线间倒圆角，如图 13.71 所示。将底板竖直中心线向右偏移 13.5 并剪切掉上、下部分，如图 13.72 所示。将右边部分向左作镜像操作，如图 13.73 所示。

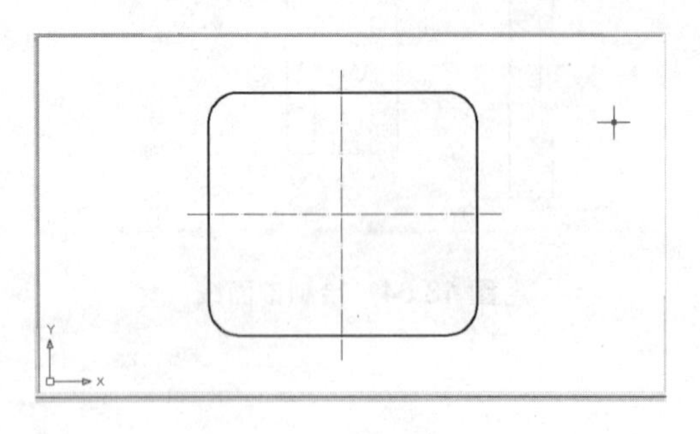

图 13.68　绘制轮廓及对称线

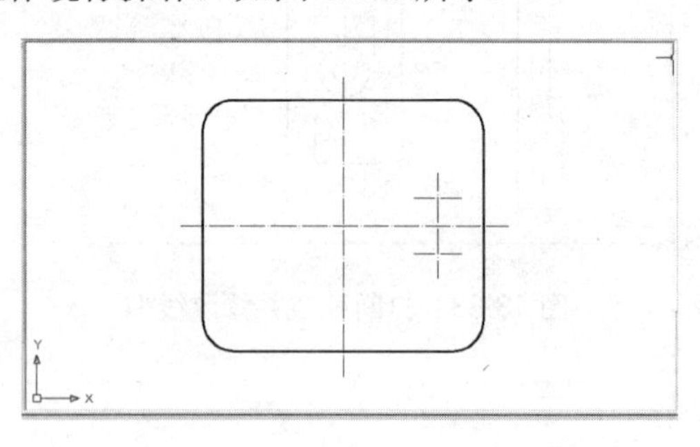

图 13.69　绘制安装孔的中心线

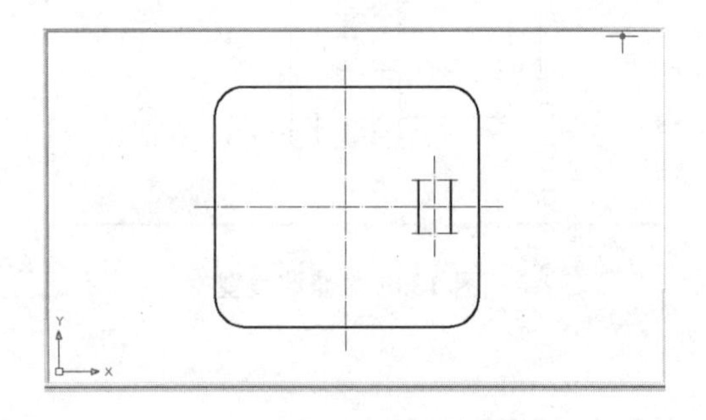

图 13.70　绘制安装孔的直线轮廓

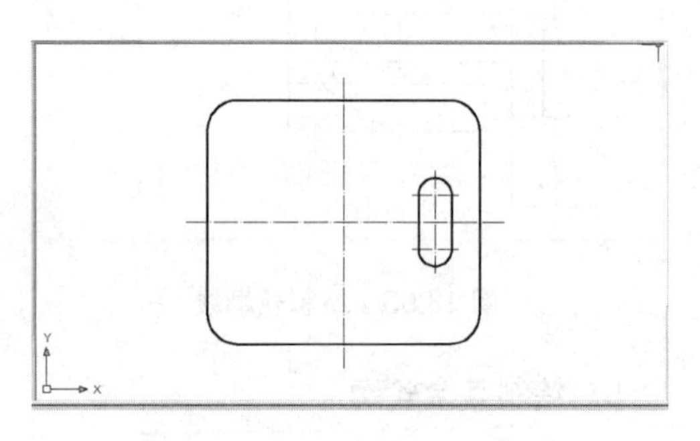

图 13.71　绘制安装孔的半圆角

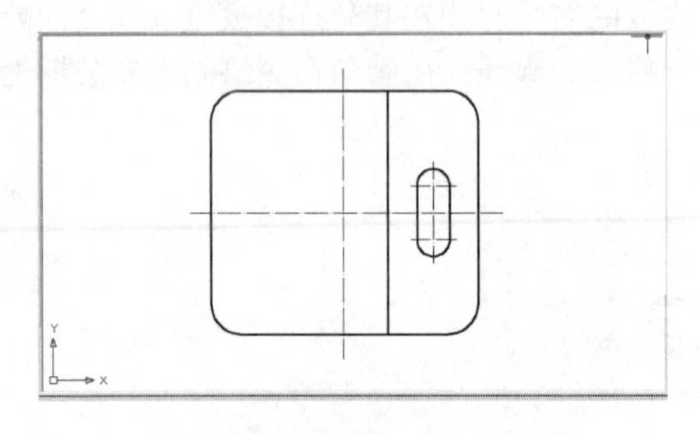

图 13.72　绘制凹槽轮廓线

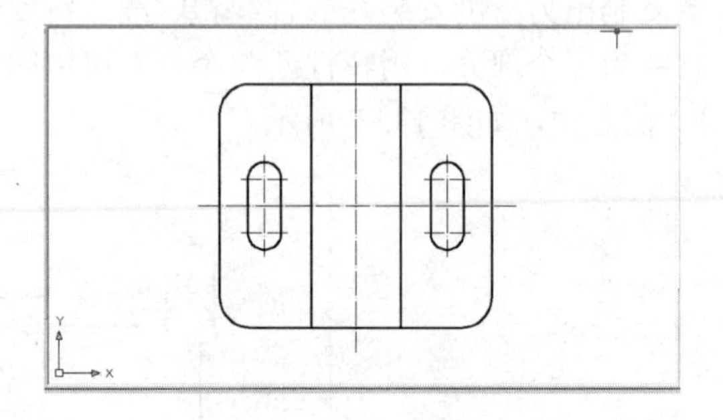

图 13.73　镜像图形

## 13.5.5　缩放图形和标注尺寸

### 1. 按比例缩小图形

用缩放命令以 0.5 为比例因子缩放全图。

2. 修改比例因子

在“标注样式”对话框的“主单位”选项卡中，选择线性标注精度为“0”，测量单位比例因子为“2”。以保证在图形已缩小一半的情况下按自动测量所标注的尺寸仍为零件的真实尺寸。

3. 标注尺寸

将“4”层(尺寸标注)设为当前层。用“线性标注”、“半径标注”、“直径标注”、“连续标注”等尺寸标注命令，注出图中各尺寸。须注意的是，在标注非圆视图上的直径尺寸时，也应使用线性标注命令，利用其中的 T 选项(文字)，当提示“输入标注文字<自动测量值>:”时，在自动测量值的前边添加“%%C”，以实现直径符号“$\phi$”的标注。具体标注方法参见教材对应章节，此处不再赘述。标注尺寸后的图形如图 13.74 所示。

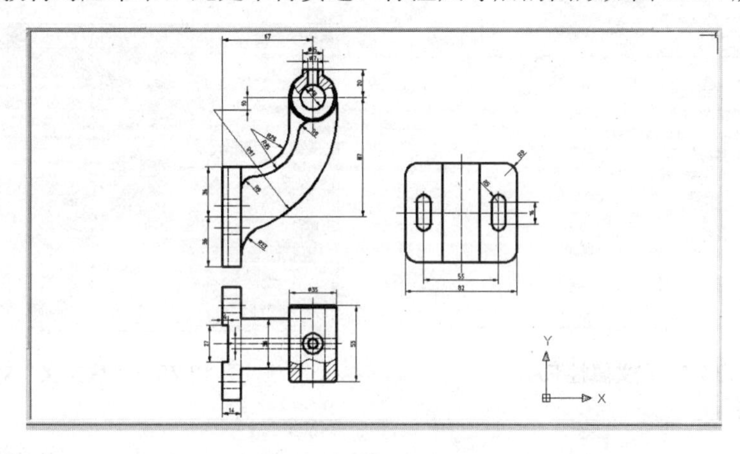


图 13.74　标注尺寸

## 13.5.6　标注表面粗糙度

1. 绘制“表面粗糙度”符号

将“4”层(尺寸标注)设为当前层。用正多边形命令绘制倒置的正三角形；用分解命令将三角形分解为三条直线；用拉长命令的 P 选项(百分数)将“长度百分数”设置为 200，使三角形的右斜线向右上方向延长一倍，如图 13.75 所示。

2. 创建带属性的块

启动定义图块属性命令，弹出 “属性定义”对话框，在其中按图 13.76 所示进行设置，单击“确定”按钮，在粗糙度符号的上方指定属性的插入位置，则将出现 RA 标记，如图 13.77 所示。启动创建块命令，弹出“块定义”对话框，如图 13.78 所示。在“名称”列表框中输入“粗糙度 1”，单击“选择对象”图标，“块定义”对话框消失，系统回到绘图界面。用窗选方式选择构成粗糙度符号的三条直线和属性 RA，然后回车，将返回“块定义”对话框。单击“拾取点”图标，“块定义”对话框再次消失，系统回到绘图界面，捕捉粗糙度符号下部端点，回到“块定义”对话框。其他照图 13.78 进行设置。最后单击“确定”按钮，则完成名为“粗糙度 1”的带属性图块的定义。重复上述操作，创建另一个“尖朝上”的图块“粗糙度 2”，如图 13.79 所示，其他设置同上。

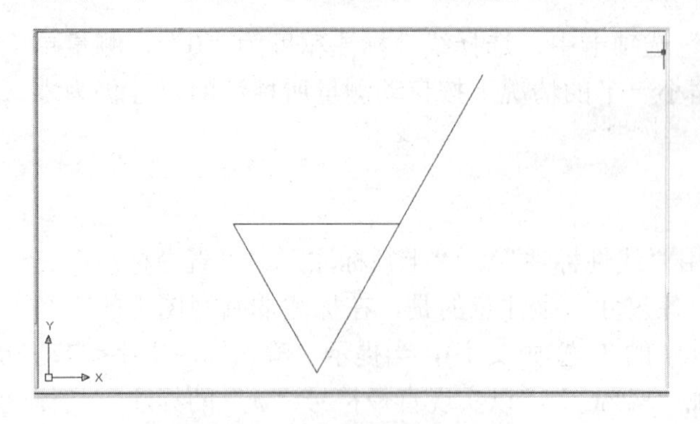


图 13.75　绘制表面粗糙度符号

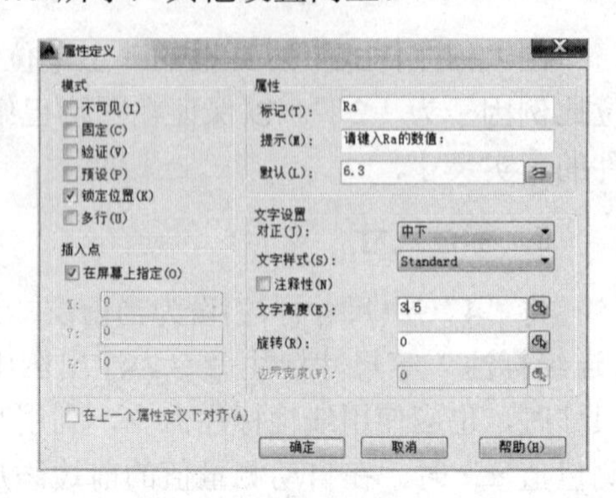


图 13.76　“属性定义”对话框

图 13.77　定义属性 RA

图 13.78　“块定义”对话框

图 13.79　定义图块“粗糙度 2”

### 3．用插入块方式标注表面粗糙度

用插入块命令按要求将“粗糙度 1”图块插入到图中的正确位置，并在“请键入 Ra 数值：<6.3>”提示下输入对应的数值(如 12.5、3.2 等)，Ra 为 6.3 时直接回车即可。用插入块命令将“粗糙度 2”图块插入到俯视图的右下位置，如图 13.80 所示。

### 4．在右上角进行粗糙度简化标注

将“粗糙度 1”图块以 1.4 的比例插入到图的右上方，删除属性数字，用画圆命令的“相切、相切、相切”方式绘制三角形的内切圆，然后删除三角形的水平边，即完成毛坯符号的绘制。用单行文字命令在毛坯符号左侧填写“其余”二字，如图 13.81 所示。

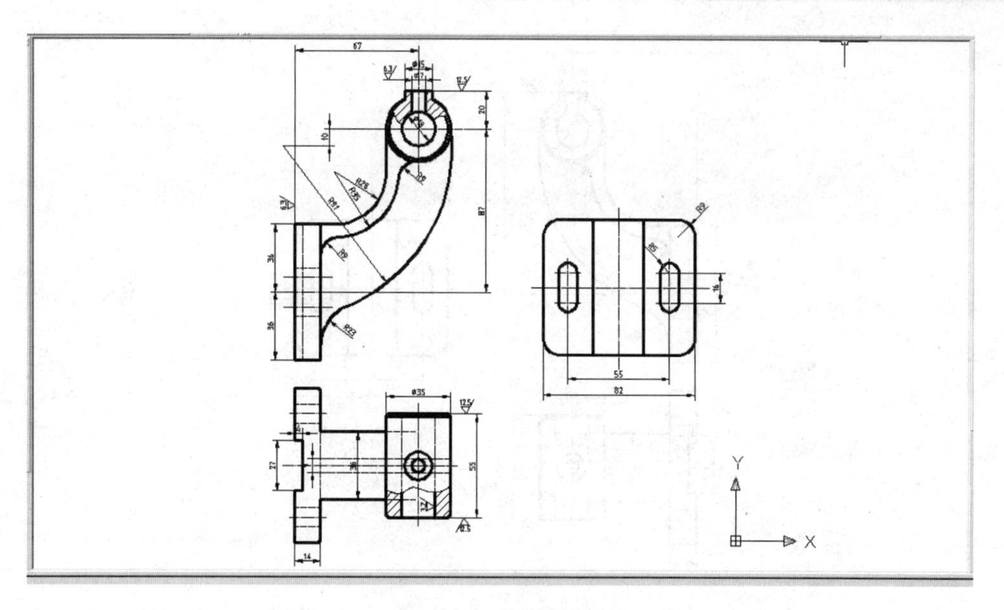


图 13.80　标注粗糙度

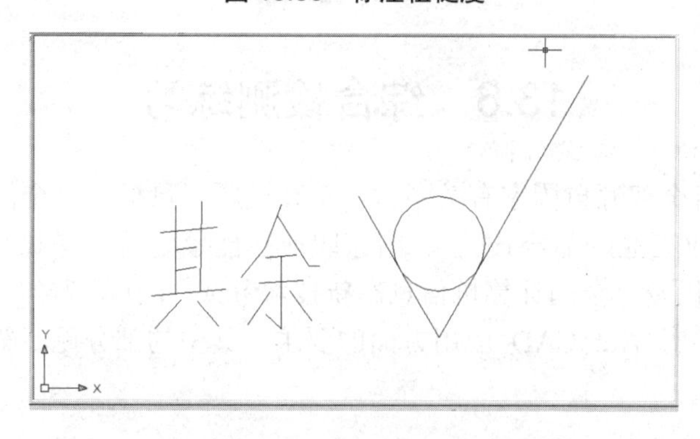


图 13.81　粗糙度简化标注

## 13.5.7　标注局部视图技术要求

### 1．绘制箭头

将“4”层设为当前层，在主视图的左下位置用多段线命令绘制表示局部视图投射方向的箭头。

### 2．标注视图名称字母

用单行文字命令在箭头及局部视图上方注出视图名称字母 A。

### 3．填写技术要求

将 “5”层(文字)设置为当前层，将文字样式选择为“文字”，用多行文字命令在图右下空白处填写技术要求。结果如图 13.82 所示。

最大化显示全图并存盘。

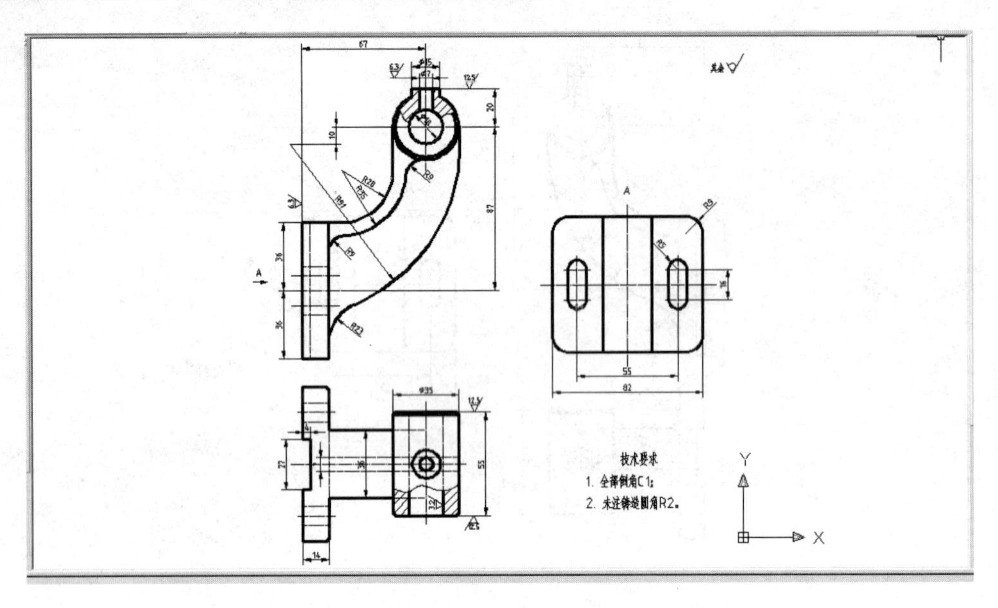


图 13.82　结果图形

## 13.6　综合检测练习

本练习中的题目全部源自国家有关考试的全真试题，包括：“全国 CAD 技能考试”一级(计算机绘图师)(工业产品类)试题、国家职业技能鉴定统一考试“制图员”(机械类)《计算机绘图》试题以及“全国计算机信息高新技术考试”(中高级绘图员)试题，直接反映了工程设计和生产中对 AutoCAD 应用方面的要求。其中的部分题目需用到《工程制图》的有关知识。

### 13.6.1　AutoCAD 基础绘图

(1) 建立新文件，完成以下操作。

① 绘制图形。绘制外接圆半径为 50 的正三角形。使用捕捉中点的方法在其内部绘制另外两个相互内接的三角形，如图 13.83(a)所示，绘制大三角形的三条中线。

② 复制图形。使用复制命令向其下方复制一个已经绘制的图形[见图 13.83(b)]，使用阵列命令阵列复制图形。

③ 编辑图形。绘制圆形，并使用分解、删除、修剪命令修改图形，完成作图，如图 13.83(c)所示。

(2) 建立新文件，完成以下操作。

① 绘制图形。绘制两个正三角形，第一个正三角形的中心点设置为(190，160)，外接圆半径为 100；另一个正三角形的中心点为第一个三角形的任意一个角点，其外接圆半径为 70，如图 13.84(a)所示。

② 复制图形。将大三角形向其外侧偏移复制，偏移距离为 10；将小三角形向其内侧偏移复制，偏移距离为 5，使用复制命令复制两小三角形。

③ 编辑图形。使用修剪命令将图形中多余的部分修剪掉，如图 13.84(b)所示。再使用图案填充命令填充图形。对外圈图线进行多段线合并编辑，并将其线宽修改为 2，如图 13.84(c)所示。

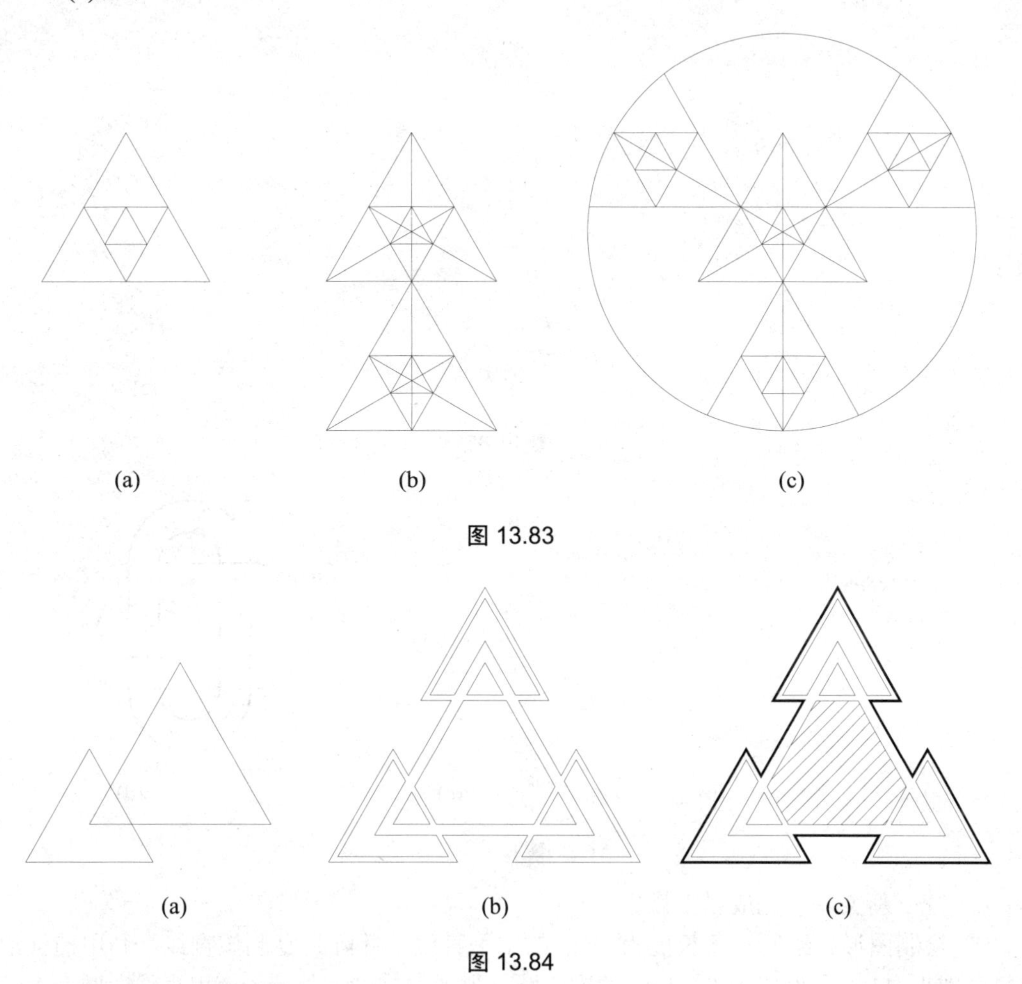

(a)　(b)　(c)

图 13.83

(a)　(b)　(c)

图 13.84

(3) 建立新文件，完成以下操作。

① 绘制图形。绘制 6 个半径分别为 120、110、90、80、70、40 的同心圆。绘制一条一个端点为圆心，另一端点在大圆上的垂线，并以该直线与半径为 80 的圆的交点为圆心绘制一个半径为 10 的小圆，如图 13.85(a)所示。

② 复制图形。使用阵列命令阵列复制垂线，数量为 20；绘制斜线 a，并使用阵列命令阵列复制该直线，如图 13.85(b)所示；阵列复制 10 个小圆。

③ 编辑图形。将半径分别为 120、110、80 的圆删除掉；使用修剪命令修剪图形中多余的部分；使用图案填充命令填充图形完成作图，如图 13.85(c)所示。

(4) 建立新文件，完成以下操作。

① 绘制图形。绘制边长为 30 的正方形。

② 复制图形。使用矩形阵列命令阵列复制为四个矩形，将矩形分解，使用定数等分的方法等分小正方形外侧任意一条边为四等份，如图 13.86(a)所示。

③ 编辑图形。利用捕捉绘制同心圆，再使用修剪命令修剪圆，如图 13.86(b)所示。

阵列复制圆弧，利用捕捉，用直线命令连接相对各圆弧的端点，如图 13.86(c)所示；使用修剪命令修剪图形，使用改变图层的方法调整线宽为 0.30 毫米，完成作图，如图 13.86(d)所示。

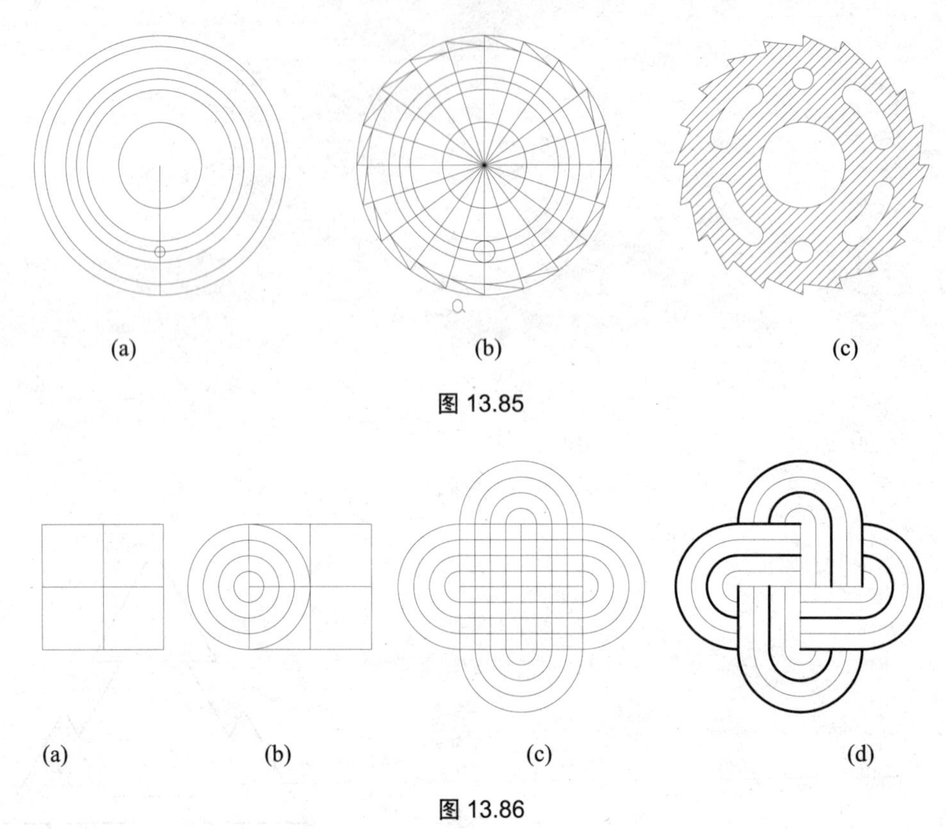

(a) (b) (c)

图 13.85

(a) (b) (c) (d)

图 13.86

(5) 建立新文件，完成以下操作。

① 绘制图形。绘制一条长度为 550 的水平直线，并阵列复制该直线；利用捕捉绘制直径分别为 1100、900、600、160 的同心圆，如图 13.87(a)所示。使用直线、圆命令绘制图 13.87(b)所示的直线和圆，其中两圆之间的距离为 20。

② 编辑图形。使用修剪命令修剪图形，使用改变图层的方法调整图形线宽为 0.30 毫米，如图 13.87(c)所示。

③ 复制图形。使用阵列命令阵列复制图形，最后绘制一个圆形，完成作图，如图 13.87(d)所示。

(6) 建立新文件，完成以下操作。

① 绘制图形。绘制两条相互垂直的直线，绘制以直线交点为圆心，直径分别为 260、180、80 的同心圆，绘制两条以圆心为端点，长度为 130，角度分别为 210°、300°的直线，如图 13.88(a)所示。利用捕捉绘制两个直径为 50 的圆和一个直径为 30 的圆，如图 13.88(b)所示。

② 复制图形。使用阵列、镜像命令复制小圆，两小圆之间的角度为 30°，如图 13.88(c)所示。

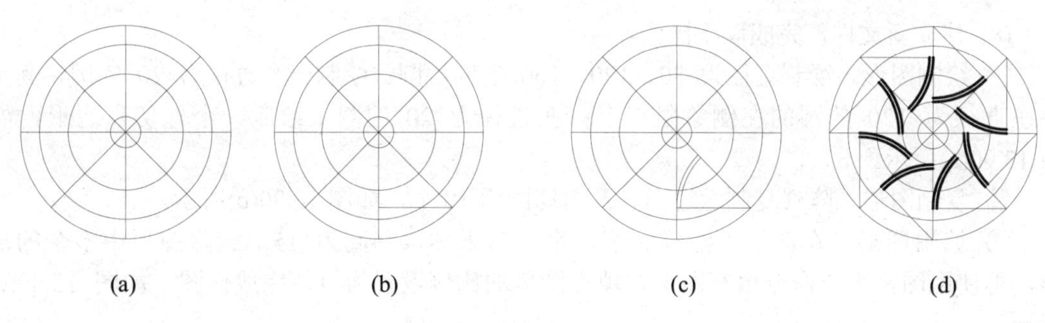


图 13.87

③ 编辑图形。使用修剪命令编辑图形。调整图形线宽为 0.30 毫米，完成作图，如图 13.88(d)所示。

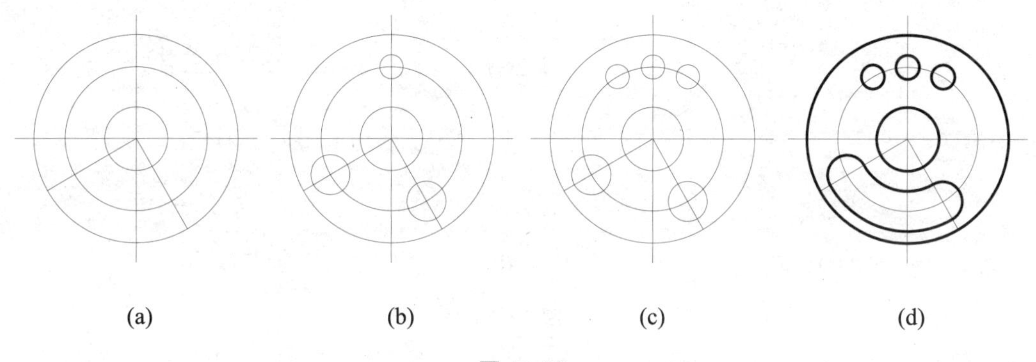


图 13.88

(7) 建立新文件，完成以下操作。

① 绘制图形。绘制半径为 10、20、30、40、60 的同心圆。绘制一条端点为圆心且穿过同心圆的垂线，以垂线与最外圆交点为圆心绘制半径分别为 8 和 12 的同心圆，以与中间圆交点为圆心绘制一个半径为 5 的圆，如图 13.89(a)所示。

② 旋转、复制图形。使用旋转命令旋转半径分别为 8、12 的同心圆，其角度为 45°，再使用阵列命令阵列复制圆，如图 13.89(b)所示。

③ 编辑图形。删除并修剪多余的图形，再用圆角命令绘制圆角(圆角半径为 3)，如图 13.89(c)所示。

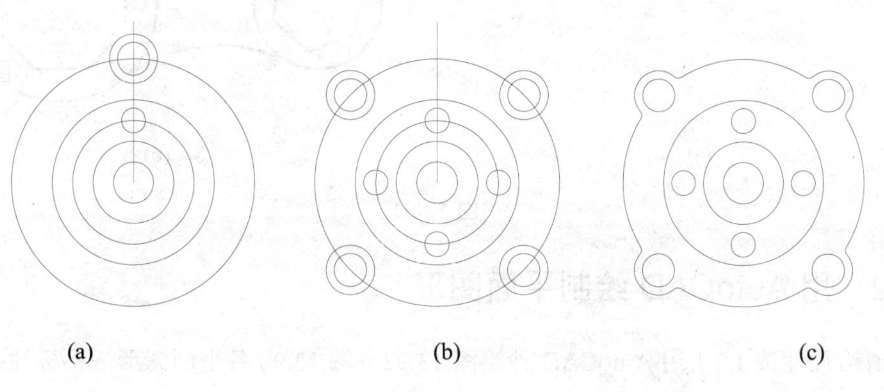


图 13.89

(8) 建立新文件，完成以下操作。

① 绘制图形。绘制直径为 80、120、160 的同心圆。绘制一个直径为 20 的圆，其圆心在直径为 120 的圆的左侧象限点上；在直径为 20 的圆上绘制一个外切六边形，如图 13.90(a)所示。

② 复制图形。阵列复制六边形以及内切圆为 10 个，如图 13.90(b)所示。

③ 编辑图形。在图形中注释文字，字体为宋体，字高为 15。删除图形中多余的部分，再使用图案填充命令填充图形，填充图案的比例设置为 1，完成作图，如图 13.90(c)所示。

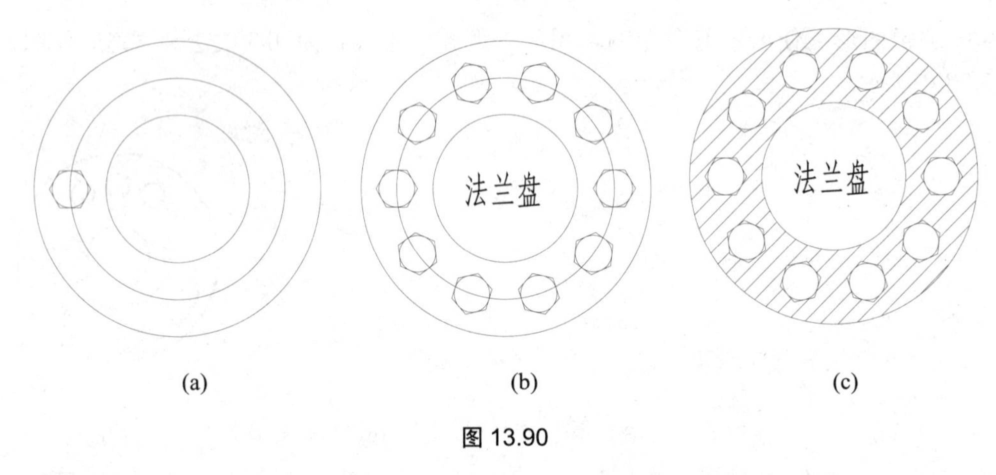


图 13.90

(9) 建立新文件，完成以下操作。

① 绘制图形。绘制半径为 20、30 的两个圆，其圆心处在同一水平线上，距离为 80；在大圆中绘制一个内切圆半径为 20 的正八边形，在小圆中绘制一个外接圆半径为 15 的正六边形，如图 13.91(a)所示。绘制两圆的公切线和一条半径为 50 并与两圆相切的圆弧。

② 编辑图形。将六边形旋转 40°。使用改变图层的方法调整图形的线宽为 0.30 毫米，如图 13.91(b)所示。

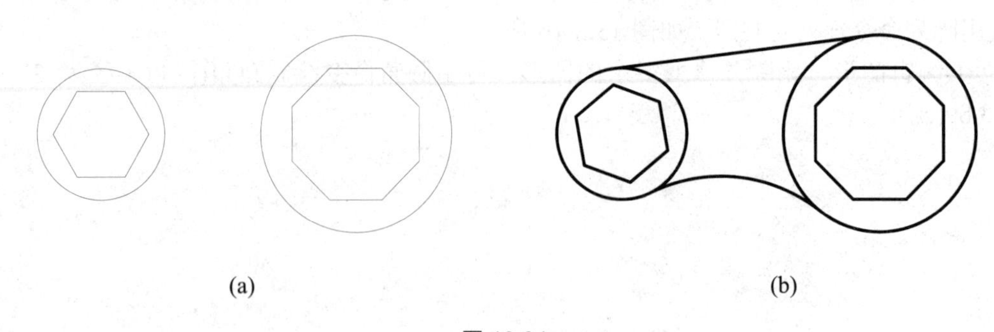


图 13.91

## 13.6.2 用 AutoCAD 绘制平面图形

据所给尺寸按 1∶1 用 AutoCAD 抄绘图 13.92～图 13.98 各平面图形，不标注尺寸。

1．

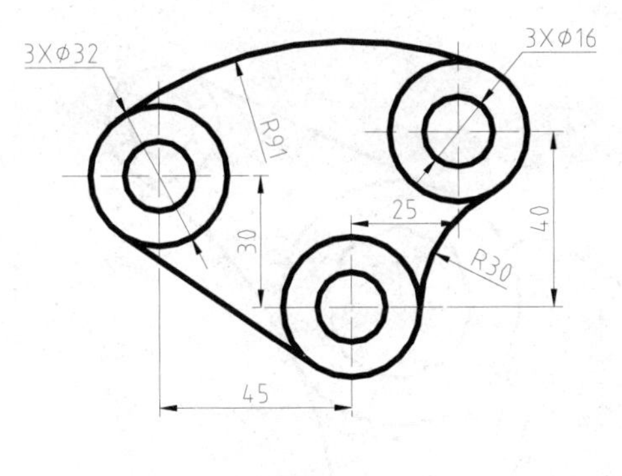


图 13.92

2．

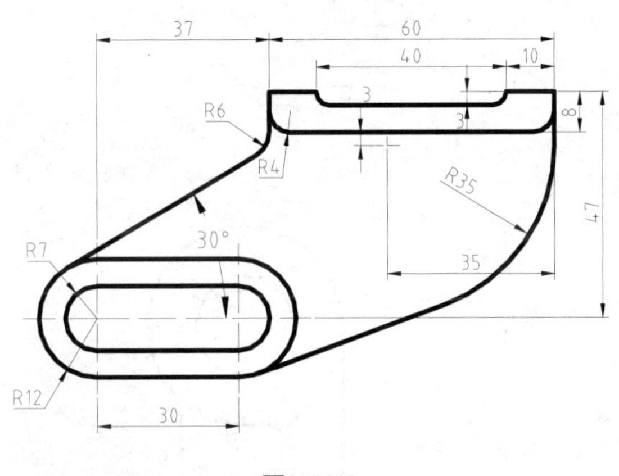


图 13.93

3．

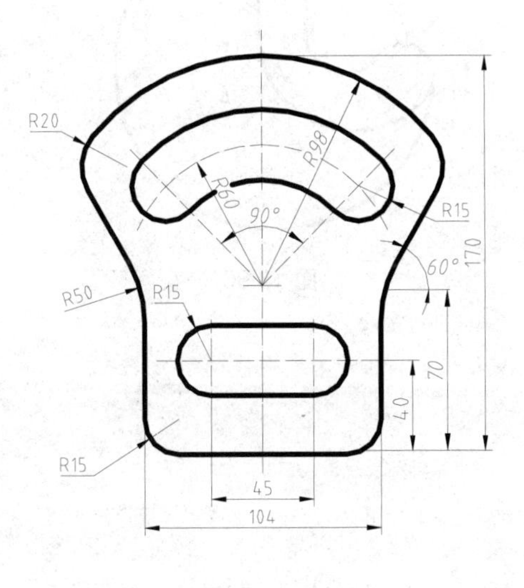


图 13.94

4.

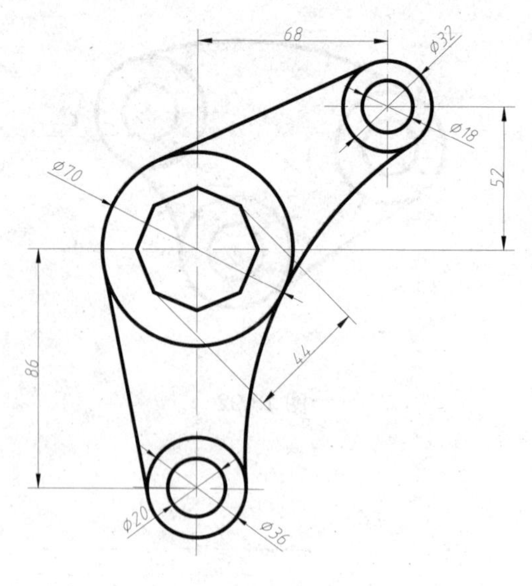


图 13.95

5.

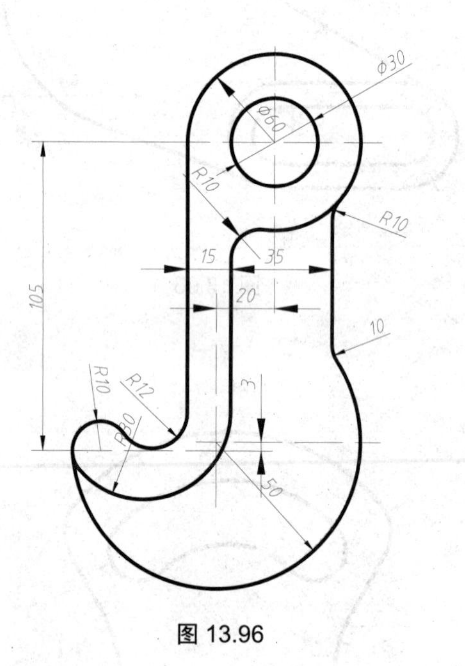


图 13.96

6.

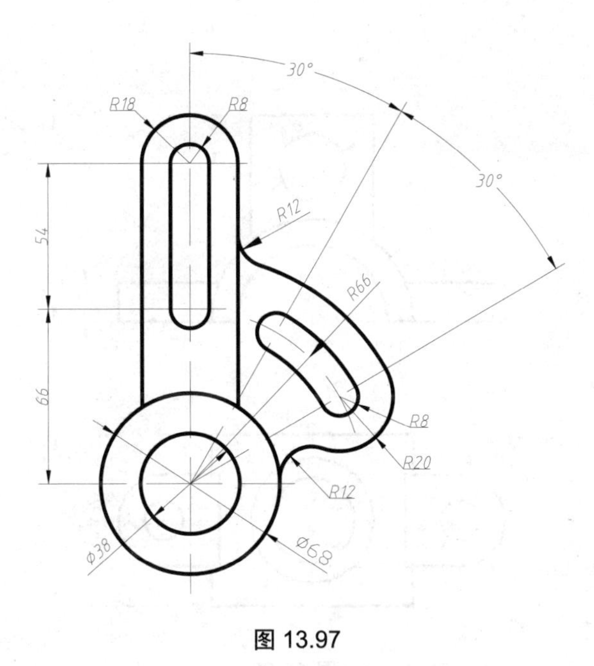


图 13.97

7.

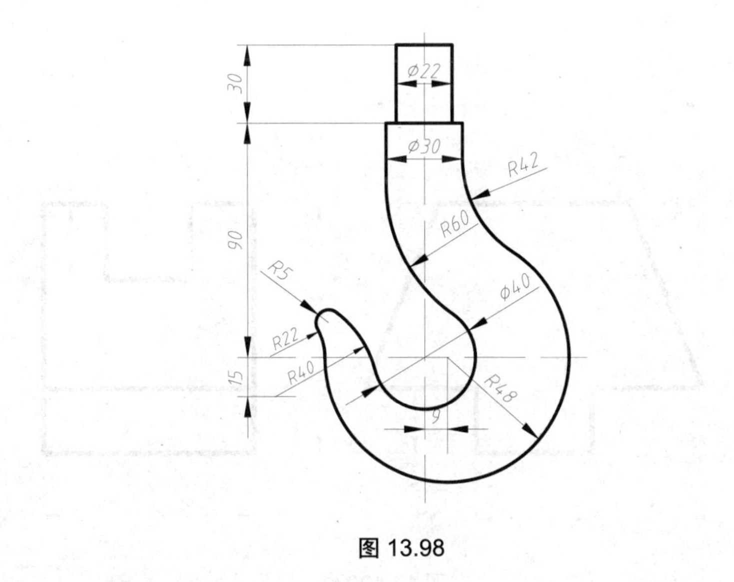


图 13.98

## 13.6.3　用 AutoCAD 绘制三视图

按标注尺寸用 AutoCAD 抄画图 13.99～图 13.101 各立体的两个视图，并补画其第三视图，不标注尺寸。

1.

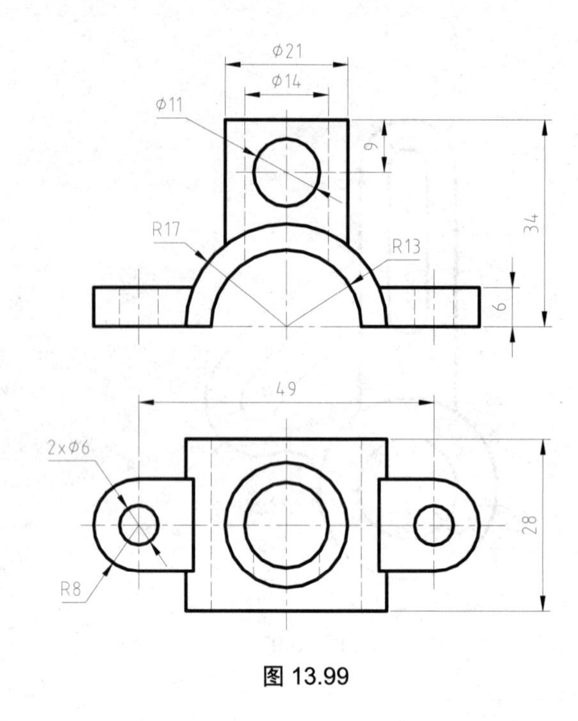


图 13.99

2.

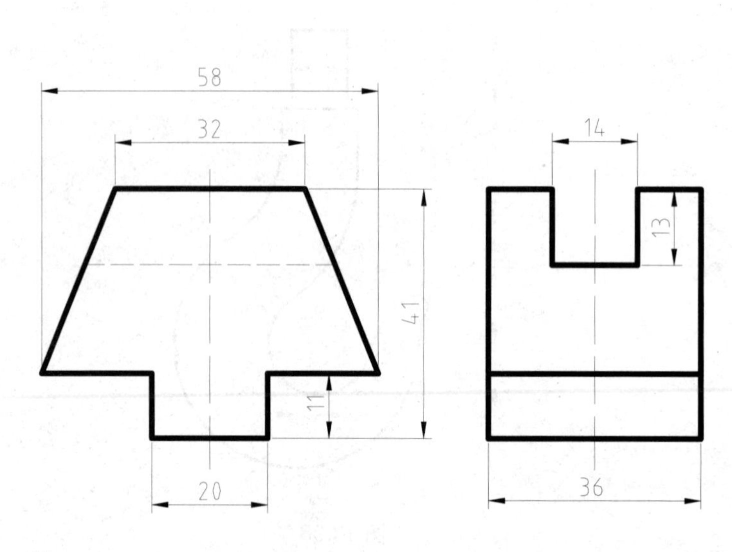


图 13.100

3.

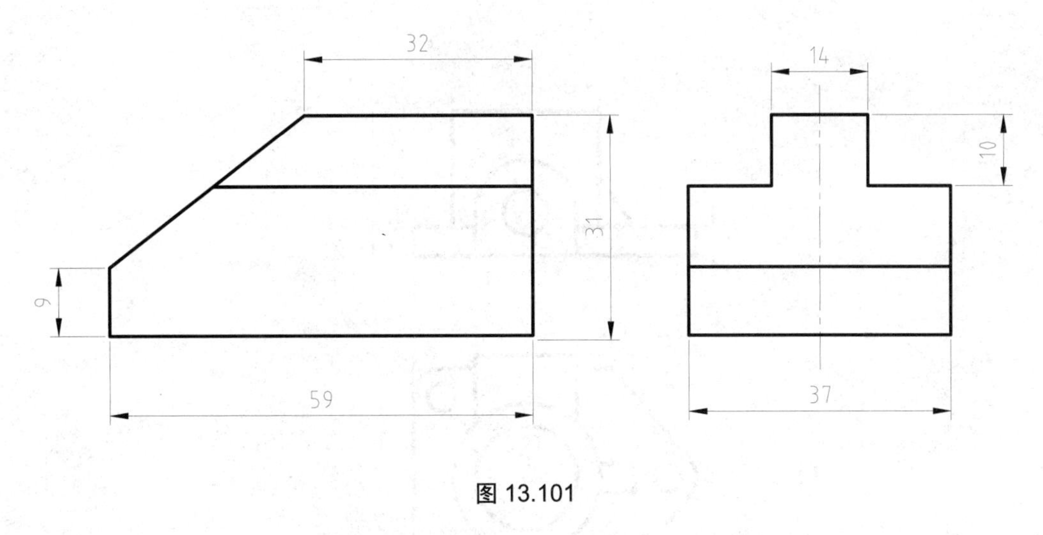


图 13.101

## 13.6.4　用 AutoCAD 绘制剖视图

根据已知立体的两个视图，按 1∶1 用 AutoCAD 绘制图 13.102～图 13.105 各组图形的第三视图，并在主、左视图上选取适当的剖视，不标注尺寸。

1.

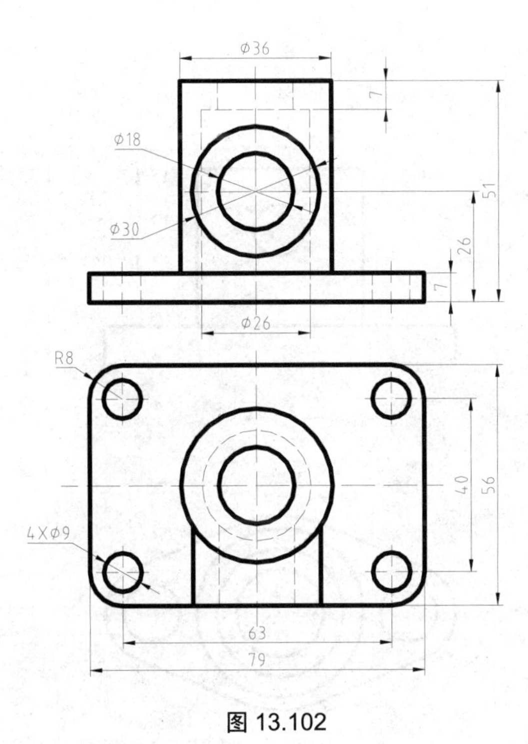


图 13.102

2.

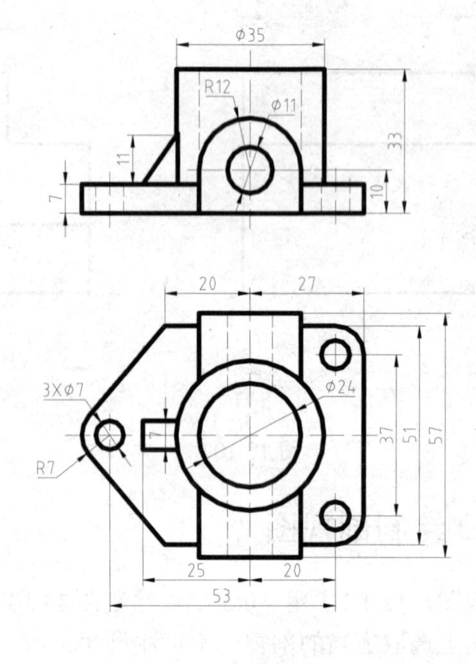


图 13.103

3.

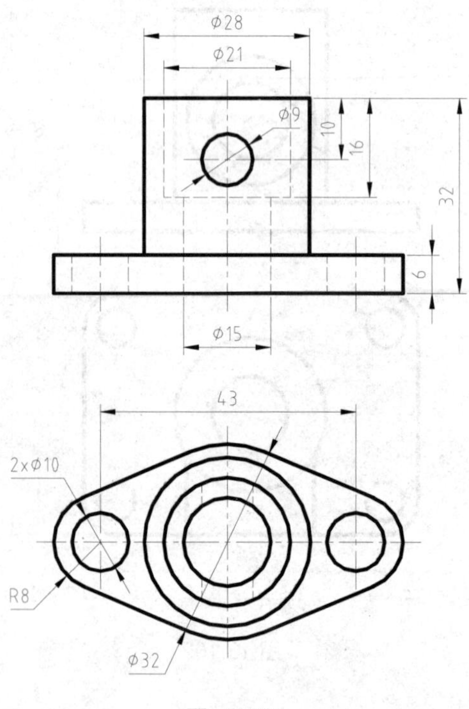


图 13.104

4.

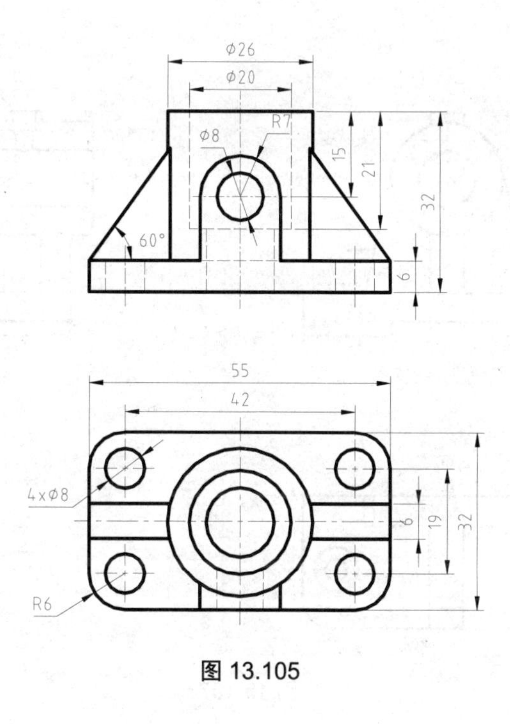


图 13.105

## 13.6.5　用 AutoCAD 绘制工程图

用 AutoCAD 按 1∶1 抄绘图 13.106～图 13.109 各零件图并标注尺寸及技术要求。

1.

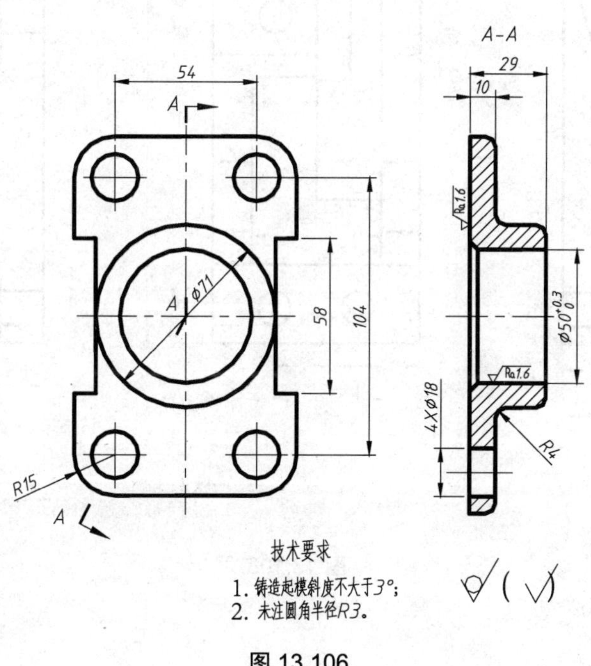


图 13.106

2.

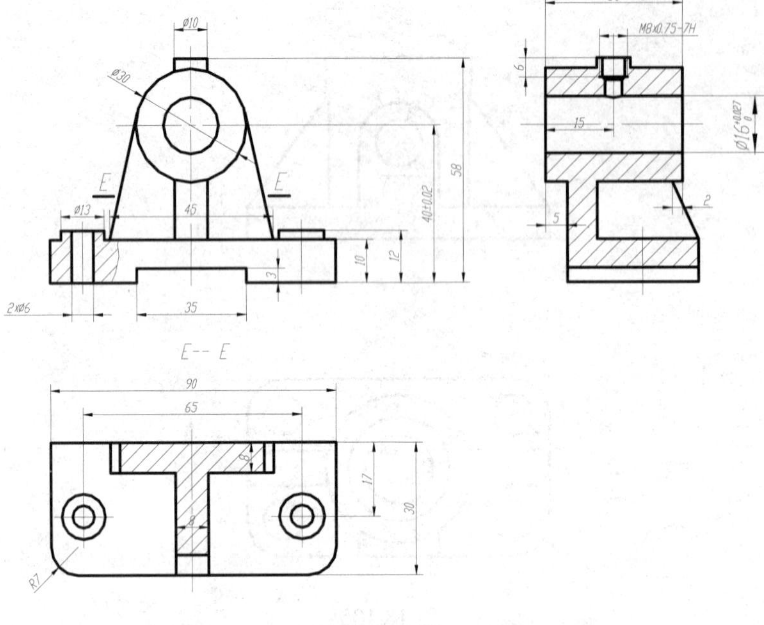


图 13.107

3.

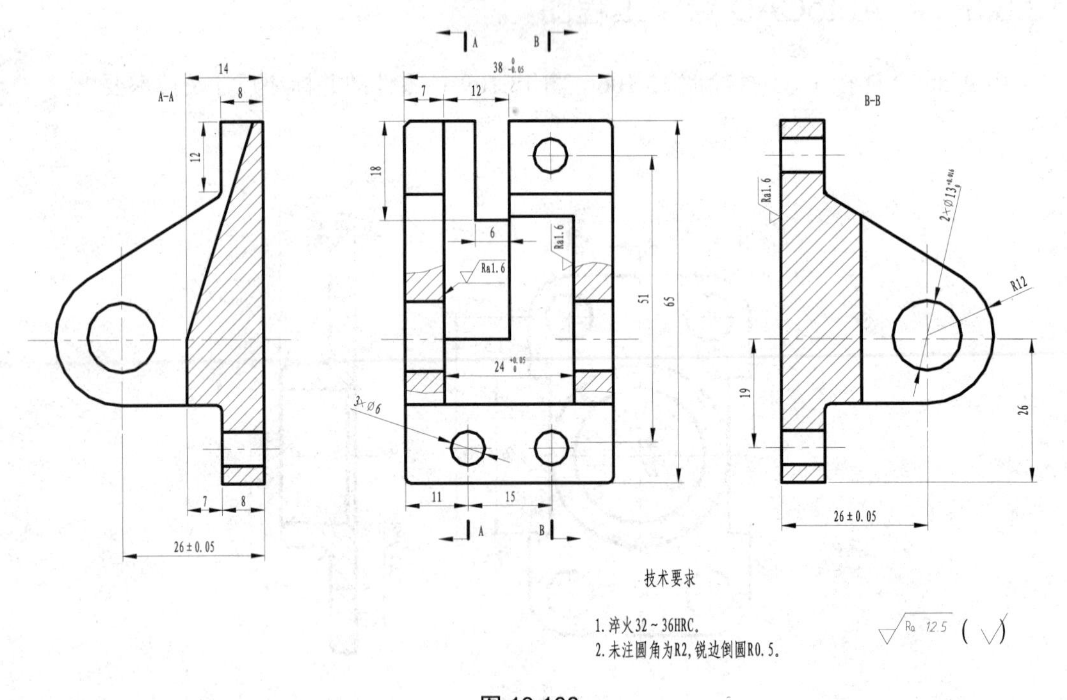


图 13.108

4.

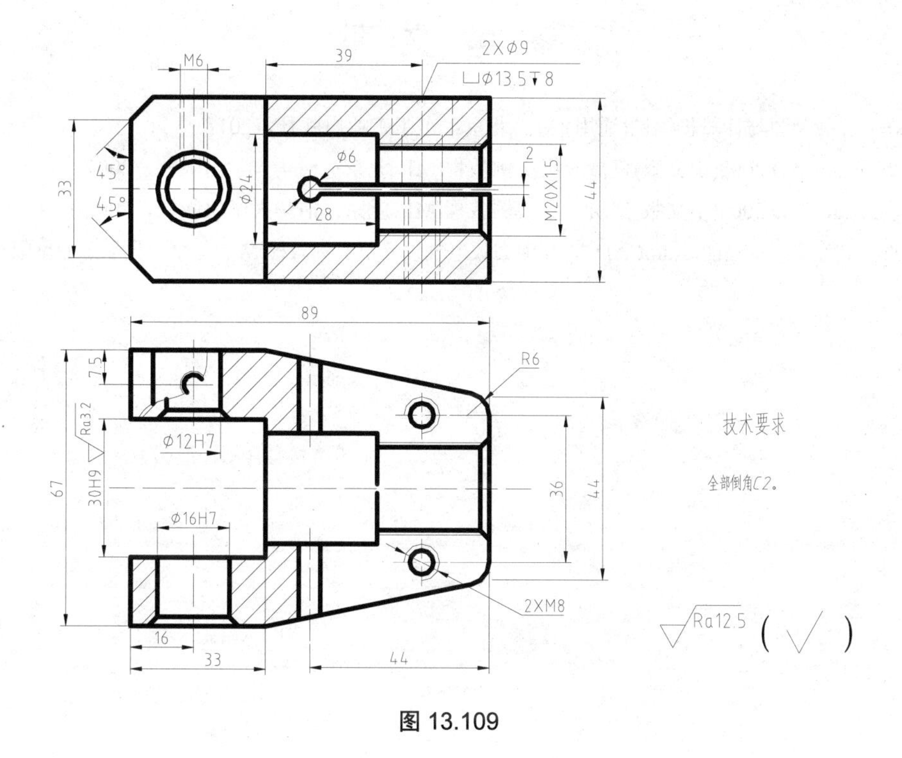

M6
39
2XΦ9
⌴Φ13.5↧8
33
45°
45°
Φ24
Φ6
28
2
M20X1.5
44
89
R6
7.5
Ra3.2
Φ12H7
67
30H9
Φ16H7
36
44
2XM8
16
33
44
技术要求
全部倒角C2。
Ra12.5 ( √ )


图 13.109

# 参 考 文 献

[1] 郭朝勇. 机械制图与计算机绘图(通用)[M]. 北京：电子工业出版社，2011.

[2] 郭朝勇. AutoCAD 2008(中文版)机械应用实例教程[M]. 北京：清华大学出版社，2007.

[3] 郭朝勇. AutoCAD 2008(中文版)建筑应用实例教程[M]. 北京：清华大学出版社，2008.

[4] 胡仁喜，刘红宁，刘昌丽. AutoCAD 2008 中文版电气设计及实例教程[M]. 北京：化学工业出版社，2008.